U0284056

"十二五"普通高等教育本科国家级规划教材

# Textbook for Programming in Java

## (Third Edition)

# Java程序设计教程

## （第3版）

雍俊海　编著

清华大学出版社
北　京

## 内 容 简 介

本书讲解 Java 程序设计知识及其编程方法，包括 Java 语言的基础语法、结构化程序设计、面向对象程序设计、数组、字符串、向量、哈希表、泛型、枚举、异常处理、文件和数据流、图形用户界面设计、小应用程序、线程、编程规范、网络程序设计、多媒体和图形学程序设计以及数据库程序设计等。

本书的章节编排与内容以人们学习与认知过程为基础，与公司的实际需求相匹配。内容力求简明，每章都附有习题，而且在附录中包含了图、表、例程以及类和接口的页码索引，在正文中采用特殊字体突出中心词，希望读者在轻松和欢乐之中迅速地了解并掌握 Java 程序设计的知识和方法，能应用到实践中去。

本书内容丰富，结构合理，语言简练，而且提供了丰富的例程，既可以作为计算机专业和非计算机专业的基础教材以及 Sun 公司的 SCJP（Java 程序员认证）考试的辅导教材，也可以作为需要使用 Java 语言的工程人员和科技工作者的自学参考书。

**图书在版编目（CIP）数据**

Java 程序设计教程/雍俊海编著. —3 版. —北京：清华大学出版社，2014（2025.1重印）

ISBN 978-7-302-33894-9

Ⅰ. ①J… Ⅱ. ①雍… Ⅲ. ①Java 语言–程序设计–教材 Ⅳ. ①TP312

中国版本图书馆 CIP 数据核字（2013）第 215813 号

责任编辑：魏江江
封面设计：傅瑞学
责任校对：焦丽丽
责任印制：沈 露

出版发行：清华大学出版社
   网   址：https://www.tup.com.cn, https://www.wqxuetang.com
   地   址：北京清华大学学研大厦 A 座     邮   编：100084
   社 总 机：010-83470000        邮   购：010-62786544
   投稿与读者服务：010-62776969, c-service@tup.tsinghua.edu.cn
   质 量 反 馈：010-62772015, zhiliang@tup.tsinghua.edu.cn
印 装 者：三河市铭诚印务有限公司
经   销：全国新华书店
开   本：185mm×260mm   印   张：40.75     字    数：981 千字
版   次：2004 年 8 月第 1 版   2014 年 3 月第 3 版   印   次：2025 年 1 月第 19 次印刷
印   数：36701～37700
定   价：69.00 元

产品编号：039157-01

# 前言

现代科学技术正在迅猛地发展着，计算机信息技术在其中发挥着巨大的作用。计算机技术已经渗透到各行各业，并推动着这些行业迅速发展。因此，如何尽快地掌握计算机知识，学好一门计算机语言，已经成为一个比较普遍面临的基本问题。本书就是在这种背景下编写的。

首先，Java 语言本身是可以满足这种需求的一种计算机语言。它比 C++ 计算机语言简单，去掉了在 C++ 语言中一些不易理解或容易出错的概念和语法。此外，因为 Java 是一种较新的计算机语言，所以它在面向对象和多线程特性上比其他现有计算机语言更为纯粹一些。同时，Java 语言在网络、平台无关性和安全性方面的优点也比其他计算机语言（如 C++ 语言）更为突出。而且，学习 Java 程序设计，应用 Java 语言实现算法也比较容易，从而节省编程时间。同时，编写出来的 Java 代码比较容易得到复用和移植。

最初 Java 程序设计教材是应选修我主讲的"Java 程序设计"课程的同学要求而编写的。在 2003—2004 年期间，共有三百多名清华大学本科生选修该课程。其中很多同学通过清华大学的教学评估系统以及给我写 E-mail 等方式强烈要求我编写一本 Java 程序设计教材。为此，我编写了该教材（雍俊海. Java 程序设计. 北京：清华大学出版社，2004）。

我希望该教材能够给读者带来尽可能多的益处。对于学习而言，首先最重要的应当是对学习方法的引导。学习每门课程都有其内在的学习规律。顺应其规律，采用正确的学习方法一般将会产生良好的学习效果。对于有些初学者而言，在最开始学习的时候，要把握学习规律常常有难度；要按学习规律进行学习，常常会有很多来自自身的阻力。如果能够克服上述不利因素并加以坚持，相信会有事半功倍的效果。希望教材能够为适应这些学习规律添加一些辅助的约束力，从而帮助初学者克服阻力。

学习首先应当是"学以致用"。为此，我常常利用各种机会调研软件公司对 Java 程序设计的实际需求。如果能够从应用出发进行学习，那么应当会提高学习的效率。另外，学习过程的关键应当是实践。教材是实践的一种辅助工具。为此，本教材比较详细地讲解了 Java 语言编程环境的建立过程。希望读者在开始学习 Java 语言的时候能够建立起 Java 语言编程环境。

在教材每章的后面都有习题。对教材中的习题，都没有提供答案，真诚希望这些习题能够给读者增加一些自主性思考和实践练习的机会，意味着应当通过自己的思考去理解 Java 语言并求解问题，而且同时应当不要拘泥于某一种答案，即可以采用多种不同的方法求解相同的问题。这似乎会增加学习时间和学习难度，但实际上一般都会迅速提高学习的效率。在刚开始的时候，有些读者可能会不太习惯，但是如果能坚持，那么会迅速降低后续学习的难度，而且会对 Java 语言的掌握变得更加牢固。另外，希望读者能够理解习题编写的初衷，即它的主要目的是加强具有自主性思考的实践，而不是习题答案本身。希望读者能够经常总结实践过程的收获，享受其中的成就感，即使无法最终求解问题。因为教材提供的习题偏少，所以我还整理了一本习题集《Java 程序设计习题集（含参考答案）》。这本习题集对判断正误题、填空题和选择题基本上都给出了答案，但只给出少量编程题的答案。这本习题集应当是本教材的一个有益补充。如果读者需要阅读编程样例，那么教材已经提供了 158 个例程，而且在建立 Java 语言编程环境之后，在 Java 系统的安装目录中也包含了一些例程。

在进行编程实践的时候，常常应当查阅在线帮助文档，而不是各种教材或参考书。这对很多初学者来说有很大的难度，难度主要来自于自身的惰性。现在越来越多的在线帮助文档已经有了相应的中文版本。即使直接使用英文的在线帮助文档，它的词汇量也不大，而且语法结构比较简单。另外，理解这些词汇的关键是实践，即通过实践理解或加深理解各种中文或英文术语。为了强化读者对在线帮助文档的使用，在 2004 年出版的那本教材中，基本上未将在线帮助文档的内容写入，而希望读者对照在线帮助文档进行教材的阅读。当然，它的一个负面作用是阅读教材的速度会变慢。但这种"慢"属于"磨刀不误砍柴工"，会给以后的工作或学习带来较大的益处，实际上一般都会提高工作与学习的整体效率。在本教材中，应很多读者的要求，将这些本来应当属于在线帮助文档的内容添加到教材中，但是强烈希望读者不仅不要忽略在线帮助文档，而且应当将重视的程度提高到足够的高度。当然，本教材不是简单地去翻译在线帮助文档，而是在该文档的基础上增加编程原理经验和技巧的介绍，而且在内容上与在线帮助文档相比力求准确、简洁、易于理解。

本教材是在 2004 年版本的基础上编写而成的，除了添加相关的在线帮助文档内容之外，还增加了泛型、枚举、向量、哈希表、二维表格、后台线程、安全网络程序设计和像素处理等内容，并对数据库程序设计等章节全部重新进行改写，使得教材内容更加全面，体现出一定的手册特点。另外，为了方便读者查找教材知识点和中心内容，通过加黑加粗加框的方式强调各个部分内容的中心词以及各个基本概念或定义的核心词，并在附录中添加了图、表、例程以及类和接口的页码索引。同时本教材继承了 2004 年版本的一些特点，例如考虑了如何方便读者自学，希望各章内容的相关性尽可能地小。所有例程都在 Java 1.7 版本（也称为 7.0 版本）上编译运行。

本书既可以作为计算机专业和非计算机专业的基础教材，也可以作为需要使用计算机的工程人员和科技工作者的自学参考书。本书在编写与出版的过程中得到了许多朋友的帮助，这里一并表示诚挚的谢意。其中，读者与选修我所负责课程的同学起到了非常重要的作用，他们的建议和批评意见是教材发生变化的最重要的外在因素，这里再次对他们表示诚挚的谢意。清华大学的研究生杜敏、范怀宇、高扬、高跃、李勇、林鸿维、刘倩欣、刘曙、刘永宾、卢新来、潘峰、宋征轩、孙学卫、佟强、汪亚君、王天兴、王维勃、王治中、夏雨、许嵩罡、余忠冕、喻晓峰、张佳、张楠、张怡文和赵宏星等同学参与了本书的校对工作。本书也凝聚了他们的劳动结晶。欢迎广大读者特别是讲授此课程的教师对本教材进行批评和指正。我真诚希望这本教材能够给读者带来轻松和快乐，而我也会不断为此努力。真诚欢迎各种建设性意见。

清华大学出版社的网站 http://www.tup.tsinghua.edu.cn 可以下载与本教材相关的一些资料：①在本教材中用到的所有例程；②本教材的课件，该课件可能会不断更新。

**雍俊海于清华园**
2013 年 8 月

# C O N T E N T S

# 目录

# CHAPTER 1

# 绪　　论

　　自从 1946 年第一台 ENIAC 计算机在美国宾夕法尼亚州（Pennsylvania）诞生以来，计算机产业的发展速度以及计算机向其他领域渗透的速度已经远远出乎人们的意料。现在，它已经成为各行各业的基本工具。在这期间，计算机语言本身也在飞速发展，其发展方向之一就是使得计算机语言越来越接近于人们的思维习惯。按照这种发展方向来分，计算机语言可以分为第一代（机器）语言，第二代（低级）语言和第三代（高级）语言。这种发展方向使得程序越来越容易编写、阅读、维护、复用和移植。Java 语言就是这样发展起来的一种高级语言，它易学易用并迅速受到推崇。目前，Java 语言已经成为最常用的计算机语言之一。本章将简单介绍 Java 的历史和特点，以及从建立 Java 环境到运行 Java 程序的整个流程。

## 1.1　历史简介

　　Java 语言是一种很新的计算机语言，它的历史很短。Java 语言的前身是 Oak 计算机语言。1991 年，Sun 公司为了占领智能消费型电子产品的市场，资助了一个"绿色项目"。这个项目是由 James Gosling 负责的，主要是开发用于智能消费型电子产品的语言，即 Oak 语言。Oak 语言是在 C 和 C++计算机语言的基础上进行简化和改进的一种语言。项目进行不久，Sun 公司意识到已经存在一种叫做 Oak 的计算机语言。于是，Sun 公司重新将自己开发的这种语言命名为 Java 计算机语言。这样，James Gosling 就成为 Java 语言的创始人。

　　但 Java 语言很快就遇到了一些困难，因为 Sun 公司发现智能消费型电子产品发展没有预想的那样快，而且当时 Sun 公司在竞争一个大项目时失败了。Sun 公司差一点就要取消这个"绿色项目"。到 1993 年，Sun 公司重新分析市场需求，认为网络具有很好的发展前景，而且 Java 语言似乎非常适合网络编程。于是 Sun 公司将 Java 语言的应用背景转向网络市场，为网页增加"动态的内容"。

　　Sun 公司的这次市场策略转变是非常成功的。1995 年，当 Sun 公司在

"Sun World 95"大会上第一次正式公布 Java 语言时，立即引起了巨大的轰动，因为那时正是网络"泡沫经济"的时代，网络处于"狂热"的时期。Java 语言为网络的发展开辟了一个新纪元。同年，Java 语言就被 PC Magazine 评为 1995 年十大优秀科技产品（当年计算机产品仅此一项入选）。微软公司总裁比尔·盖茨当时的一句话"Java 语言是有史以来最卓越的计算机程序设计语言"也是当时人们对 Java 语言的普遍评价。许多计算机公司都开始支持和开发 Java 产品，其中包括 IBM 公司、Apple 公司和 Oracle 公司等。1996 年，Sun 公司专门成立 Javasoft 分公司来发展 Java。Java 从此得到了迅猛的发展和广泛的应用。这种速度是前所未有的。

1999 年，Sun 公司重新组织 Java 平台的集成方法，加强 Java 企业级应用平台的功能。目前，Java 程序可以支持智能消费型电子产品的开发，各种应用程序的开发（包括个人应用程序和企业级的应用程序），尤其是网络程序的开发，Java 语言拥有"互联网上的世界语"的美称。

2009 年 4 月 20 日甲骨文（Oracle）公司和 Sun 公司召开新闻发布会，正式宣布甲骨文将以每股 9.5 美元的现金收购 Sun 公司，交易总价值达到 74 亿美元。甲骨文公司表示，他们之所以收购 Sun 公司主要是看重了 Sun 公司的两大软件资产：Java 和 Solaris。非常希望这次收购能够让 Java 的发展上到一个新的台阶。

## 1.2　特点

Java 语言的特点与其历史发展是相关的。它之所以能够受到如此众多的好评以及拥有如此迅猛的发展速度，与其语言本身的特点是分不开的。其主要特点总结如下。

（1）简单性：从 Java 语言的发展史可以了解到，Java 语言是在 C 和 C++计算机语言的基础上进行简化和改进的一种新型计算机语言。它去掉了 C 和 C++中最难正确应用的指针和最难理解的多重继承技术等内容，通过垃圾自动回收机制简化了程序内存管理，统一了各种数据类型在不同操作系统平台上所占用的内存大小。Java 程序的简单性是其得以迅速普及的最重要原因之一。

（2）网络特性：Java 语言正是因为其对互联网络的良好支持而受到推崇并得以迅速推广的。Java 语言是目前对网络支持最全面，与网络关系最密切的计算机语言之一。

（3）面向对象：由于 Java 语言是一种新型计算机语言，没有兼容过程式计算机语言的负担，因此 Java 语言在面向对象的特性上比 C++语言更为彻底。面向对象模型是一种模拟人类社会和人解决实际问题的模型，因此更符合人们的思维习惯，而且容易扩充和维护。它的缺点是程序在开发的过程中常常会变得越来越庞大。

（4）平台无关性/可移植性：Java 语言的设计目标是让其程序不用修改就可以在任何一种计算机平台上运行。解决异构操作系统兼容性问题是一个很艰巨的任务。Sun 公司提供的 Java 语言也没有完全做到这一点。在 Java 语言的说明书中，Sun 公司用权重（weight）的轻重来表示其提供的类或成员方法与计算机平台的相关性大小。不过总的来说，Java 语言在这一方面是做得最好的。

（5）鲁棒性：鲁棒性指的是程序执行的稳定性，常常也称为健壮性。Java 语言设计者在设计 Java 语言的过程中一直考虑如何减少编写程序的过程中可能产生的错误。Java 在编译和执行的过程中都会进行比较严格的检查，以减少错误的发生。Java 语言的垃圾自动回收机制和异常处理机制在很大程度上提高了程序的鲁棒性。另外，Java 语言的简单性也在一定程度上保证了程序的鲁棒性。

（6）安全性：在网络上运行的 Java 程序是符合网络安全协议的。在执行 Java 程序的过程中，Java 虚拟机对程序的安全性进行检测。一般说来，Java 程序是安全的，它不会访问或修改不允许访问的内存或文件。

（7）多线程性：这主要用来处理复杂事务或需要并行的事务。组成 Java 虚拟机的各个程序本身一般也采用多线程机制。采用多线程机制是提高程序运行效率的一种方法，但同时也增加了程序的设计难度。

（8）解释性：Java 语言是一种解释执行的语言。这是 Java 语言的一个缺点，因为解释执行的语言一般会比编译执行的语言（如 C 和 C++语言）的执行效率要低。

总而言之，Java 语言是一种易学好用，健壮性高，但执行效率相对较低的计算机语言。它适合于各种对执行时间要求不是很苛刻的应用程序。用 Java 语言编写程序一般会比用其他计算机语言编写程序花费更少的时间，而且调试所需的时间一般也会较短。对于计算机初学者或正打算开始学习一门计算机语言的工程师或教学科研工作者来说，选择 Java 程序设计语言是一个很好的方案。

# 1.3　开发环境的建立

要学好任何一门计算机语言，都必须加强实践，即编写程序解决各种实际问题。只有多练习，勇于尝试，并善于总结，才能真正掌握和精通一门计算机语言。要练习，首先就需要建立起 Java 的开发环境。

要在一台计算机上编写和运行 Java 程序，首先应当在这台计算机上建立起 Java 开发环境。建立 Java 开发环境就是在计算机上安装 Java 开发工具包并在计算机中设置相应的参数，使得 Java 开发工具包可以在计算机中顺利地得到正确运行。甲骨文（Oracle）公司推出的开发工具包主要可以分为三类：J2SE（Java 2 Platform, Standard Edition），J2EE（Java 2 Platform, Enterprise Edition）和 J2ME（Java 2 Platform, Micro Edition）。J2SE 是用于工作站和个人计算机（简称 PC）的标准开发工具包，J2EE 是应用于企业级开发的工具包，J2ME 主要是用于开发智能消费型电子产品（如移动电话和汽车导航系统等）。另外，甲骨文公司还推出 JavaFX。JavaFX 是面向设计艺术人员的脚本编程语言，进一步降低二维动画和网页等设计难度。本书介绍的是基于 J2SE 的 Java 程序设计。因为 J2SE 的早期版本一直称为 JDK（Java Developer's Kit），所以在甲骨文公司的文档或网页中 J2SE 通常也被称为 JDK。J2SE 另外还有一个别名是 Java SE（Java, Standard Edition）。J2SE 的版本编号常常会让初学者感到非常困惑。J2SE 目前存在两个版本命名体系，例如：J2SE 7.0 版本与 J2SE 1.7 版本实际上同一个版本。因此，J2SE 7、Java SE 7、JDK 7、J2SE 1.7、Java SE 1.7 和 JDK 1.7 实际上完全是同一个东西。建立基于 J2SE 的 Java 开发环境的步骤如下：

（1）下载 J2SE 安装程序；

（2）运行 J2SE 安装程序，安装 J2SE；

（3）设置环境变量运行路径（path）和类路径（classpath）；

（4）下载 J2SE 的在线帮助文档。

**J2SE 安装程序**可以从甲骨文公司的网站（http://www.oracle.com）下载。在下载时要注意自己计算机的操作系统类型。下载的安装程序应当与自己计算机的操作系统相匹配，而且版本一般选择最新的。安装程序下载完了，就可以运行安装程序。安装过程只要遵循安装程序提供的指示进行就可以了。在安装完成之后进入步骤（3）。这个步骤的目标是给计算机设置 Java 工具包运行的环境变量：运行路径（path）和类路径（classpath）。其中，**运行路径（path）变量**记录的是各个运行程序所在的路径。系统根据这个变量的值来查找运行程序。因此，在运行路径（path）变量中加上 J2SE 运行程序所在的路径，可以使得在运行 J2SE 程序时不必输入全路径名。**类路径（classpath）环境变量**通常用来记录当前路径和 J2SE 类库所在的路径，这是 J2SE 需要的一个环境变量。在 J2SE 类库中包含 J2SE 系统提供的各种软件包，其中包括各个类和接口等。在设置好类路径（classpath）环境变量之后，可以在程序中直接使用在当前路径和 J2SE 类库所在路径下的各种 Java 软件包的类或者接口等。通常将类路径（classpath）的值设为**当前路径**（用一个"."表示）和 J2SE 类库所在的路径。在设置运行路径（path）和类路径（classpath）变量时，在相邻两个路径之间用分号（在 Windows 系列的操作系统中）或者冒号（在 Linux 或 UNIX 操作系统中）隔开。以 Windows 系列的操作系统为例，本节假设 J2SE 的安装路径是"C:\j2sdk"（如果实际的安装路径不是"C:\j2sdk"，则用实际的安装路径替代"C:\j2sdk"），则需要**设置的环境变量及其值**分别为：

```
path=%path%;C:\j2sdk\bin
classpath= .;C:\j2sdk\lib
```

其中，"%path%"表示环境变量 path 原有的值，"."表示当前路径，"C:\j2sdk\bin"是 Java 虚拟机的各个运行程序所在的路径，"C:\j2sdk\lib"是 J2SE 类库所在的路径。具体设置步骤在不同的操作系统中会有些不同，而且有多种实现方法。无论是在什么操作系统下或采用什么方法，只要给计算机系统正确地设置上面的两个环境变量就可以了。下面分别介绍在操作系统 Microsoft Windows 8、7、XP、NT、2000 和 98 下，以及在 Linux 或 UNIX 操作系统下设置这两个环境变量的方法。

（1）**在 Microsoft Windows 8 下设置运行路径（path）和类路径（classpath）的步骤**：

这里首先介绍如何在 Windows 8 的桌面上出现"计算机"的图标。这时需要进入 Windows 8 的桌面。用鼠标右键单击 Windows 8 桌面的空白处，将出现如图 1.1 所示的右键菜单。用鼠标左键单击其中的"个性化"菜单项，弹出如图 1.2 所示的控制面板个性化对话框。

如图 1.2 所示，单击其中的"更改桌面图标"选项，将弹出如图 1.3 所示的桌面图标设置对话框。选中其中的"计算机"桌面图标复选框，即在"计算机"桌面图标选项左侧方框内出现钩的符号，如图 1.3 所示。依次单击对话框中的"应用"和"确定"按钮，这时会在 Windows 8 的桌面上出现"计算机"的图标。

在 Windows 8 的桌面上，用鼠标右键单击"计算机"图标，弹出如图 1.4 所示的右键菜单。用鼠标左键单击其中的"属性"菜单项，弹出如图 1.5 所示的系统设置对话框。

图 1.1 Windows 8 桌面的右键菜单　　　　图 1.2 Windows 8 控制面板个性化对话框

图 1.3 Windows 8 桌面图标设置对话框　　　图 1.4 在 Windows 8 桌面上"计算
机"图标的右键菜单

在如图 1.5 所示的系统设置对话框中，单击"高级系统设置"，弹出如图 1.6 所示的"系统属性"对话框。

在"系统属性"对话框中选择"高级"选项卡，再单击"环境变量"按钮，可以弹出如图 1.7 所示的"环境变量"对话框。

在"环境变量"对话框中，可以分别给用户变量表和系统变量表设置或添加运行路径（path）和类路径（classpath）这两个变量。如果在变量表中已有路径（path）变量或类路径（classpath）变量，则在如图 1.7 所示的"环境变量"对话框中，先用鼠标左键在变量表中选中该变量，再单击变量表下方的"编辑"按钮。这里需要注意，Windows 系统通常不区分大小写。因此，path 变量、Path 变量、PATH 变量均是同一个变量。在单击"编辑"按钮后，将弹出如图 1.8 所示的"编辑系统变量"对话框。如果是编辑路径（path）变量，则

图 1.5　Windows 8 的系统设置对话框　　　　图 1.6　Windows 8 的"系统属性"对话框

图 1.7　Windows 8 的"环境变量"对话框

图 1.8　Windows 8 的"编辑系统变量"对话框

在原有值的末尾加入 ";C:\j2sdk\bin",其中分号用来分隔原来的路径和新加入的 J2SE 运行路径,并且应当用实际的 J2SE 安装路径替代其中的 "C:\j2sdk",如:"C:\Program Files\Java\jdk1.7.0_25"。在输入完成之后,单击"确定"按钮,关闭对话框,同时回到如图 1.7 所示的"环境变量"对话框。对于在用户变量表或系统变量表中不存在的变量,则需要单击该变量表下方的"新建"按钮,并在弹出的对话框中,填写相应的变量名和变量值,创建这个变量。通常在用户变量表和系统变量表中都不会有类路径(classpath)

图 1.9  Windows 8 的 "新建系统变量" 对话框

这个变量。可以按图 1.9 所示分别输入变量名 "classpath" 及其值 ".;C:\j2sdk\lib",同样应当用实际的 J2SE 安装路径替代其中的 "C:\j2sdk"。另外,需要注意不要忘了输入类路径(classpath)变量值当中的点和分号。在输入完成之后,单击"确定"按钮,完成一个变量的设置。当这两个变量在用户变量表和系统变量表都设置完成时,依次单击图 1.7 和图 1.6 所示的对话框中的"确定"按钮,即可完成 J2SE 环境变量的设置。

(2)**在 Microsoft Windows 7 下设置运行路径(path)和类路径(classpath)的步骤**:

在 Windows 7 下的设置方法与 Windows 8 的非常类似。在 Windows 7 的桌面上,用鼠标右键单击"计算机"图标,弹出如图 1.4 所示的右键菜单。单击其中的"属性"菜单项,弹出类似于如图 1.5 所示的系统设置对话框。单击"高级系统设置",弹出如图 1.6 所示的"系统属性"对话框。选择其中的"高级"选项卡,并单击"环境变量"按钮,弹出如图 1.7 所示的"环境变量"对话框。参照在 Windows 8 下的设置方法,分别给用户变量表和系统变量表设置或添加运行路径(path)和类路径(classpath)这两个变量,使得运行路径(path)变量的值增加了路径"C:\j2sdk\bin",类路径(classpath)变量的值为".;C:\j2sdk\lib",其中 "C:\j2sdk" 应当用实际的安装路径代入。

(3)**在 Microsoft Windows XP、2000 或 NT 下设置运行路径(path)和类路径(classpath)的步骤**:

如图 1.10 所示,依次单击桌面菜单项"开始"→"设置"→"控制面板",可以弹出如图 1.11 所示或者如图 1.12 所示的窗口。如果弹出的是如图 1.12 所示的窗口,则单击此窗口中的"切换到经典视图"图标,从而弹出如图 1.11 所示的窗口。

如图 1.11 所示,双击控制面板中的"系统"图标,可以弹出一个对话框。这个对话框在 Microsoft Windows NT、2000 或 XP 系统中略有所不同。在 Microsoft Windows NT 系统下选取该对话框中的"环境"选项卡,在 Microsoft Windows XP 或 2000 系统下选取"高级"选项卡。Microsoft Windows XP 和 2000 系统下的"高级"选项卡如图 1.13 所示。

下面只以 Microsoft Windows XP 操作系统为例阐述设置环境变量的后续步骤,在 Microsoft Windows 2000 或 NT 操作系统下的操作步骤是相似的。单击如图 1.13 所示的"系统特性"对话框的"高级"选项卡中的"环境变量"按钮,弹出如图 1.14 所示的"环境变

**J**ava 程序设计教程（第 3 版）

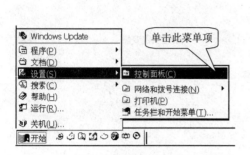

图 1.10　操作系统的桌面菜单　　　　　　　图 1.11　"控制面板"的经典视图

图 1.12　"控制面板"的分类视图

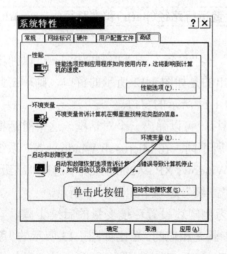

图 1.13　"系统特性"对话框　　　　　　　图 1.14　"环境变量"对话框

量"对话框。在该对话框中，分别给用户变量表和系统变量表设置或添加（如果该变量表中没有该变量，则添加该变量）运行路径（path）和类路径（classpath）这两个变量。一般来说，这两个变量表均会有运行路径（path）这个变量。先在变量表中选中该变量（即 path），再单击"编辑"按钮（如果没有 path 变量，则单击"新建"按钮），弹出如图 1.15 所示的"编辑系统变量"对话框。在"变量值"文本框中，在原有值的末尾加入";C:\j2sdk\bin"，如图 1.15 所示。其中，分号用来分隔原来的路径和新加入的 J2SE 运行路径。在输入完成之后，单击"确定"按钮，关闭对话框，同时回到如图 1.14 所示的对话框。通常在用户变量表和系统变量表中都不会有类路径（classpath）这个变量，需要分别单击如图 1.14 所示的两个变量表下面的"新建"按钮，并分别创建这个变量（如果已经有 classpath 变量，则单击"编辑"按钮，进行编辑）。这时系统弹出"新建系统变量"对话框。按图 1.16 所示分别输入变量名"classpath"及其值".;C:\j2sdk\lib"。在输入完成之后，单击"确定"按钮。当这两个变量在用户变量表和系统变量表中都设置完成时，依次单击如图 1.14 和图 1.13 所示的对话框中的"确定"按钮，即可完成 J2SE 环境变量的设置。

图 1.15　"编辑系统变量"对话框

图 1.16　"新建系统变量"对话框

（4）在 Microsoft Windows ME 下设置运行路径（path）和类路径（classpath）的步骤：

如图 1.17 所示，依次单击桌面菜单项"开始"→"程序"→"附件"→"系统工具"→"系统信息"。

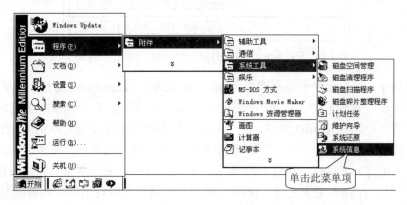

图 1.17　Windows ME 操作系统的桌面菜单

弹出如图 1.18 所示的"帮助和支持"窗口。从这个窗口里选取"工具"菜单下的"系统配置实用程序"菜单项。

这时系统会弹出如图 1.19 所示的"系统配置实用程序"窗口。在该窗口中，选取其中的"环境"选项卡。

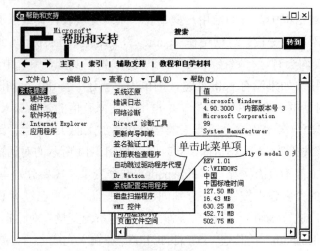

图 1.18 "帮助和支持"窗口

图 1.19 "系统配置实用程序"窗口中的"环境"选项卡

在该窗口中，如果已经有运行路径（path）或类路径（classpath）变量，则单击"编辑"按钮，进行编辑；否则单击"新建"按钮创建所缺少的变量。在"系统配置实用程序"窗口中一般会有运行路径（path）变量，这时先在变量表中选中该变量（即 path），再单击"编辑"按钮，弹出如图 1.20 所示的"编辑变量"对话框。在"变量值"文本框中，在原有值的末尾加入";C:\j2sdk\bin"，如图 1.20 所示，其中，分号用来分隔原来的路径和新加入的 J2SE 运行路径。在输入完成之后，单击"确定"按钮，关闭对话框，同时回到如图 1.19 所示的窗口。通常在如图 1.19 所示的"系统配置实用程序"窗口中不会有类路径（classpath）变量。这时需要单击"新建"按钮，进入"新建变量"的对话框。按图 1.21 所示分别输入变量名"CLASSPATH"及其值".;C:\j2sdk\lib"。在输入完成之后，单击"确定"按钮。

当这两个变量在如图 1.19 所示的"系统配置实用程序"窗口中设置完毕时，选中路径（path）或类路径（classpath）变量最前面的复选框，如图 1.22 所示。最后单击"确定"按钮。这样，就完成了 J2SE 环境变量的设置。这时，系统会要求重新启动。只有在重新启动计算机之后，新设置的环境变量才能起作用。

图 1.20  "编辑变量"对话框 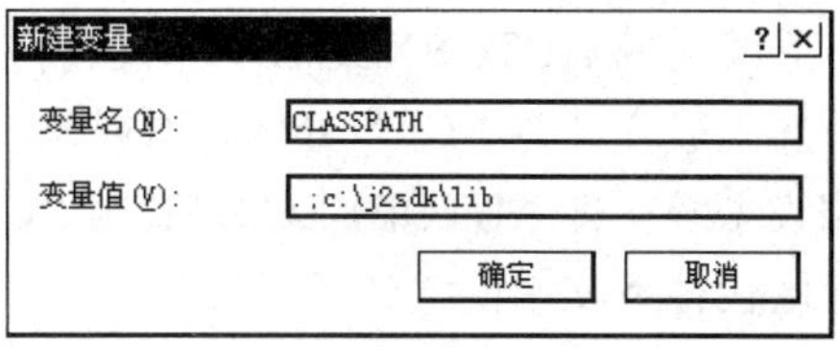          图 1.21  "新建变量"对话框

图 1.22  在设置完成之后的系统配置实用程序对话框（环境选项卡）

（5）**在 Microsoft Windows 98 下设置运行路径（path）和类路径（classpath）的步骤**：
这里描述的操作步骤也适合于操作系统 Microsoft Windows 95 和 97。目标是在系统文件 AUTOEXEC.BAT（如果还没有该文件，则新建该文件）的末尾添加下列两行内容：

```
set path=%path%;C:\j2sdk\bin
set classpath= .;C:\j2sdk\lib
```

可以通过记事本来编辑或创建系统文件 AUTOEXEC.BAT。如图 1.23 所示，依次单击桌面菜单项"开始"→"程序"→"附件"→"记事本"，可以打开"记事本"应用程序。

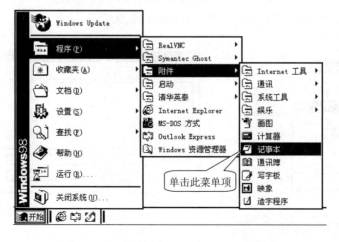

图 1.23  操作系统 Windows 98 的桌面菜单

系统文件 AUTOEXEC.BAT 所在的分区一般与操作系统程序安装的位置相同。操作系统程序一般安装在"C:\"分区，所以系统文件 AUTOEXEC.BAT 一般也在"C:\"分区。下面假设系统文件 AUTOEXEC.BAT 在"C:\"分区。如果不是这样，则用操作系统程序所在的分区代替下文中的"C:\"就可以了。

如果系统文件 AUTOEXEC.BAT 不存在（即文件 C:\AUTOEXEC.BAT 不存在），那么按照下面的方法创建该文件。先打开记事本应用程序，新打开的记事本应用程序如图 1.24 所示。接着，在记事本中输入如图 1.25 所示的内容。

图 1.24　新打开的记事本　　　　　　　图 1.25　在记事本中输入内容

然后，如图 1.26 所示，依次单击记事本的"文件"→"保存"菜单项，弹出如图 1.27 所示的保存对话框。在对话框中输入文件名，并选择保存类型为"所有文件"。单击"保存"按钮，就完成了系统文件 AUTOEXEC.BAT 和 J2SE 环境变量的设置。

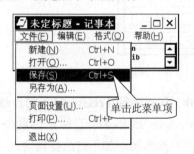

图 1.26　记事本上的"保存"菜单项　　　图 1.27　记事本的保存对话框

如果存在系统文件 AUTOEXEC.BAT，则直接打开记事本应用程序。新打开的记事本应用程序如图 1.24 所示。接着，如图 1.28 所示，依次单击记事本的"文件"→"打开"菜单项。在弹出的对话框中按图 1.29 所示输入文件名，并选取文件类型为"所有文件"，然后单击"打开"按钮，打开系统文件 AUTOEXEC.BAT。

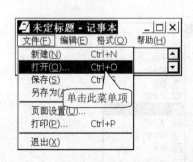

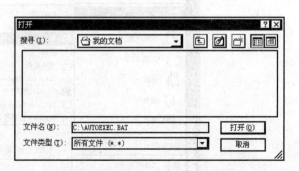

图 1.28　记事本上的"打开"菜单项　　　图 1.29　记事本的"打开"对话框

通过记事本，在系统文件 AUTOEXEC.BAT 的末尾输入如图 1.30 所示的内容。最后，如图 1.26 所示，依次单击记事本的"文件"→"保存"菜单项，就完成了对系统文件 AUTOEXEC.BAT 的编辑和对 J2SE 环境变量的设置。在设置完环境变量之后，必须重新启动计算机，才能让这两个变量起作用。

图 1.30　在文件末尾添加内容

（6）在Linux或UNIX操作系统下设置运行路径（path）和类路径（classpath）的步骤：

这里假设在 Linux 或 UNIX 操作系统下，J2SE 的安装路径是"/home/j2sdk"。如果实际的安装路径不是"/home/j2sdk"，则用实际的安装路径替代这里的"/home/j2sdk"。在 Linux 或 UNIX 操作系统下，首先打开一个已有的系统文件。这要求该系统文件是在启动操作系统或控制台窗口（例如 Shell 或 XTerm 窗口）时会自动运行的系统文件，例如文件".profile"、".bashrc"或".cshrc"，其中，".profile"一般对所有的用户都有效，".bashrc"和".cshrc"一般只对当前用户有效。然后，在该系统文件中加入如下两行信息：

```
export PATH=/home/j2sdk/bin:$PATH
export CLASSPATH=.:/home/j2sdk/lib:$CLASSPATH
```

其中，"."表示当前路径；"/home/j2sdk"是 J2SE 的安装路径，应当用实际的安装路径代替；"/home/j2sdk/bin"是Java虚拟机的各个运行程序所在的路径；"/home/j2sdk/lib"是J2SE类库所在的路径；"$PATH"表示环境变量 PATH 原有的值；"$CLASSPATH"表示环境变量 CLASSPATH 原有的值。这里需要注意的是在 Linux 或 UNIX 操作系统下，在相邻两个路径之间采用冒号分隔开，而不是采用分号。

在上面设置环境变量过程中，一定要注意不要敲错字符，这是计算机初学者最容易犯的错误。在设置完 J2SE 环境变量后，离完成 Java 开发环境的建立就剩最后一步了，即从 Sun 公司的 Javasoft 分公司的网站（http://java.sun.com）下载 J2SE 的在线帮助文档。最好把在线帮助文档下载到本机，因为它提供了 Java 类库的详细说明，在学习 Java 语言和编写 Java 程序时经常需要查看该在线帮助文档。下载下来的在线帮助文档一般是一个压缩文件，只要用解压缩软件（如 WinZip）将其解开，就可以用 IE（Microsoft Internet Explorer）或 Netscape 浏览在线帮助文档了。

## 1.4　Java 程序及其执行过程

在 Java 的开发环境建立之后就可以开始编写 Java 程序。Java 程序共分为两种类型：应用程序（Application）和小应用程序（Applet）。应用程序一般是可以独立运行的计算机应用程序；而小应用程序指的是用 Java 语言开发的嵌在网页中运行的程序。下面将分别通过相应的例程说明这两种程序的开发工作流程。在讲解例程的过程中，同时也将讲述如何使用 Sun 公司的在线帮助文档。另外，本节还将讲解 Java 程序的内部执行过程和原理。这样，读者就可以对 Java 语言有个总体认识，并且可以开始编写简单的 Java 程序。

### 1.4.1　开发 Java 程序的工作流程

开发 Java 的应用程序（Application）和小应用程序（Applet）都要经过 3 个基本步

**J**ava 程序设计教程（第 3 版）

**骤**: 编辑、编译和运行。**编辑**就是采用编辑器编写 Java 源程序。Java 源程序是由一些文本文件组成的。编辑器可以用 1.3 节中用到的记事本。本书推荐采用 **UltraEdit 软件**进行编辑，因为它的功能更强，可以标识出在 Java 程序中的关键字等信息。在编写好 Java 源程序之后就可以进行编译和运行了。计算机语言初学者在编辑的过程中经常会出现打字错误的现象，Java 开发工具区分源程序和文件名的大小写以及全角和半角。计算机语言初学者在刚开始学习时一定要有耐心检查自己输入的程序是否含有拼写错误。对应用程序（Application）和小应用程序（Applet）来说，这 3 个开发步骤的细节略有不同，下面分别通过一个例程进行说明。

下面以一个**简单招呼程序例程**说明应用程序（Application）的开发过程。一个简单的 Java 应用程序的源程序可以就是一个文本文件。Java 源程序的文本文件后缀一定是".java"。在本例程中，编辑 Java 源程序的步骤就是创建一个文件名为 J_HelloJava.java 的文本文件，其内容如下所示。

```
// ////////////////////////////////////////////////
//
// J_HelloJava.java
//
// 开发者: 雍俊海
// ////////////////////////////////////////////////
// 简介:
//      简单招呼程序例程
// ////////////////////////////////////////////////
public class J_HelloJava
{
    public static void main(String args[ ])
    {
        System.out.println("Java 语言，您好！");
        System.out.println("我将成为优秀的 Java 程序员！");
    } // 方法 main 结束
} // 类 J_HelloJava 结束
```

下面对上面的源程序做初步解释，具体的说明将在以后的章节展开。在上面例程中，在每一行"//"之后的内容是程序的**注释**。它主要是为了提高程序的可读性，对程序的编译和运行并没有实际的意义。接着程序**定义了一个类 J_HelloJava**，其声明是：

```
public class J_HelloJava
```

其中，**关键字 public** 表明所定义的类是一个公共类，可以被各个软件包使用；**关键字 class** 表明后面定义的是一个 Java 类；**标识符 J_HelloJava** 指定所定义的类的名称，即类名。可以更改类名，但必须与其所在的文件同名。例如：在上面例程中，类 J_HelloJava 所在的文本文件名为 J_HelloJava.java。这是 Java 语言规定的。一个 Java 程序可以包含多个类。一个源程序文本文件可以包含多个类，但是每个文件最多只能包含一个公共类，而且这个公共类必须与其所在的文件同名。因此，如果需要修改公共类的名称，则需要同时修改该公共类所在的文件名。

在类 J_HelloJava 的内部定义了 成员方法 main。它的声明是：

```
public static void main(String args[ ])
```

Java 语言将传统的 函数 称为方法。以后的叙述都将直接采用 "方法" 这个名词。因为 main 方法是类 J_HelloJava 的一个组成部分，所以 main 方法也称为 main 成员方法。成员方法 main 是所有 Java 应用程序执行的入口，但不是 Java 小应用程序的入口。因此，可以运行的 Java 应用程序必须含有 main 成员方法。在上面的声明中，关键字 public 说明成员方法 main 具有公共属性，关键字 static 说明成员方法 main 具有静态属性，关键字 void 表明成员方法 main 没有返回值。成员方法 main 必须同时含有 public、static 和 void 的属性。这是 Java 语言所规定的。在成员方法 main 中，args 是成员方法 main 的 参数变量，"String [ ]" 是参数变量 args 的数据类型。这里参数变量 args 的数据类型是不可以被修改的，参数变量 args 的名称是可以改变的，但通常不修改成员方法 main 的参数变量名称。这里需要注意的是，成员方法 main 一般都定义在某个类的内部，即一般不存在脱离类的作为 Java 应用程序入口的 main 成员方法。

在成员方法 main 的内部只有两条 语句：

```
System.out.println("Java 语言，您好！");
System.out.println("我将成为优秀的 Java 程序员！");
```

这两条语句均使用了系统提供的 **System.out.println 方法**。该方法在控制台窗口中输出字符串。例如：在上面语句中，每对双引号及其内部的字符共同构成一个 字符串，即"Java 语言，您好！"和"我将成为优秀的 Java 程序员！"均为字符串。在一对双引号内部的内容通常称为 字符串的内容。因为上面例程这两条语句可以在控制台窗口中输出字符串，所以通常称为 输出语句。可以修改上面例程的字符串内容，也可以增加或者减少输出语句，从而在控制台窗口中产生不同的输出。这里，在 Microsoft Windows 系列的操作系统下的 DOS 窗口、在 Linux 或 UNIX 操作系统下的 Shell 或 XTerm 窗口通常统称为 控制台窗口。与方法 System.out.println 相似的方法有方法 System.out.print。这两个方法的区别在于方法 System.out.print 在输出字符串之后不换行，而方法 System.out.println 在输出字符串之后自动换行。例如：语句

```
System.out.print("Java 语言，您好！");
System.out.print("我将成为优秀的 Java 程序员！");
```

将输出在同一行上；而语句

```
System.out.println("Java 语言，您好！");
System.out.println("我将成为优秀的 Java 程序员！");
```

将输出在两行上。在方法 System.out.println 和方法 System.out.print 中，System 是 Java 系统提供的一个类，out 是类 System 的 成员域。成员域在其他计算机语言中常称为 成员变量。它们的详细说明参见 Sun 公司提供的在线帮助文档（1.3 节已经要求将其下载下来）。下面

顺便讲解如何使用在线帮助文档。

使用在线帮助文档的前提是在线帮助文档已经下载并且解压缩完毕。然后从在线帮助文档的目录下打开 index.html 文件（在 IE 或 Netscape 浏览器中均可以打开），这是在线帮助文档的入口。打开的网页如图 1.31 所示。单击网页上的链接"API，Language，and VM Specs"，会进入如图 1.32 所示的页面。接着单击网页上的链接"Java Platform API Specification"，进入 Java 在线帮助文档的主页面，如图 1.33 所示。这个在线帮助主页面分成 3 个区域。在左上角的区域内，可以选择所有的类或者某个特定的包（Java 语言中的包可以认为是一些类或接口的集合，包的内容将在后面的章节作详细的介绍）；在左下角的区域内，可以选择具体的类或接口。这些类和接口是按字母排序的，因此查找很方便。在右边的区域内显示具体包或类或接口的详细说明。例如：通过这个页面，可以很方便地找到类"System"的详细说明，如图 1.33 所示。

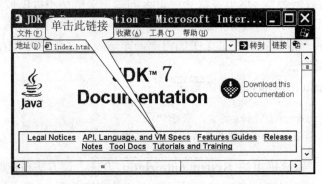

图 1.31　在线帮助文档入口——index.html

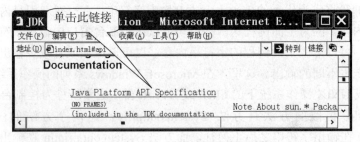

图 1.32　在线帮助文档

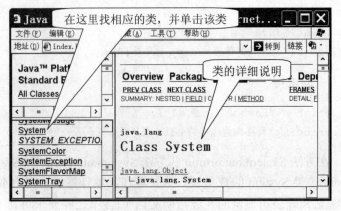

图 1.33　在线帮助文档主页面

下面进入 Java 程序开发的第二个步骤，即 编译阶段 。在 Microsoft Windows 系列的操作系统下，首先要进入 DOS 窗口；在 Linux 或 UNIX 操作系统下，需要进入一个 Shell 或 XTerm 窗口。这些窗口（DOS 窗口、Shell 或 XTerm 窗口）通常统称为 控制台窗口 。

在 Microsoft Windows 8 操作系统下进入 DOS 窗口的方法是在一些对话框的路径栏或搜索文本框中输入"cmd"及回车符。例如，如图 1.2 所示的控制面板个性化对话框中，先单击其中的路径栏右侧空白处，使得路径栏处于可编辑的状态。然后，如图 1.34 所示，在路径栏中输入"cmd"及回车符，从而进入 DOS 窗口。另外，还可以同时按下键盘上的 Window 键和字母 R 键（或先按住 Window 键不放，再按下字母 R 键，然后同时释放这两个键）。Window 键在有些键盘上采用符号标识。这时，弹出如图 1.35 所示的"运行"对话框。在"运行"对话框中输入"cmd"及回车符，就可以进入 DOS 窗口。

图 1.34  在 Windows 8 控制面板个性化对话框的路径栏中输入"cmd"

在 Microsoft Windows 7 操作系统下进入 DOS 窗口的方法是单击桌面"开始"菜单项，在"搜索程序和文件"文本框中输入"cmd"及回车符，就可以进入 DOS 窗口。

在 Microsoft Windows XP、2000、NT、ME 和 98 等操作系统下，可以依次单击桌面菜单项"开始"和"运行"，打开"运行"对话框。对于 Microsoft Windows XP、2000、NT 的操作系统，在"运行"对话框中 输入"cmd" ，如图 1.35 所示；对于 Microsoft Windows ME、Microsoft Windows 98 及以前的操作系统，在对话框中 输入"command" ，如图 1.36 所示。然后单击"确定"按钮，就可以进入 DOS 窗口。

图 1.35  输入"cmd"进入 DOS 窗口

图 1.36  输入"command"进入 DOS 窗口

**J**ava 程序设计教程（第 3 版）

在控制台窗口中，通过控制台命令 cd 进入 Java 源程序 J_HelloJava.java 所在的目录。然后，就可以 通过编译命令

```
javac J_HelloJava.java
```

来编译 Java 源程序，其中，javac 是 Java 开发工具的编译命令，后面跟的 J_HelloJava.java 是其参数，表示要编译的源文件。这两者之间用空格分开。在这里一定要注意， 编译命令 的文件名的后缀一定是 ".java"，而且一定要写，并且文件名是区分大小写的。任何一个字符的大小写或全半角出现错误都将引起编译错误。在编译完成之后，如果没有错误发生，则生成文件 J_HelloJava.class。文件 J_HelloJava.class 是一个二进制文件，具体细节将在下一小节介绍。

在编译完成之后，可以进入 Java 程序开发的第三个步骤，即 执行阶段。要执行上面的 Java 程序，只要在控制台窗口中 输入执行命令

```
java J_HelloJava
```

就可以了，其中，java 是执行 Java 程序的命令，紧跟其后的是空格以及 J_HelloJava。J_HelloJava 是命令 java 的参数，表示所要执行的应用程序。图 1.37 给出了在控制台中编译和执行的图示。从图 1.37 可以看出，上面例程的运行结果是在控制台窗口中输出两行信息：

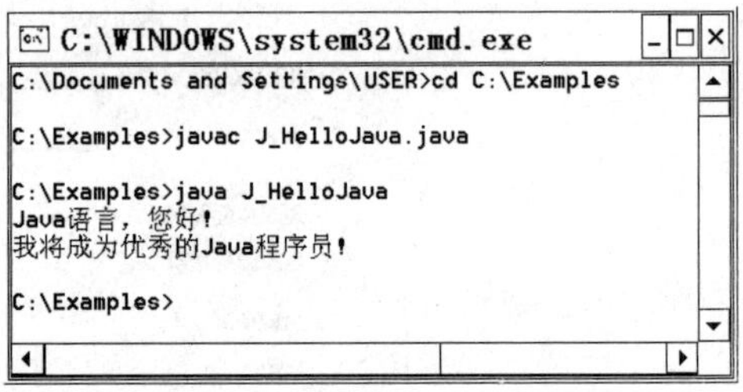

```
Java 语言，您好！
我将成为优秀的 Java 程序员！
```

图 1.37　编译和执行 Java 应用程序

在这里需要注意的是，在输入运行程序的命令中， 程序名 J_HelloJava 一定不能含有任何 后缀，即 "java J_HelloJava" 不能写成 "java J_HelloJava.java"，也不能写成 "java J_HelloJava.class"。

下面以一个 简单招呼小应用程序例程 说明小应用程序（Applet）的开发过程。因为 Java 的小应用程序是嵌在网页中运行的 Java 程序，所以开发小应用程序的第一个步骤（即 编辑 步骤）除了要编写 Java 源程序之外，还需要编写一个 HTML（Hypertext Markup Language，超文本置标语言）文本文件。先用文本编辑器编写 Java 源文件 J_HelloApplet.java。同前面应用程序一样，文件名后缀必须是 ".java"。源文件 J_HelloApplet.java 的内容如下所示。

```
// ////////////////////////////////////////////////
//
// J_HelloApplet.java
//
// 开发者： 雍俊海
// ////////////////////////////////////////////////
// 简介:
//     简单招呼小应用程序例程
// ////////////////////////////////////////////////
import java.awt.Graphics;
```

```
import javax.swing.JApplet;

public class J_HelloApplet extends JApplet
{
    public void paint(Graphics g)
    {
        g.clearRect(0, 0, getWidth( ), getHeight( )); // 清除背景
        g.drawString("小应用程序, 您好!", 10, 20);
    } // 方法 paint 结束
} // 类 J_HelloApplet 结束
```

在上面的例程中，在每一行"//"之后的内容是程序的注释。语句：

```
import java.awt.Graphics;
import javax.swing.JApplet;
```

为上面例程导入系统所提供的类 java.awt.Graphics 和类 javax.swing.JApplet，其中，关键字 **import** 用来导入一个软件包或者类或者接口等。类 java.awt.Graphics 和类 javax.swing.JApplet 分别是带软件包的类 Graphics 和类 JApplet 的完整名称。前面应用程序的例程用到的系统提供的类 System 是一个可以自动导入的类，因此不需要采用关键字 import 导入类 System。在导入这两个类之后，在源程序中可以直接用这两个类。

上面的例程定义了一个类 **J_HelloApplet**，其声明是：

```
public class J_HelloApplet extends JApplet
```

其中，关键字 **public** 表明所定义的类是一个公共类；关键字 **class** 表明后面定义的是一个 Java 类；标识符 **J_HelloApplet** 指定所定义的类的名称，extends JApplet 表明当前定义的类是类 JApplet 的子类。编写 Java 小应用程序可以通过编写类 JApplet 的子类的方式，即因为当前定义的类 J_HelloApplet 是类 JApplet 的子类，所以它是一个小应用程序。这里可以更改类 J_HelloApplet 的名称，但必须与其所在的文件同名，即必须同时更改相应的文件名。

在类 J_HelloApplet 的内部定义了成员方法 **paint**。它的声明是：

```
public void paint(Graphics g)
```

其中，关键字 **public** 说明成员方法 paint 具有公共属性，关键字 **void** 表明成员方法 paint 没有返回值。在成员方法 paint 中，g 是成员方法 paint 的参数变量，Graphics 是参数变量 g 的数据类型。在成员方法 paint 中，通过参数变量 g 可以实现在小应用程序的图形界面的图形绘制功能。

在成员方法 paint 的内部语句：

```
g.clearRect(0, 0, getWidth( ), getHeight( ));
```

实现清除小应用程序图形界面背景的功能，即用背景颜色绘制小应用程序的图形界面。这里需要注意的是，小应用程序图形界面的坐标采用左手坐标系，即左上角点坐标为坐标原点（0，0），x 轴从左到右增大，y 轴从上到下增大。上面的语句实际上通过参数变量 g 调

用类 java.awt.Graphics 的成员方法 clearRect。该成员方法清除图形界面指定区域的背景。该成员方法的前两个参数指定区域的左上角点坐标，例如上面的语句指定该区域的左上角坐标为(0，0)。该成员方法的后两个参数指定区域的宽度和高度。因为方法调用 getWidth( ) 和 getHeight( )分别返回小应用程序图形界面的宽度和高度，所以上面的语句实际上是清除小应用程序的整个图形界面，即用背景颜色绘制小应用程序的整个图形界面。

在成员方法 paint 的内部语句：

```
g.drawString("小应用程序，您好!", 10, 20);
```

实现在小应用程序图形界面的坐标为（10，20）处绘制字符串"小应用程序，您好!"，其中，通过参数变量 g 对成员方法 drawString 的调用的第一个参数指定需要绘制的字符串，最后两个参数指定绘制的坐标位置。上面的语句称为字符串绘制语句。这里可以自行修改需要绘制的字符串的内容，以及字符串绘制的坐标位置，还可以增加新的字符串绘制语句。

接着需要再用文本编辑器编写相应的 HTML 文件，文件名为 AppletExample.html，其内容如下所示。

```
<!--------- AppletExample.html 开发者: 雍俊海--------->
<HTML>
    <HEAD>
        <TITLE>
                简单招呼小应用程序例程
        </TITLE>
    </HEAD>

    <BODY>
        <APPLET CODE="J_HelloApplet.class" WIDTH=200 HEIGHT=40>
        </APPLET>
        <BR>
    </BODY>
</HTML>
```

在上面的 HTML 文件 AppletExample.html 中，第一行是注释。整个 HTML 文件的内容用"<HTML>"和"</HTML>"界定。在"<HEAD>"和"</HEAD>"之间的内容将显示为网页的头部；在"<BODY>"和"</BODY>"之间的内容是网页的正文。在上面的例程中，网页的头部含有网页的标题，即用"<TITLE>"和"</TITLE>"界定的内容。网页的正文部分只含有一个小应用程序，即用"<APPLET…>"和"</APPLET>"界定的内容。在"<APPLET …>"和"</APPLET>"之间包含了一些参数，其中，"CODE"后面的内容指定所要执行的小应用程序，"WIDTH"和"HEIGHT"后面的数值分别指定小应用程序在网页上占用的宽度和高度。

开发小应用程序（Applet）的第二个步骤（即编译步骤）与开发应用程序（Application）的第二个步骤一样，都是通过"javac"命令进行编译。例如：在上面例程中，在 Java 源程序 J_HelloApplet.java 所在的目录下，通过编译命令

```
javac J_HelloApplet.java
```

编译 Java 源程序 J_HelloApplet.java，如图 1.38 所示。

运行 **Java** 小应用程序有两种方法，第一种方法是通过小应用程序查看器，另一种方法是直接利用 IE 或 Netscape 浏览器。通过小应用程序查看器运行 **Java** 小应用程序的命令格式是

　　　appletviewer *HTML 文件名*

其中，appletviewer 是小应用程序查看器对应的命令，"*HTML 文件名*"指定小应用程序所在 HTML 文件。如图 1.38 所示，上面例程对应的命令是：

　　　appletviewer AppletExample.html

运行的结果如图 1.39 所示。在第二种方法中，直接用 **IE** 或 **Netscape** 浏览器打开 **HTML** 文件，例如上面例程的文件 AppletExample.html。

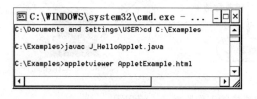

图 1.38　编译和执行 Java 小应用程序　　　　图 1.39　Java 小应用程序执行结果

上面的两个例程分别介绍了开发 Java 的两种程序（应用程序与小应用程序）的基本步骤。用 **Java** 语言求解问题的实际过程一般是：从实际问题出发，然后构造出基于 Java 语言的求解模型，最后转化成为 Java 语句并开发 Java 程序。而开发 Java 程序的过程是比较简单的，比开发 C 或 C++程序少了一个连接（link）的步骤。Java 程序开发过程可以用如图 1.40 所示的流程图表示。

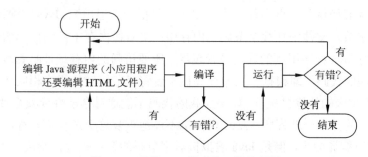

图 1.40　开发 Java 程序的一般流程图

## 1.4.2　Java 程序的工作原理

Sun 公司设计 Java 语言的目标是让 Java 程序不必经过修改就可以在各种各样的计算机（包括 PC 和工作站）上运行。为了实现这一目标，Sun 公司提出了一种 **Java** 虚拟机（**Java Virtual Machine，JVM**）的机制，其工作流程和原理如图 1.41 所示。**Java** 虚拟机是编译和运行 Java 程序等的各种命令及其运行环境的总称。Java 源程序在编译之后生成后缀为".class"的文件，该文件以字节码（bytecode）的方式进行编码。这种字节码实际上是一种

伪代码，它包含各种指令。这些指令基本上是与平台无关的指令。Java 虚拟机在字节码文件（即编译生成的后缀为".class"的文件）的基础上解释这些字节码，即将这些字节码转换成为本地计算机平台的机器代码，并交给本地计算机执行。

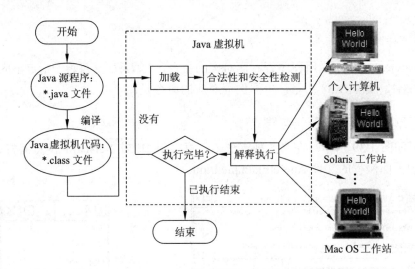

图 1.41　Java 虚拟机的工作原理及其流程图

　　这样，字节码实际上是一种与平台无关的伪代码，通过 Java 命令变成在各种平台上的机器代码。这些伪代码最终是在本地的计算机平台上运行的，但 Java 程序就好像是在这些 Java 命令的基础上运行的，因此这些 Java 命令的集合好像是采用软件技术实现的一种虚拟计算机。这就是 Java 虚拟机名称的由来。

　　Java 虚拟机执行字节码的过程由一个循环组成，它不停地加载程序，进行合法性和安全性检测，以及解释执行，直到程序执行完毕（包括异常退出）。Java 虚拟机首先从后缀为".class"的字节码文件中加载字节码到内存中；接着在内存中检测代码的合法性和安全性，例如，检测 Java 程序用到的数组是否越界、所要访问的内存地址是否合法等；然后解释执行通过检测的代码，即根据不同的计算机平台将字节码转化成为相应计算机平台的机器代码，再交给相应的计算机执行。如果加载的代码不能通过合法性或安全性检测，则 Java 虚拟机执行相应的异常处理程序。Java 虚拟机不停地重复这个过程直到程序执行结束。虽然 Java 语言含有编译命令，但是 Java 虚拟机对字节码的解释执行机制决定了 Java 语言是一种解释执行的语言。

# 1.5　本章小结

　　Java 语言的发展史是简短而曲折的。由于它与网络的良好结合，使得它在刚发布时就引起了轰动。因为 Java 语言是一种新型的计算机语言，没有兼容低版本计算机语言的负担，所以 Java 语言在采用计算机新技术方面比传统的计算机语言显得更为纯粹，Java 语言的特点也更为鲜明。本章讲解了建立 Java 语言开发环境的具体过程，为编写 Java 程序奠定基础，即为学习 Java 语言进行必要的实践奠定基础。本章还介绍了开发 Java 程序的一般步骤，介绍了使用 Sun 公司提供的 Java 语言在线帮助文档的方法，并阐述了 Java 语言的工作原理。Java 语言通过 Java 虚拟机的机制基本上克服了不同计算机平台之间的差别。

# 习题

1. 谁是 Java 语言的创始人？
2. Java 语言有哪些优点和缺点？
3. 如何建立起 Java 的开发环境？
4. 请简述环境变量 path 和 classpath 的作用。
5. Java 程序可以分成哪几种？分别是什么？
6. 查看 Java 在线帮助文档，列举出 System.out.println 和 System.out.print 的不同点。
7. 试编写一个 Java 程序，在控制台窗口中输出如下信息：

```
***************************************
**   Practice makes perfect
***************************************
```

8. 试编写一个 Java 程序，在一个网页上显示习题 7 输出的内容。
9. 请阐述编写 Java 程序的具体步骤。
10. 请简述习题 7 和习题 8 程序在 Java 虚拟机中的执行过程。

# 第 2 章　　　　　结构化程序设计

本章介绍 Java 语言最基本的部分。相对于其他计算机语言而言，Java 语言的数据类型和语法比较简单，歧义较少，计算机平台相关性较小。本章先介绍 Java 语言的标识符和关键字，再介绍 Java 语言的基本数据类型、直接量和变量。Java 语言总共只含有两类**数据类型**：基本数据类型（primitive type）和引用数据类型（reference type）。**基本数据类型**总共只有 8 种：布尔（boolean）、字符（char）、字节（byte）、短整数（short）、整数（int）、长整数（long）、单精度浮点数（float）和双精度浮点数（double）。**引用数据类型**总共只有 4 种：类（class）、接口（interface）、枚举（enum）和数组（array）。引用数据类型将在后面的章节介绍。另外，本章将介绍结构化程序设计方法。**结构化程序设计方法**是最基本的程序设计方法。这种程序设计方法简单，设计出来的程序可读性强，容易理解，便于维护，构成了面向对象程序设计的基础。结构化程序设计可以表示成如下公式：

结构化程序设计 = 数据 + 操作 + 流程控制 + 结构化程序设计方法

公式右边的内容将分别由本章各节阐述。

## 2.1　标识符和关键字

标识符（identifier）和关键字（keyword）是 Java 语言的基本组成部分。**标识符**可以用来标识文件名、变量名、类名、接口名和成员方法名等。**关键字**是 Java 语言保留的一些英文单词，具有特殊的含义。

Java 语言所采用的字符称为 **Java 字符**。**Java 字符的集合**是 **Unicode 字符集**。在该集合中，字符采用双字节的表示方式。Java 语言可以支持汉字、日文和韩文等。Unicode 字符集的头 128 个字符与标准的 ASCII 字符是一致的。这里介绍在 Java 语言中定义的 **Java 字母**。Java 字母实际上是一种广义字母，包括通常意义上的字母（大写字母 "A" ~ "Z" 和小写字母 "a" ~ "z"）、下划线（"_"）、美元符号（"$"）以及在除了英语之外的其他语言中相当于 "字母" 的字符（如汉字 "猫"）。但在选取 Java 字母构造标识符时，一般仍然只推荐选取 ASCII 字母（即大写字母"A"~"Z"和小写字母"a"~"z"）以及下划线（"_"）。这里介绍在 Java 语言中定义的 **Java 数字**。Java 数字包括 10 个 ASCII 数字（"0"~"9"）以及在除了英语之外的其他语言中相当于"数字"的字符。同样的，数字一般也只推荐采用 ASCII 数字（"0"~"9"）。

Java 语言规定 **标识符** 是由 Java 字母和 Java 数字组成的除关键字、false、true 和 null 之外的字符序列，而且其首字符必须是 Java 字母，其中，false、true 和 null 是 Java 语言的直接量。**Java 直接量** 是直接表示数据值而且不含运算的表达式，将在下一节阐述。**Java 语言是区分大小写** 的，包括区分文件名的大小写。文件名大小写不匹配有可能会导致编译错误或者执行不成功。

下面给出一个 **判断一个字符是否可以做 Java 标识符的起始字符或后续字符的例程**。例程的源文件名为 J_Identifier.java，其内容如下：

```
// /////////////////////////////////////////////////
//
// J_Identifier.java
//
// 开发者: 雍俊海
// /////////////////////////////////////////////////
// 简介:
//      判断一个字符是否可以做 Java 标识符的起始字符或后续字符的例程
// /////////////////////////////////////////////////
public class J_Identifier
{
    public static void main(String args[ ])
    {
        char c='猫';
        if (Character.isJavaIdentifierStart(c))
        System.out.println("字符\'"+c+"\'可以做标识符的首字符");
        else
        System.out.println("字符\'"+c+"\'不可以做标识符的首字符");
        if (Character.isJavaIdentifierPart(c))
        System.out.println("字符\'"+c
            +"\'可以做标识符除首字符外的组成字符");
        else
        System.out.println("字符\'"+c
            +"\'不可以做标识符除首字符外的组成字符");
    } // 方法 main 结束
} // 类 J_Identifier 结束
```

编译命令为：

```
javac J_Identifier.java
```

执行命令为：

```
java J_Identifier
```

最后执行的结果是在控制台窗口中输出：

字符'猫'可以做标识符的首字符

字符'猫'可以做标识符除首字符外的组成字符

如果不改变源程序文件的内容，则上面例程的文件名与后缀都不能改变，而且大小写也必须一致；否则，可能会导致编译错误或运行不成功。如果控制台窗口的当前路径是"C:\Examples"，则编译和运行结果如图 2.1 所示。上面的例程利用系统提供的类 java.lang.Character 的两个静态成员方法。类 java.lang.Character 的静态成员方法

```
public static boolean isJavaIdentifierStart(char ch)
```

用来判断给定的字符 ch 是否可以做 Java 标识符的起始字符。如果可以，则该成员方法返回 true；否则，该成员方法返回 false。类 java.lang.Character 的静态成员方法

```
public static boolean isJavaIdentifierPart(char ch)
```

用来判断给定的字符 ch 是否可以做 Java 标识符的后续字符。如果可以，则该成员方法返回 true；否则，该成员方法返回 false。这里的后续字符指的是在标识符中除了首字符之外的其他字符。上面的例程用到了 if-else 语句，它是一种条件分支语句，即可以根据给定的条件执行不同分支的语句。这样，当条件满足时，可以输出条件满足的情况说明；当条件不满足时，可以输出条件不满足的情况说明。上面的例程可以用来判断一个给定字符是否可以做 Java 标识符的起始字符或后续字符。上面的例程只是测试了字符"猫"。如果需要测试其他字符，则只要用被测试的字符替换上面例程中的"猫"字符就可以了。

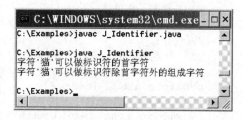

图 2.1　编译、运行及其结果

表 2.1 给出了一些合法的 Java 标识符示例。虽然美元符号可以作为 Java 标识符的首字符，但一般不提倡将美元符号作为 Java 标识符的首字符。例如：采用标识符"$9"容易引起一些不必要的误解。

表 2.1　合法的 Java 标识符示例

| myVariable | MYVARIABLE | _myvariable | i | m1 |
| --- | --- | --- | --- | --- |
| $myvariable | $9 | _9pins | 汉 | 猫 |

表 2.2 给出了一些不合法的 Java 标识符示例。如果在 Java 源程序中采用不合法的 Java 标识符，一般会引起编译或运行错误。

表 2.2　不合法的 Java 标识符示例

| 不合法的 Java 标识符 | 原因 |
| --- | --- |
| 9pins | 首字符为数字 |
| a+c | "+"既不是 Java 字母，也不是 Java 数字 |
| testing1-2-3 | "-"既不是 Java 字母，也不是 Java 数字 |
| java&uml | "&"既不是 Java 字母，也不是 Java 数字 |
| My　Variable | 在标识符中不能含有空格 |
| It's | 在标识符中不能含有引号 |

  Java 语言规定<u>关键字不能作为标识符</u>。表 2.3 列出了所有的 **Java 关键字**。目前共有 50 个 Java 关键字，其中，"const" 和 "goto" 这两个关键字目前在 Java 语言中并没有具体含义。Java 语言把它们列为关键字，只是因为 "const" 和 "goto" 是其他某些计算机语言的关键字。为了便于理解这些关键字，表 2.4 列出了所有 Java 关键字的大致含义。

表 2.3　Java 关键字

| | | | | |
|---|---|---|---|---|
| abstract | continue | for | new | switch |
| assert | default | goto | package | synchronized |
| boolean | do | if | private | this |
| break | double | implements | protected | throw |
| byte | else | import | public | throws |
| case | enum | instanceof | return | transient |
| catch | extends | int | short | try |
| char | final | interface | static | void |
| class | finally | long | strictfp | volatile |
| const | float | native | super | while |

表 2.4　Java 关键字的大致含义

| 关键字 | 含义 |
|---|---|
| abstract | 表明类或者成员方法具有抽象属性 |
| assert | 用来进行程序调试 |
| boolean | 基本数据类型之一，布尔类型 |
| break | 提前跳出一个块 |
| byte | 基本数据类型之一，字节类型 |
| case | 用在 switch 语句中，表明其中的一个分支 |
| catch | 用在异常处理中，用来捕捉异常 |
| char | 基本数据类型之一，字符类型 |
| class | 类 |
| const | 保留关键字，没有具体含义 |
| continue | 回到一个块的开始处 |
| default | 默认，例如，用在 switch 语句中，表明一个默认的分支 |
| do | 用在 do-while 循环结构中 |
| double | 基本数据类型之一，双精度浮点数类型 |
| else | 用在条件语句中，表明当条件不成立时的分支 |
| enum | 枚举 |
| extends | 表明一个类型是另一个类型的子类型，这里常见的类型有类和接口 |
| final | 用来说明最终属性，表明一个类不能派生出子类，或者成员方法不能被覆盖，或者成员域的值不能被更改 |
| finally | 用于处理异常情况，用来声明一个基本肯定会被执行到的语句块 |
| float | 基本数据类型之一，单精度浮点数类型 |
| for | 一种循环结构的引导词 |
| goto | 保留关键字，没有具体含义 |
| if | 条件语句的引导词 |
| implements | 表明一个类实现了给定的接口 |
| import | 表明要访问指定的类或包 |
| instanceof | 用来测试一个对象是否是指定类型的实例对象 |
| int | 基本数据类型之一，整数类型 |
| interface | 接口 |

续表

| 关键字 | 含义 |
|---|---|
| long | 基本数据类型之一，长整数类型 |
| native | 用来声明一个方法是由与计算机相关的语言（如 C/C++/FORTRAN 语言）实现的 |
| new | 用来创建新实例对象 |
| package | 包 |
| private | 一种访问控制方式：私用模式 |
| protected | 一种访问控制方式：保护模式 |
| public | 一种访问控制方式：公用模式 |
| return | 从成员方法中返回数据 |
| short | 基本数据类型之一，短整数类型 |
| static | 表明具有静态属性 |
| strictfp | 用来声明 FP-strict（单精度或双精度浮点数）表达式遵循 IEEE 754 算术规范 |
| super | 表示当前对象的父类型的引用或者父类型的构造方法 |
| switch | 分支结构语句的引导词 |
| synchronized | 表明一段代码需要同步执行 |
| this | 指向当前实例对象的引用 |
| throw | 抛出一个异常 |
| throws | 声明在当前定义的成员方法中所有需要抛出的异常 |
| transient | 声明不用序列化的成员域 |
| try | 尝试一个可能抛出异常的程序块 |
| void | 表明当前成员方法没有返回值 |
| volatile | 表明两个或多个变量必须同步地发生变化 |
| while | 用在循环结构中 |

## 2.2　基本数据类型、直接量和变量

本节介绍基本数据类型、直接量和变量。在 Java 语言中，直接量和变量总是与特定的数据类型相关联的。直接量和变量都可以存储一定的数据。

### 2.2.1　基本数据类型

Java 语言总共只含有两类**数据类型**：基本数据类型和引用数据类型。Java 语言的所有数据类型可以表示成如图 2.2 所示的**层次结构图**。

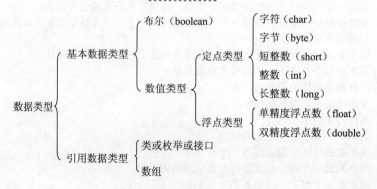

图 2.2　Java 数据类型层次结构图

本小节只介绍 Java 基本数据类型。Java 语言的基本数据类型总共只有 8 种：布尔（boolean）、字符（char）、字节（byte）、短整数（short）、整数（int）、长整数（long）、单精度浮点数（float）和双精度浮点数（double）。表 2.5 列出了这些数据类型的基本信息。在 Java 语言中，每种基本数据类型数据占用的内存位数是固定的，不依赖于具体的计算机。表 2.5 给出的占用位数指的是二进制位的位数。因为占用位数是固定的，所以每种基本数据类型数据的取值范围也是固定的。同时 Java 语言规定了基本数据类型变量的初始值。表 2.5 最后一列给出了各种数据类型的数据编码所遵循的国际标准。

表 2.5　Java 语言的基本数据类型

| 类型 | 占用位数 | 数值范围 | 初始值 | 标准 |
| --- | --- | --- | --- | --- |
| boolean | 8 | 只有两个值：true 和 false | false | |
| char | 16 | 从'\u0000'到'\uFFFF'（即从 0 到 65535） | '\u0000' | ISO Unicode 字符集 |
| byte | 8 | 从−128 到+127（即从−$2^7$ 到 $2^7$−1） | （byte）0 | |
| short | 16 | 从−32 768 到+32 767（即从−$2^{15}$ 到 $2^{15}$−1） | （short）0 | |
| int | 32 | 从−2 147 483 648 到+2 147 483 647（即从−$2^{31}$ 到 $2^{31}$−1） | 0 | |
| long | 64 | 从 −9 223 372 036 854 775 808　到 +9 223 372 036 854 775 807（即从−$2^{63}$ 到 $2^{63}$−1） | 0L | |
| float | 32 | 负数范围：从−3.4028234663852886×$10^{38}$ 到 −1.40129846432481707×$10^{-45}$ 正数范围：从 1.40129846432481707×$10^{-45}$ 到 3.4028234663852886×$10^{+38}$ | 0.0f | IEEE 754 标准 |
| double | 64 | 负数范围：从−1.7976931348623157×$10^{+308}$ 到 −4.94065645841246544×$10^{-324}$ 正数范围：从 4.94065645841246544×$10^{-324}$ 到 1.7976931348623157×$10^{+308}$ | 0.0d | IEEE 754 标准 |

在上面的表格中，"0L"表示 long（长整数）类型的数值 0，其中后缀"L"是 long 类型数值的标志。同样，"0.0f"和"0.0d"分别表示 float（单精度浮点数）和 double（双精度浮点数）的数值 0，其中后缀"f"和"d"分别是这两种类型数值的标志。下一小节将详细介绍这些基本数据类型数据的后缀。2.2.3 小节将介绍基本数据类型之间的数据类型转换。

## 2.2.2　直接量

直接量是直接显式地表示基本数据类型数据、字符串（String）值和空引用值（null）的表达式，而且在该表达式中不含运算。这里分别介绍这些直接量。

布尔（boolean）直接量只有两个：true 和 false。

字符（char）直接量采用的是 ISO（国际标准化组织）规定的 Unicode 字符集。每个字符占用 2 个字节，即 16 位（二进制位）。其取值范围是从 0 到 65 535。Unicode 字符集的前 128 个字符与标准的 ASCII 字符是一样的，后 128 个字符是 Latin-1（拉丁-1）字符。字符直接量可以采用如下 4 种写法：

（1）采用整数直接量的写法，要求该整数的取值范围为从 0 到 65 535。整数直接量的写法将在下面介绍。

（2）用单引号括起来的单个字符，如：'a', 'b' 和 '猫'。

（3）用单引号括起来的 Unicode 字符，如：'\u0061', '\u0051' 和 '\u005a'。它由 \u 引导，\u 后面是 4 位十六进制的整数。

（4）用单引号括起来的转义字符。常用的转义字符有：'\b'（退格），'\f'（换页），'\n'（换行），'\r'（回车），'\t'（制表符（TAB），表示到达下一个制表符位置），'\' '（单引号），'\" '（双引号）和'\\'（反斜杠）。另外，还有一种采用八进制数表示的转义符，其格式为：

'\八进制数'

其中，八进制数只能为从 0 到 255 的整数，即采用这种形式所能表示的字符范围是从字符 '\0' 到 '\377'。

**字节、短整数和整数的直接量**在写法上是相同的，只是允许的整数范围不同（参见表 2.5）。它们可以采用如下 3 种写法。

（1）十进制形式：即常用的由正号（+）、负号（−）和数字（0~9）组成的整数表示形式。例如，123、7 和 0 是十进制形式整数。这里需要注意的是，除了整数 0 之外，第一个数字不能是 0，否则，将会被理解成为下面的八进制数。

（2）八进制形式：由数字 0 引导的，由正号（+）、负号（−）和数字（0~7）组成的整数表示形式。例如：012（在十进制下为 10）、−0123（在十进制下为−83）、046（在十进制下为 38）。这里需要注意的是，采用这种八进制形式比较容易引起程序理解错误。

（3）十六进制形式：由 0x 或 0X 引导的，由正号（+）、负号（−）、数字（0~9）和字母（a~f 或 A~F）组成的整数表示形式。例如：0x1a（在十进制下为 26）、−0xabc（在十进制下为−2748）、0xad（在十进制下为 173）。

**长整数直接量**的写法与整数直接量的写法相似，只是需要在整数后面加上字母 L 或 l（L 的小写字母），表示长整数，例如：−7L、0123L（在十进制下为 83）、0x123L（在十进制下为 291）。一般推荐采用字母 L，因为一般不容易区分字母 l 与数字 1。

**单精度浮点数和双精度浮点数直接量**通常由十进制小数、指数和后缀 3 个部分组成，其中十进制小数部分由正、负、小数点和数字 0~9 组成。十进制小数部分可以不含正、负号。小数点前面或后面可以没有数字，但不能同时没有数字。指数部分也不是必须有的。它紧跟在十进制小数部分之后，以字母 e 或 E 引导，而且指数只能是整数指数。后缀用来区分单精度浮点数直接量和双精度浮点数直接量。单精度浮点数（float）直接量的后缀是字母 f 或 F，双精度浮点数直接量的后缀是字母 d 或 D。可以省略后缀部分，这时表示的是双精度浮点数直接量。例如：

（1）0.1f、.1f、−.05e3f、5.e3f 和 5.e−010f 是单精度浮点数直接量；

（2）0.1、100d、−5.e3 和 5.0e−1d 是双精度浮点数直接量。

**字符串直接量**是用双引号括起来的 Java 字符序列，例如：

```
"Hello"
"This is a String literal"
```

上面是两个字符串直接量的示例。字符串的数据类型是类 java.lang.String，是一种引用数据类型。关于字符串的介绍见 4.2.1 小节。

**直接量 null** 是引用类型的数据，表示空的引用值，即该引用不指向任何对象。

## 2.2.3　变量

**Java 变量具有 4 个基本属性**：变量名、数据类型、存储单元和变量值。**变量名** 是变量的名称，可以采用合法的标识符表示。**变量的数据类型** 可以是基本数据类型或引用数据类型。每个变量一般拥有一个 **存储单元**。存储单元的大小由其数据类型决定，例如：如表 2.5 所示，一个整数类型的变量占用 32 个二进制位的存储单元，一个双精度浮点数类型的变量占用 64 个二进制位的存储单元。在变量的存储单元中存放的是该变量的 **变量值**。如果变量的数据类型是基本数据类型，则在变量的存储单元中存放的是具体的布尔值或数值；如果变量的数据类型是引用数据类型，则在变量的存储单元中存放的是引用值。引用值一般用来指向某个具体的对象。如果引用值是 null，则该引用值不指向任何对象。

在 Java 程序中，在使用变量之前，必须先定义该变量。**定义变量的格式** 是

*类型  变量名或带初始化的变量名列表;*

其中，"类型"指定变量的数据类型。"类型"可以是基本数据类型，例如：int；"类型"也可以是引用数据类型，例如：类名。变量名或带初始化的变量名列表可以包含一个或多个变量名，其中每个变量名是一个合法的标识符，每个变量名对应一个变量。如果含有多个变量名，则在相邻的变量名或带初始化的变量名之间采用逗号分隔开。这里带初始化的变量名实际上包含赋值运算，即等号的左侧是需要定义的变量的名称，等号的右侧是一个表达式，该表达式的值将成为等号左侧变量的值，例如：

```
int studentNumber;              // 定义变量 studentNumber
double velocity, distance;      // 定义变量 velocity 和 distance
int m_radius=5;                 // 定义变量 m_radius，并赋值 5
```

在上面示例中，最后一个语句可以分解成为

```
int m_radius;                   // 定义变量 m_radius
m_radius=5;                     // 给变量 m_radius 赋值
```

第一次给变量赋值称为 **赋初值**，也称为 **初始化**。在使用变量之前一般要求先初始化。带初始化变量名的变量定义方式同时完成变量的定义和初始化。例如：

```
int studentNumber=30;           // 定义变量 studentNumber，并赋初值 30
```

图 2.3 给出变量的存储单元示意图。存储单元是变量的基本属性。在定义变量之后，如果采用不带初始化变量名的变量定义方式，则变量存储单元存放的内容是该变量的默认值。如果变量的数据类型是基本数据类型，则其默认值如表 2.5 所示。如果变量的数据类型是引用数据类型，则其默认值是 null。例如：如图 2.3(a)所示，因为变量定义 "int studentNumber;" 不带初始化，所以变量 studentNumber 的初始值为默认值 0；如图 2.3(b) 所示，因为变量定义 "int m_radius=5;" 带初始化，所以变量 m_radius 的初始值为其初始化部分等号右侧表达式的值 5。

studentNumber: [ 0 ]    m_radius: [ 5 ]

(a) int studentNumber;    (b) int m_radius = 5;

图 2.3　变量定义的内存示意图

在赋值运算中，有些不同数据类型的数据是可以互相转换的，即可以将某些数据类型的表达式赋值给另一种数据类型的变量，一般称为**数据类型转换**。这里的**表达式**可以是直接量、某个已经定义的变量或者含有运算符的表达式。这里介绍**在基本数据类型之间相互转换的规则**。各个基本数据类型在数据类型转换中存在强弱关系，如图 2.4 所示。因为布尔类型与其他基本数据类型不可以互相转换，所以在布尔类型与其他基本数据类型之间不存在强弱关系。字符类型数据有些特殊。在字符类型数据与短整数类型数据之间可以进行数据类型转换，但没有强弱关系。在字符类型数据与字节类型数据之间可以进行数据类型转换，但没有强弱关系。弱的数据类型数据一般可以直接转换为强的数据类型数据。例如：将弱的数据类型数据直接赋值给强的数据类型变量，称为**隐式类型转换**。将强的数据类型数据转换成为弱的数据类型数据称为**强制类型转换**。强制类型转换需要采用**显式类型转换**，即在等号的右侧写上用圆括号括起来的转换之后的数据类型。如果需要在字符类型数据与短整数类型数据之间，以及在字符类型数据与字节类型数据之间进行数据类型转换，则一般也需要通过显式类型转换，如表 2.6 所示。因为强制类型转换往往会造成丢失数据精度，所以应当慎重使用。在表 2.6 中，假设已经定义了如表中第一行或第一列所示的变量，则在这些变量之间的赋值语句，如表中的内容所示。

$$\left.\begin{array}{c} \text{byte} \;<\; \text{short} \\ \text{char} \end{array}\right\} \;<\; \text{int} \;<\; \text{long} \;<\; \text{float} \;<\; \text{double}$$

图 2.4　各个基本数据类型的强弱关系（注：这里符号"<"表示弱于关系）

表 2.6　基本数据类型相互之间的转换规则示例

| | char ch; | byte b; | short s; | int i; | long k; | float f; | double d; |
|---|---|---|---|---|---|---|---|
| **char ch;** | | ch=(char)b; | ch=(char)s; | ch=(char)i; | ch=(char)k; | ch=(char)f; | ch=(char)d; |
| **byte b;** | b=(byte)ch; | | b=(byte)s; | b=(byte)i; | b=(byte)k; | b=(byte)f; | b=(byte)d; |
| **short s;** | s=(short)ch; | s=b; | | s=(short)i; | s=(short)k; | s=(short)f; | s=(short)d; |
| **int i;** | i=ch; | i=b; | i=s; | | i=(int)k; | i=(int)f; | i=(int)d; |
| **long k;** | k=ch; | k=b; | k=s; | k=i; | | k=(long)f; | k=(long)d; |
| **float f;** | f=ch; | f=b; | f=s; | f=i; | f=k; | | f=(float)d; |
| **double d;** | d=ch; | d=b; | d=s; | d=i; | d=k; | d=f; | |

从强的数据类型数据转换为弱的数据类型数据之所以会造成丢失数据精度，主要是因为强的数据类型数据所能表示的数据范围一般较广，而且精度一般也较高。例如：

```
double d=1.60;      // 定义变量 d，并赋初值 1.60
int i=(int)d;       // 定义变量 i，并强制初始化为变量 d 的值。结果 i=1，部分精度丢失
```

当从浮点类型数据到定点类型数据的强制类型转换时，一般将小数点后面的数据全部舍去。这里的**浮点类型**包括单精度和双精度浮点数据类型，**定点类型**一般指的是除去布尔类型和

浮点类型之外的基本数据类型。如果需要采用四舍五入的方式取整，则可以用下面的格式：

> (定点类型) (浮点类型表达式+0.5)

例如：

> int i=(int)(d+0.5); // 设 d=1.60，则变量 i 被强制初始化为 2

从弱的数据类型数据转换为强的数据类型数据也可以采用强制类型转换形式，例如：

> d=i; // 设变量 d 的类型是双精度浮点数类型，变量 i 的类型是整数类型
> d=(double)i; // 设变量 d 的类型是双精度浮点数类型，变量 i 的类型是整数类型

上面两个语句在语法上都是正确的，并且具有相同的功能。这里需要注意的是，布尔类型数据不能与其他基本数据类型数据进行相互的数据类型转换，例如：

> boolean b=true; // 正确：定义变量 b，并赋初值 true
> int i=(int)b; // 错误：布尔类型数据不能转换成为整数数据

又如：

> int i=0; // 正确：定义变量 i，并赋初值 0
> boolean b=(boolean)i; // 错误：整数数据不能转换成为布尔类型数据

下面给出一个数据类型转换例程。例程的源文件名为 J_CastExample.java，其内容如下：

```
// ////////////////////////////////////////////////
//
// J_CastExample.java
//
// 开发者：雍俊海
// ////////////////////////////////////////////////
// 简介：
//     数据类型转换例程
// ////////////////////////////////////////////////
public class J_CastExample
{
    public static void main(String args[ ])
    {
        short  a= 100;
        long   b= a; // 隐式类型转换

        System.out.println("类型转换：短整数"+a+"变成长整数"+b);
        b= 123456789L;
        a= (short)b; // 显式类型转换，强制类型转换
        System.out.println("类型转换：长整数"+b+"变成短整数"+a);
    } // 方法 main 结束
} // 类 J_CastExample 结束
```

编译命令为：

```
javac J_CastExample.java
```

执行命令为：

```
java J_CastExample
```

最后执行的结果是在控制台窗口中输出：

类型转换：短整数 100 变成长整数 100
类型转换：长整数 123456789 变成短整数-13035

在上面的例程中，因为长整数 123456789L 已经超过了短整数所能表示的范围，所以最后输出的短整数为-13035。

## 2.3　运算符

在结构化程序设计中，各种基本操作一般需要通过运算来实现。运算在程序上由运算符与操作数组成：表示运算类型的符号称为运算符；参与运算的数据称为操作数。Java 语言的所有运算符如表 2.7 所示，其中，*op*、*op*1、*op*2、*op*3 表示操作数。

表 2.7　运算符列表

| 描述 | 运算符 | 用法 | 描述 | 运算符 | 用法 |
|------|--------|------|------|--------|------|
| 正值 | + | +*op* | 负值 | − | −*op* |
| 加法 | + | *op*1+*op*2 | 减法 | − | *op*1 − *op*2 |
| 乘法 | * | *op*1 * *op*2 | 除法 | / | *op*1 / *op*2 |
| 前自增 | ++ | ++*op* | 前自减 | −− | −−*op* |
| 后自增 | ++ | *op*++ | 后自减 | −− | *op*−− |
| 取模 | % | *op*1 % *op*2 | 优先 | ( ) | ( *op* ) |
| 小于 | < | *op*1 < *op*2 | 不大于 | <= | *op*1 <= *op*2 |
| 大于 | > | *op*1 > *op*2 | 不小于 | >= | *op*1 >= *op*2 |
| 等于 | == | *op*1 == *op*2 | 不等于 | != | *op*1 != *op*2 |
| 条件与 | && | *op*1 && *op*2 | 逻辑与 | & | *op*1 & *op*2 |
| 条件或 | \|\| | *op*1 \|\| *op*2 | 逻辑或 | \| | *op*1 \| *op*2 |
| 逻辑非 | ! | !*op* | 逻辑异或 | ^ | *op*1 ^ *op*2 |
| 按位与 | & | *op*1 & *op*2 | 按位或 | \| | *op*1 \| *op*2 |
| 按位取反 | ~ | ~*op* | 按位异或 | ^ | *op*1 ^ *op*2 |
| 右移 | >> | *op*1 >> *op*2 | 无符号右移 | >>> | *op*1 >>> *op*2 |
| 左移 | << | *op*1 << *op*2 | 赋值 | = | *op*1=*op*2 |
| 赋值加 | += | *op*1 += *op*2 | 赋值减 | −= | *op*1 −= *op*2 |
| 赋值乘 | *= | *op*1 *=*op*2 | 赋值除 | /= | *op*1 /= *op*2 |
| 赋值与 | &= | *op*1 &= *op*2 | 赋值或 | \|= | *op*1 \|= *op*2 |
| 赋值模 | %= | *op*1 %= *op*2 | 赋值左移 | <<= | *op*1 <<= *op*2 |
| 赋值右移 | >>= | *op*1 >>=*op*2 | 赋值无符号右移 | >>>= | *op*1 >>>= *op*2 |
| 条件 | ?: | *op*1 ? *op*2 : *op*3 | 强制类型转换 | (类型) | (类型)*op* |
| 分量 | . | *op*1.*op*2 | 下标 | [ ] | *op*1[*op*2] |
| 创建对象 | new | 略 | 实例对象 | instanceof | 略 |

根据对应操作数个数，运算符基本上可以分成 3 类：一元运算符、二元运算符和三元运算符，如表 2.8 所示。

**表 2.8　按对应操作数个数划分运算符**

| 一元运算符 | +（正值），–（负值），++，––，!，~ |
|---|---|
| 二元运算符 | %, +, –, *, /, <, <=, >, >=, ==, !=, &&, &, \|\|, \|, ^, >>, >>>, <<, =, +=, –=, *=, /=, &=, \|=, %=, <<=, >>=, >>>= |
| 三元运算符 | ? : |

按运算功能划分，运算符可以分成 7 类，如表 2.9 所示。下面各小节分别介绍这 7 类运算符。

**表 2.9　按功能划分运算符**

| 算术运算符 | +, –, *, /, ++, ––, % |
|---|---|
| 关系运算符 | <, <=, >, >=, ==, != |
| 布尔逻辑运算符 | &&, &, \|\|, \|, !, ^ |
| 位运算符 | &, \|, ~, ^, >>, >>>, << |
| 赋值类运算符 | =, +=, –=, *=, /=, &=, \|=, %=, <<=, >>=, >>>= |
| 条件运算符 | ? : |
| 其他运算符 | (类型), ., [ ], ( ), instanceof, new |

## 2.3.1　算术运算符

算术运算符包括：+、–、*、/、++、––和%。操作数要求是数值类型数据。数值类型是除去布尔类型之外的基本数据类型。符号"+"包括正值和加法两个含义。当"+"表示正值时，其操作数只有一个，运算结果是操作数本身。当表示加法时，其运算与普通加法一致。符号"–"包括负值和减法两个含义。当"–"表示负值时，其操作数只有一个，运算结果是该操作数的相反数。例如：

```
int i=5;        // 定义变量 i，并赋初值 5
int k=-i;       // 定义变量 k，并将 k 初始化为变量 i 的相反数，结果 k=-5
```

当操作数是定点类型（例如：整数类型等）数据时，应当注意运算是否会溢出，即运算结果可能会超出该类型数据所能表示的范围。例如：

```
int i=123456;   // 定义变量 i，并赋初值 123456
i=i*i;          // 进行乘操作，但结果溢出，i 的值为-1938485248
```

当对整数进行除法运算时，也应当注意除法运算的结果是一个整数。这是初学者常犯的错误。例如：

```
int i=3/6*12;   // 因为 3/6=0，接下去的运算 0*12=0，所以结果 i=0，而不是 i=6
```

在进行除法运算之前应当考虑除数是否可能为 0 或很小的数。当除数的绝对值很小时，除法的结果可能溢出。当除数为 0 时，程序可能会中断运算，并抛出除数为 0 的异常。

自增（++）和自减（––）运算符要求操作数必须是变量。自增的作用是将该变量的变

**J**ava 程序设计教程（第 3 版）

量值增加 1，自减的作用是将该变量的变量值减少 1。例如：

```
double d=3.1;          // 定义变量 d，并赋初值 3.1
d++;                   // 进行自增运算，结果 d=4.1
d--;                   // 进行自减运算，结果 d 从 4.1 变回 3.1
```

自增（++）和自减（――）运算均含有前置和后置两种运算，即自增包括前自增与后自增两种，自减包括前自减与后自减两种。前自增和前自减属于前置运算，后自增和后自减属于后置运算。自增和自减运算的前置和后置对操作数变量的作用是一样的，只是在复合运算中有所区别。前置运算是先运算，再使用操作数变量值；后置运算是先使用操作数变量值，再进行自增或自减运算。例如：

```
int n=3;               // 定义变量 n，并赋初值 3
int i=n++;             // 先定义变量 i，再将 n 的值赋给 i，然后让 n 自增 1；最终 i=3，n=4
int k=++n;             // 先定义变量 k，再让 n 自增 1，然后给 k 赋初值 n；最终 k=5，n=5
```

使用自增（++）和自减（――）两种运算符时应当注意，两个加号之间或两个减号之间不能有空格或其他符号。否则将出现编译错误或得到其他结果。例如：

```
d=d+␣+; // 两加号间的空格导致编译错误：表达式不合法，其中符号“␣”表示空格
d=+␣+d; // 因为两加号间有空格，所以实际效果是对 d 进行两次正值运算，结果 d 的值不变
```

取模（%）运算符除了常用的对定点类型的数据进行取模运算外，还可以对浮点数进行取模运算。例如：

```
15.25%0.5;             // 结果为 0.25
15.25%(-0.5);          // 结果为 0.25
(-15.25)%0.5;          // 结果为-0.25
(-15.25)%(-0.5);       // 结果为-0.25
```

在上面取模运算中，运算结果的符号与第一个操作数的符号相同，运算结果的绝对值一般小于第二个操作数的绝对值，并且与第一个操作数相差第二个操作数的整数倍。

与通常的算术表达式一样，在 Java 语言中定义的这些算术运算也可以进行复合运算。在算术运算符中，优先级最高的是自增和自减运算，然后是乘法、除法与取模运算，最后是加法与减法运算。同级运算采取从左到右的优先顺序。这与通常表达式的运算顺序是一致的。

## 2.3.2　关系运算符

关系运算符包括：<、<=、>、>=、==和!=。它们可以用来比较两个数值类型数据的大小，运算结果是布尔类型的值。这些关系运算符都比较直观。这里需要注意的是，计算机在表示浮点数以及进行浮点数运算时均存在着误差，因此，在 Java 程序中一般建议不要直接比较两个浮点数是否相等。直接比较两个浮点数的大小常常会与设想中的结果不一致，例如：

```
(15.2%0.5)==0.2 // Java 运行的结果是 false，而不是 true
```

上面例子结果为 false 的原因是根据 IEEE 754 标准，float 和 double 类型的数据都无法精确表示 15.2，即计算机在表示 15.2 时存在误差。因此，假设 d1 和 d2 是浮点数，则一般建议避免采用下面的方式：

```
d1==d2  // 应当慎重对浮点数作等于或不等于判断
```

比较 d1 和 d2 是否相等。计算机中两个浮点数精确相等的出现概率通常是比较小的。这时通常改为判断这两个浮点数是否在一定的误差允许范围之内，即常用的比较两个浮点数 d1 与 d2 是否相等的方法如下：

```
(((d2-epsilon) < d1) && (d1 < (d2+epsilon)))    // 比较 d2 与 d1 是否相等
```

其中，epsilon 是大于 0 并且适当小的浮点数，称为浮点数的容差。至于 epsilon 的值取多大较为合适，在计算机领域中一直是个难题，与实际的应用紧密相关。在财务或网络应用系统中通常取 $10^{-5}$，用 Java 代码表示即为 epsilon=1e-5；在计算机辅助设计系统中通常取 $10^{-8}$，用 Java 代码表示即为 epsilon=1e-8。

## 2.3.3　布尔逻辑运算符

布尔逻辑运算符包括：&&、&、||、|、! 和 ^。操作数要求是布尔（boolean）类型数据。布尔运算的结果是布尔类型的值。采用枚举的方法列出布尔运算所有可能输入和输出结果的表格称为真值表，如表 2.10 所示。

表 2.10　布尔运算真值表（其中，op1 和 op2 表示操作数）

| *op*1 | *op*2 | *op*1 && *op*2<br>*op*1 & *op*2 | *op*1 \|\| *op*2<br>*op*1 \| *op*2 | *op*1 ^ *op*2 | !*op*1 |
|---|---|---|---|---|---|
| false | false | false | false | false | true |
| false | true | false | true | true | true |
| true | false | false | true | true | false |
| true | true | true | true | false | false |

从上面的真值表可以看出，条件与（&&）和逻辑与（&），以及条件或（||）和逻辑或（|）在布尔值运算上具有相同的结果，区别在于它们的运算过程是不相同的。条件与（&&）和条件或（||）采用的是所谓的"短路规则"，即在运算时先根据第一个操作数进行判断，如果从第一个操作数就可以推出结果，那么就不会去计算第二个操作数。例如，当 op1 的值是 true 时，不管 op2 取什么值，运算"op1 || op2"的结果均为 true。这样，op2 在条件或（||）运算下就不会被计算。而逻辑与（&）和逻辑或（|）则没有采用这一规则，不管第一个操作数的值是什么，第二个操作数仍然会被计算。这样，当进行复合运算时，就可能产生不同的结果。

下面给出一个布尔运算短路规则例程。例程的源文件名为 J_Boolean.java，其内容如下：

```
// ////////////////////////////////////////////////////
//
```

```
// J_Boolean.java
//
// 开发者：雍俊海
// /////////////////////////////////////////////////
// 简介：
//       布尔运算短路规则例程
// /////////////////////////////////////////////////
public class J_Boolean
{
    public static void main(String args[ ])
    {
        int month=8; // 定义变量month，并赋初值 8
        int day=1; // 定义变量day，并赋初值1
        if ((month==8) || (++day<15))
            System.out.println("Month="+month+", Day="+day);
        if ((month==8) | (++day<15))
            System.out.println("Month="+month+", Day="+day);
    } // 方法 main 结束
} // 类 J_Boolean 结束
```

编译命令为：

```
javac J_Boolean.java
```

执行命令为：

```
java J_Boolean
```

最后执行的结果是在控制台窗口中输出：

```
Month=8, Day=1
Month=8, Day=2
```

在上面的例程中，首先定义变量 month，并赋初值 8。在程序的执行过程中均不修改变量 month 的值，从而在上面例程的 main 成员方法中，"(month==8)"一直保持为 true。在第一个条件语句"if ((month==8) || (++day<15))"中，因为条件或(||)运算采用短路规则，所以"(++day<15)"不会被执行，从而这时变量 day 的值不会发生变化，即仍然为 1。因此，在控制台窗口中输出的第一行为"Month=8, Day=1"。当执行到第二个条件语句"if ((month==8) | (++day<15))"时，因为逻辑或(|)不采用短路规则，所以会继续计算第二个操作数，计算结果造成变量 day 的值发生变化，即变成为 2。因此，在控制台窗口中输出的第二行为"Month=8, Day=2"。

## 2.3.4　位运算符

位运算符包括：&、|、~、^、>>、>>>和<<。位运算的操作数要求是定点类型数据。为了掌握位运算操作，必须了解定点类型数据在计算机中的表示方法。定点类型数据在计算机内部是以二进制补码的形式进行表示和存储的。若一个定点类型数据大于或等于 0，

则它在计算机内部存储的二进制补码数据就是这个数的二进制数，即非负定点类型数据的补码与通常所表示的二进制数相同。图 2.5 给出了"int i=10"在计算机中实际存放情况的示例。一个整数类型（int）的数据占用了 32 位，即 4 个字节。如图 2.5 所示，变量 i 的前 28 位均为"0"，最后 4 位为"1010"。

i: | 0 | 0 | 0 | 0 | 0 | 0 | 0 | 0 | 0 | 0 | 0 | 0 | 0 | 0 | 0 | 0 | 0 | 0 | 0 | 0 | 0 | 0 | 0 | 0 | 0 | 0 | 0 | 0 | 1 | 0 | 1 | 0 |

图 2.5  定点类型数据在计算机内部的存储：非负数情况（int i=10）

**负数的补码计算方法**是：先计算出其相反数的二进制补码，并用 0 填充高位直到填满所占的内存位数（如长整数占 64 位）；然后按位取反；最后再加上 1。**图 2.6 给出了一个具体的示例**。如图 2.6 所示，在定义为"int k = -10"的变量 k 的二进制补码中，前 28 位均为"1"，最后 4 位为"0110"。对于任何一种定点类型数据，计算机能够表示的数据都是有限的。Java 规定了这些类型数据的数值范围。从每种定点类型数据的数值范围及所占用的位数，可以推知定点类型数据的最高位（即最左边的一位）刚好构成了**符号位**：即当最高位为 0 时，其数值为正数或零；当最高位为 1 时，其数值为负数。

| 0 | 0 | 0 | 0 | 0 | 0 | 0 | 0 | 0 | 0 | 0 | 0 | 0 | 0 | 0 | 0 | 0 | 0 | 0 | 0 | 0 | 0 | 0 | 0 | 0 | 0 | 0 | 0 | 1 | 0 | 1 | 0 | 10 的补码

| 1 | 1 | 1 | 1 | 1 | 1 | 1 | 1 | 1 | 1 | 1 | 1 | 1 | 1 | 1 | 1 | 1 | 1 | 1 | 1 | 1 | 1 | 1 | 1 | 1 | 1 | 1 | 1 | 0 | 1 | 0 | 1 | 按位取反

k: | 1 | 1 | 1 | 1 | 1 | 1 | 1 | 1 | 1 | 1 | 1 | 1 | 1 | 1 | 1 | 1 | 1 | 1 | 1 | 1 | 1 | 1 | 1 | 1 | 1 | 1 | 1 | 1 | 0 | 1 | 1 | 0 | 再加 1，得-10 补码

图 2.6  定点类型数据在计算机内部的存储：负数情况（int k = -10）

**位运算&、|、~和^**与前面相应的布尔逻辑运算在真值表上是相似的。只是在这里，true 用 1 表示，false 用 0 表示，而且位运算是对每一位分别进行运算。表 2.11 给出了位运算真值表，其中，op1[i]和 op2[i]分别是定点类型操作数补码表示形式的第 i 个二进制位。表 2.11 给出的运算结果是，相应位运算结果补码表示形式的第 i 个二进制位。运算结果的类型是定点类型。

**表 2.11  位运算真值表**（其中，*op1*[*i*]和 *op2*[*i*]表示操作数的第 *i* 个二进制位）

| *op1*[*i*] | *op2*[*i*] | *op1*[*i*] & *op2*[*i*] | *op1*[*i*] \| *op2*[*i*] | *op1*[*i*] ^ *op2*[*i*] | ~*op1*[*i*] |
|---|---|---|---|---|---|
| 0 | 0 | 0 | 0 | 0 | 1 |
| 0 | 1 | 0 | 1 | 1 | 1 |
| 1 | 0 | 0 | 1 | 1 | 0 |
| 1 | 1 | 1 | 1 | 0 | 0 |

下面给出一个由 3 个语句组成的按位运算示例。

```
int v1=0xf0f0f000;  // 对应二进制补码：11110000111100001111000000000000
int v2=0x0000ffff;  // 对应二进制补码：00000000000000001111111111111111
int v3=(v1|v2);     // 二进制补码结果：11110000111100001111111111111111
```

在这个示例中，将变量 v1 的值与变量 v2 的值所对应的每一位按照表 2.11 进行运算，就得到变量 v3 的值。例如：v1 的最高位为 1，v2 的最高位为 0，根据表 2.11，1 和 0 进行按位

**J**ava 程序设计教程（第 3 版）

或运算得 1，即结果变量 v3 的最高位为 1。

在位运算符中的移位运算符包括：>>、>>>和<<。右移（>>）运算是将第一个操作数表示成二进制补码形式，然后将二进制补码位序列右移第二个操作数指定的位数。右端移出的低位将自动被舍弃，左端的高位依次移入的是第一个操作数最高位的值。例如：下面示例的运算过程如图 2.7 所示，结果变量 v2 的值为 0xff0f0f00。

```
int v1=0xf0f0f000;   // 对应二进制补码：11110000111100001111000000000000
int v2=v1>>4;        // 二进制补码结果：11111111000011110000111100000000
```

| 1 1 1 1 0 0 0 0 | 1 1 1 1 0 0 0 0 | 1 1 1 1 0 0 0 0 | 0 0 0 0 0 0 0 0 | v1 的补码 |
| 　　　　1 1 1 1 | 0 0 0 0 1 1 1 1 | 0 0 0 0 1 1 1 1 | 0 0 0 0 0 0 0 0 | 右移 4 位，舍弃移出部分 |
| 1 1 1 1 1 1 1 1 | 0 0 0 0 1 1 1 1 | 0 0 0 0 1 1 1 1 | 0 0 0 0 0 0 0 0 | 高端 4 位复制 v1 最高位 |

图 2.7　设 v1 = 0xf0f0f000，则"v1>>4"的运算过程

无符号右移（>>>）运算与右移（>>）运算类似，也是将第一个操作数的二进制补码位序列右移第二个操作数指定的位数，右端移出的低位也自动被舍弃，只是左端的高位依次移入 0。例如：下面示例的运算过程如图 2.8 所示，结果变量 v2 的值为 0x0f0f0f00。

```
int v1=0xf0f0f000;   // 对应二进制补码：11110000111100001111000000000000
int v2=v1>>>4;       // 二进制补码结果：00001111000011110000111100000000
```

| 1 1 1 1 0 0 0 0 | 1 1 1 1 0 0 0 0 | 1 1 1 1 0 0 0 0 | 0 0 0 0 0 0 0 0 | v1 的补码 |
| 　　　　1 1 1 1 | 0 0 0 0 1 1 1 1 | 0 0 0 0 1 1 1 1 | 0 0 0 0 0 0 0 0 | 右移 4 位，舍弃移出部分 |
| 0 0 0 0 1 1 1 1 | 0 0 0 0 1 1 1 1 | 0 0 0 0 1 1 1 1 | 0 0 0 0 0 0 0 0 | 高端 4 位均为 0 |

图 2.8　设 v1 = 0xf0f0f000，则"v1>>>4"的运算过程

左移（<<）运算是将第一个操作数的二进制补码位序列依次左移第二个操作数指定的位数，舍弃移出的高位，并在右端低位处补 0。例如：下面示例的运算过程如图 2.9 所示，结果变量 v2 的值为 0x0f0f0000。

```
int v1= 0xf0f0f000;   // 对应二进制补码：11110000111100001111000000000000
int v2= v1<<4;        // 二进制补码结果：00001111000011110000000000000000
```

| 1 1 1 1 0 0 0 0 | 1 1 1 1 0 0 0 0 | 1 1 1 1 0 0 0 0 | 0 0 0 0 0 0 0 0 | v1 的补码 |
| 0 0 0 0 1 1 1 1 | 0 0 0 0 1 1 1 1 | 0 0 0 0 0 0 0 0 | 0 0 0 0　　　　 | 左移 4 位，舍弃移出部分 |
| 0 0 0 0 1 1 1 1 | 0 0 0 0 1 1 1 1 | 0 0 0 0 0 0 0 0 | 0 0 0 0 0 0 0 0 | 最低端 4 位补 0 |

图 2.9　设 v1 = 0xf0f0f000，则"v1<<4"的运算过程

下面给出一个采用按位异或运算实现交换两个整数的例程。例程的源文件名为 J_Swap.java，其内容如下：

```
// ///////////////////////////////////////////////
//
// J_Swap.java
//
// 开发者：雍俊海
// ///////////////////////////////////////////////
// 简介：
//     采用按位异或运算实现交换两个整数的例程
// ///////////////////////////////////////////////
public class J_Swap
{
    public static void main(String args[ ])
    {
        int a=123;
        int b=321;
        System.out.println("a="+a+", b="+b);
        a=a ^ b;
        b=a ^ b;
        a=a ^ b;
        System.out.println("a="+a+", b="+b);
    } // 方法 main 结束
} // 类 J_Swap 结束
```

编译命令为：

```
javac J_Swap.java
```

执行命令为：

```
java J_Swap
```

最后执行的结果是在控制台窗口中输出：

```
a=123, b=321
a=321, b=123
```

从上面例程输出的结果可以看出，整数变量 a 和 b 的值发生了交换。上面的例程主要利用了按位异或运算的如下性质：

**按位异或运算的性质**：设 a 和 b 是任意两个整数，则运算"(a ^ b) ^ b"的结果与 a 相等，运算"(a ^ b) ^ a"的结果与 b 相等。

在上面例程中，将语句"a=a ^ b;"代入到语句"b=a ^ b;"中，则得到

变量 b 的新值=(a 的初始值 ^ b 的初始值) ^ b 的初始值

根据上面的按位异或运算的性质，可得这时变量 b 的值是变量 a 的初始值，即 123。这时，在上面例程的最后一个赋值语句"a=a ^ b;"中，等号右端的 a 实际上为

等式右端 a 的值=a 的初始值 ^ b 的初始值

在上面例程的最后一个赋值语句"a=a ^ b;"中，等号右端的 b 实际上为

Java 程序设计教程（第 3 版）

等式右端 b 的值=a 的初始值

因此，将上面的两个结果分别代入到上面例程的最后一个赋值语句"a=a ^ b;"中，可以得到该语句实际上相当于

变量 a 的新值=(a 的初始值 ^ b 的初始值) ^ a 的初始值

根据上面的按位异或运算性质，可得这时变量 a 的值是变量 b 的初始值，即 321。

上面的按位异或运算性质可以用在 图形或者图像的绘制和拾取等交互过程 中。例如：如果将当前图像的每个颜色值与背景颜色值进行按位异或运算，则可以得到一个高亮的图像。如果将高亮的图像再次与背景颜色值进行按位异或运算，则得到原来的图像。这可以用在图像的拾取交互过程中，高亮的图像可以认为是 当前图像处于拾取选中状态；恢复到原来的图像可以认为是 放弃当前图像的选中状态。如果将高亮的图像再次与原始图像进行按位异或运算，则得到背景颜色。这可以用在图像的绘制动画过程中，高亮的图像可以认为是当前图像处于运动的状态；恢复到背景颜色可以认为是当前图像运动到一个新的位置。

## 2.3.5 赋值类运算符

赋值类运算符 包括：=、+=、-=、*=、/=、&=、|=、%=、<<=、>>=和>>>=。在赋值运算中，赋值运算符"="的左边是变量，右边是表达式。运算的顺序是先计算右边表达式的值，然后再将计算所得的值转换成左边变量数据类型所对应的值，最后再将转换后的值赋给该变量。其他赋值类运算可以认为是相应二元运算与赋值运算的组合，即：

```
op1 二元运算符=op2;
```

等价于

```
op1=op1 二元运算符 (op2);
```

其中，$op1$ 是一个变量，$op2$ 是一个表达式，这里的二元运算符指的是在+、-、*、/、&、|、%、<<、>>和>>>中的任何一个二元运算符。这里的运算顺序是先计算出表达式 $op2$ 的值，再计算"$op1$ 二元运算符($op2$)"的值，最后再将运算的结果值赋给 $op1$ 对应的变量。例如：语句

```
i+=5;
```

等价于语句

```
i= i+(5);
```

又如：语句

```
i *= 2+3;
```

等价于语句

```
i=i * (2+3);
```

但不等价于语句

```
i=i * 2+3;
```

因为上面的语句先计算"i * 2",而不是先计算"2+3"。

这里需要注意的是,如果赋值类运算符本身由多个符号组成,则这些符号之间不能插入空格或其他字符。例如:赋值类运算符"+="不能写成"+ =";否则,将出现编译错误。

## 2.3.6 条件运算符

条件运算符是"? :"。条件运算表达式的格式为:

```
op1 ? op2 : op3
```

其中 op1、op2 和 op3 为操作数。条件运算符是在 Java 语言中唯一的三元运算符。为了增加程序的可读性,一般建议在条件运算的外面添加圆括号,即采用如下的条件运算的表达式格式:

```
(op1 ? op2 : op3)
```

条件运算要求 op1 是一个布尔表达式。当 op1 的值为 true 时,条件运算的结果为表达式 op2 的值;否则,条件运算的结果为表达式 op3 的值。例如:

```
int i= 5;
int k=((i>=0) ? 1 : -1);
```

在上面示例的最后一个语句中,因为变量 i 的值为 5,所以"(i>=0)"的值为 true,从而运算"((i>=0) ? 1 : -1 )"的结果为 1。因此,最终变量 k 的值为 1。

## 2.3.7 其他运算符

其他运算符包括:"(类型)"、"."、"[ ]"、"( )"、"instanceof"和"new"。其中,"."、"[ ]"、"instanceof"和"new"是与面向对象技术相关的运算符,将在后面的章节介绍。运算符"(类型)"用来进行强制类型转换。2.2.3 小节介绍了如何进行基本数据类型的类型转换。运算符"( )"用来改变表达式的运算顺序,也常常用来界定表达式的各个子项,使得表达式含义更为清楚,即增强表达式的可读性。在运算过程中一般会优先计算在运算符"( )"内部的表达式。2.6 节将对各个运算符的优先运算顺序进行总结。

# 2.4 控制结构

Java 的语法非常简单,每条语句一般以分号(";")作为结束标志。最简单的语句可以只包含一个分号,该语句称为空语句。空语句不执行任何操作。有时采用空语句来延长程序的运行时间。Java 的控制结构也很简洁实用,总共只有 3 类:顺序结构、选择结构和循环结构。在顺序结构中,程序依次执行各条语句;在选择结构中,程序根据条件,选择程序分支执行语句;在循环结构中,程序循环执行某段程序体,直到循环结束。顺序结构最为简单,不需要专门的控制语句。其他两种控制结构均有相应的控制语句。Java 控制语句有如下 7 种:

（1）if 语句和 if-else 语句；

（2）switch 语句；

（3）for 语句；

（4）while 语句；

（5）do-while 语句；

（6）break 语句；

（7）continue 语句。

在上面的格式中，if 语句、if-else 语句和 switch 语句用来控制选择结构，while 语句、for 语句和 do-while 语句用来控制循环结构，break 语句和 continue 语句用来改变在这 3 种结构中语句的正常执行顺序。if 语句和 if-else 语句统称为条件语句，switch 语句也常叫做分支语句，for 语句、while 语句和 do-while 语句统称为循环语句。

## 2.4.1 if 语句和 if-else 语句

条件语句包括 if 语句和 if-else 语句。**if 语句的格式是：**

```
if (布尔表达式)
    语句
```

或

```
if (布尔表达式)
{
    一条或多条语句
}
```

其中，布尔表达式是计算结果为布尔值的表达式，被"{ }"括起来的一条或多条语句通常称作语句块。这样，**if 语句的格式可以简写成：**

```
if (布尔表达式)
    语句或语句块
```

当 if 语句的布尔表达式结果为 true 时，会执行 if 语句中的语句或语句块，否则，该语句或语句块不会被执行。if 语句的流程图如图 2.10(a)所示。例如：

```
if (studentScore>90)
    System.out.println("成绩优秀!");
```

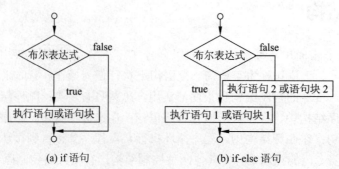

(a) if 语句          (b) if-else 语句

图 2.10　if 语句和 if-else 语句

**if-else 语句的格式**是：

```
if (布尔表达式)
    语句 1 或语句块 1
else
    语句 2 或语句块 2
```

其程序流程图如图 2.10(b)所示。当布尔表达式为 true 时执行语句 1 或语句块 1，否则，执行语句 2 或语句块 2。例如：

```
if (studentScore>60)
    System.out.println("通过考试!");
else
    System.out.println("不通过!");
```

如果 **if-else 语句的语句 2 仍然是一个 if-else 语句**，则通常写成：

```
if (布尔表达式 1)
    语句 1 或语句块 1
else if (布尔表达式 2)
    语句 2 或语句块 2
else
    语句 3 或语句块 3
```

而且这个过程可以有限次重复下去，这样形成如下**语句格式**：

```
if (布尔表达式 1)
    语句 1 或语句块 1
else if (布尔表达式 2)
    语句 2 或语句块 2
    ⋮
else if (布尔表达式(n-1))
    语句(n-1) 或语句块(n-1)
else
    语句 n 或语句块 n
```

使用嵌套的 if 语句或 if-else 语句要格外小心。在 Java 语言中，**if 和 else 的匹配采用最近原则**，即 else 总是与离它最近的 if 配对。这样在 if-else 语句中，如果紧跟在 "if（布尔表达式 1）" 之后的语句是一条 if 语句，则应当采用语句块的形式编写，即

```
if (布尔表达式 1)
{
    if(布尔表达式 2)
        语句 1 或语句块 1
}
else
    语句 2 或语句块 2
```

如果写成

```
if (布尔表达式 1)
    if(布尔表达式 2)
        语句 1 或语句块 1
else
        语句 2 或语句块 2
```

则实际会被执行成

```
if (布尔表达式 1)
{
    if(布尔表达式 2)
        语句 1 或语句块 1
    else
        语句 2 或语句块 2
}
```

为了避免出现这种错误，有些文献建议在构成 if 语句或 if-else 语句中的语句或语句块部分统一采用语句块的形式，即使只包含一条语句。

## 2.4.2  switch 语句

switch 语句，也称为分支语句，是用来控制选择结构的另一种语句。switch 语句的格式为：

```
switch (表达式)
{
case 值 1:
    语句组 1
    break;
case 值 2:
    语句组 2
    break;
    ⋮
case 值 n:
    语句组 n
    break;
default:
    语句组 (n+1)
}
```

其中，各条“break;”语句不是必需的，即是可以省略的。在上面的格式中，紧接在关键字 switch 后面的表达式称为 switch 表达式。switch 表达式的数据类型可以是字符（char）类型、字节（byte）类型、短整数（short）类型或者整数（int）类型，但不可以是布尔（boolean）类型、长整数（long）类型、单精度浮点数（float）类型和双精度浮点数（double）类型。如果 switch 表达式的数据类型是引用数据类型，则其类型只能是类 java.lang.Character、类 java.lang.Byte、类 java.lang.Short、类 java.lang.Integer 或者枚举类型。这些引用数据类型将在以后的章节介绍。紧接在引导词 **case** 后面的各个值的类型应当与 switch 表达式的类型相匹配，而且必须是常量表达式，例如：直接量。各个语句组可以由 0 条、1 条或多条 Java 语句组成。在上面的格式中，语句

```
break;
```

称为 **break 语句**。如果每个 case 分支都含有 break 语句，则 switch 语句的程序流程图如图 2.11 所示。不过，任何一个 case 分支都可以不含 break 语句。在运行 switch 语句的时候，Java 虚拟机将 switch 表达式的值与各个 case 分支的值进行匹配。当表达式的值与某个 case 分支的值相等时，程序执行从这个 case 分支开始的语句组，直到遇到 break 语句或 switch 语句结束标志符才结束 switch 语句。这里 **switch 语句结束标志符** 是 switch 语句的最后一个"}"。如果在某个 case 分支中不含有 break 语句，则程序会继续执行下一个 case 分支的语句组，直到遇到 break 语句或 switch 语句结束标志符。如果没有任何一个 case 分支的值与 switch 表达式的值相匹配，并且 switch 语句含有 default 分支，则程序执行 default 分支中的语句组。在 switch 语句中各个 case 分支和 default 分支都不是必需的，即可以根据需要确定 case 分支的个数以及是否需要含有 default 分支。如果没有任何一个 case 分支的值与 switch 表达式的值相匹配，并且 switch 语句不含 default 分支，则程序将立即结束 switch 语句。

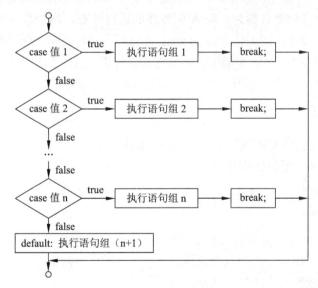

图 2.11　switch 语句流程图

下面给出一个 **switch 语句示例**：

```
switch(studentGrade)
{
case 'A':
case 'a':
    System.out.println("优秀!");
    break;
case 'B':
```

**J**ava 程序设计教程（第 3 版）

```
case 'b':
    System.out.println("良!");
    break;
case 'C':
case 'c':
    System.out.println("及格!");
    break;
case 'D':
case 'd':
    System.out.println("不及格!");
    break;
default:
    System.out.println("成绩有误!");
} // switch 语句结束
```

在这个例子中，当学生的分数（studentGrade）为字符'A'或'a'时，程序会在控制台窗口中输出"优秀!"；当分数为字符'B'或'b'时，则输出"良!"；当分数为字符'C'或'c'时，则输出"及格!"；当分数为字符'D'或'd'时，则输出"不及格!"；当分数为其他值时，输出"成绩有误!"，表明分数登记有误。在这个例子中，有些 case 分支的语句组不含任何语句，例如：值为'A'的 case 分支。这里分析当分数为字符'A'时程序的运行情况。当分数为字符'A'时，程序会进入值为'A'的 case 分支。因为值为'A'的 case 分支不含任何语句，所以程序会继续执行下一个 case 分支的语句组，即值为'a'的 case 分支的语句组。这时会在控制台窗口中输出"优秀!"。当程序运行到 break 语句时，程序结束该 switch 语句的运行。

### 2.4.3　for 语句

for 语句是 Java 三种循环语句之一。这里介绍基本的 for 语句，5.3 节介绍 for 语句的简化写法。基本的 for 语句格式是

```
for ([初始化表达式]; [条件表达式]; [更新表达式])
    语句或语句块
```

其中，"[ ]"表示其内部的内容是可选项，即在 for 语句中可以不含该部分的内容。

初始化表达式在循环过程中只会被执行一次，通常用来对循环进行初始化。初始化表达式可以是一个变量定义表达式，其格式是

*类型　变量名或带初始化的变量名列表*

其中，变量名或带初始化的变量名列表可以包含一个或多个变量名或者带初始化的变量名，例如："int i=0"。如果存在多个变量名或者带初始化的变量名，则在相邻的变量名或者带初始化的变量名之间采用逗号分隔开。初始化表达式还可以是一个赋值表达式列表。这里赋值表达式列表可以包含 1 个或多个赋值表达式。每个赋值表达式是一个具有赋值运算的表达式。如果存在多个赋值表达式，则在相邻的赋值表达式之间采用逗号分隔开。例如："i =0, j=3"。初始化表达式不可以采用如下格式：

*赋值表达式列表，变量定义表达式*

例如：如果初始化表达式是

```
i =0, int j=3
```

则将引起编译错误。

**条件表达式**是一个布尔表达式，即运算结果为布尔值的表达式。只有当条件表达式为 true 时，才会执行或继续执行在 for 语句中的语句或语句块。如果 **for 语句不含条件表达式**，则它等价于条件表达式为 true 的情况。

**更新表达式**通常用来改变循环的状态，为继续执行在 for 语句中的语句或语句块作准备。更新表达式可以是一个**运算表达式列表**。这里运算表达式列表可以包含一个或多个运算表达式。在更新表达式中的运算表达式通常要求采用可以引起变量的值发生变化的运算，例如：自增运算、自减运算和各种赋值运算。如果存在多个运算表达式，则在相邻的运算表达式之间采用逗号分隔开。

在 for 语句中的**语句或语句块**称为**循环体**。如果在循环体中不含 break 语句和 continue 语句，则 for 语句流程图如图 2.12 所示。关于 break 语句和 continue 语句的介绍分别参见 2.4.6 小节和 2.4.7 小节。这里假设在循环体中不含 break 语句和 continue 语句。如图 2.12 所示，**for 语句的执行流程**首先是计算初始化表达式，对循环体进行初始化。接着判断条件表达式，如果条件表达式为 true，则执行循环体；否则，结束执行 for 语句。在执行完循环体之后，会计算更新表达式，为开始执行下一轮循环体作准备。接着继续判断条件表达式，如果条件表达式为 true，则继续执行循环体；否则，结束执行 for 语句。这个过程不断地重复下去，直到条件表达式为 false。

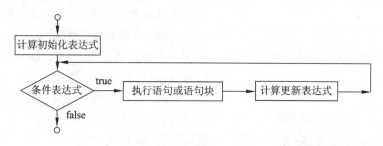

图 2.12 for 语句流程图

在编写循环语句时需要**注意两个方面的问题**。首先在使用变量之前一般要检查该变量是否已经初始化。其次，一般应当检查条件表达式是否会变成 false，即循环是否会终止。下面给出一个 **for 循环语句的示例**。该示例计算从 1 到 100 的和。其中，counter 是循环计数器。

```
int counter, sum;
for (counter=1, sum=0; counter<=100; counter++)
    sum+=counter;
System.out.println("counter="+counter+", sum="+sum);
```

在上面示例中，需要注意的是，**在 for 语句中定义的变量**一般只能在 for 语句中使用。因此，上面的语句不能改写成

```
for (int counter=1, sum=0; counter<=100; counter++)
    sum+=counter;
System.out.println("counter="+counter+", sum="+sum);
```

在改写之后，一般将出现编译错误。因为最后一个语句不是 for 语句的组成语句，所以变量 counter 和 sum 在最后一个语句中没有定义，即在 for 语句之外的语句不能使用在 for 语句中定义的变量。

如果需要控制循环体的执行次数，则可以采用如下格式：

```
for (int i=0; i<循环次数; i++)
    循环体
```

其中，循环体的执行次数通常简称为循环次数，变量 i 可以换成其他变量名的变量。该变量通常称为循环变量，用来计算循环体的执行次数。这里循环变量的初始值是 0，而且条件表达式采用 "<" 符号。最终循环体的执行次数为指定的循环次数。

## 2.4.4　while 语句

while 语句是 Java 的一种循环语句。while 语句的定义格式是

```
while (布尔表达式)
    语句或语句块
```

其中，布尔表达式是运算结果为布尔值的表达式，语句或语句块构成 while 语句的循环体。

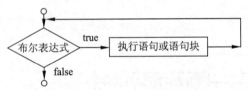

图 2.13　while 语句流程图

如果在循环体中不含 break 语句和 continue 语句，while 语句的流程图如图 2.13 所示。while 语句首先判断布尔表达式。如果布尔表达式为 true，则执行循环体；否则，结束执行 while 语句。while 语句一般会一直执行循环体，直到布尔表达式为 false。

while 语句实际上与 for 语句等价。一般可以将 for 语句：

```
for (初始化表达式; 条件表达式; 更新表达式)
    语句或语句块
```

改写成：

```
初始化表达式;
while (条件表达式)
{
    语句或语句块
    更新表达式;
}
```

同样，可以将 while 语句：

```
while (布尔表达式)
```

　　*语句或语句块*

改写成如下 for 语句：

```
for ( ; 布尔表达式 ; )
    语句或语句块
```

即 for 语句的初始化表达式与更新表达式均为空，而条件表达式为 while 语句的布尔表达式。下面给出 while 语句示例，该示例计算从 1 到 100 的和。

```
int counter=1;
int sum=0;
while (counter<=100)
{
    sum+=counter;
    counter++;
} // while 循环结束
System.out.println("counter="+counter+", sum="+sum);
```

在上面示例中，变量 counter 可以认为是一个循环变量，因为它实际上同时也在计算循环体的执行次数。通过上面示例可以看出 while 语句通常在循环体内改变循环的状态（例如：改变循环变量的值），从而最终能够终止循环。检查循环语句的一项重要内容就是检查循环是否会终止。

## 2.4.5　do-while 语句

　　**do-while 语句**是 Java 的三种循环语句之一。**do-while 语句的定义格式**是

```
do
    语句或语句块
while (布尔表达式);
```

其中，语句或语句块称为循环体。如果在循环体中不含 break 语句和 continue 语句，**do-while 语句的流程图**如图 2.14 所示，则 do-while 语句一般会一直执行循环体，直到布尔表达式为 false。do-while 语句与 while 语句相似。不同点在于 while 语句先判断布尔表达式，以决定是否执行循环体；而 do-while 语句是先执行循环体，再根据布尔表达式的值决定是否要结束循环。因此，在 do-while 语句中的循环体至少会被执行一次。

　　do-while 语句、while 语句和 for 语句是等价的，即完全是可以互相转换的。下面给出**采用 do-while 语句计算从 1 到 100 的和的示例**。

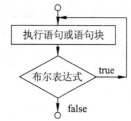

图 2.14　do-while 语句流程图

```
int counter=1;
int sum=0;
do
{
    sum+=counter;
    counter++;
```

```
    }
    while (counter<=100);
    System.out.println("counter="+counter+", sum="+sum);
```

在上面示例中，变量 counter 可以认为是一个 循环变量，因为它实际上同时也在计算循环体的执行次数。通过上面示例可以看出 do-while 语句通常在循环体内改变循环的状态（例如：改变循环变量的值），从而最终能够结束循环。使用 do-while 语句需要注意的是，do-while 语句的循环体一般至少会被执行一次。

### 2.4.6　break 语句

**break** 语句用在 switch 语句、循环语句和带标号的语句块中。带标号的语句块的定义格式有两种。第一种格式是

> 语句块标号：
> {
>     语句组
> }

其中，语句块标号可以是任意合法的标识符，语句组可以由一条或多条 Java 语句组成。带标号的语句块的第二种格式是

> 语句块标号：
> 循环语句

其中，语句块标号可以是任意合法的标识符，循环语句可以是 for 语句、while 语句或者 do-while 语句。

当在 switch 语句、循环语句或者带标号的语句块中执行到 break 语句时，程序一般会自动跳出这些语句或者语句块，并继续执行在这些语句或者语句块之后的语句或语句块。在 switch 语句和循环语句中，break 语句的格式是：

```
    break;
```

在带标号的语句块中，break 语句的格式是：

```
    break 语句块标号;
```

其中，语句块标号是 break 语句所在的语句块的标号。

下面给出一个带标号语句块的 break 语句例程。例程的源文件名为 J_Break.java，其内容如下：

```
// ///////////////////////////////////////////////////
//
// J_Break.java
//
// 开发者：雍俊海
// ///////////////////////////////////////////////////
```

```
// 简介:
//     带标号语句块和 break 语句例程
// /////////////////////////////////////////////////
public class J_Break
{
    public static void main(String args[ ])
    {
        int i=0; // 定义变量 i，并赋初值 0
        aBreakBlock:
        {
            System.out.println("在 break 语句之前");
            if (i<=0)
                break aBreakBlock; // 用来跳出 aBreakBlock 语句块
            System.out.println("在 if 和 break 语句之后");
        } // 语句块 aBreakBlock 结束
        System.out.println("在 aBreakBlock 语句块之后");
    } // 方法 main 结束
} // 类 J_Break 结束
```

编译命令为:

```
javac J_Break.java
```

执行命令为:

```
java J_Break
```

最后执行的结果是在控制台窗口中输出:

```
在 break 语句之前
在 aBreakBlock 语句块之后
```

通常，break 语句与 if 语句配合使用。例如：在上面的例程中，不能将 "if (i<=0)" 删除；否则，在标号为 aBreakBlock 的语句块中，Java 编译器在编译时就可以判断出 break 语句之后的语句实际上是无法访问的语句，从而出现编译错误。因为 break 语句一般会减弱程序的结构化程度，所以除了在 switch 语句和循环语句中使用之外，一般要慎重使用 break 语句。

## 2.4.7　continue 语句

continue 语句只能用在循环语句和带标号的循环语句中；否则，将出现编译错误。带标号的循环语句的定义格式是

> 语句块标号:
> 循环语句

其中，语句块标号可以是任意合法的标识符，循环语句可以是 for 语句、while 语句或者 do-while 语句。当程序在循环语句中执行到 continue 语句时，程序一般会自动结束本轮次

**J**ava 程序设计教程（第 3 版）

循环体的运行，并重新判断循环条件，决定是否重新开始一个新轮次运行在循环体中的语句。

在循环语句中，continue 语句的格式是：

```
continue;
```

在带标号的循环语句中，continue 语句的格式是：

```
continue 语句块标号;
```

这里在带标号的循环语句中，continue 语句也可以采用前一种格式。

如果在循环语句的循环体中含有循环语句，则称为嵌套循环语句，其中，在外面的循环语句称为外层循环语句，在内部的循环语句称为内层循环语句。如果 continue 语句用在不含嵌套的循环语句中，则不管是否采用带标号的循环语句，一般都具有相同的效果。这里介绍当在不含嵌套的循环语句的循环体中含有 continue 语句时的程序执行流程。

含有 continue 语句的不含嵌套的 for 语句格式是

```
for (初始化表达式; 条件表达式; 更新表达式)
    含有 continue 语句的循环体
```

如果在运行上面循环体的语句时执行到 continue 语句，则程序一般会立即计算更新表达式，然后判断条件表达式。如果条件表达式为 true，则继续执行循环体；否则，结束执行 for 语句。这个过程可以不断地重复下去，直到退出 for 语句。

含有 continue 语句的不含嵌套的 while 语句格式是

```
while (布尔表达式)
    含有 continue 语句的循环体
```

如果在运行上面循环体的语句时执行到 continue 语句，则程序一般会立即进行判断上面的布尔表达式。如果布尔表达式为 true，则继续执行循环体；否则，结束执行 while 语句。这个过程可以不断地重复下去，直到退出 while 语句。

含有 continue 语句的不含嵌套的 do-while 语句格式是

```
do
    含有 continue 语句的循环体
while (布尔表达式);
```

如果在运行上面循环体的语句时执行到 continue 语句，则程序一般会立即判断上面格式最后一行的布尔表达式。如果布尔表达式为 true，则继续执行循环体；否则，结束执行 do-while 语句。这个过程可以不断地重复下去，直到退出 do-while 语句。

下面给出一个在不含嵌套的循环语句中的 continue 语句例程。例程的源文件名为 J_ContinueLoopSingle.java，其内容如下：

```
// /////////////////////////////////////////////////
//
// J_ContinueLoopSingle.java
```

```
//
// 开发者：雍俊海
// //////////////////////////////////////////////
// 简介：
//      在不含嵌套的循环语句中的 continue 语句例程
// //////////////////////////////////////////////
public class J_ContinueLoopSingle
{
    public static void main(String args[ ])
    {
        for (int i=0; i< 10; i++)
        {
            if (1<i && i<8)
                continue;
            System.out.println("i="+i);
        } // for 循环结束
    } // 方法 main 结束
} // 类 J_ContinueLoopSingle 结束
```

编译命令为：

```
javac J_ContinueLoopSingle.java
```

执行命令为：

```
java J_ContinueLoopSingle
```

最后执行的结果是在控制台窗口中输出：

```
i=0
i=1
i=8
i=9
```

在上面的例程中，当变量 i 的值从 2 变到 7 时，程序在运行 for 语句的循环体时均会执行到 continue 语句，从而造成无法在控制台窗口中输出变量 i 的值。当变量 i 的值为 0、1、8 和 9 时，程序在运行 for 语句的循环体时不会执行到 continue 语句，从而可以执行到语句

```
System.out.println("i="+i);
```

因此，在控制台窗口中输出变量 i 的这些值，即 0、1、8 和 9。

如果 continue 语句用在嵌套循环语句中，则给外层循环语句加上语句块标号，并在内层循环语句的循环体中采用带外层循环语句的语句块标号的 continue 语句，可以直接对外层循环起作用。这时，如果外层循环语句是 for 语句，则程序立即计算外层循环语句的更新表达式，然后判断外层循环语句的条件表达式，以决定是否继续重新开始外层循环语句的新一轮循环；如果外层循环语句是 while 语句或 do-while 语句，则程序立即判断外层循环语句的布尔表达式，以决定是否继续重新开始外层循环语句的新一轮循环。

下面给出一个在嵌套循环语句中的 **continue** 语句例程。例程的源文件名为 J_ContinueLoopNested.java，其内容如下：

```
// ///////////////////////////////////////////////
//
// J_ContinueLoopNested.java
//
// 开发者：雍俊海
// ///////////////////////////////////////////////
// 简介：
//     在嵌套循环语句中的 continue 语句例程
// ///////////////////////////////////////////////
public class J_ContinueLoopNested
{
    public static void main(String args[ ])
    {
        aContinueBlock:
        for (int i=0; i< 4; i++)
        {
            for (int j=0; j< 2; j++)
            {
                if (0<i && i<3)
                    continue aContinueBlock;
                System.out.println("i="+i+", j=" +j);
            } // 内层 for 循环结束
        } // 语句块 aContinueBlock 结束，外层 for 循环结束
    } // 方法 main 结束
} // 类 J_ContinueLoopNested 结束
```

编译命令为：

```
javac J_ContinueLoopNested.java
```

执行命令为：

```
java J_ContinueLoopNested
```

最后执行的结果是在控制台窗口中输出：

```
i=0, j=0
i=0, j=1
i=3, j=0
i=3, j=1
```

在上面的例程中含有嵌套循环语句，而且外层循环语句带有语句块标号 aContinueBlock。在内层循环语句中的 continue 语句的语句块标号是外层循环语句的语句块标号，即在内层循环语句中的 continue 语句是

```
continue aContinueBlock;
```

这样，当程序执行到内层循环语句的带语句块标号 aContinueBlock 的 continue 语句时，程

序会重新开始计算外层循环语句的更新表达式，并且根据条件表达式，重新开始新一轮的外层循环，或者退出整个嵌套循环语句。

# 2.5  结构化程序设计

早期只有少数人掌握计算机编程语言。当时编程需要很高的技巧。要在存储空间只有 64KB（甚至更小）的计算机上实现各种算法以满足各种实际的需求，确实不是一件很简单的事情。随着计算机的迅猛发展，程序规模变得越来越大，程序变得越来越复杂。早期那种"高技巧"的编程方法引发了 20 世纪 60 年代的软件危机。程序十分依赖于编程人员，可靠性很难得到保证，软件非常难以维护。在有些时候，人们很难相信软件输出的结果。到了 1968 年，荷兰学者 E.W.Dijkstra 提出了结构化程序设计方法。由于这种方法大大地提高了软件的生产率、稳定性和可读性，因此迅速地得到了广泛应用。现在，这种方法依旧是面向对象程序设计方法的基础。

**Java 结构化程序设计**采用 Java 的 3 种基本控制结构来设计程序。这 3 种控制结构包括：顺序结构、选择结构和循环结构。这里介绍一种规范的自顶向下的结构化程序设计方法。这种设计方法非常简单实用。它的基本思想是把一个完整的程序当成一个模块，这个模块可以通过简单的规则不停地细分成若干个有意义的子模块。其流程图可以通过如下的步骤（也称为规则）设计出来：

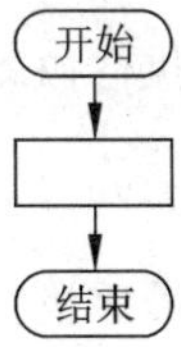

（1）任何一个程序都可以用一个矩形框来表示，并且可以在前面和后面分别加上"开始"和"结束"的弧形框。这样得到如图 2.15 所示的流程图；

（2）流程图中的任何一个矩形框均可以用两个或多个串行的矩形框来替代；

图 2.15  基本程序流程图

（3）流程图中的任何一个矩形框均可以用选择结构语句和循环结构语句的流程图来替代，例如：if 语句的流程图（2.4.1 小节的图 2.10(a)）、if-else 语句的流程图（2.4.1 小节的图 2.10(b)）、switch 语句的流程图（2.4.2 小节的图 2.11）、for 语句的流程图（2.4.3 小节的图 2.12）、while 语句的流程图（2.4.4 小节的图 2.13）和 do-while 语句的流程图（2.4.5 小节的图 2.14）；

（4）规则（2）和（3）可以不停地应用，直到程序设计结束。

在划分模块的时候，各个子模块一般要求有一定的含义。这样才能真正体现出结构化程序设计的优越性。当出现功能相同或相似的子模块时，应当考虑把这些子模块定义成某些类型的成员方法（在其他高级语言中常常称为成员函数）。如何编写成员方法将在下一章具体介绍。因为上面的模块细分规则与 Java 语言的语法是相对应的，所以在上面构造出来的流程图基础上可以非常方便地编写出 Java 程序。

下面以一个**计算并输出 10! 例程**说明结构化程序设计方法。例程的源文件名为 J_Factorial.java，其内容如下：

```
// ///////////////////////////////////////////////
//
// J_Factorial.java
```

```
//
// 开发者：雍俊海
// /////////////////////////////////////////////////////
// 简介：
//      计算并输出 10!例程
// /////////////////////////////////////////////////////
public class J_Factorial
{
    public static void main(String args[ ])
    {
        int i;          // 变量 i 将作为计数器
        int result;    // 用来存放计算结果

        result= 1;    // 初始化
        for (i=1; i<= 10; i++)
            result*=i;
        System.out.println("10!="+result);
    } // 方法 main 结束
} // 类 J_Factorial 结束
```

编译命令为：

```
javac J_Factorial.java
```

执行命令为：

```
java J_Factorial
```

最后执行的结果是在控制台窗口中输出：

```
10!=3628800
```

在这个例程中，需要解决的问题是：计算并输出 10!。这里 按照结构化程序设计方法 进行求解。首先把整个程序当作一个模块，并在前面加上"开始"，在后面加上"结束"的弧形框。这样得到如图 2.16(a)所示的流程图。"求解 10!"模块可以分解成两个串行模块：

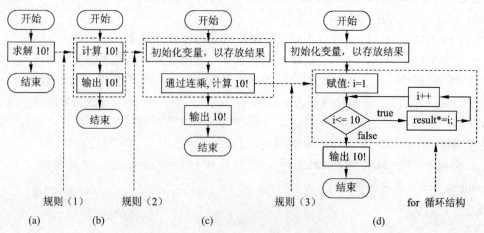

图 2.16 结构化程序设计示例图：求解 10!

一个是"计算 10!"，另一个是"输出 10!"。这样根据规则（2），得到如图 2.16(b)所示的流程图。进一步细化模块"计算 10!"，并运用规则（2），得到如图 2.16(c)所示的流程图。最后运用规则（3），将"通过连乘,计算 10!"的模块用一个"for 循环"模块来替代，得到如图 2.16(d)所示的最终流程图。该流程图与上面例程的源程序互相对应。

## 2.6  本章小结

本章详细介绍了结构化程序设计的各个组成部分：数据（类型、变量和直接量）、操作（包含运算符和操作数的运算）、流程控制（顺序结构、选择结构和循环结构）和结构化程序设计方法。在 Java 语言中，各种运算符具有优先级顺序：一般先计算级别高的，后计算级别低的。因为优先运算符"( )"具有最高级别的优先级，所以可以通过"( )"改变运算顺序。在算术运算中，先进行自增（++）和自减（——）运算，然后进行乘法（*）与除法（/）运算，最后进行加法（+）与减法（–）运算；在布尔逻辑和关系的混合运算中，先进行逻辑非（!）运算，再进行关系运算，接着进行条件与（&&）运算，最后进行条件或（||）运算。在位运算中，先进行按位取反（~）运算，再进行移位（>>、>>>和<<）运算，接着进行按位与（&）运算，然后进行按位异或（^）运算，最后进行按位或（|）运算。对于同级别的运算，则根据具体运算符的规定从左到右或从右到左进行运算，具体参见表 2.12。

表 2.12  运算顺序

| 从左到右运算的运算符 | +，–，*，/，%，<，<=，>，>=，==，!=，&&，&，\|\|，\|，^，>>，>>>，<< |
|---|---|
| 从右到左运算的运算符 | =，+=，–=，*=，/=，&=，\|=，%=，<<=，>>=，>>>=，~，!，+（正值），–（负值） |

一般建议通过优先运算符"( )"来指定运算优先顺序。这样可以提高表达式的可读性，因为要记住所有的这些运算符优先顺序并不是一件容易的事情。

接着，本章还介绍了 Java 程序控制结构和结构化程序设计方法。结构化程序设计方法是非常有用的程序设计方法。大多数的简单程序可以采用这种方法进行设计，并解决各种实际问题。采用本章介绍的方法进行结构化程序设计，设计出来的模块是与 Java 语句相吻合的，模块的最小粒度是 Java 语句。如果最终的各个模块只对应于一条 Java 语句或一个 Java 语句块，那么可以直接写出相应的 Java 代码。这种程序设计方法非常简便和直观。它在一定程度上可以提高程序的可读性，减少程序出错的机会，即提高程序的可靠性。但由于画流程图需要大量的时间，因此，在实际的编程过程中可以不画流程图，而只是借助这种思维方法求解各种实际问题。

## 习题

1. 请将下面的整数转换成为整数（int）和长整数（long）类型补码表示的二进制数。
11、33、105、7、–9、–5、–111、–28、–65
2. 计算下面 Java 表达式的值，并写出表达式结果在 Java 中的数据类型。

（1）1+4/5+(int)5.2/2.5

（2）1+4/5+(int)(5.2/2.5)

（3）1+4/5+5.2/2.5

（4）1.0+4/5+5.2/2.5

（5）1+4/5.0+5.2/2.5

（6）设已经定义了变量：int a=12，请计算表达式：(++a)+(a++)

（7）10 >> 2

（8）10 & 11 | 12

（9）5 ^ 7

（10）(–5) | (~5)

（11）(true ^ false ) && true

（12）( (!true) | false ) || (!false)

3．完成下面的通用程序，要求能够输出给定整数 i 的二进制补码。这里所谓的通用程序指的是：当改变 i 的值时，不用修改除语句"int i=10;"之外的程序代码也能输出修改后的 i 的二进制补码。

```
public class J_Example
{
    public static void main(String args[ ])
    {
        int i=10;
        // 在这里，请写上尚未完成的程序，使得本程序在执行时能输出 i 的二进制补码
    } // 方法 main 结束
} // 类 J_Example 结束
```

4．写出下面 Java 表达式的值。

（1）设 int a=1，所要计算的表达式为：(true | (++a==1)) & (a==2)

（2）设 int a=1，所要计算的表达式为：(true || (++a==1)) & (a==2)

（3）设 int a=12，求经过运算"a*=2+3"之后 a 的值

5．判断下面的表达式是否含有语法错误。如果含有语法错误，请写出错误原因。

（1）01 && (4+6)

（2）4.2 % 2.1

（3）'a'>'A'

（4）'1'==1

6．用 for 循环语句，并且在调用 Java 方法 System.out.print 和 System.out.println 时只用下面的语句：

```
System.out.print(" ");        // 输出一个空格，并且不换行
System.out.print("*");        // 输出一个字符'*'，并且不换行
System.out.println("*");      // 输出一个字符'*'，并换行
```

编写程序输出：

```
      *
     ***
    *****
   *******
    *****
     ***
      *
```

7. 将上面的程序的 for 循环语句分别改成为 while 循环语句和 do-while 循环语句，但要求程序的输出保持不变。

8. 找出在下面各个程序片段中存在的错误。

（1）
```
int i=0;
while (i<10);
{
    i++;
    System.out.println(i+"; ");
}
```

（2）
```
for (double x=0.1; x!=1.0; x+=0.1)
    System.out.println(x+"; ");
```

（3）
```
int i=0, sum;
while (i<=100)
    sum+=i;
    i++;
```

9. 在调用 Java 方法 System.out.print 和 System.out.println 时使用下面的语句：

```
System.out.print(" ");        // 输出一个空格，并且不换行
System.out.print("*");        // 输出一个字符'*'，并且不换行
System.out.print("+");        // 输出一个字符'+'，并且不换行
System.out.println("*");      // 输出一个字符'*'，并换行
```

编写程序输出（注：在图形的中心处有一个"+"）：

```
      *
     ***
    *****
   ***+***
    *****
     ***
      *
```

10. 采用结构化程序设计方法设计并编写程序，在控制台窗口中输出 50~100 之间的所有素数。要求严格按照结构化程序设计方法画出程序流程图，并编写相应的 Java 程序。

11. 思考题：如何编程实现计算 $1^1+2^2+3^3+4^4+5^5+\cdots+20^{20}$。要求只采用本章介绍的知识。提示：结果超出了长整数（long）的表示范围。

CHAPTER3

# 第3章　　面向对象程序设计

Java 语言是一种面向对象的高级程序语言。应用面向对象语言求解问题的基本思路是：首先分析问题并建立相应的对象，然后通过这些对象以及它们之间的配合解决问题，其中每个对象在计算机中占用一定的内存，同时能够完成一定的功能。这种基本思想实际上是模拟现实生活求解问题的一般过程。在现实生活中，任何一个人或任何一种物体都可以被认为是对象。例如：人一般拥有手、脚和头脑等物质基础，同时具有走路、开车和作出各种决策等能力。又如：汽车拥有车轮、发动机、方向盘、坐椅、车门和车窗等物质基础，同时具有启动、行驶、变速和停车等功能。在现实生活中，人和汽车互相配合可以解决一些实际问题，如：驾驶汽车从北京到上海，从美国的芝加哥到纽约等。

## 3.1　类、域、方法和实例对象

在 Java 语言中，对象的构造主要通过类，类（class）是实例对象的模板。类的定义格式是：

*[类修饰词列表]* class *类名* [extends *父类名*] [implements *接口名称列表*]
{
　　*类体*
}

其中，"[ ]"表示被其括起来的内容是可选项，即在类定义中可以不包含该选项；格式第一行的内容称为类定义的头部或当前定义的类的声明。类修饰词列表可以包括 0 个、1 个或者多个类修饰词。如果存在多个类修饰词，则在相邻两个类修饰词之间采用空格分隔开。类修饰词用来说明类的属性，包括：public、abstract、final 和 strictfp 等。类修饰词 public 表示定义的类可以被 Java 的所有软件包使用。如果在类修饰词列表中不含 public 关键字，则定义的类只能在当前的软件包中使用。类修饰词 abstract 表示定义的类是一个抽象类。类修饰词 final 表示定义的类不能用作父类。类修饰词 strictfp 表明在定义的类中各个浮点数的表示及其运算严格遵循 IEEE（Institute of Electrical and Electronics Engineers，电气电子工程师协会）754 算术国际标准。类名可以是任意的合法标识符。如果在类的定义中含有类修饰词 public，则该类应当与其所在的文件前缀同名（Java 源文件的后缀一定是 ".java"）。在同一个 Java 源文件中可以包含多个类，但不能包含两个或两个以上的具有 public 修饰词的类。在上面类的定义格式中，可选项 "extends 父类名" 指定所定义类的父类，即所定义的类将具有其父类所定义的一些属性和功能。在上面类定义中，如果不含有选项 "extends 父类名"，则定义的类的父类是 java.lang.Object，即不含选项 "extends 父类名" 与包含选项 "extends java.lang.Object" 具有相同的功能。这里，类 java.lang.Object 是除了其自身外的所有类的直接或间接父类。可选项 "implements 接口名称列表" 表明定义的类是实现这些给定接口的类，即定义的类将具有这些给定接口的属性和功能。接口名称列表可以包含一个或多个接口名称。如果存在多个接口，则在接口之间采用逗号分隔开。在类体部分可以定义类的构造方法和类的两类成员要素：成员域（field）和成员方法（method）。

类的成员域，简称为域，通常用来表示和存储类所需要的数据，其格式为：

*[域修饰词列表] 类型 变量名或带初始化的变量名列表;*

其中，域修饰词列表是可选项，即可以不含该选项。在上面的格式中，"类型" 指定当前成员域的类型。"类型" 可以是基本数据类型，例如：int；"类型" 也可以是引用数据类型，例如：类名。变量名或带初始化的变量名列表可以包含一个或多个变量名，其中每个变量名是一个合法的标识符。如果含有多个变量名，则在相邻的变量名或带初始化的变量名之间采用逗号分隔开。当在上面的格式中含有多个变量名时，则实际上定义了多个成员域，即每个变量名对应一个成员域。这里带初始化的变量名包含赋值运算，即等号的左侧是变量名，等号的右侧是一个表达式，该表达式的值将成为等号左侧变量的值，例如：

```
int m_radius = 0;
```

上面的语句采用带初始化的变量名形式定义了成员域 m_radius，它的值为 0。在上面成员域的定义格式中，域修饰词列表可以包括 0 个、1 个或者多个域修饰词。如果存在多个域修饰词，则在相邻两个域修饰词之间采用空格分隔开。域修饰词通常包括：public、protected、private、static、final、transient 和 volatile。域修饰词 public、protected 和 private 不能同时存在，它们表示当前定义的成员域的访问控制属性，即当前定义的成员域的应用范围。这 3 个域修饰词的具体含义参见 3.5 节关于封装性的介绍。域修饰词 static 表明当前定义的成员域是静态（static）的。域修饰词 static 的具体使用方法参见 3.6 节关于修饰词的介绍。域修饰词 final 通常要求成员域在首次赋值之后不能再修改该成员域的值。对于具有 final 和 static 属性的成员域，则通常要求采用带初始化的变量名的形式定义；如果不带初始化，则该成员域的值通常只能为默认值。对于具有 final 属性而不具有 static 属性的成员域，除了采用带初始化的变量名的形式定义给该成员域赋初值之外，通常还可以在构造方法中给不带初始化的成员域进行一次赋值操作。修饰词 transient 表明当前的成员域是一种暂时的成员域，即当进行对象保存时可以不必保存当前的成员域。修饰词 volatile 主要用在多线程程序设计中，表明在访问当前成员域时将采用同步机制。

类的成员方法，简称为方法，通常用来实现类的各种功能，其格式为：

*[方法修饰词列表] 返回类型 方法名(方法的参数列表)*
　　{

 *方法体*
 }

其中，方法修饰词列表是可选项，即可以不含该选项；格式第一行的内容称为 ⌈**成员方法定**⌉
⌊**义的头部**⌋或者当前定义的 **成员方法的声明**。在上面的格式中，返回类型指定当前成员方法
返回的数据的数据类型。返回类型可以是基本数据类型，例如：int；返回类型也可以是引
用数据类型，例如：类名。如果成员方法不返回任何数据，则应当在返回类型处写上关键
字 void；否则，将出现编译错误。方法名是一个合法的标识符，用来标识当前的成员方法。
方法的参数列表可以包含 0 个、1 个或多个参数。当在参数列表处除了空格之外不含任何
字符时，表明该参数列表不含任何参数。这里需要注意的是，不能在参数列表处写上关键
字 void；否则，将出现编译错误。在参数列表中，每个参数的格式是

 *类型 参数变量名*

其中，类型可以是基本数据类型或引用数据类型，参数变量名可以是一个合法的标识符。
如果在参数列表中包含多个参数，则在参数之间采用逗号分隔开。方法体通常由一些语句
组成，主要用来实现当前成员方法的功能。方法修饰词列表可以包括 0 个、1 个或者多个
方法修饰词。如果存在多个方法修饰词，则在相邻两个方法修饰词之间采用空格分隔开。
方法修饰词用来说明成员方法的属性。方法修饰词通常包括：public、protected、private、
abstract、static、final、synchronized 和 strictfp。方法修饰词 public、protected 和 private 不
能同时存在，它们表示当前定义的成员方法的访问控制属性，即当前成员方法的封装性，
具体参见 3.5 节关于封装性的介绍。方法修饰词 abstract 表明当前成员方法是抽象成员方法。
抽象成员方法不能含有方法体，而且一般在抽象类或者接口中定义，具体介绍参见 3.6 节。
方法修饰词 static 表明当前定义的成员方法是静态的。方法修饰词 static 的具体使用方法参
见 3.6 节关于修饰词的介绍。如果当前成员方法含有方法修饰词 final，则在当前成员方法
所在的类的子类中不能出现与当前成员方法相同的声明，具体介绍参见 3.6 节。方法修饰
词 synchronized 表明当前成员方法是一种同步成员方法，具体介绍参见 11.3 节。方法修饰
词 strictfp 表明在当前成员方法中各个浮点数的表示及其运算严格遵循 IEEE 754 算术国际
标准。下面给出一些成员方法定义的头部示例：

```
public int mb_method( )
public static void main(String args[ ])
```

其中，关键字 public 和 static 是方法修饰词，int 和 void 是返回类型，第一个成员方法不含
任何参数，第二个成员方法含有一个参数，args 是第二个成员方法的参数变量，args 的类
型是字符串（String）数组类型。
 ⌈**类的构造方法**⌋主要用来创建类的实例对象，通常同时完成新创建的实例对象的初始化
工作，例如：给实例对象的成员域赋初值。⌈**定义构造方法的格式**⌉为：

 *[构造方法修饰词列表] 类名(方法的参数列表)*

 {

 *方法体*

 }

其中，构造方法修饰词列表是可选项，即可以不含该选项；格式第一行的内容称为构造方法定义的头部或当前定义的构造方法的声明。构造方法修饰词列表可以包括 0 个、1 个或者多个构造方法修饰词。如果存在多个构造方法修饰词，则在相邻两个构造方法修饰词之间采用空格分隔开。构造方法修饰词用来说明构造方法的属性。构造方法修饰词通常包括：public、protected 和 private。这 3 个修饰词表示当前定义的构造方法的访问控制属性，即封装性，不能同时存在，具体参见 3.5 节关于封装性的介绍。在构造方法定义格式处的类名必须与该构造方法所在的类的类名完全相同。构造方法具有如下 3 个特点：

（1）构造方法名必须与类名相同，即在上面格式中类名实际上同时也是构造方法名；

（2）构造方法不具有任何返回类型，即在上面格式中不能在构造方法修饰词与类名之间添加任何单词，包括关键字 void。如果写上任何返回类型（包括关键字 void），则该方法不再是构造方法，即该方法成为普通的成员方法；

（3）任何一个类都含有构造方法。如果没有显式地定义类的构造方法，则系统会为该类定义一个默认的构造方法。这个默认的构造方法不含任何参数。一旦在类中定义了构造方法，系统不会再创建这个默认的不含参数的构造方法。

构造方法的另一个特点是父类与子类的构造方法存在一定的关联。这一部分的内容将在下一节结合类的继承性中进行介绍。在构造方法的定义格式中，方法的参数列表和方法体这两个部分与成员方法的这两部分格式完全相同。方法的参数列表可以包含 0 个、1 个或多个参数，并且在相邻两个参数之间采用逗号分隔开。方法体通常由一些语句组成，主要用来实现构造方法所需要的功能。

在类体部分定义构造方法、成员域和成员方法的出现顺序在语法上没有限制。不过在实际编程中，这 3 个部分的出现顺序通常是先定义成员域，再定义构造方法，最后再编写成员方法。这里允许多个成员方法或构造方法同名。如果某些成员方法或构造方法同名，则要求这些方法具有不同的参数列表，即参数个数不同或参数的数据类型不同（包括数据类型的排列顺序不同）。通常不允许存在同名的成员域。

创建类的实例对象可以通过 new 运算符和类的构造方法，其格式为：

*new 构造方法名(构造方法调用参数列表)*

其中，new 是关键字，表明要创建某一个类的实例对象；构造方法名一般与该构造方法所在的类同名；构造方法调用参数列表由 0 个、1 个或多个表达式组成，在相邻两个表达式之间采用逗号分隔开。这些表达式分别称为构造方法的调用参数。构造方法的调用参数必须与在定义构造方法的参数列表中的参数一一对应，即调用参数应当与相应参数的数据类型相匹配。例如：在 Java 的软件包中含有类 Integer，它是整数类型的包装类。类 Integer 含有构造方法

```
public Integer(int value)
```

因此，可以通过

```
new Integer(11)
```

创建类 Integer 实例对象，该实例对象对应整数 11。在创建类的实例对象之后，该实例对

**J**ava 程序设计教程（第 3 版）

象一般会占用内存中一定的存储单元。在该存储单元中存储该实例对象的非静态成员域等内容。对于静态成员域参见 3.6 节关于修饰词的介绍。对于非静态的成员域，每个实例对象一般都会有一套相互独立的数据，即一套独立的非静态成员域存储单元，从而不同的实例对象的非静态成员域一般都可以拥有不同的值。反过来，如果不创建实例对象，则 Java 虚拟机一般不会给非静态成员域分配存储单元。

在 Java 的数据类型中，除了基本数据类型之外都是引用数据类型。引用数据类型变量的类型可以是某一个类，其定义格式如下：

*类名 变量名或带初始化的变量名列表;*

其中变量名或带初始化的变量名列表可以包含 1 个或多个变量名，其中每个变量名是一个合法的标识符。如果含有多个变量名，则变量名或带初始化的变量名之间采用逗号分隔开。带初始化的变量名实际上包含变量名和赋值运算，即等号的左侧是变量名，等号的右侧是一个表达式，该表达式的值将成为等号左侧变量的值，例如：语句

```
Integer a = new Integer(11);
```

定义类型为类 Integer 的变量 a。同基本数据类型变量一样，引用数据类型变量具有 4 个基本属性：变量名、数据类型、存储单元和变量值。在上面的示例中，变量为 a，数据类型为 Integer，变量 a 具有一定的存储单元，在存储单元中存放变量 a 的值。这里，变量 a 的值是一个引用值，它指向在上面示例中生成的类 Integer 的实例对象，其示意图如图 3.1 所示。

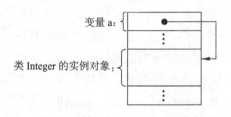

图 3.1　变量 a 的存储单元示意图

前面介绍了类的实例对象的创建方法。这里介绍类的实例对象的生命周期。当通过 new 运算符和类的构造方法创建类的实例对象时，首先在内存中创建该实例对象，接着进行该实例对象的初始化工作。在初始化的过程中，如果在成员域的定义中含有带初始化的变量名，则首先运行在成员域的定义中的这些初始化赋值运算。然后，继续运行相应的构造方法完成实例对象的初始化工作。如果有引用指向该实例对象，则可以通过该引用访问该实例对象的成员域或调用该实例对象的成员方法。设有引用类型的变量指向该实例对象，则通过该变量访问该实例对象的成员域的格式是：

*变量名.成员域名*

在上面格式中间是一个点。通过该变量调用该实例对象的成员方法的格式是：

*变量名.成员方法名(成员方法调用参数列表)*

在上面格式中间是一个点。这里成员方法调用参数列表由 0 个、1 个或多个表达式组成，在相邻两个表达式之间采用逗号分隔开。这些表达式分别称为成员方法的调用参数。成员方法的调用参数必须与在该成员方法所定义的参数列表中的参数一一对应，即调用参数应当与相应参数的数据类型相匹配。例如：在类 Integer 中含有成员方法

```
public int intValue( )
```

该成员方法返回当前的实例对象所对应的整数值。设 Integer 类型的变量 a 指向类 Integer 的实例对象，则方法调用

```
a.intValue( )
```

返回变量 a 所指向的实例对象所对应的整数值。

在 Java 语言中，对类的实例对象内存的回收是通过垃圾回收机制完成的。垃圾回收机制的基本原理是在适当的时机自动回收不再被 Java 程序所用的内存。这些不再被 Java 程序所用的内存称为垃圾。因此，回收内存也称为垃圾回收。对于一个实例对象，如果没有任何引用指向该实例对象，则该实例对象所占据的内存是不再被 Java 程序所用的内存，即垃圾。例如：语句

```
Integer a = new Integer(11);
```

创建类 Integer 的一个实例对象，变量 a 指向该实例对象。下面的语句

```
a = null;
```

将使得变量 a 不再指向该实例对象。如果这时没有其他引用指向该实例对象，则该实例对象是被废弃的实例对象。它所占据的内存称为垃圾。当实例对象所占据的内存成为垃圾时，Java 虚拟机一般不会立即回收该垃圾，而需要等到适当的时机才回收该垃圾。Java 系统自己定义了一套垃圾回收算法，用来提高垃圾回收的效率。因此 Java 系统并不保证先申请的存储单元会先被释放，也不保证先成为"垃圾"的存储单元会先被释放。在 Java 系统提供的类 System 中含有成员方法

```
public static void gc( )
```

调用该成员方法可以向 Java 虚拟机申请尽快进行回收垃圾，但不能保证 Java 虚拟机会立即进行垃圾回收。因为这个成员方法是类 System 的静态成员方法，所以可以通过下面的方式

```
System.gc( );
```

直接调用该成员方法。对于静态成员方法的介绍参见 3.6 节。在所有的类中实际上都会含有成员方法

```
protected void finalize( ) throws Throwable
```

这个成员方法是类 java.lang.Object 的成员方法。其他类通常都会继承类 java.lang.Object 的这个成员方法，这是类的继承性的一种体现。关于继承性的内容参见 3.2 节。在实例对象所占据的内存即将被回收之前，通常会调用该实例对象的 finalize 成员方法，但是 Java 系统不保证在回收实例对象所占据的存储单元之前一定会调用 finalize 成员方法。因此程序不应当依赖于 finalize 成员方法来统计程序对内存资源占用的情况。

综上所述，类的实例对象的生命周期包括实例对象的创建、使用、废弃以及垃圾的回收。下面给出一个说明实例对象生命周期的例程。例程的源文件名为 J_Finalize.java，其内容如下：

**J**ava 程序设计教程（第 3 版）

```java
// ////////////////////////////////////////////////
//
// J_Finalize.java
//
// 开发者：雍俊海
// ////////////////////////////////////////////////
// 简介：
//      实例对象生命周期的例程
// ////////////////////////////////////////////////
class J_Book
{
    public int m_id; // 书的编号

    public J_Book(int i)
    {
        m_id = i;
    } // J_Book 构造方法结束

    protected void finalize( )
    {
        switch (m_id)
        {
        case 1:
            System.out.print("《飘》");
            break;
        case 2:
            System.out.print("《Java 程序设计教程》");
            break;
        case 3:
            System.out.print("《罗马假日》");
            break;
        default:
            System.out.print("未知书籍");
            break;
        } // switch 语句结束
        System.out.println("所对应的实例对象存储单元被回收");
    } // 方法 finalize 结束
} // 类 J_Book 结束

public class J_Finalize
{
    public static void main(String args[ ])
    {
        J_Book book1= new J_Book(1);
        new J_Book(2);
```

```
        new J_Book(3);
        System.gc( ); // 申请立即回收垃圾
    } // 方法 main 结束
} // 类 J_Finalize 结束
```

编译命令为:

```
javac J_Finalize.java
```

执行命令为:

```
java J_Finalize
```

最后执行的结果是在控制台窗口中输出:

《罗马假日》所对应的实例对象存储单元被回收

《Java 程序设计教程》所对应的实例对象存储单元被回收

在上面的例程中,类 J_Finalize 定义了一个成员方法 main。成员方法 main 是一个特殊的成员方法,是 Java 应用程序的入口,其定义格式如下:

```
public static void main(String 参数变量名[ ])
{
    main 方法体
}
```

其中,参数变量名应当是一个合法的标识符,这里参数变量的类型是字符串数组类型,main 方法体通常由一些语句组成。在运行 Java 应用程序时,通常实际上是运行在成员方法 main 中的各个语句。在上面的例程中,成员方法 main 的参数变量名是 args。在成员方法 main 中的前 3 个语句分别创建类 J_Book 的一个实例对象。每个实例对象含有一个成员域 m_id,用来表示书的编号。在创建实例对象的过程中,通过类 J_Book 的构造方法完成相应实例对象的初始化工作,使得这 3 个实例对象所对应的书编号分别为 1、2 和 3。因为后两个实例对象在创建完之后并没有任何引用指向它们,所以这两个实例对象的存储单元在创建之后立即成为垃圾。接着,程序通过方法调用 "System.gc( )",申请立即进行垃圾回收。这时,后两个实例对象所占据的内存是可以回收的。在回收之前,Java 虚拟机一般会调用这两个实例对象的 finalize 成员方法。对于第二个实例对象,因为它的成员域 m_id 的值是 2,所以在运行第二个实例对象的成员方法 finalize 时,在控制台窗口中输出

《Java 程序设计教程》所对应的实例对象存储单元被回收

同样,对于第三个实例对象,在运行该实例对象的成员方法 finalize 时,在控制台窗口中输出

《罗马假日》所对应的实例对象存储单元被回收

因为在成员方法 main 中,变量 book1 一直指向所创建的类的 J_Book 的实例对象,所以变量 book1 所指向的实例对象只能在程序执行完之后回收。这时 Java 虚拟机一般不会调用这

个实例对象的 finalize 成员方法。

## 3.2 继承性

面向对象技术的 3 大特性分别是继承性、多态性和封装性。本节介绍继承性，3.3 节介绍多态性，3.5 节介绍封装性。继承性是实现软件可重用性的一种重要手段。在类的定义格式

```
[类修饰词列表] class 类名 [extends 父类名] [implements 接口名称列表]
{
    类体
}
```

中，可以通过在关键字 extends 后面添加父类名，指定当前定义的类的父类；还可以在关键字 implements 的后面添加接口名称列表，指定当前定义的类所实现的各个接口。通过这种方式，使得当前定义的类可以继承其父类或所实现接口的成员域或成员方法，即在当前定义的类与其父类或所实现接口之间建立起一种继承关系。这种继承关系具有传递性，例如：类 A 可以拥有父类 B，同样类 B 还可以拥有父类 C；这时类 C 也可以称为是类 A 的父类。本节主要介绍当前定义的类对其父类的一些继承关系。关于接口的介绍参见 3.7 节的内容。如果在类的定义中不含选项"extends 父类名"，则 Java 虚拟机一般会自动给当前定义的类添加默认的选项"extends java.lang.Object"。这样，除了类 java.lang.Object 之外，任何类都有父类；而且类 java.lang.Object 是除了它自身之外的所有类的父类。如果在当前定义的类中含有选项"extends 父类名"，则由该选项指定的父类是当前定义的类的直接父类；否则，当前定义的类的直接父类是类 java.lang.Object。因为在选项"extends 父类名"中只能指定一个父类名，所以每个类（类 java.lang.Object 除外）有且仅有一个直接父类。这样，通过继承关系，可以将 Java 的所有类用一个树状的层次结构表示出来，而且其根部是类 java.lang.Object。

在类的定义中，当前定义的类与其直接父类之间在构造方法方面存在约束关系，即当前定义的类的构造方法必须调用其直接父类的构造方法，而且该调用语句必须是当前定义的类的构造方法的第一条语句，其调用格式是

```
super(调用参数列表);
```

其中，super 是关键字，表示直接父类的构造方法。这里的调用参数列表必须与其直接父类的某个构造方法的参数列表相匹配，即在调用参数列表中的调用参数与在参数列表中的参数一一对应，并且调用参数应当与相应参数的数据类型相匹配。如果在直接父类中不含与当前调用相匹配的构造方法，则在编译时将出现编译错误。如果在当前定义的类的构造方法中没有显式写上调用父类构造方法的语句，则 Java 虚拟机一般会自动在当前定义的类的构造方法的第一条语句前自动地、隐式地添加调用不含任何参数的直接父类构造方法的语句，即：结果使得当前定义的类的构造方法的第一条语句实际上为

```
super( );
```

虽然这条语句没有显式地出现在源程序中。这里需要注意的是：如果这时在直接父类中没有不含任何参数的构造方法，则在编译时将出现编译错误。

下面给出一个职工与教师之间的继承性例程。例程的源文件名为 J_Teacher.java，其内容如下：

```java
// ////////////////////////////////////////////////
//
// J_Teacher.java
//
// 开发者：雍俊海
// ////////////////////////////////////////////////
// 简介：
//     职工与教师之间的继承性例程
// ////////////////////////////////////////////////
class J_Employee
{
    public int m_workYear; // 工作的年限

    public J_Employee( )
    {
      m_workYear = 1;
    } // J_Employee 构造方法结束
} // 类 J_Employee 结束

public class J_Teacher extends J_Employee
{
    public int m_classHour; // 授课的课时

    public J_Teacher( )
    {
      m_classHour = 96;
    } // J_Teacher 构造方法结束

    public void mb_printInfo( )
    {
      System.out.println("该教师的工作年限为" + m_workYear);
      System.out.println("该教师授课的课时为" + m_classHour);
    } // 方法 mb_printInfo 结束

    public static void main(String args[ ])
    {
      J_Teacher tom = new J_Teacher( );
      tom.mb_printInfo( );
    } // 方法 main 结束
} // 类 J_Teacher 结束
```

编译命令为：

```
javac J_Teacher.java
```

执行命令为：

```
java J_Teacher
```

最后执行的结果是在控制台窗口中输出：

```
该教师的工作年限为 1
该教师授课的课时为 96
```

在上面的例程中，类 J_Employee 是类 J_Teacher 的直接父类，是表示职工的类；类 J_Teacher 是类 J_Employee 的子类，是表示教师的类。因为新加入的职工的工作年限一般为 1 年，所以在类 J_Employee 的构造方法中将新创建的实例对象的工作年限 m_workYear 初始化为 1。因为教师也是职工，所以这里表示教师的类继承自表示职工的类。例如：教师类通过继承也具有工作年限这一属性。因此，类 J_Teacher 的成员方法 mb_printInfo 直接使用了其直接父类的成员域 m_workYear。教师一般需要授课，每年授课的课时一般可能是 96 学时。这里在类 J_Teacher 的构造方法中将新创建的实例对象的每年授课的课时 m_classHour 初始化为 96。虽然在类 J_Teacher 的构造方法中没有显式地调用其直接父类的构造方法，但是 Java 虚拟机一般会自动隐式地调用其直接父类的不含任何参数的构造方法。因此，教师的工作年限 m_workYear 也会被初始化为 1。

在子类与父类之间可以进行类型转换，其转换规则如下：

（1）第一种转换是隐式类型转换，即将类型为子类型的数据转换成为类型为其父类型的数据。这时可以不需要强制类型转换运算符 "( )"。例如：将子类的变量直接赋值给父类的变量。假设父类 J_Employee 和子类 J_Teacher 已经按照上面的例程定义，则下面的语句是一个示例：

```
J_Teacher tom = new J_Teacher( );
J_Employee a = tom;
```

在上面的语句中，将类型为子类 J_Teacher 的变量 tom 直接赋值给类型为父类 J_Employee 的变量 a。自然，在类型转换时还可以加上强制类型转换运算符 "( )"。例如：下面的语句：

```
System.out.println(((J_Employee)tom).m_workYear);
```

先进行类型转换，将子类 J_Teacher 类型转换为父类 J_Employee 类型；再调用父类 J_Employee 的成员域；结果在控制台窗口中输出教师 tom，或者说职工 tom，的工作年限。这里需要注意的是，在 "(J_Employee)tom" 外围的圆括号是不可以去掉的，即下面的类型转换

```
(J_Employee)tom.m_workYear
```

实际上是将 tom.m_workYear 的类型转换为 J_Employee 类型。因为 tom.m_workYear 的类型是整数（int）类型，而 J_Employee 类型是引用类型，所以这种类型转换将产生编译错误。

（2）第二种转换是**显式类型转换**，即将类型为父类型的数据转换成为类型为子类型的数据。这时通常需要强制类型转换运算符 "( )"。例如：将父类的变量直接赋值给子类的变量。假设父类 J_Employee 和子类 J_Teacher 已经按照上面的例程定义，则下面的语句是一个示例：

```
J_Teacher tom = new J_Teacher( );
J_Employee a = tom;
J_Teacher b = (J_Teacher) a;
```

在上面的语句中，将类型为父类 J_Employee 的变量 a 通过强制类型转换运算符转换成为子类 J_Teacher 的类型，再赋值给类型为子类 J_Teacher 的变量 b。这里强制类型转换运算符 "( )" 是必需的，否则，将出现编译错误。这里需要注意的是，下面的语句在编译时不会出现错误，但在运行时会出现类型转换错误：

```
J_Employee a = new J_Employee( );
J_Teacher b = (J_Teacher) a;
```

因为无法从变量 a 所指向的实例对象中得到其子类 J_Teacher 的实例对象，即上面的语句虽然在语法上是正确的，但在实际运行中是行不通的。

（3）如果两个类型不存在子类型与父类型之间的关系，则一般不能进行类型转换。例如：假设类 J_Teacher 已经按照上面的例程定义，则下面的语句

```
J_Teacher tom = new J_Teacher( );
System.out.println((String)tom);
```

将产生编译错误，因为类 J_Teacher 与类 String 之间不存在子类型与父类型的关系。

前面介绍了子类型与父类型之间的关系，这里介绍**子类的实例对象与父类的实例对象之间的关系**。可以认为子类的实例对象同时也是父类的实例对象；但反过来，由父类的构造方法创建的实例对象一般不是子类的实例对象。判断一个引用表达式所指向的实例对象是否是某种引用类型的实例对象可以通过 instanceof 运算符来实现，其使用格式为：

*引用类型表达式* instanceof *引用类型*

运算的结果返回的是一个布尔值。当引用类型表达式不是 null 并且所指向的实例对象是指定引用类型的实例对象时，返回 true；否则，返回 false。例如：假设父类 J_Employee 和子类 J_Teacher 已经按照上面的例程定义，并且变量 a、b 和 c 已经按照下面的方式定义，

```
J_Teacher a = new J_Teacher( );
J_Employee b = new J_Employee( );
J_Employee c = a;
```

则表达式

```
a instanceof J_Teacher
```

返回 true，因为变量 a 指向的实例对象是类 J_Teacher 的实例对象。表达式

```
a instanceof J_Employee
```

返回 true，因为变量 a 指向的实例对象是类 J_Teacher 的实例对象，同时也可以认为是其父类 J_Employee 的实例对象。表达式

```
b instanceof J_Teacher
```

返回 false，因为变量 b 指向的实例对象是类 J_Employee 的实例对象，不能被认为是其子类 J_Teacher 的实例对象。表达式

```
c instanceof J_Employee
```

返回 true，因为变量 c 指向的实例对象是类 J_Teacher 的实例对象，同时也可以认为是其父类 J_Employee 的实例对象。表达式

```
c instanceof J_Teacher
```

返回 true，因为变量 c 指向的实例对象是类 J_Teacher 的实例对象。

　　这里 instanceof 运算符可以用在引用类型转换中，即先判断一个引用表达式所指向的实例对象是否是目标类型的实例对象，如果得到确认是，再进行类型转换，从而避免引用类型转换的运行时错误。例如：语句

```
J_Teacher b = (J_Teacher) a;
```

可以改写成为

```
if (a instanceof J_Teacher)
    b = (J_Teacher) a;
else b = new J_Teacher( );
```

这样，如果在上面语句之前已经定义

```
J_Employee a = new J_Employee( );
```

则表达式"(a instanceof J_Teacher)"返回 false，从而不会进行强制类型转换"b = (J_Teacher) a"，进而不会出现引用类型转换的运行时错误。如果在上面修改的语句之前已经定义

```
J_Teacher c = new J_Teacher( );
J_Employee a = c;
```

则表达式"(a instanceof J_Teacher)"返回 true，从而可以进行强制类型转换"b = (J_Teacher) a"，而且编译与运行均不会出现引用类型转换的错误。

## 3.3　多态性

　　多态性是面向对象技术的三大特征之一，也是实现软件可重用性的手段之一。它使得继承特性更为灵活，并使程序具有良好的可扩展性。多态性指的是在类定义中出现多个构造方法或出现多个同名的成员方法。对于同名的成员方法，多态性还包括在当前定义的类型中出现与其父类型的成员方法同名的成员方法。多态性包括两种类型：静态多态性和动态多态性。

这里需要注意的是，当在类定义中出现同名的成员域时，不仅与多态性没有关系，而且一般是不提倡的。如果在当前定义的类的类体中出现同名的成员域，则程序一般无法通过编译；如果在当前定义的类的类体中出现与其父类的成员域同名的成员域，则程序可以通过编译，但是一般不提倡出现这种情况。

## 3.3.1　静态多态性

静态多态性指的是在同一个类中同名方法在功能上的重载（overload）。这也包括一个类对其父类同名方法在功能上的重载，而且在方法声明的形式上要求同名的方法具有不同的参数列表。这里的方法可以是成员方法，也可以是构造方法。不同的参数列表指的是方法的参数个数不同、参数的数据类型不同或者参数的数据类型排列顺序不同。这样，Java虚拟机在编译时可以根据不同的参数列表识别不同的方法。而且在方法调用中，可以根据调用参数列表与方法定义的参数列表之间匹配确定实际所调用的方法。一般建议，重载的方法应当具有相似的功能。这样方便理解程序，即增加程序的可读性，便于程序的维护。

下面给出一个静态多态性例程。例程的源文件名为 **J_Student.java**，其内容如下：

```
// ////////////////////////////////////////////////
//
// J_Student.java
//
// 开发者：雍俊海
// ////////////////////////////////////////////////
// 简介：
//     静态多态性例程
// ////////////////////////////////////////////////
public class J_Student
{
    public int m_id; // 学号
    public int m_age; // 年龄

    public J_Student( )
    {
        mb_setData(2008010400, 19);
    } // J_Student 构造方法结束

    public J_Student(int id, int age)
    {
        mb_setData(id, age);
    } // J_Student 构造方法结束

    public void mb_setData(int id, int age)
    {
        m_id = id;
        m_age = age;
```

```
    } // 方法 mb_setData 结束

    public void mb_setData(int id)
    {
        m_id = id;
    } // 方法 mb_setData 结束

    public static void main(String args[ ])
    {
        J_Student jack = new J_Student( );
        jack.mb_setData(2008010408);
        J_Student lisa = new J_Student( );
        lisa.mb_setData(2008010428, 18);
        System.out.print("Jack 的学号是" + jack.m_id);
        System.out.println(", 年龄是" + jack.m_age);
        System.out.print("Lisa 的学号是" + lisa.m_id);
        System.out.println(", 年龄是" + lisa.m_age);
    } // 方法 main 结束
} // 类 J_Student 结束
```

编译命令为：

```
javac J_Student.java
```

执行命令为：

```
java J_Student
```

最后执行的结果是在控制台窗口中输出：

```
Jack 的学号是 2008010408, 年龄是 19
Lisa 的学号是 2008010428, 年龄是 18
```

在上面的例程中，构造方法和成员方法 mb_setData 都采用了静态多态性，即上面出现了互不冲突的多个构造方法和多个成员方法 mb_setData。这样，在方法调用

```
jack.mb_setData(2008010408);
```

时，Java 虚拟机自动根据调用参数列表查找与其相匹配的方法

```
public void mb_setData(int id)
```

同样，Java 虚拟机自动根据调用参数列表确定方法调用

```
lisa.mb_setData(2008010428, 18);
```

调用的是成员方法

```
public void mb_setData(int id, int age)
```

因为它们不仅参数个数相同，而且类型也相匹配。这里需要注意的是，如果在上面例程的

类 J_Student 定义中增加成员方法

```
public void mb_setData(int age)
{
    m_age = age;
} // 方法 mb_setData 结束
```

则将出现编译错误，因为这个新增的成员方法与原有的成员方法

```
public void mb_setData(int id)
```

冲突。这两个成员方法具有相同的参数个数，而且对应的参数类型也相同。Java 虚拟机实际上无法区分这两个成员方法。虽然这两个成员方法的 参数变量名不同，但是在方法调用中并没有提供在方法定义的参数列表中的参数变量名，从而 Java 虚拟机无法根据参数变量名区分这两个成员方法。

## 3.3.2　动态多态性

动态多态性指的是在子类和父类的类体中均定义了具有基本相同声明的非静态成员方法。所谓非静态成员方法指的是在成员方法定义中成员方法的声明不含方法修饰词 static。这时也称为子类的成员方法对其父类基本相同声明的成员方法的 覆盖（override）。这里，基本相同声明的成员方法要求子类的成员方法和其父类对应的成员方法具有相同的方法名，相同的参数个数，对应参数的类型也相同，而且子类的成员方法应当比其父类对应的成员方法具有相同或者更广的访问控制方式。成员方法的访问控制方式由定义该成员方法的方法修饰词确定。成员方法的访问控制方式共有 4 种模式：公共模式（对应方法修饰词 public）、保护模式（对应方法修饰词 protected）、默认模式和私有模式（对应方法修饰词 private）。如果定义成员方法的方法修饰词不含关键字 public、protected 和 private，则该成员方法的访问控制方式采用默认模式。在这 4 种模式中，公共模式具有最大范围的访问控制权限，私有模式具有最小范围的访问控制权限，保护模式的访问控制范围比默认模式的大。对访问控制方式的具体介绍参见 3.5 节封装性的内容。

下面给出一个 职工与教师之间的动态多态性例程。例程的源文件名为 J_Teacher.java，其内容如下：

```
// ////////////////////////////////////////////////
//
// J_Teacher.java
//
// 开发者：雍俊海
// ////////////////////////////////////////////////
// 简介：
//     职工与教师之间的动态多态性例程
// ////////////////////////////////////////////////
class J_Employee
{
    public int m_workYear; // 工作的年限
```

```java
    public J_Employee( )
    {
        m_workYear = 1;
    } // J_Employee 构造方法结束

    public void mb_printInfo( )
    {
        System.out.println("该职工的工作年限为" + m_workYear);
    } // 方法 mb_printInfo 结束
} // 类 J_Employee 结束

public class J_Teacher extends J_Employee
{
    public int m_classHour; // 授课的课时

    public J_Teacher( )
    {
        m_classHour = 96;
    } // J_Teacher 构造方法结束

    public void mb_printInfo( )
    {
        System.out.println("该教师的工作年限为" + m_workYear);
        System.out.println("该教师授课的课时为" + m_classHour);
    } // 方法 mb_printInfo 结束

    public static void main(String args[ ])
    {
        J_Employee a = new J_Employee( );
        a.mb_printInfo( );
        a = new J_Teacher( );
        a.mb_printInfo( );
    } // 方法 main 结束
} // 类 J_Teacher 结束
```

编译命令为：

```
javac J_Teacher.java
```

执行命令为：

```
java J_Teacher
```

最后执行的结果是在控制台窗口中输出：

```
该职工的工作年限为 1
该教师的工作年限为 1
该教师授课的课时为 96
```

在上面的例程中，类 J_Employee 是类 J_Teacher 的父类。在类 J_Teacher 和类 J_Employee 的类体中均定义了具有相同声明的成员方法

```
public void mb_printInfo( )
```

这里类 J_Teacher 的成员方法 mb_printInfo 是对其父类 J_Employee 的具有相同声明的成员方法的覆盖。这里分析在类 J_Teacher 的成员方法 main 中的各条语句。第一条语句首先定义了类型为 J_Employee 的变量 a，它指向由 new 运算符及类 J_Employee 的构造方法创建的实例对象。第二条语句通过变量 a 调用成员方法 mb_printInfo，这时调用的是类 J_Employee 的成员方法 mb_printInfo。第三条语句使得变量 a 指向由 new 运算符及类 J_Teacher 的构造方法创建的实例对象。这里存在类型转换是允许的，因为变量 a 的类型为类 J_Employee，而类 J_Employee 是类 J_Teacher 的父类。第四条语句通过变量 a 调用成员方法 mb_printInfo，这时调用的是类 J_Teacher 的成员方法 mb_printInfo。从这可以看出虽然变量 a 类型为类 J_Employee，但 Java 虚拟机仍然能够自动识别出变量 a 所指向的实例对象的实际类型，并根据其实际类型调用相应的成员方法。这样，**利用动态多态性使得可以通过父类型的引用调用子类型的成员方法**。这里要求该父类型的引用所指向的实例对象实际上是其子类型的实例对象，而且调用的子类型的成员方法是对其父类型同名成员方法的覆盖。这种特性为大型软件程序设计实现可扩展性提供了一定的便利。因为存在类型转换机制，从而造成无法在编译时识别一个引用表达式所指向的实例对象是该引用表达式的类型的实例对象，还是其子类型的实例对象，所以在动态多态性的方法调用中无法在编译时识别具体调用的成员方法，而这一般需要在运行时才能被 Java 虚拟机识别。这是动态多态性和静态多态性之间的区别之一。

由于动态多态性使得子类型的成员方法屏蔽了父类型的被覆盖的成员方法，因此，这会引发一个问题：如何在子类型的成员方法中调用父类型的被覆盖的成员方法。在 Java 语言中通过关键字"super"可以处理这一问题。**关键字"super"的用途**主要有：

（1）在子类型的非静态成员方法中访问其父类型的成员域，其格式为：

*super.父类型的成员域;*

如果在子类型的类型体中定义了与该成员域同名的成员域或在当前非静态成员方法中定义了与该成员域同名的局部变量，则通过上面方法可以用来解决同名变量的屏蔽问题。否则，在上面的格式中，"super."是可以去掉的，其效果都是一样的。这里被访问的父类型的成员域可以是静态的，也可以是非静态的。

（2）在子类型的非静态成员方法中调用其父类型的成员方法，其格式为：

*super.父类型的成员方法(调用参数列表);*

这里所调用的父类型的成员方法可以是在父类型中被覆盖的成员方法，这时实际调用的成员方法是父类型的成员方法。这里被调用的父类型的成员方法可以是静态的，也可以是非静态的。

（3）在子类的构造方法的第一条语句处调用其父类的构造方法，其格式为：

*super(父类构造方法的调用参数列表);*

与关键字"super"相对的关键字是"this"。"this" 的用法与"super"的用法相似，只是它调用的是同一个类的成员域或成员方法。关键字"this"用在当前类的非静态成员方法中，其使用格式为：

> this.*当前类的成员域*;

或者

> this.*当前类的成员方法*(*调用参数列表*);

上面的第一种格式主要是为了解决局部变量与成员域同名而造成的屏蔽问题。但实际上，一般不提倡局部变量与成员域变量同名，因此这种方法并不常用。如果一定要采用这种方法，则往往会增加程序出错的可能性，降低程序的可读性，导致程序维护成本的提高。因此，这里关键字"this"基本上是可以省略的，而且在省略之后其效果是一样的。

这里需要注意的是，动态多态性只针对非静态的成员方法，即静态的成员方法不具有动态多态性。例如：假设在子类和父类的类体中均定义了具有完全相同声明的静态成员方法，而且类型为父类的变量 a 指向子类的实例对象，则通过变量 a 调用该静态成员方法将调用在父类的类体中定义的静态成员方法，而不是在子类的类体中定义的静态成员方法。

# 3.4  包

可以将一组相关的类或接口封装在包（package）里，从而更好地管理已经开发的 Java 代码。这里包（package）也可以称作软件包。创建新的包或者将新定义的类、接口或者枚举类型加入到自定义的包中，可以采用包（**package**）声明语句。这里包声明语句要求是定义类或者接口（接口的定义参见 3.7 节）或者枚举（枚举的定义参见 5.2 节）类型的 Java 源程序文件的第一条语句，而且必须是该文件的第一条语句。包声明语句的格式是：

> package 包名;

其中，包名可以是一个标识符，也可以由若干个标识符通过"."连接而成。通常建议采用后一种形式定义包名，其中包名的前几个标识符是所在单位的 Internet 域名的倒序，最后一个标识符是一个可以概括该软件包功能的标识符。例如：

> package cn.edu.tsinghua.universityOrganization;

其中，"cn.edu.tsinghua"是清华大学网址域名的逆序，最后一个标识符说明该软件包的功能。

编译含有包声明语句的 Java 源程序文件的格式是：

> javac -d *路径名 Java 源程序文件名*

其中，Java 源程序文件名必须是包括后缀".java"的源程序文件名，路径名指定软件包的根路径。如果软件包的根路径是当前路径，则路径名可以是一个"."。在 Java 语言中软件包是以目录的形式进行管理的。如果在包声明语句中的包名只含有一个标识符，则在编译之后生成的后缀为".class"的文件位于软件包根路径的下一级路径下，其中下一级路径的名称是包名。如果在包声明语句中的包名含有多个标识符，则在编译之后生成的后缀为

".class" 的文件位于在软件包根路径下面的多级子目录下，其中各级路径名称依次分别由组成包名的各个标识符指定。例如：设需要编译的 Java 源程序文件为 J_Teacher.java，并且期望的软件包根路径是当前路径，则编译命令为：

```
javac -d . J_Teacher.java
```

设在 Java 源程序文件 J_Teacher.java 中含有包声明语句

```
package cn.edu.tsinghua.universityOrganization;
```

则新生成的 J_Teacher.class 文件在当前路径下面的子路径 "cn\edu\tsinghua\university-Organization"（对于 Windows 系列的操作系统）或 "cn/edu/tsinghua/universityOrganization"（对于 Linux 或 UNIX 系列的操作系统）下。

如果需要使用在软件包中的类、接口或者枚举等，则需要<u>导入包的语句</u>。导入包的语句一般是在 Java 源程序文件中除了包声明语句之外的最前面的若干条语句。<u>导入包语句的格式</u>有 3 种，分别为：

（1）import *包名.*;

（2）import *包名.类型名*;

（3）import static *包名.类型名.静态成员方法名*;

在上面的格式中，第一种格式是将整个包的类、接口或者枚举等导入到当前的程序中。第二种格式是将指定的类型导入到当前的程序中，其中包名指定该类型所在的软件包，类型名指定具体的类、接口或者枚举等类型。第三种格式是将指定的静态成员方法导入到当前的程序中，其中，包名指定该静态成员方法所在的软件包，类型名指定该静态成员方法所在的类型，静态成员方法名指定具体的静态成员方法。这里需要注意的是，第三种格式含有关键词 static。<u>导入包语句的使用原则</u>是尽量使用比较后面的导入包语句形式；否则，会增加程序的内存开销，并在一定程度上降低程序的编译效率。对于自定义的软件包，一般建议采用后两种格式。如果需要采用第一种格式，则要求在当前路径下不能含有相应的后缀为 ".java" 的 Java 源程序文件以及编译生成的后缀为 ".class" 的文件。例如：设类 J_Teacher 在软件包 "cn.edu.tsinghua.universityOrganization" 中，则当需要通过导入包语句

```
import cn.edu.tsinghua.universityOrganization.*;
```

引入类 J_Teacher 时，在当前路径下不能含有文件 J_Teacher.java 和 J_Teacher.class。

这里需要注意的是，每个软件包都有一个包名，而且在包与包之间没有嵌套关系，即任何包都不会包含其他包。例如：软件包

```
cn.edu.tsinghua.universityOrganization
```

不是软件包

```
cn.edu.tsinghua
```

的子软件包。导入包语句

```
import cn.edu.tsinghua.*;
```

不能代替导入包语句

```
import cn.edu.tsinghua.universityOrganization.*;
```

即前一个导入包语句不会将在软件包"cn.edu.tsinghua.universityOrganization"中的各个类型导入到当前的程序中。

在导入软件包的过程中，软件包根路径是由系统变量 classpath 确定的。系统变量 classpath 的值一般是由一些软件包根路径组成的，在相邻的根路径之间采用";"分隔开（在 Windows 系列的操作系统中）或者采用":"（在 Linux 或 UNIX 操作系统中）分隔开。例如：当系统变量 classpath 的值为

```
.;C:\j2sdk\lib
```

则软件包的所有可能根路径为当前路径（对应上面的"."）和路径"C:\j2sdk\lib"（对应上面的"C:\j2sdk\lib"）。如果 Java 程序安装在路径"C:\j2sdk"下，则 Java 系统提供的软件包在路径"C:\j2sdk\lib"下。当需要导入软件包时，Java 虚拟机从这些根路径中查找软件包。如果无法找到需要的软件包，则将出现编译错误。

当通过导入包语句将一个软件包导入到当前程序之后，可以直接用这个软件包中的类名、接口名或者枚举名等访问这些类、接口或者枚举等类型。对于第三种形式的导入包语句，则可以直接用这个静态成员方法名调用该静态成员方法。

下面给出一个**软件包创建和应用例程**。例程由 3 个源文件组成。第一个源文件名为 J_Employee.java，其内容如下：

```
// ///////////////////////////////////////////////
//
// J_Employee.java
//
// 开发者：雍俊海
// ///////////////////////////////////////////////
// 简介：
//     包例程——职工部分
// ///////////////////////////////////////////////
package cn.edu.tsinghua.universityOrganization;

public class J_Employee
{
    public int m_workYear; // 工作的年限

    public J_Employee( )
    {
        m_workYear = 1;
    } // J_Employee构造方法结束

    public void mb_printInfo( )
    {
```

```
    System.out.println("该职工的工作年限为" + m_workYear);
    } // 方法 mb_printInfo 结束
} // 类 J_Employee 结束
```

第二个源文件名为：**J_Teacher.java**，其内容如下：

```
// ///////////////////////////////////////////////
//
// J_Teacher.java
//
// 开发者：雍俊海
// ///////////////////////////////////////////////
// 简介：
//     包例程——教师部分
// ///////////////////////////////////////////////
package cn.edu.tsinghua.universityOrganization;

import cn.edu.tsinghua.universityOrganization.J_Employee;

public class J_Teacher extends J_Employee
{
    public int m_classHour; // 授课的课时

    public J_Teacher( )
    {
        m_classHour = 96;
    } // J_Teacher 构造方法结束

    public void mb_printInfo( )
    {
        System.out.println("该教师的工作年限为" + m_workYear);
        System.out.println("该教师授课的课时为" + m_classHour);
    } // 方法 mb_printInfo 结束
} // 类 J_Teacher 结束
```

第三个源文件名为 **J_University.java**，其内容如下：

```
// ///////////////////////////////////////////////
//
// J_University.java
//
// 开发者：雍俊海
// ///////////////////////////////////////////////
// 简介：
//     包例程——主程序部分
// ///////////////////////////////////////////////
```

```
import cn.edu.tsinghua.universityOrganization.J_Employee;
import cn.edu.tsinghua.universityOrganization.J_Teacher;

public class J_University
{
    public static void main(String args[ ])
    {
        J_Employee a = new J_Employee( );
        a.mb_printInfo( );
        a = new J_Teacher( );
        a.mb_printInfo( );
    } // 方法 main 结束
} // 类 J_University 结束
```

编译命令依次为：

```
javac -d . J_Employee.java
javac -d . J_Teacher.java
javac J_University.java
```

上面的编译命令一般不能调换顺序；否则，可能出现编译错误。这主要是因为在这个源程序文件定义的类之间存在一定的依赖关系。执行命令为：

```
java J_University
```

最后执行的结果是在控制台窗口中输出：

```
该职工的工作年限为 1
该教师的工作年限为 1
该教师授课的课时为 96
```

在上面的例程中，在源程序文件 J_Employee.java 和 J_Teacher.java 中，通过语句

```
package cn.edu.tsinghua.universityOrganization;
```

创建软件包"cn.edu.tsinghua.universityOrganization"，并分别将类 J_Employee 和类 J_Teacher 加入到该软件包中。上面的包声明语句在这两个源程序文件中均为第一条语句。在编译命令运行之后，在路径 " .\cn\edu\tsinghua\universityOrganization " 下增加了两个文件 J_Employee.class 和 J_Teacher.class。在源程序文件 J_University.java 中，通过语句

```
import cn.edu.tsinghua.universityOrganization.J_Employee;
import cn.edu.tsinghua.universityOrganization.J_Teacher;
```

将软件包 "cn.edu.tsinghua.universityOrganization" 的类 J_Employee 和类 J_Teacher 导入到当前程序中。这两条导入包语句是该文件的头两条语句。这样，在源程序文件 J_University.java 中，可以直接通过类名 J_Employee 和 J_Teacher 使用这两个类。如果在源程序文件 J_University.java 中不含导入包语句，则使用软件包 " cn.edu.tsinghua. universityOrganization"的类 J_Employee 和类 J_Teacher 一般需要分别通过"cn.edu.tsinghua.

universityOrganization.J_Employee"和"cn.edu.tsinghua.universityOrganization.J_Teacher"。
例如：在去掉源程序文件"J_University.java"的导入包语句之后，则语句

```
a = new J_Teacher( );
```

一般需要改成为

```
a = new cn.edu.tsinghua.universityOrganization.J_Teacher( );
```

从这可以看出，通过导入包语句可以使得源程序变得更为简洁。

在 Java 系统提供的软件包中，有一个软件包比较特殊，即**软件包"java.lang"**。它是
Java 语言的基本软件包。即使不通过导入包语句，Java 语言一般也会为所有的 Java 程序自
动导入该软件包。软件包"java.lang" 提供 Java 程序所需要的最基本的类和接口，其中比
较常用的类包括：Object、Boolean、Byte、Character、Double、Float、Integer、Long、Short、
Math、String、StringBuffer、System、Thread 等。类 Object 是在 Java 语言中除类 Object 本
身之外所有类的父类。类 Boolean、Byte、Character、Double、Float、Integer、Long 和 Short
分别是 Java 八种基本数据类型的包装类。类 Math 提供各种数学计算方法，例如：静态方
法 Math.abs（计算绝对值）、静态方法 Math.cos（计算余弦值）、静态方法 Math.sin（计算
正弦值）、静态方法 Math.tan（计算正切值）、静态方法 Math.exp（计算指数值）、静态方法
Math.log（计算对数值）、静态方法 Math.sqrt（计算平方根）等。类 String 是字符串类。类
StringBuffer 可以用来编辑字符序列。类 System 提供各种与标准输入和标准输出相关的功
能，访问外部定义的属性和环境变量的功能，加载文件和库的功能以及进行快速数组复制
等功能。类 Thread 是线程类。

## 3.5　封装性

**封装性**是面向对象技术的基本特征之一。在 Java 语言中，可以通过封装性使得各个模
块（对象）的外在表现仅仅为对一些成员域的访问方式和一些成员方法的调用方式，即屏
蔽各个模块（对象）的内部具体实现方式。在 Java 语言中，封装性是通过访问控制来实现
的。所谓**访问**，对于类来说，就是使用该类的成员域或成员方法，从当前类派生出子类，
或者通过类的构造方法生成实例对象等；对于成员域来说，就是读取该成员域的值，或者
改变该成员域的值；对于成员方法来说，就是调用该成员方法；对于构造方法来说，就是
通过构造方法创建实例对象。

如果一个类不是内部类，则该**类的访问控制方式**有两种：公共模式（public）和默认
模式（default）。这里仅讨论不是内部类的类，即本节介绍的类均默认不是内部类。对于内
部类的介绍参见 3.8 节。如果在类定义的类修饰词列表中包含关键字 public，则该类的访
问控制方式为**公共模式**。具有公共访问控制模式的类能够被所有软件包使用。所有的类可
以访问具有公共访问控制模式的类。例如：如果类 J_Teacher 的声明如下：

```
public class J_Teacher extends J_Employee
```

则类 J_Teacher 可以被所有的类访问。

**J**ava 程序设计教程（第 3 版）

如果在类定义的类修饰词列表中不包含关键字 public、protected 和 private，则该类的访问控制方式为默认模式。具有默认访问控制模式的类只能在同一个软件包内部使用。只有在同一个软件包中的类可以访问具有默认访问控制模式的类。例如：如果类 J_Employee 的声明如下：

```
class J_Employee
```

则类 J_Employee 的访问控制方式是默认模式，可以被在同一个软件包中的类访问，但不可以被在其他软件包中的类访问。

类的成员的访问控制方式有 4 种：公共模式（public）、保护模式（protected）、默认模式（default）和私有模式（private）。这里类的成员包括成员域、成员方法和构造方法等。对类的成员的访问首先必须能够访问类，然后由该成员的访问控制方式确定能否访问该成员。如果在类的成员定义中含有修饰词 public，则该成员的访问控制方式为公共模式。对于具有公共访问控制模式的成员，所有能访问该类的类型的定义体（例如：类体或接口体），包括成员方法，都能访问该成员。例如：在下面类 J_Employee 的定义：

```
public class J_Employee
{
    public int m_workYear; // 工作的年限

    public J_Employee( )
    {
        m_workYear = 1;
    } // J_Employee 构造方法结束

    public void mb_printInfo( )
    {
        System.out.println("该职工的工作年限为" + m_workYear);
    } // 方法 mb_printInfo 结束
} // 类 J_Employee 结束
```

中，类 J_Employee 的成员域 m_workYear、构造方法 J_Employee 和成员方法 mb_printInfo 在定义时均含有修饰词 public，即这些成员的访问控制方式均为公共模式。因为类 J_Employee 的访问控制方式也是公共模式，所以所有软件包的各种类型的成员方法均可以使用类 J_Employee 的这些成员。

如果在类的成员定义中含有修饰词 protected，则该成员的访问控制方式为保护模式。对于具有保护访问控制模式的成员，在同一个软件包内所有类型的定义体都能访问该成员。如果该成员所在的类的访问控制方式是默认模式，则在其他软件包中的任何成员方法都不能访问该成员。如果该成员所在的类的访问控制方式是公共模式，则在其他软件包中能够访问该成员的成员方法一定是该成员所在类的子类的成员方法。

如果在类的成员定义中不含修饰词 public、protected 和 private，则该成员的访问控制方式为默认模式。对于具有默认访问控制模式的成员，在同一个软件包内所有类型的所有成员方法都能访问该成员，但是在其他软件包中的任何成员方法都不能访问该成员。

如果在类的成员定义中含有修饰词 private，则该成员的访问控制方式为私有模式。对于具有私有访问控制模式的成员，只有同一个类的成员方法才能访问该成员。如果该成员所在的类的访问控制方式为公共模式，则上面的访问控制方式及其允许访问范围，如表 3.1 所示。在表 3.1 中，空白的单元格表示不允许访问。如果该成员所在的类的访问控制方式为默认模式，则不在同一个软件包的任何成员方法都不允许访问该成员，即表 3.1 前 3 列仍然有效，但后两列需要增加该成员所在的类的访问控制方式的限制。

表 3.1　类成员的访问控制模式及其允许访问范围

| 访问控制模式 | 在同一个类内 | 在同一个包内 | 子类 | 所有类 |
| --- | --- | --- | --- | --- |
| 公共模式（public） | 允许访问 | 允许访问 | 允许访问 | 允许访问 |
| 保护模式（protected） | 允许访问 | 允许访问 | 允许访问 | |
| 默认模式（default） | 允许访问 | 允许访问 | | |
| 私有模式（private） | 允许访问 | | | |

类的成员可以具有 4 种封装属性。那么如何确定成员应当具有的访问控制模式？这必须由实际需求或具体程序设计来定。这里给出一种基于程序安全性的设计方案。其具体方法是先要确定允许访问该成员的类有哪些，这些类与该成员所在的类的关系是什么，如是否具有子类与父类的关系，或者是否在同一个包内。然后，从表 3.1 中找出能够刚好满足允许访问方式的访问模式。例如：如果采用默认模式就能满足所需要的访问方式，则不应当采用保护模式。这样才能够在访问模式方面最大限度地保证程序的安全性和鲁棒性。

另外，一般建议将类的构造方法的访问控制方式设置成公共模式，将有特殊限制的成员域的访问控制方式设置成私有模式。这时，可以添加两个成员方法分别来读取和设置这个具有特殊限制的成员域的值。在这两个成员方法中，由于读取该成员域的值的成员方法的名称通常含有字符序列 "get"，因此该成员方法通常简称为 "get" 成员方法；而设置该成员域的值的成员方法的名称通常含有字符序列 "set"，因此该成员方法通常简称为 "set" 成员方法。例如：

```
public class J_Month
{
    private int m_month = 1;  // 月份，要求取值从 1 到 12

    public int mb_getMonth( )
    {
        return m_month;
    } // 方法 mb_getMonth 结束

    public int mb_setMonth(int m)
    {
        if (m<1)
            m_month= 1;
        else if (m>12)
            m_month= 12;
        else m_month= m;
```

```
        return m_month;
    } // 方法 mb_setMonth 结束
} // 类 J_Month 结束
```

在上面程序中，因为类 J_Month 的成员域 m_month 的访问控制方式是私有模式，所以其他类型的成员方法均无法直接访问成员域 m_month。如果其他类型的成员方法要获取成员域 m_month 的值，则只能通过"get"成员方法 mb_getMonth 来实现；如果要设置成员域 m_month 的值，则只能通过"set"成员方法 mb_setMonth 来实现。类 J_Month 的成员方法 mb_setMonth 对一些不合理的参数值进行了修正，从而保证了类 J_Month 的成员域 m_month 的值一定是一个从 1 到 12 的整数。这样，类 J_Month 的成员域 m_month 可以用来表示月份，而且不会出现与日常生活不相符合的月份。

# 3.6　修饰词 abstract、static 和 final

本节介绍 3 个常用修饰词：abstract（抽象）、static（静态）和 final（最终）。这 3 个修饰词都是 Java 关键字。在这 3 个修饰词中，只有 static 和 final 两个修饰词可以组合在一起。关键字 abstract 和 static 一般不会同时出现在同一个声明中，例如：一个成员方法不可能同时具有抽象（abstract）和静态（static）属性。同样，同一个类、接口或者成员方法也不可能同时具有抽象（abstract）和最终（final）两个属性。

## 3.6.1　修饰词 abstract

Java 允许类、接口或者成员方法具有抽象属性，但不允许成员域或者构造方法具有抽象属性。如果在定义类的类修饰词列表中含有关键字 abstract，则该类具有抽象属性。这时，这个类称为抽象类。无法通过抽象类的构造方法生成抽象类的实例对象。接口总是具有抽象属性。因此，不管在定义接口的接口修饰词列表中是否含有关键字 abstract，该接口都具有抽象属性。具体关于接口的介绍参见 3.7 节。如果在定义成员方法的方法修饰词列表中含有关键字 abstract，则该成员方法具有抽象属性。这时，这个成员方法称为抽象成员方法。抽象成员方法一般在定义抽象类的类体或者定义接口的接口体中定义。如果一个类不具有抽象属性，则不能在该类的类体中定义抽象成员方法。抽象成员方法的定义格式与不具有抽象属性的成员方法的定义格式有些不同。抽象成员方法的定义格式为：

*[方法修饰词列表] 返回类型 方法名(方法的参数列表)；*

在上面的格式中，方法修饰词列表含有关键字 abstract。如果方法修饰词列表还含有其他方法修饰词，则在相邻方法修饰词之间通过空格隔开。返回类型是该成员方法返回的数据的数据类型。方法的参数列表可以包含 0 个、1 个或多个参数。当在方法的参数列表处除了空格之外不含任何字符时，表明该参数列表不含任何参数。这里需要注意的是，不能在方法的参数列表处写上关键字 void；否则，将出现编译错误。在方法的参数列表中，每个参数的格式是

*类型 参数变量名*

其中，类型可以是基本数据类型或引用数据类型，参数变量名可以是一个合法的标识符。如果在方法的参数列表中包含多个参数，则在参数之间采用逗号分隔开。从上面的定义格式中可以看出抽象成员方法的定义格式与不具有抽象属性的成员方法的定义格式之间的区别：除了是否含有方法修饰词 abstract 之外，抽象成员方法的定义以分号结束，而且不含方法体；而不具有抽象属性的成员方法的定义在成员方法声明之后不能立即出现分号，而且必须含有方法体。

　　这里介绍抽象类的应用方法。类是实例对象的模板，可以对实例对象的类型进行归类。然后，对其中每一个分类进行归纳，找出在该分类中的各个类型的共同特征，形成一个抽象类型。这里的抽象类型可以是抽象类或者接口。例如：可以将三角形、四边形和圆等归成同一个分类，形成形状抽象类。在形状抽象类中，可以定义三角形、四边形和圆等的共同特性，如计算面积等。在定义抽象类型之后，可以将在该分类中的各个类型定义成为该抽象类型的子类型。这样，如果需要生成抽象类型的实例对象，可以通过这些子类型的构造方法来实现。如果抽象类型的子类型不是抽象类型，则要求在该子类型的定义中必须定义覆盖抽象类型的所有抽象方法。这里的覆盖指的是在多态性中的覆盖，即定义除封装性之外相同声明的成员方法。这样根据动态多态性，可以通过抽象类型的表达式访问抽象类型的成员域以及调用这些被覆盖的成员方法来实现。这样做的优点是可以使得程序具有较好的可扩展性。例如：可以进一步添加某个形状类型，并将其定义为前面所定义的形状抽象类的子类。对于新定义的子类，如果只需要调用它的被覆盖的成员方法，则基本上不用修改原有的源程序。这时一般需要添加程序，用来创建新定义子类的实例对象。下面给出一个抽象类和抽象成员方法程序示例：

```
abstract class J_Shape
{
    public int m_shapeID = 0;              // 形状的编号
    public abstract double mb_getArea( );  // 计算并返回形状的面积
} // 类 J_Shape 结束
```

在上面的抽象类中定义了成员域 m_shapeID 和抽象成员方法 mb_getArea。

## 3.6.2　修饰词 static

　　这里介绍静态（static）属性。除了内部类之外，类一般不能具有静态属性。类的构造方法不能具有静态属性。类的成员域和成员方法可以具有静态属性。如果在定义成员域的域修饰词列表中加上修饰词 static，则该成员域具有静态属性，称为静态成员域；如果在定义成员方法的方法修饰词列表中加上修饰词 static，则该成员方法具有静态属性，称为静态成员方法。例如：作为 Java 应用程序入口的 main 成员方法是一个静态成员方法。

　　在 Java 语言中，类是其实例对象的模板，同时类本身也可以看作一种对象，简称为类对象。类的静态成员（例如：静态成员域和静态成员方法）隶属于该对象。可以直接通过类名访问类的静态成员域或者调用类的静态成员方法。直接通过类名访问类的静态成员域的格式是：

　　*类名.静态成员域名*

**J**ava 程序设计教程（第 3 版）

直接通过类名调用类的静态成员方法的格式是：

*类名.静态成员方法名(成员方法调用参数列表)*

下面给出一个 成员域和成员方法的静态属性与非静态属性例程。例程的源文件名为
J_Book.java，其内容如下：

```
// //////////////////////////////////////////////////
//
// J_Book.java
//
// 开发者：雍俊海
// //////////////////////////////////////////////////
// 简介：
//      关于书的类的成员域和成员方法的静态属性与非静态属性例程
// //////////////////////////////////////////////////
public class J_Book
{
    public int m_id; // 书的编号
    public static int m_bookNumber = 0; // 书的总数

    public J_Book( )
    {
        m_bookNumber ++;
    } // J_Book 构造方法结束

    public void mb_info( )
    {
        System.out.println("当前书的编号是: " + m_id);
    } // 方法 mb_info 结束

    public static void mb_infoStatic( )
    {
        System.out.println("书的总数是: " + m_bookNumber);
    } // 方法 mb_infoStatic 结束

    public static void main(String args[ ])
    {
        J_Book a = new J_Book( );
        J_Book b = new J_Book( );
        a.m_id = 1101;
        b.m_id = 1234;
        System.out.print("变量 a 对应的");
        a.mb_info( );
        System.out.print("变量 b 对应的");
        b.mb_info( );
```

```
        J_Book.mb_infoStatic( );
        System.out.println("比较(a.m_bookNumber==J_Book.m_bookNumber)"
            + "的结果是: " + (a.m_bookNumber==J_Book.m_bookNumber));
        System.out.println("比较(b.m_bookNumber==J_Book.m_bookNumber)"
            + "的结果是: " + (b.m_bookNumber==J_Book.m_bookNumber));
    } // 方法 main 结束
} // 类 J_Book 结束
```

编译命令为:

```
javac J_Book.java
```

执行命令为:

```
java J_Book
```

最后执行的结果是在控制台窗口中输出:

```
变量 a 对应的当前书的编号是: 1101
变量 b 对应的当前书的编号是: 1234
书的总数是: 2
比较(a.m_bookNumber==J_Book.m_bookNumber)的结果是: true
比较(b.m_bookNumber==J_Book.m_bookNumber)的结果是: true
```

在上面的例程中,直接通过"J_Book.m_bookNumber"访问类 J_Book 的静态成员域 m_bookNumber,直接通过"J_Book.mb_infoStatic( )"调用类 J_Book 的静态成员方法 mb_infoStatic。不具有静态属性的成员域和成员方法均不隶属于类本身所对应的对象。因此,不能直接通过类名访问这些不具有静态属性的成员域和成员方法。例如:如果在上面例程的 main 成员方法中添加语句:

```
System.out.println(J_Book.m_id);
```

则将引起编译错误,因为成员域 m_id 不具有静态属性。如果需要访问这些不具有静态属性的成员域和成员方法,那么一般需要通过类的实例对象来实现。

在创建类的实例对象之后,每个实例对象拥有一套独立的不具有静态属性的成员域。例如:给一个实例对象的不具有静态属性的成员域赋值,一般不会影响到另一个实例对象的成员域。通过指向实例对象的表达式不仅可以访问实例对象的不具有静态属性的成员域和成员方法,而且可以访问隶属于类对象的静态成员域和成员方法。通过指向实例对象的表达式访问该实例对象的成员域的格式是:

*表达式.成员域名*

上面的格式要求表达式指向一个实例对象。在上面的格式中的成员域可以具有静态属性,也可以不具有静态属性。因为不具有静态属性的成员域隶属于表达式所指向的实例对象,所以不同实例对象的成员域所占据的内存是不相同的。例如:在上面例程的 main 成员方法中,表达式"a.m_id"和"b.m_id"实际上表示两个不同的变量。由于它们占据不同的内存,因此可以具有两个不同的值。因为静态成员域隶属于该实例对象的类本身所对应的对

**J**ava 程序设计教程（第 3 版）

象，所以通过不同的实例对象和直接通过类访问静态成员域一般具有相同的效果。例如：在上面例程的 main 成员方法中，表达式"a.m_bookNumber"、"b.m_bookNumber"和"J_Book.m_bookNumber"实际上表示同一个变量，即它们占据相同的内存，从而拥有相同的值。

通过指向实例对象的表达式调用该实例对象的成员方法的格式是：

*表达式.成员方法名(成员方法调用参数列表)*

上面的格式要求表达式指向一个实例对象。在上面的格式中的成员方法可以具有静态属性，也可以不具有静态属性。因为不具有静态属性的成员方法隶属于表达式所指向的实例对象，所以调用不同实例对象的不具有静态属性的成员方法可能会产生不同的效果。例如：在上面例程的 main 成员方法中，方法调用"a.mb_info( )"和"b.mb_info( )"在控制台窗口中输出的内容不相同。因为静态成员方法隶属于该成员方法的类本身所对应的对象，所以通过实例对象与直接通过类名调用静态成员方法实际上具有相同的效果。例如：在上面例程的 main 成员方法中，方法调用"a.mb_infoStatic( )"、"b.mb_infoStatic( )"和"J_Book.mb_infoStatic( )"实际上执行相同的代码，完成相同的功能。

在定义成员方法的方法体中，如果需要访问同一个类或其父类型的成员域和成员方法，则基本上可以分别直接通过成员域名和成员方法名。这里介绍访问的条件和访问的形式。这里父类型包括父类和所实现的接口。在定义不具有静态属性的成员方法的方法体中，对所定义的成员方法所在的类或其父类型的不具有静态属性的成员域的访问格式是：

(1) *成员域名*
(2) `this.`*成员域名*

其中，this 是关键字，指向当前的实例对象。这两种访问方式具有相同的含义，即均访问当前实例对象的成员域。这里的当前实例对象指的是调用所定义的成员方法的实例对象。例如：在上面例程的 main 成员方法中，当进行方法调用"a.mb_info( )"时，在成员方法 mb_info 的方法体中的当前实例对象指的是变量 a 所指向的实例对象；当进行方法调用"b.mb_info( )"时，在成员方法 mb_info 的方法体中的当前实例对象指的是变量 b 所指向的实例对象。在定义不具有静态属性的成员方法的方法体中，对所定义的成员方法所在的类或其父类型的静态成员域的访问格式是：

(1) *成员域名*
(2) *类名.成员域名*
(3) `this.`*成员域名*

其中，类名是所访问成员域所在的类的名称。这三种访问方式的含义相同。这里需要注意的是：因为静态成员域隶属于类所对应的对象，所以上面三种方式所访问的存储单元是相同的。

在定义不具有静态属性的成员方法的方法体中，对所定义的成员方法所在的类或其父类型的不具有静态属性的成员方法的访问格式是：

(1) *成员方法名(成员方法调用参数列表)*

(2) this.*成员方法名*(*成员方法调用参数列表*)

这两种方法调用的含义相同，即均调用当前实例对象的成员方法。在定义不具有静态属性的成员方法的方法体中，对所定义的成员方法所在的类或其父类型的静态成员方法的调用格式是：

(1) *成员方法名*(*成员方法调用参数列表*)
(2) *类名*.*成员方法名*(*成员方法调用参数列表*)
(3) this.*成员方法名*(*成员方法调用参数列表*)

其中类名是所调用的成员方法所在的类的名称。这三种调用方式的实际作用是相同的，因为静态成员方法隶属于类所对应的对象。

因为静态成员方法隶属于类所对应的对象，所以它没有所对应的当前实例对象，从而在定义静态成员方法的方法体中不能采用关键字 this。在定义静态成员方法的方法体中，如果需要访问不具有静态属性的成员域和成员方法，则一般需要先创建实例对象，再通过指向实例对象的表达式访问该实例对象的成员域和成员方法。在定义静态成员方法的方法体中，对所定义的成员方法所在的类或其父类型的静态成员域的访问格式是：

(1) *成员域名*
(2) *类名*.*成员域名*

其中，类名是所访问成员域所在的类的名称。这两种访问方式的含义相同。在定义静态成员方法的方法体中，对所定义的成员方法所在的类或其父类型的静态成员方法的调用格式是：

(1) *成员方法名*(*成员方法调用参数列表*)
(2) *类名*.*成员方法名*(*成员方法调用参数列表*)

其中，类名是所调用的成员方法所在的类的名称。这两种调用方式的含义相同。例如：在作为应用程序入口的 main 成员方法的方法体中，一般直接访问静态成员域和调用静态成员方法，或者通过类名访问该类的静态成员域和静态成员方法，或者通过指向实例对象的表达式访问该实例对象的成员域和成员方法。

### 3.6.3　修饰词 final

关键字 final（最终）可以用来修饰不具有抽象属性的类、类的成员域、接口的成员域以及类的不具有抽象属性的成员方法。而不可以用来修饰抽象类、接口、构造方法、抽象成员方法以及接口的成员方法。如果在定义类的类修饰词列表中含有类修饰词 final，则称该类具有最终属性。具有最终属性的类不能派生出子类，即该类不能作为父类。例如：类 java.lang.System 的声明是

```
public final class System extends Object
```

这说明类 java.lang.System 具有最终属性，因此类 java.lang.System 不具有子类。

如果在定义成员域的域修饰词列表中加上修饰词 final，则称该成员域具有最终属性。

如果成员域同时具有最终属性和静态属性，则该成员域只能在定义时赋值，而且在此之后就不能修改该成员域的值了。如果成员域具有最终属性，但不具有静态属性，则该成员域只能在定义时或者在构造方法中赋值，而且只能赋值一次。这样，具有最终属性的成员域在一定程度上具有固定的值。例如：在类 java.lang.Math 中成员域 PI 的定义为：

```
public static final double PI = 3.14159265358979323846;
```

成员域 PI 在定义时赋值，在此之后就不能再被赋值了。如果在程序中需要使用上面等号右边的常数，则可以直接用 Math.PI 代替。

如果在定义成员方法的方法修饰词列表中加上修饰词 final，则称该成员方法具有最终属性。这时要求该成员方法不具有抽象属性。如果一个类的成员方法具有最终属性，则该成员方法不能被当前类的子类的成员方法覆盖。例如：在定义子类的类体中不能出现与其父类的具有最终属性的成员方法相同声明的成员方法。这样一般可以保证具有最终属性的成员方法所实现的功能不会被其子类改变。

## 3.7　接口

Java 语言不允许一个子类拥有多个直接父类，即任何子类只能有一个直接父类。但允许一个类实现多个接口，即在定义类的接口名称列表中可以包含一个或多个接口名称，从而实现多重继承的特性。接口的定义格式是：

```
[接口修饰词列表] interface 接口名 [extends 接口名称列表]
{
    接口体
}
```

其中，"[ ]"表示其内部的内容是可选项。接口修饰词列表可以包括 0 个、1 个或者多个接口修饰词。如果存在多个接口修饰词，则在相邻两个接口修饰词之间采用空格分隔开。接口修饰词包括：public、abstract 和 strictfp 等。接口修饰词 public 表示上面定义的接口具有公共的封装访问控制属性，可以被 Java 的各个软件包使用。如果在上面接口的定义中含有接口修饰词 public，则接口应当与其所在文件的前缀同名（Java 源文件的后缀一定是".java"）。在同一个 Java 源文件中可以包含多个类或接口，但不能包含两个或两个以上的具有 public 修饰词的类或接口。如果在接口修饰词列表中不含关键字 public、protected 和 private，则上面定义的接口具有默认的封装访问控制属性，只能在当前的软件包中使用。除非将接口定义在类的内部，接口一般不能具有 protected 和 private 属性。接口修饰词 abstract 表示上面定义的接口具有抽象属性。因为接口本身就具有抽象属性，所以接口修饰词 abstract 不是必要的。接口修饰词 strictfp 表明在当前接口中各个浮点数的表示及其运算严格遵循 IEEE 754 算术国际标准。接口名可以是任意的合法标识符。"extends 接口名称列表"是可选项。如果包含"extends 接口名称列表"选项，则在接口名称列表中可以包含 1 个或多个接口名称，表明当前定义的接口继承这些给定的接口。如果在接口名称列表中存在多个接口名称，则在相邻两个接口名称之间采用逗号分隔开。在接口名称列表中的接口称为当前接口的父接口，当前接口称为它们的子接口。

在接口体部分可以定义接口的两类成员要素：成员域和成员方法。在接口体内部不含构造方法，因此一般不能直接通过接口生成接口的实例对象。

接口的成员域，简称为域，其定义格式为：

*[域修饰词列表] 类型 带初始化的变量名列表;*

其中，在域修饰词列表可选项中可以包含 public、static 和 final 等域修饰词，但是一般不可以包含 protected 和 private 等关键字。如果存在多个域修饰词，则在相邻两个域修饰词之间采用空格分隔开。即使不具有域修饰词列表或者在域修饰词列表中不包含修饰词 public、static 和 final，接口的成员域也具有 public、static 和 final 属性。因此，**接口的所有成员域都具有 public、static 和 final 属性**。在带初始化的变量名列表中可以包含一个或多个带初始化的变量名，并且在相邻的带初始化的变量名之间采用逗号分隔开。这里带初始化的变量名实际上包含赋值运算，即等号的左侧是变量的名称，等号的右侧是一个表示变量的值的表达式。例如：在接口体内部定义

```
double PI = 3.14159265358979323846;
```

或者

```
public static final double PI = 3.14159265358979323846;
```

上面两个成员域的定义实际上是等价的。它们都具有 public、static 和 final 属性。

接口的成员方法，可以简称为方法。接口的成员方法只能是抽象成员方法，其定义格式为：

*[方法修饰词列表] 返回类型 方法名(方法的参数列表);*

在上面的格式中，方法修饰词列表可以含有关键字 public 和 abstract 等修饰词，但是一般不可以包含 protected、private 和 final 等关键字。即使不具有方法修饰词列表或者在方法修饰词列表中不包含修饰词 public 和 abstract，接口的成员方法也具有 public 和 abstract 属性。因此，**接口的所有成员方法都具有 public 和 abstract 属性**。如果方法修饰词列表含有多个方法修饰词，则在相邻方法修饰词之间通过空格分隔开。返回类型是该方法返回的数据的数据类型。如果该成员方法不需要返回值，则应当在返回类型处写上关键字 void。方法的参数列表可以包含 0 个、1 个或多个参数。当在方法的参数列表处除了空格之外不含任何字符时，表明该参数列表不含任何参数。这里需要注意的是，不能在方法的参数列表处写上关键字 void；否则，将出现编译错误。在方法的参数列表中，每个参数的格式是

*类型 参数变量名*

其中，类型可以是基本数据类型或引用数据类型，参数变量名可以是一个合法的标识符。如果在方法的参数列表中包含多个参数，则在参数之间采用逗号分隔开。

接口的应用方法非常类似于抽象类，只是通过接口在一定程度上可以实现多重继承。在接口中可以定义一些具有固定值的静态成员域。另外，还可以将一些实例对象的类型进行归类，从而找到它们的共同特征形成接口，并将这些实例对象的类型定义成为实现该接口的子类型，例如：类。在实现接口的类中，除了抽象类之外，要求在该类的类体中定义

覆盖该接口的所有成员方法。如果需要生成接口的实例对象，可以通过实现接口的类的构造方法来实现。根据继承性，实现接口的类的实例对象也可以被认为是该接口的实例对象。访问接口的静态成员域可以采用下面的格式：

　　　*接口名.静态成员域名*

或者

　　　*表达式.成员域名*

其中，表达式指向一个类型为该接口的实例对象。调用接口的成员方法可以采用下面的格式：

　　　*表达式.成员方法名(成员方法调用参数列表)*

其中，表达式指向一个类型为该接口的实例对象。下面给出一个接口定义的程序示例：

```
interface J_Shape
{
    public static final double PI = 3.14159265358979323846;
    public abstract double mb_getArea( ); // 计算并返回形状的面积
} // 接口 J_Shape 结束
```

上面的接口中定义了成员域 PI 和抽象成员方法 mb_getArea。

## 3.8　内部类

这里介绍在定义类的类体内部定义的内部类（**inner class**）。按照内部类是否含有显式的类名，可以将内部类分成为实名内部类和匿名内部类。与 3.1 节介绍的类的定义格式一样，实名内部类的定义格式是：

```
[类修饰词列表] class 类名 [extends 父类名] [implements 接口名称列表]
{
    类体
}
```

它是定义在一个类的类体中。内部类所在的类称为外部类。3.1 节介绍的内容在这里基本上适用。只是内部类既具有非内部类的特性，又具有一些类的成员的特性。这里介绍实名内部类的一些特性。相对非内部类而言，实名内部类的封装性增加了保护模式（**protected**）和私有模式（**private**），即在实名内部类的类修饰词列表中可以包含关键字 protected 或者 private。这里的实名内部类可以看作类的一种成员，因此实名内部类的封装性可以参考 3.5 节关于封装性的介绍，其中各种访问控制模式的允许访问范围参见 3.5 节的表 3.1。在实名内部类的类修饰词列表中还可以含有关键字 static。这时实名内部类称为静态实名内部类。如果在定义实名内部类的类修饰词列表中不含关键字 static，则该实名内部类称为不具有静态属性的实名内部类。对于不具有静态属性的实名内部类，如果它的成员域具有静态属性，则必须同时具有最终（final）属性。不具有静态属性的实名内部类不能含有具有静态属性的成员方法。

在外部类的类体中，使用实名内部类，其**类型名称**可以直接是实名内部类名。例如：设实名内部类为 J_Inner，则在外部类的类体中，语句

```
J_Inner b;
```

定义了类型为实名内部类 J_Inner 的变量 b。如果在外部类之外的其他类的类体中使用该外部类的实名内部类，其类型名称的格式是：

*外部类名.实名内部类名*

例如：设外部类为 J_Test，实名内部类为 J_Inner，则在外部类之外的其他类的类体中，语句

```
J_Test.J_Inner b;
```

定义了类型为 J_Test.J_Inner 的变量 b。

这里介绍**实名内部类的实例对象的创建方法**。**创建静态实名内部类的实例对象可以采用格式**：

*new 外部类名.实名内部类名 (构造方法调用参数列表)*

其中，构造方法调用参数列表是静态实名内部类的构造方法的调用参数列表。如果上面创建实例对象的语句是在外部类的类体中，则在上面格式中可以省略"外部类名."。**创建不具有静态属性的实名内部类的实例对象可以采用格式**：

*外部类表达式.new 实名内部类名 (构造方法调用参数列表)*

其中，外部类表达式是指向外部类实例对象的引用，构造方法调用参数列表是实名内部类的构造方法的调用参数列表。例如：设外部类为 J_Test，实名内部类 J_Inner 不具有静态属性，并且类 J_Test 和 J_Inner 都具有不含参数的构造方法，则语句

```
J_Test a = new J_Test( );
J_Test.J_Inner b = a.new J_Inner( );
```

分别创建了类 J_Test 和 J_Inner 的实例对象，最终类型为 J_Test.J_Inner 的变量 b 指向该实例对象。

这里介绍**对实名内部类的成员域和成员方法的访问方式**。**访问静态实名内部类的静态成员域可以采用格式**

*外部类名.实名内部类名.静态成员域名*

如果上面语句是在外部类的类体中，则在上面格式中可以省略"外部类名."。**访问静态实名内部类的不具有静态属性的成员域可以采用格式**

*表达式.成员域名*

其中，表达式是指向实名内部类实例对象的引用。**调用静态实名内部类的静态成员方法可以采用格式**

*外部类名.实名内部类名.静态成员方法名 (成员方法调用参数列表)*

**J**ava 程序设计教程（第 3 版）

如果上面语句是在外部类的类体中，则在上面格式中可以省略"外部类名."。调用静态实名内部类的不具有静态属性的成员方法可以采用格式

*表达式.成员方法名(成员方法调用参数列表)*

其中，表达式是指向实名内部类实例对象的引用。

访问不具有静态属性的实名内部类的静态成员域可以采用格式

*外部类名.实名内部类名.静态成员域名*

如果上面语句是在外部类的类体中，则在上面格式中可以省略"外部类名."。需要注意的是，这里的静态成员域一定同时具有最终属性。访问不具有静态属性的实名内部类的不具有静态属性的成员域可以采用格式

*表达式.成员域名*

其中，表达式是指向实名内部类实例对象的引用。调用不具有静态属性的实名内部类的不具有静态属性的成员方法可以采用格式

*表达式.成员方法名(成员方法调用参数列表)*

其中，表达式是指向实名内部类实例对象的引用。需要注意的是，不具有静态属性的实名内部类不能拥有静态成员方法。在实名内部类的成员方法中，对外部类和内部类的成员域和成员方法的访问格式与 3.6.2 小节介绍的访问格式相类似。

下面给出一个实名内部类例程。例程的源文件名为 J_InnerTest.java，其内容如下：

```
// /////////////////////////////////////////////////////
//
// J_InnerTest.java
//
// 开发者：雍俊海
// /////////////////////////////////////////////////////
// 简介:
//    实名内部类例程
// /////////////////////////////////////////////////////
class J_Test
{
    int m_dataOuter = 1;
    static int m_dataOuterStatic = 2;

    class J_Inner
    {
        int m_data;
        static final int m_dataStatic = 4;

        public J_Inner( )
        {
```

```
            m_data = 3;
        } // J_Inner 构造方法结束

        public void mb_method( )
        {
            System.out.println("m_dataOuter=" + m_dataOuter);
            System.out.println("m_dataOuterStatic="
                + m_dataOuterStatic);
            System.out.println("m_data=" + m_data);
            System.out.println("m_dataStatic=" + m_dataStatic);
            mb_methodOuter( );
        } // 方法 mb_method 结束
    } // 内部类 J_Inner 结束

    public void mb_methodOuter( )
    {
        System.out.println("mb_methodOuter");
    } // 方法 mb_methodOuter 结束
} // 类 J_Test 结束

public class J_InnerTest
{
    public static void main(String args[ ])
    {
        J_Test a = new J_Test( );
        J_Test.J_Inner b = a.new J_Inner( );
        b.mb_method( );
    } // 方法 main 结束
} // 类 J_InnerTest 结束
```

编译命令为：

```
javac J_InnerTest.java
```

执行命令为：

```
java J_InnerTest
```

最后执行的结果是在控制台窗口中输出：

```
m_dataOuter=1
m_dataOuterStatic=2
m_data=3
m_dataStatic=4
mb_methodOuter
```

在上面的例程中，实名内部类的成员方法 mb_method 可以直接访问外部类 J_Test 的成员域 m_dataOuter、静态成员域 m_dataOuterStatic 以及成员方法 mb_methodOuter。

匿名内部类不具有类名，不能具有抽象和静态属性，并且不能派生出子类。定义匿名内部类的定义可以采用格式：

```
new 父类型名 (父类型的构造方法的调用参数列表)
{
    类体
}
```

在上面格式中，父类型可以是一个类，则所定义的匿名内部类是该父类型的子类；父类型还可以是一个接口，则所定义的匿名内部类是实现该接口的类。如果父类型是类，则在上面格式中的父类型的构造方法的调用参数列表应当与该类的某个构造方法的参数列表相匹配。如果父类型是接口，则在上面格式中的父类型的构造方法的调用参数列表可以不含任何调用参数。因为匿名内部类不含类名，所以在匿名内部类的类体中一般不能显式地定义构造方法。上面的格式不仅定义匿名内部类，而且创建匿名内部类的实例对象。它所调用的构造方法实际上是其父类型的与其调用参数相匹配的构造方法，或者是由 Java 虚拟机自动生成的不含任何参数的构造方法。

在匿名内部类的类体内可以定义成员域和成员方法。匿名内部类的成员定义方式与不具有静态属性的实名内部类的成员定义方式基本上相同。如果匿名内部类的成员域具有静态属性，则必须同时具有最终（final）属性。匿名内部类不能含有具有静态属性的成员方法。

如果需要使用匿名内部类的实例对象，则可以直接采用上面格式生成的实例对象。另一种方式是通过其父类型的变量，即先让其父类型的变量指向匿名内部类的实例对象，再由该变量调用被匿名内部类覆盖的成员方法或者父类型的成员方法。对于后一种形式，除了覆盖父类型的成员方法之外，该变量无法调用在匿名内部类的类体中定义的其他成员方法。在实际的应用中，对匿名内部类的使用方式一般正是通过这一种方式，即利用面向对象的动态多态性的成员方法覆盖机制。匿名内部类常常用在 Java 的图形用户界面设计中。

下面给出一个父类型为类的匿名内部类例程。例程的源文件名为 J_InnerClass.java，其内容如下：

```
// /////////////////////////////////////////////////
//
// J_InnerClass.java
//
// 开发者：雍俊海
// /////////////////////////////////////////////////
// 简介：
//     父类型为类的匿名内部类例程
// /////////////////////////////////////////////////
abstract class J_Class
```

```
{
    int m_data;

    public J_Class(int i)
    {
        m_data = i;
    } // J_Class 构造方法结束

    public abstract void mb_method( );
} // 抽象类 J_Class 结束

public class J_InnerClass
{
    public static void main(String args[ ])
    {
        J_Class b = new J_Class(5)
        {
            public void mb_method( )
            {
                System.out.println("m_data=" + m_data);
            } // 方法 mb_method 结束
        }; // 父类型为类 J_Class 的匿名内部类结束
        b.mb_method( );
    } // 方法 main 结束
} // 类 J_InnerClass 结束
```

编译命令为：

```
javac J_InnerClass.java
```

执行命令为：

```
java J_InnerClass
```

最后执行的结果是在控制台窗口中输出：

```
m_data=5
```

在上面的例程中，匿名内部类的父类型是类 J_Class。为了更好地理解上面的例程，下面给出将上面例程转换成为非内部类实现的对照例程。例程的源文件名仍然为 J_InnerClass.java，其内容如下：

```
// ////////////////////////////////////////////////
//
// J_InnerClass.java
//
// 开发者：雍俊海
```

**J**ava 程序设计教程（第 3 版）

```
// //////////////////////////////////////////////////
// 简介:
//     父类型为类的对照例程
// //////////////////////////////////////////////////
abstract class J_Class
{
    int m_data;

    public J_Class(int i)
    {
        m_data = i;
    } // J_Class 构造方法结束

    public abstract void mb_method( );
} // 类 J_Class 结束

class J_Anonymity extends J_Class
{
    public J_Anonymity(int i)
    {
        super(i);
    } // J_Anonymity 构造方法结束

    public void mb_method( )
    {
        System.out.println("m_data=" + m_data);
    } // 方法 mb_method 结束
} // 类 J_Anonymity 结束

public class J_InnerClass
{
    public static void main(String args[ ])
    {
        J_Class b = new J_Anonymity(5);
        b.mb_method( );
    } // 方法 main 结束
} // 类 J_InnerClass 结束
```

上面两个例程的编译命令、执行命令以及执行结果都是相同的。通过上面两个例程的对照可以更清楚地理解匿名内部类的实现机制。在定义匿名内部类的格式中"new 父类型名（父类型的构造方法的调用参数列表）"在这里实际上调用的是匿名内部类的构造方法，不过这个构造方法是由 Java 虚拟机自动创建的。例如：在上面的匿名内部类例程中，Java虚拟机自动创建的匿名内部类例程的构造方法类似于在其对照例程中类 **J_Anonymity** 的构造方法。通过对照例程可以看出，该构造方法只是简单地调用在父类型中与调用参数相匹配的构造方法。定义匿名内部类的类体与定义类 **J_Anonymity** 的类体相比，除了少了构造方法之外，其他部分基本上是相同的。匿名内部类在定义中没有显式地写出对其父类型的继承关系，而在类 J_Anonymity 的定义中直接通过"extends J_Class"说明类 J_Anonymity 是类 J_Class 的子类。

下面给出一个 父类型为接口的匿名内部类例程 。例程的源文件名为 J_InnerInterface.java，其内容如下：

```
// /////////////////////////////////////////////////
//
// J_InnerInterface.java
//
// 开发者：雍俊海
// /////////////////////////////////////////////////
// 简介：
//      父类型为接口的匿名内部类例程
// /////////////////////////////////////////////////
interface J_Interface
{
    public static int m_data = 5;

    public abstract void mb_method( );
} // 接口 J_Interface 结束

public class J_InnerInterface
{
    public static void main(String args[ ])
    {
        J_Interface b = new J_Interface( )
        {
            public void mb_method( )
            {
                System.out.println("m_data=" + m_data);
            } // 方法 mb_method 结束
        }; // 实现接口 J_Interface 的匿名内部类结束
        b.mb_method( );
    } // 方法 main 结束
} // 类 J_InnerInterface 结束
```

编译命令为：

```
javac J_InnerInterface.java
```

执行命令为：

```
java J_InnerInterface
```

最后执行的结果是在控制台窗口中输出：

```
m_data=5
```

在上面的例程中，匿名内部类的父类型是接口 J_Interface。为了更好地理解上面的例程，下面给出将上面例程转换成非内部类实现的对照例程。例程的源文件名仍然为 J_InnerInterface.java，其内容如下：

```java
// /////////////////////////////////////////////////
//
// J_InnerInterface.java
//
// 开发者：雍俊海
// /////////////////////////////////////////////////
// 简介：
//      父类型为接口的对照例程
// /////////////////////////////////////////////////
interface J_Interface
{
    public static int m_data = 5;

    public abstract void mb_method( );
} // 接口 J_Interface 结束

class J_Anonymity implements J_Interface
{
    public void mb_method( )
    {
        System.out.println("m_data=" + m_data);
    } // 方法 mb_method 结束
} // 类 J_Anonymity 结束

public class J_InnerInterface
{
    public static void main(String args[ ])
    {
        J_Interface b = new J_Anonymity( );
        b.mb_method( );
    } // 方法 main 结束
} // 类 J_InnerInterface 结束
```

上面两个例程的编译命令、执行命令以及执行结果都是相同的。通过上面两个例程的对照可以更清楚地理解匿名内部类的实现机制。在上面的匿名内部类例程中，匿名内部类的父类型是接口。在定义匿名内部类的格式中"new 父类型名（父类型的构造方法的调用参数列表）"在这里实际上调用的是匿名内部类的构造方法。这里匿名内部类在其对照例程中对应类 J_Anonymity。匿名内部类的构造方法类似其对照例程的类 J_Anonymity 的构造方法，是由 Java 虚拟机自动创建的不含任何参数的构造方法。定义匿名内部类的类体与在其对照例程中定义类 J_Anonymity 的类体相比，各个部分基本上是相同的。匿名内部类在定义中没有显式地写出对其父类型的继承关系，而在类 J_Anonymity 的定义中直接通过"implements J_Interface"说明类 J_Anonymity 是实现接口 J_Interface 的类。上面的两个例程都是通过父类型（即接口 J_Interface）的变量 b 指向子类型（即匿名内部类或类 J_Anonymity）的实例对象，再由变量 b 调用被子类型覆盖的成员方法 mb_method。

# 3.9　变量作用域范围与参数传递方式

本节介绍变量的作用域范围和方法调用的参数传递方式。通过变量可以存储各种数据，通过方法可以实现一些需要的功能。在 Java 语言中，方法调用的参数传递方式相对简单一些，主要采用值传递方式。

## 3.9.1　变量作用域范围

在 Java 语言中，变量主要包括成员域、成员方法或构造方法的参数变量、在方法体内定义的局部变量。变量作用域范围指的是变量在 Java 程序中的有效范围。变量的作用域范围可以分成 3 种：全局作用域范围、类作用域范围和块作用域范围。

静态成员域具有全局作用域范围。只要根据 3.5 节的封装性能够访问到该静态成员域，则一般就能使用该静态成员域。例如：类 java.lang.Math 的声明是

```
public final class Math extends Object
```

说明类 java.lang.Math 的访问控制方式是公共模式；类 java.lang.Math 的静态成员域

```
public static final double PI = 3.14159265358979323846;
```

的访问控制方式也是公共模式；因此，在各个软件包中均可以使用该静态成员域。访问静态成员域的格式是：

*类型名 . 静态成员域名*

其中，类型名是该静态成员域所在的类型的名称，可以是类名或接口名。如果在该类型或其子类型的定义体（例如：类体或接口体）内访问该静态成员域，则在上面格式中可以省略"类型名."。例如：可以通过

```
Math.PI
```

访问类 java.lang.Math 的静态成员域 PI。

不具有静态属性的成员域具有类作用域范围。在该成员域所在类型或其子类型的不具有静态属性的成员方法的方法体中可以直接访问不具有静态属性的成员域，即使成员方法的定义在成员域的定义前面。例如：

```
class J_Time
{
    public int mb_getMonth( )
```

**J**ava 程序设计教程（第 3 版）

```
    {
        return m_month; // 域 m_month 的定义在方法 mb_getMonth 的定义之后
    } // 方法 mb_getMonth 结束
    private int m_month=1;  // 要求 m_month 从{1, 2, …, 12}中取值
    // 这里省略类体的其他部分
} // 类 J_Time 结束
```

在上面示例中，成员域 m_month 的定义在成员方法 mb_getMonth 的定义后面。这是允许的。不过在编程规范中，一般要求成员域的定义在成员方法的定义前面。

如果在定义成员域时采用带初始化的方式，则在赋值运算符的右侧表达式中可以含有在当前成员域定义之前定义的其他成员域。例如：

```
class J_Time
{
    public int m_month = 1;
    public int m_day = m_month*30;
    // 这里省略类体的其他部分
} // 类 J_Time 结束
```

在上面示例中，在定义成员域 m_day 的赋值运算中含有成员域 m_month。需要注意的是，这时不能将定义成员域 m_day 和 m_month 的前后顺序对调；否则，将出现编译错误。例如：

```
class J_Time
{
    public int m_day = m_month*30; // 错误：m_month 还没有定义
    public int m_month = 1;
    // 这里省略类体的其他部分
} // 类 J_Time 结束
```

上面的示例会出现编译错误，因为在定义成员域 m_day 时还没有定义成员域 m_month。

成员方法或构造方法的参数变量以及在方法体内定义的局部变量具有块作用域范围。这里成员方法或构造方法的参数变量以及在方法体内定义的局部变量，统称为局部变量。局部变量的作用域从该变量的声明处，一直到该变量所在的块的结束处。对于在语句块中定义的局部变量，因为语句块是由"{"和"}"括起的语句序列，所以该变量的作用域也就止于它所在的语句块的最后一个"}"。例如：

```
{ // 语句块开始处
    int data= 5;
    System.out.println("data=" + data);
} // 语句块结束处
```

能够访问上面定义局部变量 data 的范围是从其定义之处开始到上面语句块结束之处。在上面语句块结束之后，上面所定义的局部变量 data 就不能再被访问到。这时可以认为在上面语句块结束之后没有定义局部变量 data，除非重新定义一个新的局部变量 data。

如果在定义了一个变量的语句块之中，并且在定义该变量的语句之后，含有嵌套的语

句块，则在嵌套的语句块中的语句可以访问该变量。这是因为嵌套的语句块是其所在的语
句块的一个组成部分。例如：

```
{ // 语句块开始处
    int data= 5;
    System.out.println("data(外部)=" + data);
    { // 嵌套的语句块开始处
        System.out.println("data(内部)=" + data);
    } // 嵌套的语句块结束处
} // 语句块结束处
```

在成员方法或构造方法的声明处定义的参数变量只能在该成员方法或构造方法的方
法体内部使用。在 for 语句的初始化表达式中定义的变量只能在 for 语句中使用。在 for 语
句结束之后，该变量失效。例如：

```
for (int i=0; i<5; i++)
{
    System.out.println("i=" + i);
} // for 循环结束
System.out.println("i=" + i); // 编译错误
```

上面定义的局部变量 i 只能在 for 语句中使用。因此，上面示例的最后一个语句一般会出现
编译错误。错误原因是在该语句处，变量 i 没有定义。

在程序设计中，一般不允许同名的变量具有重叠（包括部分重叠）的作用域范围。在
Java 语言中，允许局部变量与成员域同名，也允许子类型的成员域与其父类型的成员域同
名。这时将出现同名变量的作用域范围呈现重叠的现象。这时，可以考虑通过关键字 this
和 super 解决同名变量的作用域范围冲突问题。对于不具有静态属性的成员域，可以通过

　　this.*成员域*

访问当前类型的成员域；可以通过

　　super.*成员域*

访问当前类型的父类型的不具有静态属性的成员域。对于静态成员域，可以通过

　　*类型名.静态成员域名*

访问当前类型的静态成员域。虽然 Java 语言允许出现这些同名变量的作用域范围重叠的情
况，但在实际的程序设计中一般应当尽量避免出现这种情况。如果出现同名变量的作用域
范围重叠的情况，一般会比较容易引起程序出现错误。下面给出一个同名变量作用域范围
重叠情况处理例程。例程的源文件名为 J_Scope.java，其内容如下：

```
// /////////////////////////////////////////////////
//
// J_Scope.java
//
```

```
// 开发者：雍俊海
// /////////////////////////////////////////////////
// 简介:
//     同名变量作用域范围重叠情况处理例程
// /////////////////////////////////////////////////
class J_Time
{
    public int data = 3;
    // 这里省略类体的其他部分
} // 类 J_Time 结束

public class J_Scope extends J_Time
{
    public int data = 2;

    public void mb_method( )
    {
        int data = 1;
        System.out.println("data=" + data);
        System.out.println("this.data=" + this.data);
        System.out.println("super.data=" + super.data);
    } // 方法 mb_method 结束

    public static void main(String args[ ])
    {
        J_Scope a = new J_Scope( );
        a.mb_method( );
    } // 方法 main 结束
} // 类 J_Scope 结束
```

编译命令为：

```
javac J_Scope.java
```

执行命令为：

```
java J_Scope
```

最后执行的结果是在控制台窗口中输出：

```
data=1
this.data=2
super.data=3
```

在上面的例程中，局部变量 data、类 J_Scope 的成员域 data 以及类 J_Time 的成员域
data 均可以在成员方法 mb_method 的方法体中使用。上面例程输出的结果表明局部变量
data、类 J_Scope 的成员域 data 以及类 J_Time 的成员域 data 是 3 个不同的变量，因为它们
具有不同的变量值。如果在成员方法 mb_method 的方法体中直接写标识符 data，则对应的
是局部变量 data。这种情况通常称为局部变量屏蔽了其同名的成员域变量。因为成员方法

mb_method 是在定义类 J_Scope 的类体中，所以在成员方法 mb_method 的方法体中的"this.data"表示在定义类 J_Scope 的类体中定义的成员域 data。因为类 J_Scope 的直接父类是类 J_Time，所以在成员方法 mb_method 的方法体中的"super.data"表示在定义类 J_Time 的类体中定义的成员域 data。这种情况通常称为子类型的成员域屏蔽了其父类型的同名成员域。

## 3.9.2　方法调用的值传递方式

方法调用的参数传递方式指的是在方法调用时从方法的调用参数代入到方法定义的参数的方式。在 Java 语言中，方法调用的参数传递方式基本上都采用值传递方式。成员方法的声明格式是：

［方法修饰词列表］返回类型 方法名(方法的参数列表)

方法调用的格式有如下 3 种形式：

(1) 成员方法名(成员方法调用参数列表)
(2) 表达式.成员方法名(成员方法调用参数列表)
(3) 类名.静态成员方法名(成员方法调用参数列表)

对上面方法调用格式的具体介绍在 3.6.2 小节。在方法调用时，要求调用参数与成员方法的定义参数个数相同，而且类型应当匹配。这里调用参数在有些文献中也称为实际参数，成员方法的定义参数也称为形式参数。每个调用参数一般是一个表达式。这个表达式可以由一个变量组成。而每个定义参数一般必须由一个变量组成。调用参数表达式和定义参数变量分别占据相互独立的存储单元。在进行方法调用时，首先将调用参数表达式的存储单元的内容复制给定义参数变量的存储单元，即将调用参数表达式的值赋值给定义参数变量，从而使得定义参数变量的值与调用参数表达式的值相同，这个过程称为参数传递。因为调用参数表达式和定义参数变量分别占据独立的存储单元，所以如果在执行方法体内部的语句时修改定义参数变量的值并不会改变调用参数表达式的值，即这时可能出现定义参数变量的值与调用参数表达式的值不相等的现象。

这里需要注意的是，在 Java 语言中数据类型除了基本数据类型就是引用数据类型。基本数据类型包括布尔（boolean）、字符（char）、字节（byte）、短整数（short）、整数（int）、长整数（long）、单精度浮点数（float）和双精度浮点数（double）。在基本数据类型的表达式或变量的存储单元中存放的内容是这些基本数据类型的具体数值。如果调用参数表达式和定义参数变量的类型为基本数据类型，则在执行方法体内部的语句时修改定义参数变量的数值并不会改变调用参数表达式的数值。

如果调用参数表达式和定义参数变量的类型不是基本数据类型，则调用参数表达式和定义参数变量的类型是引用数据类型，即调用参数表达式和定义参数变量的值是引用。很多文献混淆 Java 语言的引用和对象这两个概念。这会引发很多错误。这也是这里作比较细致讲解的原因。这里介绍引用数据类型的情形。在进行参数传递时，将调用参数表达式的引用值赋值给定义参数变量，从而使得定义参数变量的值与调用参数表达式的值相同，即调用参数表达式和定义参数变量均指向同一个对象。这样，在执行方法体内部的语句时可以通过定义参数变量的值修改调用参数表达式和定义参数变量共同所指向的对象的内容。这种修改在方法调用之后仍然有效。如果在执行方法体内部的语句时修改定义参数变量的数值，则不会改变调用参数表达式的数值，即这时定义参数变量和调用参数表达式可能指向两个不同的对象。综上，在执行方法体内部的语句时修改定义参数变量的值并不会改变调用参数表达式的值；但是如果定义参数变量和调用参数表达式的类型是引用数据类型，则可以通过定义参数变量的值改变调用参数表达式所指向的对象的内容。这里需要注意，如果调用参数表达式的类型是引用数据类型，则调用参数表达式的存储单元与其所指向的对象的存储单元是不相同的。

下面给出一个基本数据类型值传递例程。例程的源文件名为 J_Primitive.java，其内容如下：

```
// /////////////////////////////////////////////////
//
// J_Primitive.java
//
// 开发者：雍俊海
// /////////////////////////////////////////////////
// 简介：
//     基本数据类型值传递例程
// /////////////////////////////////////////////////
public class J_Primitive
{
    public static void mb_method(int a)
    {
        System.out.println("在 a++之前方法参数 a=" + a);
        a++;
        System.out.println("在 a++之后方法参数 a=" + a);
    } // 方法 mb_method 结束

    public static void main(String args[ ])
    {
        int i=0;
        System.out.println("在方法调用之前变量 i=" + i);
        mb_method(i);
        System.out.println("在方法调用之后变量 i=" + i);
    } // 方法 main 结束
} // 类 J_Primitive 结束
```

编译命令为：

```
javac J_Primitive.java
```

执行命令为：

```
java J_Primitive
```

最后执行的结果是在控制台窗口中输出：

```
在方法调用之前变量 i=0
在 a++之前方法参数 a=0
在 a++之后方法参数 a=1
在方法调用之后变量 i=0
```

在这个例程中，程序的入口是 main 成员方法。它的第一条语句定义了局部变量 i，并赋初值为 0。这时，如图 3.2(a)所示，变量 i 占据一个存储单元，它的值为整数 0。因此，第二条语句输出"在方法调用之前变量 i=0"。第三条语句是方法调用"mb_method(i)"。这里调用参数表达式是一个变量，调用参数变量和定义参数变量的类型均为整数类型。这时，Java 虚拟机会给成员方法 mb_method 的参数变量 a 分配一个存储单元，同时将在 main 成员方法中的变量 i 的值复制一份给 mb_method 的参数变量 a，从而这时参数变量 a 的值为 0，如图 3.2(a)所示。因此，成员方法 mb_method 的第一条语句输出为"在 a++之前方法参数 a=0"。在运行语句"a++;"之后，成员方法 mb_method 的参数变量 a 的值发生变化，即增加 1，如图 3.2(b)所示。因此，成员方法 mb_method 的第三条语句输出"在 a++之后方法参数 a=1"。这时需要注意的是：当成员方法 mb_method 的参数变量 a 的值发生变化时，成员方法 main 的变量 i 的值并没有发生变化，因为它们占用不同的存储单元。因此，如图 3.2(c)所示，在调用成员方法 mb_method 之后，成员方法 main 的变量 i 的值仍为 0。这时成员方法 mb_method 的参数变量 a 不能再被使用，因为已经超出了它的作用域范围。因此，成员方法 main 的最后一条语句输出"在方法调用之后变量 i=0"。通过上面的例程可以看出通过参数的值传递方式不能改变调用参数变量（例如：在成员方法 main 中的变量 i）的值。

| 调用参数变量 i: | 0 |    | 调用参数变量 i: | 0 |    | 调用参数变量 i: | 0 |
| mb_method 参数变量 a: | 0 |    | mb_method 参数变量 a: | 1 |

(a) 方法调用初始状态　　　(b) 在 mb_method 中"a++"之后　　　(c) 方法调用之后

图 3.2　基本数据类型的值传递方式

下面给出一个引用数据类型值传递例程。例程的源文件名为 J_Reference.java，其内容如下：

```
// //////////////////////////////////////////////////
//
// J_Reference.java
//
// 开发者：雍俊海
// //////////////////////////////////////////////////
// 简介:
//    引用数据类型值传递例程
// //////////////////////////////////////////////////
class J_Time
{
    public int m_month = 1;
```

```
    } // 类 J_Time 结束

public class J_Reference
{
    public static void mb_method(J_Time t)
    {
        System.out.println("在 t.m_month++之前 t.m_month=" + t.m_month);
        t.m_month++;
        System.out.println("在 t.m_month++之后 t.m_month=" + t.m_month);
    } // 方法 mb_method 结束

    public static void main(String args[ ])
    {
        J_Time a = new J_Time( );
        System.out.println("在方法调用之前 a.m_month=" + a.m_month);
        mb_method(a);
        System.out.println("在方法调用之后 a.m_month=" + a.m_month);
    } // 方法 main 结束
} // 类 J_Reference 结束
```

编译命令为：

```
javac J_Reference.java
```

执行命令为：

```
java J_Reference
```

最后执行的结果是在控制台窗口中输出：

```
在方法调用之前 a.m_month=1
在 t.m_month++之前 t.m_month=1
在 t.m_month++之后 t.m_month=2
在方法调用之后 a.m_month=2
```

在这个例程中，程序的入口是 main 成员方法。在方法调用"mb_method(a)"之前，如图 3.3(a)所示，变量 a 占据一个存储单元。它的值是一个指向类 J_Time 的实例对象的引用。该实例对象的成员域 m_month 的值为 1。当进行方法调用"mb_method(a)"时，Java 虚拟机给成员方法 mb_method 的参数变量 t 分配一个存储单元，同时将在 main 成员方法中的调用参数变量 a 的值复制一份给成员方法 mb_method 的定义参数变量 t，如图 3.3(a)所示。这样，成员方法 mb_method 的定义参数变量 t 与成员方法 main 的变量 a 指向同一个实例对象。因此，在执行成员方法 mb_method 的语句"t.m_month++"之后，该实例对象的成员域 m_month 的值变为 2，如图 3.3(b)所示。在调用成员方法 mb_method 之后，继续执行成员方法 main 的语句。这时成员方法 mb_method 的定义参数变量 t 不能再被使用，因为已经超出了它的作用域范围。而且这时成员方法 main 的变量 a 指向的实例对象的成员域 m_month 的值已经变为 2。

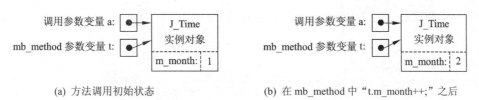

(a) 方法调用初始状态　　　　　(b) 在 mb_method 中 "t.m_month++;" 之后

图 3.3　引用数据类型的值传递方式

在定义构造方法的参数列表与在创建实例对象时对构造方法进行调用的调用参数列表之间，同样存在参数传递方式。这里介绍的方法调用的值传递方式同样也适用于构造方法的参数传递方式。

# 3.10　面向对象程序设计基本思想

Java 语言是一种面向对象的计算机高级语言。利用 Java 语言进行问题求解的基本思想是分析实际需要求解的问题，从中提取需要设计的对象，然后编写这些对象所对应的类，最后通过集成这些对象的功能解决需要求解的问题。这也是面向对象程序设计的基本思想。在这个过程中，还可以对这些对象的类型进行归类，找出其中可以归类的类型，形成对应的接口或抽象类，然后让这些类型成为所定义的接口或抽象类的子类型。另外，在设计类和接口等类型时，一般建议尽量利用已有的类和接口等类型。具体利用已有类型的方式可以包括从已有的类型派生出子类型，或者在新设计的类型中定义已有类型的变量等。对于新定义的类型，还可以进一步分类，形成 Java 软件包。

这里以求解矩形和圆面积的问题为例介绍面向对象程序设计的基本思想。该问题涉及到两种对象：矩形和圆。这样，可以编写矩形类和圆类。这两个类可以拥有一些构造方法以及计算面积的成员方法。通过构造方法可以创建矩形和圆的实例对象。为了让程序具有较好的可扩展性，可以归纳这两个类的共同特性。矩形和圆都具有形状的特征。因此，可以编写形状接口，并且让矩形类和圆类均为实现该接口的类。在形状接口中可以声明矩形类和圆类所共有的计算面积成员方法。最后可以集成这些类型求解矩形和圆面积的问题。

下面给出一个求解矩形和圆面积的问题例程。例程由 4 个源文件组成。第一个源文件名为 J_Shape.java，其内容如下：

```
// //////////////////////////////////////////////////
//
// J_Shape.java
//
// 开发者：雍俊海
// //////////////////////////////////////////////////
// 简介：
//     形状接口例程
// //////////////////////////////////////////////////
public interface J_Shape
{
    public abstract double mb_getArea( ); // 计算并返回形状的面积
} // 接口 J_Shape 结束
```

第二个源文件名为 J_Circle.java，其内容如下：

```
// //////////////////////////////////////////////////
//
// J_Circle.java
//
// 开发者：雍俊海
// //////////////////////////////////////////////////
// 简介：
//     圆例程
// //////////////////////////////////////////////////
public class J_Circle implements J_Shape
{
    public double m_x, m_y; // 圆心坐标
    public double m_radius; // 半径

    public J_Circle(double r)
    {
        m_x = 0;
        m_y = 0;
        m_radius = r;
    } // J_Circle 构造方法结束

    public J_Circle(double x, double y, double r)
    {
        m_x = x;
        m_y = y;
        m_radius = r;
    } // J_Circle 构造方法结束

    // 计算并返回形状的面积
    public double mb_getArea( )
    {
        return (Math.PI*m_radius*m_radius);
    } // 方法 mb_getArea 结束
} // 类 J_Circle 结束
```

第三个源文件名为 J_Rectangle.java，其内容如下：

```
// //////////////////////////////////////////////////
//
// J_Rectangle.java
//
// 开发者：雍俊海
// //////////////////////////////////////////////////
// 简介：
```

```java
//     矩形例程
// ////////////////////////////////////////////////////
public class J_Rectangle implements J_Shape
{
    public double m_minX, m_minY; // 第一个角点坐标
    public double m_maxX, m_maxY; // 另一个角点坐标

    public J_Rectangle(double x1, double y1, double x2, double y2)
    {
        if (x1<x2)
        {
            m_minX = x1;
            m_maxX = x2;
        }
        else
        {
            m_minX = x2;
            m_maxX = x1;
        } // if-else 结构结束
        if (y1<y2)
        {
            m_minY = y1;
            m_maxY = y2;
        }
        else
        {
            m_minY = y2;
            m_maxY = y1;
        } // if-else 结构结束
    } // J_Rectangle 构造方法结束

    // 计算并返回形状的面积
    public double mb_getArea( )
    {
        return ((m_maxY-m_minY) * (m_maxX-m_minX));
    } // 方法 mb_getArea 结束
} // 类 J_Rectangle 结束
```

第四个源文件名为 **J_Area.java**，其内容如下：

```java
// ////////////////////////////////////////////////////
//
// J_Area.java
//
// 开发者：雍俊海
// ////////////////////////////////////////////////////
```

```
// 简介:
//      计算矩形和圆面积的例程
// ////////////////////////////////////////////////////
public class J_Area
{
    public static void main(String args[ ])
    {
        J_Shape a = new J_Circle(5);
        System.out.println("半径为 5 的圆的面积是" + a.mb_getArea( ));
        a = new J_Rectangle(0 , 0, 3, 4);
        System.out.println("给定的矩形面积是" + a.mb_getArea( ));
    } // 方法 main 结束
} // 类 J_Area 结束
```

编译命令依次为:

```
javac J_Shape.java
javac J_Circle.java
javac J_Rectangle.java
javac J_Area.java
```

执行命令为:

```
java J_Area
```

最后执行的结果是在控制台窗口中输出:

```
半径为 5 的圆的面积是 78.53981633974483
给定的矩形面积是 12.0
```

上面的例程采用面向对象程序设计的方法求解矩形和圆面积的问题。上面例程设计的形状接口 J_Shape、圆类 J_Circle 和矩形类 J_Rectangle 还可以用在其他的程序中，例如：用来设计一些图案并且计算图案的面积等。这样，通过面向对象程序设计的方法提高了代码的复用率。

# 3.11  本章小结

本章介绍面向对象程序设计的基本思想。在编写程序的过程中需要编写类和接口等类型。这些类型可以进一步封装在软件包中。接口与抽象类具有一定的相似性。在接口与抽象类中都可以定义抽象成员方法。面向对象语言具有 3 个基本属性：封装性、继承性和多态性。多态性只针对构造方法和成员方法。静态多态性重载的方法可以是构造方法、静态的成员方法和非静态的成员方法。动态多态性只针对非静态的成员方法，即静态的成员方法不具有动态多态性。良好的程序设计应当注意变量的作用域范围。一般不提倡同名的变量具有重叠的作用域范围。Java 的方法调用的参数传递方式相对 C++ 计算机语言简单一些，基本上都采用值传递方式。

# 习题

1. 请简述接口和抽象类之间的区别。
2. 请简述面向对象语言的 3 个基本属性及其作用。
3. 请简述匿名内部类的特点。
4. 指出下面程序的错误之处，并说明理由。

```
class J_Class
{
    public static int mb_square(int x)
    {
        return(x*x);
    } // 方法 mb_square 结束

    public static double mb_square(int y)
    {
        double d= y;
        return(d*d);
    } // 方法 mb_square 结束
} // 类 J_Class 结束
```

5. 指出下面各个程序段的错误之处（可能不止一处），说明理由，并给出相应的正确程序。

（1）
```
int mb_divide(int x, int y)
    {
        int result;
        if (y==0)
            result = 0;
        else
            result = x/y;
    } // 方法 mb_divide 结束
```

（2）
```
void mb_output(int x);
    {
        System.out.println(x);
    } // 方法 mb_output 结束
```

（3）
```
void mb_outputSquare(int x)
    {
        System.out.println("x=" + x);
        void mb_square(int x)
        {
            System.out.println("x*x=" + (x*x));
```

```
        } // 方法 mb_square 结束
    } // 方法 mb_outputSquare 结束

（4）void mb_fun(int x)
    {
        System.out.println("x=" + x);
        int x= x*x;
        System.out.println("x*x=" + x);
        { // 语句块开始
            int x= x*x*x;
            System.out.println("x*x*x=" + x);
        } // 语句块结束
    } // 方法 mb_fun 结束
```

6．编写一个程序：给定一个整数，在控制台窗口中分别输出这个整数的补码形式的二进制数、八进制数和十六进制数。

7．编写一个程序：给定一个正整数，判断它是否为素数，并输出判断结果。

8．编写一个程序：给定 3 个整数 a、b 和 c，要求在控制台窗口中输出方程

$$ax^2+bx+c=0$$

的根。

9．请设计一个软件包。要求该软件包至少拥有三角形类、正方形类、圆类和正五边形类。每个类都要求具有构造方法，而且可以构造任意的一般图形。例如：要求通过三角形类的构造方法可以创建在任意位置上的一般三角形。要求每个类都含有计算该图形的周长的成员方法和计算该图形的面积的成员方法。然后编写一个程序，分别创建这些类的实例对象，并输出这些实例对象的周长和面积。在创建这些实例对象时，构造方法的调用参数值可以自行设计。

10．趣味思考题：请通过编程求解如下孙膑和庞涓问题。

庞涓拿到两个整数（这两个整数均在 2～99 之间）之和，孙膑拿到这两个整数之积。下面是一段很有趣的对话。

庞涓说：我不知道这两个整数是多少，但我肯定你也不知道。

孙膑说：我本来不知道这两个整数是多少。但既然你这么说，那我现在知道了。

庞涓说：哦，那我也知道了。

要求输出所有可能的结果，包括这两个整数、这两个整数之和以及这两个整数之积。

# 数组、字符串、向量与哈希表 第4章

本章介绍数组、字符串（String）、字符串缓冲区（StringBuffer）、向量和哈希表等常用数据类型。当需要处理大量数据时，可以考虑利用数组或向量。数组元素的个数在数组对象创建之后就不能改变。向量元素的个数则可以动态地发生变化，但可能需要一定的时间代价。利用哈希表可以在一定程度上提高访问或查找元素的效率，但通常需要较大的空间代价。字符串和字符串缓冲区均可以包含字符序列，但都不是字符数组。字符串常常用在输入和输出中，而且基本上任何一种类型的数据都可以转化成字符串。字符串对象一旦创建，其所包含的字符序列就不能发生变化。如果需要频繁改变字符序列，可以考虑采用字符串缓冲区，从而提高字符序列的处理效率。

## 4.1 数组

数组类型是一种引用数据类型（参见 2.2.1 小节的图 2.2）。图 4.1 给出了数组对象在内存中的存储单元的示意图。数组对象不仅包含一系列具有相同类型的数据元素，还含有成员域 length，用来表示数组的长度。数组对象所包含的元素个数称为数组的长度。数组对象的长度在数组对象创建之后就固定了，不能再发生改变。数组元素的下标是从 0 开始的，即第一个元素的下标是 0。数组元素的类型可以是任何数据类型。当数组元素的类型仍然是数组类型时，就构成了多维数组。下面分别介绍一维数组和多维数组的变量声明、对象创建和使用方法。

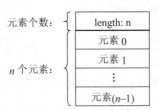

图 4.1　具有 $n$ 个元素的数组对象的存储单元示意图

### 4.1.1 一维数组

数组类型的变量，简称为 数组变量，其存储单元内存放的是数组对象的引用。单个一维数组变量的声明格式 有以下两种：

(1) *数组元素的数据类型* [ ] *变量名*；
(2) *数组元素的数据类型 变量名* [ ]；

其中，数组元素的数据类型可以是任何一种 Java 数据类型，变量名由合法的标识符构成。上面两种格式是等价的，只是第一种格式较为常用。例如：

```
char [ ] c;
char c[ ];
```

在一条语句中 声明多个数组变量的格式 也有两种，分别如下：

(1) *数组元素的数据类型* [ ] *变量名 1，变量名 2，…，变量名 n*；
(2) *数组元素的数据类型 变量名 1* [ ]，*变量名 2* [ ]，…，*变量名 m* [ ]；

例如：

```
char [ ] a, b, c;
char a[ ], b[ ], c[ ];
```

上面的两条语句是等价的。这里需要注意，上面的两条语句与下面的语句是不等价的。

```
char a[ ], b, c;
```

在语句 "char a[ ], b, c;" 中，变量 a 是数组变量，但变量 b 和 c 都不是数组变量。一般不提倡在一条语句中声明多个数组变量。

数组对象有两种创建形式。第一种形式是通过 new 操作符，其格式如下：

*new 数组元素的数据类型*[*数组元素的个数*]；

例如：下面的语句创建了具有 5 个字符元素的数组对象：

```
new char[5];
```

新创建的数组对象的引用可以赋值给数组变量，如：

```
c = new char[5];
```

数组变量的声明、数组对象的创建以及将数组对象引用赋值给数组变量这 3 个操作可以写成一条语句，如：

```
char[ ] c = new char[5];
```

创建数组对象的第二种形式是通过 数组初始化语句：

*数组元素的数据类型* [ ] *变量名* = {*数组元素 1，数组元素 2，…，数组元素 n*}；

或

*数组元素的数据类型 变量名* [ ] = {*数组元素* 1，*数组元素* 2，…，*数组元素 n*}；

例如：语句

```
char [ ] c = {'a', 'b', 'c', 'd', 'e'};
```

创建具有 5 个字符元素的数组对象，并将其引用值赋值给变量 c。执行结果的内存示意图如图 4.2 所示。

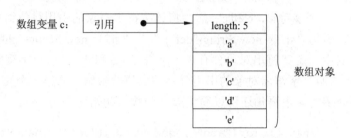

图 4.2　数组变量及相应数组对象的存储单元示意图

　　数组元素在使用功能上有点类似于变量，即可以获取数组元素的值或给数组元素赋值。访问数组元素的方式如下：

*数组变量名*[*数组元素下标*]

其中，数组变量名是数组变量的名称；数组元素下标是非负整数，而且应当小于该数组的长度。这里要求该数组变量指向某个数组对象。例如：该数组变量的值不能是 null；否则，会引起程序出现异常。这里需要注意的是，数组元素的下标值从 0 开始，即第一个元素的下标为 0。例如：

```
char[ ]c = {'a', 'b', 'c', 'd', 'e'};
```

在上面语句正确执行后，c[0]的值为字符'a'，c[1]的值为字符'b'。另一个需要注意的是，数组元素下标的最大值比相应数组对象所包含的元素个数小 1。例如在本例子中，数组 c 的元素个数为 5，因此数组 c 元素的最大下标值为 4，即 c[4]是合法的，其值为字符'e'；而 c[5]是不合法的，将产生数组越界错误。下面的语句将数组 c 的一个元素赋值给另一个元素：

```
c[0] = c[4];
```

上面语句执行的结果使得元素 c[0]和 c[4]具有相同的值，即字符'e'。

　　从程序运行的效果上看，数组元素

*数组变量名*[*数组元素下标*]

相当于数组元素数据类型的变量。因此，当数组元素的数据类型是引用数据类型（即类、接口或数组类型）时，"数组变量名[数组元素下标]"的值是引用。在没有给它赋值前，其默认值为 null。因此还需要通过 new 运算符及赋值语句给它们分别赋值，例如：

```
String s[ ] = new String[3];
s[0] = new String("abc");
```

```
s[1] = new String("def");
s[2] = new String("gh");
```

这里类 String 是在 Java 基本包 java.lang 中的一个类，即字符串类。如图 4.3 所示，Java 虚拟机在执行语句 "String s[ ]= new String[3];" 时，首先创建一个具有 3 个字符串引用数据类型元素的数组对象，这 3 个元素的初始值均为 null；然后将该数组对象的引用赋值给变量 s。当执行到语句 "s[0]= new String("abc");" 时，Java 虚拟机创建一个字符串对象，该字符串对象含有 3 个字符'a'、'b'和'c'；然后将该字符串对象的引用赋值给数组 s 的第一个元素 s[0]。同样，语句 "s[1]= new String("def");" 与 "s[2]= new String("gh");" 分别创建一个字符串对象，其中一个字符串对象含有 3 个字符'd'、'e'和'f'，另一个字符串对象含有两个字符'g'和'h'。然后这两个字符串对象的引用分别被赋值给数组 s 的第二个元素 s[1]和第三个元素 s[2]。前面介绍的 4 条语句还可以简化成一个数组初始化语句：

```
String s[ ] = {new String("abc"), new String("def"), new String("gh")};
```

它们的运行结果是一样的。变量 s 是一个数组对象的引用。在执行数组初始化语句之后，该数组对象的 3 个元素分别指向 3 个不同的字符串对象。

图 4.3　引用数据类型数组变量及相应数组对象的存储单元示意图

## 4.1.2　多维数组

在介绍一维数组时已经给出这样的结论：数组元素的类型可以是 Java 语言允许的任何数据类型。当数组元素的类型是数组类型时，就构成了多维数组。多维数组变量的声明格式有如下两种：

(1) *数组元素的数据类型* [ ] [ ]…[ ] *变量名*；
(2) *数组元素的数据类型 变量名* [ ] [ ]…[ ]；

其中方括号的个数即为数组的维数。例如：

```
int [ ] [ ] matrix;
```

上面的语句声明了二维数组变量 matrix。

创建数组对象 的方式具有 3 种形式：（1）直接创建多维数组对象；（2）从高维开始逐维创建数组对象；（3）采用数组初始化语句创建数组对象。下面分别介绍这 3 种形式。

（1）直接创建多维数组对象 。

这种形式的格式为：

new *数组元素的数据类型*[*第 n 维元素个数*][*第(n-1)维元素个数*]…[*第 1 维元素个数*]；

其中，*n* 为数组的维数。例如下面的语句：

```
matrix = new int[2][2];
```

创建了一个二维整数数组，并将其引用赋值给变量 matrix。数组 matrix 的元素个数是 2，并且数组 matrix 的每个元素都是包含两个元素的一维数组。

（2）从高维开始逐维创建数组对象 。

因为多维数组可以看作元素数据类型为数组类型的数组，所以创建多维数组对象可以从高维开始，依次创建其元素为数组引用数据类型的数组对象，直到最低维。其格式如下：

new *数组元素的数据类型*[*第 n 维元素个数*][ ]…[ ]； // 右边共有(n-1)个"[ ]"
new *数组元素的数据类型*[*第(n-1)维元素个数*][ ]…[ ]； // 右边共有(n-2)个"[ ]"
……

new *数组元素的数据类型*[*第 1 维元素个数*]；

下面给出相应的 三维数组的创建示例 ：

```
int [ ] [ ] [ ] matrix3D;        // 声明三维数组变量 matrix3D
matrix3D = new int[3][ ][ ];
matrix3D[0] = new int[2][ ];     // 数组 matrix3D 含有 3 个元素
matrix3D[1] = new int[3][ ];
matrix3D[2] = new int[2][ ];
matrix3D[0][0] = new int[2];     // 数组 matrix3D[0]含有 2 个元素
matrix3D[0][1] = new int[3];
matrix3D[1][0] = new int[4];     // 数组 matrix3D[1]含有 3 个元素
matrix3D[1][1] = new int[5];
matrix3D[1][2] = new int[7];
matrix3D[2][0] = new int[2];     // 数组 matrix3D[2]含有 2 个元素
matrix3D[2][1] = new int[3];
```

采用这种方式创建数组，高维数组的各个元素也是数组。它们的数组元素个数可以不一样。例如：在上面的示例中 matrix3D[0]、matrix3D[1]和 matrix3D[2]的数组元素个数分别是 2、3 和 2。采用形式（1）创建数组对象的语句：

```
matrix = new int[2][2];
```

可以改成如下的语句：

```
matrix = new int[2][ ];
matrix[0] = new int[2];
matrix[1] = new int[2];
```

它们在功能上的效果是等价的。在修改之后第一条语句相当于创建一个具有两个数组引用数据类型元素的数组对象，并将其引用赋值给变量 matrix。最后的两条语句分别创建一个具有两个整数类型元素的数组对象，并将其引用分别赋值给元素 matrix[0]和 matrix[1]。这个过程类似于在图 4.3 中创建字符串数组的过程。

（3）采用数组初始化语句创建数组对象。

一维数组可以通过数组初始化语句创建数组对象，初始化语句的形式如下：

*数组元素的数据类型* [ ] *变量名* = { *数组元素 1，数组元素 2，…，数组元素 n* };

或

*数组元素的数据类型  变量名* [ ] = { *数组元素 1，数组元素 2，…，数组元素 n* };

多维数组同样也有相应的数组初始化语句。首先要将上面一维数组初始化语句的等号左侧的变量声明换成多维数组的变量声明，然后将上面数组元素 i（i=1, 2,…, n）全替换成

{ *数组元素 i1，数组元素 i2，…，数组元素 im* }

这一替换过程可以不断地持续下去，直到其嵌套层数与数组的维数相同。例如：

```
int [ ] [ ] matrix = {{1, 2}, {3, 4}};
```

执行的结果是创建了二维数组对象，而且每个元素的值分别为：

```
matrix[0][0]=1
matrix[0][1]=2
matrix[1][0]=3
matrix[1][1]=4
```

再如：

```
String [ ] [ ] matrixString = {{new String("abcd"), new String("efg")},
                               {new String("hi"), new String("j")}};
```

执行的结果是创建了二维字符数组对象，其中元素 matrixString[0][0]指向的字符串对象包含 4 个字符'a'、'b'、'c'和'd'，元素 matrixString[0][1]指向的字符串对象包含 3 个字符'e'、'f'和'g'，元素 matrixString[1][0]指向的字符串对象包含两个字符'h'和'i'，元素 matrixString[1][1]指向的字符串对象包含一个字符'j'。

因为多维数组实际上是数组的数组，所以可以将访问一维数组元素的方式推广到访问多维数组元素的方式，其格式如下：

*数组变量名*[*第 n 维数组元素下标*] [*第(n-1)维数组元素下标*]…[*第 i 维数组元素下标*]

上面的下标依次从高维开始写，一直写到第 i 维。如果在上面的表达式中 i 的值大于 1，则访问的元素仍然是数组，只是其维数较低。

数组在实际程序设计中非常有用，可以减少程序变量的个数，使程序代码变得更为简洁，提高程序执行效率。下面给出数组的应用示例。

下面给出一个数组应用例程——求解和为 **15** 的棋盘游戏问题。和为 15 的棋盘游戏要求将从 1 到 9 的九个数填入 3×3 棋盘的方格子中，使得各行、各列以及两条对角线上的 3 个数之和均为 15。例程的源文件名为 J_Grid15.java，其内容如下：

```
// ////////////////////////////////////////////////
//
// J_Grid15.java
//
// 开发者：雍俊海
// ////////////////////////////////////////////////
// 简介：
//      数组应用例程——求解和为 15 的棋盘游戏问题，
// 将从 1 到 9 的九个数不重复地填入 3×3 的棋盘中，使得各行、各列
// 以及两条对角线上的 3 个数之和均为 15
// ////////////////////////////////////////////////
public class J_Grid15
{
    int [ ] [ ] m_board;

    J_Grid15( )
    {
        m_board= new int[3][3];
    } // J_Grid15 构造方法结束

    // 输出棋盘的格线行
    private void mb_outputGridRowBoard( )
    {
        int i;
        System.out.print("+");
        for (i=0; i<5; i++)
            System.out.print("-");
        System.out.println("+");
    } // 方法 mb_outputGridRowBoard 结束

    // 输出棋盘的数据行(第 i 行，i 只能为 0、1 或 2)
    private void mb_outputGridRowBoard(int i)
    {
        int j;
        for (j=0; j < m_board[i].length; j++)
            System.out.print("|" + m_board[i][j]);
        System.out.println("|");
    } // 方法 mb_outputGridRowBoard 结束

    // 输出棋盘
    public void mb_outputGrid( )
```

```
{
    int i;
    mb_outputGridRowBoard( );
    for (i=0; i < m_board.length; i++)
    {
        mb_outputGridRowBoard(i);
        mb_outputGridRowBoard( );
    } // for 循环结束
} // 方法 mb_outputGrid 结束

// 初始化数据
private void mb_dataInit( )
{
    int i, j, k;
    for (i=0, k=1; i < m_board.length; i++)
    for (j=0; j < m_board[i].length; j++, k++)
        m_board[i][j]= k;
} // 方法 mb_dataInit 结束

// 数据结束检测
// 返回值说明：当数据为最后一个数据时，返回 true；否则，返回 false
private boolean mb_dataEnd( )
{
    int i, j, k;
    for (i=0, k=9; i < m_board.length; i++)
        for (j=0; j < m_board[i].length; j++, k--)
            if (m_board[i][j]!= k)
                return(false);
    return(true);
} // 方法 mb_dataEnd 结束

// 取下一个数据
private void mb_dataNext( )
{
    int i, j;
    for (i= m_board.length-1; i>=0; i--)
        for (j= m_board[i].length-1; j>=0; j--)
            if (m_board[i][j]==9)
                m_board[i][j]=1;
            else
            {
                m_board[i][j]++;
                return;
            } // if-else 结构结束
} // 方法 mb_dataNext 结束
```

```
// 数据检测：判断数据中是否含有相同的数字
// 当数据中存在相同数字时，返回 false；否则，返回 true
private boolean mb_dataCheckDifferent( )
{
    int i, j;
    int [ ] digit= new int [10];
    for (i=0; i < m_board.length; i++)
        for (j=0; j < m_board[i].length; j++)
            digit[m_board[i][j]]= 1;
    for (i=1, j=0; i < digit.length; i++)
        j+=digit[i];
    if (j==9)
        return(true);
    return(false);
} // 方法 mb_dataCheckDifferent 结束


// 数据检测：各行和是否为 15
// 当各行和均为 15 时，返回 true；否则，返回 false
private boolean mb_dataCheckSumRow( )
{
    int i, j, k;
    for (i=0; i < m_board.length; i++)
    {
        for (j=0, k=0; j < m_board[i].length; j++)
            k+= m_board[i][j];
        if (k!=15)
            return(false);
    } // for 循环结束
    return(true);
} // 方法 mb_dataCheckSumRow 结束


// 数据检测：各列和是否为 15
// 当各列和均为 15 时，返回 true；否则，返回 false
private boolean mb_dataCheckSumColumn( )
{
    int i, j, k;
    for (i=0; i < m_board.length; i++)
    {
        for (j=0, k=0; j < m_board.length; j++)
            k+= m_board[j][i];
        if (k!=15)
            return(false);
    } // for 循环结束
    return(true);
```

**J**ava 程序设计教程（第 3 版）

```
    } // 方法 mb_dataCheckSumColumn 结束

    private boolean mb_dataCheck( )
    {
        if (!mb_dataCheckDifferent( ))
            return(false);
        if (!mb_dataCheckSumRow( ))
            return(false);
        if (!mb_dataCheckSumColumn( ))
            return(false);
        // 检测对角线之和是否为 15
        if (m_board[0][0]+m_board[1][1]+m_board[2][2]!=15)
            return(false);
        // 检测对角线之和是否为 15
        if (m_board[0][2]+m_board[1][1]+m_board[2][0]!=15)
            return(false);
        return(true);
    } // 方法 mb_dataCheck 结束

    // 求解并输出棋盘问题
    public void mb_arrange( )
    {
        int n= 1;
        for (mb_dataInit( ); !mb_dataEnd( ); mb_dataNext( ))
        {
            if (mb_dataCheck( ))
            {
                System.out.println("第" + n + "个结果:");
                n++;
                mb_outputGrid( );
            } // if 结构结束
        } // for 循环结束
    } // 方法 mb_arrange 结束

    public static void main(String args[ ])
    {
        J_Grid15 a= new J_Grid15( );
        a.mb_arrange( );
    } // 方法 main 结束
} // 类 J_Grid15 结束
```

编译命令为：

```
javac J_Grid15.java
```

执行命令为：

```
java J_Grid15
```

最后执行的结果是输出棋盘游戏问题的所有解（如图 4.4 所示）。上面的例程采用穷举法求解棋盘游戏问题。依次检测放在棋盘中的数字是否合法，以及是否满足和为 15 的条件。如果满足棋盘游戏问题解的条件，则在控制台窗口输出相应的解。

```
+-----+   +-----+   +-----+   +-----+   +-----+   +-----+   +-----+   +-----+
|2|7|6|   |2|9|4|   |4|3|8|   |4|9|2|   |6|1|8|   |6|7|2|   |8|1|6|   |8|3|4|
|9|5|1|   |7|5|3|   |9|5|1|   |3|5|7|   |7|5|3|   |1|5|9|   |3|5|7|   |1|5|9|
|4|3|8|   |6|1|8|   |2|7|6|   |8|1|6|   |2|9|4|   |8|3|4|   |4|9|2|   |6|7|2|
+-----+   +-----+   +-----+   +-----+   +-----+   +-----+   +-----+   +-----+
  (a)       (b)       (c)       (d)       (e)       (f)       (g)       (h)
```

图 4.4　棋盘游戏问题的所有解

# 4.2　字符串和字符串缓冲区

字符序列除了可以存储在字符数组中，还可以以字符串和字符串缓冲区实例对象的形式存储。这里介绍的字符串指的是类 java.lang.String 的实例对象。与字符数组相比，字符串不含成员域 "length"。Java 的软件包提供了非常丰富的与字符串相关的方法，包括将各种类型的数据转化成为字符串。类 java.lang.String 的实例对象一旦创建，则它所包含的字符序列就不能发生变化。字符串缓冲区类 java.lang.StringBuffer 与字符串类 java.lang.String 非常相似，类 java.lang.StringBuffer 的实例对象所包含的字符序列可以被修改。因为类 java.lang.String 和类 java.lang.StringBuffer 都在可以自动导入的软件包 "java.lang" 中，所以程序可以不必通过 "import" 语句导入这个包，而直接将 java.lang.String 和 java.lang.StringBuffer 简写为 String 和 StringBuffer。

## 4.2.1　String

字符串通常包含一个字符序列。在 Java 语言中，字符串不需要任何特殊字符来界定字符序列的首部或尾部。构造字符串类 **java.lang.String 实例对象的方法**主要有 4 种。第一种方法是直接采用字符串直接量的方式。字符串直接量是在 Java 源程序中采用双引号括起来的 Java 字符序列，例如：

```
"abcdef"
```

是包含字符'a'、'b'、'c'、'd'、'e'和'f'的字符串。再如：

```
"Java 字符"
```

是包含字符'J'、'a'、'v'、'a'、'字'和'符'的字符串。

第二种构造字符串类 java.lang.String 实例对象的方法是通过类 java.lang.String 的构造方法并**采用 new 运算符**来实现的，其格式如下：

```
new String(构造方法的调用参数列表);
```

从 Java 在线帮助文档(Java 在线帮助文档的使用方法参见 1.4.1 小节)中可以找到类 java.lang.String 的多种构造方法。这里介绍其中的一些常用构造方法。通过类 java.lang.String 的构造方法

```
public String( )
```

可以创建一个不含任何字符的字符串。不含任何字符的字符串通常称为 空字符串。这里需要注意，空字符串与 null 值是不相同的。例如：

```
String s1 = new String( );
String s2 = null;
```

上面第一个语句运行的结果是字符串变量 s1 指向一个空字符串对象，该字符串对象不含任何字符。上面第二个语句运行的结果是字符串变量 s2 不指向任何一个字符串对象。通过类 java.lang.String 的构造方法

```
public String(byte[ ] bytes)
```

可以创建一个字符串对象，其中字节数组 bytes 指定该字符串对象所包含的字符序列。通过类 java.lang.String 的构造方法

```
public String(char[ ] value)
```

可以创建一个字符串对象，其中字符数组 value 指定该字符串对象所包含的字符序列。通过类 java.lang.String 的构造方法

```
public String(String original)
```

可以创建一个字符串对象，新创建的字符串对象复制一份与字符串 original 完全相同的字符序列。这里参数 original 不允许为 null。通过类 java.lang.String 的构造方法

```
public String(StringBuffer buffer)
```

可以创建一个字符串对象，新创建的字符串对象拥有一份与字符串缓冲区 buffer 相同的字符序列。字符串缓冲区类 java.lang.StringBuffer 将在下一小节介绍。

第三种 构造 java.lang.String 实例对象的方法是 通过各种成员方法 生成 java.lang.String 实例对象。在 Java 语言中，任何一种类型的数据都可以转化成字符串类型的数据。对于基本数据类型的数据，可以通过类 java.lang.String 的成员方法

```
(1) public static String valueOf(boolean b)
(2) public static String valueOf(char c)
(3) public static String valueOf(int i)
(4) public static String valueOf(long l)
(5) public static String valueOf(float f)
(6) public static String valueOf(double d)
```

将相应的数值转换成为字符串。这些成员方法创建新的字符串对象，它所包含的字符序列对应这些方法参数指定的值。例如：语句

```
String s1 = String.valueOf(true);
```

创建一个包含字符't'、'r'、'u'和'e'的字符串对象。再如：

```
String s2 = String.valueOf(12);
```

创建一个包含字符'1'和'2'的字符串对象。对于引用类型的数据，可以通过类 java.lang.String 的成员方法

```
public static String valueOf(Object obj)
```

将参数 obj 指定的数据转换成字符串。转换的结果将生成一个新的字符串对象。如果参数 obj 为 null，则新生成的字符串对象包含字符'n'、'u'、'l'和'l'。如果参数 obj 的值不是 null，则新生成的字符串对象实际上是方法调用"obj.toString( )"返回的结果。在 Java 语言中，任何一个类都含有成员方法

```
public String toString( )
```

该成员方法通常根据当前的对象创建一个相对应的字符串对象，并返回该字符串对象的引用值。如果调用该成员方法的对象是字符串对象，则该成员方法并不创建一个新的字符串对象，而是直接返回当前对象的引用，因为当前对象已经是字符串对象。在调用方法 System.out.println 或 System.out.print 时，如果它们的参数不是字符串类型数据，则在程序的执行过程中一般先自动调用成员方法 toString（对于非 null 的引用类型数据）或 valueOf（对于基本数据类型数据或 null）将调用参数转换成为字符串，然后再进行输出操作。

　　类 java.lang.String 的实例对象一旦创建就不能修改它内部所包含的字符序列。因此，如果需要修改字符串的字符序列，则需要生成新的字符串对象。类 java.lang.String 的成员方法

```
public String concat(String str)
```

进行字符串的拼接操作。如果参数 str 指定的字符串的长度为 0，则该成员方法返回当前字符串的引用。否则，该成员方法创建一个新的字符串对象并返回其引用。新创建的字符串对象的字符序列是将字符串 str 的字符序列拼接在当前字符串对象的字符序列后面的结果。这里成员方法的参数 str 不允许为 null。类 java.lang.String 的成员方法

```
public String replace(char oldChar, char newChar)
```

进行字符串的字符替换操作。如果当前字符串不含参数 oldChar 指定的字符，则该成员方法返回当前字符串的引用。否则，该成员方法创建一个新的字符串对象并返回其引用。新创建的字符串对象的字符序列是将在当前字符串的字符序列中的字符 oldChar 全部替换成为字符 newChar 之后的结果。类 java.lang.String 的成员方法

```
public String toLowerCase( )
```

将字符串的字符转换为小写字符。如果转换前后的字符序列是一样的，则该成员方法返回当前字符串的引用。否则，该成员方法创建一个新的字符串对象并返回其引用。新创建

**J**ava 程序设计教程（第 3 版）

的字符串对象的字符序列是将在当前字符串的字符序列中的大写字符全部替换成为小写字符之后的结果。类 java.lang.String 的成员方法

```
public String toUpperCase( )
```

将字符串的字符转换为大写字符。如果转换前后的字符序列是一样的，则该成员方法返回当前字符串的引用。否则，该成员方法创建一个新的字符串对象并返回其引用。新创建的字符串对象的字符序列是将在当前字符串的字符序列中的小写字符全部替换成为大写字符之后的结果。类 java.lang.String 的成员方法

```
public String trim( )
```

去除字符串的首尾空白符。该成员方法所定义的空白符是从'\u0000'到'\u0020'的字符，其中字符'\u0020'是空格符。如果当前字符串的头部与尾部均不含空白符，则该成员方法返回当前字符串的引用。否则，该成员方法创建一个新的字符串对象并返回其引用。新创建的字符串对象的字符序列是将当前字符串的字符序列的头部和尾部的空白符全部去除之后的结果。例如：如果当前字符串的字符序列全部由空白符组成，则该成员方法新创建一个空字符串并返回其引用。类 java.lang.String 的成员方法

```
public String substring(int beginIndex)
```

是获取子字符串的成员方法，其中参数 beginIndex 的大小范围要求从 0 到当前字符串的字符个数。如果参数 beginIndex 为 0，则该成员方法返回当前字符串的引用。如果参数 beginIndex 大于 0 并且小于当前字符串的字符个数，则该成员方法创建一个新的字符串对象并返回其引用。新创建的字符串对象的字符序列是在当前字符串的字符序列中从第（beginIndex+1）个字符到最后一个字符组成的字符序列。如果参数 beginIndex 大于 0 并且等于当前字符串的字符个数，则该成员方法创建一个空字符串并返回其引用。类 java.lang.String 的成员方法

```
public String substring(int beginIndex, int endIndex)
```

是获取介于 **beginIndex 和 endIndex 之间的子字符串**的成员方法，其中参数 beginIndex 的大小范围要求从 0 到当前字符串的字符个数，参数 endIndex 的大小范围要求从 beginIndex 到当前字符串的字符个数。如果参数 beginIndex 为 0 并且参数 endIndex 为当前字符串的字符个数，则该成员方法返回当前字符串的引用。否则，可以分成为两种情况。第一种情况是参数 beginIndex 与参数 endIndex 的值相等，这时该成员方法创建一个空字符串并返回其引用。第二种情况是参数 beginIndex 小于参数 endIndex，这时该成员方法创建一个新的字符串对象并返回其引用。新创建的字符串对象的字符序列是在当前字符串的字符序列中从第（beginIndex+1）个字符到第 endIndex 个字符组成的字符序列。例如：语句

```
String s1 = "abcd".substring(2, 4);
```

的结果是 s1 指向包含字符'c'和'd'的字符串。类 java.lang.String 的成员方法

```
public static String format(String format, Object...args)
```

是静态的成员方法。该成员方法创建格式化字符串并返回其引用。该成员方法的第一个参数 format 是格式字符串。格式字符串是嵌有若干格式的字符串，其中格式的基本形式为

%[参数索引$][宽度][.精度]变换类型

在参数 format 之后的参数将根据上面的格式转换成为相应的字符串嵌入在格式所在的位置上。因此，在参数 format 之后的参数个数及类型应当与在格式字符串中的格式规定相匹配。在上面的格式基本形式中，"[ ]"只是用来表示可选项，即表示中括号及其内部的内容可以不是格式的组成部分。"参数索引$"是可选项，表示在当前格式所在的位置上将采用在方法参数列中除去参数 format 之外的第几个参数进行转换，即在方法参数与当前格式所在的位置之间建立起对应关系。例如：若"参数索引$"为"1$"，则采用除去参数 format 之外的第 1 个参数；若"参数索引$"为"2$"，则采用除去参数 format 之外的第 2 个参数。如果在格式中不含选项"参数索引$"，则默认为除去参数 format 之外的第 1 个参数。宽度是可选项，而且应是一个大于 0 的十进制整数，表示在转换之后应当包含的最少字符数。".精度"是可选项，其中精度是一个大于 0 的十进制整数，表示转换精度。变换类型是必须有的，具体含义参见表 4.1。格式转换的过程是：首先按照格式，将格式所对应的参数转换成为相应的数据；再将该数据所对应的字符串代替格式嵌入到格式字符串中，形成最终的字符串。下面给出该成员方法的一个应用示例：

```
String s1 = String.format("清华大学成立于%1$d 年", 1911);
```

结果字符串 s1 的字符序列与字符串"清华大学成立于 1911 年"的字符序列相同。在上面的示例中，"%1$d"是嵌入的格式。

表 4.1　在格式字符串中的变换类型

| 变换类型 | 含义 | 示例 |
|---|---|---|
| 字符'b' | 如果对应的参数是"(引用数据类型)null"，其中引用数据类型应当给出具体的类型，则转换结果为"false"；如果对应的参数直接就是 null，则将出现编译警告，转换结果为"false"；如果对应的参数是布尔类型（boolean）或 java.lang.Boolean 类型的值，则转换结果为该参数所对应的字符串；否则，转换结果为"true" | 例如：String.format("%1$b", 0)<br>结果："true"<br><br>例如：String.format("%1$b", (String)null)<br>结果："false"<br><br>例如：String.format("%b", false)<br>结果："false" |
| 字符'B' | 将变换类型'b'的转换结果变为大写字符 | 例如：String.format("%1$B", true)<br>结果："TRUE" |
| 字符'c' | 转换结果为对应参数的 Unicode 字符 | 例如：String.format("%1$c", 'A')<br>结果："A" |
| 字符'C' | 将变换类型'c'的转换结果变为大写字符 | 例如：String.format("%1$C", 'A')<br>结果："A" |
| 字符'd' | 这时要求对应的参数为整数，转换结果为参数所对应的十进制整数 | 例如：String.format("%1$d", 12)<br>结果："12" |

| 变换类型 | 含义 | 示例 |
|---|---|---|
| 字符'o' | 这时要求对应的参数为整数，转换结果为参数所对应的八进制整数 | 例如：String.format("%1$o", 12)<br>结果："14" |
| 字符'x' | 这时要求对应的参数为整数，转换结果为参数所对应的十六进制整数 | 例如：String.format("%1$x", 10)<br>结果："a" |
| 字符'X' | 将变换类型'x'的转换结果变为大写字符 | 例如：String.format("%1$X", 10)<br>结果："A" |
| 字符 'e' 或 'E' 或 'f' 或 'g'或'G' | 这时要求对应的参数为浮点数，转换结果为参数所对应的十进制浮点数 | 例如：String.format("%1$e", 12.3)<br>结果："1.230000e+01"<br>例如：String.format("%1$f", 12.3)<br>结果："12.300000"<br>例如：String.format("%1$g", 12.3)<br>结果："12.3000" |
| 字符'a' | 这时要求对应的参数为浮点数，转换结果为参数所对应的十六进制浮点数，采用小写字符表示 | 例如：f.printf("%1$a", 12.3);<br>结果：0x1.899999999999ap3 |
| 字符'A' | 将变换类型'a'的转换结果变为大写字符 | 例如：String.format("%1$A", 12.3)<br>结果："0X1.899999999999AP3" |
| 字符'h' | 如果对应的参数是 null，则转换结果为"null"；否则，转换结果为对应参数的十六进制哈希码（例如：通过 Integer.toHexString( 参数.hashCode( ))获得）。十六进制哈希码采用小写字符表示 | 例如：String.format("%1$h", "gh")<br>结果："ce1" |
| 字符'H' | 将变换类型'h'的转换结果变为大写字符 | 例如：String.format("%1$H", "gh")<br>结果："CE1" |
| 字符's' | 如果对应的参数是 null，则转换结果为"null"；否则，转换结果为参数所对应的字符串 | 例如：String.format("%1$s", "ab")<br>结果："ab" |
| 字符'S' | 将变换类型's'的转换结果变为大写字符 | 例如：String.format("%S", "ab")<br>结果："AB" |
| 字符'n' | 表示换行符，与参数无关 | 例如：f.printf("1%n2");<br>结果："1\n2" |

**第四种**构造 java.lang.String 实例对象的方法是利用**运算符"+"**。当运算符"+"两侧的操作数均为字符串类型并且均不为 null 时，运算的结果将创建一个新的字符串对象，其字符序列为进行"+"运算的两个字符串的字符序列拼接在一起的结果。例如：

```
String s1 = "123" + "456";
```

结果字符串 s1 的字符序列与字符串"123456"的字符序列相同。当运算符"+"两侧操作数之一的数据类型为字符串类型时，可以进行这种"+"运算。这时，如果操作数为 null，则先将其转化为字符串"null"；如果操作数不是字符串类型数据，则先将其转化为相应的字符串（例如，通过 toString 成员方法或 valueOf 成员方法进行转化）。然后再进行两个不为 null 的字符串间的"+"操作。例如：

```
String s1 = "No. " + 1;
```

结果字符串 s1 的字符序列与字符串"No. 1"的字符序列相同。这里运算符"+"的运算顺序是从左到右。例如:

```
String s1 = "abc" + "de" + "fgh";
```

结果字符串 s1 的字符序列与字符串"abcdefgh"的字符序列相同。这里需要注意,混用字符串运算的运算符"+"与数值运算的运算符"+"的问题。例如:

```
String s1 = "123" + 45 + 678;
String s2 = 123 + 45 + "678";
```

结果字符串 s1 的字符序列与字符串"12345678"的字符序列相同,而字符串 s2 的字符序列与字符串"168678"的字符序列相同。这里运算符"+"均从左到右进行运算。在第一个示例中,先进行""123" + 45"运算,得到一个新的字符串,其字符序列与字符串"12345"的字符序列相同;接着进行新的字符串与 678 之间的"+"运算,得到字符序列与字符串"12345678"的字符序列相同的字符串。在第二个示例中,先进行"123 + 45"运算(两个整数的加法运算),得到一个整数 168,接着进行"168+ "678""运算(一个整数与一个字符串的"+"运算),从而得到字符序列与字符串"168678"的字符序列相同的字符串。

上面介绍了 4 种构造 java.lang.String 实例对象的方法。这里介绍类 java.lang.String 的获取字符串属性的成员方法。类 java.lang.String 的成员方法

```
public int length( )
```

返回当前字符串的长度,即当前字符串所包含的字符序列的字符个数。空字符串的长度为 0。类 java.lang.String 的成员方法

```
public boolean isEmpty( )
```

判断当前字符串是否为空字符串。如果当前字符串为空字符串,则返回 true;否则,返回 false。类 java.lang.String 的成员方法

```
public char charAt(int index)
```

返回在字符串的字符序列中的第(index+1)个字符。这里要求参数 index 非负并且小于字符串的长度,即该成员方法的最大有效参数值为字符序列的字符个数减 1。否则,将引起下标越界异常。例如:方法调用

```
"abc".charAt(1)
```

返回字符'b'。类 java.lang.String 的成员方法

```
public int indexOf(int ch)
```

返回由参数 ch 指定的字符在当前字符串的字符序列中出现的最小下标索引值。如果在当前字符串的字符序列中不存在指定字符,则返回–1。这里参数 ch 是字符的 Unicode 值,下标索引从 0 开始计数。类 java.lang.String 的成员方法

```
public int indexOf(int ch, int fromIndex)
```

返回由参数 ch 指定的字符在当前字符串的字符序列中出现的不小于 **fromIndex** 的最小下标索引值。如果在当前字符串的字符序列中不存在下标不小于 fromIndex 的指定字符，则返回–1。这里参数 ch 是字符的 Unicode 值，下标索引从 0 开始计数。类 java.lang.String 的成员方法

```
public int indexOf(String str)
```

返回由参数 str 指定的字符串的字符序列在当前字符串的字符序列中出现的最小下标索引值。如果在当前字符串的字符序列中不存在指定的字符序列，则返回–1。这里下标索引从 0 开始计数。例如：

```
"abcdef".indexOf("def")
```

返回结果 3。类 java.lang.String 的成员方法

```
public int indexOf(String str, int fromIndex)
```

返回由参数 str 指定的字符串的字符序列在当前字符串的字符序列中出现的不小于 **fromIndex** 的最小下标索引值。如果在当前字符串的字符序列中不存在下标不小于 fromIndex 的指定的字符序列，则返回–1。这里下标索引从 0 开始计数。类 java.lang.String 的成员方法

```
public int lastIndexOf(int ch)
```

返回由参数 ch 指定的字符在当前字符串的字符序列中出现的最大下标索引值。如果在当前字符串的字符序列中不存在指定字符，则返回–1。这里参数 ch 是字符的 Unicode 值，下标索引从 0 开始计数。类 java.lang.String 的成员方法

```
public int lastIndexOf(int ch, int fromIndex)
```

返回由参数 ch 指定的字符在当前字符串的字符序列中出现的不大于 **fromIndex** 的最大下标索引值。如果在当前字符串的字符序列中不存在下标不大于 fromIndex 的指定字符，则返回–1。这里参数 ch 是字符的 Unicode 值，下标索引从 0 开始计数。类 java.lang.String 的成员方法

```
public int lastIndexOf(String str)
```

返回由参数 str 指定的字符串的字符序列在当前字符串的字符序列中出现的最大下标索引值。如果在当前字符串的字符序列中不存在指定的字符序列，则返回–1。这里下标索引从 0 开始计数。类 java.lang.String 的成员方法

```
public int lastIndexOf(String str, int fromIndex)
```

返回由参数 str 指定的字符串的字符序列在当前字符串的字符序列中出现的不大于 **fromIndex** 的最大下标索引值。如果在当前字符串的字符序列中不存在下标不大于 fromIndex 的指定的字符序列，则返回–1。这里下标索引从 0 开始计数。

字符串之间可以进行比较。类 java.lang.String 的成员方法

```
public int compareTo(String anotherString)
```

比较当前字符串的字符序列与字符串 anotherString 的字符序列之间的大小。该成员方法在进行大小比较时，是从字符串的字符序列的第一个字符开始逐个进行比较。当遇到第一个不相同的字符时，则将相应字符的 Unicode 值的差，作为比较的结果，并返回相应的数值。假设第一个不相同的字符的下标为 k，则返回值为

```
this.charAt(k) - anotherString.charAt(k)
```

其中 this 表示当前字符串对象的引用。如果两个字符串具有完全相同的字符序列，则返回 0。如果两个字符串所包含的字符序列长度不同，并且其中一个字符串的字符序列刚好由另一个字符串的前若干个字符组成，而且顺序也相同，则该成员方法返回这两个字符串的长度差，即

```
this.length( ) - anotherString.length( )
```

其中 this 表示当前字符串对象的引用。综合上面的各种情况，该成员方法的返回值情况可以大致综述为：如果两个字符串具有相同字符序列，则返回 0；如果当前字符串的字符序列小于字符串 anotherString 的字符序列，则返回一个负数；如果当前字符串的字符序列大于字符串 anotherString 的字符序列，则返回一个正数。这里成员方法的参数 anotherString 不允许为 null。类 java.lang.String 的成员方法

```
public int compareToIgnoreCase(String str)
```

与成员方法 compareTo 相似，只是在比较时不区分字符的大小写，即在比较前先将两个字符串的字符序列统一成大写或小写形式，再进行比较。例如：语句

```
int ic1 = "abc".compareTo("ABC");
```

的运行结果是 ic1 的值变为 32，即'a'–'A'=32。语句

```
int ic2 = "abc".compareToIgnoreCase("ABC");
```

的运行结果是 ic2 的值变为 0。类 java.lang.String 的成员方法

```
public boolean equals(Object anObject)
```

判断当前字符串的字符序列与 anObject 指定的字符串的字符序列是否相同。这里只有当参数 anObject 不为 null，并且指向字符串对象，而且当前字符串的字符序列与字符串 anObject 的字符序列相同时才会返回 true；否则，返回 false。类 java.lang.String 的成员方法

```
public boolean equalsIgnoreCase(String anotherString)
```

与成员方法 equals 相似，只是在比较是否相等时不区分字符的大小写，即在比较前先将两个字符串的字符序列统一成大写或小写形式，再进行比较。如果当前字符串的字符序列与参数 anotherString 指定的字符串的字符序列在统一成大写或小写形式之后是相同的，则返回 true；否则，返回 false。这里需要注意，类 java.lang.String 的成员方法 equals 与运算 "=="

之间的区别。如果运算符"=="两侧的操作数均为引用数据类型的数据，运算符"=="判断这两个操作数是否具有相同的引用值，即是否指向相同的实例对象。如果两个操作数指向相同的实例对象，则返回 true；否则，返回 false。例如：语句

```
String s1 = "123";
String s2 = new String(s1);
boolean b1 = s1.equals(s2);
boolean b2 = (s1==s2);
```

运行的结果是：b1 的值为 true，因为字符串 s1 和 s2 具有相同的字符序列；b2 的值为 false，因为 s1 和 s2 分别指向不同的字符串对象。

这里介绍如何将字符串转换成为基本数据类型数据。对于字符（**char**）类型数据，可以直接通过类 java.lang.String 的成员方法 charAt 获取在当前字符串中的字符。对于布尔（**boolean**）类型数据，类 java.lang.Boolean 的成员方法

```
public static boolean parseBoolean(String s)
```

将字符串 s 解析为布尔类型的数据，并返回该数据。这里解析的过程是：先将字符串 s 的字符序列全部转化成为小写字符；再进行判断，并返回结果。如果在转化之后的字符序列与字符串"true"的字符序列相同，则返回 true；否则，返回 false。例如：调用

```
Boolean.parseBoolean("TRUE")
```

返回布尔值 true。例如：下面 3 个调用

```
Boolean.parseBoolean(null)
Boolean.parseBoolean("false")
Boolean.parseBoolean("ABC")
```

均返回布尔值 false。对于字节（**byte**）类型数据，类 java.lang.Byte 的成员方法

```
public static byte parseByte(String s) throws NumberFormatException
```

以十进制的形式将字符串 s 解析为字节类型的数据，并返回该数据。这里要求字符串 s 必须满足十进制字节数值的格式。否则，程序将出现异常。对于短整数（**short**）类型数据，类 java.lang.Short 的成员方法

```
public static short parseShort(String s) throws NumberFormatException
```

以十进制的形式将字符串 s 解析为短整数类型的数据，并返回该数据。这里要求字符串 s 必须满足十进制短整数数值的格式。否则，程序将出现异常。对于整数（**int**）类型数据，类 java.lang.Integer 的成员方法

```
public static int parseInt(String s) throws NumberFormatException
```

以十进制的形式将字符串 s 解析为整数类型的数据，并返回该数据。这里要求字符串 s 必须满足十进制整数数值的格式。否则，程序将出现异常。对于长整数（**long**）类型数据，类 java.lang.Long 的成员方法

```
public static long parseLong(String s) throws NumberFormatException
```

以十进制的形式将字符串 s 解析为长整数类型的数据，并返回该数据。这里要求字符串 s 必须满足十进制整数数值的格式。否则，程序将出现异常。这里需要注意的是，字符串 s 的字符序列不能以字符'L'或'l'（注：这里'l'是小写的'L'）结尾；否则，将出现数值格式错误的异常。对于单精度浮点数（**float**）类型数据，类 java.lang.Float 的成员方法

```
public static float parseFloat(String s) throws NumberFormatException
```

以十进制的形式将字符串 s 解析为单精度浮点数类型的数据，并返回该数据。这里要求字符串 s 必须满足十进制浮点数数值的格式。否则，程序将出现异常。对于双精度浮点数（**double**）类型数据，类 java.lang.Double 的成员方法

```
public static double parseDouble(String s) throws NumberFormatException
```

以十进制的形式将字符串 s 解析为双精度浮点数类型的数据，并返回该数据。这里要求字符串 s 必须满足十进制浮点数数值的格式。否则，程序将出现异常。

另外，类 java.lang.String 的成员方法

```
public byte[ ] getBytes( )
```

返回当前字符串所对应的字节数组。类 java.lang.String 的成员方法

```
public char[ ] toCharArray( )
```

返回当前字符串所对应的字符数组。在当前字符串的字符序列中的字符将按顺序成为该成员方法所创建的字符数组的元素。

这里介绍字符串池。类 java.lang.String 负责维护一个字符串池。可以将字符串池看作一个字符串的集合。在该字符串池中，具有相同字符序列的字符串只对应一个字符串实例对象。该字符串池存放字符串直接量，有限个字符串直接量进行"+"运算的结果，以及由类 java.lang.String 的成员方法 intern 创建的字符串实例对象。类 java.lang.String 的成员方法

```
public String intern( )
```

首先判断当前字符串是否已经在字符串池中。如果当前字符串已经在字符串池中，则返回当前字符串的引用。如果当前字符串不在字符串池中，而且字符串池已经含有与当前字符串相同字符序列的字符串实例对象，则返回在字符串池中这个字符串的引用。如果在字符串池中不存在与当前字符串相同字符序列的字符串实例对象，则在字符串池中创建一个新的具有与当前字符串相同字符序列的字符串实例对象，并返回新创建的字符串的引用。

因为在字符串池中，具有相同字符序列的字符串只对应一个字符串实例对象，所以可以通过比较字符串实例引用是否相等来判断在字符串池中的两个字符串的字符序列是否相同。例如，设 s0 和 s1 是两个字符串类型的变量，则下面的表达式

```
s1.intern( ) == s0.intern( )
```

可以用来判断 s0 和 s1 所指向的字符串实例的字符序列是否相同。如果上面的表达式为 true，

则字符串 s0 和 s1 具有相同的字符序列；否则，不相同。这里，运算符 "==" 本身的作用只是用来判断其两侧的两个引用值是否相等，即判断它们是否指向相同的实例对象。

下面给出一个 字符串池例程。例程的源文件名为 J_Intern.java，其内容如下：

```
// ////////////////////////////////////////////////
//
// J_Intern.java
//
// 开发者：雍俊海
// ////////////////////////////////////////////////
// 简介：
//     字符串池例程
// ////////////////////////////////////////////////
public class J_Intern
{
    public static void main(String args[ ])
    {
        String s1 = "123456"; // 字符串直接量
        String s2 = "123456"; // 字符串直接量
        String s3 = "123" + "456"; // 这不是字符串直接量
        String a0 = "123";
        String s4 = a0 + "456"; // 这不是字符串直接量
        String s5 = new String("123456"); // 这不是字符串直接量
        String s6 = s5.intern( );
        System.out.println("s2" + ((s2==s1) ? "==" : "!=") +"s1");
        System.out.println("s3" + ((s3==s1) ? "==" : "!=") +"s1");
        System.out.println("s4" + ((s4==s1) ? "==" : "!=") +"s1");
        System.out.println("s5" + ((s5==s1) ? "==" : "!=") +"s1");
        System.out.println("s6" + ((s6==s1) ? "==" : "!=") +"s1");
    } // 方法 main 结束
} // 类 J_Intern 结束
```

编译命令为：

```
javac J_Intern.java
```

执行命令为：

```
java J_Intern
```

最后执行的结果是在控制台窗口中输出：

```
s2==s1
s3==s1
s4!=s1
s5!=s1
s6==s1
```

在上面的例程中，字符串变量 s1 和 s2 均指向字符串直接量。字符串直接量位于字符串池中。位于字符串池中的具有相同字符序列的字符串只对应一个字符串实例对象。因为变量 s1 和 s2 指向的字符串直接量具有相同的字符序列，所以变量 s2 和 s1 指向的字符串对象实际上是同一个字符串对象，从而"s2==s1"为 true。因为变量 s3 指向的字符串不满足字符串直接量的定义，所以变量 s3 指向的字符串不是字符串直接量。因为变量 s3 指向的字符串是由有限个字符串直接量通过"+"运算得到的结果，所以变量 s3 指向的字符串位于字符串池中。因为变量 s3 和 s1 指向的字符串直接量具有相同的字符序列，所以变量 s3 和 s1 指向的字符串对象实际上是同一个字符串对象，从而"s3==s1"为 true。因为变量 s4 指向的字符串不满足字符串直接量的定义，所以变量 s4 指向的字符串不是字符串直接量。变量 s4 指向的字符串是由变量 a0 与一个字符串直接量通过"+"运算得到的结果。虽然变量 a0 指向一个字符串直接量，但是变量 a0 本身不是字符串直接量。因此，变量 s4 指向的字符串对象不在字符串池中。另外，变量 s1 指向的字符串直接量位于字符串池中。因此，变量 s4 和 s1 不可能指向相同的字符串对象，从而输出"s4!=s1"。同样，因为变量 s5 指向的字符串对象不在字符串池中，所以变量 s5 和 s1 不可能指向相同的字符串对象，从而输出"s5!=s1"。因为变量 s6 指向的字符串对象是通过类 java.lang.String 的成员方法 intern 得到的，所以 s6 指向的字符串对象在字符串池中。因为变量 s6 和 s1 指向的字符串具有相同的字符序列，并且都在字符串池中，所以变量 s6 和 s1 指向的字符串对象实际上是同一个字符串对象，从而"s6==s1"为 true。

## 4.2.2　StringBuffer

字符串缓冲区类 java.lang.StringBuffer 的实例对象和字符串类 java.lang.String 的实例对象非常相似，都可以包含一个字符序列。但是字符串实例对象一旦创建完毕，就不能再修改它的字符序列。而字符串缓冲区实例对象在创建之后仍然可以修改它的字符序列。字符串缓冲区的机制是：预先申请一个缓冲区用来存放字符序列；当字符序列的长度超过缓冲区的大小时，重新改变缓冲区的大小，以便容纳更多的字符。缓冲区的大小，即在缓冲区内可以存放的字符个数，通常称为字符串缓冲区的容量。在字符串缓冲区的字符序列中所包含的字符个数通常称为字符串缓冲区的长度。这种缓冲区机制可以在一定程度上避免在改变字符串缓冲区长度时频繁地申请内存。

创建字符串缓冲区实例对象，可以通过类 java.lang.StringBuffer 的构造方法来实现。通过类 java.lang.StringBuffer 的构造方法

```
public StringBuffer( )
```

可以创建一个容量为 16 而且长度为 0 的字符串缓冲区实例对象。通过类 java.lang. StringBuffer 的构造方法

```
public StringBuffer(int capacity)
```

可以创建一个容量为 capacity 而且长度为 0 的字符串缓冲区实例对象，其中参数 capacity 应当是一个非负整数。通过类 java.lang.StringBuffer 的构造方法

```
public StringBuffer(String str)
```

可以创建一个字符串缓冲区实例对象。它的容量是字符串 str 的长度加上 16，它的长度是字符串 str 的长度，它的字符序列与字符串 str 的字符序列相同。这里参数 str 不能为 null。表 4.2 给出了通过上面三种构造方法创建 StringBuffer 实例对象的长度和容量。

**表 4.2　由不同构造方法生成的 StringBuffer 实例对象的长度和容量**

| 构造方法 | 长度 | 容量 |
|---|---|---|
| public StringBuffer( ) | 0 | 16 |
| public StringBuffer(int capacity) | 0 | capacity |
| public StringBuffer(String str) | 字符串 str 的长度 | 字符串 str 的长度+16 |

通过类 java.lang.StringBuffer 的成员方法可以<u>获取和设置字符串缓冲区的属性</u>。类 java.lang.StringBuffer 的成员方法

```
public int length( )
```

返回当前字符串缓冲区的<u>长度</u>。类 java.lang.StringBuffer 的成员方法

```
public int capacity( )
```

返回当前字符串缓冲区的<u>容量</u>。类 java.lang.StringBuffer 的成员方法

```
public void ensureCapacity(int minimumCapacity)
```

可以用来<u>设置当前字符串缓冲区的容量</u>。如果参数 minimumCapacity 的值等于或小于当前字符串缓冲区的容量，则该成员方法不改变字符串缓冲区。否则，重新分配字符串缓冲区内存，新的字符串缓冲区的容量是下面两个数中较大的数：

（1）minimumCapacity；

（2）（当前字符串缓冲区的容量）×2+2。

在重新分配字符串缓冲区内存之后，当前字符串缓冲区的长度和所包含的字符序列不变。

类 java.lang.StringBuffer 的成员方法

```
public void trimToSize( )
```

<u>减小字符串缓冲区的存储空间</u>，使得字符串缓冲区的容量等于字符串缓冲区的长度。如果当前字符串缓冲区的容量与长度相等，则该成员方法不改变字符串缓冲区。

类 java.lang.StringBuffer 的成员方法

```
public void setLength(int newLength)
```

<u>设置字符串缓冲区的长度</u>，其中参数 newLength 应当大于或等于 0，是字符串缓冲区的新长度。如果参数 newLength 等于在方法调用前的字符串缓冲区长度，则字符串缓冲区不发生变化。如果参数 newLength 大于在方法调用前的字符串缓冲区长度，则在字符串缓冲区的原有字符序列后面填充一些字符'\u0000'，从而使得字符串缓冲区长度变为 newLength。如果参数 newLength 小于在方法调用前的字符串缓冲区长度，则字符串缓冲区的字符序列只保留前 newLength 个字符。如果参数 newLength 大于在方法调用前的字符串缓冲区容量，则字符串缓冲区新容量变为在 newLength 与原来容量的 2 倍再加上 2 之间较大的数。

通过类 java.lang.StringBuffer 的成员方法可以进行设置或查询字符或字符串。类 java. lang.StringBuffer 的成员方法

```
public char charAt(int index)
```

返回当前字符串缓冲区的第（**index+1**）个字符，其中参数 index 的值应当大于或等于 0，并且小于当前字符串缓冲区的长度。类 java.lang.StringBuffer 的成员方法

```
public void setCharAt(int index, char ch)
```

将当前字符串缓冲区的第（**index+1**）个字符设置为参数 **ch** 指定的字符，其中参数 index 的值应当大于或等于 0，并且小于当前字符串缓冲区的长度。类 java.lang.StringBuffer 的成员方法

```
public int indexOf(String str)
```

返回在当前字符串缓冲区的字符序列中第一次出现与字符串 str 的字符序列相同的子序列的下标索引值。如果在当前字符串缓冲区的字符序列中不存在与字符串 str 的字符序列相同的子序列，则返回–1。例如：设

```
StringBuffer sb = new StringBuffer("123456");
```

则方法调用

```
sb.indexOf("456")
```

返回 3。类 java.lang.StringBuffer 的成员方法

```
public int indexOf(String str, int fromIndex)
```

返回在当前字符串缓冲区的字符序列中在下标索引 fromIndex 之后第一次出现与字符串 str 的字符序列相同的子序列的下标索引值。如果在当前字符串缓冲区的字符序列中在下标索引 fromIndex 之后不存在与字符串 str 的字符序列相同的子序列，则返回–1。类 java.lang. StringBuffer 的成员方法

```
public int lastIndexOf(String str)
```

返回在当前字符串缓冲区的字符序列中最后一次出现与字符串 str 的字符序列相同的子序列的下标索引值。如果在当前字符串缓冲区的字符序列中不存在与字符串 str 的字符序列相同的子序列，则返回–1。类 java.lang.StringBuffer 的成员方法

```
public int lastIndexOf(String str, int fromIndex)
```

返回在当前字符串缓冲区的字符序列中在出现与字符串 str 的字符序列相同的子序列的所有下标索引值中小于或等于 fromIndex 的最大下标索引值。如果这个最大下标索引值不存在，则返回–1。

通过类 java.lang.StringBuffer 的成员方法可以对字符串缓冲区的字符进行增、删和改等操作。类 java.lang.StringBuffer 的成员方法

**J**ava 程序设计教程（第 3 版）

```
(1)  public StringBuffer append(Object obj)
(2)  public StringBuffer append(boolean b)
(3)  public StringBuffer append(char c)
(4)  public StringBuffer append(int i)
(5)  public StringBuffer append(long lng)
(6)  public StringBuffer append(float f)
(7)  public StringBuffer append(double d)
(8)  public StringBuffer append(String str)
(9)  public StringBuffer append(StringBuffer sb)
(10) public StringBuffer append(char[ ] str)
```

分别将这些成员方法的参数指定的数据所对应的字符串的字符序列添加到当前字符串缓冲区的字符序列的末尾。如果在添加字符之后字符串缓冲区的新长度超过添加之前的旧容量，则字符串缓冲区的新容量变为在新长度与旧容量的 2 倍再加上 2 之间较大的数。各种类型的数据可以通过下面的方式得到所对应的字符串：

（1）对于非 null 的引用类型数据，可以通过调用该数据所对应的类的成员方法 toString 获得相应的字符串；

（2）对于基本数据类型数据或 null，可以通过调用类 java.lang.String 的成员方法 valueOf 获得相应的字符串。

类 java.lang.StringBuffer 的成员方法

```
(1)  public StringBuffer insert(int offset, String str)
(2)  public StringBuffer insert(int offset, char[ ] str)
(3)  public StringBuffer insert(int offset, Object obj)
(4)  public StringBuffer insert(int offset, boolean b)
(5)  public StringBuffer insert(int offset, char c)
(6)  public StringBuffer insert(int offset, int i)
(7)  public StringBuffer insert(int offset, long l)
(8)  public StringBuffer insert(int offset, float f)
(9)  public StringBuffer insert(int offset, double d)
```

在当前字符串缓冲区的字符序列的下标索引 offset 处插入这些成员方法的第二个参数指定的数据所对应的字符串的字符序列，其中参数 offset 的值应当大于或等于 0，并且小于或等于在插入之前字符串缓冲区的旧长度。如果参数 offset 等于 0，则新添加的字符出现在新字符串缓冲区的头部；如果参数 offset 等于旧长度，则新添加的字符出现在新字符串缓冲区的尾部。如果在插入字符之后字符串缓冲区的新长度超过插入之前的旧容量，则字符串缓冲区的新容量变为在新长度与旧容量的 2 倍再加上 2 之间较大的数。

类 java.lang.StringBuffer 的成员方法

```
public StringBuffer delete(int start, int end)
```

从当前字符串缓冲区的字符序列中删除从下标 start 到（end−1）的字符子序列，其中参数 start 的取值范围是从 0 到在删除之前字符串缓冲区的旧长度，参数 end 的取值范围是从 start 到在删除之前字符串缓冲区的旧长度。该成员方法返回当前字符串缓冲区的引用。例如：

语句

```
StringBuffer sb = new StringBuffer("0123456");
sb.delete(1, 3);
```

在运行之后字符串缓冲区 sb 的字符序列与字符串"03456"的字符序列相同。类 java.lang.StringBuffer 的成员方法

```
public StringBuffer deleteCharAt(int index)
```

从当前字符串缓冲区的字符序列中删除下标为 index 的字符,其中参数 index 大于或等于 0,并且小于在删除之前字符串缓冲区的旧长度。

　　类 java.lang.StringBuffer 的成员方法

```
public StringBuffer replace(int start, int end, String str)
```

在当前字符串缓冲区的字符序列中将从下标 start 到（end−1）的字符子序列替换为字符串 str 的字符序列,其中参数 start 的取值范围是从 0 到在替换之前字符串缓冲区的旧长度,参数 end 的取值范围是从 start 到在替换之前字符串缓冲区的旧长度。如果参数 start 和 end 相等,则在当前字符串缓冲区的字符序列的下标索引 start 处插入字符串 str 的字符序列。如果参数 start 和 end 均为 0,则在当前字符串缓冲区的字符序列的头部插入字符串 str 的字符序列;如果参数 start 和 end 均等于旧长度,则在当前字符串缓冲区的字符序列的尾部插入字符串 str 的字符序列。如果在替换或插入字符序列之后字符串缓冲区的新长度超过在替换或插入字符序列之前的旧容量,则字符串缓冲区的新容量变为在新长度与旧容量的 2 倍再加上 2 之间较大的数。

　　类 java.lang.StringBuffer 的成员方法

```
public StringBuffer reverse( )
```

将当前字符串缓冲区的字符序列变为其逆序的字符序列。例如:语句

```
StringBuffer sb = new StringBuffer("0123");
sb.reverse( );
```

在运行之后字符串缓冲区 sb 的字符序列与字符串"3210"的字符序列相同。

　　通过类 java.lang.StringBuffer 的成员方法可以将字符串缓冲区转换成为字符串。类 java.lang.StringBuffer 的成员方法

```
public String toString( )
```

创建一个新的字符串,并返回该字符串的引用值。新创建字符串具有与当前字符串缓冲区相同的字符序列。

　　类 java.lang.StringBuffer 的成员方法

```
(1) public String substring(int start)
(2) public String substring(int start, int end)
```

创建一个新的字符串,并返回该字符串的引用值。新创建字符串的字符序列是当前字符串

缓冲区从下标 start 到（end−1）的字符子序列。如果上面的成员方法不含参数 end，则参数
end 的默认值为当前字符串缓冲区的长度。在上面的成员方法中，参数 start 的取值范围是
从 0 到当前字符串缓冲区的长度，参数 end 的取值范围是从 start 到当前字符串缓冲区的长
度。如果参数 start 和 end 相等，则新创建字符串为空字符串，即不含任何字符的字符串。

下面给出一个字符串缓冲区例程。例程的源文件名为 J_StringBuffer.java，其内容
如下：

```
// /////////////////////////////////////////////////
//
// J_StringBuffer.java
//
// 开发者：雍俊海
// /////////////////////////////////////////////////
// 简介：
//     字符串缓冲区例程
// /////////////////////////////////////////////////
public class J_StringBuffer
{
    public static void main(String args[ ])
    {
        StringBuffer b = new StringBuffer("0123");
        System.out.println("字符串缓冲区的字符序列为\"" + b + "\"");
        System.out.println("字符串缓冲区的长度是" + b.length( ) );
        System.out.println("字符串缓冲区的容量是" + b.capacity( ) );

        b.ensureCapacity(25);
        System.out.println( );
        System.out.println("在调用\"b.ensureCapacity(25)\"之后");
        System.out.println("字符串缓冲区的字符序列为\"" + b + "\"");
        System.out.println("字符串缓冲区的长度是" + b.length( ) );
        System.out.println("字符串缓冲区的容量是" + b.capacity( ) );
    } // 方法 main 结束
} // 类 J_StringBuffer 结束
```

编译命令为：

```
javac J_StringBuffer.java
```

执行命令为：

```
java J_StringBuffer
```

最后执行的结果是在控制台窗口中输出：

```
字符串缓冲区的字符序列为"0123"
字符串缓冲区的长度是 4
字符串缓冲区的容量是 20
```

在调用"b.ensureCapacity(25)"之后
字符串缓冲区的字符序列为"0123"
字符串缓冲区的长度是 4
字符串缓冲区的容量是 42

在上面的例程中，字符串"0123"的长度为 4。因此，通过字符串"0123"创建的字符串缓冲区 b 的长度为 4，容量为 4+16=20。在调用语句

```
b.ensureCapacity(25);
```

之后，因为 25>20，所以字符串缓冲区 b 会重新申请缓冲区内存，改变其容量。因为 25<20×2+2=42，所以新容量变为 42。同时字符串缓冲区 b 的长度和字符序列均不会发生变化。

## 4.3　向量

　　数组对象的长度在数组对象创建之后就不能被改变了。向量在功能上与数组类似，只是其元素个数可以改变，而且向量元素的数据类型必须是引用类型。向量的基本原理是预先给向量对象分配一定的存储空间，然后再给向量对象添加元素或设置元素值。向量对象的存储空间大小称为向量对象的容量（**capacity**），其单位是元素个数。向量对象的实际元素个数，称为向量对象的长度（**size**）。如果向量对象的长度发生变化，当新长度超出在长度变化之前的向量对象旧容量时，向量对象的容量会自动扩大，以容纳在变化后向量对象的所有元素。在向量对象中还定义有一个量，称为容量增量。向量对象定义的容量增量通常为非负整数。向量对象容量的实际增加量与向量对象定义的容量增量相关。在自动扩大容量之后，向量对象的新容量是下面两个数中较大的数：

　　（1）第一个数是向量对象的新长度；

　　（2）当向量对象定义的容量增量为 0 时，第二个数是旧容量的两倍数值；当向量对象定义的容量增量大于 0 时，第二个数是旧容量与容量增量之和。向量对象定义的容量增量通常不能为负数。

　　向量所对应的类是类 java.util.Vector。向量变量的声明格式是

Vector<*向量元素的数据类型*> *变量名*；

其中"Vector"是类名，也可以写成"java.util.Vector"。在由小于号与大于号组成的尖括号中的内容指定向量元素的数据类型。向量元素的数据类型必须是引用数据类型（数据类型参见 2.2.1 小节的图 2.2）。例如：语句

```
Vector<String> vs;
Vector<Object> vo;
```

定义了元素类型分别为 String 和 Object 的变量 vs 和 vo。如果在声明向量变量时不指定向量元素的数据类型，其格式是

Vector *变量名*；

这是允许的，但在以后对该向量对象元素进行操作时会出现"使用了未经检查或不安全的

操作"的编译警告。这是因为没有明确指定向量对象元素的数据类型，可能会给向量元素数据类型的合法性和安全性判别造成一定的困难。

向量实例对象的创建方法与其他类的实例对象的创建方法基本上一样。通常可以通过类 java.util.Vector 的构造方法创建向量对象，只是需要在类名 Vector 的后面添加"<向量元素的数据类型>"说明向量元素的数据类型。通过类 java.util.Vector 的构造方法

```
public Vector( )
```

可以创建向量对象，其初始容量为默认值 10，容量增量为默认值 0。通过类 java.util.Vector 的构造方法

```
public Vector(int initialCapacity)
```

可以创建向量对象，其初始容量为 initialCapacity，容量增量为默认值 0。通过类 java.util. Vector 的构造方法

```
public Vector(int initialCapacity, int capacityIncrement)
```

可以创建向量对象，其初始容量为 initialCapacity，容量增量为 capacityIncrement。当指定的容量增量为负数时，程序会出现异常。下面给出创建向量实例对象的示例：

```
Vector<String> vs = new Vector<String>( );
Vector<Object> vo = new Vector<Object>( );
```

这两个例子分别创建元素类型为字符串的向量对象与元素类型为 Object 类型的向量对象。它们的初始容量与容量增量均采用默认值，即分别为 10 和 0。

对向量实例对象的操作主要有增加元素、修改元素、删除元素和信息查询等。增加元素的成员方法主要有 add、addElement 和 insertElementAt 等成员方法。类 java.util.Vector 的成员方法

```
public boolean add(E o)
```

和

```
public void addElement(E obj)
```

在功能上完全一样，都是将指定的元素添加到向量对象的末尾，并使得向量对象的长度增加 1。当向量对象的长度超出向量对象的容量时，向量对象还会自动扩大容量。例如：下面的语句

```
vs.add("Tom");
```

在向量对象的末尾添加字符串元素"Tom"。

类 java.util.Vector 的成员方法

```
public void add(int index, E element)
```

和

```
public void insertElementAt(E obj, int index)
```

在功能上完全一样，都是在向量对象的下标索引 index 处插入新元素 element 或 obj。这里
下标（index）的数值范围应当是从 0 到向量对象的长度，否则，会出现程序异常。当下标
为 0 时，表明在向量对象的头部插入指定元素；当下标为向量对象的长度时，表明在向量
对象的末尾插入指定元素。在插入元素之后，在向量对象中下标索引为 index 的元素为新
插入的元素；原来下标为 index 以及大于 index 的元素的下标将分别增加 1；同时向量对象
的长度也增加 1。这里需要注意的是，这两个成员方法 add 和 insertElementAt 的两个参数
的顺序刚好相反，例如："public void add(int index, E element)" 的 index 参数在前面，而
"public void insertElementAt(E obj, int index)" 的 index 参数在后面。当向量对象的长度超出
向量对象的容量时，向量对象还会自动扩大容量。

　　修改元素的成员方法主要有 set 和 setElementAt 等成员方法。类 java.util.Vector 的成员
方法

```
public E set(int index, E element)
```

和

```
public void setElementAt(E obj, int index)
```

在功能上完全一样，都是用来修改向量对象的元素，将下标为 index 的元素替换为元素
element 或 obj。这里下标 index 应当非负并且小于向量对象的长度。同样需要注意的是，
这两个成员方法的两个参数的顺序刚好相反。

　　删除元素的成员方法主要有 clear、remove、removeElement、removeElementAt 和
removeAllElements 等成员方法。类 java.util.Vector 的成员方法

```
public void clear( )
```

和

```
public void removeAllElements( )
```

在功能上完全一样，都是用来清空向量对象的所有元素，最终向量对象的长度为 0。类
java.util.Vector 的成员方法

```
public E remove(int index)
```

和

```
public void removeElementAt(int index)
```

在功能上完全一样，都是用来删除下标为 index 的元素，其中下标 index 应当非负并且小于
向量对象的长度。这样原来下标大于 index 的元素的下标都会减小 1，同时向量对象的长度
也减小 1。类 java.util.Vector 的成员方法

```
public boolean remove(Object o)
```

和

```
public boolean removeElement(Object obj)
```

在功能上完全一样，都是用来删除第一个与参数 o 或 obj 相等的元素。这里第一个指的是下标最小并且与参数 o 或 obj 相等的元素。这里判断相等采用的是向量元素的成员方法

```
public boolean equals(Object o)
```

因为类 java.lang.Object 拥有这个成员方法，所以这个 equals 成员方法是各个实例对象都拥有的基本成员方法。如果在向量对象中含有与参数 o 或 obj 相等的元素，则返回 true，同时第一个与参数 o 或 obj 相等的元素被删除。如果在向量对象中不含有与参数 o 或 obj 相等的元素，则返回 false，同时向量对象不发生改变。

信息查询的成员方法主要包括查询是否包含某个指定的元素、查询指定元素的下标、通过下标获取元素以及查询向量对象的容量和长度等。类 java.util.Vector 的成员方法

```
public boolean contains(Object elem)
```

用来判断指定的对象是否是向量对象的一个元素。如果参数 elem 是向量对象的一个元素，则返回 true；否则，返回 false。这里判断相等同样采用的是向量元素的成员方法

```
public boolean equals(Object o)
```

类 java.util.Vector 的成员方法

```
public int indexOf(Object elem)
```

用来查找第一个与 elem 相等的元素。如果找到这样的元素，则返回其下标；否则，返回–1。类 java.util.Vector 的成员方法

```
public int indexOf(Object elem, int index)
```

用来查找第一个下标大于或等于 index 并与 elem 相等的元素。如果找到这样的元素，则返回其下标；否则，返回–1。类 java.util.Vector 的成员方法

```
public int lastIndexOf(Object elem)
```

用来查找最后一个与 elem 相等的元素。如果找到这样的元素，则返回其下标；否则，返回–1。类 java.util.Vector 的成员方法

```
public int lastIndexOf(Object elem, int index)
```

用来查找最后一个下标小于或等于 index 并与 elem 相等的元素。如果找到这样的元素，则返回其下标；否则，返回–1。

类 java.util.Vector 的成员方法

```
public E elementAt(int index)
```

和

```
public E get(int index)
```

在功能上完全一样，都是用来 返回下标为 index 的元素 。这里要求下标 index 应当非负并且小于向量对象的长度。类 java.util.Vector 的成员方法

```
public E firstElement( )
```

返回下标为 0 的元素 。该成员方法要求向量对象的长度不为 0。类 java.util.Vector 的成员方法

```
public E lastElement( )
```

返回向量对象的最后一个元素 。该成员方法要求向量对象的长度不为 0。

类 java.util.Vector 的成员方法

```
public int capacity( )
```

返回向量对象的容量 。类 java.util.Vector 的成员方法

```
public int size( )
```

返回向量对象的长度 。类 java.util.Vector 的成员方法

```
public boolean isEmpty( )
```

判断向量对象是否为空 。如果向量对象的长度不为 0，返回 false；否则，返回 true。

类 java.util.Vector 的成员方法

```
public void setSize(int newSize)
```

用来设置向量对象的长度 。如果原来向量对象的长度等于所要设置的长度 newSize，则向量对象不发生变化。如果原来向量对象的长度小于 newSize，则在向量对象的末尾添加上 null 元素，使得向量对象的新长度变为 newSize。如果原来向量对象的长度大于 newSize，则删除在向量对象末尾的一些元素，使得向量对象的新长度变为 newSize。当新长度超出在长度变化之前的向量对象旧容量时，向量对象的容量自动扩大。

类 java.util.Vector 的成员方法

```
public void ensureCapacity(int minCapacity)
```

使向量对象的容量大于或等于 minCapacity 。如果当前向量对象的容量已经大于或等于 minCapacity，则向量对象不发生变化。否则，当向量对象的容量增量为 0 时，向量对象的新容量将为在（当前向量对象的容量*2）与 minCapacity 这两个数中较大者；当向量对象的容量增量大于 0 时，向量对象的新容量将为在（当前向量对象的容量+容量增量）与 minCapacity 这两个数中较大者。向量对象的容量增量在构造向量实例对象时设置。如果没有明确指定向量对象的容量增量，则其默认值为 0。

类 java.util.Vector 的成员方法

```
public void trimToSize( )
```

将通过减小向量对象容量的方式使得 向量对象的容量与其长度相等 ，从而使得向量对象的

存储空间被完全充分利用。例如，设 vs 为向量变量，下面的语句

```
vs.setSize(8);
vs.trimToSize( );
```

将使得 vs 的容量与长度均为 8。

获取向量对象的各个元素还可以通过迭代器（**iterator**）。类 java.util.Vector 的成员方法

```
public Iterator<E> iterator( )
```

返回当前向量对象所对应的迭代器。这时迭代器指向第一个元素的前一个位置。迭代器对应的类型为接口 java.util.Iterator。接口 java.util.Iterator 的成员方法

```
boolean hasNext( )
```

判断在迭代器的下一个位置上是否还有元素。如果有，则返回 true；否则，返回 false。例如：如果迭代器当前的位置指向最后一个元素，则在迭代器的下一个位置上不含元素。接口 java.util.Iterator 的成员方法

```
E next( )
```

返回在迭代器下一个位置上的元素，同时将迭代器的当前位置移向下一个位置。例如：如果迭代器当前的位置指向第一个元素的前一个位置，则该成员方法返回第一个元素，同时迭代器的当前位置移到第一个元素的位置上。如果在迭代器的下一个位置上不含元素，则程序会出现异常。

# 4.4　哈希表

数组和向量按顺序存储元素，因此通过元素的下标可以非常方便地获得该元素。但反过来，如果知道元素而要获得该元素的下标，则相对要困难一些，通常需要顺序进行查找。如果数组或向量已经按照某种方式排序，则可以采用二分法进行折半查找，加速查找过程。一般认为从元素查找该元素所对应的存储位置的最快方式是采用哈希表。哈希表也称作散列表。下面分别介绍哈希表的基本原理以及 3 个哈希表类：java.util.Hashtable、java.util.HashMap 和 java.util.WeakHashMap。

## 4.4.1　哈希表的基本原理

哈希表的基本原理是在哈希表的元素的关键字与该元素的存储位置之间建立起一种映射关系。这种映射关系称为哈希函数或散列函数。由哈希函数计算出来的数值称为哈希码（**hash code**）或散列索引。哈希函数的种类很多。下面给出一个哈希函数的示例。例如，字符串 s 的哈希码可以由如下的哈希函数计算：

$$h_1(s)=s[0]*31^{(n-1)}+s[1]*31^{(n-2)}+\cdots+s[n-1],$$

其中，$s[i](i=0, 1,\cdots, n-1)$表示字符串 s 的下标为 $i$ 的字符，$n$ 是字符串 s 的长度。如果字符串 s 是一个空字符串，则令

$$h_1(s)=0$$

这样计算出来的结果可能会是任意的整数，从而导致哈希表需要非常大的存储空间。这在程序设计中一般是不合理的，因为计算机的存储空间是有限的。可以适当限制哈希表的存储空间大小。哈希表的存储空间大小称为**哈希表的容量（capacity）**。为了满足哈希表容量的限制，可以采用绝对值与取模的方法计算哈希码。例如：设哈希表容量为 $m$，则字符串 $s$ 的另一个哈希函数可以是

$$h_2(s)=|h_1(s)| \% m$$

往哈希表中添加元素的过程一般是先通过计算哈希码，然后检查在该哈希码所对应的存储位置上是否已经存放了元素。如果在该哈希码所对应的存储位置上还没有存放元素，则将元素存放在该哈希码所对应的存储位置上。这里假设不同的元素的关键字一定不同。但这里需要注意的是，有时可能会出现不同的关键字对应同一个哈希码。如果需要在同一个哈希表中存放对应同一个哈希码的不同元素，这种现象称为**冲突（collision）**。解决冲突主要有下面两类方法：

（1）在具有相同哈希码的元素中，第一个添加的元素直接存放在该哈希码所对应的存储位置上；对于后添加的元素，通过新的哈希函数或采用增量的形式（如哈希码自增 1）重新计算哈希码直到不再冲突为止。

（2）通过定义新的类或接口，改变哈希表存储结构，使得在每个哈希码所对应的存储位置上能够存放多个具有该哈希码的元素；或者在哈希表中开辟额外的特殊存储空间存放具有哈希码冲突的元素。

对于这些具有冲突的元素的查找一般采用顺序查找的方法。为了减少冲突现象的产生，一种方法是在构造哈希函数时尽量使得元素在哈希表中的分布比较均匀；另一种方法是增加哈希表的容量。一般在增加哈希表容量的同时会降低哈希表的空间利用率。哈希表的**空间利用率**是以哈希表的装填因子（load factor）来衡量的。哈希表的**装填因子**的定义式是

$$\frac{哈希表的元素个数}{哈希表的容量}$$

一般建议哈希表的装填因子取值为 0.75。

## 4.4.2　Hashtable、HashMap 和 WeakHashMap

类 java.util.Hashtable、java.util.HashMap 和 java.util.WeakHashMap 是 3 个哈希表类。这 3 个类非常相似，它们的元素主要由关键字与值两部分组成。这里关键字与值的类型可以是任意的引用数据类型。由于哈希表通过关键字可以与元素的存储位置建立起映射关系，所以这 3 个类都可以直接通过关键字获取该元素的值。这 3 个类基本上只有如下**3 个区别**：

（1）类 java.util.Hashtable 的元素关键字和值都不允许为 null；而类 java.util.HashMap 和 java.util.WeakHashMap 的元素关键字和值都允许为 null。

（2）类 java.util.Hashtable 支持同步机制，即当有多个线程同时对类 java.util.Hashtable 的实例对象操作时，类 java.util.Hashtable 的实例对象的数据正确性以及这些操作结果的正确性仍然能够得到保证；而类 java.util.HashMap 和 java.util.WeakHashMap 都没有处理同步问题，即当有多个线程同时对它们的实例对象操作时，则无法保证这些实例对象的数据正

确，也就是说有可能获得不正确的操作结果。

（3）类 java.util.WeakHashMap 会自动按一定的规则检查各个元素是否"常用"。如果发现有些元素已经"不常用"了，则会自动从类 java.util.WeakHashMap 实例对象的存储空间中去除这些元素。如果没有变量指向这些元素，那么这些被去除的元素就有可能因此而成为垃圾，从而被系统回收。而类 java.util.Hashtable 和 java.util.HashMap 则不会自动去除实例对象的元素。要去除类 java.util.Hashtable 和 java.util.HashMap 的实例对象的元素需要分别调用类 java.util.Hashtable 和 java.util.HashMap 的 remove 成员方法。

类 java.util.Hashtable、java.util.HashMap 和 java.util.WeakHashMap 除了上面的区别之外，在使用方法上基本相同，所以这里只以类 java.util.Hashtable 的应用为例介绍哈希表的用法。下面给出一个通过哈希表形成数组下标与值之间双向映射的例程。例程的源文件名为 J_Hashtable.java，内容如下：

```java
// ///////////////////////////////////////////////
//
// J_Hashtable.java
//
// 开发者：雍俊海
// ///////////////////////////////////////////////
// 简介：
//     通过哈希表形成数组下标与值之间的双向映射
// ///////////////////////////////////////////////
import java.util.Hashtable;

public class J_Hashtable
{
    public static void main(String args[ ])
    {
        String [ ] sa = {"Mary", "Tom", "John", "James", "Louis", "Jim",
                    "Rose", "Ann", "Liza", "Betty", "Henry", "Albert"};
        Hashtable<String, Integer> ht = new Hashtable<String, Integer>( );

        // 往哈希表中添加元素，并使得关键字与值之间建立起映射关系
        int i;
        for (i=0; i < sa.length; i++)
            ht.put(sa[i], new Integer(i));

        // 通过下标获得姓名(字符串值)
        i=8;
        System.out.println(
            "在 sa 数组中，下标为" + i + "的字符串是\"" + sa[i] + "\"");

        // 通过哈希表，直接获得姓名(字符串值)的数组下标
        String s=sa[i];
        System.out.println("在 sa 数组中，\"" + s + "\"的下标是" + ht.get(s));
```

```
    } // 方法 main 结束
} // 类 J_Hashtable 结束
```

编译命令为：

```
javac J_Hashtable.java
```

执行命令为：

```
java J_Hashtable
```

最后执行的结果是在控制台窗口中输出：

```
在 sa 数组中，下标为 8 的字符串是"Liza"
在 sa 数组中，"Liza"的下标是 8
```

在这个例程中，程序通过类 java.util.Hashtable 的构造方法

```
public Hashtable( )
```

创建哈希表实例对象。这时这个实例对象的容量为默认值 11，预期的装填因子为默认值 0.75f。这里介绍类 java.util.Hashtable 的其他构造方法。构造方法

```
public Hashtable(int initialCapacity)
```

在创建实例对象时指定其初始的容量为 initialCapacity，预期的装填因子仍采用默认值 0.75f。构造方法

```
public Hashtable(int initialCapacity, float loadFactor)
```

在创建实例对象时指定其初始的容量为 initialCapacity，预期的装填因子为 loadFactor。构造方法

```
public Hashtable(Map<? extends K,? extends V> t)
```

创建的实例对象具有与给定参数 t 相同的映射。预期的装填因子采用默认值 0.75f。

不用担心实例对象的容量容纳不下过多的元素。当需要添加的元素个数达到一定程度时，实际的容量会自动扩大。在构造方法中的预期装填因子参数实际上只是一种期望的装填因子。它将影响哈希函数的选取与自动扩大哈希表容量的时机。最终实际的装填因子一般需要在哈希表的元素个数及其容量确认下来之后通过 4.4.1 小节的公式计算。

上面的例程构造类 java.util.Hashtable 的实例对象的语句是

```
Hashtable<String, Integer> ht = new Hashtable<String, Integer>( );
```

其中，"<String, Integer>"用来指定哈希表元素的关键字及其值的类型。这里关键字的类型是 String，值的类型是 Integer。如果去掉在上面语句中的两处 "<String, Integer>"，也是可以的。这时上面的语句变成为

```
Hashtable ht = new Hashtable( );
```

这时在编译 "J_Hashtable.java" 时会出现如下的编译警告：

注意: J_Hashtable.java 使用了未经检查或不安全的操作。

注意: 要了解详细信息，请使用 -Xlint:unchecked 重新编译。

因为语句 "Hashtable ht = new Hashtable( );" 没有指定元素关键字及其值的类型，所以无法在给哈希表添加元素时判断元素关键字及其值的数据类型的合法性和安全性，从而出现上面的警告信息。

上面的例程采用类 java.util.Hashtable 的成员方法

```
public V put(K key, V value)
```

往哈希表中添加元素，其中第一个参数 key 指定元素的关键字，第二个参数 value 指定元素的值。如果在哈希表中已经存在同样关键字的元素，则在哈希表中的这个元素会被新添加的元素替代，同时返回被替代元素的值。如果在哈希表中不存在该关键字的元素，则在哈希表中直接添加由参数 key 和 value 指定的新元素，并返回空引用（null）。

上面的例程采用类 java.util.Hashtable 的成员方法

```
public V get(Object key)
```

获取由参数 key 指定的关键字所对应的元素值。这里元素的关键字用来存放姓名，元素的值用来存放姓名在数组 sa 中的下标。这样，通过哈希表与数组 sa 的共同作用建立起姓名（哈希表元素的关键字）与数组下标（哈希表元素的值）之间的双向映射。这样既可以直接通过数组获得下标所对应的姓名，也可以直接通过哈希表获得姓名所对应的下标。

类 java.util.Hashtable 的成员方法

```
public void clear( )
```

清空整个哈希表，即去除哈希表的所有元素。类 java.util.Hashtable 的成员方法

```
public boolean containsKey(Object key)
```

判断在哈希表中是否已经存在指定的关键字。类 java.util.Hashtable 的成员方法

```
public boolean containsValue(Object value)
```

与成员方法

```
public boolean contains(Object value)
```

除了方法名不同之外是完全相同的。它们都是用来判断在哈希表中是否已经存在指定的元素值。它们一般需要比成员方法 containsKey 更多的时间才能得到结果。类 java.util. Hashtable 的成员方法

```
public boolean isEmpty( )
```

判断哈希表是否为空，即是否含有元素。类 java.util.Hashtable 的成员方法

```
public V remove(Object key)
```

从哈希表中删除指定关键字所对应的元素。类 java.util.Hashtable 的成员方法

```
public int size( )
```

返回哈希表的元素个数。

　　类 java.util.WeakHashMap 会自动删除"不常用"的元素，下面给出一个例程说明这一现象。例程的源文件名为 J_WeakHashMap.java，内容如下：

```
// ///////////////////////////////////////////////////
//
// J_WeakHashMap.java
//
// 开发者：雍俊海
// ///////////////////////////////////////////////////
// 简介：
//      类 WeakHashMap 会自动去掉一些"不常用"元素(关键字及对应的值)的例程
// ///////////////////////////////////////////////////
import java.util.WeakHashMap;

public class J_WeakHashMap
{
    public static void main(String args[ ]) throws Exception
    {
        // 创建 WeakHashMap 实例对象
        int s=800; // 将往 WeakHashMap 实例对象中添加的元素的个数
        WeakHashMap<String, String> ht
            = new WeakHashMap<String, String>(s*4/3, 0.75f);

        // 给 WeakHashMap 实例对象添加元素(关键字及其值)
        int i;
        for (i=0; i<s; i++)
            ht.put(("key"+i), ("value"+i));
        System.out.println("在刚添加完数据时, 弱哈希表元素个数是" + ht.size( ));

        // 输出已经不在 WeakHashMap 实例对象中的元素; 否则, 等待弱哈希表删除元素
        for (i=0; i<s; )
        {
            if (!ht.containsKey("key"+i))
                System.out.print("key" + i + "; ");
            if (ht.size( )!=s)
                i++;
        } // for 循环结束
        System.out.println("");
        System.out.println("一段时间之后, 弱哈希表元素个数是" + ht.size( ));
    } // 方法 main 结束
} // 类 J_WeakHashMap 结束
```

编译命令为：

```
javac J_WeakHashMap.java
```

执行命令为：

```
java J_WeakHashMap
```

最后执行的结果是在控制台窗口中输出：

在刚添加完数据时，弱哈希表元素个数是 800
key764; key765; key766; key767; key768; key769; key770; key771; key772; key773;
key774; key775; key776; key777; key778; key780; key781; key782; key783; key784;
key785; key786; key787; key788; key789; key790; key791; key792; key793; key794;
key795; key796; key797; key798; key799;
一段时间之后，弱哈希表元素个数是 107

上面例程每次输出的结果不一定相同，但大体上类似。从这个例程可以看出，在程序的运行过程中，弱哈希表（类 java.util.WeakHashMap 的实例对象）会陆陆续续地删除元素。最初往弱哈希表中添加了 800 个元素，而且指定的弱哈希表初始容量也足以容纳这些元素，但在运行到最后一条语句时在弱哈希表中只剩下 107 个元素。另外，在控制台窗口中输出的被删除元素的关键字的个数小于(693=800–107)。这说明在输出这些关键字的同时，有些元素陆陆续续也被删除了。

## 4.5 本章小结

当处理大量数据时，一般来说，需要使用数组。数组对象是非常特殊的，它不仅记录各个组成元素，而且还具有成员域 length。这种特性增加了使用数组的便利性。字符串类型 java.lang.String 是经常用到的数据类型。为了方便阅读和理解，常常需要将各种计算机数据转化成为字符串数据。在 Java 语言中，所有类型的数据都可以转化成为字符串数据。类 String 的实例对象一旦创建就不能改变其所包含的字符序列。如果需要频繁地改变字符序列的组成和长度应当考虑使用字符串缓冲区类 java.lang.StringBuffer。每个字符串缓冲区实例对象具有缓冲区内存容量及字符序列长度两种指标。它们分别记录内存分配与占用情况。字符串缓冲区的内存管理和使用方式是使用内存的一种有效方式。在编写存储管理程序时，可以借鉴这种方法。数组对象的长度在数组对象创建之后就不能被改变了。如果需要频繁地改变元素个数，可以考虑使用向量类 java.util.Vector。向量实际上提供了一种内存管理机制，可以比较有效地处理频繁改变元素个数的情形。通过哈希表可以提高查找元素的效率。

## 习题

1. 单项选择题。下面哪个选项是下面程序的运行输出结果？
（A）A.B  （B）A.A  （C）AB.AB  （D）AB.B

```
// ////////////////////////////////////////////////////
//
// J_String.java
//
// 开发者：雍俊海
// ////////////////////////////////////////////////////
// 简介:
//     参数为字符串的方法调用例程
// ////////////////////////////////////////////////////
public class J_String
{
    public static void mb_operate(String x, String y)
    {
        x.concat(y);
        y=x;
    } // 方法 mb_operate 结束

    public static void main(String args[ ])
    {
        String a = "A";
        String b = "B";
        mb_operate(a, b);
        System.out.println(a + "." + b);
    } // 方法 main 结束
} // 类 J_String 结束
```

2. 单项选择题。下面哪个选项是下面程序的运行输出结果?
(A) 12　　　(B) 21　　　(C) "1" "2"　　　(D) " 2" " 1"　　　(E) 3

```
// ////////////////////////////////////////////////////
//
// J_StringArray.java
//
// 开发者：雍俊海
// ////////////////////////////////////////////////////
// 简介:
//     参数为字符串数组的方法调用例程
// ////////////////////////////////////////////////////
public class J_StringArray
{
    public static void mb_swap(String [ ] s)
    {
        if (s.length<2)
            return;
        String t= s[0];
        s[0]= s[1];
```

```
        s[1]= t;
    } // 方法 mb_swap 结束

    public static void main(String args[ ])
    {
        String [ ] s= {"1", "2"};
        mb_swap(s);
        System.out.print(s[0]+s[1]);
    } // 方法 main 结束
} // 类 J_StringArray 结束
```

3．计算并输出 100 之内的所有素数，计算并输出这些素数之和。

4．要求编程输出 2008 年日历。日历中要求含有月份、日期与星期（如星期一和星期二等）。然后统计并输出 2008 年日期的个位数与相应的星期恰好相同的总天数（例如：2008年 9 月 1 日恰好是星期一）。

5．调用类 java.lang.Math 的成员方法"public static double random( )"运算下面表达式 10000 次，

```
(int)(Math.random( )*20+0.5)
```

统计其中生成的整数 0, 1, 2,…, 20 的个数分别是多少，并输出统计结果。

6．调用类 java.lang.Math 的成员方法"public static double random( )"，设法生成 10 个互不相同的从'a'到'z'字母，然后对这 10 个字母按从小到大的方式排序。输出排序前的字母序列与排序后的字母序列。

7．请编程求解八皇后问题。要求在 8×8 的棋盘上放置 8 个皇后（每个皇后只能占用一个格子）使得在每行、每列以及每条与对角线平行的斜线上分别至多只有一个皇后。要求输出所有的可能解。下面是其中的一个解，以供参考。

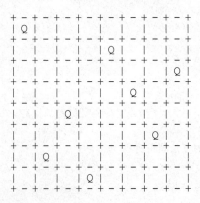

8．2008 奥运趣味题。要求完成下面的表达式

其中，2008 表示 2008 年在北京举办奥运会，5 表示奥运五环，所以合起来 20085 刚好表示

2008 奥运。要求星号分别表示从 0 到 9 的一位数字，而且不允许重复，并使得上面的加法表达式成立。

9．请将 4.1.2 小节的棋盘游戏问题改成用一维数组的形式实现，同时可以改变实现算法，并比较最终的程序执行效率。

10．长整数问题。参照类 java.math.BigInteger，实现一个新的长整数类，要求类中的成员域只能有

```
byte [ ] mb_data;
```

即不能添加任何其他成员域。要求实现的成员方法是两个长整数的加法、减法、乘法、除法以及长整数与字符串之间的相互转换。

11．思考题：如何使得上面长整数问题的运算速度最快？

# 第 5 章　泛型、枚举与 for 语句的简化写法

本章介绍泛型、枚举与 for 语句的简化写法。这些内容是 Java 语言的新特性。通过泛型，可以提高程序代码的复用性；通过枚举类型，可以在一定程度上增加程序代码的可读性；通过 for 语句的简化写法，可以进一步简化 for 语句的写法。

## 5.1　泛型

与面向对象的多态性相类似，应用泛型（**genericity**）可以提高程序的复用性。与多态性不同的是，应用泛型可以减少数据的类型转换，从而可以提高代码的运行效率。泛型实际上是通过给类或接口增加**类型参数（Type Parameters）**实现的。不带泛型的类的定义格式是：

*[类修饰词列表]* class *类名* *[extends 父类名]* *[implements 接口名称列表]*
{
　　*类体*
}

如果需要将上面的类定义格式改为具有泛型特点的类定义格式，则只需要将其中紧接在关键字 class 之后的类名修改为：

*类名 <类型参数>*

或者

*类名 <类型参数 1, 类型参数 2,…, 类型参数 n>*

前者适用于只有 1 个类型参数；后者适用于多个类型参数，在相邻类型参数之间采用逗号隔开。

上面的方法同样适用于接口，从而将不带泛型的接口定义格式修改为具有泛型特点的接口定义格式。不带泛型的接口定义格式是：

*[接口修饰词列表]* `interface` *接口名* `[extends` *接口名称列表]*
```
{
      接口体
}
```

如果需要将上面的接口定义格式改为具有泛型特点的接口定义格式，则只需要将其中紧接
在关键字 interface 之后的接口名修改为：

*接口名 <类型参数>*

或者

*接口名 <类型参数 1，类型参数 2,…，类型参数 n>*

前者适用于只有 1 个类型参数；后者适用于多个类型参数，在相邻类型参数之间采用逗号
隔开。

这里类型参数的定义格式可以采用下面 3 种形式的任何一种：

(1) *类型变量标识符*
(2) *类型变量标识符* `extends` *父类型*
(3) *类型变量标识符* `extends` *父类型 1* & *父类型 2* &…& *父类型 n*

其中，类型变量标识符要求是合法的标识符，是类型变量的名称。对于第一种形式，它实
际上等价于

*类型变量标识符* `extends java.lang.Object`

即它实际上也符合上面定义格式的第二种形式。对于第二种定义形式，它表明所定义的类
型变量是其父类型的子类型，例如：父类的子类或者实现接口的类（这时父类型是接口，
子类型是类）。对于第三种定义形式，它要求在各个父类型中最多只能有一个为类（可以为
0 个），即其余类型均为接口。这种定义形式表明所定义的类型变量具有在格式中所规定的
各个父类型的所有能力。例如：可以定义一个具有泛型特性的类如下：

```
public class J_Add <T extends java.lang.Number>
{
    // 这里省略类体
} // 类 J_Add 结束
```

其中，T 是类型变量，而且它应当是抽象类 java.lang.Number 的子类。

对于具有泛型特性的类或接口，在定义类型参数之后，可以在类或接口的定义的各个
部分直接利用这些类型变量，在一定程度上将它们当作已知的类型。在应用这些具有泛型
特性的类或接口时，需要指明实际的具体类型，即在每个类型变量处分别用一个实际的具
体类型替代。对于类型参数定义格式的第二种定义形式，它要求该类型变量标识符所对应
的实际类型应当是在格式中父类型的子类型，例如：父类的子类。对于第三种定义形式，
它要求该类型变量标识符所对应的实际类型应当具有在格式中所规定的各个父类型的所有
能力。下面通过一些例程介绍具有泛型特性的类或接口的定义及其用法。

第一个例程是采用第一种形式定义类型变量的泛型例程。例程的源文件名为 J_Add.java，其内容如下：

```
// ////////////////////////////////////////////////
//
// J_Add.java
//
// 开发者：雍俊海
// ////////////////////////////////////////////////
// 简介：
//     泛型例程
// ////////////////////////////////////////////////
public class J_Add <T>
{
    public String mb_sum(T a1, T a2, T a3)
    {
        return(a1.toString( ) + a2.toString( ) + a3.toString( ));
    } // 方法 mb_sum 结束

    public static void main(String args[ ])
    {
        J_Add<Integer> b = new J_Add<Integer>( );
        Integer a1 = new Integer(1);
        Integer a2 = new Integer(2);
        Integer a3 = new Integer(3);
        System.out.println( b.mb_sum(a1, a2, a3) );
    } // 方法 main 结束
} // 类 J_Add 结束
```

编译命令为：

```
javac J_Add.java
```

执行命令为：

```
java J_Add
```

最后执行的结果是在控制台窗口中输出：

```
123
```

上面例程定义的类 J_Add 具有一个类型变量 T。类型变量 T 的定义是采用第一种形式。在上面例程中，类 J_Add 的定义头部

```
public class J_Add <T>
```

等价于

```
public class J_Add <T extends java.lang.Object>
```

说明类型变量 T 应当是类 java.lang.Object 的子类型。这样在类 J_Add 的定义中可以直接用类型 T。例如：类 J_Add 的成员方法 mb_sum 的参数 a1、a2 和 a3 的类型均为类型 T。因为类型 T 是类 java.lang.Object 的子类型，所以通过参数变量 a1、a2 和 a3 可以调用类 java.lang.Object 的成员方法，例如：方法调用

```
a1.toString( )
```

这样，在使用类 J_Add 或其构造方法时，可以采用下面的格式

```
J_Add<实际类型>
```

而且这个实际类型应当是类 java.lang.Object 的子类型。例如：类 java.lang.Integer 是类 java.lang.Object 的子类，因此可以使用类型 J_Add<Integer>。下面的语句

```
J_Add<Integer> b = new J_Add<Integer>( );
```

定义类型为 J_Add<Integer>的变量 b，并且创建一个类型为 J_Add<Integer>的实例对象。这样，通过变量 b 调用类 J_Add<Integer>的成员方法 mb_sum，实际上是调用成员方法

```
public String mb_sum(Integer a1, Integer a2, Integer a3)
```

即将类型变量 T 用类 java.lang.Integer 代入类 J_Add 的成员方法 mb_sum 的定义之中。类 J_Add 的类型变量 T 所对应的实际类型还可以是其他类型，只要该类型是类 java.lang.Object 的子类型，例如：类 java.lang.Long。这里需要注意，J_Add<Integer>与 J_Add< Long>是两种不同的类型，例如：语句

```
J_Add<Integer> b = new J_Add<Long>( );
```

将产生不兼容类型的编译错误。

　　第二个例程是采用第二种形式定义类型变量的泛型例程。例程的源文件名为 J_AddInterface.java，其内容如下：

```
// ////////////////////////////////////////////////
//
// J_AddInterface.java
//
// 开发者：雍俊海
// ////////////////////////////////////////////////
// 简介：
//    泛型例程
// ////////////////////////////////////////////////
interface J_Interface <T extends Number>
{
    public int mb_sum(T a1, T a2, T a3);
} // 接口 J_Interface 结束

public class J_AddInterface <T extends Number>
```

```
            implements J_Interface <T>
    {
        public int mb_sum(T a1, T a2, T a3)
        {
            int b1 = a1.intValue( );
            int b2 = a2.intValue( );
            int b3 = a3.intValue( );
            return( b1 + b2 + b3 );
        } // 方法 mb_sum 结束

        public static void main(String args[ ])
        {
            J_AddInterface<Integer> b = new J_AddInterface<Integer>( );
            Integer a1 = new Integer(1);
            Integer a2 = new Integer(2);
            Integer a3 = new Integer(3);
            System.out.println(b.mb_sum(a1, a2, a3));
        } // 方法 main 结束
} // 类 J_AddInterface 结束
```

编译命令为：

```
javac J_AddInterface.java
```

执行命令为：

```
java J_AddInterface
```

最后执行的结果是在控制台窗口中输出：

6

在上面例程中，接口 J_Interface 和类 J_AddInterface 都具有泛型特点。接口 J_Interface 的定义头部

```
interface J_Interface <T extends Number>
```

表明接口 J_Interface 具有一个类型变量 T。这里类型变量 T 应当是抽象类 java.lang.Number 的子类型。这样在接口 J_Interface 中可以直接用类型 T。同样，类 J_AddInterface 的定义头部

```
public class J_AddInterface <T extends Number>
    implements J_Interface <T>
```

其中，"<T extends Number>"表明类 J_AddInterface 具有一个类型变量 T，而且类型变量 T 应当是类 java.lang.Number 的子类型；在 J_Interface 之后的"<T>"表明类 J_AddInterface 的类型变量 T 同时是类 J_AddInterface 所实现的接口 J_Interface 的实际类型。这样在类 J_AddInterface 的定义中可以直接用类型 T。在类 J_AddInterface 的类体中，如果某个变量

的类型为类型 T，则可以通过该变量调用抽象类 java.lang.Number 的成员方法，例如：上面例程的方法调用

```
a1.intValue( )
```

它返回变量 a1 所对应的整数。在类型 J_AddInterface<Integer>中，类 J_AddInterface 的类型变量 T 的实际类型为 Integer。因此，当通过类型 J_AddInterface<Integer>的变量 b 调用成员方法 mb_sum 时，成员方法 mb_sum 的参数变量类型均为 Integer。

第三个例程是采用第三种形式定义类型变量的泛型例程。例程的源文件名为 J_Genericity.java，其内容如下：

```
// ///////////////////////////////////////////////
//
// J_Genericity.java
//
// 开发者：雍俊海
// ///////////////////////////////////////////////
// 简介:
//     具有多父类型的类型变量泛型例程
// ///////////////////////////////////////////////
class J_C1
{
    public void mb_methodA( )
    {
        System.out.print("A");
    } // 方法 mb_methodA 结束
} // 类 J_C1 结束


interface J_C2
{
    public void mb_methodB( );
} // 接口 J_C2 结束


class J_C3 extends J_C1 implements J_C2
{
    public void mb_methodB( )
    {
        System.out.print("B");
    } // 方法 mb_methodB 结束
} // 类 J_C3 结束


class J_T <T extends J_C1 & J_C2>
{
    public void mb_methodT(T t)
    {
```

```
        t.mb_methodA( );
        t.mb_methodB( );
    } // 方法 mb_methodT 结束
} // 类 J_T 结束

public class J_Genericity
{
    public static void main(String args[ ])
    {
        J_T<J_C3> a = new J_T<J_C3>( );
        a.mb_methodT( new J_C3( ) );
    } // 方法 main 结束
} // 类 J_Genericity 结束
```

编译命令为：

```
javac J_Genericity.java
```

执行命令为：

```
java J_Genericity
```

最后执行的结果是在控制台窗口中输出：

```
AB
```

在上面例程中，类 J_T 的定义头部

```
class J_T <T extends J_C1 & J_C2>
```

说明类型变量 T 同时具有类型 J_C1 和 J_C2 的所有能力。这样在类 J_T 的定义中可以直接用类型 T。而且在类 J_T 的类体中，如果某个变量的类型为类型 T，则可以通过该变量调用类 J_C1 的成员方法或接口 J_C2 的成员方法。在上面的例程中，因为类 J_C3 实现了接口 J_C2，并且是类 J_C1 的子类，所以类 J_C3 具有类型 J_C1 和 J_C2 的所有能力。因此，可以用类 J_C3 当作类 J_T 的类型变量 T 的 **实际类型**，例如：类型 J_T<J_C3>。

## 5.2　枚举

创建枚举类型的主要目的是为了定义一些枚举常量。**枚举的基本定义格式**是

[*枚举类型修饰词列表*] enum *枚举类型标识符*
{
    *枚举常量 1，枚举常量 2，…，枚举常量 n*
}

其中，"[ ]"表示枚举类型修饰词列表是可选项；**枚举类型修饰词列表**用来说明所定义的枚举类型的属性，可以包含 0 个、1 个或多个枚举类型修饰词。如果包含多个枚举类型修

饰词，则在相邻的枚举类型修饰词之间采用空格分隔开。枚举类型修饰词可以是 public 等，但不能是 protected、private、abstract。如果枚举类型修饰词含有 public，则要求该枚举定义所在的文件名前缀与枚举类型标识符指定的名称相同，并且以 ".java" 作为后缀。而且在该文件中不能含有其他属性为 public 的类、接口或枚举。每个 Java 源程序文件可以含有多个类、接口或枚举，但其中属性为 public 的只能有 0 个或 1 个。枚举类型修饰词 public 表明该枚举能够被各个软件包的所有类或接口访问。如果在枚举类型修饰词中不含 public，则表明该枚举类型的封装性为默认方式，只能在同一个包内部使用。枚举类型标识符以及枚举常量 1、枚举常量 2、……、枚举常量 n 可以采用一些合法的标识符标识，其中，枚举常量 1、枚举常量 2、……、枚举常量 n 定义了一些**枚举常量**。

例如：

```
enum E_SEASON
{
    春季, 夏季, 秋季, 冬季
} // 枚举 E_SEASON 结束
```

定义了枚举类型 E_SEASON，它包含 4 个枚举常量：春季、夏季、秋季和冬季。下面的部分示例采用了上面定义的枚举类型 E_SEASON。

**枚举类型变量**简称为**枚举变量**，其定义格式有两种，分别是：

*枚举类型标识符 枚举变量;*
*枚举类型标识符 枚举变量 1，枚举变量 2，…，枚举变量 n;*

在上面定义格式中，第一种格式每次只定义一个枚举变量；第二种格式同时定义多个枚举变量，变量之间通过逗号分隔开。另外，还可以定义**枚举数组变量**，其定义格式与其他类型数组变量定义格式相同。例如：语句

```
E_SEASON [ ] s;
```

定义了枚举数组变量 s，其中 E_SEASON 是前面定义的一种枚举类型。

对于枚举类型，不能通过 new 运算符创建实例对象。可以**直接通过枚举类型标识符访问枚举常量**。例如：语句

```
E_SEASON s = E_SEASON.春季;
```

定义了 E_SEASON 枚举类型变量 s，它的值为 E_SEASON.春季。对于枚举常量，它有些类似于类的静态成员域，即可以**通过枚举变量访问枚举常量**，而且通过枚举变量访问枚举常量与直接通过枚举类型标识符访问枚举常量效果基本上是一样的。例如：设上面的语句已经定义了枚举变量 s，则下面表达式

```
s.夏季 == E_SEASON.夏季
```

的值为 true。这个例子同时也说明可以通过 **"=="运算符**判断两个枚举常量是否相等。这里需要注意的是，上面的表达式并不改变枚举变量 s 的值。假设枚举变量 s 原来的值为 E_SEASON.春季，则在运行上面表达式之后枚举变量 s 的值仍为 E_SEASON.春季，即这

**J**ava 程序设计教程（第 3 版）

里的 "." 运算和 "==" 运算均不会改变枚举变量 s 的值。例如：这时表达式

```
s == E_SEASON.夏季
```

的值为 false。另外，虽然枚举变量 s 的值是 E_SEASON.春季，但允许使用表达式 "s.夏季"。
通过枚举常量，可以调用成员方法

```
(1) public String name( )
(2) public String toString( )
```

这两个成员方法的功能是相同的，都是返回枚举常量所对应的字符串。例如：假设枚举变量 s 原来的值为 E_SEASON.春季，则方法调用

```
s.name( )
```

和

```
E_SEASON.春季.toString( )
```

均返回字符串 "春季"。因此，如果正常运行语句

```
System.out.println(E_SEASON.春季);
```

则在控制台窗口中输出：

```
春季
```

在运行上面语句时，首先得到枚举常量 E_SEASON.春季对应的字符串 "春季"；接着在控制台窗口中输出该字符串。

通过枚举类型，可以通过调用成员方法 values 获得该枚举类型的所有枚举变量，其调用格式是：

```
枚举类型标识符.values( )
```

其中，枚举类型标识符指定具体的枚举类型。该成员方法返回由该枚举类型所有枚举常量组成的枚举数组。例如：语句

```
E_SEASON [ ] sa = E_SEASON.values( );
```

使得枚举数组 sa 含有 4 个元素，分别为：E_SEASON.春季、E_SEASON.夏季、E_SEASON.秋季和 E_SEASON.冬季。

下面给出一个枚举例程。例程的源文件名为 J_Enum.java，其内容如下：

```
// ////////////////////////////////////////////////////
//
// J_Enum.java
//
// 开发者：雍俊海
// ////////////////////////////////////////////////////
```

```
// 简介:
//      枚举例程
// /////////////////////////////////////////////////
enum E_SEASON
{
    春季, 夏季, 秋季, 冬季
} // 枚举 E_SEASON 结束

public class J_Enum
{
    public static void main(String args[ ])
    {
        E_SEASON [ ] sa = E_SEASON.values( );
        for (int i=0; i<sa.length; i++)
        {
            switch(sa[i])
            {
            case 春季:
                System.out.println("春季花满天");
                break;
            case 夏季:
                System.out.println("夏季热无边");
                break;
            case 秋季:
                System.out.println("秋季果累累");
                break;
            case 冬季:
                System.out.println("冬季雪皑皑");
                break;
            } // switch 结构结束
        } // for 循环结束
    } // 方法 main 结束
} // 类 J_Enum 结束
```

编译命令为:

```
javac J_Enum.java
```

执行命令为:

```
java J_Enum
```

最后执行的结果是在控制台窗口中输出:

春季花满天
夏季热无边
秋季果累累
冬季雪皑皑

**J**ava 程序设计教程（第 3 版）

上面的例程同时说明了如何在 switch 语句中使用枚举类型。枚举常量在 switch 语句中的用法有些特殊。在 switch 语句中，如果 switch 表达式的类型是枚举类型，则在作为 switch 语句各个分支值的枚举常量前面不能加点运算符"."以及枚举变量或枚举类型标识符，而应当直接用枚举常量标识符。例如：上面例程的语句

```
case 春季:
```

不能写作

```
case E_SEASON.春季:
```

也不能写作

```
case sa[i].春季:
```

采用枚举类型可以使得程序更接近于自然语言，但同时也使得程序变得更为复杂。

# 5.3  for 语句的简化写法

在一定条件下，可以采用 for 语句的简化写法，for 语句的简化写法格式如下：

```
for (类型 标识符 : 表达式)
      语句或语句块
```

根据其中表达式的类型，for 语句的简化写法可以分成为两类。第一类 for 语句的简化写法要求上面表达式的类型具有成员方法

```
public Iterator<E> iterator( )
```

其中，Iterator 是接口 java.util.Iterator，是一种迭代器（iterator）类型。上面的成员方法一般返回当前对象所对应的迭代器。这时迭代器指向第一个元素的前一个位置。接口 java.util.Iterator 的成员方法

```
boolean hasNext( )
```

判断在迭代器的下一个位置上是否还有元素。如果有，则返回 true；否则，返回 false。例如：如果迭代器当前的位置指向最后一个元素，则在迭代器的下一个位置上不含元素。接口 java.util.Iterator 的成员方法

```
E next( )
```

返回在迭代器下一个位置上的元素，同时将迭代器的当前位置移向下一个位置。例如：如果迭代器当前的位置指向第一个元素的前一个位置，则该成员方法返回第一个元素，同时迭代器的当前位置移到第一个元素的位置上。如果在迭代器的下一个位置上不含元素，则程序会出现异常。

对于第一类 for 语句的简化写法，它实际上是由下面的格式简化而来：

```
for (Iterator<类型> i=表达式.iterator( ); i.hasNext( );)
```

```
{
    类型 标识符 = i.next( );
    语句或语句块
} // for 循环结束
```

简化写法省去了单词 Iterator 以及对成员方法 iterator、hasNext 和 next 的调用等代码。上面的变量 i 可以换成其他名称的变量。在上面的格式与 for 语句简化写法的格式中，"类型"均指的是给定表达式的元素类型，"标识符"可以是任意的合法标识符。

下面给出一个第一类 for 语句的简化写法例程。例程的源文件名为 J_VectorFor.java，其内容如下：

```
// ///////////////////////////////////////////////////
//
// J_VectorFor.java
//
// 开发者：雍俊海
// ///////////////////////////////////////////////////
// 简介：
//     第一类 for 语句的简化写法例程
// ///////////////////////////////////////////////////
import java.util.Iterator;
import java.util.Vector;

public class J_VectorFor
{
    public static void main(String args[ ])
    {
        Vector<String> a = new Vector<String>( );
        a.add("a");
        a.add("b");
        a.add("c");

        for (String c : a)
            System.out.print(c + ", ");
        System.out.println( );

        for (Iterator<String> i=a.iterator( ); i.hasNext( );)
        {
            String c = i.next( );
            System.out.print(c + ", ");
        } // for 循环结束
        System.out.println( );
    } // 方法 main 结束
} // 类 J_VectorFor 结束
```

编译命令为：

```
javac J_VectorFor.java
```

执行命令为：

```
java J_VectorFor
```

最后执行的结果是在控制台窗口中输出：

```
a, b, c,
a, b, c,
```

上面的例程先准备数据，即创建向量对象，再向该向量中添加 3 个元素。因为类 java.util. Vector 具有所要求的成员方法 iterator，所以可以采用第一类 for 语句的简化写法。上面的例程接着通过第一类 for 语句的简化写法输出向量的各个元素。最后，上面的例程还提供了相应的完整写法，同样输出向量的各个元素。通过简化写法，程序稍微变短了一些。

第二类 for 语句的简化写法要求表达式的类型是数组类型。这样，它的完整格式是：

```
类型 [ ] ca = 表达式;
for (int i=0; i<ca.length; i++)
{
    类型 标识符 = ca[i];
    语句或语句块
} // for 循环结束
```

上面的变量 i 表示数组元素的下标，可以被换成其他名称的变量。简化写法省去了这个表示下标的变量。自然，这样造成的问题是在第二类 for 语句的简化写法中不能利用表示下标的变量。与第一类 for 语句的简化写法相类似，在上面的格式与 for 语句简化写法的格式中，"类型"均指的是给定表达式的元素类型，"标识符"可以是任意的合法标识符。

下面给出一个第二类 for 语句的简化写法例程。例程的源文件名为 J_EnumFor.java，其内容如下：

```
// ///////////////////////////////////////////////////
//
// J_EnumFor.java
//
// 开发者: 雍俊海
// ///////////////////////////////////////////////////
// 简介:
//     for 语句的简化写法在枚举类型数组中的应用例程
// ///////////////////////////////////////////////////
enum E_SEASON
{
    春季, 夏季, 秋季, 冬季
} // 枚举 E_SEASON 结束

public class J_EnumFor
```

```
{
    public static void main(String args[ ])
    {
        for (E_SEASON c : E_SEASON.values( ))
            System.out.print(c + ", ");
        System.out.println( );

        E_SEASON [ ] ca = E_SEASON.values( );
        for (int i=0; i< ca.length; i++)
        {
            E_SEASON c = ca[i];
            System.out.print(c + ", ");
        } // for 循环结束
        System.out.println( );
    } // 方法 main 结束
} // 类 J_EnumFor 结束
```

编译命令为：

```
javac J_EnumFor.java
```

执行命令为：

```
java J_EnumFor
```

最后执行的结果是在控制台窗口中输出：

```
春季, 夏季, 秋季, 冬季,
春季, 夏季, 秋季, 冬季,
```

在上面的例程中，对应 for 语句简化写法的表达式是 E_SEASON.values( )。因为它的类型是一个元素为枚举类型的数组，所以可以采用第二类 for 语句的简化写法。上面的例程同时给出相应的 for 语句简化写法和完整写法。它们输出同样的结果。

下面给出另一个第二类 for 语句的简化写法例程，即 **for 语句的简化写法在整数数组中的应用例程**。例程的源文件名为 J_Example.java，其内容如下：

```
// /////////////////////////////////////////////////
//
// J_Example.java
//
// 开发者：雍俊海
// /////////////////////////////////////////////////
// 简介：
//     for 语句的简化写法在整数数组中的应用例程
// /////////////////////////////////////////////////
public class J_Example
{
```

**Java** 程序设计教程（第 3 版）

```java
public static void main(String args[ ])
{
    int [ ] a = {10, 20, 30, 40, 50};
    int s = 0;
    for (int c : a)
        s += c; // 这里需要注意 c 是数组的元素，而不是相应的下标
    System.out.println("数组 a 的元素之和等于" + s);

    s = 0;
    for (int i=1; i<=a.length; i++)
        s += i;
    System.out.println("从 1 一直加到数组 a 的元素长度，结果等于" + s);

    s = 0;
    int [ ] ca = a;
    for (int i=0; i< ca.length; i++)
    {
        int c = ca[i];
        s += c;
    } // for 循环结束
    System.out.println("数组 a 的元素之和等于" + s);
} // 方法 main 结束
} // 类 J_Example 结束
```

编译命令为：

```
javac J_Example.java
```

执行命令为：

```
java J_Example
```

最后执行的结果是在控制台窗口中输出：

```
数组 a 的元素之和等于 150
从 1 一直加到数组 a 的元素长度，结果等于 15
数组 a 的元素之和等于 150
```

在上面的例程中，对应 for 语句简化写法的表达式是 a。因为它的类型是一个元素为整数的数组，所以可以采用第二类 for 语句的简化写法。对于表达式为整数数组的 for 语句简化写法，很容易出现这样的错误：即将数组的元素当作它的下标。例如：很容易将在上面例程中的变量 c 当作数组的下标。这是需要注意的一个现象。

# 5.4　本章小结

泛型进一步提高了程序的复用性。相对面向对象的多态性而言，泛型的实现原理是采用代码替换的形式，即用实际的类型替换类型变量，从而实现程序的可复用性。这个过程

可以减少在直接采用面向对象的多态性时的数据类型转换，从而减少因为数据类型转换而可能引发的数据精度丢失等问题。枚举类型可以定义一些枚举常量。通过 for 语句的简化写法，可以使得一部分 for 语句变得更加紧凑。

# 习题

1. 请简述采用 for 语句简化写法的优缺点。

2. 请应用泛型编写程序。首先定义一个接口，它至少包含一个可以计算面积的成员方法。然后，编写实现该接口的两个类：正方形类和圆类。接着编写一个具有泛型特点的类，要求利用这个类可以在控制台窗口中输出某种图形的面积，而且这个类的类型变量所对应的实际类型可以是前面编写的正方形类或圆类。最后利用这个具有泛型特点的类在控制台窗口中分别输出给定边长的正方形的面积和给定半径的圆的面积。

3. 请编写程序。首先在程序中定义一个枚举类型，它含有 7 个枚举常量，分别表示一个星期每一天的名称。然后在控制台窗口中输出这些名称。

4. 请应用枚举类型编写程序，在控制台窗口输出 2008 年每个月的天数。要求在输出中含有各个月份的英文名称。

5. 思考题：采用泛型与采用面向对象的动态多态性，哪一种方法可以获得更高的运行效率？请编写相应的验证程序。

# 第6章 异常处理、递归和单体程序设计方法

本章介绍一些程序设计方法。异常处理方法是一种非常有用的辅助性程序设计方法。采用这种方法可以使得在程序设计时将程序的正常流程与错误处理分开,有利于代码的编写与维护。而且异常处理方法具有统一的模式,从而进一步简化了程序设计。递归是一种在方法定义中直接或间接地调用该方法本身的程序设计方法。它的基本思想是将原问题分解成为规模较小的同类问题,并且当问题足够小时可直接求解该问题。合理地利用递归有可能会增加程序代码的可读性并提高程序逻辑的清晰性。单体(Singleton)程序设计模式要求一个类只能有一个实例对象,这在实际应用中比较少见。它提供了一种如何合理利用 Java 语法特性实现程序设计与应用约束的范例。

## 6.1 异常处理

设计一个严谨的程序是一项繁琐的工作。各种各样的情况都应当被充分考虑。例如:除数可能为 0,直线段的两个端点可能重合,网络可能突然中断。如果不采用异常处理方法,而按照一般的程序设计方法,则基本上只能逐个分析在程序中可能出现的各种异常情况,并在程序的相应位置立即作出适当的处理。这样,程序的选择分支语句可能会大量存在,使得程序结构变得非常复杂。另外,检查各种异常情况是否被处理完全也是非常繁琐的工作。各种分支情况处理不完整是引起程序不稳定的重要因素之一。采用异常处理,可以简化这种处理过程,使程序具有统一的处理模式,即可以将各种异常情况集中统一处理。

### 6.1.1 异常及其种类

异常(Exception)是正常程序流程所不能处理或没有处理的异常情况或异常事件。在有些文献中,异常也称作例外。例如:数组的下标越界,所要处理的文件不存在,网络连接中断,进行运算的操作数超出了指定的范围。按

异常在编译时是否被检测来分，异常可以分成两大类：受检异常（Checked Exception）与非受检异常（Unchecked Exception）。受检异常在编译时就能被 Java 编译器所检测到；而非受检异常则不能在编译时检测到。非受检异常包括运行时异常（Runtime Exception）和错误（Error）。运行时异常只能在程序运行时被检测到，如：除数为 0。一般来说，只有在计算出具体的数值之后，才能知道除数是否为 0。另外，错误异常是不能在编译时被检测到的。Java 语言所定义的错误异常一般指各种致命性错误。一旦发生"错误"，则很难或根本就不可能由程序来恢复或处理，例如：Java 虚拟机出现严重错误（Virtual Machine Error）。这样，根据异常的严重性，异常又可以分为程序可以处理的异常和错误异常。因为错误异常在程序中无法被处理，所以这里不加以讨论。为了方便起见，下面提到的异常均指的是程序可以处理的异常。

在 Java 语言中，异常是以类的形式进行封装的。程序可以处理的异常对应的类是 java.lang.Exception 及其子类，错误异常对应的类是 java.lang.Error 及其子类，运行时异常对应的类是 java.lang.RuntimeException 及其子类，其中，类 java.lang.RuntimeException 是类 java.lang.Exception 的子类。在类 java.lang.Exception 的子类中，除了类 java.lang.RuntimeException 及其子类之外，都是受检异常所对应的类。这些类都是类 java.lang.Throwable 的子类。它们之间的层次关系图如图 6.1 所示。

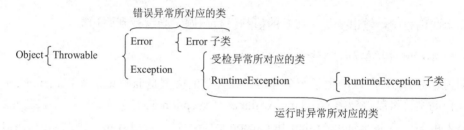

图 6.1　异常相关类的继承关系图

下面给出一个除数为 0 的异常例程。例程的源文件名为 J_ExceptionByZero.java，其内容如下：

```java
// ///////////////////////////////////////////////////
//
// J_ExceptionByZero.java
//
// 开发者：雍俊海
// ///////////////////////////////////////////////////
// 简介：
//     除数为 0 的异常例程
// ///////////////////////////////////////////////////
public class J_ExceptionByZero
{
    public static void main(String args[ ])
    {
        int a= 10;
```

**J**ava 程序设计教程（第3版）

```
        int b=0;
        System.out.println("a=" + a);
        System.out.println("b=" + b);
        System.out.println("a/b=" + a/b);
    } // 方法 main 结束
} // 类 J_ExceptionByZero 结束
```

编译命令为：

```
javac J_ExceptionByZero.java
```

执行命令为：

```
java J_ExceptionByZero
```

最后执行的结果是在控制台窗口中输出：

```
a=10
b=0
Exception in thread "main" java.lang.ArithmeticException: / by zero
        at J_ExceptionByZero.main(J_ExceptionByZero.java:18)
```

在上面例程中，输出变量 a 和 b 的值都没有问题。当运行到语句

```
System.out.println("a/b=" + a/b);
```

时，因为除数为 0，所以产生了一个异常。该异常的类型是 java.lang.ArithmeticException。从在线帮助文档可以得到类 java.lang.ArithmeticException 的类继承关系图，如图 6.2 所示。从图 6.2 可知：类 java.lang.ArithmeticException 是一种运行时异常，因此只有在程序运行时才能被检测到。

```
java.lang.Object
  └java.lang.Throwable
     └java.lang.Exception
        └java.lang.RuntimeException
           └java.lang.ArithmeticException
```

图 6.2　类 java.lang.ArithmeticException 的继承关系图

## 6.1.2　异常产生

异常可以由 Java 虚拟机在执行程序时自动发现并产生，也可以在程序中显式生成。这种显式生成异常的方法称为抛出异常。抛出异常可以利用 **throw 语句**，其格式为

```
throw java.lang.Throwable 类型的变量;
```

例如：

```
throw new ArithmeticException( );
```

或

```
ArithmeticException e= new ArithmeticException( );
throw e;
```

上面两种方式是等价的，均是先生成异常类型的实例对象，再抛出异常。

这里需要注意的是，抛出的只能是 java.lang.Throwable 类型或其子类的实例对象。例如：下面的语句：

```
throw new String("Exception");
```

是错误的。类 java.lang.String 只有一个父类，即类 java.lang.Object。因此类 java.lang.String 不是 java.lang.Throwable 的子类，从而上面的语句不符合 throw 语句的语法。

## 6.1.3　异常处理

因为受检异常在编译时会被检测到，所以，自然而然地，程序必须处理这些异常，否则，程序不能通过编译。对于运行时异常，在编译时无法被检测到，但一个好的程序也应当正确处理这些异常。从 6.1.1 小节的例子可以看出，在运行时一旦发现运行时异常，就会中断并退出程序。这时，各种数据可能会因来不及保存或没有保存而失去。总而言之，一个完整而实用的程序必须处理受检异常（Checked Exception）与运行时异常（Runtime Exception）。处理异常的方式有两种：捕捉异常方式与转移异常方式。

捕捉异常方式是通过 try-catch-finally 结构处理异常，其格式如下：

```
try
{
    可能会产生异常的语句序列
}
catch(Exception1 e1)
{
    语句序列
}
catch(Exception2 e2)
{
    语句序列
}
 ⋮
catch(ExceptionN eN)
{
    语句序列
}
finally
{
    语句序列
}
```

其中，Exception1、Exception2、…、ExceptionN 分别表示 java.lang.Throwable 或其子类的类名；e1、e2、…、eN 分别表示这些类型的变量。在上面格式中，由 try 引导的语句块，

即关键字 try 及紧接其下的语句块,称为 **try 语句块**。同样,由 catch 引导的语句块称为 **catch 语句块**, 由 finally 引导的语句块称为 **finally 语句块**。catch 语句块与 finally 语句块不一定要同时存在, 其中只要有一个语句块存在就可以了。如下面的格式:

> *try 语句块*
> *catch 语句块*

和

> *try 语句块*
> *finally 语句块*

都是符合语法的。但不能同时没有 catch 语句块和 finally 语句块。

在 try-catch-finally 结构中, 可以存在多个 catch 语句块, 表示可以捕捉多种异常。当 try 语句块有异常发生时, 中断 try 语句块剩余的语句的执行, 并产生该异常所对应的实例对象,而且 try 语句块剩余的语句一般将不会被执行。该异常实例对象依次匹配在各个 catch 语句块中的类型 Exception1、Exception2、…、ExceptionN。一旦匹配上, 就会进入相应的 catch 语句块, 并执行。这时常常称为异常被 **catch 语句块捕捉到**。如果没有匹配上, 则表明该异常没有被该 try-catch-finally 结构捕捉到, 即没有被处理。这时会直接跳转到上一层的 try-catch-finally 结构。try-catch-finally 结构整体可以当作一条语句, 从而可以嵌套在其他 try-catch-finally 结构中。如果 try 语句块没有异常产生, 则任何一个 catch 语句块都不会被执行。在 try-catch-finally 结构中, finally 语句块一般总是会被执行, 不管有没有异常产生。即使在 try 语句块或 catch 语句块中包含 return 语句, finally 语句块也会被执行到。在 try-catch-finally 结构中, 如果执行到在 try 语句块或 catch 语句块中的 return 语句, 则先运行 finally 语句块, 再运行该 return 语句。如果执行到在 try 语句块或 catch 语句块中的语句 "System.exit(0)", 则直接退出程序, 即这时 finally 语句块将不会被执行到。

下面给出一个异常捕捉例程。例程的源文件名为 J_ExceptionCatch.java, 其内容如下:

```
// ////////////////////////////////////////////////
//
// J_ExceptionCatch.java
//
// 开发者: 雍俊海
// ////////////////////////////////////////////////
// 简介:
//     异常捕捉例程
// ////////////////////////////////////////////////
public class J_ExceptionCatch
{
    public static void main(String args[ ])
    {
        try
        {
            System.out.println("try 语句块");
            throw new Exception( );
```

```
            }
        catch(Exception e)
        {
            System.err.println("catch 语句块");
            e.printStackTrace( );
        }
        finally
        {
            System.out.println("finally 语句块");
        } // try-catch-finally 结构结束
    } // 方法 main 结束
} // 类 J_ExceptionCatch 结束
```

编译命令为:

```
javac J_ExceptionCatch.java
```

执行命令为:

```
java J_ExceptionCatch
```

最后执行的结果是在控制台窗口中输出:

```
try 语句块
catch 语句块
java.lang.Exception
        at J_ExceptionCatch.main(J_ExceptionCatch.java:17)
finally 语句块
```

上面例程通过类型为类 java.lang.Exception 的变量 e 调用类 java.lang.Throwable 的成员方法

```
public void printStackTrace( )
```

该成员方法通过标准错误输出流(System.err)在控制台窗口中输出异常的类型以及异常发生的方法调用堆栈跟踪信息,例如在上面输出结果中列出的 main 成员方法以及源文件行号等。

在上面例程的 try 语句块中,如果在语句

```
throw new Exception( );
```

的后面还有其他语句,则这些语句将成为无法被执行到的语句,即在出现异常之后,会中断正常的程序流程进入能捕捉相应异常的 catch 语句块。在 try-catch-finally 结构中,不管有没有异常产生,也不管异常是否被捕捉,finally 语句块一般总是会被执行,除非强行退出程序。

处理异常的第二种方式是**转移异常方式**。Java 语言要求受检异常必须得到处理。如果在某个成员方法的方法体中可能会发生这种异常,则该成员方法必须采用 try-catch-finally

结构处理这些受检异常或将这些可能发生的受检异常转移到上层调用该成员方法的方法
处。例如：

```
public static void mb_throwException( )
{
    throw new Exception( );
} // 方法 mb_throwException 结束
```

上面的成员方法将产生一个编译错误。Java 虚拟机要求上面的成员方法处理语句

```
throw new Exception( );
```

产生的异常。如果不想在该成员方法中立即处理该异常，则可以将该异常转移到调用它的
上一层方法。转移异常的格式是：

```
[方法修饰词列表] 返回类型 方法名(方法的参数列表) throws 异常类型列表
{
    方法体
}
```

即在方法的声明处增加"**throws**"关键字及异常类型列表。在异常类型列表中应当罗列所
有需要转移的受检异常类型。异常类型列表可以包含 1 种或多种异常类型。如果存在
多种异常类型，则相邻两个异常类型之间用逗号隔开。例如，上面的例子可以改写成如下
形式：

```
public static void mb_throwException( ) throws Exception
{
    throw new Exception( );
} // 方法 mb_throwException 结束
```

这样，如果需要调用成员方法 mb_throwException，则必须采用 try-catch-finally 结构处
理所转移的异常或继续向上层方法转移。异常被 catch 语句块捕捉到，才能真正算是彻底
处理了该异常。

下面给出一个异常处理例程。例程的源文件名为 J_Exception.java，其内容如下：

```
// ////////////////////////////////////////////////
//
// J_Exception.java
//
// 开发者：雍俊海
// ////////////////////////////////////////////////
// 简介:
//     异常处理例程
// ////////////////////////////////////////////////
public class J_Exception
{
    public static void mb_throwException( )
```

```
    {
        System.out.println("产生并抛出 ArithmeticException 类型的异常");
        throw new ArithmeticException( );
    } // 方法 mb_throwException 结束

    public static void mb_catchArrayException( )
    {
        try
        {
            mb_throwException( );
            System.out.println("在 try 语句块中的多余语句");
        }
        catch(ArrayIndexOutOfBoundsException e)
        {
            System.err.println("方法 mb_catchArrayException 捕捉到异常");
        }
        finally
        {
            System.out.println(
                "方法 mb_catchArrayException 的 finally 语句块");
        } // try-catch-finally 结构结束
        System.out.println("方法 mb_catchArrayException 运行结束");
    } // 方法 mb_catchArrayException 结束

    public static void main(String args[ ])
    {
        try
        {
            mb_catchArrayException( );
        }
        catch(ArithmeticException e)
        {
            System.err.println("方法 main 捕捉到异常");
        }
        finally
        {
            System.out.println("方法 main 的 finally 语句块");
        } // try-catch-finally 结构结束
        System.out.println("异常处理结束");
    } // 方法 main 结束
} // 类 J_Exception 结束
```

编译命令为：

```
javac J_Exception.java
```

执行命令为：

```
java J_Exception
```

最后执行的结果是在控制台窗口中输出：

```
产生并抛出 ArithmeticException 类型的异常
方法 mb_catchArrayException 的 finally 语句块
方法 main 捕捉到异常
方法 main 的 finally 语句块
异常处理结束
```

上面例程的运行入口处是成员方法 main。它在 try-catch-finally 结构的 try 语句块中调用成员方法 mb_catchArrayException。成员方法 mb_catchArrayException 在 try-catch-finally 结构的 try 语句块中调用成员方法 mb_throwException。在成员方法 mb_throwException 中，通过 throw 语句产生并抛出一个 java.lang.ArithmeticException 类型的异常。因为 java.lang.ArithmeticException 类型的异常是运行时异常，所以成员方法 mb_throwException 可以不必通过"throws"关键字声明转移异常。这时如果程序运行到该 throw 语句，则会中断程序的正常运行，即在成员方法 mb_catchArrayException 的 try 语句块中并在语句"mb_throwException( )"之后的语句实际上都是不能被执行到的语句。虽然成员方法 mb_catchArrayException 含有 catch 语句块，但该 catch 语句块能捕捉的异常类型与抛出的异常类型不匹配。因此成员方法 mb_catchArrayException 的 catch 语句块以及在成员方法 mb_catchArrayException 中并且在 try-catch-finally 结构之后的语句都不能被执行到。虽然成员方法 mb_catchArrayException 的 catch 语句块无法捕捉到异常，但成员方法 mb_catchArrayException 的 finally 语句块总是会被运行的。在运行完成员方法 mb_catchArrayException 的 finally 语句块之后，程序继续向上一级方法，即向成员方法 main 寻找 catch 语句块。因为在 main 成员方法中存在与该异常相匹配的 catch 语句块，所以 main 成员方法中的 catch 语句块被执行，异常被捕捉。因为异常已经被捕捉，所以程序从捕捉到该异常的 catch 语句块接着按照正常的程序流程运行。在运行成员方法 main 的 catch 语句块之后，执行成员方法 main 的 finally 语句块以及在成员方法 main 中并且在 try-catch-finally 结构之后的语句。

## 6.1.4 自定义异常类型

创建自定义异常类就是编写 java.lang.Exception 类的子类。新定义的异常类在异常处理中的使用方法与其他异常类基本上没有差别。下面给出一个自定义异常例程。例程的源文件名为 J_ExceptionNewExample.java，其内容如下：

```
// ////////////////////////////////////////////////
//
// J_ExceptionNewExample.java
//
// 开发者：雍俊海
// ////////////////////////////////////////////////
// 简介：
//      自定义异常例程
```

```
// ////////////////////////////////////////////////
class J_ExceptionNew extends Exception
{
    private static int m_number = 0;

    public J_ExceptionNew( )
    {
        m_number ++;
    } // J_ExceptionNew 构造方法结束

    public String toString( )
    {
        return("新异常出现" + m_number + "次");
    } // 方法 toString 结束
} // 类 J_ExceptionNew 结束

public class J_ExceptionNewExample
{
    public static void main(String args[ ])
    {
        try
        {
            throw new J_ExceptionNew( );
        }
        catch(J_ExceptionNew e)
        {
            System.err.println(e);
        } // try-catch 结构结束
    } // 方法 main 结束
} // 类 J_ExceptionNewExample 结束
```

编译命令为：

```
javac J_ExceptionNewExample.java
```

执行命令为：

```
java J_ExceptionNewExample
```

最后执行的结果是在控制台窗口中输出：

新异常出现 1 次

在上面例程中，自定义了一种异常类型，即类 J_ExceptionNew。它是类 java.lang.
Exception 的子类，可以统计出现这种类型异常的次数。类 J_ExceptionNew 覆盖了其父类
java.lang.Exception 的成员方法

```
public String toString( )
```

新定义的成员方法返回说明异常出现次数的字符串。这样，在上面例程类 J_ExceptionNewExample 的 main 成员方法中，语句

```
System.err.println(e);
```

的实际执行过程是先通过 J_ExceptionNew 类型的变量 e 调用类 J_ExceptionNew 的 toString 成员方法获得说明新异常出现次数的字符串，然后在控制台窗口中输出该字符串。在各种应用程序中，可能会需要形形色色的异常类型。可以参照上面的例程，编写自定义的异常类型，完成所需要的功能。

## 6.2　递归方法

　　如果在方法定义中直接或间接地调用该方法本身，就称为递归。合理地利用递归有可能会增加程序代码的可读性并提高程序逻辑的清晰性。利用递归求解问题的基本思路首先是寻找一种分解技术，使得原问题能够分解成为规模较小的同类问题，而相同的分解技术又可以进一步作用在由分解所产生的较小规模的同类问题上，产生更小规模的同类问题；其次，利用递归求解问题要求最终可以直接求解在分解之后产生的规模最小或接近最小的问题，而且前面的分解技术应当可以使得问题全部归结到这些可以直接求解的问题上。这种求解思路一方面要求问题可以分解，另一方面要求保证问题的分解不会无限制地进行下去，即程序有可能在有限的时间内完成。利用递归求解问题的基本原理首先是可以求解当规模足够小（即规模最小或接近最小）时的问题；接着可以利用规模足够小的问题的求解结果，求解规模较大的同类问题；然后在假设可以求解规模较大的同类问题的前提下，求解规模更大的同类问题，从而利用递归方法解决所要求的问题。这种利用递归求解问题基本原理有点类似于数学归纳法的证明方法。

　　下面利用汉诺塔（Tower of Hanoi）问题的求解说明利用递归求解问题的基本思路。汉诺塔问题是一个古老的问题。有三根柱子，不妨分别命名为原始柱子 S、临时柱子 T 和目标柱子 E。在原始柱子 S 上套着 $n$（为某一个大于 0 的整数）个盘。这 $n$ 个盘大小均不一样，而且小盘依次放在大盘的上面。现在要求：

　　（1）每次只能将一根柱子最上面的一个盘移动到另一根柱子上；

　　（2）不允许将大盘放在小盘上面；

　　（3）只能利用这三根柱子；

　　（4）将在原始柱子 S 上的 $n$ 个盘移动到目标柱子上。

　　汉诺塔问题可以简单地描述为要将 $n$ 个盘从原始柱子 S 借助于临时柱子 T 移动到目标柱子 E 上。利用递归求解汉诺塔问题首先是分解，将原问题分解成为规模较小的同类问题。原来 $n$ 个盘的汉诺塔问题可以分解成为（$n$–1）个盘的汉诺塔问题，即将（$n$–1）个盘从原始柱子 S 借助于目标柱子 E 移动到临时柱子 T 上。这样问题规模减小了 1，而且这种分解方法还可以进一步用在分解之后的问题上。其次，问题规模足够小（即规模最小或接近最小）的汉诺塔问题可能应当是只有一个盘的汉诺塔问题。这时，只要将这个盘从原始柱子 S 直接移动到目标柱子 E 上就可以了。因为前面的分解方法，每次使得问题的规模减小 1，所以最终问题会归结到这个只有一个盘的汉诺塔问题上。最后，在假设已经解决好（$n$–1）

个盘的汉诺塔问题的前提条件下求解原问题如下：

(1) 将在原始柱子 S 上的上面（n–1）个盘从原始柱子 S 借助于目标柱子 E 移动到临时柱子 T 上（这是一个（n–1）个盘的汉诺塔问题）；

(2) 将在原始柱子 S 上的剩下的唯一的盘从原始柱子 S 移动到目标柱子 E 上；

(3) 将在临时柱子 T 上的（n–1）个盘从临时柱子 T 借助于原始柱子 S 移动到目标柱子 E 上（这是一个（n–1）个盘的汉诺塔问题）。

这样利用递归解决了汉诺塔问题。下面是相应求解汉诺塔问题的例程。例程的源文件名为 J_Hanoi.java，其内容如下：

```
// ///////////////////////////////////////////////////
//
// J_Hanoi.java
//
// 开发者：雍俊海
// ///////////////////////////////////////////////////
// 简介:
//     利用递归求解汉诺塔(Tower of Hanoi)问题的例程
// ///////////////////////////////////////////////////
public class J_Hanoi
{
    public static void mb_hanoi(int n, char start, char temp, char end)
    {
        if (n<=1)
            System.out.println("将盘从" + start + "移到" + end);
        else
        {
            mb_hanoi(n-1, start, end, temp);
            System.out.println("将盘从" + start + "移到" + end);
            mb_hanoi(n-1, temp, start, end);
        } // if-else 结构结束
    } // 方法 mb_hanoi 结束

    public static void main(String args[ ])
    {
        mb_hanoi(3, 'S', 'T', 'E');
    } // 方法 main 结束
} // 类 J_Hanoi 结束
```

编译命令为：

```
javac J_Hanoi.java
```

执行命令为：

```
java J_Hanoi
```

最后执行的结果是在控制台窗口中输出：

将盘从 S 移到 E
将盘从 S 移到 T
将盘从 E 移到 T
将盘从 S 移到 E
将盘从 T 移到 S
将盘从 T 移到 E
将盘从 S 移到 E

在这个例程中，程序设定的问题规模是 $n=3$。如果要求解其他规模的汉诺塔问题，只要将在类 J_Hanoi 的 main 成员方法中的数字 3 改为相应的数字就可以了。

下面给出利用递归编程求解问题的另一个例程，即计算 **Fibonacci 数的例程**。Fibonacci 数的定义如下：

```
Fibonacci(1)= 1;
Fibonacci(2)= 1;
Fibonacci(n)= Fibonacci(n-1)+Fibonacci(n-2); // 对于大于 2 的整数 n
```

本例程将计算 Fibonacci(30)。例程的源文件名为 J_Fibonacci.java，其内容如下：

```java
// ////////////////////////////////////////////////////
//
// J_Fibonacci.java
//
// 开发者：雍俊海
// ////////////////////////////////////////////////////
// 简介：
//      利用递归计算 Fibonacci(30) 的例程
// ////////////////////////////////////////////////////
public class J_Fibonacci
{
    public static int mb_fibonacci(int n)
    {
        if (n<1)
            return(0);
        else if (n==1 || n==2)
            return(1);
        return(mb_fibonacci(n-1)+mb_fibonacci(n-2));
    } // 方法 mb_fibonacci 结束

    public static void main(String args[ ])
    {
        int n = 30;
        System.out.println("Fibonacci(" + n + ")=" + mb_fibonacci(n));
    } // 方法 main 结束
```

```
} // 类 J_Fibonacci 结束
```

编译命令为：

```
javac J_Fibonacci.java
```

执行命令为：

```
java J_Fibonacci
```

最后执行的结果是在控制台窗口中输出：

```
Fibonacci(30)=832040
```

因为这个例程的问题本身已经采用递归方式的定义，所以比较自然采用递归方式求解。在这个例程中，首先，问题 Fibonacci($n$) 可以分解成为 $n$ 的值较小的问题 Fibonacci($n$–1) 和 Fibonacci($n$–2)，即规模较小的问题；其次，程序直接定义了当 $n$<3 时的 Fibonacci($n$) 的值，而且前面问题分解方式最终会使原来的问题归结到这些 $n$ 值小于 3 的问题上；最后，假设可以求解问题 Fibonacci($n$–1) 和 Fibonacci($n$–2)，则原问题可以通过 Fibonacci($n$–1)+ Fibonacci($n$–2) 得到解决。

对于一些特定的问题，采用递归方法可以使得程序编写简单，但在运行程序时需要额外的开销。一般认为采用递归求解问题有可能会使得程序的执行效率变得较低，因为递归有可能有会使得方法调用的次数变得很庞大，而且还有可能迅速增加方法调用嵌套的深度，从而造成 Java 虚拟机在方法调用堆栈中形成较大的开销，进而使得程序的空间利用率和运行效率变得比较低。例如，上面求 Fibonacci(30) 需要超过一百万次（1 664 079 次）的方法调用。如果方法调用嵌套的深度过大，则程序会因为方法调用堆栈溢出而自动中断程序运行。

# 6.3  单体程序设计模式

单体（Singleton）在有些资料中也称为"单件"、"单态"或"单例"。一般认为应当慎重使用单体程序设计模式。当且仅当要求某一个类只能有一个实例对象时，才能考虑使用单体程序设计模式。如果一个软件系统只是需要一些全局变量，这时不应当采用单体程序设计模式，而应当考虑采用类或接口的静态（static）成员域。

## 6.3.1  单体程序设计模式的实现方法

要让一个类只能有一个实例对象，可以通过人为约定实现，即要求程序开发团队只创建这个类的一个实例对象。另外，还可以通过 Java 语言语法及其特点达到这个目标。下面给出一个单体实现例程。例程的源文件名为 J_Singleton.java，内容如下：

```
// ///////////////////////////////////////////////
//
// J_Singleton.java
//
// 开发者：雍俊海
```

```
// ///////////////////////////////////////////////////////
// 简介:
//     单体类实现例程
// ///////////////////////////////////////////////////////
public class J_Singleton
{
    private static J_Singleton m_object = new J_Singleton( );

    // 定义构造方法: 不允许自行创建这个类的实例对象
    private J_Singleton( )
    {
    } // J_Singleton 构造方法结束

    // 返回单体实例对象的引用
    public static J_Singleton mb_getObject( )
    {
        return m_object;
    } // 方法 mb_getObject 结束
} // 类 J_Singleton 结束
```

在上面的程序示例中，类 J_Singleton 通过一个静态的成员域 m_object 指向这个单体类的实例对象。因为成员域 m_object 具有私有（private）的封装性，所以在其他类或接口中，无法改变成员域 m_object 的值。这样保证了至少有一个引用（即 m_object）指向类 J_Singleton 的这个实例对象，从而这个实例对象不会被当作内存"垃圾"而被系统回收。另外，因为类 J_Singleton 定义了一个私有（private）的构造方法，所以在其他类或接口中，无法自行创建类 J_Singleton 的其他实例对象。这样确保了类 J_Singleton 只有一个实例对象。如果其他类或接口要使用类 J_Singleton 的这个实例对象，可以通过类 J_Singleton 的成员方法:

```
public static J_Singleton mb_getObject( )
```

来实现。下面给出使用类 **J_Singleton** 的实例对象的例程。例程的源文件名为 J_Example. java，内容如下:

```
// ///////////////////////////////////////////////////////
//
// J_Example.java
//
// 开发者: 雍俊海
// ///////////////////////////////////////////////////////
// 简介:
//     使用类 J_Singleton 的实例对象的例程
// ///////////////////////////////////////////////////////
public class J_Example
{
    public static void main(String args[ ])
```

```
    {
        J_Singleton a = J_Singleton.mb_getObject( );
        J_Singleton b = J_Singleton.mb_getObject( );
        if (a==b)
            System.out.println("a 和 b 指向同一个实例对象。");
        else
            System.out.println("a 和 b 指向不同的实例对象。");
    } // 方法 main 结束
} // 类 J_Example 结束
```

编译命令为：

```
javac J_Singleton.java
javac J_Example.java
```

执行命令为：

```
java J_Example
```

最后执行的结果是在控制台窗口中输出：

a 和 b 指向同一个实例对象。

如果将在类 **J_Example** 中的语句

```
J_Singleton a = J_Singleton.mb_getObject( );
```

换成语句

```
J_Singleton a = new J_Singleton( );
```

则在编译时将出现编译错误：类 J_Example 不能访问类 J_Singleton 的私有构造方法。这样确保了类 J_Singleton 只有一个实例对象。在上面 J_Example.java 例程中，变量 a 和 b 均指向同一个实例对象。

　　如果不希望提前创建单体类的实例对象，还可以改写上面单体类 **J_Singleton** 的例程，即在成员方法

```
public static J_Singleton mb_getObject( )
```

中创建单体类的实例对象。在改写后例程的源文件名仍然为 **J_Singleton.java**，其内容如下：

```
// /////////////////////////////////////////////////
//
// J_Singleton.java
//
// 开发者：雍俊海
// /////////////////////////////////////////////////
// 简介:
//    单体类实现例程
```

**J**ava 程序设计教程（第 3 版）

```
// ///////////////////////////////////////////////////
public class J_Singleton
{
    private static J_Singleton m_object;

    // 定义构造方法：不允许自行创建这个类的实例对象
    private J_Singleton( )
    {
    } // J_Singleton 构造方法结束

    // 返回单体实例对象的引用(如果还没有创建对象，则创建该对象)
    public static J_Singleton mb_getObject( )
    {
        if (m_object == null)
            m_object = new J_Singleton( );
        return m_object;
    } // 方法 mb_getObject 结束
} // 类 J_Singleton 结束
```

改写前后的两个单体类的功能是一样的，只是它们的实例对象的创建时机不同，即后一个单体类的实例对象要等到第一次需要使用该实例对象（即调用成员方法 mb_getObject）时才创建。后一种方法在有些时候可能更有利些，因为有时单体类的实例对象的初始化只有在程序运行到一定阶段时才能获得足够的数据。

这里可能需要指出的是，上面构造的单体类 J_Singleton 不能派生出子类。因为类 J_Singleton 的构造方法的封装性采用私有模式，所以只有类 J_Singleton 本身可以调用其构造方法，而其他类都不允许调用类 J_Singleton 的构造方法。根据 Java 对继承性的规定，子类构造方法一定要调用其父类的构造方法，这与类 J_Singleton 的构造方法的私有模式形成了矛盾，从而上面定义的两个单体类 J_Singleton 都不能派生出子类。

## 6.3.2　单体类 Runtime

包 java.lang 提供了一个单体类 java.lang.Runtime。这个类为 Java 应用程序提供一些运行环境接口，例如运行控制台窗口命令或查询 Java 虚拟机的内存使用情况等。在类 java.lang.Runtime 的定义中，与单体类实现原理相关部分的源程序如下：

```
public class Runtime
{
    private static Runtime currentRuntime = new Runtime( );

    public static Runtime getRuntime( )
    {
        return currentRuntime;
    }

    /** Don't let anyone else instantiate this class */
```

```
        private Runtime( )
        {
        }
        //…
}
```

上面的源程序来自 Sun 公司所提供的源代码，只是去掉了其中的部分注释并作了一些格式调整。下面介绍类 java.lang.Runtime 的几个常用的成员方法。

类 java.lang.Runtime 的成员方法

```
public static Runtime getRuntime( )
```

返回类 **java.lang.Runtime 的唯一的实例对象的引用值**。下面假设变量 r 已经指向类 java.lang.Runtime 的实例对象。

类 java.lang.Runtime 的成员方法

```
public int availableProcessors( )
```

返回 Java 虚拟机可以使用的**计算机处理器的个数**。因为能够运行 Java 虚拟机的计算机一定有处理器，所以返回值一定会大于或等于 1。

类 java.lang.Runtime 的成员方法

```
public Process exec(String command) throws IOException
```

可以用来**启动外部的程序**。例如：语句

```
r.exec("cmd /c start dir");
```

可以**启动一个 DOS 窗口**，并在该窗口中执行显示文件和目录列表的命令（即 "dir" 命令），其中，"/c" 是 "cmd" 命令的一个选项，表示执行后面的字符串命令。又如，语句

```
r.exec("notepad");
```

**启动记事本程序**（"notepad"）。这里需要注意的是，这个成员方法（exec）有可能会抛出 java.io.IOException 类型的异常，因此在程序中应当处理 java.io.IOException 异常。

类 java.lang.Runtime 的成员方法

```
public void gc( )
```

等价于类 java.lang.System 的静态成员方法 gc。只是方法 "System.gc( )" 更常用一些。这两个方法都是用来**要求系统尽快进行垃圾回收**。不过，Java 虚拟机不一定会立即进行垃圾回收。具体的回收时机由 Java 虚拟机根据具体情况确定。

类 java.lang.Runtime 的成员方法

```
public long freeMemory( )
```

返回 Java 虚拟机所占用的**空闲内存的大致字节数**。在调用类 java.lang.Runtime 的成员方法 gc 之后，这个数有可能会增大。

类 java.lang.Runtime 的成员方法

```
public long totalMemory( )
```

返回 Java 虚拟机所占用的内存字节数。

类 java.lang.Runtime 的成员方法

```
public long maxMemory( )
```

返回 Java 虚拟机可以用的最大内存字节数。

下面给出类 **java.lang.Runtime** 的这些成员方法的应用例程。例程的源文件名为 J_RuntimeExample.java，内容如下：

```java
// /////////////////////////////////////////////////
//
// J_RuntimeExample.java
//
// 开发者：雍俊海
// /////////////////////////////////////////////////
// 简介：
//     类 java.lang.Runtime 的应用例程
// /////////////////////////////////////////////////
public class J_RuntimeExample
{
    public static void main(String args[ ])
    {
        Runtime r = Runtime.getRuntime( );
        System.out.println("处理器个数是" + r.availableProcessors( ));
        try
        {
            r.exec("cmd /c start dir");
            r.exec("notepad");
        }
        catch(Exception e)
        {
            System.err.println("命令运行不正常!");
            e.printStackTrace( );
        } // try-catch 结构结束
        System.out.println("可用的最大内存为: " + r.maxMemory( ));
        System.out.println("现在的总内存为: " + r.totalMemory( ));
        System.out.println("现在空闲内存为: " + r.freeMemory( ));
        r.gc( );
        System.out.println("现在空闲内存为: " + r.freeMemory( ));
    } // 方法 main 结束
} // 类 J_RuntimeExample 结束
```

编译命令为：

```
javac J_RuntimeExample.java
```

执行命令为：

```
java J_RuntimeExample
```

最后执行的结果是

（1）启动一个 DOS 窗口，并在该窗口中执行显示文件和目录列表的命令（即"dir"命令）；

（2）启动一个记事本程序（"notepad"）；

（3）在控制台窗口中输出：

```
处理器个数是 1
可用的最大内存为：66650112
现在的总内存为：2031616
现在空闲内存为：1780832
现在空闲内存为：1842528
```

上面在控制台窗口中输出的数值与具体所使用的计算机的配置是相关的，因此具体的值在不同的计算机中会有些不同。从上面的运行结果可以看出，在运行完语句"r.gc( );"之后，有些不用的内存已经得到回收导致空闲内存字节数增大。

# 6.4 本章小结

Java 语言提供的异常处理方法给程序设计带来便利，使得各种异常情况（包括自定义的异常情况）可以统一集中处理，从而可以减少各种异常处理分支，简化程序流程框架，提高程序的编写效率与程序健壮性。虽然 Java 语言提供了异常处理方法，但是并不意味着程序可以不处理各种异常情况。对各种异常情况的处理能力是软件健壮性的重要标志之一。递归方法是一种程序设计方法。它为一些实际问题提供了求解方法。合理地利用递归有可能会增加程序代码的可读性并提高程序逻辑的清晰性。在应用递归方法时，应当注意方法嵌套调用的深度层次。如果层次深度过大，则可能引起过大的内存开销，从而引起 Java 虚拟机的代码堆栈溢出。本章介绍的单体类的设计方法确保一个单体类只有一个实例对象。这个实例对象在单体类内部创建，并且可以被其他类访问。因为本章介绍的单体类的构造方法采用了私有模式，所以它不能派生出子类。

# 习题

1．请简述异常处理的方法。
2．请阐述递归方法的基本要求。
3．请阐述单体程序设计模式的特点。
4．请写出下面程序的输出结果。

```
// ///////////////////////////////////////////////
//
// J_Test.java
//
// 开发者：雍俊海
// ///////////////////////////////////////////////
// 简介：
//      异常处理例程
// ///////////////////////////////////////////////
public class J_Test
{
    public static void mb_createException( )
    {
        throw new ArrayIndexOutOfBoundsException( );
    } // 方法 mb_createException 结束

    public static void mb_method( )
    {
        try
        {
            mb_createException( );
            System.out.print("a");
        }
        catch (ArithmeticException  e)
        {
            System.err.print("b");
        }
        finally
        {
            System.out.print("c");
        } // try-catch-finally 结构结束
        System.out.print("d");
    } // 方法 mb_method 结束

    public static void main(String args[ ])
    {
        try
        {
            mb_method( );
        }
        catch (Exception e)
        {
            System.err.print('m');
        } // try-catch 结构结束
        System.out.print('n');
    } // 方法 main 结束
} // 类 J_Test 结束
```

5．请编写程序。要求该程序含有一个成员方法 mb_calculate，其参数为整数（int）变量 $n$，其返回值为在利用 6.2 节例程的 J_Fibonacci 类的成员方法 mb_fibonacci($n$)计算 Fibonacci($n$)的值时所需的调用成员方法 mb_fibonacci 的次数。同时要求该程序含有 main 成员方法，并在 main 成员方法中计算并输出 mb_calculate(20)和 mb_fibonacci(20)的值。

6．请编写程序。要求该程序含有一个成员方法 mb_calculate，其参数为整数（int）变量 $n$，其返回值为在利用 6.2 节例程求解 $n$ 个盘的汉诺塔问题时盘的移动次数。同时要求该程序含有 main 成员方法，并在 main 成员方法中计算并输出 mb_calculate(10)的值。

7．请编写程序。要求分别采用递归方法和非递归方法计算 $n$ 的阶乘：$n!=n*(n-1)*\cdots*1$，其中，$n$ 为大于 0 的整数。要求在控制台窗口中分别输出采用这两种方法计算从 1 到 10 的阶乘结果。

8．请编写程序。设计一个类，要求这个类存在并且只能存在两个实例对象。

9．请编写程序。给定大于 0 的整数 $n$，要求输出由 1 元、2 元和 5 元纸币组成 $n$ 元钱的所有方案。

10．思考题：请分析 6.2 节计算 Fibonacci 数的例程，然后设计算法并编写程序采用非递归的方法计算 Fibonacci 数。

CHAPTER 7

第7章　　　　　　文件与数据流

　　文件是用来存储计算机数据的，是计算机软件的重要组成部分。它可以存放在多种介质中，例如硬盘、软盘和光盘，而且还可以通过网络传输。内存也可以存储计算机数据,但与存储在硬盘上的文件数据相比，存储在内存中的数据在计算机关机或掉电时一般就会消失。因此，文件是使在计算机上的工作得以延续的一种重要媒介。另外，计算机程序在执行时，要求被处理的数据必须先加载到内存中。因此，一方面需要将位于内存中的数据保存到文件中，以便长期使用；另一方面又需要将在文件中的数据加载到内存中，以便计算机处理。

　　在文件中的数据只是一连串的字节或字符，并没有明显的结构。文件数据的内部结构需要由程序自己定义与处理。因此，Java 语言将文件看作字节或字符序列的集合。组成文件的字节序列或字符序列分别被称为字节流或字符流。Java 语言将文件与标准输入或输出统一起来进行处理。Java 语言提供了非常丰富的类来处理目录、文件及文件数据。这些类主要位于包"java.io"中。另外，还有个别一些类位于其他包中，例如："java.util.zip"包的类主要对压缩文件进行处理。

# 7.1　输入流与输出流

　　输入流将数据从文件、标准输入或其他外部输入设备中加载到内存。输出流的作用则刚好相反，即将在内存中的数据保存到文件中，或传输给输出设备。输入流在 Java 语言中对应于抽象类 java.io.InputStream 及其子类，输出流对应于抽象类 java.io.OutputStream 及其子类。抽象类 java.io.InputStream 与 java.io.OutputStream 定义了输入流和输出流的基本操作。

## 7.1.1　InputStream 和 FileInputStream

　　因为 java.io.InputStream 是抽象类，所以不能通过"new InputStream( )"的方式构造 java.io.InputStream 实例对象。但它定义了输入流的基本操作，如：

读数据（read）和关闭输入流等。下面给出一个 屏幕输入回显（echo）例程 。例程的源文件名为 J_Echo.java，其内容如下：

```
// ///////////////////////////////////////////////
//
// J_Echo.java
//
// 开发者：雍俊海
// ///////////////////////////////////////////////
// 简介：
//      回显(echo)例程
// ///////////////////////////////////////////////
import java.io.InputStream;
import java.io.IOException;

public class J_Echo
{
    public static void mb_echo(InputStream in)
    {
        try
        {
            while (true) // 接受输入并回显
            {
                int i = in.read( );
                if (i == -1) // 输入流结束
                    break;
                char c = (char) i;
                System.out.print(c);
            } // while 循环结束
        }
        catch (IOException e)
        {
            System.err.println("发生异常:" + e);
            e.printStackTrace( );
        } // try-catch 结构结束
        System.out.println( );
    } // 方法 mb_echo 结束

    public static void main(String args[ ])
    {
        mb_echo(System.in);
    } // 方法 main 结束
} // 类 J_Echo 结束
```

编译命令为：

```
javac J_Echo.java
```

执行命令为：

```
java J_Echo
```

最后执行结果的示例如图 7.1 所示。为了区分键盘输入的内容与屏幕回显的内容，图 7.1 分别采用不同的字体表示。在 UNIX 或 Linux 系统中，流的结束标志是 Control-D，即同时按下键盘上的 Control 键（在有些键盘上简写为 Ctrl）与字母 D 键（或先按住 Control 键不放，再按下字母 D 键，然后同时释放这两个键）。在微软的 Windows 系列操作系统下，流的结束标志是 Control-Z，即同时按下 Control 键与字母 Z 键。

| | |
|---|---|
| 键盘输入： | ***This program realizes "echo" function.*** |
| 屏幕回显： | This program realizes "echo" function. |
| 键盘输入： | ***To end the input, press Control-D in linux/UNIX,*** |
| 屏幕回显： | To end the input, press Control-D in linux/UNIX, |
| 键盘输入： | ***or Control-Z under Windows operation-system.*** |
| 屏幕回显： | or Control-Z under Windows operation-system. |
| 同时按下 Control 键与 D 键： | ^*D* |
| 屏幕回显： | ◆ |
| 同时按下 Control 键与 Z 键： | ^*Z* |

图 7.1　回显（echo）例程运行结果示例

在上面例程中，System.in 是 java.io.InputStream 类型的变量，对应于标准输入，主要用于接受键盘的输入。因此可以将 System.in 作为参数传递给成员方法 mb_echo。上面的例程通过抽象类 java.io.InputStream 的成员方法

```
public abstract int read( ) throws IOException
```

从输入流读入一个字节。如果到达输入流的末尾，则返回–1。从标准输入中读取数据，并不是每输入一个字母就形成输入流，而是当输入回车符之后才开始将一整行字符组合成为输入流。因此，上面执行的结果是键盘输入内容与屏幕回显内容在控制台窗口中交替隔行排列。上面的例程还用到变量 System.err，它是 java.io.PrintStream 类型的变量，表示标准错误输出流，通常用来在控制台窗口中输出错误信息。这里需要说明的是，目前输入流对中文的支持并不是十分完善。因此，如果在运行上面的例程时输入中文字符，则常常无法正常显示。除了读入字节的成员方法，抽象类 java.io.InputStream 的常用成员方法还有

```
public void close( ) throws IOException
```

该成员方法关闭输入流并释放与该输入流相关联的系统资源。

因为 java.io.InputStream 是抽象类，所以不能直接通过"new InputStream( )"的方法构造 java.io.InputStream 的实例对象。但是可以通过构造抽象类 java.io.InputStream 的子类的实例对象获得 java.io.InputStream 类型的实例对象。类 java.io.FileInputStream 是抽象类 java.io.InputStream 的子类。创建类 **java.io.FileInputStream 的实例对象**，可以通过类 java.io.FileInputStream 构造方法

```
public FileInputStream(String name) throws FileNotFoundException
```

其中参数 name 指定文件名。例如：下面的语句

```
new FileInputStream("test.txt");
```

创建了文件"test.txt"所对应的类 java.io.FileInputStream 的实例对象。

**对文件内容进行操作的基本步骤**如下：

（1）创建该文件所对应的输入/输出流或读写器的实例对象，以获得相关的系统资源，例如，存放该文件信息的内存空间以及对该文件的控制权限；

（2）对该文件进行读（输入）/写（输出）操作；

（3）最后调用 close 成员方法，关闭文件，以释放所占用的系统资源。

因为类 java.io.FileInputStream 是抽象类 java.io.InputStream 的子类，所以类 java.io.FileInputStream 的实例对象同样可以调用相应的 read 成员方法从输入流**读入字节**，并通过 close 成员方法**关闭输入流**。下面给出一个**读入文件"test.txt"的内容并输出的例程**。例程的源文件名为 J_EchoFile.java，其内容如下：

```java
// ///////////////////////////////////////////////
//
// J_EchoFile.java
//
// 开发者：雍俊海
// ///////////////////////////////////////////////
// 简介：
//     读取文件"test.txt"内容的例程
// ///////////////////////////////////////////////
import java.io.FileInputStream;
import java.io.IOException;

public class J_EchoFile
{
    public static void main(String args[ ])
    {
        try
        {
            FileInputStream f =new FileInputStream("test.txt");
            int i;
            int b=f.read( );
            for (i=0; b!=-1; i++)
            {
                System.out.print((char)b);
                b=f.read( );
            } // for 循环结束
            System.out.println( );
            System.out.println("文件\"test.txt\"字节数为"+i);
```

```
            f.close( );
        }
        catch (IOException e)
        {
            System.err.println("发生异常:" + e);
            e.printStackTrace( );
        } // try-catch 结构结束
    } // 方法 main 结束
} // 类 J_EchoFile 结束
```

编译命令为：

```
javac J_EchoFile.java
```

执行命令为：

```
java J_EchoFile
```

上面的例程在运行时要求在当前路径下存在文件"test.txt"。最后执行的结果是将文件
"test.txt"的内容显示在控制台窗口中，并显示该文件的字节数。如果在当前目录（即
"J_EchoFile.java"所在的目录）下不存在文件"test.txt"，则会输出一条异常信息。同样如
果文件"test.txt"含有中文字符，则这些中文字符不一定能在控制台窗口中正常显示。

## 7.1.2　OutputStream 和 FileOutputStream

抽象类 java.io.OutputStream 用来处理输出流的类。它定义了输出流的各种基本操作，
如输出数据（write）和关闭输出流等。下面给出一个<u>输出流的应用例程</u>。例程的源文件名
为 J_Write.java，其内容如下：

```
// ///////////////////////////////////////////////////
//
// J_Write.java
//
// 开发者：雍俊海
// ///////////////////////////////////////////////////
// 简介：
//    输出流例程
// ///////////////////////////////////////////////////
import java.io.IOException;
import java.io.OutputStream;

public class J_Write
{
    public static void mb_write(OutputStream out)
    {
        String s = "输出流例程";
        byte[ ] b = s.getBytes( );
```

```
        try
        {
            out.write(b);
            out.flush( );
        }
        catch (IOException e)
        {
            System.err.println("发生异常:" + e);
            e.printStackTrace( );
        } // try-catch 结构结束
    } // 方法 mb_write 结束

    public static void main(String args[ ])
    {
        mb_write(System.out);
    } // 方法 main 结束
} // 类 J_Write 结束
```

编译命令为:

```
javac J_Write.java
```

执行命令为:

```
java J_Write
```

最后执行的结果是在控制台窗口中输出:

输出流例程

在上面的例程中,System.out 是 java.io.OutputStream 类型的变量,对应于 标准输出,主要用来在控制台窗口中输出信息。抽象类 java.io.OutputStream 的成员方法

```
public void write(byte[ ] b) throws IOException
```

将字节数组 b 的各个 字节写入到当前文件中。抽象类 java.io.OutputStream 的成员方法

```
public void write(int b) throws IOException
```

将由参数 b 低 8 位组成的 1 个字节写入到当前文件中。在调用抽象类 java.io.OutputStream 的 write 成员方法之后,常常会调用抽象类 java.io.OutputStream 的 强制输出 成员方法

```
public void flush( ) throws IOException
```

这往往是很有必要的,因为目前的计算机系统为提高运行效率,常常采用缓存机制。这样,在调用成员方法 write 之后,常常不会将数据直接输出或写入文件,而是暂时保存在缓存中。当数据积累到了一定程度时,才会真正往外输出数据。调用成员方法 flush 就是为了强制立即输出数据。这样,在调用成员方法 flush 之后,一般马上就可以看到输出结果。抽象类 java.io.OutputStream 的成员方法

```
public void close( ) throws IOException
```

关闭输出流，并释放与该输出流相关联的系统资源。

因为 java.io.OutputStream 是抽象类，所以不能直接通过"new OutputStream ( )"的方法构造 java.io.OutputStream 的实例对象。但是可以通过构造抽象类 java.io.OutputStream 的子类的实例对象获得 java.io.OutputStream 类型的实例对象。类 java.io.FileOutputStream 是抽象类 java.io.OutputStream 的子类。创建类 **java.io.FileOutputStream 的实例对象**，可以通过类 java.io.FileOutputStream 构造方法

(1) public FileOutputStream(String name) throws FileNotFoundException
(2) public FileOutputStream(String name, boolean append) throws
    FileNotFoundException

来完成，其中，参数 name 指定文件名，参数 append 指定写入的方式。当参数 append 为 true 时，数据将被添加到文件已有内容的末尾处。而当参数 append 为 false 时，文件已有的内容将被新写入的内容覆盖。如果上面的构造方法不含参数 append，则采用 append 为 false 的默认方式，即文件已有的内容将被新写入的内容覆盖。

因为类 java.io.FileOutputStream 是抽象类 java.io.OutputStream 的子类，所以类 java.io.FileOutputStream 的实例对象同样可以调用相应的 write 成员方法将数据写入文件，并通过 close 成员方法关闭输出流。采用类 java.io.FileOutputStream 将数据写入文件，同样遵循文件内容操作的基本步骤，即：

（1）创建类 java.io.FileOutputStream 的实例对象，以获得相关的文件资源；

（2）通过类 java.io.FileOutputStream 的 write 成员方法将数据写入文件中；在这中间，还可以通过类 java.io.FileOutputStream 的 flush 成员方法强制输出；

（3）最后，调用类 java.io.FileOutputStream 的 close 成员方法，关闭文件，以释放所占用的系统资源。

下面给出一个将字符串写入到文件"out.txt"的例程。例程的源文件名为 J_WriteFile.java，其内容如下：

```
// //////////////////////////////////////////////////
//
// J_WriteFile.java
//
// 开发者：雍俊海
// //////////////////////////////////////////////////
// 简介：
//     文件输出流例程
// //////////////////////////////////////////////////
import java.io.FileOutputStream;
import java.io.IOException;

public class J_WriteFile
{
```

```
public static void main(String args[ ])
{
    String s = "文件输出流例程";
    byte[ ] b = s.getBytes( );
    try
    {
        FileOutputStream f = new FileOutputStream("out.txt");
        f.write(b);
        f.flush( );
        f.close( );
    }
    catch (IOException e)
    {
        System.err.println("发生异常:" + e);
        e.printStackTrace( );
    } // try-catch 结构结束
} // 方法 main 结束
} // 类 J_WriteFile 结束
```

编译命令为：

javac J_WriteFile.java

执行命令为：

java J_WriteFile

最后执行的结果是文件"out.txt"的内容变为：

文件输出流例程

创建类 java.io.FileOutputStream 的实例对象以及调用类 java.io.FileOutputStream 的 write 成员方法等有可能产生异常。因此，一般需要采用 try-catch 结构或 try-catch-finally 结构处理相应的异常。

## 7.1.3 PrintStream

类 java.io.PrintStream 是非常重要的输出流类。表示标准输出并用来在控制台窗口中输出信息的 System.out 是 java.io.PrintStream 类型的变量。类 java.io.PrintStream 具有非常良好的特性：

（1）它包含可以用来直接输出多种类型数据的不同成员方法；

（2）它的大部分成员方法不抛出异常；

（3）可以选择是否采用自动强制输出（flush）特性。如果采用自动强制输出特性，则当输出回车换行时，在缓存中的数据一般会全部自动写入指定的文件或在控制台窗口中显示。

创建类 java.io.PrintStream 的实例对象，可以通过类 java.io.PrintStream 的构造方法

```
(1) public PrintStream(OutputStream out)
(2) public PrintStream(OutputStream out, boolean autoFlush)
(3) public PrintStream(String fileName) throws FileNotFoundException
```

其中，参数 out 或 fileName 指定输出文件，参数 autoFlush 指定是否采用自动强制输出特性。当参数 autoFlush 为 true 时，采用自动强制输出特性；否则，不采用自动强制输出特性。如果上面的构造方法不含参数 autoFlush，则不采用自动强制输出特性。

　　类 java.io.PrintStream 提供多种**数据输出**成员方法。类 java.io.PrintStream 的成员方法

```
public void write(int b)
```

将由参数 b 低 8 位组成的 1 个字节写入到当前文件中。类 java.io.PrintStream 的成员方法

```
(1)  public PrintStream append(char c)
(2)  public void print(boolean b)
(3)  public void print(char c)
(4)  public void print(int i)
(5)  public void print(long l)
(6)  public void print(float f)
(7)  public void print(double d)
(8)  public void print(char[ ] s)
(9)  public void print(String s)
(10) public void print(Object obj)
```

将各个参数指定的数据写入到当前文件中。类 java.io.PrintStream 的成员方法

```
(1) public void println(boolean x)
(2) public void println(char x)
(3) public void println(int x)
(4) public void println(long x)
(5) public void println(float x)
(6) public void println(double x)
(7) public void println(char[ ] x)
(8) public void println(String x)
(9) public void println(Object x)
```

将各个参数指定的数据以及换行符写入到当前文件中。在不同的操作系统中，换行符所对应的字符可能会不相同。类 java.io.PrintStream 的成员方法

```
public void println( )
```

将换行符写入到当前文件中。类 java.io.PrintStream 的成员方法

```
(1) public PrintStream format(String format, Object… args)
(2) public PrintStream printf(String format, Object… args)
```

采用格式字符串指定数据，并将数据写入到当前文件中，其中参数 format 指定格式字符串，

其他参数指定在格式字符串中对应的具体数据。**格式字符串**是嵌有若干格式的字符串，其中格式的基本形式为

%[*参数索引*$][*字符集类型*][*宽度*][.*精度*]*变换类型*

在参数 format 之后的参数将根据上面的格式转换成为相应的字符串嵌入在格式所在的位置上。在上面的格式基本形式中，"[ ]"只是用来表示可选项，即表示中括号及其内部的内容可以不是格式的组成部分。"参数索引$"是可选项，表示在当前格式所在的位置上将采用除去参数 format 之外的第几个参数进行转换，即在方法参数与当前格式所在的位置之间建立起对应关系。例如：若"参数索引$"为"1$"，则采用除去参数 format 之外的第 1 个参数；若"参数索引$"为"2$"，则采用除去参数 format 之外的第 2 个参数。如果在格式中不含选项"参数索引$"，则默认为除去参数 format 之外的第 1 个参数。字符集类型是可选项，表示输出格式的字符集。宽度是可选项，而且应是一个大于 0 的十进制整数，表示在转换之后应当包含的最少字符数。".精度"是可选项，其中，精度是一个大于 0 的十进制整数，表示转换精度。变换类型是必选项，具体含义参见表 7.1。在表 7.1 的示例中，设已经定义了如下的变量：

```
PrintStream f = System.out;
```

表 7.1　在格式字符串中的变换类型

| 变换类型 | 含义 | 举例 |
| --- | --- | --- |
| 字符'b' | 如果对应的参数是"(引用数据类型)null"，其中，引用数据类型应当给出具体的类型，则转换结果为"false"；如果对应的参数直接就是 null，则将出现编译警告，转换结果为"false"；如果对应的参数是布尔类型（boolean）或 java.lang.Boolean 类型的值，则转换结果为该参数所对应的字符串；否则，转换结果为"true" | 例如：f.printf("%1$b", 0);<br>输出：true<br><br>例如：f.printf("%1$b", (String)null);<br>输出：false<br><br>例如：f.printf("%b", false);<br>输出：false |
| 字符'B' | 将变换类型'b'的转换结果变为大写字符 | 例如：f.printf("%1$B", true);<br>输出：TRUE |
| 字符'c' | 转换结果为对应参数的 Unicode 字符 | 例如：f.printf("%1$c", 'A');<br>输出：A |
| 字符'C' | 将变换类型'c'的转换结果变为大写字符 | 例如：f.printf("%1$C", 'A');<br>输出：A |
| 字符'd' | 这时要求对应的参数为整数，转换结果为参数所对应的十进制整数 | 例如：f.printf("%1$d", 12);<br>输出：12 |
| 字符'o' | 这时要求对应的参数为整数，转换结果为参数所对应的八进制整数 | 例如：f.printf("%1$o", 12);<br>输出：14 |
| 字符'x' | 这时要求对应的参数为整数，转换结果为参数所对应的十六进制整数 | 例如：f.printf("%1$x", 10);<br>输出：a |
| 字符'X' | 将变换类型'x'的转换结果变为大写字符 | 例如：f.printf("%1$X", 10);<br>输出：A |

| 变换类型 | 含义 | 举例 |
|---|---|---|
| 字符'e'或'E'或'f'或'g'或'G' | 这时要求对应的参数为浮点数，转换结果为参数所对应的十进制浮点数 | 例如：f.printf("%1$e", 12.3);<br>输出：1.230000e+01 |
| 字符'a' | 这时要求对应的参数为浮点数，转换结果为参数所对应的十六进制浮点数，采用小写字符表示 | 例如：f.printf("%1$a", 12.3);<br>输出：0x1.899999999999ap3 |
| 字符'A' | 将变换类型'a'的转换结果变为大写字符 | 例如：f.printf("%1$A", 12.3);<br>输出：0X1.899999999999AP3 |
| 字符'h' | 如果对应的参数是 null，则转换结果为"null"；否则，转换结果为对应参数的十六进制哈希码（例如：通过 Integer.toHexString(参数.hashCode( )) 获得）。十六进制哈希码采用小写字符表示 | 例如：f.printf("%1$h", f);<br>输出：89ae9e |
| 字符'H' | 将变换类型'h'的转换结果变为大写字符 | 例如：f.printf("%1$H", f);<br>输出：89AE9E |
| 字符's' | 如果对应的参数是 null，则转换结果为"null"；否则，转换结果为参数所对应的字符串 | 例如：f.printf("%1$s", "ab");<br>输出：ab |
| 字符'S' | 将变换类型's'的转换结果变为大写字符 | 例如：f.printf("%S", "ab");<br>输出：AB |
| 字符'n' | 表示换行符，与参数无关 | 例如：f.printf("1%n2");<br>输出：1<br>2 |

类 java.io.PrintStream 的成员方法

```
public void flush( )
```

进行强制输出。类 java.io.PrintStream 的成员方法

```
public void close( )
```

关闭输出流并释放与该输出流相关联的系统资源。该成员方法在关闭输出流之前通常会进行强制输出操作。

下面给出一个**类 java.io.PrintStream 的应用例程**。例程的源文件名为 J_PrintStream.java，其内容如下：

```
// ///////////////////////////////////////////////
//
// J_PrintStream.java
//
// 开发者：雍俊海
// ///////////////////////////////////////////////
// 简介：
//      PrintStream 例程
// ///////////////////////////////////////////////
import java.io.PrintStream;
import java.io.FileNotFoundException;
```

```
public class J_PrintStream
{
    public static void main(String args[ ])
    {
        try
        {
            PrintStream f = new PrintStream("out.txt");
            f.printf("%1$d+%2$d=%3$d", 1, 2, (1+2));
            f.close( );
        }
        catch (FileNotFoundException e)
        {
            System.err.println("发生异常:" + e);
            e.printStackTrace( );
        } // try-catch 结构结束
    } // 方法 main 结束
} // 类 J_PrintStream 结束
```

编译命令为：

```
javac J_PrintStream.java
```

执行命令为：

```
java J_PrintStream
```

最后执行的结果是文件"out.txt"的内容变成为：

```
1+2=3
```

类 java.io.PrintStream 与抽象类 java.io.OutputStream 的其他子类相比在使用上显得更为方便一些。它提供了更多的输出成员方法，而且基本上不用处理异常。

## 7.1.4　数据的输入流和输出流

数据的输入流与输出流对应的类分别是类 java.io.DataInputStream 与 java.io.DataOutputStream，主要用来读取与存储基本数据类型的数据，而且每个基本数据类型数据存储的字节数与它在内存中的占用字节数相同，例如：整数（int）类型的数据占用 4 个字节。因为数据流的存储格式采用统一的形式，所以数据的输入流与输出流的平台相关性较小。一般说来，输入流与输出流在使用上应当互相配套，例如：采用数据输入流（DataInputStream）读取数据输出流（DataOutputStream）存储的数据。

创建数据输入流（**DataInputStream**）的实例对象，可以通过类 java.io.DataInputStream 的构造方法

```
public DataInputStream(InputStream in)
```

其中参数 in 指定输入流，通常是类 java.io.FileInputStream 的实例对象。例如：语句

```
FileInputStream f= new FileInputStream("test.txt");
DataInputStream df= new DataInputStream(f);
```

创建文件"test.txt"所对应的数据输入流。

**创建数据输出流（DataOutputStream）的实例对象**，可以通过类 java.io. DataOutput-Stream 的构造方法

```
public DataOutputStream(OutputStream out)
```

其中参数 out 指定输出流，通常是类 java.io.FileOutputStream 的实例对象。

通过数据输出流可以**输出数据**。类 java.io.DataOutputStream 兼容抽象类 java.io. OutputStream 的成员方法

```
public void write(byte[ ] b) throws IOException
```

将字节数组 b 的各个字节写入到当前文件中。类 java.io.DataOutputStream 兼容抽象类 java.io. OutputStream 的成员方法

```
public void write(int b) throws IOException
```

将由参数 b 低 8 位组成的 1 个字节写入到当前文件中。除了兼容抽象类 java.io.OutputStream 的成员方法 write 之外，类 java.io.DataOutputStream 还提供输出每种基本数据类型数据的成员方法。类 java.io.DataOutputStream 的成员方法

```
(1) public final void writeBoolean(boolean v) throws IOException
(2) public final void writeByte(int v) throws IOException
(3) public final void writeShort(int v) throws IOException
(4) public final void writeChar(int v) throws IOException
(5) public final void writeInt(int v) throws IOException
(6) public final void writeLong(long v) throws IOException
(7) public final void writeFloat(float v) throws IOException
(8) public final void writeDouble(double v) throws IOException
```

将由参数 v 指定的基本数据类型数据写入到当前文件中，而且写入的字节数与基本数据类型规定的字节数相同，例如：布尔（boolean）类型为 1 个字节、字符（char）类型为 2 个字节、字节（byte）类型为 1 个字节、短整数（short）类型为 2 个字节、整数（int）类型为 4 个字节、长整数（long）类型为 8 个字节、单精度浮点数（float）类型为 4 个字节和双精度浮点数（double）类型为 8 个字节。对于成员方法 writeBoolean，当参数 v 为 true 时，写入文件的数据为单个字节的 1；当参数 v 为 false 时，写入文件的数据为单个字节的 0。

类 java.io.DataOutputStream 的成员方法兼容抽象类 java.io.OutputStream 的

```
public void flush( ) throws IOException
```

**强制立即输出在缓存中的当前文件待输出的数据**。

与数据输出流相配套，通过数据输入流可以**读取数据**。除了兼容抽象类 java.io.InputStream 的成员方法 read 之外，类 java.io.DataInputStream 还提供读取每种基本

数据类型数据的成员方法。类 java.io.DataInputStream 的成员方法

```
(1) public final boolean readBoolean( ) throws IOException
(2) public final byte readByte( ) throws IOException
(3) public final short readShort( ) throws IOException
(4) public final char readChar( ) throws IOException
(5) public final int readInt( ) throws IOException
(6) public final long readLong( ) throws IOException
(7) public final float readFloat( ) throws IOException
(8) public final double readDouble( ) throws IOException
```

分别从当前文件中读取基本数据类型的数据。这些数据的格式与数据输出流相应成员方法
输出的格式相同。例如：readBoolean 成员方法要求数据占有 1 个字节。

　　类 java.io.DataInputStream 和类 java.io.DataOutputStream 均含有成员方法

```
public void close( ) throws IOException
```

该成员方法关闭数据流并释放与该数据流相关联的系统资源。

　　下面给出一个数据输入流和数据输出流的例程。例程的源文件名为 J_Data.java，其内
容如下：

```
// /////////////////////////////////////////////////////
//
// J_Data.java
//
// 开发者：雍俊海
// /////////////////////////////////////////////////////
// 简介：
//     数据输入流(DataInputStream)和
//     数据输出流(DataOutputStream)例程
// /////////////////////////////////////////////////////
import java.io.DataInputStream;
import java.io.DataOutputStream;
import java.io.FileInputStream;
import java.io.FileOutputStream;

public class J_Data
{
    public static void main(String args[ ])
    {
        try
        {

            FileOutputStream fout = new FileOutputStream("out.txt");
            DataOutputStream dfout = new DataOutputStream(fout);
            int i;
```

```
            for (i=0; i< 4; i++)
                dfout.writeInt('0' + i);
            dfout.close( );

            FileInputStream fin= new FileInputStream("out.txt");
            DataInputStream dfin= new DataInputStream(fin);
            for (i=0; i< 4; i++)
                System.out.print(dfin.readInt( ) + ", ");
            dfin.close( );
        }
        catch (Exception e)
        {
            System.err.println("发生异常:" + e);
            e.printStackTrace( );
        } // try-catch 结构结束
    } // 方法 main 结束
} // 类 J_Data 结束
```

编译命令为：

```
javac J_Data.java
```

执行命令为：

```
java J_Data
```

最后执行的结果是在文件"out.txt"中写入 4 个整数，分别为 48、49、50 和 51。这时在文件中存储 16 个字节的数据，这 16 字节的数值分别为 0、0、0、48、0、0、0、49、0、0、0、50、0、0、0 和 51。接着在控制台窗口中输出

```
48, 49, 50, 51,
```

采用数据输入流和数据输出流在读取与输出数据时应当配套。例如：如果将上面例程的 readInt 改为 readShort，则将在控制台窗口中输出

```
0, 48, 0, 49,
```

即出现读取的数据与写入数据在逻辑上具有不同含义的现象。这可能会引发一些数据逻辑错误。

## 7.1.5 带缓存的输入流和输出流

带缓存的输入流和输出流对应的类是 java.io.BufferedInputStream 和 java.io. BufferedOutputStream。这两个类通过缓存机制进一步增强了输入流（InputStream）和输出流（OutputStream）读取和存储数据的效率。当创建 java.io.BufferedInputStream 或 java.io.BufferedOutputStream 的实例对象时，均会在内存中开辟一个字节数组的存储单元（一般称为缓存），用来存放在数据流中的数据。这样，借助于字节数组缓存，在读取或存

储数据时可以将一个较大数据块读入内存中，或将在内存中较大数据块一次性写入指定的文件中，从而达到提高读/写效率的目的。

创建带缓存的输入流（**BufferedInputStream**）的实例对象，可以通过类 java.io. BufferedInputStream 的构造方法

```
(1) public BufferedInputStream(InputStream in)
(2) public BufferedInputStream(InputStream in, int size)
```

来完成，其中，参数 in 指定输入流，通常是类 java.io.FileInputStream 的实例对象；参数 size 为大于 0 的整数，指定缓存的大小。如果上面的构造方法不含参数 size，则缓存大小由系统指定。

创建带缓存的输出流（**BufferedOutputStream**）的实例对象，可以通过类 java.io. BufferedOutputStream 的构造方法

```
(1) public BufferedOutputStream(OutputStream out)
(2) public BufferedOutputStream(OutputStream out, int size)
```

来完成，其中，参数 out 指定输出流，通常是类 java.io.FileOutputStream 的实例对象；参数 size 为大于 0 的整数，指定缓存的大小。如果上面的构造方法不含参数 size，则缓存大小由系统指定。

类 java.io.BufferedInputStream 兼容抽象类 java.io.InputStream 的成员方法 read 和 close，分别进行读取数据和关闭输入流的操作。类 java.io.BufferedOutputStream 兼容抽象类 java.io.OutputStream 的成员方法 write、flush 和 close，分别进行数据的存储、强制输出和关闭输出流的操作。

下面给出一个带与不带缓存在读取数据时的效率比较例程。例程的源文件名为 J_BufferedInputStream.java，其内容如下：

```
// /////////////////////////////////////////////////////
//
// J_BufferedInputStream.java
//
// 开发者：雍俊海
// /////////////////////////////////////////////////////
// 简介:
//     带与不带缓存在读取数据时的效率比较例程
// /////////////////////////////////////////////////////
import java.io.BufferedInputStream;
import java.io.FileInputStream;
import java.util.Date;

public class J_BufferedInputStream
{
    private static String m_fileName = "J_BufferedInputStream.class";

    public static void main(String args[ ])
```

```
    {
        try
        {
            int i, ch;
            i = 0;
            Date d1= new Date( );
            FileInputStream f = new FileInputStream(m_fileName);
            while ((ch=f.read( )) != -1) // read entire file
                i++;
            f.close( );
            Date d2= new Date( );

            long t = d2.getTime( ) - d1.getTime( ); // 单位(ms)
            System.out.printf("读取文件%1$s(共%2$d字节)%n",
                m_fileName, i);
            System.out.printf("不带缓存的方法需要%1$dms%n", t);

            i = 0;
            d1= new Date( );
            f = new FileInputStream(m_fileName);
            BufferedInputStream fb = new BufferedInputStream(f);
            while ((ch=fb.read( )) != -1) // read entire file
                i++;
            fb.close( );
            d2= new Date( );

            t = d2.getTime( ) - d1.getTime( ); // 单位(ms)
            System.out.printf("带缓存的方法需要%1$dms%n", t);
        }
        catch (Exception e)
        {
            System.err.println("发生异常:" + e);
            e.printStackTrace( );
        } // try-catch 结构结束
    } // 方法 main 结束
} // 类 J_BufferedInputStream 结束
```

编译命令为：

```
javac J_BufferedInputStream.java
```

执行命令为：

```
java J_BufferedInputStream
```

最后执行的结果是在控制台窗口中输出：

```
读取文件J_BufferedInputStream.class(共 1856 字节)
```

不带缓存的方法需要 16ms
带缓存的方法需要 0ms

从输出结果上看,采用带缓存的方法可以在不到 1 毫秒的时间内读取 1856 字节的文件内容,一般会远远快于不带缓存的方法。

上面的例程还用到了类 java.util.Date,用来获取当前的时间。创建类 **java.util.Date 的实例对象**,可以通过类 java.util.Date 的构造方法

```
public Date( )
```

创建当前时间所对应的类 java.util.Date 的实例对象,其精度为 1 毫秒,即 $10^{-3}$ 秒。类 java.util.Date 的成员方法

```
public long getTime( )
```

返回类 java.util.Date 的当前实例对象所记录的时间到 1970 年 1 月 1 日格林威治标准时间 (Greenwich Mean Time,GMT) 00:00:00 的毫秒数。

## 7.1.6  标准输入输出流的重定向

如表 7.2 所示,类 java.lang.System 含有 3 个静态成员域 in、out 和 err,分别表示标准输入流、标准输出流和标准错误输出流。标准输入流主要用来接受键盘的输入。标准输出流是用来在控制台窗口中输出信息。标准错误输出流是用来在控制台窗口中输出错误提示信息。因为它们都是类 java.lang.System 的静态成员域,所以都可以通过类名直接访问,即 System.in、System.out 和 System.err。它们的类型分别是 java.io.InputStream、java.io.PrintStream 和 java.io.PrintStream,因此可以通过调用这些类的成员方法进行各种操作。这里需要注意的是:java.io.InputStream 是一个抽象类,目前 System.in 所指向的实例对象实际上是类 java.io.BufferedInputStream 的实例对象。

表 7.2  标准输入输出流

| 属性 | 类型 | 变量 | 说明 |
| --- | --- | --- | --- |
| static | java.io.InputStream | System.in | 标准输入流 |
| static | java.io.PrintStream | System.out | 标准输出流 |
| static | java.io.PrintStream | System.err | 标准错误输出流 |

标准输入流、标准输出流和标准错误输出流的重定向就是将这些标准输入流、标准输出流和标准错误输出流分别与指定的文件建立起对应关系:当需要输入数据时,数据将从文件中读取;当需要输出数据时,数据将写入文件。类 java.lang.System 提供了这些成员方法。类 java.lang.System 的成员方法

```
public static void setIn(InputStream in)
```

将标准输入流重定向为参数 in 指定的输入流。类 java.lang.System 的成员方法

```
public static void setOut(PrintStream out)
```

将标准输出流重定向为参数 out 指定的输出流。类 java.lang.System 的成员方法

```
public static void setErr(PrintStream err)
```

将标准错误输出流重定向为参数 err 指定的输出流。

下面给出一个**重定向例程**。例程由两个源文件组成：其中一个源文件为 7.1.1 小节的源文件 J_Echo.java；另一个源文件名为 J_SetIn.java，其内容如下：

```
// ////////////////////////////////////////////////////
//
// J_SetIn.java
//
// 开发者：雍俊海
// ////////////////////////////////////////////////////
// 简介:
//    重定向例程
// ////////////////////////////////////////////////////
import java.io.FileInputStream;

public class J_SetIn
{
    public static void main(String args[ ])
    {
        try
        {
            System.setIn(new FileInputStream("test.txt"));
            J_Echo.mb_echo(System.in);
        }
        catch (Exception e)
        {
            System.err.println("发生异常:" + e);
            e.printStackTrace( );
        } // try-catch 结构结束
    } // 方法 main 结束
} // 类 J_SetIn 结束
```

编译源文件 J_Echo.java 的命令为：

```
javac J_Echo.java
```

编译源文件 J_SetIn.java 的命令为：

```
javac J_SetIn.java
```

执行命令为：

```
java J_SetIn
```

最后执行的结果是输出文件"test.txt"的内容。上面介绍的是通过编写程序实现重定向。重定向还可以通过在命令行中加上适当的参数来实现。例如上面的例子，可以通过下面的命令得到相同的结果。

```
java J_Echo <test.txt
```

或

```
java J_Echo 0<test.txt
```

上面两个命令是等价的。重定向的命令格式如下：

> java *Java 文件名 <标准输入流对应的文件名>标准输出流对应的文件名*

或

> java *Java 文件名 0<标准输入流对应的文件名 1>标准输出流对应的文件名 2>标准错误输出流*
> *对应的文件名*

其中，Java 文件名应当不包含任何后缀，"0"表示标准输入流，"1"表示标准输出流，"2"表示标准错误输出流，"<"用于标准输入流的重定向，">"用于标准输出流及标准错误输出流的重定向。上面的每个命令实际上只占一行。这里有些命令被分成两行，只是因为排版造成的。

# 7.2　随机访问文件

前面介绍的输入流和输出流在对文件内容进行操作时一般是顺序地读取或存储数据，而且读取数据和存储数据必须使用不同的类。随机访问文件突破了这种限制，它所对应的类是 java.io.RandomAccessFile。采用类 java.io.RandomAccessFile 允许使用同一个实例对象对同一个文件交替进行读写，而且读写的数据在文件中的位置可以指定。

创建随机访问文件的实例对象，可以通过类 java.io.RandomAccessFile 的构造方法

```
public RandomAccessFile(String name, String mode) throws FileNotFoundException
```

来完成，其中，参数 name 指定文件名，参数 mode 指定文件的访问模式：

（1）当参数 mode 是"r"时，表示以只读的方式打开文件；

（2）当参数 mode 是"rw"时，表示可以对该文件同时进行读写。

一般来说，安全的文件打开模式是当只需要从文件中读取数据时，应当使用只读（"r"）模式，而不应当使用读写（"rw"）模式。

采用 java.io.RandomAccessFile 读写文件内容的原理是将文件看作字节数组，并用文件指针指示当前的位置。对于新创建的 java.io.RandomAccessFile 实例对象，该文件指针指向文件的头部；在读取或存储数据之后，该文件指针指向紧挨着刚刚读取或存储数据之后的位置。因为 Java 的各种基本数据类型具有固定的大小，而且不依赖于具体的计算机或操作系统，所以可以非常方便地计算出文件指针的当前位置和所需要移动到的位置。类 java.io.RandomAccessFile 的成员方法

```
public void seek(long pos) throws IOException
```

**J**ava 程序设计教程（第 3 版）

**将文件指针移到由参数 pos 指定的位置**。参数 pos 为非负整数，其单位为字节。当参数 pos 为 0 时，则文件指针移到文件的头部。类 java.io.RandomAccessFile 的成员方法

```
public long getFilePointer( ) throws IOException
```

返回当前文件指针所在的位置，即距文件开始位置的字节数。类 java.io.RandomAccessFile 的成员方法

```
public int skipBytes(int n) throws IOException
```

将文件指针向前移动 n 个字节，其中参数 n 应当为大于 0 的数。类 java.io.RandomAccessFile 的成员方法

```
public long length( ) throws IOException
```

返回当前**文件的长度**。

类 java.io.RandomAccessFile 提供了大量的对文件内容进行读写操作的成员方法。类 java.io.RandomAccessFile 的成员方法

```
public int read( ) throws IOException
```

从当前文件中**读入一个字节**，并将文件指针向前移动一个字节。与类 java.io.DataInputStream 一样，类 java.io.RandomAccessFile 提供读取每种基本数据类型数据的成员方法。类 java.io. RandomAccessFile 的成员方法

```
(1) public final boolean readBoolean( ) throws IOException
(2) public final byte readByte( ) throws IOException
(3) public final char readChar( ) throws IOException
(4) public final short readShort( ) throws IOException
(5) public final int readInt( ) throws IOException
(6) public final long readLong( ) throws IOException
(7) public final float readFloat( ) throws IOException
(8) public final double readDouble( ) throws IOException
```

分别从当前文件中**读取基本数据类型的数据**。该成员方法认为这些数据在文件中占用的字节数及其格式与基本数据类型所规定的在内存中的字节数及格式相同。例如：布尔（boolean）类型占用 1 个字节、字符（char）类型占用 2 个字节、字节（byte）类型占用 1 个字节、短整数（short）类型占用 2 个字节、整数（int）类型占用 4 个字节、长整数（long）类型占用 8 个字节、单精度浮点数（float）类型占用 4 个字节和双精度浮点数（double）类型占用 8 个字节。在读取数据之后，当前文件指针移动到下一个数据的开始之处。

另外，类 java.io.RandomAccessFile 还提供**按行读取数据**的成员方法。类 java.io. RandomAccessFile 的成员方法

```
public final String readLine( ) throws IOException
```

读取从当前位置到当前行结束的数据，并以字符串的形式返回。该成员方法会自动判断行结束标志符。在读取数据之后，当前文件指针移动到下一行数据的开始之处。

　　与抽象类 java.io.OutputStream 的成员方法一样，类 java.io.RandomAccessFile 的成员
方法

```
public void write(int b) throws IOException
```

将由参数 b 低 8 位组成的 1 个字节写入到当前文件中；类 java.io.RandomAccessFile 的成员
方法

```
public void write(byte[ ] b)throws IOException
```

将字节数组 b 的各个字节写入到当前文件中。与类 java.io.DataOutputStream 一样，类 java.io.
RandomAccessFile 提 供 输 出 每 种 基 本 数 据 类 型 数 据 的 成 员 方 法。 类 java.io.
RandomAccessFile 的成员方法

```
(1) public final void writeBoolean(boolean v) throws IOException
(2) public final void writeByte(int v) throws IOException
(3) public final void writeChar(int v) throws IOException
(4) public final void writeShort(int v) throws IOException
(5) public final void writeInt(int v) throws IOException
(6) public final void writeLong(long v) throws IOException
(7) public final void writeFloat(float v) throws IOException
(8) public final void writeDouble(double v) throws IOException
```

将由参数 v 指定的基本数据类型数据写入到当前文件中，而且写入的字节数与基本数据类
型规定的字节数相同。这里输出数据的成员方法与前面读取数据的成员方法是相配套的。
　　类 java.io.RandomAccessFile 的成员方法

```
public void close( ) throws IOException
```

关闭随机访问文件数据流并释放与该随机访问文件数据流相关联的系统资源。
　　下面给出一个随机访问文件例程。例程的源文件名为 J_RandomAccessFile.java，其内
容如下：

```
// ///////////////////////////////////////////////
//
// J_RandomAccessFile.java
//
// 开发者：雍俊海
// ///////////////////////////////////////////////
// 简介：
//     随机访问文件例程
// ///////////////////////////////////////////////
import java.io.IOException;
import java.io.RandomAccessFile;

public class J_RandomAccessFile
{
    public static void main(String args[ ])
```

```
    {
        try
        {
            RandomAccessFile f=new RandomAccessFile("test.txt", "rw");
            int     i;
            double  d;
            for (i=0; i<10; i++)
                f.writeDouble(Math.PI*i);
            f.seek(16);
            f.writeDouble(0);
            f.seek(0);
            for (i=0; i<10; i++)
            {
                d=f.readDouble( );
                System.out.println("[" + i + "]: " + d);
            } // for 循环结束
            f.close( );
        }
        catch (IOException e)
        {
            System.err.println("发生异常:" + e);
            e.printStackTrace( );
        } // try-catch 结构结束
    } // 方法 main 结束
} // 类 J_RandomAccessFile 结束
```

编译命令为：

```
javac J_RandomAccessFile.java
```

执行命令为：

```
java J_RandomAccessFile
```

最后执行的结果是在控制台窗口中输出：

```
[0]: 0.0
[1]: 3.141592653589793
[2]: 0.0
[3]: 9.42477796076938
[4]: 12.566370614359172
[5]: 15.707963267948966
[6]: 18.84955592153876
[7]: 21.991148575128552
[8]: 25.132741228718345
[9]: 28.274333882308138
```

同时在文件"test.txt"中写入以上 10 个双精度数。

上面的例程先创建了类 java.io.RandomAccessFile 的实例对象，以可读且可写的模式打开了文件"test.txt"。接着，在文件"test.txt"中写入 10 个双精度数，分别是 0，π，2π，…，9π。然后，通过语句

```
f.seek(16);
```

使得文件指针指向第 3 个双精度数开始的位置（因为每个双精度数占用 8 个字节）。这样，在上面语句之后，语句

```
f.writeDouble(0);
```

将文件"test.txt"中的第 3 个双精度数修改为双精度数 0。最后，通过

```
f.seek(0);
```

将文件指针指向文件的头部，然后在控制台窗口中输出在该文件中的全部双精度数。

# 7.3 读写器

前面介绍的各种输入流、输出流以及随机访问文件都是以字节为基本单位访问文件的，可以认为它们所处理的是字节流。而读写器则是以字符为基本单位访问文件的，从而可以认为读写器处理的是字符流。输入输出流的类与读写器的类之间存在着一定的对应关系，如表 7.3 所示。它们的使用方法非常相似，只是读写器稍微具有一些文本文件的处理特性。

表 7.3 输入输出流类与读写器类之间的对应关系

| 输入流与输出流 | 读写器 |
| --- | --- |
| java.io.InputStream | java.io.Reader |
| java.io.OutputStream | java.io.Writer |
| java.io.FileInputStream | java.io.FileReader |
| java.io.FileOutputStream | java.io.FileWriter |
| java.io.BufferedInputStream | java.io.BufferedReader |
| java.io.BufferedOutputStream | java.io.BufferedWriter |
| java.io.PrintStream | java.io.PrintWriter |

## 7.3.1 Reader 和 Writer

抽象类 java.io.Reader 和抽象类 java.io.Writer 规定了读写器的一些基本操作。抽象类 java.io.Reader 用来读取数据，抽象类 java.io.Writer 用来存储数据。抽象类 java.io.Reader 的成员方法

```
public int read( ) throws IOException
```

从文件中读取一个字符。当返回值为–1 时，表示到达文件的末尾。抽象类 java.io.Reader 的成员方法

```
public int read(char[ ] cbuf) throws IOException
```

**J**ava 程序设计教程（第 3 版）

从文件中读取一串字符，并保存在字符数组中。该成员方法返回的是读取的字符个数。当返回值为-1 时，表示已经到达文件的末尾。

抽象类 java.io.Writer 提供了多个成员方法，分别用来输出单个字符、字符数组和字符串。抽象类 java.io.Writer 的成员方法

```
public Writer append(char c) throws IOException
```

将字符 c 添加到当前文件中。抽象类 java.io.Writer 的成员方法

```
public void write(int c) throws IOException
```

将由参数 c 低 16 位组成的 1 个字符写入到当前文件中。抽象类 java.io.Writer 的成员方法

```
public void write(char[ ] cbuf) throws IOException
```

将字符数组 cbuf 的各个字符写入到当前文件中。抽象类 java.io.Writer 的成员方法

```
public void write(String str) throws IOException
```

将字符串 str 写入到当前文件中。抽象类 java.io.Writer 的成员方法

```
public abstract void flush( ) throws IOException
```

用来强制输出，使得数据立即写入文件中。

抽象类 java.io.Reader 和抽象类 java.io.Writer 都含有成员方法

```
public abstract void close( ) throws IOException
```

该成员方法关闭当前字符流并释放与该字符流相关联的系统资源。

不能直接用"new Reader( )"或"new Writer( )"生成抽象类 java.io.Reader 或抽象类 java.io.Writer 的实例对象，而只能通过抽象类 java.io.Reader 和抽象类 java.io.Writer 的子类生成它们子类的实例对象。

## 7.3.2 FileReader 和 FileWriter

类 java.io.FileReader 和类 java.io.FileWriter 分别是抽象类 java.io.Reader 和抽象类 java.io.Writer 的子类。类 java.io.FileReader 兼容抽象类 java.io.Reader 的所有成员方法，可以进行读取字符和关闭字符流等操作。类 java.io.FileWriter 兼容抽象类 java.io.Writer 的所有成员方法，可以进行输出单个或多个字符、强制输出和关闭字符流等操作。

创建类 java.io.FileReader 的实例对象，可以通过类 java.io.FileReader 构造方法

```
public FileReader(String fileName) throws FileNotFoundException
```

其中，参数 fileName 指定文件名。创建类 java.io.FileWriter 的实例对象，可以通过类 java.io. FileWriter 构造方法

```
(1) public FileWriter(String fileName) throws IOException
(2) public FileWriter(String fileName, boolean append) throws IOException
```

其中，参数 fileName 指定文件名，参数 append 指定写入的方式。当参数 append 为 true 时，

数据将被添加到文件已有内容的末尾处。当参数 append 为 false 时，文件已有的内容将被新写入的内容覆盖。如果上面的构造方法不含参数 append，则取 append 为 false 的默认方式，即文件已有的内容将被新写入的内容覆盖。

　　下面给出一个 文件读写器例程 。例程的源文件名为 J_FileReaderWriter.java，其内容如下：

```java
// ////////////////////////////////////////////////////
//
// J_FileReaderWriter.java
//
// 开发者：雍俊海
// ////////////////////////////////////////////////////
// 简介：
//      文件读写器例程
// ////////////////////////////////////////////////////
import java.io.IOException;
import java.io.FileReader;
import java.io.FileWriter;

public class J_FileReaderWriter
{
    public static void main(String args[ ])
    {
        try
        {
            FileWriter f_out=  new FileWriter("test.txt");
            f_out.write("有志者，事竟成");
            f_out.close( );

            FileReader f_in=  new FileReader("test.txt");
            for (int c=f_in.read( ); c!=-1; c=f_in.read( ))
                System.out.print((char)c);
            f_in.close( );
        }
        catch (IOException e)
        {
            System.err.println("发生异常:" + e);
            e.printStackTrace( );
        } // try-catch 结构结束
    } // 方法 main 结束
} // 类 J_FileReaderWriter 结束
```

编译命令为：

```
javac J_FileReaderWriter.java
```

执行命令为：

```
java J_FileReaderWriter
```

最后执行的结果是将文件"test.txt"的内容变为"有志者，事竟成"，同时在控制台窗口中输出：

有志者，事竟成

与输入输出流相比，通过读写器一般会获得较好的中文支持。

### 7.3.3　带缓存的读写器

类 java.io.BufferedReader、java.io.LineNumberReader 和 java.io.BufferedWriter 是带缓存的读写器类。这些带缓存的类通过缓存机制进一步增强了读写器读取和存储数据的效率。类 java.io.BufferedReader 和类 java.io.LineNumberReader 继承抽象类 java.io.Reader 的所有成员方法，可以进行读取字符和关闭字符流等操作。类 java.io.BufferedWriter 继承抽象类 java.io.Writer 的所有成员方法，可以进行输出单个或多个字符、强制输出和关闭字符流等操作。

**创建类 java.io.BufferedReader 的实例对象**，可以通过类 java.io.BufferedReader 的构造方法

```
(1) public BufferedReader(Reader in)
(2) public BufferedReader(Reader in, int sz)
```

来实现，其中，参数 in 指定字符流，通常是类 java.io.FileReader 的实例对象；参数 sz 为大于 0 的整数，指定缓存的大小。如果上面的构造方法不含参数 sz，则缓存大小由系统指定。

**创建类 java.io.LineNumberReader 的实例对象**，可以通过类 java.io.LineNumberReader 的构造方法

```
(1) public LineNumberReader(Reader in)
(2) public LineNumberReader(Reader in, int sz)
```

来实现，其中，参数 in 指定字符流，通常是类 java.io.FileReader 的实例对象；参数 sz 为大于 0 的整数，指定缓存的大小。如果上面的构造方法不含参数 sz，则缓存大小由系统指定。

**创建类 java.io.BufferedWriter 的实例对象**，可以通过类 java.io.BufferedWriter 的构造方法

```
(1) public BufferedWriter(Writer out)
(2) public BufferedWriter(Writer out, int sz)
```

来实现，其中，参数 out 指定字符流，通常是类 java.io.FileWriter 的实例对象；参数 sz 为大于 0 的整数，指定缓存的大小。如果上面的构造方法不含参数 sz，则缓存大小由系统指定。

下面给出创建实例对象的语句示例：

```
BufferedReader br = new BufferedReader(new FileReader("out.txt"));
```

```
BufferedWriter bw = new BufferedWriter(new FileWriter("test.txt"));
```

在实际的应用中可以将上面的"out.txt"和"test.txt"改成实际所需要的文件名。

　　类 java.io.BufferedReader 除了继承抽象类 java.io.Reader 的读数据成员方法之外，还提供了按行读取数据的成员方法。类 java.io.BufferedReader 的成员方法

```
public String readLine( ) throws IOException
```

从当前字符流中读取一行字符，并以字符串的形式返回。当遇到文件结束时，该成员方法返回值为 null。

　　类 java.io.LineNumberReader 除了继承类 java.io.BufferedReader 的所有成员方法之外，还提供了获取行号的成员方法。类 java.io.LineNumberReader 的成员方法

```
public int getLineNumber( )
```

返回当前行的行号。

　　类 java.io.BufferedWriter 除了继承抽象类 java.io.Writer 的输出字符和强制输出等成员方法之外，还提供了写入行分隔符的成员方法。类 java.io.BufferedWriter 的成员方法

```
public void newLine( ) throws IOException
```

给文件中写入行分隔符。不同的操作系统往往采用不同的行间分隔符，常见的如："\n"和"\r\n"。该成员方法可以根据当前的操作系统产生对应的行分隔符。

　　类 java.io.BufferedReader、java.io.LineNumberReader 和 java.io.BufferedWriter 都含有成员方法

```
public abstract void close( ) throws IOException
```

该成员方法关闭当前字符流并释放与该字符流相关联的系统资源。

　　下面给出一个带缓存读写器例程。例程的源文件名为 J_BufferedReaderWriter.java，其内容如下：

```
// /////////////////////////////////////////////////
//
// J_BufferedReaderWriter.java
//
// 开发者：雍俊海
// /////////////////////////////////////////////////
// 简介：
//     带缓存读写器例程
// /////////////////////////////////////////////////
import java.io.BufferedWriter;
import java.io.FileReader;
import java.io.FileWriter;
import java.io.IOException;
import java.io.LineNumberReader;
```

```
public class J_BufferedReaderWriter
{
    public static void main(String args[ ])
    {
        try
        {
            BufferedWriter bw = new BufferedWriter(
                new FileWriter("test.txt"));
            bw.write("有志者，事竟成");
            bw.newLine( );
            bw.write("苦心人，天不负");
            bw.newLine( );
            bw.close( );

            LineNumberReader br = new LineNumberReader(
                new FileReader("test.txt"));
            String s;
            for (s=br.readLine( ); s!=null; s=br.readLine( ))
                System.out.println( br.getLineNumber( ) + ": " + s);
            br.close( );
        }
        catch (IOException e)
        {
            System.err.println("发生异常:" + e);
            e.printStackTrace( );
        } // try-catch 结构结束
    } // 方法 main 结束
} // 类 J_BufferedReaderWriter 结束
```

编译命令为：

```
javac J_BufferedReaderWriter.java
```

执行命令为：

```
java J_BufferedReaderWriter
```

最后执行的结果是在控制台窗口中输出：

```
1：有志者，事竟成
2：苦心人，天不负
```

另外，文件“test.txt”的内容变为：

```
有志者，事竟成
苦心人，天不负
```

输出的内容与文件“test.txt”的内容相比，在每行的开头处增加了行号以及冒号。可以获取行号是类 java.io.LineNumberReader 一个特性。

## 7.3.4 PrintWriter

类 java.io.PrintWriter 是非常重要的字符流类。它与类 java.io.PrintStream 非常相似。类 java.io.PrintStream 在处理字节时更强一些，而类 java.io.PrintWriter 在字符处理中具有优越性。与类 java.io.PrintStream 相似，类 java.io.PrintWriter 具有非常良好的特性：

（1）类 java.io.PrintWriter 的大部分成员方法不会抛出异常。如果需要检查是否有错误发生可以通过 PrintWriter 的成员方法

```
public boolean checkError( )
```

当有错误发生时，该成员方法返回 true；否则，返回 false。

（2）类 java.io.PrintWriter 实现了类 java.io.PrintStream 的所有 print 成员方法，因此 PrintWriter 也具有可以直接输出多种类型数据的不同成员方法。

（3）类 java.io.PrintWriter 的自动强制输出（flush）功能与类 java.io.PrintStream 的相应功能有所不同。当采用 PrintWriter 时，只有调用了其成员方法 println、printf 或 format 才可能自动强制输出。

创建类 **java.io.PrintWriter** 的实例对象，可以通过类 java.io.PrintWriter 的构造方法

```
(1) public PrintWriter(Writer out)
(2) public PrintWriter(Writer out, boolean autoFlush)
(3) public PrintWriter(OutputStream out)
(4) public PrintWriter(OutputStream out, boolean autoFlush)
(5) public PrintWriter(String fileName) throws FileNotFoundException
```

来实现，其中，参数 out 或 fileName 指定文件，参数 autoFlush 指定是否采用自动强制输出特性。当参数 autoFlush 为 true 时，采用自动强制输出特性；否则，不采用自动强制输出特性。如果上面的构造方法不含参数 autoFlush，则不采用自动强制输出特性。

与类 java.io.PrintStream 一样，类 java.io.PrintWriter 提供了多种数据输出成员方法。类 java.io.PrintWriter 的成员方法

```
public PrintWriter append(char c)
```

将由参数 c 指定的字符添加到当前文件中。类 java.io.PrintWriter 的成员方法

```
public void write(int c)
```

将由参数 c 低 16 位组成的 1 个字符写入到当前文件中。类 java.io.PrintWriter 的成员方法

```
public void write(String s)
```

将字符串 s 写入到当前文件中。类 java.io.PrintWriter 的成员方法

```
public void write(char[ ] buf)
```

将在字符数组 buf 中的所有字符写入到当前文件中。类 java.io.PrintWriter 的成员方法

```
(1) public void print(boolean b)
(2) public void print(char c)
(3) public void print(int i)
(4) public void print(long l)
(5) public void print(float f)
(6) public void print(double d)
(7) public void print(char[ ] s)
(8) public void print(String s)
(9) public void print(Object obj)
```

将各个参数指定的数据写入到当前文件中。类 java.io.PrintWriter 的成员方法

```
(1) public void println(boolean x)
(2) public void println(char x)
(3) public void println(int x)
(4) public void println(long x)
(5) public void println(float x)
(6) public void println(double x)
(7) public void println(char[ ] x)
(8) public void println(String x)
(9) public void println(Object x)
```

将各个参数指定的数据以及换行符写入到当前文件中。在不同的操作系统中，换行符所对应的字符可能会不相同。类 java.io.PrintWriter 的成员方法

```
public void println( )
```

将换行符写入到当前文件中。类 java.io.PrintWriter 的成员方法

```
(1) public PrintWriter format(String format, Object… args)
(2) public PrintWriter printf(String format, Object… args)
```

采用格式字符串指定数据，并将数据写入到当前文件中，其中参数 format 指定格式字符串，其他参数指定在格式字符串中对应的具体数据。格式字符串的含义及格式在 7.1.3 小节 PrintStream 中有详细的说明。

类 java.io.PrintWriter 的成员方法

```
public void flush( )
```

进行强制输出。类 java.io.PrintWriter 的成员方法

```
public void close( )
```

关闭字符流并释放与该字符流相关联的系统资源。

下 面 给 出 一 个 类 **java.io.PrintWriter** 的 应 用 例 程 。 例 程 的 源 文 件 名 为
J_PrintWriter.java，其内容如下：

```
// ////////////////////////////////////////////////////
//
// J_PrintWriter.java
//
// 开发者：雍俊海
// ////////////////////////////////////////////////////
// 简介：
//     PrintWriter 例程
// ////////////////////////////////////////////////////
import java.io.PrintWriter;
import java.io.FileNotFoundException;

public class J_PrintWriter
{
    public static void main(String args[ ])
    {
        try
        {
            PrintWriter f = new PrintWriter("out.txt");
            f.println("莫等闲，白了少年头，空悲切");
            f.close( );
        }
        catch (FileNotFoundException e)
        {
            System.err.println("发生异常:" + e);
            e.printStackTrace( );
        } // try-catch 结构结束
    } // 方法 main 结束
} // 类 J_PrintWriter 结束
```

编译命令为：

```
javac J_PrintWriter.java
```

执行命令为：

```
java J_PrintWriter
```

最后执行的结果是文件"out.txt"的内容变成为：

莫等闲，白了少年头，空悲切

　　类 java.io.PrintWriter 与类 java.io.PrintStream 非常相似。只是后者是字节流，而前者是字符流。这两个类的大部分成员方法不会抛出异常，而且具有丰富的输出手段。对于文本文件处理以及字符处理，通常建议采用类 java.io.PrintWriter。

## 7.3.5　从控制台窗口读入数据

　　本小节介绍从控制台窗口读入数据的常用方法，并且介绍类 java.io.InputStreamReader

和 java.io.OutputStreamWriter。通过这两个类可以 将输入流和输出流转换为相应的读写器，从而方便文本数据的处理。

通过类 java.io.InputStreamReader 的构造方法

```
public InputStreamReader(InputStream in)
```

可以创建输入流 in 所对应的读取器实例对象，即类 java.io.InputStreamReader 的实例对象。这样就可以按照字符流的方式读取输入流的数据。因为类 java.io.InputStreamReader 是抽象类 java.io.Reader 的子类，所以一方面可以按照 7.3.1 小节介绍的读取器方式读取数据，另一方面还可以进一步转换成为 7.3.3 小节介绍的带缓存的读取器，从而提高读取数据的效率。

同样，通过类 java.io.OutputStreamWriter 的构造方法

```
public OutputStreamWriter(OutputStream out)
```

可以创建输出流 out 所对应的写出器实例对象，即类 java.io.OutputStreamWriter 的实例对象。这样就可以按照字符流的方式输出数据。因为类 java.io.OutputStreamWriter 是抽象类 java.io.Writer 的子类，所以一方面可以按照 7.3.1 小节介绍的写出器方式输出数据，另一方面还可以进一步转换成为 7.3.3 小节介绍的带缓存的写出器，从而提高输出数据的效率。

下面给出一个 从控制台窗口读入数据的例程。例程的源文件名为 J_ReadData.java，其内容如下：

```
// ///////////////////////////////////////////////////
//
// J_ReadData.java
//
// 开发者：雍俊海
// ///////////////////////////////////////////////////
// 简介：
//      从控制台窗口读入数据的例程
// ///////////////////////////////////////////////////
import java.io.BufferedReader;
import java.io.InputStreamReader;

public class J_ReadData
{
    // 输出提示信息
    public static void mb_printInfo( )
    {
        System.out.println("输入整数还是浮点数?");
        System.out.println("\t0：退出; 1：整数; 2：浮点数");
    } // 方法 mb_printInfo 结束

    // 接受整数的输入
    public static int mb_getInt(BufferedReader f)
    {
```

```
    try
    {
        String s = f.readLine( );
        int i = Integer.parseInt(s);
        return i;
    }
    catch (Exception e)
    {
        return -1;
    } // try-catch 结构结束
} // 方法 mb_getInt 结束

// 接受浮点数的输入
public static double mb_getDouble(BufferedReader f)
{
    try
    {
        String s = f.readLine( );
        double d = Double.parseDouble(s);
        return d;
    }
    catch (Exception e)
    {
        return 0d;
    } // try-catch 结构结束
} // 方法 mb_getDouble 结束

public static void main(String args[ ])
{
    int i;
    double d;
    try
    {
        BufferedReader f =
            new BufferedReader(new InputStreamReader(System.in));
        do
        {
            mb_printInfo( );
            i = mb_getInt(f);
            if (i==0)
                break;
            else if (i==1)
            {
                System.out.print("\t 请输入整数: ");
                i = mb_getInt(f);
```

```
                System.out.println("\t 输入整数: " + i);
            }
            else if (i==2)
            {
                System.out.print("\t 请输入浮点数: ");
                d = mb_getDouble(f);
                System.out.println("\t 输入浮点数: " + d);
            } // if-else 结构结束
        }
        while (true); // do-while 循环结束
        f.close( );
    }
    catch (Exception e)
    {
        System.err.println("发生异常:" + e);
        e.printStackTrace( );
    } // try-catch 结构结束
} // 方法 main 结束
} // 类 J_ReadData 结束
```

编译命令为：

```
javac J_ReadData.java
```

执行命令为：

```
java J_ReadData
```

最后执行的结果是可以在控制台窗口中进行交互式的输入和输出。首先，选择输入整数、输入浮点数或者退出程序的运行。选择是通过输入一个整数完成的。在选择之后，程序根据选择的情况进行相应的操作：或者提示输入整数，并接受整数输入，再输出该整数进行确认；或者提示输入浮点数，并接受浮点数输入，再输出该浮点数进行确认；或者退出程序的运行；或者重新接受选择。在接受整数或者浮点数的输入之后，可以重新接受选择。这个过程可以不断进行下去，直到退出程序的运行或者强制中断程序的运行。下面给出一个输入和输出交互的示例。

*输入整数还是浮点数?*
*0: 退出; 1: 整数; 2: 浮点数*
**1**
*请输入整数:* **123**
*输入整数: 123*
*输入整数还是浮点数?*
*0: 退出; 1: 整数; 2: 浮点数*
**2**
*请输入浮点数:* **123**
*输入浮点数: 123.0*

*输入整数还是浮点数？*

      *0：退出；1：整数；2：浮点数*

0

其中，斜体部分是程序的输出提示，其余部分是通过键盘输入的信息。

    在这个例程中，程序通过类 java.io.InputStreamReader 的构造方法将输入流转换为相应的读取器，再通过类 java.io.BufferedReader 的构造方法进一步转换成为带缓存的读取器。然后，通过类 java.io.BufferedReader 的成员方法 readLine 读取数据，通过类 java.lang.Integer 的静态成员方法 parseInt 将字符串转化成为整数，通过类 java.lang.Double 的静态成员方法 parseDouble 将字符串转化成为浮点数，通过 try-catch 结构进行异常处理。当字符串的格式不符合整数或浮点数的格式要求时，上面例程的成员方法 mb_getInt 和 mb_getDouble 分别返回一个默认值。这样，上面的例程基本上可以进行随意的输入，即在交互时一般不会被各种异常困扰或中断。

# 7.4　对象序列化

    如果要用 Java 语言来开发一个软件产品，那么一般需要用到对象的序列化功能。对于一个软件产品，用户的需求总是会发生变化，而且也总是希望产品的功能越来越强。而有生命力的软件产品也会因此不断地升级，不断地增强功能或者作出各种相应的调整。这样常常不可避免地会修改文件的格式，因为组成软件的类的定义有可能发生了变化。在软件升级的过程中，不同的版本之间的文件兼容性问题是软件产品必须充分考虑的问题。对象序列化方法能够在一定程度上解决这个问题。对象序列化方法的一个典型应用是编写网络应用程序。通过对象序列化方法可以在另一台主机中重构指定的对象。

    一个类要具有可序列化的特性就必须实现接口 java.io.Serializable。对于可以序列化的对象可以用类 java.io.ObjectOutputStream 来输出该对象，而且可以用类 java.io.ObjectInput-Stream 来读入该对象。

    创建类 **java.io.ObjectOutputStream** 的实例对象，可以通过类 java.io.ObjectOutputStream 的构造方法

```
public ObjectOutputStream(OutputStream out) throws IOException
```

来实现，其中，参数 out 指定输出流，通常是类 java.io.FileOutputStream 的实例对象。

    创建类 **java.io.ObjectInputStream** 的实例对象，可以通过类 java.io.ObjectInputStream 的构造方法

```
public ObjectInputStream(InputStream in) throws IOException
```

来实现，其中，参数 in 指定输入流，通常是类 java.io.FileInputStream 的实例对象。

    与类 java.io.DataOutputStream 相似，通过 java.io.ObjectOutputStream 可以输出基本数据类型的数据。类 java.io.ObjectOutputStream 的成员方法

```
public void write(byte[ ] b) throws IOException
```

将字节数组 b 的各个字节写入到当前文件中。类 java.io.ObjectOutputStream 的成员方法

```
public void write(int b) throws IOException
```

将由参数 b 低 8 位组成的 1 个字节写入到当前文件中。类 java.io.ObjectOutputStream 的成员方法

```
(1) public final void writeBoolean(boolean v) throws IOException
(2) public final void writeByte(int v) throws IOException
(3) public final void writeShort(int v) throws IOException
(4) public final void writeChar(int v) throws IOException
(5) public final void writeInt(int v) throws IOException
(6) public final void writeLong(long v) throws IOException
(7) public final void writeFloat(float v) throws IOException
(8) public final void writeDouble(double v) throws IOException
```

将由参数 v 指定的基本数据类型数据写入到当前文件中，而且写入的字节数与基本数据类型规定的字节数相同，例如：布尔（boolean）类型为 1 个字节、字符（char）类型为 2 个字节、字节（byte）类型为 1 个字节、短整数（short）类型为 2 个字节、整数（int）类型为 4 个字节、长整数（long）类型为 8 个字节、单精度浮点数（float）类型为 4 个字节和双精度浮点数（double）类型为 8 个字节。对于成员方法 writeBoolean，当参数 v 为 true 时，写入文件的数据为单个字节的 1；当参数 v 为 false 时，写入文件的数据为单个字节的 0。类 java.io.ObjectOutputStream 的成员方法

```
public void flush( ) throws IOException
```

强制立即输出数据，如果在缓存中含有当前文件的待输出的数据。

与类 java.io.ObjectOutputStream 相配套，通过类 java.io.ObjectInputStream 可以读取基本数据类型的数据。类 java.io.ObjectInputStream 的成员方法

```
public int read( ) throws IOException
```

从输入流读入一个字节。如果到达输入流的末尾，则返回–1。类 java.io.ObjectInputStream 的成员方法

```
(1) public boolean readBoolean( ) throws IOException
(2) public byte readByte( ) throws IOException
(3) public short readShort( ) throws IOException
(4) public char readChar( ) throws IOException
(5) public int readInt( ) throws IOException
(6) public long readLong( ) throws IOException
(7) public float readFloat( ) throws IOException
(8) public double readDouble( ) throws IOException
```

分别从当前文件中读取基本数据类型的数据。这些数据的格式与类 java.io.ObjectOutputStream 的相应成员方法输出的格式相同。例如：readBoolean 成员方法要求数据占有 1 个字节。

除了基本数据类型的数据，类 java.io.ObjectOutputStream 和类 java.io.ObjectInputStream 还提供成员方法存储和读取对象。这两个成员方法互相配套，都与序列化相关。类

java.io.ObjectOutputStream 的成员方法

```
public final void writeObject(Object obj) throws IOException
```

将由参数 obj 指定的对象写入到当前文件中。这里要求被写入的对象是可序列化的，即它应当是实现接口 java.io.Serializable 的类的实例对象。类 java.io.ObjectInputStream 的成员方法

```
public final Object readObject() throws IOException, ClassNotFoundException
```

从当前输入流中读取对象的数据并创建该对象。

类 java.io.ObjectOutputStream 和类 java.io.ObjectInputStream 均含有成员方法

```
public void close( ) throws IOException
```

该成员方法关闭数据流并释放与该数据流相关联的系统资源。

下面给出一个对象序列化的例程。例程由 3 个源文件组成。例程的第一个源文件名为 J_Student.java，其内容如下：

```java
// ////////////////////////////////////////////////////
//
// J_Student.java
//
// 开发者：雍俊海
// ////////////////////////////////////////////////////
// 简介：
//     学生例程
// ////////////////////////////////////////////////////
import java.io.Serializable;

public class J_Student implements Serializable
{
    static final long serialVersionUID = 123456L;
    String m_name;
    int m_id;
    int m_height;

    public J_Student(String name, int id, int h)
    {
        m_name = name;
        m_id = id;
        m_height = h;
    } // J_Student 构造方法结束

    public void mb_output( )
    {
        System.out.println("姓名: " + m_name);
```

```
        System.out.println("学号: " + m_id);
        System.out.println("身高: " + m_height);
    } // 方法 mb_output 结束
} // 类 J_Student 结束
```

例程的第二个源文件名为 J_ObjectOutputStream.java，其内容如下：

```
// ////////////////////////////////////////////////////
//
// J_ObjectOutputStream.java
//
// 开发者: 雍俊海
// ////////////////////////////////////////////////////
// 简介:
//     对象输出例程
// ////////////////////////////////////////////////////
import java.io.FileOutputStream;
import java.io.ObjectOutputStream;

public class J_ObjectOutputStream
{
    public static void main(String args[ ])
    {
        try
        {
            ObjectOutputStream f = new ObjectOutputStream(
                new FileOutputStream("object.dat"));
            J_Student s = new J_Student( "张三", 2003001, 172);
            f.writeObject(s);
            s.mb_output( );
            f.close( );
        }
        catch (Exception e)
        {
            System.err.println("发生异常:" + e);
            e.printStackTrace( );
        } // try-catch 结构结束
    } // 方法 main 结束
} // 类 J_ObjectOutputStream 结束
```

例程的第三个源文件名为 J_ObjectInputStream.java，其内容如下：

```
// ////////////////////////////////////////////////////
//
// J_ObjectInputStream.java
//
// 开发者: 雍俊海
```

```
// //////////////////////////////////////////////////
// 简介:
//    读取对象例程
// //////////////////////////////////////////////////
import java.io.FileInputStream;
import java.io.ObjectInputStream;

public class J_ObjectInputStream
{
    public static void main(String args[ ])
    {
        try
        {
            ObjectInputStream f = new ObjectInputStream(
                new FileInputStream("object.dat"));
            J_Student s = (J_Student)(f.readObject( ));
            s.mb_output( );
            f.close( );
        }
        catch (Exception e)
        {
            System.err.println("发生异常:" + e);
            e.printStackTrace( );
        } // try-catch 结构结束
    } // 方法 main 结束
} // 类 J_ObjectInputStream 结束
```

编译命令为:

```
javac J_Student.java
javac J_ObjectOutputStream.java
javac J_ObjectInputStream.java
```

首先执行命令:

```
java J_ObjectOutputStream
```

执行的结果是在控制台窗口中输出:

```
姓名: 张三
学号: 2003001
身高: 172
```

同时将 J_Student 的实例对象数据写入到文件 "object.dat" 中。

接着执行命令:

```
java J_ObjectInputStream
```

执行的结果是从文件 "object.dat" 中读取 J_Student 的实例对象数据, 并在控制台窗口中输出：

> 姓名：张三
> 学号：2003001
> 身高：172

下面假设程序版本升级，类 J_Student 发生了变化。设类 J_Student 增加了成员域

```
int m_weight;
```

升级后的程序如下：

```
// /////////////////////////////////////////////////
//
// J_Student.java
//
// 开发者：雍俊海
// /////////////////////////////////////////////////
// 简介：
//      学生例程
// /////////////////////////////////////////////////
import java.io.Serializable;

public class J_Student implements Serializable
{
    static final long serialVersionUID = 123456L;
    String m_name;
    int m_id;
    int m_height;
    int m_weight;

    public J_Student(String name, int id, int h)
    {
        m_name = name;
        m_id = id;
        m_height = h;
    } // J_Student 构造方法结束

    public void mb_output( )
    {
        System.out.println("姓名: " + m_name);
        System.out.println("学号: " + m_id);
        System.out.println("身高: " + m_height);
    } // 方法 mb_output 结束
} // 类 J_Student 结束
```

这时重新编译 J_Student.java，其命令为：

```
javac J_Student.java
```

接着执行命令：

```
java J_ObjectInputStream
```

执行的结果是从文件"object.dat"中读取 J_Student 的实例对象数据，并在控制台窗口中输出：

```
姓名：张三
学号：2003001
身高：172
```

从这个例子可以看出采用序列化方法可以正确地读取发生了变化的类的实例对象。

在实现序列化的类中，通常定义属性为 static 和 final，类型为 long 的成员域 serialVersionUID，并赋给该成员域一个常量。例如：在上面例程中定义了

```
static final long serialVersionUID = 123456L;
```

如果在实现序列化的类中定义 serialVersionUID 成员域，则系统会将该成员域的值定义为当前类的序列号。如果不在实现序列化的类中定义 serialVersionUID 成员域，则系统会自动生成一个序列号，该序列号的值通常为当前类的哈希码。当类发生升级时，例如在上面例程中当类 J_Student 的定义发生变化时，自动生成的序列号的值通常会发生变化。只有序列号相等的对象才能由类 java.io.ObjectInputStream 的 readObject 成员方法读取。如果前、后序列号的值不一致，则会出现异常，并导致读取失败。在异常的提示中提供了类升级前、后的序列号值。这时只要在修改后的类中定义成员域 serialVersionUID 并给该成员域赋值为升级前的序列号的值，就可以重新读取升级前的数据。

## 7.5　文件

前面介绍的类基本上都可以对文件的内容进行处理，例如，在文件中读取或存储数据。当需要读取数据的文件不存在时往往不能直接作出判断，而必须通过异常才能得到这种信息。类 java.io.File 很好地解决了这个问题。类 java.io.File 一般不涉及文件内部的具体内容，而是从整体上对文件进行处理，如获取各种各样的文件信息或者删除文件。类 java.io.File 不仅可以对文件进行操作，而且还可以对路径进行操作。

创建类 java.io.File 的实例对象，可以通过类 java.io.File 的构造方法

```
public File(String pathname)
```

来实现，其中，参数 pathname 指定文件名或路径名；或者通过类 java.io.File 的构造方法

```
public File(String parent, String child)
```

来实现，其中，参数 parent 一般用来指定路径，参数 child 一般用来指定文件名或最后一级路径名。

类 java.io.File 的成员方法

```
public boolean exists( )
```

用来判断当前对象表示的文件或路径是否存在。如果存在，则返回 true；否则，返回 false。类 java.io.File 的成员方法

```
public boolean isFile( )
```

用来判断当前对象是否表示文件。如果是，则返回 true；否则，返回 false。类 java.io.File 的成员方法

```
public boolean isDirectory( )
```

用来判断指定的当前对象是否表示路径。如果是，则返回 true；否则，返回 false。类 java.io.File 的成员方法

```
public boolean canRead( )
```

用来判断当前对象表示的文件或路径是否可读。如果是，则返回 true；否则，返回 false。类 java.io.File 的成员方法

```
public boolean canWrite( )
```

用来判断当前对象表示的文件或路径是否可写。如果是，则返回 true；否则，返回 false。类 java.io.File 的成员方法

```
public boolean canExecute( )
```

判别当前对象是否表示可执行的文件。如果当前对象表示文件并且是可执行的文件，则返回 true；否则，返回 false。类 java.io.File 的成员方法

```
public boolean isHidden( )
```

用来判断当前对象表示的文件或路径是否具有隐藏属性。如果是，则返回 true；否则，返回 false。类 java.io.File 的成员方法

```
public boolean isAbsolute( )
```

用来判断当前对象的表示形式是否采用绝对路径的形式。如果是，则返回 true；否则，返回 false。

类 java.io.File 的成员方法

```
(1) public String getAbsolutePath( )
(2) public File getAbsoluteFile( )
```

用来获取当前对象的绝对路径。前者以字符串的形式返回，后者返回类型为 java.io.File。类 java.io.File 的成员方法

```
public long lastModified( )
```

用来获取最后修改的时间。该成员方法返回最后修改的时间到 1970 年 1 月 1 日格林尼治

标准时间 00:00:00 的毫秒数。类 java.io.File 的成员方法

```
public long length( )
```

返回当前对象表示的文件的长度。如果当前对象表示路径，则该成员方法的返回值没有意义。

类 java.io.File 的成员方法

```
public String getName( )
```

返回当前对象表示的文件或路径的名称。具体的值由创建当前对象的构造方法的参数确定，例如在前面构造方法 "public File(String pathname)" 中参数 pathname 或者在构造方法 "public File(String parent, String child)" 中的参数 child。

类 java.io.File 的成员方法

```
public String getPath( )
```

返回当前对象表示的文件或路径的带路径名称。具体的值由创建当前对象的构造方法的参数确定，例如在前面构造方法 "public File(String pathname)" 中由参数 pathname 指定的路径名称或者在构造方法 "public File(String parent, String child)" 中由参数 parent 和 child 组合在一起的名称。

类 java.io.File 的成员方法

```
public String getParent( )
```

返回当前对象的父路径名，例如在前面构造方法 public File(String parent, String child)" 中的参数 parent。而在构造方法 "public File(String pathname)" 中不含路径参数 parent，这时将返回 null。

类 java.io.File 的成员方法

```
(1) public String[ ] list( )
(2) public File[ ] listFiles( )
```

返回在当前对象表示的路径下的所有目录和文件名列表。如果当前对象表示的不是路径，则返回 null。成员方法 list 以字符串数组的形式返回列表，成员方法 listFiles 的返回类型是 java.io.File 数组。类 java.io.File 的成员方法

```
public static File[ ] listRoots( )
```

返回系统的所有可用根目录。类 java.io.File 的成员方法

```
(1) public long getTotalSpace( )
(2) public long getFreeSpace( )
(3) public long getUsableSpace( )
```

分别返回在当前路径下的所有空间大小、空闲空间大小和可用空间大小。

类 java.io.File 的成员方法

```
public boolean renameTo(File dest)
```

将当前文件或路径的名称更改为参数 dest 指定的名称，即进行 重命名 的操作。如果重命名成功，则返回 true；否则，返回 false。

类 java.io.File 的成员方法

```
public boolean delete( )
```

删除当前对象所表示的文件或路径。如果 删除 成功，则返回 true；否则，返回 false。在删除路径时，通常要求路径是空的。

类 java.io.File 的成员方法

```
(1) public boolean mkdir( )
(2) public boolean mkdirs( )
```

创建新路径。如果创建成功，则返回 true；否则，返回 false。成员方法 mkdir 只能创建一级路径。成员方法 mkdirs 可以创建多级路径。如果要求成员方法 mkdirs 创建多级路径，但只是成功创建了其中若干级，即没有创建完整的各级路径，那么该成员方法将返回 false。

下面给出一个 文件例程 。例程的源文件名为 J_File.java，其内容如下：

```
// //////////////////////////////////////////////////
//
// J_File.java
//
// 开发者：雍俊海
// //////////////////////////////////////////////////
// 简介：
//     文件例程
// //////////////////////////////////////////////////
import java.io.File;

public class J_File
{
    public static void main(String args[ ])
    {
        for (int i = 0; i < args.length; i++)
        {
            File f = new File(args[i]);
            if (f.exists( ))
            {
                System.out.println("getName: " + f.getName( ));
                System.out.println("getPath: " + f.getPath( ));
                System.out.println("getParent: " + f.getParent( ));
                System.out.println("length: " + f.length( ));
            }
            else System.out.printf("文件%1$s 不存在%n", args[i]);
        } // for 循环结束
    } // 方法 main 结束
```

} // 类 J_File 结束

编译命令为：

```
javac J_File.java
```

该程序可以带有参数。例如：当执行命令

```
java J_File J_File.class
```

时，最后执行的结果是在控制台窗口中输出：

```
getName: J_File.class
getPath: J_File.class
getParent: null
length: 1129
```

如果上面的例程可以运行，则文件"J_File.class"肯定存在。这时，上面例程的语句"f.exists( )"总是返回 true，从而可以得到文件"J_File.class"的一些属性。这里需要注意的是，类 java.io.File 基本上不涉及文件的具体内容，而是对文件或路径本身进行处理。

# 7.6　本章小结

Java 语言将文件当作数据流。这样可以统一处理文件和标准输入/输出。Java 语言提供了非常丰富的类用来读取和写入文件内容。它们在一定程度上具有相似性，但也有不同之处。表 7.4 给出在 java.io 软件包中的一些常用输入输出流和读写器。在表 7.4 中，同一行的类或接口有着比较相似的特点。另外，类 java.io.RandomAccessFile 允许使用同一个实例对象对同一个文件交替进行读写；7.3.5 小节介绍的类 java.io.InputStreamReader 和 java.io.OutputStreamWriter 可以将输入流和输出流转换为相应的读写器，从而方便文本数据的处理；类 java.io.File 一般不涉及文件内部的具体内容，而是从整体上对文件进行处理。有些类之间是可以互相替代的，即可能有多个类同时都能满足需求。本章介绍的这些类是最常用的文件与数据流类，并介绍了这些类的基本特点。这些特点是在应用中选取类的重要参考依据。在运用与文件和数据流相关的类及其成员方法时，还应当注意权限问题。

表 7.4　在 java.io 软件包中的一些常用输入输出流和读写器

| 输入流 | 输出流 | 读取器 | 写出器 |
| --- | --- | --- | --- |
| InputStream | OutputStream | Reader | Writer |
| FileInputStream | FileOutputStream | FileReader | FileWriter |
| | PrintStream | | PrintWriter |
| DataInputStream | DataOutputStream | | |
| BufferedInputStream | BufferedOutputStream | BufferedReader | BufferedWriter |
| | | LineNumberReader | |
| | | InputStreamReader | OutputStreamWriter |
| ObjectInputStream | ObjectOutputStream | | |

# 习题

1. 请简述类 java.io.PrintWriter 的功能特点。

2. 请比较类 java.io.File 与输入输出流的区别。

3. 编写一个程序。在控制台窗口中提示输入两个整数，然后接收这两个整数，并输出它们的和。下面是运行过程的示例：

请输入第一个整数：*45*
请输入第二个整数：*23*
计算结果：45+23=68

上面的两个黑斜体整数是用键盘输入的，其余字符是程序输出的。

4. 编写一个程序。要求输入 5 个学生的成绩（从 0 到 100 的整数），并将这 5 个数保存到文件"data.txt"中。然后再编写一个程序，从文件"data.txt"中读取这 5 个学生的成绩，计算并输出它们的平均数，然后再按从小到大的顺序输出这 5 个学生的成绩。

5. 编写一个程序。修改在上一题生成的文件"data.txt"中的文件内容，使得第三个学生的成绩变成为这 5 个学生的平均成绩，并在控制台窗口中输出在修改之后的文件内容。

6. 请自行任意选取某一个大写字母，编写一个程序。该程序通过给文件"data.txt"写入' '（空格字符）和'*'（星字符）组成该字母的图案，即在程序运行结束之后，通过文本编辑器应当可以看到在新创建的文件"data.txt"中由空格字符和星字符组成的指定大写字母的图案。

7. 编写一个程序。该程序能够自动统计在上一题结果文件"data.txt"中字符'*'的个数，设个数为 $n$。然后该程序能够从控制台窗口中接收 $n$ 个字符，最后用这 $n$ 个字符依次替换在文件"data.txt"中原有的'*'。

8. 编写一个程序。要求能够通过控制台窗口接受一个整数 $n$，然后在文件"data.txt"中写入所有比 $n$ 小的素数，最后通过控制台窗口分别显示每个数字（从 0 到 9）在这些素数（比 $n$ 小的素数）中出现的总次数。例如：在素数 13 中出现一次 1 和一次 3；在素数 32 082 509 中出现两次 0、两次 2、一次 3、一次 5、一次 8 和一次 9。

9. 编写一个程序。要求能够在当前路径下的所有文件中查找给定的字符串。给定的字符串由程序运行参数（即 main 成员方法的参数）指定。

10. 思考题。编写一个程序：要求能够接受输入整数 $n$，然后生成 $n$ 个随机数（双精度浮点数），并将这 $n$ 个随机数保存到文件"data.txt"中。但要求文件"data.txt"的头部给出文件"data.txt"本身的总长度（即文件"data.txt"的字节数）。

# Swing 图形用户界面程序设计

# 第 8 章

图形用户界面（Graphical User Interface，GUI）不仅可以提供各种数据的直观的图形表示方案，而且可以建立友好的交互方式，从而使得计算机软件操作简单方便，进而推动计算机迅速地进入普通家庭，并逐渐成为人们日常生活和工作的有力助手。从 Java 语言诞生到现在，Java 语言已经提供了两类图形用户界面。在 J2SE 的早期版本中，主要是 AWT 图形用户界面。它的平台相关性较强，而且缺少基本的剪贴板和打印支持功能。在最近的一些版本中，在 AWT 图形用户界面的基础上，形成了 Swing 图形用户界面。相对 AWT 图形用户界面而言，Swing 图形用户界面不仅增强了功能，而且减弱了平台相关性，即 Swing 图形用户界面与具体的计算机操作系统相关性较小。一方面，**Swing 图形用户界面比 AWT 图形用户界面**可以克服更多的由于操作系统不同所带来的在图形界面或交互方式上的差别；另一方面，Swing 图形用户界面还增加了功能，可以定制指定的操作系统风格的图形用户界面。虽然 Swing 图形用户界面继承自 AWT 图形用户界面，但是在这两类图形用户界面之间在组件控制机制等方面存在一些冲突。为了保证图形界面以及交互方式的正确性和稳定性，目前一般建议使用 Swing 图形用户界面。本章主要介绍 Swing 图形用户界面，并在本章总结中简单介绍 AWT 图形用户界面的组件添加方法。

## 8.1 组件和容器

组件和容器是 Swing 图形用户界面的组成部分。在 Swing 图形用户界面程序设计中，要求按照一定的布局方式将组件和容器添加到给定的容器中。这样，通过组件和容器的组合就形成图形界面。然后通过事件处理的方式实现在图形界面上的人机交互。

### 8.1.1 整体介绍

在 Java 图形用户界面中，容器本身也是组件。**按组件和容器的用途来分**，大致可以分为顶层容器、一般容器、专用容器、基本控件、不可编辑信息组件和可编辑组件。顶层容器主要有 3 种：小应用程序（Applet 和 JApplet）、对话框（Dialog 和 JDialog）和框架（Frame 和 JFrame）。这 3 种顶层容器在 AWT 图形用户界面中对应的类分别是 java.applet.Applet、java.awt.Dialog 和 java.awt.Frame；在 Swing 图形用户界面中对应的类分别是 javax.swing.JApplet、javax.swing.JDialog 和 javax.swing.JFrame，这些类的名称均以字母 "J" 开头。图 8.1 给出这 3 种顶层容器的图形界面示例。小应用程序主要用来设计嵌入在网页中运行的程序；对话框通常用来设计具有依赖关系的窗口；框架主要用来设计应用程序的图形界面。

(a) 小应用程序          (b) 对话框          (c) 框架

图 8.1 顶层容器

一般容器包括面板（JPanel）、滚动窗格（JScrollPane）、分裂窗格（JSplitPane）、选项卡窗格（JTabbedPane）和工具条（JToolBar）。**面板（JPanel）** 是一种界面，通常只有背景颜色的普通容器，**滚动窗格（JScrollPane）** 具有滚动条，**分裂窗格（JSplitPane）** 是用来装两个组件的容器，**选项卡窗格（JTabbedPane）** 允许多个组件共享相同的界面空间，**工具条（JToolBar）** 通常将多个组件（常常是带图标的按钮组件）排成一排或一列。

专用容器包括内部框架（JInternalFrame）、分层窗格（JLayeredPane）和根窗格（JRootPane）。采用**内部框架（JInternalFrame）** 可以在一个窗口内显示若干个类似于框架的窗口。**分层窗格（JLayeredPane）** 给窗格增加了深度的概念。当两个或多个窗格重叠在一起时，可以根据窗格的深度值来决定应当显示哪一个窗格的内容，这时一般显示深度值大的窗格。**根窗格（JRootPane）** 一般是自动创建的容器。创建内部框架或任意一种顶层容器都会自动创建根窗格。根窗格由玻璃窗格、分层窗格、内容窗格和菜单窗格 4 个部分组成。玻璃窗格是不可见的，只是用来解释各种输入事件。分层窗格为内容窗格和菜单窗格服务，主要用来管理各种相关的深度值。内容窗格用来管理除菜单之外的位于根窗格容器内的组件。菜单窗格不是必需的，主要用来管理菜单栏与菜单。

基本控件包括命令式按钮（JButton）、单选按钮（JRadioButton）、复选框（JCheckBox）、组合框（JComboBox）和列表框（JList）等。不可编辑信息组件包括标签（JLabel）和进度条等。可编辑组件包括文本编辑框（JTextField）和文本区域（JTextArea）等，在 Java 的软件包中含有丰富的组件。下面介绍一些常用的组件和容器。

## 8.1.2 JFrame 和 JLabel

**框架（JFrame）** 是顶层的容器。利用**标签（JLabel）** 可以在图形用户界面上显示一个字符串或一幅图。下面给出一个**在框架中添加 3 个标签组件的例程**。例程的源文件名为 J_LabelFrame.java，其内容如下所示。

```
// //////////////////////////////////////////////////
//
// J_LabelFrame.java
```

```
//
// 开发者: 雍俊海
// ////////////////////////////////////////////////////
// 简介:
//      在框架中添加标签的例程
// ////////////////////////////////////////////////////
import java.awt.Container;
import java.awt.FlowLayout;
import javax.swing.ImageIcon;
import javax.swing.JFrame;
import javax.swing.JLabel;

public class J_LabelFrame extends JFrame
{
    public J_LabelFrame( )
    {
        super("框架和标签例程");
        String [ ] s = {"文本标签", "文字在图标的左侧", "文字在图标的下方"};
        ImageIcon [ ] ic = {null, new ImageIcon("img1.gif"),
            new ImageIcon("img2.gif")};
        int [ ] ih = {0, JLabel.LEFT,   JLabel.CENTER};
        int [ ] iv = {0, JLabel.CENTER, JLabel.BOTTOM};
        Container c = getContentPane( );
        c.setLayout(new FlowLayout(FlowLayout.LEFT));
        for (int i=0; i<3; i++)
        {
            JLabel aLabel = new JLabel(s[i] , ic[i], JLabel.LEFT);
            if (i>0)
            {
                aLabel.setHorizontalTextPosition(ih[i]);
                aLabel.setVerticalTextPosition(iv[i]);
            } // if 结构结束
            aLabel.setToolTipText("第" + (i+1) + "个标签");
            c.add(aLabel);
        } // for 循环结束
    } // J_LabelFrame 构造方法结束

    public static void main(String args[ ])
    {
        J_LabelFrame app = new J_LabelFrame( );
        app.setDefaultCloseOperation(JFrame.EXIT_ON_CLOSE);
        app.setSize(360, 150);
        app.setVisible(true);
    } // 方法 main 结束
} // 类 J_LabelFrame 结束
```

编译命令为：

```
javac J_LabelFrame.java
```

执行命令为：

```
java J_LabelFrame
```

上面的例程在运行时要求在当前路径下存在图像文件"img1.gif"和"img2.gif"。设图像文件"img1.gif"和"img2.gif"分别如图 8.2(a)和图 8.2(b)所示，则最后执行的结果是弹出如图 8.2(c)和图 8.2(d)所示的框架窗口。在框架窗口中含有 3 个标签组件。如图 8.2(d)所示，当鼠标指针移动到标签上时，还会出现提示信息，说明这是第几个标签。

(a) img1.gif  (b) img2.gif          (c) 运行结果                    (d) 当鼠标指针移到第二个标签时

图 8.2　图像文件"img1.gif"和"img2.gif"以及框架和标签例程的运行结果

顶层容器框架（**JFrame**）的构造可以通过类 javax.swing.JFrame 的构造方法

```
public JFrame( )throws HeadlessException
```

来实现，该构造方法创建一个不可见不含标题的初始框架。类 javax.swing.JFrame 的构造方法

```
public JFrame(String title) throws HeadlessException
```

创建一个不可见的初始框架，其中参数 title 指定框架的标题内容。上面的例程间接调用该构造方法，即先编写类 javax.swing.JFrame 的子类 J_LabelFrame，然后在子类 J_LabelFrame 的构造方法中调用

```
super("框架和标签例程");
```

实现对类 javax.swing.JFrame 构造方法的调用，生成标题为"框架和标签例程"的框架。新创建的框架需要进行属性设置才能正常工作。类 javax.swing.JFrame 的成员方法

```
public void setDefaultCloseOperation(int operation)
```

设置关闭框架的行为属性，其参数 operation 一般为常数 JFrame.EXIT_ON_CLOSE，表示当关闭框架时，则退出程序。如果参数 operation 为其他值，则当关闭框架时将无法正常退出程序。类 javax.swing.JFrame 的成员方法

```
public void setSize(int width, int height)
```

设置框架的大小，其中参数 width 指定框架的宽度，参数 height 指定框架的高度。类

javax.swing.JFrame 的成员方法

```
public void setVisible(boolean b)
```

设置框架是否可见。当参数 b 为 true 时，框架变成可见；否则，框架是不可见的。一般需
要调用该成员方法让初始不可见的框架变成是可见的，而且应当在前面属性设置完毕以及
添加完组件之后调用该成员方法；否则，框架的图形界面可能会出现不正常显示。

　　在 Swing 图形用户界面程序设计中，给顶层容器添加组件的方法一般是先获取顶层容
器的内容窗格，再向内容窗格添加组件。类 javax.swing.JFrame 的成员方法

```
public Container getContentPane( )
```

返回当前框架的内容窗格。这时，一般还要给内容窗格设置布局方式。类 java.awt.Container
的成员方法

```
public void setLayout(LayoutManager mgr)
```

将当前容器的布局方式设置为参数 mgr 指定的方式。最常见的布局方式是 FlowLayout。通
过类 java.awt.FlowLayout 的构造方法

```
public FlowLayout(int align)
```

可以创建 FlowLayout 的实例对象。在 **FlowLayout 布局方式**下，组件在容器中以行的形式
从左到右依次排列。当排满一行时，则从下一行开始继续排列。参数 align 指定行对齐方
式，常见的取值有常量 FlowLayout.LEFT、FlowLayout.CENTER 和 FlowLayout.RIGHT，分
别对应左对齐、中对齐和右对齐。在设置布局方式之后可以给内容窗格容器添加组件。类
java.awt.Container 的成员方法

```
public Component add(Component comp)
```

将组件 comp 添加到当前容器中。

　　在上面的例程中，添加的组件是标签。标签的创建可以通过类 javax.swing.JLabel 的下
面 3 个构造方法

```
public JLabel(String text)
public JLabel(Icon icon)
public JLabel(String text, Icon icon, int horizontalAlignment)
```

来实现，其中，参数 text 指定标签的文字信息；参数 icon 指定标签的图标；参数 horizontal-
Alignment 指定文字与图标在水平方向上的对齐方式，常见的取值有常量 JLabel.LEFT、
JLabel.CENTER 和 JLabel.RIGHT，分别对应左对齐、中对齐和右对齐。如果参数 text 为
null，则该标签不含文字信息；如果参数 icon 为 null，则该标签不含图标。

　　这里介绍如何设置标签的属性。类 javax.swing.JLabel 的成员方法

```
public void setText(String text)
```

重新设置标签的文字信息，其中参数 text 指定标签的新的文字信息。如果参数 text 为 null，

则该标签不含文字信息。类 javax.swing.JLabel 的成员方法

```
public void setIcon(Icon icon)
```

重新设置标签的图标，其中参数 icon 指定标签的新图标。如果参数 icon 为 null，则该标签不含图标。类 javax.swing.JLabel 的成员方法

```
public void setHorizontalAlignment(int alignment)
```

设置组成标签的文字与图标在水平方向上的对齐方式，其中参数 alignment 的常见取值有常量 JLabel.LEFT、JLabel.CENTER 和 JLabel.RIGHT，分别对应左对齐、中对齐和右对齐。类 javax.swing.JLabel 的成员方法

```
public void setHorizontalTextPosition(int textPosition)
```

设置组成标签的文字与图标之间在水平方向上的相对位置关系。当参数 textPosition 为常量 JLabel.LEFT 或 JLabel.RIGHT 时，文字分别位于图标的左侧或右侧；当参数 textPosition 为常量 JLabel.CENTER 时，文字与图标在水平方向中对齐。类 javax.swing.JLabel 的成员方法

```
public void setVerticalAlignment(int alignment)
```

设置组成标签的文字与图标在竖直方向上的对齐方式，其中 alignment 的常见取值有常量 JLabel.TOP、JLabel.CENTER 和 JLabel.BOTTOM，分别对应上对齐、中对齐和下对齐。类 javax.swing.JLabel 的成员方法

```
public void setVerticalTextPosition(int textPosition)
```

设置组成标签的文字与图标之间在竖直方向上的相对位置关系。当参数 textPosition 为常量 JLabel.TOP 或 JLabel.BOTTOM 时，文字分别位于图标的上方或下方；当参数 textPosition 为常量 JLabel.CENTER 时，文字与图标在竖直方向上中对齐。类 javax.swing.JLabel 的成员方法

```
public void setToolTipText(String text)
```

设置当鼠标指针在标签上稍加停留时出现的提示信息，其内容为参数 text 指定的字符串。

## 8.1.3　JDialog 和 JOptionPane

对话框通常用来设计具有依赖关系的窗口。通常在已有的窗口基础上创建对话框。这个已有的窗口称为父窗口，新创建的对话框是子窗口。对话框的创建可以通过类 javax.swing.JDialog 的下面两个构造方法

```
public JDialog(Dialog owner, String title, boolean modal)
public JDialog(Frame owner, String title, boolean modal)
```

来实现，其中，参数 owner 指定对话框的父窗口，参数 title 指定当前对话框的标题，参数 modal 指定对话框的模式。在上面的第一个构造方法中，新创建对话框的父窗口也是对话

框；在第二个构造方法中，新创建对话框的父窗口是框架。对话框的模式有两种。当参数 modal 为 true 时，新创建的对话框是有模式对话框。在创建有模式对话框之后，一般无法通过图形用户界面操作父窗口，而只能与作为子窗口的有模式对话框进行交互。在关闭有模式对话框之后，其父窗口才会回到激活的状态，即这时才可以通过图形用户界面操作父窗口。当参数 modal 为 false 时，新创建的对话框是无模式对话框。在创建无模式对话框之后，无模式对话框及其父窗口都处于激活的状态，即可被操作的状态。当关闭无模式对话框时，其父窗口一般仍然存在；但是当关闭父窗口时，通常会同时自动关闭该无模式对话框。

下面给出一个创建对话框并在对话框中添加标签的例程。例程的源文件名为 J_Frame-Dialog.java，其内容如下所示。

```java
// ////////////////////////////////////////////////////
//
// J_FrameDialog.java
//
// 开发者：雍俊海
// ////////////////////////////////////////////////////
// 简介：
//      在对话框中添加标签的例程
// ////////////////////////////////////////////////////
import java.awt.Container;
import java.awt.FlowLayout;
import javax.swing.JDialog;
import javax.swing.JFrame;
import javax.swing.JLabel;

public class J_FrameDialog
{
   public static void main(String args[ ])
   {
      JFrame app = new JFrame("框架");
      app.setDefaultCloseOperation(JFrame.EXIT_ON_CLOSE);
      app.setSize(200, 100);
      app.setVisible(true);

      JDialog d = new JDialog(app, "对话框", false);
      Container c = d.getContentPane( );
      c.setLayout(new FlowLayout(FlowLayout.LEFT));
      c.add(new JLabel("您好"));
      d.setSize(80, 80);
      d.setVisible(true);
   } // 方法 main 结束
} // 类 J_FrameDialog 结束
```

编译命令为：

```
javac J_FrameDialog.java
```

执行命令为：

```
java J_FrameDialog
```

最后执行的结果是先弹出如图 8.3(a)所示的框架窗口，接着弹出如图 8.3(b)所示的对话框窗口，其中框架窗口是父窗口，对话框窗口是子窗口。在对话框窗口中含有一个标签组件。

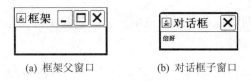

(a) 框架父窗口      (b) 对话框子窗口

图 8.3　对话框例程运行结果

上面的例程在 main 成员方法中，先通过类 javax.swing.JFrame 的构造方法创建框架父窗口，接着设置框架的 3 个属性：关闭框架的行为属性、大小和可见性。然后，以框架为父窗口通过类 javax.swing.JDialog 的构造方法创建标题为"对话框"的无模式对话框。与框架的相似，在创建对话框之后需要设置对话框的大小和可见性属性。类 javax.swing.JDialog 的成员方法

```
public void setSize(int width, int height)
```

设置对话框的大小，其中参数 width 指定对话框的宽度，参数 height 指定对话框的高度。类 javax.swing.JDialog 的成员方法

```
public void setVisible(boolean b)
```

设置对话框是否可见。当参数 b 为 true 时，对话框变成可见；否则，对话框是不可见的。
　　与框架的相似，给对话框添加组件通常也是先获取顶层容器的内容窗格，再向内容窗格添加组件。类 javax.swing.JDialog 的成员方法

```
public Container getContentPane( )
```

返回当前对话框的内容窗格。在往内容窗格中添加组件之前通常还会设置内容窗格的布局方式。语句

```
c.setLayout(new FlowLayout(FlowLayout.LEFT));
```

将内容窗格的布局方式设置成为按行从左到右排列组件的 FlowLayout 方式，而且采用左对齐方式。在这之后，通过类 java.awt.Container 的成员方法

```
public Component add(Component comp)
```

将组件 comp 添加到当前容器中。上面的例程给内容窗格添加一个标签。
　　类 javax.swing.JOptionPane 提供一些现成的常用有模式对话框。这些对话框称为标准

对话框。下面给出创建标准对话框的例程。例程的源文件名为 J_DialogMode.java，其内容如下所示。

```
// ////////////////////////////////////////////////////
//
// J_DialogMode.java
//
// 开发者：雍俊海
// ////////////////////////////////////////////////////
// 简介：
//      标准对话框例程
// ////////////////////////////////////////////////////
import javax.swing.JOptionPane;

public class J_DialogMode
{
    public static void main(String args[ ])
    {
        JOptionPane.showMessageDialog(null, "您好!");
        JOptionPane.showConfirmDialog(null, "您现在还好吗?");
        JOptionPane.showInputDialog(null, "您现在还好吗?");
        String [ ] s = {"好", "不好"};
        JOptionPane.showInputDialog(null, "您现在还好吗?", "输入",
            JOptionPane.QUESTION_MESSAGE, null, s, s[0]);
    } // 方法 main 结束
} // 类 J_DialogMode 结束
```

编译命令为：

```
javac J_DialogMode.java
```

执行命令为：

```
java J_DialogMode
```

最后执行的结果是依次弹出如图 8.4 所示的标准对话框。在上面的例程中，各个对话框的父窗口均为 null。在实际的应用中，一般需要具体指定对话框的父窗口。

(a) 消息对话框

(b) 确认对话框

(c) 文本框输入对话框

(d) 选择输入对话框

图 8.4　标准对话框例程运行结果

在上面例程中的对话框都是直接通过类 javax.swing.JOptionPane 的成员方法创建的。通过类 javax.swing.JOptionPane 的成员方法

```
(1) public static void showMessageDialog(Component parentComponent, Object
    message) throws HeadlessException
(2) public static void showMessageDialog(Component parentComponent, Object
    message, String title, int messageType) throws HeadlessException
(3) public static void showMessageDialog(Component parentComponent, Object
    message, String title, int messageType, Icon icon) throws Headless-
    Exception
```

可以弹出一个消息对话框。在上面的成员方法中，参数 parentComponent 指定对话框的父窗口，参数 message 指定需要显示的消息，参数 title 指定对话框的标题。如果上面的成员方法不含参数 title，则默认的标题是"消息"。参数 messageType 指定对话框显示的消息类型：错误消息类型（JOptionPane.ERROR_MESSAGE）、信息消息类型（JOptionPane.INFORMATION_MESSAGE）、警告消息类型（JOptionPane.WARNING_MESSAGE）、疑问消息类型（JOptionPane.QUESTION_MESSAGE）或简单消息类型（JOptionPane.PLAIN_MESSAGE），其中在括号内的内容是该消息类型所对应的参数 messageType 的值。如果上面的成员方法不含参数 messageType，则默认的消息类型是信息消息类型。消息对话框一般采用不同的图标表示不同的消息类型。简单消息类型的对话框一般不含图标。参数 icon 指定在消息对话框中的图标。图标的创建方法可以参见 8.1.2 小节。

通过类 javax.swing.JOptionPane 的成员方法

```
(1) public static int showConfirmDialog(Component parentComponent, Object
    message) throws HeadlessException
(2) public static int showConfirmDialog(Component parentComponent, Object
    message, String title, int optionType) throws HeadlessException
(3) public static int showConfirmDialog(Component parentComponent, Object
    message, String title, int optionType, int messageType) throws
    HeadlessException
(4) public static int showConfirmDialog(Component parentComponent, Object
    message, String title, int optionType, int messageType, Icon icon) throws
    HeadlessException
```

可以弹出一个确认对话框。在上面的成员方法中，参数 parentComponent 指定对话框的父窗口，参数 message 指定需要显示的提示消息，参数 title 指定对话框的标题。如果上面的成员方法不含参数 title，则默认的标题是"选择一个选项"。参数 optionType 指定对话框选项的模式。当参数 optionType 为 JOptionPane.YES_NO_OPTION 时，确认对话框只包含"是"与"否"两个按钮；当参数 optionType 为 JOptionPane.YES_NO_CANCEL_OPTION 时，确认对话框包含"是"、"否"以及"取消"三个按钮。如果上面的成员方法不含参数 optionType，则默认的选项模式是 JOptionPane.YES_NO_CANCEL_OPTION。参数 messageType 和 icon 的含义与前面生成消息对话框的 showMessageDialog 成员方法的这两个参数的含义相同。如果上面的成员方法不含参数 messageType，则确认对话框的默认消息类型是疑问消息类型。上面生成确认对话框的成员方法还会返回一个整数：–1（当直接关闭确认对话框而不作任何选择时）、0（当单击"是"按钮时）、1（当单击"否"按钮时）或 2（当单击"取消"按钮时）。

通过类 javax.swing.JOptionPane 的成员方法

```
(1) public static String showInputDialog(Component parentComponent, Object
    message) throws HeadlessException
(2) public static String showInputDialog(Component parentComponent, Object
    message, Object initialSelectionValue)
(3) public static String showInputDialog(Component parentComponent, Object
    message, String title, int messageType) throws HeadlessException
```

可以弹出一个 文本框输入对话框 。通过该对话框的文本框可以输入字符串。上面成员方法的参数含义与前面生成消息对话框的 showMessageDialog 成员方法的相应参数含义相同。参数 initialSelectionValue 指定在文本框中显示的初始字符串。如果上面的成员方法不含参数 title，则默认的标题是"输入"。如果上面的成员方法不含参数 messageType，则确认对话框的默认消息类型是疑问消息类型。上面的成员方法具有返回值，当单击"确定"按钮时，返回值为在文本框中输入的字符串（包含空串）；当单击"取消"按钮或不作选择而直接关闭对话框时，返回值为 null。

通过类 javax.swing.JOptionPane 的成员方法

```
public static Object showInputDialog(Component parentComponent, Object
message, String title, int messageType, Icon icon, Object[] selectionValues,
Object initialSelectionValue) throws HeadlessException
```

可以弹出一个 选择输入对话框 。通过该对话框的组合框可以选择字符串。该成员方法前 5 个参数的含义与前面生成消息对话框的 showMessageDialog 成员方法的相应参数的含义相同。参数 selectionValues 指定候选的字符串数组，参数 initialSelectionValue 指定在组合框中显示的初始字符串选项。该成员方法具有返回值。当单击"确定"按钮时，返回值为选中的字符串；当单击"取消"按钮或不作选择而直接关闭对话框时，返回值为 null。

## 8.1.4　JTextField 和 JPasswordField

文本编辑框（JTextField） 和 密码式文本编辑框（JPasswordField） 均可用来编辑单行文本。采用 JTextField，则在文本框中可以直接看到输入的字符；采用 JPasswordField，则输入的字符在文本框中被表示成"*"。下面给出一个 文本编辑框和密码式文本编辑框例程 。例程的源文件名为 J_Text.java，其内容如下所示。

```
// ////////////////////////////////////////////////////
//
// J_Text.java
//
// 开发者：雍俊海
// ////////////////////////////////////////////////////
// 简介：
//     文本编辑框例程
// ////////////////////////////////////////////////////
import java.awt.Container;
```

```java
import java.awt.FlowLayout;
import javax.swing.JFrame;
import javax.swing.JPasswordField;
import javax.swing.JTextField;

public class J_Text
{
    public static void main(String args[ ])
    {
        JFrame app = new JFrame("文本编辑框例程");
        app.setDefaultCloseOperation(JFrame.EXIT_ON_CLOSE);
        app.setSize(320, 120);
        Container c = app.getContentPane( );
        c.setLayout(new FlowLayout( ));
        JTextField [ ] t = {
            new JTextField("正常文本:", 8), new JTextField("显示", 15),
            new JTextField("密码文本:", 8), new JPasswordField("隐藏", 15)};
        t[0].setEditable(false);
        t[2].setEditable(false);
        for (int i=0; i<4; i++)
            c.add(t[i]);
        app.setVisible(true);
    } // 方法 main 结束
} // 类 J_Text 结束
```

编译命令为：

```
javac J_Text.java
```

执行命令为：

```
java J_Text
```

最后执行的结果是弹出如图 8.5 所示的包含文本编辑框和密码式文本编辑框的框架窗口。在图形用户界面的右下部分显示的"**"实际上对应文本信息"隐藏"。在上面的例程中，框架的创建方法以及在框架中添加组件的方法与 8.1.2 小节介绍的内容相同。

图 8.5　文本编辑框和密码式文本编辑框例程运行结果

**文本编辑框的创建**可以通过类 javax.swing.JTextField 构造方法

```
(1) public JTextField( )
(2) public JTextField(String text)
(3) public JTextField(int columns)
(4) public JTextField(String text, int columns)
```

来实现，在上面的构造方法中，参数 text 指定在文本编辑框中显示的初始文本信息。如果上面的构造方法不含参数 text，则初始文本信息为空的字符串。参数 columns 必须是非负的整数，指定文本编辑框的宽度。如果参数 columns 大于 0，则文本编辑框的宽度大约与 columns 个字符的宽度相当。如果参数 columns 为 0 或者上面的构造方法不含该参数，则文本编辑框的宽度为初始文本信息的宽度。如果实际文本信息的宽度超过文本编辑框的宽度，则可以通过键盘的左或右箭头按键等移动文本信息。密码式文本编辑框的创建可以通过类 javax.swing.JPasswordField 的构造方法

```
(1) public JPasswordField( )
(2) public JPasswordField(String text)
(3) public JPasswordField(int columns)
(4) public JPasswordField(String text, int columns)
```

来实现，其中，参数的含义与类 javax.swing.JTextField 构造方法参数的含义完全相同。类 javax.swing.JPasswordField 实际上是类 javax.swing.JTextField 的直接子类。

在创建文本编辑框或密码式文本编辑框的实例对象之后，可以通过类 javax.swing. JTextField 或 javax.swing.JPasswordField 的成员方法

```
public String getText( )
```

获取它们的文本信息。通过类 javax.swing.JTextField 或 javax.swing.JPasswordField 的成员方法

```
public void setText(String t)
```

可以设置文本信息，即将当前文本信息设置成为参数 t 指定的字符串。通过类 javax.swing. JTextField 或 javax.swing.JPasswordField 的成员方法

```
public void setEditable(boolean b)
```

可以设置编辑属性，即设置文本编辑框或密码式文本编辑框是否可以编辑。当参数 b 为 true 时，可以编辑。当参数 b 为 false 时，不可以编辑，即不可以通过图形用户界面接受字符的输入。这时文本编辑框有些类似于标签。

## 8.1.5　JButton、JCheckBox 和 JRadioButton

命令式按钮（**JButton**）、复选框（**JCheckBox**）和单选按钮（**JRadioButton**）均为触击式组件，即当单击这些组件时，都能触发特定的事件。命令式按钮（JButton）可以激发命令事件，复选框（JCheckBox）和单选按钮（JRadioButton）的选择状态会发生变化。下面给出一个命令式按钮、复选框和单选按钮例程。例程的源文件名为 J_Button.java，其内容如下所示。

```
// //////////////////////////////////////////////////
//
// J_Button.java
//
// 开发者：雍俊海
// //////////////////////////////////////////////////
```

```java
// 简介:
//      命令式按钮、复选框和单选按钮例程
// ///////////////////////////////////////////////////
import java.awt.Container;
import java.awt.FlowLayout;
import javax.swing.ButtonGroup;
import javax.swing.ImageIcon;
import javax.swing.JButton;
import javax.swing.JCheckBox;
import javax.swing.JFrame;
import javax.swing.JRadioButton;

public class J_Button extends JFrame
{
    public J_Button( )
    {
        super("按钮例程");
        Container c = getContentPane( );
        c.setLayout(new FlowLayout( ));

        int i;
        // 创建命令式按钮并添加到框架中
        ImageIcon [ ] ic = {new ImageIcon("left.gif"),
                new ImageIcon("right.gif")};
        JButton [ ] b = {new JButton("左", ic[0]), new JButton("中间"),
                new JButton("右", ic[1])};
        for (i=0; i < b.length; i++)
            c.add(b[i]);

        // 创建复选框并添加到框架中
        JCheckBox [ ] ck = {new JCheckBox("左"), new JCheckBox("右")};
        for (i=0; i<ck.length; i++)
        {
            c.add(ck[i]);
            ck[i].setSelected(true);
        } // for 循环结束

        // 创建单选按钮并添加到框架中
        JRadioButton[ ] r={new JRadioButton("左"), new JRadioButton("右")};
        ButtonGroup rg = new ButtonGroup( );
        for (i=0; i<r.length; i++)
        {
            c.add(r[i]);
            rg.add(r[i]);
        } // for 循环结束
```

```
        r[0].setSelected(true);
        r[1].setSelected(false);
    } // J_Button 构造方法结束

    public static void main(String args[ ])
    {
        J_Button app = new J_Button( );
        app.setDefaultCloseOperation(JFrame.EXIT_ON_CLOSE);
        app.setSize(250, 120);
        app.setVisible(true);
    } // 方法 main 结束
} // 类 J_Button 结束
```

编译命令为：

```
javac J_Button.java
```

执行命令为：

```
java J_Button
```

　　上面的例程在运行时要求在当前路径下存在如图 8.6(b)所示的图像文件"left.gif"和"right.gif"。最后执行的结果是弹出如图 8.6(b)所示的窗口。该窗口含有 3 个命令式按钮、2个复选框和 2 个单选按钮。第一个和第三个命令式按钮含有图标，第二个命令式按钮不含图标。

　　在上面的例程中，框架的创建方法以及在框架中添加组件的方法与 8.1.2 小节介绍的内容相同。如果框架是通过类 javax.swing.JFrame 的子类的构造方法创建的，那么通常在该构造方法中添加组件，例如上面的例程。命令式按钮、复选框和单选按钮分别对应类 javax.swing.JButton、类 javax.swing.JCheckBox 和类 javax.swing.JRadioButton。它们的类层次结构图如图 8.6(a)所示。

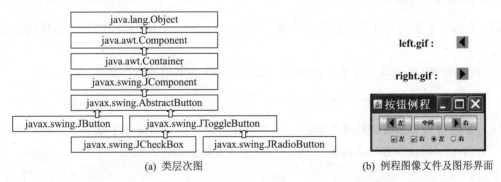

(a) 类层次图　　　　　　　　　　　(b) 例程图像文件及图形界面

图 8.6　JButton、JCheckBox 和 JRadioButton

**命令式按钮的创建**可以通过类 javax.swing.JButton 的构造方法

```
(1) public JButton( )
(2) public JButton(Icon icon)
```

```
(3)  public JButton(String text)
(4)  public JButton(String text, Icon icon)
```

来实现，其中，参数 icon 指定命令式按钮的图标，参数 text 指定命令式按钮的文本信息。如果上面的构造方法不含参数 icon，则命令式按钮不含图标。如果上面的构造方法不含参数 text，则命令式按钮不含文本信息。复选框的创建可以通过类 javax.swing.JCheckBox 的构造方法

```
(1)  public JCheckBox( )
(2)  public JCheckBox(Icon icon)
(3)  public JCheckBox(Icon icon, boolean selected)
(4)  public JCheckBox(String text)
(5)  public JCheckBox(String text, boolean selected)
(6)  public JCheckBox(String text, Icon icon)
(7)  public JCheckBox(String text, Icon icon, boolean selected)
```

来实现，在上面的构造方法中，参数 icon 指定复选框的图标。如果上面的构造方法不含参数 icon，则复选框不含图标。参数 text 指定复选框的文本信息。如果上面的构造方法不含参数 text，则复选框不含文本信息。参数 selected 指定复选框是否处于被选中的状态。当参数 selected 为 true 时，所创建的复选框处于被选中的状态；否则，不被选中。如果上面的构造方法不含参数 selected，则复选框处于不被选中的状态。单选按钮的创建可以通过类 javax.swing.JRadioButton 的构造方法

```
(1)  public JRadioButton( )
(2)  public JRadioButton(Icon icon)
(3)  public JRadioButton(Icon icon, boolean selected)
(4)  public JRadioButton(String text)
(5)  public JRadioButton(String text, boolean selected)
(6)  public JRadioButton(String text, Icon icon)
(7)  public JRadioButton(String text, Icon icon, boolean selected)
```

来实现，上面各个构造方法参数的含义与类 javax.swing.JCheckBox 的构造方法参数的含义相同。

类 javax.swing.JCheckBox 和类 javax.swing.JRadioButton 的成员方法

```
public void setSelected(boolean b)
```

分别设置复选框和单选按钮的选中状态。当参数 b 为 true 时，对应选中状态；否则，不被选中。类 javax.swing.JCheckBox 和类 javax.swing.JRadioButton 的成员方法

```
public boolean isSelected( )
```

返回当前复选框或单选按钮的选中状态。当处于选中状态时，返回 true；否则，返回 false。

在上面例程中，两个单选按钮可以联动，即当选中其中一个单选按钮时，另一个单选按钮会自动变成没有选中。单选按钮之间的联动是通过按钮组（**ButtonGroup**）实现的。首先，通过类 javax.swing.ButtonGroup 的构造方法

```
public ButtonGroup( )
```

创建按钮组。接着，通过类 javax.swing.ButtonGroup 的成员方法

```
public void add(AbstractButton b)
```

将按钮 b 添加到当前按钮组中。这里类 javax.swing.JRadioButton 是抽象类 javax.swing. AbstractButton 的子类。因此，可以将单选按钮添加到按钮组中。在同一个按钮组中的单选按钮在图形用户界面上的操作具有联动的特点。

## 8.1.6　JComboBox、JList、JTextArea 和 JScrollPane

这里介绍一些具有显示多行文本信息特点的组件。组合框（**JComboBox**）有时也称为下拉列表框。可以从它的下拉式的列表框中选择其中的列表项。列表框（**JList**）的界面显示出一系列的列表项，并且可以从中选择一到多个列表项。文本区域（**JTextArea**）是可以编辑多行文本信息的文本框，但文本区域不能自动进行滚屏处理，即当文本内容超出文本区域的范围时，文本区域不会自动出现滚动条。这时，可以将文本区域添加到滚动窗格（**JScrollPane**）中，从而实现给文本区域自动添加滚动条的功能。当文本信息在水平方向上超出文本区域范围时会自动出现水平滚动条；当文本信息在竖直方向上超出文本区域范围时会自动出现竖直滚动条。

下面给出一个组合框、列表框、文本区域和滚动窗格例程。例程的源文件名为 J_Lines.java，其内容如下所示。

```
// ////////////////////////////////////////////////
//
// J_Lines.java
//
// 开发者：雍俊海
// ////////////////////////////////////////////////
// 简介:
//     组合框、列表框、文本区域和滚动窗格例程
// ////////////////////////////////////////////////
import java.awt.Container;
import java.awt.FlowLayout;
import javax.swing.JComboBox;
import javax.swing.JFrame;
import javax.swing.JList;
import javax.swing.JScrollPane;
import javax.swing.JTextArea;

public class J_Lines extends JFrame
{
    public J_Lines( )
    {
        super("多行组件例程");
```

```
            Container c = getContentPane( );
            c.setLayout(new FlowLayout( ));

            String [ ] s = {"选项1", "选项2", "选项3"};
            JComboBox cb = new JComboBox(s);
            JList t = new JList(s);
            JTextArea ta = new JTextArea("1\n2\n3\n4\n5", 3, 10);
            JScrollPane sta = new JScrollPane(ta);
            c.add(cb);
            c.add(t);
            c.add(sta);
        } // J_Lines 构造方法结束

    public static void main(String args[ ])
    {
        J_Lines app = new J_Lines( );
        app.setDefaultCloseOperation(JFrame.EXIT_ON_CLOSE);
        app.setSize(250, 120);
        app.setVisible(true);
    } // 方法 main 结束
} // 类 J_Lines 结束
```

编译命令为：

```
javac J_Lines.java
```

执行命令为：

```
java J_Lines
```

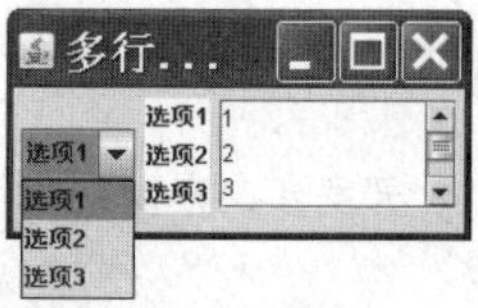

最后执行的结果是弹出如图 8.7 所示的窗口。在上面
的例程中，框架的创建方法以及在框架中添加组件的方法
与 8.1.2 小节介绍的内容相同。

图 8.7  组合框、列表框、文本区域
和滚动窗格例程运行结果

组合框的创建可以通过类 javax.swing.JComboBox 的构造方法

```
public JComboBox(Object[ ] items)
```

来实现，其中，参数 items 指定组合框的各个选项。通过类 javax. swing.JComboBox 的一些
成员方法可以设置组合框的属性，例如：设置是否允许自行输入一行文本信息。类
javax.swing.JComboBox 的成员方法

```
public void setEditable(boolean aFlag)
```

设置当前的组合框是否可以自行输入一行文本信息。当参数 aFlag 为 true 时，允许输入文
本信息。当参数 aFlag 为 false 时，不可以自行输入文本信息。这时只能选择组合框的某个
选项。组合框的默认属性是不允许输入文本信息。类 javax.swing.JComboBox 的成员方法

```
public void setMaximumRowCount(int count)
```

设置在组合框的下拉式列表中显示最大行数，即正整数 count。当组合框选项数超过 count 的值时，下拉式列表会自动添加上滚动条。类 javax.swing.JComboBox 的成员方法

```
public void setSelectedIndex(int anIndex)
```

在程序中设置被选中的选项，即第（anIndex+1）项。这里要求 anIndex 非负并且小于在组合框中的选项数。类 javax.swing.JComboBox 的成员方法

```
public void setSelectedItem(Object anObject)
```

将组合框选中区域的内容设置为参数 **anObject** 指定的对象。如果组合框不可编辑或者参数 anObject 指定的对象不在组合框的选项中，那么组合框选中区域的内容不变。

　　类 javax.swing.JComboBox 的成员方法

```
public int getSelectedIndex( )
```

返回组合框选中区域的对象在选项列表中出现的第一个下标值。这里选项的下标值从 0 开始计数，例如：第一个选项的下标值为 0。如果选中区域的对象不在选项列表中，则返回–1。类 javax.swing.JComboBox 的成员方法

```
public Object getSelectedItem( )
```

返回在组合框选中区域中的对象。类 javax.swing.JComboBox 的成员方法

```
public Object[ ] getSelectedObjects( )
```

返回由在组合框选中区域中的对象组成的单元素数组。因为组合框最多只能选中一个选项，所以上面的成员方法虽然以数组的形式返回，但该数组一般只有一个元素。

　　列表框的创建可以通过类 javax.swing.JList 的构造方法

```
public JList(Object[ ] listData)
```

来实现，其中，参数 listData 指定列表框的各个选项。在创建列表框之后，可以设置列表框的属性。类 javax.swing.JList 的成员方法

```
public void setSelectionMode(int selectionMode)
```

设置列表框的选择模式。当参数 selectionMode 为常数 javax.swing.ListSelectionModel. SINGLE_SELECTION 时，只能在列表框中选中一个选项。当参数 selectionMode 为常数 javax.swing.ListSelectionModel.SINGLE_INTERVAL_SELECTION 时，只能在列表框中选中一个或一些连续的选项。当参数 selectionMode 为常数 javax.swing.ListSelectionModel. MULTIPLE_INTERVAL_SELECTION 时，可以在列表框中任意选中一个或多个选项，这也是列表框的默认选择模式方式。如果需要选中多个选项，可以按住 Shift 或 Control 键不放，然后用鼠标指针进行选择。类 javax.swing.JList 的成员方法

```
public void setSelectedIndex(int index)
```

在程序中设置被选中的选项，即第（index+1）项。这里要求 index 非负并且小于在列表框

中的选项数。类 javax.swing.JList 的成员方法

```
public void setSelectedIndices(int[ ] indices)
```

在程序中通过参数 indices 设置被选中的各个选项。这里要求 indices 的每个元素非负并且小于在列表框中的选项数。数组 indices 的各个元素指定被选中选项的下标值（从 0 开始计数）。类 javax.swing.JList 的成员方法

```
public void setSelectionInterval(int anchor, int lead)
```

在程序中设置被选中的选项，其下标值从 anchor 到 lead。这里要求 anchor 和 lead 非负并且小于在列表框中的选项数。

类 javax.swing.JList 的成员方法

```
public int getSelectedIndex( )
```

返回在列表框中被选中选项的最小下标值（从 0 开始计数）。如果没有选项被选中，则返回–1。类 javax.swing.JList 的成员方法

```
public int[ ] getSelectedIndices( )
```

返回由在列表框中各个被选中选项的下标值组成的数组。如果没有选项被选中，则返回元素个数为 0 的数组，而不是 null。类 javax.swing.JList 的成员方法

```
public Object getSelectedValue( )
```

返回在列表框中下标最小的被选中选项对象。如果没有选项被选中，则返回 null。类 javax.swing.JList 的成员方法

```
public Object[ ] getSelectedValues( )
```

返回由在列表框中各个被选中选项对象组成的数组。如果没有选项被选中，则返回元素个数为 0 的数组，而不是 null。

文本区域的创建可以通过类 javax.swing.JTextArea 的构造方法

```
public JTextArea(String text, int rows, int columns)
```

来实现，其中，参数 text 指定在文本区域中显示的初始文本信息，参数 rows 指定显示的行数，参数 columns 指定显示的大致列数。这里要求 rows 和 columns 均大于 0。通常给文本区域加上滚动窗格（**JScrollPane**），从而实现给文本区域自动添加滚动条的功能。滚动窗格的创建可以通过类 javax.swing.JScrollPane 的构造方法

```
public JScrollPane(Component view)
```

来实现，其中，参数 view 指定需要加上滚动条功能的组件。

## 8.1.7  JSlider 和 JPanel

滑动条（**JSlider**）提供以图形的方式进行数值选取的功能。通常选取的范围是一个有

限的整数区间。它提供了通过鼠标指针移动在滑动条中的 滑动块 获取数值的手段。另外，它还可以用来表示程序执行的进度情况。 面板（JPanel）是一种常用的容器。它常常用作中间容器，即在面板中添加组件，然后再将面板添加到其他容器中。这样一方面可以将图形用户界面的组件进行分组，另一方面还可以形成较合理的组件布局方式。面板还常常用作 Swing 图形用户界面的画板。下面给出一个 滑动条和面板例程 。例程的源文件名为 J_SliderAndPanel.java，其内容如下所示。

```
// ///////////////////////////////////////////////////////
//
// J_SliderAndPanel.java
//
// 开发者: 雍俊海
// ///////////////////////////////////////////////////////
// 简介:
//     滑动条和面板例程
// ///////////////////////////////////////////////////////
import java.awt.Color;
import java.awt.Container;
import java.awt.Dimension;
import java.awt.FlowLayout;
import javax.swing.JFrame;
import javax.swing.JPanel;
import javax.swing.JSlider;

public class J_SliderAndPanel
{
    public static void main(String args[ ])
    {
        JFrame app = new JFrame("滑动条和面板例程");
        app.setDefaultCloseOperation(JFrame.EXIT_ON_CLOSE);
        app.setSize(360, 120);
        Container c = app.getContentPane( );
        c.setLayout(new FlowLayout( ));
        JSlider s = new JSlider(JSlider.HORIZONTAL, 0, 30, 10);
        JPanel p = new JPanel( );
        p.setPreferredSize(new Dimension(100, 60));
        p.setBackground(Color.green);
        c.add(s);
        c.add(p);
        app.setVisible(true);
    } // 方法 main 结束
} // 类 J_SliderAndPanel 结束
```

编译命令为：

```
javac J_SliderAndPanel.java
```

执行命令为：

```
java J_SliderAndPanel
```

最后执行的结果是弹出如图8.8所示的包含滑动条和面板的框架窗口。在上面的例程中，框架的创建方法以及在框架中添加组件的方法与8.1.2小节介绍的内容相同。

图 8.8　滑动条和面板例程图形用户界面

滑动条的创建可以通过类 javax.swing.JSlider 的构造方法

```
(1) public JSlider(int min, int max, int value)
(2) public JSlider(int orientation, int min, int max, int value)
```

来实现，其中，参数 orientation 指定滑动条的方向，参数 min 和 max 分别指定滑动条所表示的数值范围的最小值和最大值，参数 value 指定在滑动条中滑动块的初始位置，即滑动块的位置与当前所表示的数值是一一对应的。这里要求 min 不大于 max，而且 min≤value≤max。参数 orientation 只能为常量 javax.swing.JSlider.HORIZONTAL 或 javax.swing.JSlider.VERTICAL。当参数 orientation 为 javax.swing.JSlider.HORIZONTAL 时，滑动条呈水平方向，如图 8.8 所示；当参数 orientation 为 javax.swing.JSlider.VERTICAL 时，滑动条呈竖直方向。如果上面的构造方法不含参数 orientation，则滑动条的默认方向是水平方向。

滑动条的属性是可以设置的。类 javax.swing.JSlider 的成员方法

```
public void setValue(int n)
```

移动滑动块的位置，使得滑动块所在的位置表示数值 n。这里要求参数 n 满足 min≤n≤max，其中 min 和 max 分别是滑动条所能表示的最小值和最大值。类 javax.swing.JSlider 的成员方法

```
public int getValue( )
```

返回滑动条当前所表示的数值。

面板的创建可以通过类 javax.swing.JPanel 的构造方法

```
public JPanel( )
```

来实现，在创建面板之后，可以设置面板的属性。类 javax.swing.JPanel 的成员方法

```
public void setPreferredSize(Dimension preferredSize)
```

将面板的大小设置为参数 preferredSize 所指定尺寸值。这里参数 preferredSize 的类型是 java.awt.Dimension。它的实例对象的创建可以通过类 java.awt.Dimension 的构造方法

```
public Dimension(int width, int height)
```

来实现，其中，参数 width 指定宽度，参数 height 指定高度。

类 javax.swing.JPanel 的成员方法

```
public void setBackground(Color bg)
```

将面板的背景颜色设置为参数 bg 所指定的颜色。在上面的例程中，所采用的颜色是绿色，在程序中对应的是类 java.awt.Color 的静态成员域 green。

# 8.2　布局管理器

　　Java 语言本身提供了多种布局管理器，用来控制组件在容器中的布局方式。另外，还可以自己定制特定的布局方式。一般建议尽量使用已有的布局管理器。这样可以节省代码，提高软件的生产率。常用的布局方式有 6 种：FlowLayout、BorderLayout、GridLayout、BoxLayout、GridBagLayout 和 CardLayout。表 8.1 分别列出一些常用的容器和相应的默认布局管理器。

　　在 Swing 图形用户界面程序设计中，给顶层容器设置布局管理器一般是先通过顶层容器的成员方法 getContentPane 获取顶层容器的内容窗格，再通过类 java.awt.Container 的成员方法 setLayout 设置内容窗格的布局管理器，从而实现给顶层容器设置布局管理器的目的。给其他容器设置布局管理器可以直接通过类 java.awt.Container 的成员方法 setLayout 设置内容窗格的布局管理器。在设置完布局管理器之后，一般可以向顶层容器的内容窗格或其他容器中添加组件。如果不设置布局管理器，则相应的容器或内容窗格采用默认的布局管理器，如表 8.1 所示。

表 8.1　默认布局管理器表

| 容器 | 默认的布局管理器 | 容器 | 默认的布局管理器 |
|---|---|---|---|
| java.applet.Applet | FlowLayout | javax.swing.JApplet | BorderLayout |
| java.awt.Frame | BorderLayout | javax.swing.JFrame | BorderLayout |
| java.awt.Dialog | BorderLayout | javax.swing.JDialog | BorderLayout |
| java.awt.Panel | FlowLayout | javax.swing.JPanel | FlowLayout |

## 8.2.1　FlowLayout 和 GridLayout

　　流布局管理器（FlowLayout）和网格布局管理器（GridLayout）都是按行从左到右依次排列组件的布局管理器。流布局管理器是最常用的布局管理器。在流布局管理器中，当排满一行组件时则从下一行开始继续排列组件。流布局管理器的创建可以通过类 java.awt. FlowLayout 的构造方法

```
(1) public FlowLayout( )
(2) public FlowLayout(int align)
(3) public FlowLayout(int align, int hgap, int vgap)
```

来实现，在上面的构造方法中，参数 align 指定行对齐方式，常见的取值有常量 java.awt. FlowLayout.LEFT、java.awt.FlowLayout.CENTER 和 java.awt.FlowLayout.RIGHT，分别对应左对齐、中对齐和右对齐。如果上面的构造方法不含参数 align，则行对齐方式采用默认的中对齐方式。参数 hgap 指定在同一行上相邻两个组件之间的水平间隙，参数 vgap 指定相邻两行组件之间的竖直间隙。参数 hgap 和 vgap 的单位均为像素。如果上面的构造方法不含这两个参数，则两个参数的默认值均为 5（个像素）。流布局管理器的例程可以参见 8.1.2

小节的例程。

网格布局管理器将容器按行和列等分成棋盘状，即将容器等分成相同大小的矩形域。然后，组件从第一行开始从左到右依次被放到这些矩形域内。当某一行放满了，继续从下一行开始。网格布局管理器的创建可以通过类 java.awt.GridLayout 的构造方法

```
(1) public GridLayout( )
(2) public GridLayout(int rows, int cols)
(3) public GridLayout(int rows, int cols, int hgap, int vgap)
```

来实现，在上面的构造方法中，参数 rows 和 cols 指定网格的行数和列数。如果上面的构造方法不含参数 rows 和 cols，则它们的默认值均为 1。这里要求参数 rows 和 cols 均为非负整数，而且至少有 1 个不为 0。通常让其中一个参数大于 0，另一个参数为 0。如果行数 rows 大于 0，则网格的实际列数由行数 rows 和往容器中添加的组件数确定，而与参数 cols 的值基本上没有关系。设最终往容器中添加的组件数为 $n$，则网格的实际列数为 $\left\lceil \dfrac{(\text{double})n}{\text{rows}} \right\rceil$，即为不小于 $\dfrac{(\text{double})n}{\text{rows}}$ 的最小整数。例如，当 $n$ 为 4 且 rows 为 2 时，列数为 2；当 $n$ 为 5 且 rows 为 2 时，列数为 3。如果行数 rows 为 0，则网格的列数为 cols。这时，列数必须大于 0，网格的实际行数由参数 cols 和往容器中添加的组件数确定，即实际行数为添加完这些组件的最小行数。参数 hgap 指定在同一行上相邻两个组件之间的水平间隙，参数 vgap 指定相邻两行组件之间的竖直间隙。参数 hgap 和 vgap 的单位均为像素。如果上面的构造方法不含这两个参数，则两个参数的默认值均为 0（个像素）。

下面给出一个网格布局管理器例程。例程的源文件名为 J_GridLayout.java，其内容如下所示。

```
// ///////////////////////////////////////////////
//
// J_GridLayout.java
//
// 开发者：雍俊海
// ///////////////////////////////////////////////
// 简介：
//     网格布局管理器例程
// ///////////////////////////////////////////////
import java.awt.Container;
import java.awt.GridLayout;
import javax.swing.JButton;
import javax.swing.JFrame;

public class J_GridLayout
{
    public static void main(String args[ ])
    {
        JFrame app = new JFrame("网格布局管理器例程");
```

```
app.setDefaultCloseOperation(JFrame.EXIT_ON_CLOSE);
app.setSize(520, 120);
Container c = app.getContentPane( );
c.setLayout(new GridLayout(2, 5));
String s;
JButton b;
for (int i=0; i<5; i++)
{
    s = "按钮" + (i+1);
    b = new JButton(s);
    c.add(b);
} // for 循环结束
app.setVisible(true);
    } // 方法 main 结束
} // 类 J_GridLayout 结束
```

编译命令为：

```
javac J_GridLayout.java
```

执行命令为：

```
java J_GridLayout
```

最后执行的结果是弹出如图 8.9 所示的框架窗口。该
窗口被划分成 3 列×2 行的网格。5 个按钮依次从左到右，
从上到下填充其中前 5 个格子。而且每个按钮拥有相同的
尺寸。

图 8.9　网格布局管理器例程运行
结果图形用户界面

## 8.2.2　BorderLayout

边界布局管理器（**BorderLayout**）是顶层容器 javax.swing.JFrame 和 javax.swing.JApplet
的默认布局管理器。该布局管理器将容器划分成东、西、南、北和中这 5 个区域。东区域
位于容器的右边，对应于常量 java.awt.BorderLayout.EAST；西区域位于容器的左边，对应
于常量 java.awt.BorderLayout.WEST；南区域位于容器的下边，对应于常量 java.awt.
BorderLayout.SOUTH；北区域位于容器的上边，对应于常量 java.awt.BorderLayout.NORTH；
中区域位于容器的中间，对应于常量 java.awt.BorderLayout.CENTER。下面给出一个边界
布局管理器例程。例程的源文件名为 J_BorderLayout.java 其内容如下所示。

```
// /////////////////////////////////////////////////
//
// J_BorderLayout.java
//
// 开发者：雍俊海
// /////////////////////////////////////////////////
// 简介：
```

```
//      边界布局管理器例程
// /////////////////////////////////////////////////////
import java.awt.BorderLayout;
import java.awt.Container;
import javax.swing.JButton;
import javax.swing.JFrame;

public class J_BorderLayout
{
    public static void main(String args[ ])
    {
        JFrame app = new JFrame("边界布局管理器例程");
        app.setDefaultCloseOperation(JFrame.EXIT_ON_CLOSE);
        app.setSize(360, 130);
        Container c = app.getContentPane( );
        c.setLayout(new BorderLayout( )); // 本语句可以删去
        c.add(new JButton("东"), BorderLayout.EAST);
        c.add(new JButton("西"), BorderLayout.WEST);
        c.add(new JButton("南"), BorderLayout.SOUTH);
        c.add(new JButton("北"), BorderLayout.NORTH);
        c.add(new JButton("中"), BorderLayout.CENTER);
        app.setVisible(true);
    } // 方法 main 结束
} // 类 J_BorderLayout 结束
```

编译命令为：

```
javac J_BorderLayout.java
```

执行命令为：

```
java J_BorderLayout
```

最后执行的结果是弹出如图 8.10 所示的窗口。该窗口被划分成 5 个区域。每个区域分别布置 1 个按钮组件。边界布局管理器的创建可以通过类 java.awt.BorderLayout 的构造方法

(1) public BorderLayout( )

(2) public BorderLayout(int hgap, int vgap)

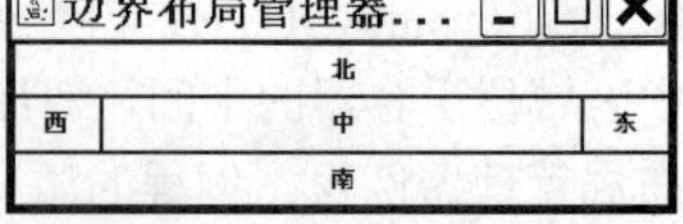

图 8.10　边界布局管理器例程运行结果

来实现，其中，参数 hgap 指定在同一行上相邻两个组件之间的水平间隙，参数 vgap 指定相邻两行组件之间的竖直间隙。参数 hgap 和 vgap 的单位均为像素。如果上面的构造方法不含这两个参数，则两个参数的默认值均为 0（个像素）。

如果容器或顶层容器的内容窗格的布局方式为边界布局方式，这时给容器或内容窗格添加组件需要调用类 java.awt.Container 的成员方法

```
public void add(Component comp, Object constraints)
```

其中，参数 comp 指定需要添加的组件，参数 constraints 指定组件 comp 在容器中的位置。
表 8.2 给出参数 constraints 的 5 种可能取值以及相应的组件放置位置。如果容器的某个区
域已经存在组件，并且继续往这个区域中添加组件，那么新的组件将替换旧的组件，即如
果容器或顶层容器的内容窗格采用边界布局方式，那么容器最多只能直接添加 5 个组件或
容器。如果需要添加更多的容器，可以在某个区域上添加一个容器，再将其他组件或容器
添加到在该区域上的容器中。

表 8.2　在边界布局方式的容器中添加组件的约束参数值及其含义

| 参数 constraints 的值 | 含义 |
| --- | --- |
| 常量 java.awt.BorderLayout.EAST | 组件 comp 被放置在容器的东区域，即容器的右边 |
| 常量 java.awt.BorderLayout.WEST | 组件 comp 被放置在容器的西区域，即容器的左边 |
| 常量 java.awt.BorderLayout.SOUTH | 组件 comp 被放置在容器的南区域，即容器的下边 |
| 常量 java.awt.BorderLayout.NORTH | 组件 comp 被放置在容器的北区域，即容器的上边 |
| 常量 java.awt.BorderLayout.CENTER | 组件 comp 被放置在容器的中区域，即容器的中间 |

在上面的例程中，实际上可以删去语句

```
container.setLayout(new BorderLayout( ));
```

因为上面例程采用框架（JFrame）类型的顶层容器，它的默认布局管理器是边界布局管理
器（BorderLayout）。

## 8.2.3　BoxLayout

盒式布局管理器（**BoxLayout**）允许多个组件在容器中沿水平方向或竖直方向排列。
如果采用沿水平方向排列组件的方式，当组件的总宽度超出容器的宽度时，组件也不会换
行，而是沿同一行继续排列组件。如果采用竖直方向排列组件的方式，当组件的总高度超
出容器的高度时，组件也不会换列，而是沿同一列继续排列组件。这时，可能需要改变容
器的大小才能见到所有的组件，即有些组件可能处于不可见的状态。下面给出一个盒式布
局管理器例程。例程的源文件名为 J_BoxLayout.java，其内容如下所示。

```
// //////////////////////////////////////////////////
//
// J_BoxLayout.java
//
// 开发者：雍俊海
// //////////////////////////////////////////////////
// 简介：
//     盒式布局管理器例程
// //////////////////////////////////////////////////
import java.awt.Container;
import javax.swing.BoxLayout;
import javax.swing.JButton;
import javax.swing.JFrame;
```

```
public class J_BoxLayout
{
    public static void main(String args[ ])
    {
        JFrame app = new JFrame("盒式布局管理器例程");
        app.setDefaultCloseOperation(JFrame.EXIT_ON_CLOSE);
        app.setSize(220, 130);
        Container c = app.getContentPane( );
        c.setLayout(new BoxLayout(c, BoxLayout.X_AXIS));
        String s;
        JButton b;
        for (int i=0; i<3; i++)
        {
            s = "按钮" + (i+1);
            b = new JButton(s);
            c.add(b);
        } // for 循环结束
        app.setVisible(true);
    } // 方法 main 结束
} // 类 J_BoxLayout 结束
```

编译命令为：

```
javac J_BoxLayout.java
```

执行命令为：

```
java J_BoxLayout
```

最后执行的结果是弹出如图 8.11(a)所示的窗口。在该窗口中各个组件排列成为一行。如果将上面源程序的语句

```
c.setLayout(new BoxLayout(c, BoxLayout.X_AXIS));
```

改为语句

```
c.setLayout(new BoxLayout(c, BoxLayout.Y_AXIS));
```

则编译并运行的结果是弹出如图 8.11(b)所示的窗口。在该窗口中各个组件排成一列。

盒式布局管理器的创建可以通过类 javax.swing.BoxLayout 的构造方法

```
public BoxLayout(Container target, int axis)
```

来实现，其中，参数 target 指定目标容器，参数 axis 指定组件的排列方向。当参数 axis 取值为常量 javax.swing.BoxLayout.X_AXIS 时，组件在容器中沿水平方向排列；当参数 axis 取值为常量 javax.swing.BoxLayout.Y_AXIS 时，组件在容器中沿竖直方向排列。虽然该构造方法的参数 target 指定了目标容器，但容器或顶层容器的内容窗格仍然需要通过类

java.awt.Container 的成员方法

```
public void setLayout(LayoutManager mgr)
```

将当前容器的布局方式设置为参数 mgr 指定的方式。如果在盒式布局方式中需要将组件添加到当前容器或内容窗格中，那么一般需要通过调用类 java.awt.Container 的成员方法

```
public Component add(Component comp)
```

来实现，其中，参数 comp 指定需要添加的组件。

  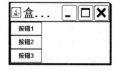

(a) 组件沿水平方向排列          (b) 组件沿竖直方向排列

图 8.11  盒式布局管理器例程运行结果

## 8.2.4  GridBagLayout

网格包布局管理器（**GridBagLayout**）将容器按行和列等分成棋盘状，即将容器等分成相同大小的矩形区域。每个矩形区域也称为单元格（cell）。网格包布局管理器允许组件占用位于不同行或者不同列的多个单元格，而且允许以任意的顺序添加组件。网格包布局管理器通常需要与网格包约束（GridBagConstraints）配合使用。网格包约束指定在采用网格包布局管理器的容器或内容窗格中的组件的约束，例如：组件在容器或内容窗格中的网格坐标和填充模式等。下面给出一个网格包布局管理器例程。例程的源文件名为 J_Grid-BagLayout.java，其内容如下所示。

```
// //////////////////////////////////////////////////
//
// J_GridBagLayout.java
//
// 开发者：雍俊海
// //////////////////////////////////////////////////
// 简介：
//     网格包布局管理器例程
// //////////////////////////////////////////////////
import java.awt.Container;
import java.awt.GridBagConstraints;
import java.awt.GridBagLayout;
import javax.swing.JButton;
import javax.swing.JFrame;

public class J_GridBagLayout
{
```

```java
public static void main(String args[ ])
{
    JFrame app = new JFrame("网格包布局管理器例程");
    app.setDefaultCloseOperation(JFrame.EXIT_ON_CLOSE);
    app.setSize(320, 160);
    Container c = app.getContentPane( );
    GridBagLayout gr = new GridBagLayout( );
    c.setLayout(gr);
    int [ ] gx = {0, 1, 2, 3, 1, 0, 0, 2};
    int [ ] gy = {0, 0, 0, 0, 1, 2, 3, 2};
    int [ ] gw = {1, 1, 1, 1, GridBagConstraints.REMAINDER, 2, 2, 2};
    int [ ] gh = {2, 1, 1, 1, 1, 1, 1, 2};
    GridBagConstraints gc = new GridBagConstraints( );
    String s;
    JButton b;
    for (int i=0; i < gx.length; i++)
    {
        s = "按钮" + (i+1);
        b = new JButton(s);
        gc.gridx = gx[i];
        gc.gridy = gy[i];
        gc.gridwidth = gw[i];
        gc.gridheight = gh[i];
        gc.fill = GridBagConstraints.BOTH;
        gr.setConstraints(b, gc);
        c.add(b);
    } // for 循环结束
    app.setVisible(true);
} // 方法 main 结束
} // 类 J_GridBagLayout 结束
```

编译命令为：

```
javac J_GridBagLayout.java
```

执行命令为：

```
java J_GridBagLayout
```

最后执行的结果是弹出如图 8.12 所示的窗口。该窗口共含有 8 个按钮组件。第一个按钮的网格坐标为 $(0,0)$，其宽度为 1 个单元格的宽度，其高度为 2 个单元格的高度。从第二个到第四个按钮的网格坐标分别为 $(1,0)$、$(2,0)$ 和 $(3,0)$，而且分别位于 1 个单元格内。第五个按钮的网格坐标为 $(1,1)$，其宽度为 3 个单元格的宽度，其高度为 1 个单元格的高度。第六个和第七个按钮的网格坐标分别为 $(0,2)$ 和 $(0,3)$，其宽度

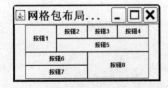

图 8.12　网格包布局管理
器例程运行结果

均为 2 个单元格的宽度，其高度均为 1 个单元格的高度。第八个按钮的网格坐标为（2，2），其宽度和高度分别为 2 个单元格的宽度和高度。

网格包布局管理器的创建可以通过类 java.awt.GridBagLayout 的构造方法

```
public GridBagLayout( )
```

来实现，网格包约束（**GridBagConstraints**）实例对象的创建可以通过类 java.awt.GridBag-Constraints 的构造方法

```
public GridBagConstraints( )
```

来实现，在创建网格包约束实例对象之后，可以通过该实例对象的一些成员域设置网格包约束具体的数值。类 java.awt.GridBagConstraints 的成员域

```
public int gridx, gridy;
```

指定组件在容器中放置位置的网格坐标。如果 gridx 的值为非负整数，则组件通常放置在第（gridx+1）列。如果 gridy 的值为非负整数，则组件通常放置在第（gridy+1）行。如果 gridx 或者 gridy 为常数 java.awt.GridBagConstraints.RELATIVE，则当前组件一般会放置在前一个组件的后面。网格包布局管理器通常会根据实际添加组件的情况对各个组件的放置位置进行适当的调整，因此当前组件的最终实际网格坐标与指定的网格坐标（gridx, gridy）不一定会一致。

组件在容器中所占据的空间区域大小由类 java.awt.GridBagConstraints 的成员域 gridwidth 宽度和 gridheight 高度指定。类 java.awt.GridBagConstraints 的成员域

```
public int gridwidth
```

指定组件在容器中在水平方向上占据的单元格数目。如果成员域 gridwidth 的值为 java.awt.GridBagConstraints.REMAINDER，则组件在水平方向上一般占据从当前的单元格到当前行的最后一个单元格的位置。如果成员域 gridwidth 的值为 java.awt.GridBag-Constraints.RELATIVE，则组件在水平方向上一般占据从当前的单元格到当前行的倒数第二个单元格的位置。如果成员域 gridwidth 的值大于 0，则组件在水平方向上一般占据 gridwidth 个单元格的宽度。成员域 gridwidth 的默认值是 1。这里需要注意的是，组件在水平方向上占据的实际宽度还与实际添加组件的情况相关。网格包布局管理器通常会根据实际添加组件的情况调整组件实际占据空间的宽度，从而与成员域 gridwidth 指定的宽度不一定一致。

类 java.awt.GridBagConstraints 的成员域

```
public int gridheight
```

指定组件在容器中在竖直方向上占据的单元格数目。如果成员域 gridheight 的值为 java.awt.GridBagConstraints.REMAINDER，则组件在竖直方向上一般占据从当前的单元格到当前列的最后一个单元格的位置。如果成员域 gridheight 的值为 java.awt.GridBagConstraints.RELATIVE，则组件在竖直方向上一般占据从当前的单元格到当前列的倒数第二个单元格的位置。如果成员域 gridheight 的值大于 0，则组件在竖直方向上一般占据 gridheight 个单

元格的高度。成员域 gridheight 的默认值是 1。这里需要注意的是，┌组件在竖直方向上占┐
└据的实际高度┘还与实际添加组件的情况相关。网格包布局管理器通常会根据实际添加组件
的情况调整组件实际占据空间的高度，从而与成员域 gridheight 指定的高度不一定一致。

　　类 java.awt.GridBagConstraints 的成员域

```
public int fill
```

指定组件在指定的区域内的┌填充模式┐。如果成员域 fill 的值为 java.awt.GridBagConstraints.
NONE，则不调整组件的大小，即组件按其实际大小放置在指定区域内。如果成员域 fill
的值为 java.awt.GridBagConstraints.HORIZONTAL，则调整组件的宽度使得组件在水平方向
上充满指定的区域，但是不调整组件的高度。如果成员域 fill 的值为 java.awt.GridBag-
Constraints.VERTICAL，则调整组件的高度使得组件在竖直方向上充满指定的区域，但是
不调整组件的宽度。如果成员域 fill 的值为 java.awt.GridBagConstraints.BOTH，则同时调
整组件的宽度和高度使得组件完全充满指定的区域。成员域 fill 的默认值是 java.awt.
GridBagConstraints. NONE。

　　在创建网格包约束实例对象并给其成员域赋予适当的值之后，可以通过类 java.awt.
GridBagLayout 的成员方法

```
public void setConstraints(Component comp, GridBagConstraints constraints)
```

给组件 comp ┌设置网格包约束┐。在这之后，可以调用类 java.awt.Container 的成员方法

```
public Component add(Component comp)
```

┌将组件 **comp** 添加到当前的容器或内容窗格中┐。

## 8.2.5　CardLayout

　　┌卡片布局管理器（**CardLayout**）┐对组件的排列有点类似于码扑克牌。新加入的组件放
在原来已经加入的组件的上面，因此每次一般只能看到一个组件。通过卡片布局管理器可
以从上到下依次取出下一个组件，而当前的组件变成了最后一个组件。通过卡片布局管理
器还可以直接翻到某个组件，而组件之间的前后排列顺序并不发生变化。下面给出一个┌卡┐
└片布局管理器例程┘。例程的源文件名为 J_CardLayout.java，其内容如下所示。

```
// ////////////////////////////////////////////////////
//
// J_CardLayout.java
//
// 开发者：雍俊海
// ////////////////////////////////////////////////////
// 简介:
//     卡片布局管理器例程
// ////////////////////////////////////////////////////
import java.awt.CardLayout;
import java.awt.Container;
```

```
import javax.swing.JButton;
import javax.swing.JFrame;

public class J_CardLayout
{
    public static void main(String args[ ])
    {
        JFrame app = new JFrame("卡片布局管理器例程");
        app.setDefaultCloseOperation(JFrame.EXIT_ON_CLOSE);
        app.setSize(180, 100);
        Container c = app.getContentPane( );
        CardLayout card = new CardLayout( );
        c.setLayout(card);
        String s;
        JButton b;
        for (int i=0; i<5; i++)
        {
            s = "按钮" + (i+1);
            b = new JButton(s);
            c.add(b, s);
        } // for 循环结束
        card.show(c, "按钮 3");
        card.next(c);
        app.setVisible(true);
    } // 方法 main 结束
} // 类 J_CardLayout 结束
```

编译命令为：

```
javac J_CardLayout.java
```

执行命令为：

```
java J_CardLayout
```

最后执行的结果是弹出如图 8.13 所示的窗口。在顶层容器框架中添加了 5 个按钮，但在如图 8.13 所示的图形界面上只看到一个按钮，其他按钮被压在该按钮的下面。卡片布局管理器的创建可以通过类 java.awt.CardLayout 的构造方法

图 8.13　卡片布局管理器
　　　　　例程运行结果

(1) public CardLayout( )
(2) public CardLayout(int hgap, int vgap)

来实现，其中，参数 hgap 指定组件与容器边界之间的水平间隙，参数 vgap 指定组件与容器边界之间的竖直间隙。参数 hgap 和 vgap 的单位均为像素。如果上面的构造方法不含这两个参数，则两个参数的默认值均为 0（个像素）。

　　如果容器或顶层容器的内容窗格的布局方式为卡片布局方式，则这时给容器或内容窗

**J**ava 程序设计教程（第 3 版）

格 添加组件，需要调用类 java.awt.Container 的成员方法

```
public void add(Component comp, Object constraints)
```

其中，参数 comp 指定需要添加的组件；参数 constraints 的实际类型应当是字符串类型，指定组件 comp 的名称。新加入的组件放在已经加入的组件的上面。

如果需要 显示或激活放置在下面的组件，可以通过类 java.awt.CardLayout 的一些成员方法来实现。类 java.awt.CardLayout 的成员方法

```
public void next(Container parent)
```

将当前组件放置到所有组件的最后面，同时把下一个组件变成当前组件。类 java.awt.CardLayout 的成员方法

```
public void show(Container parent, String name)
```

直接翻转到指定的组件，但基本上不改变相邻组件之间的前后排列顺序。参数 parent 指定当前的容器或内容窗格，参数 name 指定所要翻转到的组件的名称。如果该组件不存在，则不进行任何操作。

## 8.2.6　组合布局方式

上面的布局方式不仅可以单独使用，还可以组合起来共同使用。一般说来，一个容器只能有一种布局方式。为了 组合多种布局方式，可以在容器之间进行嵌套，即先将一些容器当作组件嵌入在其他容器中，再给这些容器设置布局方式并添加组件。JPanel 类型的容器常常扮演这种中间容器的角色，在多种布局方式之间起到一种"桥梁"的作用。下面给出一个 组合布局方式例程。例程的源文件名为 J_FlowBoxLayout.java，其内容如下所示。

```
// ////////////////////////////////////////////////
//
// J_FlowBoxLayout.java
//
// 开发者：雍俊海
// ////////////////////////////////////////////////
// 简介：
//     组合布局方式例程
// ////////////////////////////////////////////////
import java.awt.Container;
import java.awt.FlowLayout;
import javax.swing.BoxLayout;
import javax.swing.JButton;
import javax.swing.JFrame;
import javax.swing.JPanel;

public class J_FlowBoxLayout
{
    public static void main(String args[ ])
    {
```

```
        JFrame app = new JFrame("组合布局方式例程");
        app.setDefaultCloseOperation(JFrame.EXIT_ON_CLOSE);
        app.setSize(215, 150);
        Container c = app.getContentPane( );
        c.setLayout(new FlowLayout( ));
        JPanel [ ] p = new JPanel[3];
        int i;
        for (i=0; i<3; i++)
        {
           p[i]= new JPanel( );
           p[i].setLayout(new BoxLayout(p[i], BoxLayout.X_AXIS));
           c.add(p[i]);
        } // for 循环结束
        String s;
        JButton b;
        int [ ] pj = {0, 1, 1, 2, 2, 2};
        for (i=0; i<6; i++)
        {
           s = "按钮" + (i+1);
           b = new JButton(s);
           p[pj[i]].add(b);
        } // for 循环结束
        app.setVisible(true);
     } // 方法 main 结束
} // 类 J_FlowBoxLayout 结束
```

编译命令为：

```
javac J_FlowBoxLayout.java
```

执行命令为：

```
java J_FlowBoxLayout
```

最后执行的结果是弹出如图 8.14 所示的窗口。在上面的例程中，顶层容器是框架（JFrame）容器。它的布局方式是流布局方式。加入到框架容器中的 3 个组件均为面板（JPanel）容器。这样可以在面板容器中设置新的布局方式，即盒式布局方式。最终的按钮组件分别添加到这 3 个面板容器中。在第一个面板容器中加入了 1 个按钮，在第二个面板容器中加入了两个按钮，在最后一个面板容器中加入了 3 个按钮。这样可以形成如图 8.14 所示的布局方式。在上面例程中，组件的排列方式一般可能会随着顶层容器的大小变化而发生变化。可以将上面例程的语句

图 8.14　组合布局方式
例程运行结果

```
c.setLayout(new FlowLayout( ));
```

改为

```
c.setLayout(new BoxLayout(c, BoxLayout.Y_AXIS));
```

如果这时再编译和运行例程，则在运行结果的图形界面上，组件的排列方式基本上保持如图 8.14 所示的方式，而且组件的排列方式一般不随顶层容器的大小变化而发生变化。这时进行组合的布局方式均为盒式布局方式。

## 8.2.7　自定义布局管理器

自定义布局管理器可以通过编写实现接口 java.awt.LayoutManager 或 LayoutManager2 的类。接口 **java.awt.LayoutManager** 规定了布局管理器的一些基本要求，其定义如下：

```
public interface LayoutManager
{
    public void addLayoutComponent(String name, Component comp);
    public void layoutContainer(Container parent);
    public Dimension minimumLayoutSize(Container parent);
    public Dimension preferredLayoutSize(Container parent);
    public void removeLayoutComponent(Component comp);
}
```

其中，成员方法 addLayoutComponent 一般将组件 comp 加入到当前布局中，并在字符串 name 与组件 comp 之间建立起关联；当第一次显示指定容器或该容器的大小发生变化时，会调用成员方法 layoutContainer，对容器进行布局；成员方法 minimumLayoutSize 计算给定容器的最小尺寸；成员方法 preferredLayoutSize 计算给定容器的大小；成员方法 removeLayoutComponent 将一个组件从布局中移出。

当要求布局方式能够支持组件约束、计算容器最大尺寸以及安排组件间的对齐方式等功能时，一般就需要实现接口 java.awt.LayoutManager2。接口 **java.awt.LayoutManager2** 是布局管理器基本接口 java.awt.LayoutManager 的一种扩展，其定义如下：

```
public interface LayoutManager2 extends LayoutManager
{
    public void addLayoutComponent(Component comp, Object constraints);
    public float getLayoutAlignmentX(Container target);
    public float getLayoutAlignmentY(Container target);
    public void invalidateLayout(Container target);
    public Dimension maximumLayoutSize(Container target);
}
```

其中，成员方法 addLayoutComponent 一般将组件 comp 加入到当前布局中，并采用某种约束 constraints；成员方法 maximumLayoutSize 计算给定容器的最大尺寸；成员方法 getLayoutAlignmentX 返回沿 X 轴的对齐方式，返回的数值通常在 0 和 1 之间，例如：0 表示左对齐，0.5 表示中对齐，1 表示右对齐等；成员方法 getLayoutAlignmentY 返回沿 Y 轴的对齐方式，返回的数值通常在 0 和 1 之间，例如：0 表示顶端对齐，0.5 表示中对齐，1 表示底端对齐等；成员方法 invalidateLayout 一般让当前布局方式失效。因为 java.awt.LayoutManager 或 LayoutManager2 均为接口，各个成员方法的实际功能及其具体细节取决于实现这些接口的类。

下面给出一个自定义的对角线布局管理器例程。例程的源文件名为 J_Diagonal-
Layout.java，其内容如下所示。

```
// //////////////////////////////////////////////////
//
// J_DiagonalLayout.java
//
// 开发者：雍俊海
// //////////////////////////////////////////////////
// 简介：
//     创建自定义的对角线布局管理器例程
// //////////////////////////////////////////////////
import java.awt.Component;
import java.awt.Container;
import java.awt.Dimension;
import java.awt.Insets;
import java.awt.LayoutManager;

public class J_DiagonalLayout implements LayoutManager
{
    public void addLayoutComponent(String name, Component comp)
    {
    } // 方法 addLayoutComponent 结束

    public void removeLayoutComponent(Component comp)
    {
    } // 方法 removeLayoutComponent 结束

    public Dimension preferredLayoutSize(Container parent)
    {
        Dimension d  = null;
        Insets    s = parent.getInsets( ); // 容器 4 条边框的尺寸
        Dimension dp = new Dimension(s.left + s.right, s.top + s.bottom);
        Component c;
        int n = parent.getComponentCount( );

        for (int i=0; i<n; i++)
        { // 计算组件及容器边框宽度之和及高度之和
            c = parent.getComponent(i);
            if (c.isVisible( ))
            {
                d = c.getPreferredSize( );
                dp.width += d.width;
                dp.height += d.height;
            } // if 结构结束
```

```
      } // for 循环结束
      return dp;
  } // 方法 preferredLayoutSize 结束

  public Dimension minimumLayoutSize(Container parent)
  {
      Dimension d  = null;
      Insets    s = parent.getInsets( ); // 容器 4 条边框的尺寸
      Dimension dp = new Dimension(0, 0);
      Component c;
      int n = parent.getComponentCount( );
      for (int i=0; i<n; i++)
      { // 计算各个组件的最大宽度和最大高度
        c = parent.getComponent(i);
        if (c.isVisible( ))
        {
            d = c.getPreferredSize( );
            if (d.width> dp.width)
               dp.width= d.width;
            if (d.height> dp.height)
               dp.height= d.height;
        } // if 结构结束
      } // for 循环结束
      dp.width += (s.left + s.right);
      dp.height += (s.top + s.bottom);
      return dp;
  } // 方法 minimumLayoutSize 结束

  public void layoutContainer(Container parent)
  { // 当第一次显示指定容器或该容器的大小发生变化时调用本方法
      int        i;
      int        n = parent.getComponentCount( );
      Component  c;
      Insets     s  = parent.getInsets( ); // 容器 4 条边框的尺寸
      Dimension  d;
      Dimension  dp = parent.getSize( ); // 容器本身的尺寸
      Dimension  dr = preferredLayoutSize(parent); // 容器的最佳尺寸
      Dimension  dc = new Dimension(s.left, s.top); // 组件的当前位置
      Dimension dg
         = new Dimension(dp.width-dr.width, dp.height-dr.height);
      if (n>1)
      { // 计算组件之间的间隙
         dg.width  /= (n-1);
         dg.height /= (n-1);
      } // if 结构结束
```

```
        for (i=0 ; i<n ; i++)
        {
            c = parent.getComponent(i);
            if (c.isVisible( ))
            {
                d = c.getPreferredSize( );
                c.setBounds(dc.width, dc.height, d.width, d.height);
                dc.width += (dg.width+d.width);
                dc.height += (dg.height+d.height);
            } // if 结构结束
        } // for 循环结束
    } // 方法 layoutContainer 结束
} // 类 J_DiagonalLayout 结束
```

编译命令为：

```
javac J_DiagonalLayout.java
```

上面例程提供一个实现接口 java.awt.LayoutManager 的类 J_DiagonalLayout。类 J_DiagonalLayout 的成员方法

```
public Dimension preferredLayoutSize(Container parent)
```

计算并返回容器 **parent** 的最佳尺寸。类 J_DiagonalLayout 的成员方法

```
public Dimension minimumLayoutSize(Container parent)
```

计算并返回容器 **parent** 的最小尺寸。类 J_DiagonalLayout 的成员方法

```
public void layoutContainer(Container parent)
```

计算各个组件在容器 parent 中的位置，并实现容器的对角线布局方法。

在上面的例程中，尺寸大小记录在类 java.awt.Dimension 的实例对象当中。尺寸 （**Dimension**）实例对象的创建可以通过类 java.awt.Dimension 的构造方法

```
(1) public Dimension( )
(2) public Dimension(int width, int height)
```

来实现，其中，参数 width 指定宽度，参数 height 指定高度。如果上面的构造方法不含参数 width 和 height，则宽度和高度均采用 0 默认值。

上面的例程用到类 java.awt.Container 和类 java.awt.Component 的一些成员方法。类 java.awt.Container 的成员方法

```
public Insets getInsets( )
```

返回容器的边框尺寸。容器的左、右、上以及下边框的尺寸分别存放在类 java.awt.Insets 的成员域 left、right、top 以及 bottom 中。这些尺寸的单位是像素个数。类 java.awt.Container

的成员方法

```
    public Dimension getSize( )
```

返回 容器本身的尺寸。类 java.awt.Container 的成员方法

```
    public int getComponentCount( )
```

返回 在容器中的组件个数。类 java.awt.Container 的成员方法

```
    public Component getComponent(int n)
```

返回 在容器中下标为 **n** 的组件。
类 java.awt.Component 的成员方法

```
    public Dimension getPreferredSize( )
```

返回 当前组件的尺寸。类 java.awt.Component 的成员方法

```
    public boolean isVisible( )
```

返回 当前组件在其所在的容器中是否可见。如果可见，则返回 true；否则，返回 false。类 java.awt.Component 的成员方法

```
    public void setBounds(int x, int y, int width, int height)
```

将当前组件移到（**x, y**）处，并进行缩放使得宽度为 **width**，高度为 **height**，其中，（x, y）一般是组件的左上角点的坐标，这些量的单位是像素。

下面给出一个 自定义对角线布局管理器应用例程。例程的源文件名为 J_DiagonalLayoutExample.java，其内容如下所示。

```java
// /////////////////////////////////////////////////
//
// J_DiagonalLayoutExample.java
//
// 开发者：雍俊海
// /////////////////////////////////////////////////
// 简介:
//      自定义对角线布局管理器应用例程
// /////////////////////////////////////////////////
import java.awt.Container;
import javax.swing.JButton;
import javax.swing.JFrame;

public class J_DiagonalLayoutExample
{
    public static void main(String args[ ])
    {
        JFrame app = new JFrame("自定义对角线布局管理器应用例程");
```

```
app.setDefaultCloseOperation(JFrame.EXIT_ON_CLOSE);
app.setSize(300, 200);
Container c = app.getContentPane( );
c.setLayout(new J_DiagonalLayout( ));
String s;
JButton b;
for (int i=0; i<5; i++)
{
    s = "按钮" + (i+1);
    b = new JButton(s);
    c.add(b);
} // for 循环结束
app.setVisible(true);
} // 方法 main 结束
} // 类 J_DiagonalLayoutExample 结束
```

编译命令为：

```
javac J_DiagonalLayoutExample.java
```

执行命令为：

```
java J_DiagonalLayoutExample
```

最后执行的结果是弹出如图 8.15 所示的窗口。在顶层容器框架中的 5 个按钮沿对角线依次排列。自定义对角线布局管理器实例对象的创建可以通过类 J_DiagonalLayout 默认的不带参数的构造方法来实现。然后通过类 java.awt.Container 的成员方法

```
public void setLayout(LayoutManager mgr)
```

给当前容器或内容窗格设置布局方式 mgr。在采用上面自定义对角线布局管理器条件下，接着可以通过类 java.awt.Container 的成员方法

图 8.15　自定义对角线布局管理器应用例程运行结果

```
public Component add(Component comp)
```

将组件 comp 添加当前容器或内容窗格中。

## 8.3　事件处理模型

Java 语言提供的事件处理模型是一种人机交互模型，使得用户能够通过鼠标、键盘或其他输入设备的操作控制程序的执行流程，从而达到人机交互的目的。对鼠标、键盘或其他输入设备的各种操作一般称作事件。例如：移动鼠标，用鼠标左键单击按钮组件，在文本框中输入一个字符串等。Java 语言对这些事件的处理模型是采用面向对象的方法，即通过对象的形式对各种事件进行封装与处理。下面首先介绍事件处理的基本机制，然后分别介绍鼠标事件处理方法与键盘事件处理方法。

## 8.3.1　事件处理模型的 3 个要素

在 Java 语言中，事件处理模型是以对象形式封装的。这种事件处理模型的 **3 个基本要素**是事件源、事件对象以及事件监听器。**事件源**就是 8.1 节介绍的各种组件或容器，是接收各种事件的对象。在各种事件源上运用鼠标、键盘或其他输入设备进行各种操作时，一般会有事件发生。每种操作一般都对应着事件。Java 语言通过**事件对象**来包装这些事件。事件对象记录事件源以及处理该事件所需要的各种信息。事件对象所对应的类一般位于包 java.awt.event 和包 javax.swing.event 中，而且类名通常以 Event 结尾。表 8.3 列出一些常用的事件对象类。对事件进行处理是通过**事件监听器**实现的。首先需要在事件源中登记事件监听器，一般也称为**注册事件监听器**。当有事件发生时，Java 虚拟机会产生一个事件对象。事件对象记录处理该事件所需要的各种信息。当事件源接收到事件对象时，就会启动在该事件源中注册的事件监听器，并将事件对象传递给相应的事件监听器。这时事件监听器接收到事件对象，并对事件进行处理。事件监听器对应的接口一般也位于包 java.awt.event 和 javax.swing.event 中。在包 java.awt.event 和 javax.swing.event 中定义的事件监听器接口的命名一般以 Listener 结尾。这些接口规定了处理相应事件必须实现的基本方法。因此，实际处理事件的事件监听器所对应的类一般是实现这些事件监听器接口的类。在包 java.awt.event 和 javax.swing.event 中还定义了一种命名结尾为 Adapter 的实现事件监听器接口的抽象类，这些类一般称为**事件适配器类**。事件适配器类主要为了解决这种情况：有些事件监听器接口含有多个成员方法，而在实际应用时又常常不需要对所有的这些成员方法进行处理。这样可以通过直接从事件适配器派生出子类，从而既实现了事件监听器接口，又只需要重新实现所需要处理的成员方法。表 8.4 给出一些常用事件监听器接口和事件适配器类。

表 8.3　一些常用事件类

| 事件类或接口 | 含义 |
| --- | --- |
| 类 java.awt.event.ActionEvent | 动作事件，例如用鼠标键单击命令式按钮 |
| 类 java.awt.event.AdjustmentEvent | 调整事件，例如移动滚动条的滑块位置 |
| 类 java.awt.event.ComponentEvent | 组件事件，例如移动组件或改变组件大小 |
| 类 java.awt.event.FocusEvent | 焦点事件，例如得到或失去焦点 |
| 类 java.awt.event.ItemEvent | 项事件，例如复选框的选中状态发生变化 |
| 类 java.awt.event.KeyEvent | 键盘事件，例如通过键盘输入字符 |
| 类 java.awt.event.MouseEvent | 鼠标事件，例如按下鼠标键 |
| 类 java.awt.event.MouseWheelEvent | 鼠标滚轮事件 |
| 类 java.awt.event.WindowEvent | 窗口事件 |
| 接口 javax.swing.event.DocumentEvent | 文档事件，例如文本区域内容发生变化 |
| 类 javax.swing.event.ListSelectionEvent | 列表选择事件，例如列表框选项发生变化 |

表 8.4　一些常用事件监听器接口和事件适配器类

| | 事件监听器接口和事件适配器类 | 含义 |
| --- | --- | --- |
| 接口 | java.awt.event.ActionListener | 动作事件监听器 |
| 接口 | java.awt.event.AdjustmentListener | 调整事件监听器 |

| | 事件监听器接口和事件适配器类 | 含义 |
|---|---|---|
| 抽象类 | java.awt.event.ComponentAdapter | 组件事件适配器 |
| 接口 | java.awt.event.ComponentListener | 组件事件监听器 |
| 抽象类 | java.awt.event.FocusAdapter | 焦点事件适配器 |
| 接口 | java.awt.event.FocusListener | 焦点事件监听器 |
| 接口 | java.awt.event.ItemListener | 项事件监听器 |
| 抽象类 | java.awt.event.KeyAdapter | 键盘事件适配器 |
| 接口 | java.awt.event.KeyListener | 键盘事件监听器 |
| 抽象类 | java.awt.event.MouseAdapter | 鼠标事件适配器 |
| 接口 | java.awt.event.MouseListener | 鼠标事件监听器 |
| 抽象类 | java.awt.event.MouseMotionAdapter | 鼠标移动事件适配器 |
| 接口 | java.awt.event.MouseMotionListener | 鼠标移动事件监听器 |
| 接口 | java.awt.event.MouseWheelListener | 鼠标滚轮事件监听器 |
| 接口 | java.awt.event.TextListener | 文本事件监听器 |
| 抽象类 | java.awt.event.WindowAdapter | 窗口事件适配器 |
| 接口 | java.awt.event.WindowListener | 窗口事件监听器 |
| 接口 | javax.swing.event.DocumentListener | 文档事件监听器 |
| 接口 | javax.swing.event.ListSelectionListener | 列表选择事件监听器 |

下面给出一个处理命令式按钮动作事件的例程。例程的源文件名为 J_Button1.java，其内容如下所示。

```
// ////////////////////////////////////////////////
//
// J_Button1.java
//
// 开发者：雍俊海
// ////////////////////////////////////////////////
// 简介：
//     命令式按钮及其动作事件处理例程
// ////////////////////////////////////////////////
import java.awt.BorderLayout;
import java.awt.Container;
import java.awt.event.ActionEvent;
import java.awt.event.ActionListener;
import javax.swing.JButton;
import javax.swing.JFrame;

class J_ActionListener implements ActionListener
{
    int m_count = 0;

    public void actionPerformed(ActionEvent e)
    {
```

```
            JButton b= (JButton)e.getSource( );
            b.setText("单击" + (++m_count) + "次");
    } // 方法 actionPerformed 结束
} // 类 J_ActionListener 结束

public class J_Button1 extends JFrame
{
    public J_Button1( )
    {
        super("动作事件例程");
        Container c = getContentPane( );
        JButton b = new JButton("单击 0 次");
        J_ActionListener a = new J_ActionListener( );
        b.addActionListener(a);
        c.add(b, BorderLayout.CENTER);
    } // J_Button1 构造方法结束

    public static void main(String args[ ])
    {
        J_Button1 app = new J_Button1( );
        app.setDefaultCloseOperation(JFrame.EXIT_ON_CLOSE);
        app.setSize(100, 80);
        app.setVisible(true);
    } // 方法 main 结束
} // 类 J_Button1 结束
```

编译命令为：

```
javac J_Button1.java
```

执行命令为：

```
java J_Button1
```

最后执行的结果如图 8.16 所示。在刚运行时的按钮的状态如图 8.16(a)所示。当用鼠标左键单击按钮一次之后，按钮的状态如图 8.16(b)所示。在单击两次之后，结果如图 8.16(c)所示。每当用鼠标左键单击一次按钮，则按钮上面的数字自动增加 1。

(a) 初始状态      (b) 单击一次      (c) 单击两次

图 8.16 事件处理模型例程运行结果

因为上面的例程只使用类 J_ActionListener 一次，只生成这个类的一个实例对象，而且立即注册在命令式按钮中，所以可以将上面例程的实现接口 java.awt.event.ActionListener 的类 J_ActionListener 改成为匿名内部类的形式。下面给出将上面的例程改为通过匿名内

**部类实现处理命令式按钮动作事件的例程**。例程的源文件名为 J_Button2.java，其内容如下所示。

```
// ////////////////////////////////////////////////
//
// J_Button2.java
//
// 开发者：雍俊海
// ////////////////////////////////////////////////
// 简介:
//       命令式按钮及其动作事件处理例程
// ////////////////////////////////////////////////
import java.awt.BorderLayout;
import java.awt.Container;
import java.awt.event.ActionEvent;
import java.awt.event.ActionListener;
import javax.swing.JButton;
import javax.swing.JFrame;

public class J_Button2 extends JFrame
{
    public J_Button2( )
    {
        super("动作事件例程");
        Container c = getContentPane( );
        JButton b = new JButton("单击 0 次");
        b.addActionListener(new ActionListener( )
            {
                int m_count = 0;

                public void actionPerformed(ActionEvent e)
                {
                    JButton b= (JButton)e.getSource( );
                    b.setText("单击" + (++m_count) + "次");
                } // 方法 actionPerformed 结束
            } // 实现接口 ActionListener 的内部类结束
        ); // addActionListener 方法调用结束

        c.add(b, BorderLayout.CENTER);
    } // J_Button2 构造方法结束

    public static void main(String args[ ])
    {
```

```
        J_Button2 app = new J_Button2( );
        app.setDefaultCloseOperation(JFrame.EXIT_ON_CLOSE);
        app.setSize(100, 80);
        app.setVisible(true);
    } // 方法 main 结束
} // 类 J_Button2 结束
```

编译命令为：

```
javac J_Button2.java
```

执行命令为：

```
java J_Button2
```

最后执行的结果如图 8.16 所示，与前面的例程一样。上面两个例程功能相同，只是在前一个例程中实现接口 java.awt.event.ActionListener 的类是 J_ActionListener，后一个例程采用匿名内部类。在后一个例程中，在语句

```
new ActionListener( )
```

之后立即跟着一个类体的定义，因此这里创建的实际上是实现接口 java.awt.event. ActionListener 的匿名内部类的实例对象。这里定义的类体与前一个例程类 J_ActionListener 的类体完全一样。因为后一个例程在 new 操作符及构造方法调用之后立即跟着一个类体，所以可以看出这个例程采用了匿名内部类。采用匿名内部类省去了非匿名内部类的开头声明部分，例如：类 J_ActionListener 的声明部分

```
class J_ActionListener implements ActionListener
```

上面的两个例程展示编写事件处理程序的一般过程，即编写实现事件监听器接口的类或编写事件适配器类的子类，并在组件或容器中注册事件监听器。这里实现事件监听器接口的类或事件适配器类的子类可以是匿名内部类。在组件或容器中注册事件监听器是通过调用组件或容器的成员方法实现的。下面分别介绍一些常用的事件处理编程方法。

可以触发动作事件（**ActionEvent**）的组件有命令式按钮（JButton）、文本编辑框（JTextField）和密码式文本编辑框（JPasswordField）等。当用鼠标左键单击命令式按钮时，可以触发动作事件；当在文本编辑框或密码式文本编辑框中输入回车符时，也可以触发动作事件。类 javax.swing.JButton、类 javax.swing.JTextField 和类 javax.swing.JPasswordField 都含有成员方法

```
public void addActionListener(ActionListener a)
```

通过该成员方法可以注册由参数 a 指定的动作事件监听器。这里动作事件监听器一般是实现接口 java.awt.event.ActionListener 的类或匿名内部类的实例对象，可以通过 new 运算符创建。接口 java.awt.event.ActionListener 只含有 actionPerformed 成员方法，具体定义如下：

```
public interface ActionListener extends EventListener
{
```

```
    public void actionPerformed(ActionEvent e);
}
```

当有动作事件发生时，动作事件对象会被传递给动作事件监听器实例对象，并引起调用动作事件监听器实例对象的成员方法 actionPerformed。该成员方法的参数 e 指向动作事件对象，具体类型为 java.awt.event.ActionEvent。类 java.awt.event.ActionEvent 的成员方法

```
    public Object getSource( )
```

返回当前事件的事件源，例如：命令式按钮或文本编辑框。因为该成员方法返回的类型为 Object，所以常常需要通过显式类型转换将其转换成为所需要的类型。例如：在上面的例程中，语句

```
    JButton b = (JButton)e.getSource( );
```

获取的事件源为命令式按钮。类 java.awt.event.ActionEvent 的成员方法

```
    public String getActionCommand( )
```

返回与当前动作事件相关的字符串，例如：在命令式按钮图形界面上的字符串或在文本编辑框中的字符串。

　　可以触发项事件（ItemEvent）的组件有复选框（JCheckBox）、单选按钮（JRadioButton）和组合框（JComboBox）等。当用鼠标左键单击复选框、单选按钮或组合框选项引起选择状态发生变化时，可以触发项事件。类 javax.swing.JCheckBox、类 javax.swing.JRadioButton 和类 javax.swing.JComboBox 都含有成员方法

```
    public void addItemListener(ItemListener a)
```

通过该成员方法可以注册由参数 a 指定的项事件监听器。这里项事件监听器一般是实现接口 java.awt.event.ItemListener 的类或匿名内部类的实例对象，可以通过 new 运算符创建。接口 java.awt.event.ItemListener 只含有 itemStateChanged 成员方法，具体定义如下：

```
    public interface ItemListener extends EventListener
    {
        void itemStateChanged(ItemEvent e);
    }
```

当有项事件发生时，项事件对象会被传递给项事件监听器实例对象，并引起调用项事件监听器实例对象的成员方法 itemStateChanged。该成员方法的参数 e 指向项事件对象，具体类型为 java.awt.event.ItemEvent。类 java.awt.event.ItemEvent 的成员方法

```
    public Object getSource( )
```

返回当前事件的事件源，例如复选框、单选按钮或组合框。因为该成员方法返回的类型为 Object，所以常常需要通过显式类型转换将其转换成为所需要的类型。在得到事件源之后可以通过组件的成员方法进行各种判断或处理，例如判断当前的复选框或单选按钮是否处于选中状态或者获取组合框的选中选项等。

可以触发列表选择事件（**ListSelectionEvent**）的组件有列表框（JList）等。当用鼠标左键单击列表框引起选择状态发生变化时，可以触发列表选择事件。类 javax.swing.JList 的成员方法

```
public void addListSelectionListener(ListSelectionListener a)
```

通过该成员方法可以注册由参数 a 指定的列表选择事件监听器。这里列表选择事件监听器一般是实现接口 javax.swing.event.ListSelectionListener 的类或匿名内部类的实例对象，可以通过 new 运算符创建。接口 javax.swing.event.ListSelectionListener 只含有 valueChanged 成员方法，具体定义如下：

```
public interface ListSelectionListener extends EventListener
{
    void valueChanged(ListSelectionEvent e);
}
```

当有列表选择事件发生时，列表选择事件对象会被传递给列表选择事件监听器实例对象，并引起调用列表选择事件监听器实例对象的成员方法 valueChanged。该成员方法的参数 e 指向列表选择事件对象，具体类型为 javax.swing.event.ListSelectionEvent。类 javax. swing.event.ListSelectionEvent 的成员方法

```
public Object getSource( )
```

返回当前事件的事件源，例如列表框。因为该成员方法返回的类型为 Object，所以常常需要通过显式类型转换将其转换成为所需要的类型。在得到事件源之后可以通过组件的成员方法进行各种判断或处理，例如获取列表框的选中选项等。

当文本编辑框（JTextField）、密码式文本编辑框（JPasswordField）和文本区域（JTextArea）的属性或内容发生变化时可以触发文档事件（**DocumentEvent**）。类 javax.swing. JTextField、类 javax.swing.JPasswordField 和类 javax.swing.JTextArea 都含有成员方法

```
public Document getDocument( )
```

该成员方法返回当前文本编辑框、密码式文本编辑框或文本区域所对应的文档。可以通过接口 javax.swing.text.Document 的成员方法

```
public void addDocumentListener(DocumentListener a)
```

注册由参数 a 指定的文档事件监听器。这里文档事件监听器一般是实现接口 javax. swing. event.DocumentListener 的类或匿名内部类的实例对象，可以通过 new 运算符创建。接口 javax.swing.event.DocumentListener 含有 3 个成员方法，具体定义如下：

```
public interface DocumentListener extends EventListener
{
    void changedUpdate(DocumentEvent e);
    void insertUpdate(DocumentEvent e);
    void removeUpdate(DocumentEvent e);
}
```

当有文档事件发生时，文档事件对象会被传递给文档事件监听器实例对象，并引起调用文档事件监听器实例对象的成员方法。当文档的属性发生变化时一般会引起调用文档事件监听器的成员方法 changedUpdate；当在文档中插入新的字符时一般会引起调用文档事件监听器的成员方法 insertUpdate；当删除文档的部分字符时一般会引起调用文档事件监听器的成员方法 removeUpdate。这些成员方法的参数 e 均指向文档事件对象，具体类型为 javax.swing.event.DocumentEvent。类 javax.swing.event.DocumentEvent 的成员方法

```
Document getDocument( )
```

返回当前文档事件对应的文档。通过该文档，可以利用接口 javax.swing.text.Document 的成员方法

```
int getLength( )
```

获取文档的所有字符个数。接口 javax.swing.text.Document 的成员方法

```
String getText(int offset, int length) throws BadLocationException
```

返回在文档中从下标 offset 开始长度为 length 的字符串。

下面两小节分别介绍鼠标事件处理和键盘事件处理。

## 8.3.2　鼠标事件处理和自定义绘制

鼠标事件处理涉及到的事件监听器有鼠标事件监听器（包括鼠标事件适配器）、鼠标移动事件监听器（包括鼠标移动事件适配器）和鼠标滚轮事件监听器等 3 种。

实现鼠标事件监听器就是编写实现接口 java.awt.event.MouseListener 的类或匿名内部类，或者编写抽象类 java.awt.event.MouseAdapter 的子类或匿名内部子类。鼠标事件监听器可以处理按下鼠标键、放开鼠标键、鼠标进入组件或容器、鼠标离开组件或容器和用鼠标单击组件或容器等事件。接口 java.awt.event.MouseListener 的定义如下：

```
public interface MouseListener extends EventListener
{
    public void mouseClicked(MouseEvent e);      // 处理鼠标单击的事件
    public void mousePressed(MouseEvent e);      // 处理按下鼠标的事件
    public void mouseReleased(MouseEvent e);     // 处理放开鼠标的事件
    public void mouseEntered(MouseEvent e);      // 处理鼠标进入组件的事件
    public void mouseExited(MouseEvent e);       // 处理鼠标离开组件的事件
}
```

编写实现接口 java.awt.event.MouseListener 的类或匿名内部类需要实现在该接口中的所有成员方法。编写抽象类 java.awt.event.MouseAdapter 的子类，则只需要实现其中所需要处理的成员方法。抽象类 java.awt.event.MouseAdapter 的定义如下：

```
public abstract class MouseAdapter implements MouseListener,
    MouseWheelListener, MouseMotionListener
{
```

```
        public void mouseClicked(MouseEvent e) { }   // 处理鼠标单击的事件
        public void mousePressed(MouseEvent e) { }   // 处理按下鼠标的事件
        public void mouseReleased(MouseEvent e) { }  // 处理放开鼠标的事件
        public void mouseEntered(MouseEvent e) { }   // 处理鼠标进入组件的事件
        public void mouseExited(MouseEvent e) { }    // 处理鼠标离开组件的事件
        public void mouseWheelMoved(MouseWheelEvent e) { } // 处理鼠标滚轮事件
        public void mouseDragged(MouseEvent e){ }    // 处理鼠标拖动的事件
        public void mouseMoved(MouseEvent e) { }     // 处理鼠标移动的事件
    }
```

因为抽象类 java.awt.event.MouseAdapter 同时实现了接口 java.awt.event.MouseListener、接口 java.awt.event.MouseMotionListener 和接口 java.awt.event.MouseWheelListener，所以鼠标事件适配器不仅可以用作鼠标事件监听器，还可以用作鼠标移动事件监听器和鼠标滚轮事件监听器。这种特性是 J2SE 从 1.6 版本（也称为 6.0 版本）开始新增的功能。在 1.6 版本以前的版本抽象类 java.awt.event.MouseAdapter 只是实现了接口 java.awt.event.MouseListener。

要让鼠标事件监听器起作用，可以通过组件或容器的成员方法

```
    public void addMouseListener(MouseListener a)
```

注册鼠标事件监听器，其中参数 a 指定鼠标事件监听器。各个组件或容器一般都含有该成员方法。在注册完鼠标事件监听器之后，当相应的事件发生时，这些事件会被传递给鼠标事件监听器。这些事件是以鼠标事件（MouseEvent）对象的形式封装的。鼠标事件对应的类是 java.awt.event.MouseEvent。类 java.awt.event.MouseEvent 的成员方法

```
    public Point getPoint( )
```

返回当发生鼠标事件时鼠标在当前组件或容器中的位置。返回类型 java.awt.Point 包含 x 和 y 两个整数（int）类型的成员域。这两个成员域共同构成了鼠标的位置坐标。类 java.awt.event. MouseEvent 的成员方法

```
    public int getX( )
```

返回当发生鼠标事件时鼠标在当前组件或容器中的 x 坐标。类 java.awt.event.MouseEvent 的成员方法

```
    public int getY( )
```

返回当发生鼠标事件时鼠标在当前组件或容器中的 y 坐标。

实现鼠标移动事件监听器就是编写实现接口 java.awt.event.MouseMotionListener 的类或匿名内部类，或者编写抽象类 java.awt.event.MouseMotionAdapter 或抽象类 java.awt.event. MouseAdapter 的子类或匿名内部子类。鼠标移动事件监听器可以处理移动鼠标和拖动鼠标的事件。移动鼠标和拖动鼠标的区别是当鼠标在运动时是否有鼠标键被按下，即前者是在松开鼠标键时发生的运动，后者则一般是在按住鼠标键不放时发生的运动。接口 java.awt.event.MouseMotionListener 的定义如下：

```
    public interface MouseMotionListener extends EventListener
```

```
{
    public void mouseDragged(MouseEvent e);  // 处理鼠标拖动的事件
    public void mouseMoved(MouseEvent e);    // 处理鼠标移动的事件
}
```

编写实现接口 java.awt.event.MouseMotionListener 的类或匿名内部类需要实现在该接口中的所有成员方法。编写抽象类 java.awt.event.MouseMotionAdapter 的子类，则只需要实现其中所需要处理的成员方法。抽象类 java.awt.event.MouseMotionAdapter 的定义如下：

```
public abstract class MouseMotionAdapter implements MouseMotionListener
{
    public void mouseDragged(MouseEvent e) {}   // 处理鼠标拖动的事件
    public void mouseMoved(MouseEvent e) {}      // 处理鼠标移动的事件
}
```

要让鼠标移动事件监听器起作用，可以通过组件或容器的成员方法

```
public void addMouseMotionListener(MouseMotionListener a)
```

注册鼠标移动事件监听器，其中参数 a 指定鼠标移动事件监听器。各个组件或容器一般都含有该成员方法。在注册完鼠标移动事件监听器之后，当相应的事件发生时，这些事件会被传递给鼠标事件监听器。这些事件同样是以鼠标事件（MouseEvent）对象的形式封装的。

实现鼠标滚轮事件监听器可以通过编写实现接口 java.awt.event.MouseWheelListener 的类或匿名内部类，或者通过编写抽象类 java.awt.event.MouseAdapter 的子类或匿名内部子类来实现。鼠标滚轮事件监听器可以处理按鼠标滚轮事件。接口 java.awt.event.MouseWheel-Listener 只含有一个成员方法 mouseWheelMoved，其定义如下：

```
public interface MouseWheelListener extends EventListener
{
    public void mouseWheelMoved(MouseWheelEvent e);  // 处理鼠标滚轮事件
}
```

编写实现接口 java.awt.event.MouseWheelListener 的类或匿名内部类需要实现在该接口中的成员方法 mouseWheelMoved。

要让鼠标滚轮事件监听器起作用，可以通过组件或容器的成员方法

```
public void addMouseWheelListener(MouseWheelListener a)
```

注册鼠标滚轮事件监听器，其中参数 a 指定鼠标滚轮事件监听器。各个组件或容器一般都含有该成员方法。在注册完鼠标事件监听器之后，当相应的事件发生时，这些事件会被传递给鼠标滚轮事件监听器。这些事件是以鼠标滚轮事件（MouseWheelEvent）对象的形式封装的。鼠标滚轮事件对应的类是 java.awt.event.MouseWheelEvent。类 java.awt.event.MouseWheelEvent 的成员方法

```
public Point getPoint( )
```

返回当事件发生时鼠标指针在当前组件或容器中的位置。返回类型 java.awt.Point 包含

**J**ava 程序设计教程（第 3 版）

x 和 y 两个整数（int）类型的成员域。这两个成员域共同构成了鼠标指针的位置坐标。类 java.awt.event.MouseWheelEvent 的成员方法

```
public int getX( )
```

返回当事件发生时鼠标指针在当前组件或容器中的 x 坐标。类 java.awt.event.MouseWheel-Event 的成员方法

```
public int getY( )
```

返回当事件发生时鼠标指针在当前组件或容器中的 y 坐标。类 java.awt.event.Mouse-WheelEvent 的成员方法

```
public int getWheelRotation( )
```

返回当事件发生时鼠标滚轮旋转格数。当该成员方法的返回值大于 0 时，表明鼠标滚轮向后滚动滚轮；当该成员方法的返回值小于 0 时，表明鼠标滚轮向前滚动滚轮。

下面给出一个采用鼠标事件处理的随手画例程。例程由两个 Java 源文件组成。源文件 J_Panel.java 的内容如下所示。

```java
// //////////////////////////////////////////////////
//
// J_Panel.java
//
// 开发者：雍俊海
// //////////////////////////////////////////////////
// 简介：
//     随手画面板例程
// //////////////////////////////////////////////////
import java.awt.Dimension;
import java.awt.event.MouseEvent;
import java.awt.event.MouseListener;
import java.awt.event.MouseMotionListener;
import java.awt.Graphics;
import java.awt.Point;
import java.util.Vector;
import javax.swing.JPanel;

public class J_Panel extends JPanel
{
    private Vector<Vector<Point>> m_vectorSet
        = new Vector<Vector<Point>>( );

    public J_Panel( )
    {
        addMouseListener(new MouseListener( )
```

```
        {
            public void mouseClicked(MouseEvent e)
            {
            } // 方法 mouseClicked 结束

            public void mouseEntered(MouseEvent e)
            {
            } // 方法 mouseEntered 结束

            public void mouseExited(MouseEvent e)
            {
            } // 方法 mouseExited 结束

            public void mousePressed(MouseEvent e)
            {
                Point p= new Point(e.getX( ), e.getY( ));
                Vector<Point> v= new Vector<Point>( ); // 新的笔划
                v.add(p); // 添加笔划的起点
                m_vectorSet.add(v);
            } // 方法 mousePressed 结束

            public void mouseReleased(MouseEvent e)
            {
            } // 方法 mouseReleased 结束
        } // 实现接口 MouseListener 的内部类结束
    ); // addMouseListener 方法调用结束
    addMouseMotionListener(new MouseMotionListener( )
        {
            public void mouseMoved(MouseEvent e)
            {
            } // 方法 mouseMoved 结束

            public void mouseDragged(MouseEvent e)
            {
                Point p= new Point(e.getX( ), e.getY( ));
                int n= m_vectorSet.size( )-1;
                Vector<Point> v= m_vectorSet.get(n);
                v.add(p); // 添加笔划的中间点或终点
                repaint( );
            } // 方法 mouseDragged 结束
        } // 实现接口 MouseMotionListener 的内部类结束
    ); // addMouseMotionListener 方法调用结束
} // J_Panel 构造方法结束

protected void paintComponent(Graphics g)
```

```
    {
        g.clearRect(0 , 0, getWidth( ), getHeight( )); // 清除背景
        Vector<Point> v;
        Point s, t;
        int i, j, m;
        int n= m_vectorSet.size( );
        for (i=0; i<n; i++)
        {
            v= m_vectorSet.get(i);
            m= v.size( )-1;
            for (j=0; j<m; j++)
            {
                s= (Point)v.get(j);
                t= (Point)v.get(j+1);
                g.drawLine(s.x, s.y, t.x, t.y);
            } // 内部 for 循环结束
        } // 外部 for 循环结束
    } // 方法 paintComponent 结束

    public Dimension getPreferredSize( )
    {
        return new Dimension(250, 120);
    } // 方法 getPreferredSize 结束
} // 类 J_Panel 结束
```

例程的另一个 Java 源文件是 J_Draw.java，其内容如下所示。

```
// ////////////////////////////////////////////////////////
//
// J_Draw.java
//
// 开发者: 雍俊海
// ////////////////////////////////////////////////////////
// 简介:
//     随手画例程
// ////////////////////////////////////////////////////////
import java.awt.BorderLayout;
import java.awt.Container;
import javax.swing.JFrame;

public class J_Draw extends JFrame
{
    public J_Draw( )
    {
        super("随手画例程");
        Container c = getContentPane( );
```

```
        c.add(new J_Panel( ), BorderLayout.CENTER);
    } // J_Draw 构造方法结束

    public static void main(String args[ ])
    {
        J_Draw app = new J_Draw( );
        app.setDefaultCloseOperation(JFrame.EXIT_ON_CLOSE);
        app.setSize(270, 150);
        app.setVisible(true);
    } // 方法 main 结束
} // 类 J_Draw 结束
```

编译命令为：

```
javac J_Panel.java
javac J_Draw.java
```

执行命令为：

```
java J_Draw
```

最后执行的结果如图 8.17 所示。可以在程序运行的界面上通过鼠标随意画各种线条。刚运行时的界面状态如图 8.17(a)所示；按住鼠标左键拖动鼠标，然后放开鼠标左键，可以画出一条曲线如图 8.17(b)所示。重复画曲线的操作，可以画出一些线条画，如图 8.17(c)所示。

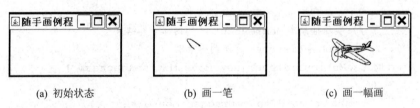

(a) 初始状态　　　　　　(b) 画一笔　　　　　　(c) 画一幅画

图 8.17　随手画例程运行结果

可以将在上面例程源文件 J_Panel.java 中的实现接口 java.awt.event.MouseListener 和接口 java.awt.event.MouseMotionListener 的匿名内部类的方法修改为实现相应事件适配器子类的方法。这样程序可以变得简短。修改后源文件 J_Panel.java 的内容如下所示。

```
// ///////////////////////////////////////////////
//
// J_Panel.java
//
// 开发者：雍俊海
// ///////////////////////////////////////////////
// 简介：
//    随手画面板例程
// ///////////////////////////////////////////////
```

```java
import java.awt.Dimension;
import java.awt.event.MouseAdapter;
import java.awt.event.MouseEvent;
import java.awt.event.MouseMotionAdapter;
import java.awt.Graphics;
import java.awt.Point;
import java.util.Vector;
import javax.swing.JPanel;

public class J_Panel extends JPanel
{
    private Vector<Vector<Point>> m_vectorSet
        = new Vector<Vector<Point>>( );

    public J_Panel( )
    {
        addMouseListener(new MouseAdapter( )
            {
                public void mousePressed(MouseEvent e)
                {
                    Point p= new Point(e.getX( ), e.getY( ));
                    Vector<Point> v= new Vector<Point>( ); // 新的笔划
                    v.add(p); // 添加笔划的起点
                    m_vectorSet.add(v);
                } // 方法 mousePressed 结束
            } // 实现抽象类 MouseAdapter 的内部子类结束
        ); // addMouseListener 方法调用结束
        addMouseMotionListener(new MouseMotionAdapter( )
            {
                public void mouseDragged(MouseEvent e)
                {
                    Point p= new Point(e.getX( ), e.getY( ));
                    int n= m_vectorSet.size( )-1;
                    Vector<Point> v= m_vectorSet.get(n);
                    v.add(p); // 添加笔划的中间点或终点
                    repaint( );
                } // 方法 mouseDragged 结束
            } // 实现抽象类 MouseMotionAdapter 的内部子类结束
        ); // addMouseMotionListener 方法调用结束
    } // J_Panel 构造方法结束

    protected void paintComponent(Graphics g)
    {
        g.clearRect(0 , 0, getWidth( ), getHeight( )); // 清除背景
        Vector<Point> v;
```

```
    Point s, t;
    int i, j, m;
    int n = m_vectorSet.size( );
    for (i=0; i<n; i++)
    {
        v = m_vectorSet.get(i);
        m = v.size( )-1;
        for (j=0; j<m; j++)
        {
            s = (Point)v.get(j);
            t = (Point)v.get(j+1);
            g.drawLine(s.x, s.y, t.x, t.y);
        } // 内部 for 循环结束
    } // 外部 for 循环结束
} // 方法 paintComponent 结束

public Dimension getPreferredSize( )
{
    return new Dimension(250, 120);
} // 方法 getPreferredSize 结束
} // 类 J_Panel 结束
```

这时可以重新编译源程序 J_Panel.java 和 J_Draw.java 并运行相应的程序。最后执行的
结果如图 8.17 所示。修改前后程序的运行结果基本上是一样的。这说明实现事件监听器接
口的类或匿名内部类的方法与实现相应事件适配器子类或匿名内部子类的方法都是可行
的，具有相同的功能。只是后者一般可以使程序变得更简短。

上面的例程实际上同时展示了 组件或容器的自定义绘制方法。这里首先介绍 顶层容器
的自定义绘制方法。如果在顶层容器中不含组件或其他容器，则比较简单的顶层容器自定
义绘制方法是编写顶层容器的子类并实现子类的成员方法

```
public void paint(Graphics g)
```

该成员方法覆盖顶层容器的相同声明的成员方法。在该成员方法中可以进行各种绘制操作，
从而实现顶层容器的自定义绘制。如果在顶层容器中含有组件或其他容器，包括菜单等，
则一般不要采用重写 paint 成员方法的自定义绘制方法；否则，一般会引起顶层容器与在
顶层容器中的组件或其他容器之间的 绘制冲突。这时可以采用如上面例程所示的方法，即
在顶层容器中添加组件或其他容器，然后对该组件或容器进行自定义绘制。

**除了顶层容器之外，组件或容器的自定义绘制方法** 一般是编写组件或容器的子类并实
现子类的成员方法

```
protected void paintComponent(Graphics g)
```

该成员方法覆盖组件或容器的相同声明的成员方法。例如：上面的例程编写了类 javax.
swing.JPanel 的子类 J_Panel，并在子类 J_Panel 中实现成员方法 paintComponent。在成员方
法 paintComponent 中可以进行各种绘制操作，从而实现组件或容器的自定义绘制。这里需

要注意的是，顶层容器类 javax.swing.JApplet（小应用程序类）、javax.swing.JDialog（对话框类）和 javax.swing.JFrame（框架类）均不含有成员方法 paintComponent。

上面的例程还调用了成员方法 repaint。这体现组件或容器的 重新绘制机制 。当需要重新绘制或刷新组件或容器时，一般不要直接调用组件或容器的 paint 成员方法或 paintComponent 成员方法，而应当调用组件或容器的 repaint 成员方法。调用 repaint 成员方法的结果一般会引起 paint 成员方法或 paintComponent 成员方法的调用，但是由于经过了 Java 虚拟机的协调，从而可以减少一些绘制冲突。

在上面的例程中，随手画的绘制基本上是通过很多直线段的绘制实现的。抽象类 java.awt.Graphics 的成员方法

```
public abstract void drawLine(int x1, int y1, int x2, int y2)
```

画一条从点(x1, y1)到点(x2, y2)的直线段。更多绘制手段或方法可以参见第 13 章多媒体与图形学程序设计的内容。

在上面的例程中，**笔划存储在域变量 m_vectorSet** 中，它的类型是

```
Vector<Vector<Point>>
```

这实际上是一种以泛型形式表示的向量，其中通过一对尖括号 "<>" 括起来的内容指定该向量的元素类型。域变量 m_vectorSet 的元素类型仍然是向量类型，同样以泛型的形式表示，即 Vector<Point>，用来表示每一个笔划。泛型 Vector<Point>表示元素类型为 Point 的向量类型，即每一个笔划由一系列的点组成。

在上面的例程中，当按下鼠标键时，新创建一个新笔划，同时将鼠标键按下的位置记录为笔划的起点。然后，在处理鼠标拖动事件时，在当前笔划中记录鼠标指针经过的位置，形成笔划。最后，在绘制笔划的 paintComponent 成员方法中，通过画线段的方法将记录在笔划中的每个点连接成笔划。

在随手画面板类 J_Panel 中编写的成员方法 getPreferredSize 实际上是对随手画面板类 J_Panel 的父类 javax.swing.JPanel 的成员方法

```
public Dimension getPreferredSize( )
```

的覆盖。该成员方法返回的尺寸是面板的默认尺寸。这样，上面的例程通过面向对象的动态多态性由 getPreferredSize 成员方法 设置随手画面板的默认尺寸 。

## 8.3.3 键盘事件处理

与键盘事件处理相关的事件监听器 主要有焦点事件监听器（包括焦点事件适配器）和键盘事件监听器（包括键盘事件适配器）。焦点事件监听器 主要用来处理获取或失去键盘焦点的事件。获得键盘焦点就意味着当前事件源可以接收从键盘上输入的字符；失去键盘焦点就意味着当前事件源不能接收到来自键盘输入的字符。键盘事件监听器 主要用来处理来自键盘的输入，如按下键盘上的某个键，或放开某个键，或输入某个字符。

实现焦点事件监听器 就是编写实现接口 java.awt.event.FocusListener 的类或匿名内部类，或者编写抽象类 java.awt.event.FocusAdapter 的子类或匿名内部子类。接口 java.awt.event.

FocusListener 的定义如下：

```
public interface FocusListener extends EventListener
{
    public void focusGained(FocusEvent e);      // 处理获得键盘焦点的事件
    public void focusLost(FocusEvent e);        // 处理失去键盘焦点的事件
}
```

编写实现接口 java.awt.event.FocusListener 的类或匿名内部类需要实现在该接口中的所有成员方法。编写抽象类 java.awt.event.FocusAdapter 的子类，则只需要实现其中所需要处理的成员方法。抽象类 java.awt.event.FocusAdapter 的定义如下：

```
public abstract class FocusAdapter implements FocusListener
{
    public void focusGained(FocusEvent e) { }   // 处理获得键盘焦点的事件
    public void focusLost(FocusEvent e) { }      // 处理失去键盘焦点的事件
}
```

要让焦点事件监听器起作用，可以通过组件或容器的成员方法

```
public void addFocusListener(FocusListener a)
```

注册焦点事件监听器，其中参数 a 指定焦点事件监听器。各个组件或容器一般都含有该成员方法。在注册完焦点事件监听器之后，当相应的事件发生时，这些事件会被传递给焦点事件监听器。这些事件是以焦点事件（FocusEvent）对象的形式封装的。焦点事件对应的类是 java.awt.event.FocusEvent。类 java.awt.event.FocusEvent 的成员方法

```
public Object getSource( )
```

返回当前事件的事件源。

实现键盘事件监听器就是编写实现接口 java.awt.event.KeyListener 的类或匿名内部类，或者编写抽象类 java.awt.event.KeyAdapter 的子类或匿名内部子类。接口 java.awt.event.KeyListener 的定义如下：

```
public interface KeyListener extends EventListener
{
    public void keyTyped(KeyEvent e);        // 处理输入某个字符的事件
    public void keyPressed(KeyEvent e);      // 处理按下某个键的事件
    public void keyReleased(KeyEvent e);     // 处理放开某个键的事件
}
```

编写实现接口 java.awt.event.KeyListener 的类或匿名内部类需要实现在该接口中的所有成员方法。编写抽象类 java.awt.event.KeyAdapter 的子类，则只需要实现其中所需要处理的成员方法。抽象类 java.awt.event.KeyAdapter 的定义如下：

```
public abstract class KeyAdapter implements KeyListener
{
```

```
        public void keyTyped(KeyEvent e) { }        // 处理输入某个字符的事件
        public void keyPressed(KeyEvent e) { }       // 处理按下某个键的事件
        public void keyReleased(KeyEvent e) { }      // 处理放开某个键的事件
    }
```

要让键盘事件监听器起作用，可以通过组件或容器的成员方法

```
public void addKeyListener(KeyListener a)
```

注册键盘事件监听器，其中参数 a 指定键盘事件监听器。各个组件或容器一般都含有该成员方法。在注册完键盘事件监听器之后，当相应的事件发生时，这些事件会被传递给键盘事件监听器。这些事件是以键盘事件（**FocusEvent**）对象的形式封装的。键盘事件对应的类是 java.awt.event.KeyEvent。类 java.awt.event.KeyEvent 的成员方法

```
public Object getSource( )
```

返回当前事件的事件源。类 java.awt.event.KeyEvent 的成员方法

```
public char getKeyChar( )
```

返回在键盘上输入的字符。

下面给出一个键盘事件处理例程。例程的源文件名为 J_Keyboard.java，其内容如下所示。

```
// ////////////////////////////////////////////////////
//
// J_Keyboard.java
//
// 开发者：雍俊海
// ////////////////////////////////////////////////////
// 简介：
//     键盘事件处理例程
// ////////////////////////////////////////////////////
import java.awt.BorderLayout;
import java.awt.Container;
import java.awt.event.FocusEvent;
import java.awt.event.FocusListener;
import java.awt.event.KeyAdapter;
import java.awt.event.KeyEvent;
import javax.swing.JFrame;
import javax.swing.JTextField;

public class J_Keyboard extends JFrame
{
    public J_Keyboard( )
    {
        super("键盘事件处理例程");
```

```
        Container c = getContentPane( );

        JTextField tf =  new JTextField("", 15);
        tf.addFocusListener(new FocusListener( )
            {
                public void focusGained(FocusEvent e)
                {
                    System.out.println("获得焦点");
                } // 方法 focusGained 结束
                public void focusLost(FocusEvent e)
                {
                    System.out.println("失去焦点");
                } // 方法 focusLost 结束
            } // 实现接口 FocusListener 的内部类结束
        ); // addFocusListener 方法调用结束
        tf.addKeyListener(new KeyAdapter( )
            {
                public void keyTyped(KeyEvent e)
                {
                    System.out.println("键盘事件: " + e.getKeyChar( ));
                } // 方法 keyTyped 结束
            } // 实现抽象类 KeyAdapter 的内部子类结束
        ); // addKeyListener 方法调用结束
        c.add(tf, BorderLayout.CENTER);
    } // J_Keyboard 构造方法结束

    public static void main(String args[ ])
    {
        J_Keyboard app = new J_Keyboard( );
        app.setDefaultCloseOperation(JFrame.EXIT_ON_CLOSE);
        app.setSize(350, 80);
        app.setVisible(true);
    } // 方法 main 结束
} // 类 J_Keyboard 结束
```

编译命令为:

```
javac J_Keyboard.java
```

执行命令为:

```
java J_Keyboard
```

最后执行的结果如图 8.18 所示。当文本编辑框获得
键盘输入焦点时,在控制台窗口中会输出"获得焦点";
当文本编辑框失去键盘输入焦点时,在控制台窗口中会

图 8.18　键盘事件处理例程运行结果

输出"失去焦点"。当在文本编辑框中输入字符时，在控制台窗口中会输出"键盘事件："以及所输入的字符。

# 8.4 高级图形用户界面

前面介绍了基本的图形用户界面程序设计方法。本节将介绍高级图形用户界面，主要将介绍菜单的制作、表格和多文档界面的设计。现在各种各样的商业软件一般都会用到菜单界面。菜单提供了非常简洁的交互方式。它具有很多非常方便的特点，例如可以将交互命令进行归类，从而方便查找；不用记住或输入具体的命令名，可以直接通过鼠标激活命令。表格为数据编辑和显示提供了交互手段。多文档界面为很多商业软件所采用。它使得在一个父窗口中可以创建多个子窗口，而且每个子窗口分别拥有一套数据。下面介绍这些交互方式的基本知识及其程序设计方法。

## 8.4.1 菜单

目前各个软件系统一般都具有菜单。菜单为软件系统提供一种分类和管理软件命令、复选操作和单选操作的形式和手段。菜单以树状的形式排列这些命令或操作的接口界面，从而方便查找，执行相应的命令或进行相应的操作。常用的菜单形式有两种。一种是常规菜单，另一种是弹出式菜单。下面分别介绍这两种菜单，如图 8.19 所示。

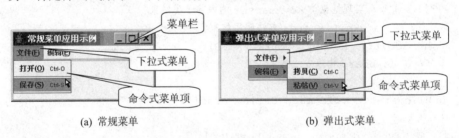

(a) 常规菜单　　　　　　　　　　　　　　(b) 弹出式菜单

图 8.19　菜单示意图

其中，如图 8.19(a)所示，常规菜单由菜单栏（JMenuBar）、下拉式菜单（JMenu）和菜单项组成。菜单项主要包括命令式菜单项（JMenuItem）、复选菜单项（JCheckBox-MenuItem）和单选菜单项（JRadioButtonMenuItem）。这里在圆括号内注明的类是在 javax.swing 类包中所对应的类。在 Swing 图形用户界面中，与菜单相关的主要的类及其父类如图 8.20 所示。如图 8.20 所示，JMenuItem、JCheckBoxMenuItem 和 JRadioButtonMenuItem 均为抽象类 javax.swing.AbstractButton 的子类（包括直接子类和间接子类）。因此，菜单项实际上可以看作是另一种形式的按钮，其中命令式菜单项、复选菜单项和单选菜单项分别与命令式按钮（JButton）、复选框（JCheckBox）和单选按钮（JRadioButton）相对应。菜单为这些菜单项提供了一种组织方式。当单击菜单项时，可以触发与对应按钮相类似的命令或操作。在下拉式菜单中可以包含多个菜单项或其他下拉式菜单。由于在下拉式菜单中可以存在其他下拉式菜单，从而形成一种树状的排列形式。下拉式菜单有两种状态，一种是折叠状态，另一种是打开状态。当下拉式菜单处于折叠状态时，该下拉式菜单中所包含的菜单项或其他下拉式菜单处于不可见的状态。例如，如图 8.19(a)所示的"编辑"下拉式菜单，即处于折叠状态。当下拉式菜单处于 打开状态 时，该下拉式菜单中所包含的菜单项或其他下拉式菜单处于可见的状态。例如，如图 8.19(a)所示的"文件"下拉式菜单处于打开状态。在初始状态下，下拉式菜单一般是处于折叠的状态；当单击下拉式菜单时，则会切换下拉式菜单的折叠和打开状态。菜单栏 是一种容器，在菜单栏中可以包含多个下拉式菜单。

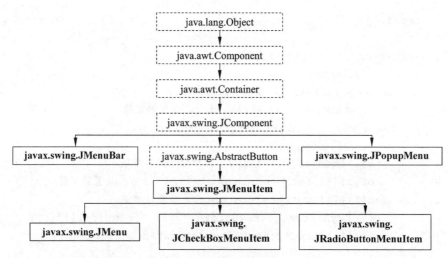

图 8.20　在 Java Swing 中与菜单相关的主要的类及其父类（按继承关系排列）

下面给出一个 常规菜单例程 。例程的源文件名为 J_Menu.java，其内容如下所示。

```
// /////////////////////////////////////////////////
//
// J_Menu.java
//
// 开发者：雍俊海
// /////////////////////////////////////////////////
// 简介:
//     常规菜单例程
// /////////////////////////////////////////////////
import java.awt.event.ActionEvent;
import java.awt.event.ActionListener;
import javax.swing.*;

public class J_Menu extends JFrame
{
    public J_Menu( )
    {
        super("常规菜单应用示例");
        JMenuBar mBar = new JMenuBar( );
        setJMenuBar(mBar); // 设置菜单栏

        JMenu [ ] m = { new JMenu("文件(F)"), new JMenu("编辑(E)") };
```

```java
        char [ ][ ] mC = {{'F', 'E'}, {'O', 'S'}, {'C', 'V'}};
        JMenuItem [ ] [ ] mI =
        {
            {new JMenuItem("打开(O)"), new JMenuItem("保存(S)")},
            {new JMenuItem("复制(C)"), new JMenuItem("粘贴(V)")}
        };
        int i, j;

        for (i=0; i < m.length; i++)
        {
            mBar.add(m[i]); // 添加下拉式菜单
            m[i].setMnemonic(mC[0][i]); // 设置助记符
            for (j=0; j < mI[i].length; j++)
            {
                m[i].add(mI[i][j]); // 添加命令式菜单项
                mI[i][j].setMnemonic(mC[i+1][j]); // 设置助记符
                mI[i][j].setAccelerator( // 设置快捷键
                    KeyStroke.getKeyStroke("ctrl " + mC[i+1][j]));
                mI[i][j].addActionListener(new ActionListener( )
                    {
                        public void actionPerformed(ActionEvent e)
                        {
                            JMenuItem mItem = (JMenuItem)e.getSource( );
                            System.out.println("运行菜单项: "
                                + mItem.getText( ));
                        } // 方法 actionPerformed 结束
                    } // 实现接口 ActionListener 的内部类结束
                ); // 方法 addActionListener 调用结束
            } // 内部 for 循环结束
        } // 外部 for 循环结束
        m[0].insertSeparator(1);
    } // J_Menu 构造方法结束

    public static void main(String args[ ])
    {
        JFrame app = new J_Menu( );

        app.setDefaultCloseOperation(JFrame.EXIT_ON_CLOSE);
        app.setSize(250, 120);
        app.setVisible(true);
    } // 方法 main 结束
} // 类 J_Menu 结束
```

编译命令为：

```
javac J_Menu.java
```

执行命令为：

```
java J_Menu
```

最后执行的结果弹出如图 8.19(a)所示的窗口。在该窗口中含有一个菜单栏，在菜单栏中含有两个下拉式菜单"文件"和"编辑"。当单击其中任一个下拉式菜单时，会打开这个下拉式菜单。当单击菜单项"打开"时，会在控制台窗口中输出：

运行菜单项：打开(O)

当单击菜单项"保存"时，会在控制台窗口中输出：

运行菜单项：保存(S)

当单击菜单项"复制"时，会在控制台窗口中输出：

运行菜单项：复制(C)

当单击菜单项"粘贴"时，会在控制台窗口中输出：

运行菜单项：粘贴(V)

下面通过这个例程介绍常规菜单的建立过程。

在常规菜单的建立过程中，首先要创建菜单栏（JMenuBar）对象。创建菜单栏对象的语句格式如下：

```
JMenuBar 菜单栏变量名 = new JMenuBar( );
```

例如，在例程中，语句

```
JMenuBar mBar = new JMenuBar( );
```

创建了一个菜单栏对象，并将其引用赋值给变量 mBar。

然后，在容器中设置该菜单栏对象。这里只能在一些允许含有菜单栏的容器中设置菜单栏对象，例如：JFrame 容器和 JApplet 容器。一个容器能否设置菜单栏对象主要看它是否含有成员方法

```
public void setJMenuBar(JMenuBar menubar)
```

该成员方法给容器设置一个菜单栏对象。

接着可以给菜单栏对象添加下拉式菜单。类 javax.swing.JMenuBar 的成员方法

```
public JMenu add(JMenu c)
```

将下拉式菜单添加到该菜单栏中。该成员方法返回的值是所添加的下拉式菜单实例对象的引用值。

创建下拉式菜单实例对象可以通过类 javax.swing.JMenu 的构造方法

```
public JMenu(String s)
```

来实现，其中，参数 s 用来指定在下拉式菜单界面上显示的字符串。

接下来可以往下拉式菜单中添加其他下拉式菜单或菜单项。类 javax.swing.JMenu 的成员方法

```
public JMenuItem add(JMenuItem menuItem)
```

将一个菜单项或下拉式菜单添加到该下拉式菜单中。该成员方法返回的值是所添加的菜单项或下拉式菜单实例对象的引用值。这里需注意的是，类 javax.swing.JMenu 是类 javax.swing.JMenuItem 的子类，如图 8.20 所示。因此，通过这个成员方法可以将其他下拉式菜单添加到当前的下拉式菜单中。

创建菜单项实例对象可以分别通过类 JMenuItem（命令式菜单项）、JCheckBox-MenuItem（复选菜单项）和 JRadioButtonMenuItem（单选菜单项）的构造方法来实现。通过类 javax.swing.JMenuItem 的构造方法

```
public JMenuItem(String text)
public JMenuItem(Icon icon)
public JMenuItem(String text, Icon icon)
public JMenuItem(String text, int mnemonic)
```

可以创建命令式菜单项的实例对象，其中，参数 text 指定在命令式菜单项界面上显示的字符串，参数 icon 用来指定在命令式菜单项界面上显示的图标，参数 mnemonic 用来指定该命令式菜单项所对应的助记符。

菜单项或下拉式菜单都可以拥有助记符。它们的成员方法

```
public void setMnemonic(char mnemonic)
public void setMnemonic(int mnemonic)
```

将参数 mnemonic 所对应的字符指定为相应的助记符。助记符在有些文献中也称为记忆符。如果用作助记符的字符同时也是在菜单项或下拉式菜单字符串中的一个字符，则该字符在菜单项或下拉式菜单字符串中第一次出现的位置下方会加下划线。例如，如图 8.19(a)所示，因为字母'F'是助记符，所以在"文件（F）"下拉式菜单中的'F'带有下划线。对于有助记符的菜单项或下拉式菜单，可以通过先按住 Alt 键（也称作换档键）同时再按住助记符所对应的键激活下拉式菜单（使得该下拉式菜单处于打开状态）或执行菜单项所对应的命令或操作。这里需注意的是，有些操作系统可能不支持助记符。在这些操作系统中，菜单的助记符将不会起作用。另外，在给小应用程序添加菜单时，这些菜单的助记符可能会与加载小应用程序的查看器或浏览器的菜单助记符发生冲突。

如果需要，可以给菜单项设置快捷键。快捷键也称为加速键。类 javax.swing.JMenuItem 的成员方法

```
public void setAccelerator(KeyStroke keyStroke)
```

将参数 keyStroke 所定义的在键盘上的键或其组合键指定为该菜单项的快捷键。所设置的快捷键一般也会显示在相应菜单项的界面上，如图 8.19 所示。当按下快捷键时，可以执行菜单项所对应的命令或操作。快捷键由类 javax.swing.KeyStroke 的实例对象定义。类 javax.swing.KeyStroke 的成员方法

```
public static KeyStroke getKeyStroke(String s)
```

剖析字符串 s 的格式，然后创建相应的 KeyStroke 实例对象，并返回该实例对象的引用值。如果参数 s 为 null 或格式不对，则无法创建 KeyStroke 的实例对象，这时返回 null。这里介绍快捷键字符串 s 的常用的格式。**快捷键字符串的常用格式**是：字符串 s 由修饰词和键两部分组成，这两部分通过空格分隔开。修饰词可以是下面的任何一个单词：

```
shift  control  ctrl  meta  alt  altGraph
```

上面的每个单词都对应在键盘上的一个功能键，其中"control"和"ctrl"对应同一个功能键。这里需要注意：不是所有的键盘都有这些功能。因此，在编写程序时可以选取其中常用的功能键所对应的单词，如"control"、"ctrl"、"alt"和"shift"。修饰词指定一些功能键，不是必需的。如果含有修饰词，则按下快捷键要求在键盘上按住相应的功能键不放，同时按下第二部分指定的键。如果不含修饰词，则按下快捷键只需在键盘上按下第二部分指定的键就可以了。作为第二部分的键是指除了与前面修饰词对应的功能键之外在键盘上的其他键，如：字母键、数字键、符号键和其他功能键。其他常用功能键对应的单词或由下划线连接起来的词组有：

```
F1  F2  F3  F4  F5  F6  F7  F8  F9  F10  F11  F12  INSERT DELETE HOME END UP
DOWN LEFT RIGHT PAGE_UP PAGE_DOWN
```

例如，字符串

```
"ctrl O"
```

对应的快捷键要求按住 control 键（即控制键）不放，同时按下'O'键；字符串

```
"ctrl F1"
```

对应的快捷键要求按住 control 键（即控制键）不放，同时按下 F1 功能键。

　　**在程序中实现菜单项命令或操作事件处理**，与相应的按钮事件处理实际上是一样的，其中，命令式菜单项、复选菜单项和单选菜单项分别与命令式按钮（JButton）、复选框（JCheckBox）和单选按钮（JRadioButton）相对应。例如，上面例程通过类 javax.swing. AbstractButton 的成员方法

```
public void addActionListener(ActionListener l)
```

将一个事件监听器的实例对象注册在命令式菜单项中。通过实现接口 java.awt.event.Action-Listener 的匿名内部类并创建其实例对象的方式生成事件监听器的实例对象，并对事件进行处理。

　　在菜单项或下拉式菜单之间还可以插入**菜单分隔条**。这可以通过调用类 javax.swing. JMenu 的成员方法

```
public void insertSeparator(int index)
```

这时将菜单分隔条添加到当前下拉式菜单的下一层。参数 index 的值应当大于或等于 0，新添加的菜单分隔条将排在第（index+1）个位置上。例如，当 index 为 0 时，新添加的菜单

**J**ava 程序设计教程（第 3 版）

分隔条将排在第一个位置上。与其同层的菜单分隔条或菜单项或下拉式菜单将依次往后排列。例如，在上面的例程中，语句

```
m[0].insertSeparator(1);
```

将菜单分隔条插入到"打开"和"保存"两个菜单项之间，如图 8.19(a)所示。如果参数 index 的值小于 0，则 insertSeparator 成员方法将抛出 IllegalArgumentException 异常。

弹出式菜单是另一种常用的菜单，如图 8.19(b)所示。弹出式菜单是通过按鼠标键而弹出的浮动菜单。因为在实际应用中弹出式菜单的弹出一般是通过在容器界面上单击鼠标的右键，所以弹出式菜单也常常称为右键菜单。弹出式菜单不需要菜单栏，但需要创建弹出式菜单实例对象。创建弹出式菜单实例对象可以通过类 javax.swing.JPopupMenu 的构造方法

```
public JPopupMenu( )
```

然后可以将下拉式菜单或菜单项添加到弹出式菜单实例对象中。将下拉式菜单或菜单项添加到弹出式菜单实例对象中可以通过类 javax.swing.JPopupMenu 的成员方法

```
public JMenuItem add(JMenuItem menuItem)
```

因为类 javax.swing.JMenu 是类 javax.swing.JMenuItem 的子类，所以上面的成员方法可以将下拉式菜单添加到弹出式菜单实例对象中。同样可以给位于弹出式菜单中的下拉式菜单添加其他下拉式菜单、菜单项或菜单分隔条，并给菜单项或下拉式菜单设置助记符，给菜单项设置快捷键。但是一般不给位于弹出式菜单中的菜单项设置快捷键，因为这些快捷键只有在弹出式菜单弹出时才起作用。

因为弹出式菜单是通过按鼠标键而弹出的浮动菜单，所以如果组件需要弹出式菜单，则需要处理鼠标事件：即注册并实现鼠标事件监听器。实现鼠标事件监听器可以通过创建抽象类 java.awt.event.MouseAdapter 的子类或创建实现接口 java.awt.event.MouseListener 的类。然后，在鼠标事件监听器类的处理按下鼠标的成员方法

```
void mousePressed(MouseEvent e)
```

和处理放开鼠标的成员方法

```
void mouseReleased(MouseEvent e)
```

中调用前面类 javax.swing.JPopupMenu 的成员方法

```
public void show(Component invoker, int x, int y)
```

来实现菜单的弹出，其中成员方法 show 的参数 invoker 应当是弹出式菜单所在组件，x 和 y 则组成弹出式菜单在该组件中的坐标，指定弹出式菜单显示的位置。弹出式菜单在不同操作系统中的触发风格并不完全一样。为了适应不同操作系统的风格，程序中要求在调用 JPopupMenu 的成员方法 show 之前必须调用鼠标事件类 java.awt.event.MouseEvent 的成员方法

```
public boolean isPopupTrigger( )
```

该成员方法是用来判断当前的鼠标事件是否是用来触发弹出式菜单的事件。而且 Java 虚拟机要求鼠标事件监听器类的 mousePressed 和 mouseReleased 成员方法都必须调用类 java.awt.event.MouseEvent 的 isPopupTrigger 成员方法。

下面给出一个弹出式菜单例程。例程的源文件名为 J_PopupMenu.java，其内容如下所示。

```
// ////////////////////////////////////////////////
//
// J_PopupMenu.java
//
// 开发者：雍俊海
// ////////////////////////////////////////////////
// 简介:
//      弹出式菜单例程
// ////////////////////////////////////////////////
import java.awt.event.ActionEvent;
import java.awt.event.ActionListener;
import java.awt.event.MouseAdapter;
import java.awt.event.MouseEvent;
import javax.swing.*;

public class J_PopupMenu extends JFrame
{
    private JPopupMenu m_popupMenu;

    public J_PopupMenu( )
    {
        super("弹出式菜单应用示例");
        m_popupMenu= new JPopupMenu( );

        JMenu [ ] m = { new JMenu("文件(F)"), new JMenu("编辑(E)") };
        char  [ ][ ] mC = {{'F', 'E'}, {'O', 'S'}, {'C', 'V'}};
        JMenuItem [ ] [ ] mI =
        {
            {new JMenuItem("打开(O)"), new JMenuItem("保存(S)")},
            {new JMenuItem("复制(C)"), new JMenuItem("粘贴(V)")}
        };
        int i, j;

        for (i=0; i < m.length; i++)
        {
            m_popupMenu.add(m[i]); // 添加下拉式菜单
            m[i].setMnemonic(mC[0][i]); // 设置助记符
```

```
        for (j=0; j < mI[i].length; j++)
        {
            m[i].add(mI[i][j]); // 添加命令式菜单项
            mI[i][j].setMnemonic(mC[i+1][j]); // 设置助记符
            mI[i][j].setAccelerator( // 设置快捷键
                KeyStroke.getKeyStroke("ctrl " + mC[i+1][j]));
            mI[i][j].addActionListener(new ActionListener( )
                {
                    public void actionPerformed(ActionEvent e)
                    {
                        JMenuItem mItem= (JMenuItem)e.getSource( );
                        System.out.println("运行菜单项: "
                            + mItem.getText( ));
                    } // 方法 actionPerformed 结束
                } // 实现接口 ActionListener 的内部类结束
            ); // 方法 addActionListener 调用结束
        } // 内部 for 循环结束
    } // 外部 for 循环结束
    m[0].insertSeparator(1);

    addMouseListener(new MouseAdapter( )
        {
            public void mousePressed(MouseEvent e)
            {
                if (e.isPopupTrigger( ))
                    m_popupMenu.show(e.getComponent( ),
                        e.getX( ), e.getY( ));
            } // 方法 mousePressed 结束

            public void mouseReleased(MouseEvent e)
            {
                mousePressed(e);
            } // 方法 mouseReleased 结束
        } // 父类型为类 MouseAdapter 的匿名内部类结束
    ); // 方法 addMouseListener 调用结束
} // J_PopupMenu 构造方法结束

public static void main(String args[ ])
{
    JFrame app = new J_PopupMenu( );

    app.setDefaultCloseOperation(JFrame.EXIT_ON_CLOSE);
    app.setSize(250, 120);
    app.setVisible(true);
} // 方法 main 结束
} // 类 J_PopupMenu 结束
```

编译命令为：

```
javac J_PopupMenu.java
```

执行命令为：

```
java J_PopupMenu
```

最后执行的结果是弹出一个窗口。当在这个窗口中单击鼠标的右键时，将弹出如图 8.19(b)所示的弹出式菜单。这个例程与前面常规菜单的例程非常相似。它们的主要区别只是这里的菜单需要通过单击鼠标的右键进行触发；而在常规菜单例中，菜单直接显示在菜单栏上。

在上面例程中，为了让鼠标事件监听器类的 mousePressed 和 mouseReleased 成员方法都调用类 java.awt.event.MouseEvent 的 isPopupTrigger 成员方法，上面的例程让 mouseReleased 成员方法直接调用 mousePressed 成员方法，同时让 mousePressed 成员方法调用下面的语句

```
if (e.isPopupTrigger( ))
    m_popupMenu.show(e.getComponent( ), e.getX( ), e.getY( ));
```

上面的语句调用了类 java.awt.event.MouseEvent 的成员方法

```
public Component getComponent( )
```

该成员方法返回发生该事件的组件。在弹出式菜单例程中，这个组件同时也是弹出式菜单所在的组件。前面的语句还调用了类 java.awt.event.MouseEvent 的成员方法

```
public int getX( )
```

和

```
public int getY( )
```

这两个成员方法分别返回当前事件发生的 x 和 y 坐标值。在上面的语句中，这两个成员方法返回的是在单击鼠标的右键时鼠标指针所在的位置坐标值。上面例程给位于弹出式菜单中的菜单项设置快捷键，这不是必需的。如果要去掉这些快捷键的设置，可以删去上面例程的语句：

```
mI[i][j].setAccelerator( // 设置快捷键
    KeyStroke.getKeyStroke("ctrl " + mC[i+1][j]));
```

通常不给位于弹出式菜单中的菜单项设置快捷键。

## 8.4.2　表格

采用二维表格存储数据是一种常见的数据组织形式，尤其在各种商业数据库管理系统中。如图 8.21 所示，二维表格通常由表格的表头和表格的数据两个部分组成。表头规定了各列的名称。列的名称简称为列名。表格的每一列称为字段，因此列名也称为字段名。表格各个列的宽度是可以调整的。当将鼠标指针移到在表头处的各个列的边界处时，表示

**J** ava 程序设计教程（第 3 版）

鼠标指针的图标变成为 调整列宽度 的图标。这时，按下鼠标的左键拖动鼠标可以调整列的
宽度。表格的数据部分定义了表格的具体内容，
其中每个格子称为 单元格 。可以由程序指定是
否允许 编辑单元格的内容 。如果单元格的内容
是可以编辑的，那么双击该单元格就会进入编
辑该单元格内容的状态。这时，可以修改单元
格的内容。每一行的数据一般称为 记录 。

下面给出一个 编辑二维表格的例程 。例程
的源文件名为 J_Table.java，内容如下所示。

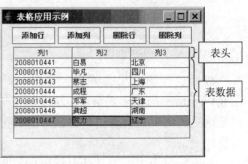

图 8.21　二维表格

```java
// //////////////////////////////////////////////////
//
// J_Table.java
//
// 开发者：雍俊海
// //////////////////////////////////////////////////
// 简介：
//     表格例程
// //////////////////////////////////////////////////
import java.awt.*;
import java.awt.event.ActionEvent;
import java.awt.event.ActionListener;
import javax.swing.*;
import javax.swing.table.*;
import java.util.Vector;

public class J_Table extends JFrame
{
    DefaultTableModel m_data;
    JTable m_view;

    public J_Table( )
    {
        super("表格应用示例");
        Container c = getContentPane( );
        c.setLayout(new FlowLayout( ));
        int i;

        // 添加 4 个按钮
        JButton [ ] b = {new JButton("添加行"), new JButton("添加列"),
                new JButton("删除行"), new JButton("删除列")};
        for (i=0; i<4; i++)
```

```
            c.add(b[i]);

m_data = new DefaultTableModel( ); // 创建一个空的数据表格
m_view = new JTable(m_data);
m_view.setPreferredScrollableViewportSize(
    new Dimension(300, 150)); // 设置表格的显示区域大小
m_view.setAutoResizeMode(JTable.AUTO_RESIZE_OFF);
JScrollPane sPane = new JScrollPane(m_view);
c.add(sPane);

b[0].addActionListener(new ActionListener( )
    {
        public void actionPerformed(ActionEvent e)
        {
            mb_addRow( );
            System.out.println("添加一行");
        } // 方法 actionPerformed 结束
    } // 实现接口 ActionListener 的内部类结束
); // 方法 addActionListener 调用结束

b[1].addActionListener(new ActionListener( )
    {
        public void actionPerformed(ActionEvent e)
        {
            mb_addColumn( );
            System.out.println("添加一列");
        } // 方法 actionPerformed 结束
    } // 实现接口 ActionListener 的内部类结束
); // 方法 addActionListener 调用结束

b[2].addActionListener(new ActionListener( )
    {
        public void actionPerformed(ActionEvent e)
        {
            mb_deleteRow( );
            System.out.println("删除当前行");
        } // 方法 actionPerformed 结束
    } // 实现接口 ActionListener 的内部类结束
); // 方法 addActionListener 调用结束

b[3].addActionListener(new ActionListener( )
    {
        public void actionPerformed(ActionEvent e)
        {
            mb_deleteColumn( );
```

```
                    System.out.println("删除当前列");
              } // 方法 actionPerformed 结束
           } // 实现接口 ActionListener 的内部类结束
        ); // 方法 addActionListener 调用结束
    } // J_Table 构造方法结束

    public void mb_addColumn( ) // 添加一列
    {
        int cNum = m_data.getColumnCount( );
        int rNum = m_data.getRowCount( );
        String s = "列" + (cNum+1);
        int c = m_view.getSelectedColumn( );
        System.out.println("当前列号为:" + c);
        if (cNum==0 || rNum==0 || c<0)
        {
            m_data.addColumn(s);
            return;
        } // if 结构结束

        c++;
        Vector<String> vs = mb_getColumnNames( ); // 表头的处理
        vs.add(c, s);

        Vector data = m_data.getDataVector( );
        for (int i=0; i<data.size( ); i++)
        {
            Vector e = (Vector) data.get(i);
            e.add(c, new String(""));
        } // for 循环结束
        m_data.setDataVector(data, vs);
    } // 方法 mb_addColumn 结束

    public void mb_addRow( ) // 添加一行
    {
        int cNum = m_data.getColumnCount( );
        if (cNum==0)
            mb_addColumn( );
        int rNum = m_data.getRowCount( );
        int r = mb_getRowCurrent( );
        System.out.println("当前行号为:" + r);
        m_data.insertRow(r, (Vector)null);
    } // 方法 mb_addRow 结束

    public void mb_deleteColumn( ) // 删除一列
    {
```

```
    int cNum = m_data.getColumnCount( );
    if (cNum==0)
        return;
    int c = m_view.getSelectedColumn( );
    if (c<0)
        c = 0;
    System.out.println("当前列号为:" + c);

    Vector<String> vs = mb_getColumnNames( ); // 表头的处理
    vs.remove(c);

    Vector data = m_data.getDataVector( );
    for (int i=0; i<data.size( ); i++)
    {
        Vector e = (Vector) data.get(i);
        e.remove(c);
    } // for 循环结束
    m_data.setDataVector(data, vs);
} // 方法 mb_deleteColumn 结束


public void mb_deleteRow( ) // 删除一行
{
    int rNum = m_data.getRowCount( );
    if (rNum > 0)
    {
        int rEdit = mb_getRowCurrent( );
        m_data.removeRow(rEdit);
    }
} // 方法 mb_deleteRow 结束


public Vector<String> mb_getColumnNames( ) // 取得列名称
{
    Vector<String> vs = new Vector<String>( );
    int cNum = m_data.getColumnCount( );
    for (int i=0; i<cNum; i++)
        vs.add(m_data.getColumnName(i));
    return(vs);
} // 方法 mb_getColumnNames 结束


public int mb_getRowCurrent( ) // 取得当前行的行号
{
    int r=m_view.getSelectedRow( );
    if (r<0)
        r = 0;
    return(r);
```

```
    } // 方法 mb_getRowCurrent 结束

    public static void main(String args[ ])
    {
        JFrame app = new J_Table( );

        app.setDefaultCloseOperation(JFrame.EXIT_ON_CLOSE);
        app.setSize(350, 250);
        app.setVisible(true);
    } // 方法 main 结束
} // 类 J_Table 结束
```

编译命令为：

```
javac J_Table.java
```

执行命令为：

```
java J_Table
```

最后执行的结果是弹出如图 8.22(a)所示的窗口。在弹出的窗口中，第一排的组件是 4 个按钮，分别用来触发给二维表格添加行、添加列、删除行和删除列的操作。在如图 8.22(a) 所示的图形界面中，按钮下面的矩形框是二维表格的显示区域。通过不断地单击第一排的 4 个按钮给二维表格添加或删除行和列，可以形成内容为空的二维表格。图 8.22(b)所示的 二维表格就是在这样操作之后产生的结果。当表格的行数或列数较大时，显示表格所需的 区域会超出所指定的表格显示区域。这时，上面的例程会自动给表格添加上滚动条。通过 移动滚动条可以查看表格的不同区域。如果双击表格的单元格，则可以进入编辑单元格的 状态，修改单元格的内容。例如输入如图 8.21 所示内容。

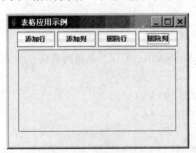

(a) 初始界面

(b) 中间结果

图 8.22　二维表格程序示例执行结果

在 Swing 图形用户界面中，创建表格组件（JTable）常常通过类 javax.swing.JTable 的 构造方法

```
public JTable(TableModel dm)
```

来实现，通过这个构造方法可以创建类 javax.swing.JTable 的实例对象。这个构造方法的参

数 dm 的数据类型是 表格模型（TableModel）。接口 javax.swing.table.TableModel 规定了二维表格的最基本操作，如获取列数、行数、列名、单元格内容等。为了生成表格模型的实例对象，必须具有实现了接口 javax.swing.table.TableModel 的表格模型类。在 编写表格模型类 的过程中，首先一般需要定义二维表格的数据结构存储表头信息和表格数据内容。常用数据结构有二维数组和类 java.util.Vector。如果二维表格的行数和列数在表格创建之后不需要改变，则可以直接用二维数组。如果需要不断改变二维表格的行数或列数，则可以考虑通过类 java.util.Vector 的实例对象存储表头信息和表格的数据内容。然后，在定义好的表格数据结构上完成接口 javax.swing.table.TableModel 规定的各个操作。

　　编写一个实现接口 javax.swing.table.TableModel 的表格模型类还可以通过编写抽象类 javax.swing.table.AbstractTableModel 的子类来实现。这是 编写表格模型类的一种简便方法。抽象类 javax.swing.table.AbstractTableModel 已经实现了接口 javax.swing.table.TableModel 规定的大部分成员方法。编写抽象类 javax.swing.table.AbstractTableModel 的子类，可以只编写抽象类 javax.swing.table.AbstractTableModel 的如下 3 个成员方法：

```
public int getRowCount( );
public int getColumnCount( );
public Object getValueAt(int row, int column);
```

　　另外还可以 直接利用已有的表格模型类 javax.swing.table.DefaultTableModel。通过类 javax.swing.table.DefaultTableModel 的构造方法

```
public DefaultTableModel( )
```

可以创建一个空的二维表格。通过类 javax.swing.table.DefaultTableModel 的构造方法

```
public DefaultTableModel(int rowCount, int columnCount)
public DefaultTableModel(Vector columnNames, int rowCount)
public DefaultTableModel(Vector data, Vector columnNames)
```

可以创建二维表格，其中参数 rowCount 指定表格数据的行数，参数 columnCount 指定表格的列数，向量 columnNames 指定各个列名，向量 data 指定表格数据的内容。类 javax.swing.table.DefaultTableModel 直接采用类 java.util.Vector 存储表格的表头信息和表格数据内容，其中一个 java.util.Vector 实例对象存储列名，另一个 java.util.Vector 实例对象存储表格数据内容。存储表格数据内容的实例对象采用双重嵌套的形式，即外层的 java.util.Vector 实例对象的每个元素仍然是一个 java.util.Vector 实例对象（内层的 java.util.Vector 实例对象），记录表格数据行的信息。内层的 java.util.Vector 实例对象的每个元素记录单元格的内容。这样，通过类 javax.swing.table.DefaultTableModel 的成员方法

```
public int getColumnCount( )
```

可以获得二维表格的列数。类 javax.swing.table.DefaultTableModel 的成员方法

```
public int getRowCount( )
```

返回当前二维表格的行数。类 javax.swing.table.DefaultTableModel 的成员方法

```
public String getColumnName(int column)
```

返回当前二维表格的第（column+1）列的列名。类 javax.swing.table.DefaultTableModel 的成员方法

```
public Object getValueAt(int row, int column)
```

返回当前二维表格的第（row+1）行第（column+1）列的元素。类 javax.swing.table.Default-TableModel 的成员方法

```
public Vector getDataVector( )
```

返回表示当前二维表格的数据内容的向量。类 javax.swing.table.DefaultTableModel 的成员方法

```
public void setDataVector(Vector dataVector, Vector columnIdentifiers)
```

将表示当前二维表格的数据内容的向量替换成为参数 dataVector 指定的向量，将表示表头信息的向量替换成为参数 columnIdentifiers 指定的向量。类 javax.swing.table.DefaultTable-Model 的成员方法

```
public void addColumn(Object columnName)
```

给当前二维表格的末尾添加新的一列，其中参数 columnName 指定列名。新加入列的各个单元格的数据均为空。类 javax.swing.table.DefaultTableModel 的成员方法

```
public void addColumn(Object columnName, Vector columnData)
```

给当前二维表格的末尾添加新的一列，其中参数 columnName 指定列名，参数 columnData 指定新加入列的各个单元格的数据内容。类 javax.swing.table.DefaultTableModel 的成员方法

```
public void addRow(Vector rowData)
```

在当前二维表格的最后添加新的一行，其中参数 rowData 指定这一行的内容。如果 rowData 的值为"(Vector)null"，则新添加的行的内容为空。类 javax.swing.table.DefaultTableModel 的成员方法

```
public void insertRow(int row, Vector rowData)
```

给当前二维表格添加一行。新加入的行在表格中将位于第（row+1）行。原来在第（row+1）行及之后的行将往后移一行。新加入的行的内容由参数 rowData 指定。如果 rowData 的值为"(Vector)null"，则新加入的行的内容为空。类 javax.swing.table.DefaultTableModel 的成员方法

```
public void removeRow(int row)
```

删除表格的第（row+1）行。类 javax.swing.table.DefaultTableModel 不提供删除列的成员方法。如果需要删除某一列，可以通过成员方法 getColumnName 获取所有的列名；通过成员方法 getDataVector 获取存储表格数据的向量；然后直接操作列名向量和表格数据向量，删

除指定的列；最后通过成员方法 setDataVector 更新二维表格。类 javax.swing.table.Default-TableModel 提供了 addColumn 成员方法往表格的末尾添加新的列，但不提供往表格的中间插入新的列的成员方法。同样，如果需要在表格的中间插入新的列，可以通过成员方法 getColumnName 获取所有的列名；通过成员方法 getDataVector 获取存储表格数据的向量；然后直接操作列名向量和表格数据向量，在指定位置插入新的列；最后通过成员方法 setDataVector 更新二维表格。

类 javax.swing.JTable 将表格模型封装成为 Swing 图形用户界面的组件，为二维表格提供一个视图窗口，在图形界面上显示表格的内容，并提供交互的手段。作为组件，表格的实例对象可以直接添加到容器的内容窗格中，例如：

```
JFrame app = new JFrame( );
Container c = app.getContentPane( );
DefaultTableModel m_data = new DefaultTableModel(3, 3); // 创建 3*3 的表格
JTable m_view = new JTable(m_data);
c.add(m_view);
```

更一般的作法是将表格的实例对象封装到滚动窗格中，再将滚动窗格添加到容器的内容窗格中。例如：在上面的例程中，下面的语句

```
JScrollPane sPane = new JScrollPane(m_view);
c.add(sPane);
```

完成了这一过程。

作为表格模型的视图窗口，可以设置类 javax.swing.JTable 的实例对象的一些属性。类 javax.swing.JTable 的成员方法

```
public void setPreferredScrollableViewportSize(Dimension size)
```

设置表格的显示区域大小。类 javax.swing.JTable 的成员方法

```
public void setAutoResizeMode(int mode)
```

设置表格列宽在表格缩放时的自动调整模式，其中参数 mode 只能取如表 8.5 所示的 5 个常数之一。

表 8.5　表格列宽在表格缩放时的自动调整模式

| 常量 | 对应的调整模式说明 |
| --- | --- |
| JTable.AUTO_RESIZE_OFF | 当调整某一列的宽度或添加列或删除列时，其他列的宽度保持不变，从而表格的总宽度发生变化 |
| JTable.AUTO_RESIZE_NEXT_COLUMN | 当将鼠标指针移到在表头处的两列的边界处并按下鼠标的左键调整这两列的宽度时，这两列的总宽度保持不变 |
| JTable.AUTO_RESIZE_SUBSEQUENT_COLUMNS | 当调整某一列的宽度时，在这一列之后的所有列都会自动均匀地调整宽度，从而使得表格的总宽度保持不变 |

| 常量 | 对应的调整模式说明 |
|---|---|
| JTable.AUTO_RESIZE_LAST_COLUMN | 当调整某一列的宽度时，只有最后一列的宽度会发生相应的调整，从而使得表格的总宽度保持不变 |
| JTable.AUTO_RESIZE_ALL_COLUMNS | 当调整某一列的宽度时，其他所有的列都会自动均匀地调整宽度，从而使得表格的总宽度保持不变 |

类 javax.swing.JTable 还提供一些表格的拾取功能。类 javax.swing.JTable 的成员方法

```
public int getSelectedColumn( )
```

返回当前选中的第一列的下标索引值。如果选中的是单元格，则该单元格所在的列即为当前选中的列。如果没有列被选中，则返回-1。类 javax.swing.JTable 的成员方法

```
public int[ ] getSelectedColumns( )
```

返回当前选中的所有的列的下标索引值。如果没有列被选中，则返回 null。类 javax.swing.JTable 的成员方法

```
public int getSelectedColumnCount( )
```

返回当前选中的列的列数。类 javax.swing.JTable 的成员方法

```
public int getSelectedRow( )
```

返回当前选中的第一行的下标索引值。如果没有行被选中，则返回-1。类 javax.swing.JTable 的成员方法

```
public int[ ] getSelectedRows( )
```

返回当前选中的所有的行的下标索引值。如果没有行被选中，则返回 null。类 javax.swing.JTable 的成员方法

```
public int getSelectedRowCount( )
```

返回当前选中的行的行数。

## 8.4.3  多文档界面

多文档界面的设计就是在父窗口中创建多个子窗口，每个子窗口分别拥有一套数据。每个子窗口所拥有的数据称为文档，因此具有上面特性的界面称为多文档界面。这里介绍一种通过桌面窗格（JDesktopPane）和内部框架（JInternalFrame）实现多文档界面的方法。桌面窗格（**JDesktopPane**）在 Swing 图形用户界面中对应类 javax.swing.JDesktopPane，是一种可以包含多个子窗口的容器。内部框架（**JInternalFrame**）在 Swing 图形用户界面中对应类 javax.swing.JInternalFrame，是一种可以添加到桌面窗格（JDesktopPane）中的框架。通过桌面窗格（**JDesktopPane**）和内部框架（**JInternalFrame**）可以实现多文档界面。首

先，从顶层容器（例如：框架或小应用程序）中获取内容窗格（Content Pane）。然后将桌面窗格（JDesktopPane）添加到顶层容器的内容窗格中。接着可以往桌面窗格（JDesktopPane）添加各个内部框架（JInternalFrame）；同时可以在内部框架（JInternalFrame）的内容窗格（Content Pane）中添加组件或容器，布置内部框架（JInternalFrame）的图形界面。最后需要设置内部框架（JInternalFrame），让它是可见的，而且大小刚好可以容纳其内部的组件。

　　下面给出一个 随手画多文档界面例程 。例程由两个 Java 源文件组成。源文件 J_Panel.java 与在 8.3.2 小节中的 J_Panel.java 文件相同。在 8.3.2 小节中存在两个 J_Panel.java 文件，这里可以采用其中的任何一个。例程的另一个 Java 源文件是 J_MDI.java，其内容如下所示。

```java
// ////////////////////////////////////////////////////////
//
// J_MDI.java
//
// 开发者：雍俊海
// ////////////////////////////////////////////////////////
// 简介：
//     随手画多文档例程
// ////////////////////////////////////////////////////////
import java.awt.BorderLayout;
import java.awt.Container;
import java.awt.event.ActionEvent;
import java.awt.event.ActionListener;
import javax.swing.JDesktopPane;
import javax.swing.JInternalFrame;
import javax.swing.JFrame;
import javax.swing.JMenu;
import javax.swing.JMenuBar;
import javax.swing.JMenuItem;

public class J_MDI extends JFrame
{
    private JDesktopPane m_desktop= new JDesktopPane( );
    private int m_count = 0;

    public J_MDI( )
    {
        super("MDI Example");
        JMenuBar  theMenuBar  = new JMenuBar( );
        JMenu     theMenuFile = new JMenu("File");
        JMenuItem theMenuItem = new JMenuItem("New");

        setJMenuBar(theMenuBar);
        theMenuBar.add(theMenuFile);
```

```
        theMenuFile.add(theMenuItem);
        theMenuFile.setMnemonic('F');
        theMenuItem.setMnemonic('N');

        Container theContainer= getContentPane( );
        theContainer.add(m_desktop);

        theMenuItem.addActionListener(new ActionListener( )
            {
                public void actionPerformed(ActionEvent e)
                {
                    String s= "Document " + m_count;
                    m_count++;
                    JInternalFrame theInternalFrame
                        =new JInternalFrame(s, true, true, true, true);
                    J_Panel thePanel = new J_Panel( );
                    Container c = theInternalFrame.getContentPane( );
                    c.setLayout(new BorderLayout( ));
                    c.add(thePanel, BorderLayout.CENTER);
                    theInternalFrame.pack( );

                    m_desktop.add(theInternalFrame);
                    theInternalFrame.setVisible(true);
                } // 方法 actionPerformed 结束
            } // 实现接口 ActionListener 的内部类结束
        ); // addActionListener 方法调用结束
    } // J_MDI 构造方法结束

    public static void main(String args[ ])
    {
        JFrame app = new J_MDI( );
        app.setDefaultCloseOperation(JFrame.EXIT_ON_CLOSE);
        app.setSize(400, 250);
        app.setVisible(true);
    } // 方法 main 结束
} // 类 J_MDI 结束
```

编译命令为：

```
javac J_Panel.java
javac J_MDI.java
```

执行命令为：

```
java J_MDI
```

最后执行的结果如图 8.23 所示。通过执行菜单项 File→New，可以创建新的文档（即子窗口）；通过鼠标在各个子窗口中按下、拖动和放开，可以画出各种各样的图案。而且每个子窗口可以具有不同的图案。这显示出多文档特性。

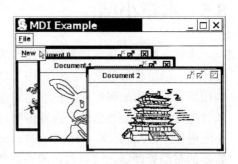

在上面的例程中，源文件 J_Panel.java 主要是实现随手画面板类 J_Panel，源文件 J_MDI.java 主要是实现多文档框架类 J_MDI。类 J_MDI 是类 javax.swing.JFrame 的子类。在类 J_MDI 的构造方法中，通过类 javax.swing.JDesktopPane 的构造方法

图 8.23　多文档界面例程运行结果示例

```
public JDesktopPane( )
```

创建桌面窗格（JDesktopPane）实例对象。接着将新创建的桌面窗格（JDesktopPane）添加到顶层容器的内容窗格中。桌面窗格（JDesktopPane）是一种可以包含多个子窗口的容器，可以作为父窗口。有了父窗口，可以往里面添加子窗口。类 javax.swing.JDesktopPane 的成员方法

```
public Component add(Component comp)
```

将一个子窗口 comp 添加到当前的桌面窗格（JDesktopPane）中。这里的子窗口是内部框架（JInternalFrame）。内部框架（JInternalFrame）的构造通常通过类 javax.swing.JInternalFrame 的构造方法

```
public JInternalFrame(String title, boolean resizable, boolean closable,
boolean maximizable, boolean iconifiable)
```

来实现，其中，参数 title、resizable、closable、maximizable 和 iconifiable 分别指定内部框架（JInternalFrame）的标题、是否可改变大小、是否可关闭、是否可最大化和是否可图标化。当参数 resizable 为 true 时，内部框架（JInternalFrame）可改变大小；否则，不可以。当参数 closable 为 true 时，内部框架（JInternalFrame）可关闭；否则，不可以。当参数 maximizable 为 true 时，内部框架(JInternalFrame)可最大化；否则，不可以。当参数 iconifiable 为 true 时，内部框架（JInternalFrame）可图标化；否则，不可以。

往内部框架（JInternalFrame）中添加组件的方法与往 Swing 图形用户界面的框架（JFrame）的方法是相似的。首先，先获取内部框架（JInternalFrame）的内容窗格（Content Pane），再往内容窗格（Content Pane）中添加组件。最后需要对内部框架（JInternalFrame）进行一些设置。类 javax.swing.JInternalFrame 的成员方法

```
public void setVisible(boolean aFlag)
```

设置内部框架(JInternalFrame)是否可见。当参数 aFlag 为 true 时，内部框架（JInternalFrame）是可见的；否则，是不可见的。类 javax.swing.JInternalFrame 的成员方法

```
public void pack( )
```

按照内部框架（JInternalFrame）所包含的组件设置内部框架（JInternalFrame）的尺寸大小。

## 8.5　本章小结

本章介绍了各种常用的图形用户界面及其程序设计方法。在 Swing 图形用户界面程序设计中，顶层容器包括小应用程序（JApplet）、对话框（JDialog）和框架（JFrame）。往这些顶层容器中添加组件或其他容器通常需要借助于内容窗格，而且设置这些顶层容器的布局管理器通常也需要借助于内容窗格。在 AWT 图形用户界面程序设计中，顶层容器包括小应用程序（Applet）、对话框（Dialog）和框架（Frame）。**设置 AWT 图形用户界面顶层容器的布局管理器**，可以直接通过这些顶层容器的成员方法

```
public void setLayout(LayoutManager mgr)
```

**往 AWT 图形用户界面顶层容器中添加组件或其他容器**，可以直接通过这些顶层容器的 add 成员方法。例如：

```
// ///////////////////////////////////////////////////
//
// J_AWT.java
//
// 开发者：雍俊海
// ///////////////////////////////////////////////////
// 简介：
//     AWT 图形用户界面例程
// ///////////////////////////////////////////////////
public class J_AWT
{
    public static void main(String args[ ])
    {
        java.awt.Frame app = new java.awt.Frame( );
        app.setTitle("AWT 框架");
        app.add(new java.awt.Button("AWT 按钮"),
            java.awt.BorderLayout.CENTER);
        app.addWindowListener(new java.awt.event.WindowAdapter( )
        {
            public void windowClosing(java.awt.event.WindowEvent e)
            {
                System.exit(0);
            } // 方法 windowClosing 结束
        } // 实现抽象类 WindowAdapter 的内部子类结束
        ); // addWindowListener 方法调用结束
        app.setSize(250, 100);
        app.setVisible(true);
    } // 方法 main 结束
} // 类 J_AWT 结束
```

上面的例程直接给 AWT 图形用户界面的框架（Frame）添加按钮组件（Button）。框架（Frame）的默认布局管理器是边界布局管理器（BorderLayout）。上面的例程显示需要对 AWT 图形用户界面的框架（Frame）设置大小、设置是否可见以及设置关闭框架的行为属性。这里**设置关闭框架的行为属性**需要注册并编写窗口事件监听器。如果不设置关闭框架的行为属性，则无法正常关闭框架（Frame）。Swing 图形用户界面的组件和容器与 AWT 图形用户界面的组件和容器在组织方式与行为上有一定的区别，通常不提倡将这两者在同一个图形界面中混用。如果混用，则有可能出现一些非预期的结果，而且不容易调试。目前通常建议直接采用 Swing 图形用户界面的组件和容器。**Swing 图形用户界面的组件和容器**对应的类通常以字母 J 开头。Swing 图形用户界面的组件和容器具有较小的平台相关性。在容器内组件的排列方式是通过**布局管理器**进行管理的。一般建议采用已有的布局管理器，如果现有的布局管理器不够用，可以自行设计新的布局管理器。**事件处理模型**提供了图形用户界面交互方式的程序设计模式。在事件处理模型中，组件是事件处理模型必备的事件源；事件对象记录各种事件的基本信息；对事件进行处理要通过事件监听器。事件监听器必须在事件源中注册，这样才能在事件来临时激活事件监听器，从而对事件进行处理。

# 习题

1．请叙述本章介绍的各个组件和容器的基本特点。

2．请分别阐述本章中介绍的各种布局方式及其特点。

3．请列举在采用流布局管理器、网格布局管理器和网格包布局管理器条件下，组件在容器中排列方式的相同点与不同点。

4．请简述 Swing 图形用户界面事件处理模型及其程序设计模式。

5．请简述 Swing 图形用户界面和 AWT 图形用户界面在组件添加方法上的不同点（提示：关于 AWT 图形用户界面的介绍见本章小结部分）。

6．求和工具。编写一个程序：设计如图 8.24 所示的界面。在第一个文本框中输入第一个加数；在第二个文本框中输入第二个加数；当单击"="按钮时，在第三个文本框中显示出前面两个加数之和。

图 8.24　求和工具界面

7．请编写一个程序。设计一个界面，第一行含有 3 个按钮，第二行正中间含有 1 个按钮，第三行含有两个按钮。

8．请编写一个简单的多文档文本编辑器。要求可以输入文件名，从指定文件中读取数据，并显示在图形界面上。可以编辑显示在图形界面上的数据，而且可以将显示在图形界面上数据写入指定文件中。

9．挖雷游戏设计。请编写一个挖雷程序：要求可以指定地雷的个数和雷区的大小。挖雷的规则可以参照 Windows 操作系统提供的挖雷游戏的规则。

10．16方格排序游戏设计。编写一个程序：如图 8.25 所示，要求在界面上设计 4×4 的按钮，即 16 个按钮排列成 4×4 的网格形状。在 16 个按钮中，有且只有 15 个按钮上有 1～15 的数字，而且这些数字在按钮上不重复出现。另外，有一个按钮上没有数字。当程序刚启动时这 15 个数字是随机排列的。当单击某个按钮时，如果该按钮上有数字而且该按钮与没有数字的按钮相邻，则将该按钮上的数字给没有数字的按钮，同时该按钮变成没有数字的按钮。当 15 个数字在 4×4 的网格中呈顺序或逆序排列，则显示消息框表明排列成功，并重新随机排列这 15 个数字在按钮网格上的位置。

图 8.25　16 方格排序游戏

11．思考题：试用 Java 语言实现各种能接触到的软件的图形界面（可以不处理相应的事件）。

# CHAPTER 9

# 小应用程序

# 第 9 章

Java 程序可以分为应用程序（Application）和小应用程序（Applet）两种。小应用程序有时也简称为小程序，是嵌入在网页中运行的程序。小应用程序的执行机制与应用程序不同。它在实际的应用中常常通过各种浏览器运行。这些浏览器包括微软公司的 IE（Internet Explorer）和网景通讯公司（Netscape Communications Corporation）的 Navigator 等。小应用程序可以为网页提供动态的显示效果和友好的交互方式。它可以在网页上画一幅图像、播放音乐和处理各种鼠标与键盘事件等。如果没有得到许可，则小应用程序不能读取主机的各种信息或未授权的数据，不能随意地去访问主机内存，也不能将数据写到主机的硬盘上，不能加载本地化的方法和库。这保证了小应用程序具有良好的网络安全特性。

## 9.1 源程序

编写小应用程序一般需要编写两种类型的文件，即编写 Java 源程序文件和一个 HTML（Hypertext Markup Language，超文本标记语言）文本文件。从 Java 程序上看，编写小应用程序实际上是要实现类 java.applet.Applet 的子类。在 Swing 图形用户界面出现之后，小应用程序常常直接从类 java.applet.Applet 的子类 javax.swing.JApplet 派生出子类。通过利用类 javax.swing.JApplet 派生出子类建立起的小应用程序可以直接利用 Swing 图形用户界面的特性及其组件，从而具有更好的平台无关性。下面首先介绍小应用程序的生命周期。

### 9.1.1 生命周期

了解小应用程序的工作原理一般指的是了解小应用程序的生命周期，即小应用程序从创建到关闭的执行过程。在小应用程序的执行过程中，类 java.applet.Applet 的成员方法 init、start、paint、stop 和 destroy 起着非常重要的作用。这 5 个成员方法在程序中的作用分别如下。

（1）成员方法 init：在小应用程序的生命周期中只会被执行一次，即只有在加载小应用程序时才会被执行，而且最先被执行。因此，类 java.applet.Applet 的成员方法 init 常常用来初始化 Java 小应用程序，例如：给小应用程序添加组件进行图形界面设计等。

（2）成员方法 start：当小应用程序启动或重新启动时，会调用该成员方法。在小应用程序调用成员方法 init，完成初始化之后，会自动调用类 java.applet.Applet 的成员方法 start。当小应用程序从图标化或最小化的状态还原时，或者当从其他网页回到小应用程序所在的网页时，Java 虚拟机会自动调用类 java.applet.Applet 的成员方法 start 完成重新启动的功能。

（3）成员方法 paint：用来绘制小应用程序的图形界面。当需要刷新小应用程序的图形界面时，一般会调用该成员方法。例如：小应用程序在刚启动之后或者当窗口大小发生变化时，一般都会调用类 java.applet.Applet 的成员方法 paint。

（4）成员方法 stop：当小应用程序进入图标化或最小化状态，或者进入其他网页时，类 java.applet.Applet 的成员方法 stop 会被调用，使小应用程序进入停止状态。类 java.applet.Applet 的成员方法 stop 常常完成暂停小应用程序运行并暂时释放小应用程序所占用的资源的功能。

（5）成员方法 destroy：当关闭浏览器或关闭小应用程序时，Java 虚拟机会调用该成员方法。如果在关闭小应用程序前的运行状态不是"停止状态"，则 Java 虚拟机会先调用类 java.applet.Applet 的成员方法 stop，再调用成员方法 destroy。类 java.applet.Applet 的成员方法 destroy 常常用来完成对小应用程序的结束处理。

这 5 个成员方法是小应用程序的基本成员方法，共同支撑起小应用程序的基本执行过程。这 5 个成员方法的执行过程常常被称为类 java.applet.Applet 的生命周期。

如图 9.1 所示，当第一次加载 Java 小应用程序时，Java 虚拟机会自动调用类 java.applet.Applet 的成员方法 init。这时进入初始态。初始态只是一个暂时状态，Java 虚拟机会继续调用类 java.applet.Applet 的成员方法 start 和 paint。当这两个成员方法运行结束后，程序就进入运行态。当小应用程序被要求图标化或最小化，或者进入其他网页时，类 java.applet.

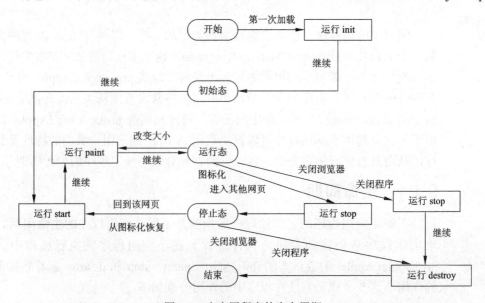

图 9.1　小应用程序的生命周期

Applet 的成员方法 stop 就会自动被调用。之后，小应用程序进入停止态。只要将已经图标
化或最小化的小应用程序恢复，或者从其他网页返回到小应用程序所在的网页时，小应用
程序就会运行类 java.applet.Applet 的成员方法 start 和 paint，并进入运行态。当小应用程序
在运行态时，如果关闭浏览器或关闭小应用程序，则 Java 虚拟机会依次调用类
java.applet.Applet 的成员方法 stop 和 destroy，然后结束小应用程序。如果在停止态时关闭
浏览器或关闭小应用程序，则 Java 虚拟机会直接调用类 java.applet.Applet 的成员方法
destroy，然后结束小应用程序。

　　下面给出一个验证小应用程序生命周期的例程。例程由一个 Java 源程序文件和一个
HTML 文本文件组成，例程的源文件名为 J_PrintState.java，其内容如下所示。

```java
// //////////////////////////////////////////////////
//
// J_PrintState.java
//
// 开发者：雍俊海
// //////////////////////////////////////////////////
// 简介：
//     小应用程序生命周期的验证例程
// //////////////////////////////////////////////////
import java.awt.Graphics;
import javax.swing.JApplet;

public class J_PrintState extends JApplet
{
    public void init( )
    {
        System.out.println("init: 初始化");
    } // 方法 init 结束

    public void start( )
    {
        System.out.println("start: 启动");
    } // 方法 start 结束

    public void paint(Graphics g)
    {
        g.clearRect(0, 0, getWidth( ), getHeight( )); // 绘制背景
        g.drawString("验证小应用程序的生命周期", 20, 40);
        System.out.println("paint: 绘制");
    } // 方法 paint 结束

    public void stop( )
    {
        System.out.println("stop: 停止");
```

```
    } // 方法 stop 结束

    public void destroy( )
    {
        System.out.println("destroy: 关闭");
    } // 方法 destroy 结束
} // 类 J_PrintState 结束
```

相应的 HTML 文件名为 AppletExample.html，其内容如下：

```
<!--------- AppletExample.html 开发者：雍俊海--------->
<HTML>
    <HEAD>
        <TITLE>
            小应用程序例程——验证生命周期
        </TITLE>
    </HEAD>

    <BODY>
        <APPLET CODE= "J_PrintState.class" WIDTH= 200 HEIGHT= 60>
        </APPLET>
        <BR>
    </BODY>
</HTML>
```

编译命令为：

```
javac J_PrintState.java
```

执行命令为：

```
appletviewer AppletExample.html
```

最后执行的结果如图 9.2 所示，其中，图 9.2(a)显示小应用程序的图形界面，图 9.2(b)显示在运行小应用程序的控制台窗口中编译、运行并立即关闭小应用程序的结果。在启动小应用程序时，类 java.applet.Applet 的成员方法 init、start 和 paint 会依次被调用。当关闭小应用程序时，会分别调用类 java.applet.Applet 的成员方法 stop 和 destroy。

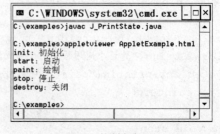

(a) 小应用程序窗口          (b) 控制台窗口

图 9.2　Java 小应用程序生命周期验证示例

这里需要注意的是，小应用程序本身是顶层容器。上面的例程在类 javax.swing.JApplet 的子类 J_PrintState 中重写类 javax.swing.JApplet 的成员方法 paint。这是允许的，因为在该小应用程序的图形界面中不含其他组件。在上面的例程中，通过抽象类 java.awt.Graphics 的成员方法

```
public abstract void clearRect(int x, int y, int width, int height)
```

用背景颜色填充左上角点坐标为（x, y）、宽为 width、高为 height 的一个矩形区域。抽象类 java.awt.Component 的成员方法

```
public int getWidth( )
```

返回当前组件的宽度。在上面的例程中，该组件实际上是小应用程序。抽象类 java.awt.Component 的成员方法

```
public int getHeight( )
```

返回当前组件的高度。因此，在上面的例程中，在 paint 成员方法中的语句

```
g.clearRect(0, 0, getWidth( ), getHeight( ));
```

实现了用背景颜色绘制整个小应用程序的图形界面。另外，在 paint 成员方法中的语句

```
g.drawString("验证小应用程序的生命周期", 20, 40);
```

在坐标为（20, 40）的位置上绘制字符串"验证小应用程序的生命周期"。

## 9.1.2　图形用户界面

编写小应用程序的源程序实际上是要编写实现类 java.applet.Applet 的子类。在 Swing 图形用户界面出现之后，小应用程序常常直接从类 java.applet.Applet 的子类 javax.swing.JApplet 派生出子类。这样可以直接利用 Swing 图形用户界面的特性及其组件，从而具有更好的平台无关性。从图形用户界面上看，小应用程序实际上是一种顶层容器。因此，可以给小应用程序添加各种组件进行小应用程序的图形用户界面设计。

虽然类 javax.swing.JApplet 是类 java.applet.Applet 的子类，但 javax.swing.JApplet 容器和 java.applet.Applet 容器的属性及如何添加组件的过程略有所不同。容器 javax.swing. JApplet 的默认布局方式是 BorderLayout，而容器 java.applet.Applet 的默认布局方式是 FlowLayout。向 **java.applet.Applet 容器添加组件的语句格式**是

```
theApplet.add(awtComponent);
```

即可以直接向 java.applet.Applet 容器添加组件，其中，theApplet 是 java.applet.Applet 类型的变量，成员方法 add 是类 java.applet.Applet 的成员方法

```
public Component add(Component awtComponent)
```

组件 awtComponent 一般是 AWT 图形用户界面的组件。而向 **javax.swing.JApplet 容器添加组件的语句格式**是

```
theJApplet.getContentPane( ).add(swingComponent);
```

即先获得容器内容窗格的引用，再向该窗格添加组件，其中，theJApplet 是 javax.swing.
JApplet 类型的变量，成员方法 getContentPane 是类 javax.swing.JApplet 的成员方法（该成
员方法返回小应用程序的内容窗格）：

```
public Container getContentPane( )
```

成员方法 add 是类 java.awt.Container 的成员方法（该成员方法往内容窗格中添加组件 swing-
Component）：

```
public Component add(Component swingComponent)
```

组件 swingComponent 一般是 Swing 图形用户界面的组件。

下面给出一个可以输入数字的小应用程序图形用户界面例程。例程由一个 Java 源程序
文件和一个 HTML 文本文件组成。例程的源文件名为 J_Digit.java，其内容如下所示。

```
// //////////////////////////////////////////////////
//
// J_Digit.java
//
// 开发者：雍俊海
// //////////////////////////////////////////////////
// 简介：
//     小应用程序图形用户界面例程——输入数字
// //////////////////////////////////////////////////
import java.awt.BorderLayout;
import java.awt.Container;
import java.awt.event.ActionEvent;
import java.awt.event.ActionListener;
import javax.swing.JApplet;
import javax.swing.JButton;
import javax.swing.JTextField;

public class J_Digit extends JApplet implements ActionListener
{
    private JTextField m_textField= new JTextField( );

    public void init( )
    {
    Container c = getContentPane( );
    JButton b;
    String [ ] s= {BorderLayout.SOUTH, BorderLayout.EAST,
                   BorderLayout.NORTH, BorderLayout.WEST};
    for (int i=0; i<4; i++)
    {
```

```
        b= new JButton(""+i);
        c.add(b, s[i]);
        b.addActionListener(this);
    } // for 循环结束
    c.add(m_textField, BorderLayout.CENTER);
} // 方法 init 结束

public void actionPerformed(ActionEvent e)
{
    String s= m_textField.getText( )+e.getActionCommand( );
    m_textField.setText(s);
} // 方法 actionPerformed 结束
} // 类 J_Digit 结束
```

相应的 HTML 文件名为 AppletExample.html，其内容如下所示。

```
<!--------- AppletExample.html 开发者：雍俊海--------->
<HTML>
    <HEAD>
        <TITLE>
            小应用程序例程——输入数字
        </TITLE>
    </HEAD>

    <BODY>
        <APPLET CODE= "J_Digit.class" WIDTH= 200 HEIGHT= 80>
        </APPLET>
        <BR>
    </BODY>
</HTML>
```

编译命令为：

```
javac J_Digit.java
```

执行命令为：

```
appletviewer AppletExample.html
```

最后执行结果的小应用程序的图形界面如图 9.3 所示。在小应用程序容器中含有 5 个组件，其中 4 个是按钮，另外一个是文本框。单击按钮可以向文本框中输入相应的数字。

在上面的例程中，在获得内容窗格之后，通过类 java.awt.Container 的成员方法

public void add(Component comp, Object constraints)

图 9.3  小应用程序运行结果

将组件添加到当前内容窗格中，其中，参数 comp 指定需要添加的组件，参数 constraints

**J**ava 程序设计教程（第 3 版）

指定该组件在布局中的约束条件，即为组件指定在图形界面中的位置。因为这里采用 BorderLayout 布局方式，所以参数 constraints 可以是常量 BorderLayout.SOUTH、BorderLayout.EAST、BorderLayout.NORTH、BorderLayout.WEST 或 BorderLayout.CENTER。类 javax.swing.JTextField 的成员方法

```
public String getText( )
```

返回在当前文本框中的字符串。类 javax.swing.JTextField 的成员方法

```
public void setText(String t)
```

将当前文本框的内容设置为字符串 t。类 java.awt.event.ActionEvent 的成员方法

```
public String getActionCommand( )
```

返回与当前事件相关联的字符串。因为在上面例程中该事件是按钮的触发事件，所以该成员方法返回的是显示在按钮上的字符串。

从这个例子可以看出，一般是在 java.applet.Applet 或 javax.swing.JApplet 或它们的子类的成员方法 init 中向小应用程序容器中添加各种组件，来完成界面设置的。在 Java 小应用程序中，还常常在成员方法 start 中启动程序（如启动动画）；在成员方法 stop 中暂停程序（如暂停动画）；在成员方法 destroy 中完成程序的结束处理工作（如释放资源）。

如果在小应用程序容器中不含组件，则可以编写 paint 成员方法覆盖 java.applet.Applet 或 javax.swing.JApplet 的成员方法 paint，从而自行绘制小应用程序的图形界面。但是当在小应用程序容器中含有组件时，一般建议不要采用这种重写 paint 的方法。这时通常将一个面板当作组件添加到小应用程序容器中，然后在面板上绘制图形。

下面给出一个绘制正弦曲线的小应用程序图形用户界面例程。例程由一个 Java 源程序文件和一个 HTML 文本文件组成。例程的源文件名为 J_DrawSin.java，其内容如下所示。

```
// ////////////////////////////////////////////////////
//
// J_DrawSin.java
//
// 开发者：雍俊海
// ////////////////////////////////////////////////////
// 简介：
//     绘制正弦曲线的小应用程序图形用户界面例程
// ////////////////////////////////////////////////////
import java.awt.BorderLayout;
import java.awt.Container;
import java.awt.Graphics;
import javax.swing.JApplet;
import javax.swing.JPanel;

class J_Panel extends JPanel
{
```

```
    protected void paintComponent(Graphics g)
    {
        double d, tx;
        int     x, y, x0, y0;

        d= Math.PI/100;  // 将曲线分成为约 200 段
        x0=y0=0;
        for (tx=0, x=20; tx <= 2*Math.PI; tx+=d, x++)
        { // 曲线绘制
            y= 120-(int)(Math.sin(tx)*50+60); // 缩放、平移、对称
            if (x>20)
                g.drawLine(x0, y0, x, y); // 将曲线分成为线段，然后逐段绘制
            x0= x;
            y0= y;
        } // for 循环结束
        g.drawString("y=sin(x)", 10, 70);
    } // 方法 paintComponent 结束
} // 类 J_Panel 结束

public class J_DrawSin extends JApplet
{
    public void init( )
    {
        Container c = getContentPane( );
        c.add(new J_Panel( ), BorderLayout.CENTER);
    } // 方法 init 结束
} // 类 J_DrawSin 结束
```

相应的 HTML 文件名为 **J_DrawSin.html**，其内容如下所示。

```
<!---------- J_DrawSin.html 开发者：雍俊海---------->
<HTML>
    <HEAD>
        <TITLE>
            小应用程序例程——绘制正弦曲线
        </TITLE>
    </HEAD>

    <BODY>
        <APPLET CODE= "J_DrawSin.class" WIDTH= 300 HEIGHT= 120>
        </APPLET>
        <BR>
    </BODY>
</HTML>
```

编译命令为：

**J**ava 程序设计教程（第 3 版）

```
javac J_DrawSin.java
```

执行命令为：

```
appletviewer J_DrawSin.html
```

最后执行结果的小应用程序的图形界面如图 9.4 所示。在小应用程序图形界面上显示一条正弦曲线。

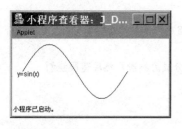

图 9.4　绘制正弦曲线小应用
程序示例执行结果

上面的例程实际上也提供了一种曲线绘制的方法。如果在 Java 软件包中已经含有所需要绘制曲线的方法，则一般直接采用该方法进行绘制。否则，一般将曲线分解成很多条直线段，然后通过画直线段的方式显示曲线的形状。当直线段的段数足够多而且直线段覆盖曲线足够密时，这种方法画出来的曲线可以较好地逼近所要画的曲线。但是当直线段的段数太大时，画曲线的效率较低。通常对段数的选取办法是选取满足需求的最小段数。第 13 章介绍了一些关于图形显示更加深入的内容。

在上面的例程中，Math.PI 表示圆周率常量。类 java.lang.Math 的成员方法

```
public static double sin(double a)
```

返回 a 弧度的正弦值。语句

```
y= 120-(int)(Math.sin(tx)*50+60);
```

通过"*50"对正弦值进行放大，否则，正弦曲线在竖直方向上将只占用 3 个像素；通过"+60"对正弦曲线进行平移，从而保证曲线的采样点的 y 坐标值均大于 0；通过"120–"对正弦曲线进行上下对称翻转，从而按照右手坐标系的形式显示正弦曲线，即 y 轴方向变为向上的方向。

## 9.1.3　获取系统信息

应用程序和小应用程序都可以获得表明当前工作环境的系统属性信息。由于受到网络安全的限制，小应用程序可以获取的系统信息比应用程序可以获取的系统信息少。表 9.1 给出了小应用程序在正常情况下可以获取的系统信息，表 9.2 给出了小应用程序在正常情况下不可以获取的系统信息。

表 9.1　小应用程序可以获取的系统属性

| 系统属性 | 含义 |
| --- | --- |
| file.separator | 文件分隔符（例如："/" 或 "\"） |
| java.class.version | Java 类格式版本号 |
| java.specification.name | Java 运行环境规范名称 |
| java.specification.vendor | Java 运行环境规范供应商 |
| java.specification.version | Java 运行环境规范版本号 |
| java.vendor | Java 运行环境供应商 |

续表

| 系统属性 | 含义 |
| --- | --- |
| java.vendor.url | Java 供应商的网络地址 |
| java.version | Java 运行环境版本号 |
| java.vm.name | Java 虚拟机实现名称 |
| java.vm.specification.name | Java 虚拟机规范名称 |
| java.vm.specification.vendor | Java 虚拟机规范供应商 |
| java.vm.specification.version | Java 虚拟机规范版本号 |
| java.vm.vendor | Java 虚拟机实现供应商 |
| java.vm.version | Java 虚拟机实现版本号 |
| line.separator | 行分隔符（例如："\n"） |
| os.arch | 操作系统架构 |
| os.name | 操作系统名称 |
| os.version | 操作系统版本号 |
| path.separator | 路径分隔符（例如：分号或冒号） |

表 9.2　小应用程序不可以获取的系统属性

| 系统属性 | 含义 | 系统属性 | 含义 |
| --- | --- | --- | --- |
| java.class.path | Java 类路径 | java.library.path | 加载库的搜索路径列表 |
| java.compiler | 所用的 Java 即时（JIT）编译器名称 | user.dir | 用户当前工作路径 |
| java.ext.dirs | Java 扩展路径 | user.home | 用户主（home）目录 |
| java.home | Java 运行环境的安装目录 | user.name | 用户账户名 |
| java.io.tmpdir | 默认的临时文件路径 | | |

　　表 9.1 和表 9.2 第一列的每一项称为**系统属性的键**，它所对应的具体内容称为**系统属性的值**。各个系统属性值在不同计算机或不同的操作系统等条件下可能会有些不同。例如，在 Microsoft Windows 系列的操作系统下，文件分隔符的系统属性值一般是 "\"；在 Linux 或 UNIX 操作系统下，文件分隔符的系统属性值一般是 "/"。

　　下面给出**系统属性信息显示小应用程序例程**。例程由一个 Java 源程序文件和一个 HTML 文本文件组成，例程的源文件名为 J_SystemApplet.java，其内容如下所示。

```
// /////////////////////////////////////////////////
//
// J_SystemApplet.java
//
// 开发者：雍俊海
// /////////////////////////////////////////////////
// 简介：
//     系统属性信息显示小应用程序例程
// /////////////////////////////////////////////////
import java.awt.Graphics;
import javax.swing.JApplet;

public class J_SystemApplet extends JApplet
```

```
    {
        public void paint(Graphics g)
        {
            String s[ ] = {"file.separator", "java.class.version",
                "java.specification.name", "java.specification.vendor",
                "java.specification.version", "java.vendor",
                "java.vendor.url", "java.version", "java.vm.name",
                "java.vm.specification.name",
                "java.vm.specification.vendor",
                "java.vm.specification.version",
                "java.vm.vendor", "java.vm.version", "line.separator",
                "os.arch", "os.name", "os.version", "path.separator",
                "java.class.path", "java.compiler", "java.ext.dirs",
                "java.home", "java.io.tmpdir", "java.library.path",
                "user.dir", "user.home", "user.name"};
            String r;
            g.clearRect(0, 0, getWidth( ), getHeight( )); // 清除背景
            for (int i=0; i<s.length; i++)
            {
                try
                {
                    r = System.getProperty(s[i]);
                }
                catch (Exception e)
                {
                    r = "出现异常" + e;
                } // try-catch 结构结束
                g.drawString(s[i] + ": " + r, 20, i*15+20);
            } // for 循环结束
        } // 方法 paint 结束
    } // 类 J_SystemApplet 结束
```

相应的 HTML 文件名为 AppletExample.html，其内容如下所示。

```
<!--------- AppletExample.html 开发者：雍俊海--------->
<HTML>
    <HEAD>
        <TITLE>
            小应用程序例程——显示系统属性信息
        </TITLE>
    </HEAD>

    <BODY>
        <APPLET CODE= "J_SystemApplet.class" WIDTH= 600 HEIGHT= 500>
        </APPLET>
        <BR>
```

```
    </BODY>
</HTML>
```

编译命令为：

```
javac J_SystemApplet.java
```

执行命令为：

```
appletviewer AppletExample.html
```

最后执行结果是在小应用程序的图形界面上显示各个系统属性的信息。图形界面的上面一部分是小应用程序可以获取的系统属性信息，下面一部分是小应用程序不可以获取的系统属性信息。小应用程序在试图获取那些不可以获取的系统属性时将出现系统访问控制安全类型的异常。这些异常的信息也显示在小应用程序的图形界面上。

上面的例程通过类 java.lang.System 的静态成员方法

```
public static String getProperty(String key)
```

获取系统属性键 key 所对应的系统属性值。该方法在运行时可能会抛出访问控制安全和空键等类型运行时的异常。上面的例程处理了这些异常。

为了作为对照，下面给出系统属性信息显示应用程序例程。例程的源文件名为J_System.java，其内容如下所示。

```
// ////////////////////////////////////////////////////
//
// J_System.java
//
// 开发者：雍俊海
// ////////////////////////////////////////////////////
// 简介：
//      系统属性信息显示例程
// ////////////////////////////////////////////////////
public class J_System
{
    public static void main(String args[ ])
    {
        String s[ ] = {"file.separator", "java.class.path",
            "java.class.version", "java.compiler", "java.ext.dirs",
            "java.home", "java.io.tmpdir", "java.library.path",
            "java.specification.name", "java.specification.vendor",
            "java.specification.version", "java.vendor",
            "java.vendor.url", "java.version", "java.vm.name",
            "java.vm.specification.name",
            "java.vm.specification.vendor",
            "java.vm.specification.version",
            "java.vm.vendor", "java.vm.version", "line.separator",
```

```
                "os.arch", "os.name", "os.version", "path.separator",
                "user.dir", "user.home", "user.name"};
            String r;
            for (int i=0; i<s.length; i++)
            {
                try
                {
                    r = System.getProperty(s[i]);
                }
                catch (Exception e)
                {
                    r = "出现异常" + e;
                } // try-catch 结构结束
                System.out.println(s[i] + ": " + r);
            } // for 循环结束
        } // 方法 main 结束
    } // 类 J_System 结束
```

编译命令为：

```
javac J_System.java
```

执行命令为：

```
java J_System
```

最后执行的结果是在控制台窗口中输出各个系统属性的信息。

# 9.2　网页标记

要完成 Java 小应用程序除了要完成 Java 源程序之外，还需要编写 HTML 文本文件。HTML 文本文件一般以"<HTML>"开头，以"</HTML>"结尾。常常将 HTML 文本文件分成两个部分：头部与正文部分。头部以"<HEAD>"引导，以"</HEAD>"结束。在头部中常常含有标题，标题内容位于"<TITLE>"和"</TITLE>"的中间。正文部分的起始标志是"<BODY>"，结束标志是"</BODY>"。将小应用程序嵌入到网页的关键字是 APPLET，它常常以"<APPLET>"开始，以"</APPLET>"结束。虽然目前最新的网页标准建议不鼓励继续使用 APPLET 网页标记，而建议将 APPLET 网页标记统一为 object 网页标记，但是 Sun 公司建议仍然继续使用 APPLET 网页标记。Sun 公司给出的理由是，目前 object 网页标记并没有很好地支持小应用程序，而且各种浏览器对 object 网页标记的支持目前并不统一。APPLET 网页标记目前仍然具有广泛的应用和支持，而 object 网页标记则需要不断完善。另外，在 Mozilla 系列的浏览器中，还可以采用 embed 网页标记在网页中嵌入小应用程序。本节将分别介绍 object、embed 和 APPLET 网页标记，并重点介绍 APPLET 网页标记及其属性。

## 9.2.1　采用 object 网页标记

采用 **object** 网页标记将小应用程序嵌入到网页中的格式是

```
<object codetype="application/java"
        classid="Java 插件 classid"
        width="宽度值" height="高度值">
        <PARAM name="code" value="以 class 为后缀的文件名">
Java 小应用程序的提示说明信息
</object>
```

在上面的格式中，"<object"和"</object>"分别是 object 网页标记的开始和结束标志。关键字 codetype、classid、width、height 和 PARAM 是 object 网页标记的属性关键字。属性"codetype="application/java""指明运行的对象是 Java 的小应用程序。属性"classid="Java 插件 classid""指明 Java 插件的版本，其中，"Java 插件 classid"应当填入实际的值。最常见的写法是

```
classid="clsid:8AD9C840-044E-11D1-B3E9-00805F499D93"
```

它表明采用最新的 Java 插件运行 Java 小应用程序。另外，还可以指定具体的 Java 插件的版本，其格式是

```
classid="clsid:CAFEEFAC-xxxx-yyyy-zzzz-ABCDEFFEDCBA"
```

其中，"xxxx"、"yyyy"和"zzzz"均为 4 位的整数，共同组合成为 Java 插件的版本；其他部分为固定写法。例如，如果 Java 插件的版本是 1.6.0，则 classid 属性表达式的具体写法为

```
classid="clsid:CAFEEFAC-0016-0000-0000-ABCDEFFEDCBA"
```

在属性"width="宽度值""中应当将"宽度值"替换成为小应用程序图形界面的实际宽度值；在属性"height="高度值""中应当将"高度值"替换成为小应用程序图形界面的实际高度值；它们共同指定了小应用程序图形界面的大小。属性"<PARAM name="code" value="以 class 为后缀的文件名">"指定需要运行的小应用程序，其中，"以 class 为后缀的文件名"应当替换为小应用程序所对应的实际文件名。该文件由编译 Java 源程序生成，后缀为".class"，包含小应用程序的运行代码。最后，"Java 小应用程序的提示说明信息"是一段文字说明。当浏览器不支持小应用程序或指定的后缀为".class"的文件不存在时将显示这些提示说明信息。

下面给出一个具体的例程。它来自 9.1.2 小节的绘制正弦曲线的小应用程序图形用户界面例程。例程由一个 Java 源程序文件和一个 HTML 文本文件组成。Java 源程序文件与 9.1.2 小节相应例程的文件相同，均为 J_DrawSin.java。这里的 HTML 文件是 Applet-ExampleObject. html，其内容如下所示。

```
<!--------- AppletExampleObject.html 开发者：雍俊海--------->
<HTML>
```

**J**ava 程序设计教程（第 3 版）

```
<HEAD>
    <TITLE>
        小应用程序例程——绘制正弦曲线(采用 object 网页标记)
    </TITLE>
</HEAD>

<BODY>
    <object codetype="application/java"
            classid="clsid:8AD9C840-044E-11D1-B3E9-00805F499D93"
            width="300" height="120">
            <PARAM name="code" value="J_DrawSin.class">
        Java 小应用程序例程——绘制正弦曲线
    </object>
    <BR>
</BODY>
</HTML>
```

编译命令为：

```
javac J_DrawSin.java
```

执行命令为：

```
appletviewer AppletExampleObject.html
```

最后执行结果的小应用程序的图形界面如图 9.4 所示。在小应用程序图形界面上显示了一条正弦曲线。在上面的例程中，运行小应用程序的 Java 插件采用最新的版本，小应用程序图形界面的宽度是 300，高度是 120，运行的小应用程序是 **J_DrawSin.class**，当浏览器不支持小应用程序时显示的提示信息是"Java 小应用程序例程——绘制正弦曲线"。

## 9.2.2  采用 embed 网页标记

在 Mozilla 系列的浏览器中，还可以采用 embed 网页标记在网页中嵌入小应用程序。目前其他的浏览器可能不支持这种方式。采用 **embed** 网页标记将小应用程序嵌入到网页中的格式是

```
<embed code="以 class 为后缀的文件名"
    width="宽度值" height="高度值"
    type="application/x-java-applet;version=版本号">
<noembed>
    Java 小应用程序的提示说明信息
</noembed>
</embed>
```

在上面的格式中，"<embed"和"</embed>"分别是 embed 网页标记的开始和结束标志。关键字 code、width、height、type 和 noembed 是 embed 网页标记的属性关键字。属性"code="以 class 为后缀的文件名""指定需要运行的小应用程序，其中，"以 class 为后缀的文件名"

应当替换为小应用程序所对应的实际文件名。该文件由编译 Java 源程序生成，后缀为
".class"，包含小应用程序的运行代码。在属性"width="*宽度值*""中应当将"*宽度值*"替
换成为小应用程序图形界面的实际宽度值；在属性"height="*高度值*""中应当将"*高度值*"
替换成为小应用程序图形界面的实际高度值；它们共同指定了小应用程序图形界面的大小。
属性"type="application/x-java-applet;version=*版本号*""指明所要运行的程序是 Java 小应用
程序以及 Java 的版本号，其中，"*版本号*"应当填入实际的版本号，例如"1.6.0"。在
"<noembed>"和"</noembed>"之间的内容是小应用程序的提示说明信息。当浏览器不支
持小应用程序时将显示这些提示说明信息。

下面给出一个具体的例程。它来自 9.1.2 小节的绘制正弦曲线的小应用程序图形用户
界面例程。例程由一个 Java 源程序文件和一个 HTML 文本文件组成。Java 源程序文件与
9.1.2 小节相应例程的文件相同，均为 J_DrawSin.java。这里的 HTML 文件是 AppletExample-
Embed. html，其内容如下所示。

```
<!--------- AppletExampleEmbed.html 开发者：雍俊海--------->
<HTML>
    <HEAD>
        <TITLE>
            小应用程序例程——绘制正弦曲线(采用 embed 网页标记)
        </TITLE>
    </HEAD>

    <BODY>
        <embed code="J_DrawSin.class"
            width="300" height="120"
            type="application/x-java-applet;version=1.6.0">
            <noembed>
                Java 小应用程序例程——绘制正弦曲线
            </noembed>
        </embed>
        <BR>
    </BODY>
</HTML>
```

编译命令为：

```
javac J_DrawSin.java
```

执行命令为：

```
appletviewer AppletExampleEmbed.html
```

最后执行结果的小应用程序的图形界面如图 9.4 所示。在小应用程序图形界面上显示
了一条正弦曲线。在上面的例程中，运行的小应用程序是 J_DrawSin.class，小应用程序图
形界面的宽度是 300，高度是 120，运行小应用程序的 Java 版本是 1.6.0，当浏览器不支持
小应用程序时显示的提示信息是"Java 小应用程序例程——绘制正弦曲线"。

## 9.2.3  采用 APPLET 网页标记

采用 **APPLET** 网页标记将小应用程序嵌入到网页中的格式是

```
<APPLET CODE="以 class 为后缀的文件名" CODEBASE="路径名"
    WIDTH=宽度值 HEIGHT=高度值>
    Java 小应用程序的提示说明信息
</APPLET>
```

在上面的格式中，"<APPLET"和"</APPLET>"分别是 APPLET 网页标记的开始和结束标志。CODE、CODEBASE、WIDTH 和 HEIGHT 是 APPLET 网页标记的属性关键字。属性 "CODE="以 class 为后缀的文件名""指定需要运行的小应用程序，其中，"以 class 为后缀的文件名"应当替换为小应用程序所对应的实际文件名。该文件由编译 Java 源程序生成，后缀为 ".class"，包含小应用程序的运行代码。属性 "CODEBASE="路径名""指定小应用程序文件所在的路径。这里的"路径名"可以是相对路径，也可以是网址或 URL 地址。例如：

```
CODEBASE= "applet\class"
```

或者

```
CODEBASE= "http://java.sun.com/applets/"
```

如果 APPLET 网页标记不含 CODEBASE 属性，则默认小应用程序文件与其所在的 HTML 文本文件在同一个目录下。在属性 "WIDTH=宽度值"中应当将"宽度值"替换成为小应用程序图形界面的实际宽度值；在属性 "HEIGHT=高度值"中应当将"高度值"替换成为小应用程序图形界面的实际高度值；它们共同指定了小应用程序图形界面的大小。最后，"Java 小应用程序的提示说明信息"是一段文字说明。当浏览器不支持小应用程序或指定的后缀为 ".class"的文件不存在时将显示这些提示说明信息。

APPLET 网页标记还可以包含其他一些属性，如表 9.3 所示。ALIGN 属性指定小应用程序在网页中的对齐方式，该属性值可以为 bottom、middle、top、left 或 right。当取值为 bottom、middle 或 top 时，小应用程序在网页中的排列相对于当前行的基线分别是下对齐、中对齐和上对齐；当取值为 left 或 right 时，小应用程序可能会浮动在网页的左侧或右侧。属性 ID 和 NAME 均是用来标识小应用程序的。属性 HSPACE 和 VSPACE 指定小应用程序在网页中周围的间隙大小。归档文件属性 ARCHIVE 和参数属性 PARAM 将分别在下面两小节中介绍。

**表 9.3   APPLET 网页标记的属性**

| 属性 | 含义 |
|---|---|
| ALIGN | 在网页中的对齐方式，可以取值 bottom、middle、top、left 或 right |
| ARCHIVE | 用于归档文件、加速小应用程序的加载 |
| CODE | 指定需要运行的小应用程序 |
| CODEBASE | 小应用程序文件所在的路径或 URL |
| HEIGHT | 指定小应用程序图形界面的高度 |

| 属性 | 含义 |
|------|------|
| HSPACE | 指定在小应用程序左右两侧留下的空白空间大小 |
| ID | 用来标识小应用程序 |
| NAME | 所运行的小应用程序名称,用来标识该小应用程序 |
| PARAM | 指定小应用程序的参数名及其值 |
| VSPACE | 指定在小应用程序上下两侧留下的空白空间大小 |
| WIDTH | 指定小应用程序图形界面的宽度 |

下面给出一个具体的例程。它来自 9.1.2 小节的 绘制正弦曲线的小应用程序图形用户界面例程。例程由一个 Java 源程序文件和一个 HTML 文本文件组成。Java 源程序文件与 9.1.2 小节相应例程的文件相同,均为 J_DrawSin.java。这里的 HTML 文件是 Applet-ExampleApplet.html,其内容如下所示。

```
<!--------- AppletExampleApplet.html 开发者:雍俊海--------->
<HTML>
    <HEAD>
        <TITLE>
            小应用程序例程——图形用户界面
        </TITLE>
    </HEAD>

    <BODY>
        <APPLET CODE="J_DrawSin.class" WIDTH=300 HEIGHT=120>
            Java 小应用程序例程——绘制正弦曲线
        </APPLET>
        <BR>
    </BODY>
</HTML>
```

编译命令为:

```
javac J_DrawSin.java
```

执行命令为:

```
appletviewer AppletExampleApplet.html
```

最后执行结果的小应用程序的图形界面如图 9.4 所示。在小应用程序图形界面上显示了一条正弦曲线。在上面的例程中,运行的小应用程序是 J_DrawSin.class,小应用程序图形界面的宽度是 300,高度是 120,当浏览器不支持小应用程序时显示的提示信息是 "Java 小应用程序例程——绘制正弦曲线"。

## 9.2.4　归档文件

有时一个网页可能包含多个小应用程序;有时运行一个小应用程序需要多个文件,如 ".class" 文件、声音文件、图像文件等。在这些情况下可以考虑采用 APPLET 网页标记的归档文件属性 ARCHIVE。如果不采用归档文件属性，那么当需要在远程通过网页运行小应用程序时，需要将这些文件依次下载到本机，然后才能正常地运行。根据网络协议，每当下载一个文件就需要建立起一个连接。建立连接需要耗费一定的时间。为了提高效率，可以考虑将运行小应用程序所需要的各种文件做成一个归档文件。这样，当需要运行小应用程序时，只需要下载一个归档文件就可以了。

**创建归档文件的命令格式**为

```
jar -cvf 归档文件名 待压缩的文件或目录列表
```

其中，选项 c 表示创建新的归档文件；选项 v 表示在控制台窗口中输出相关的详细信息；选项 f 表示在命令中指定归档文件名；"*归档文件名*"应当取实际的文件名，其后缀通常为".jar"；"*待压缩的文件或目录列表*"是一些以空格分隔开的文件名或路径名。在"*待压缩的文件或目录列表*"中，如果需要将文件加入到归档文件中，则可以直接写上文件名；如果需要将整个目录以及在该目录下的所有文件及各级子目录加入到归档文件中，则在写路径名时需要采用如下格式：

```
-C 目录名 .
```

其中，字母"C"是大写的字母，"*目录名*"为需要加入到归档文件中的实际目录名，字符"."表示在该目录及各级子目录下的所有文件和目录。例如：命令

```
jar cvf classes.jar Foo.class Bar.class
```

将 Foo.class 和 Bar.class 两个文件加入到归档文件 classes.jar 中。命令

```
jar cvf classes.jar Foo.class Bar.class -C com/ . -C class/ .
```

将 Foo.class 和 Bar.class 两个文件以及 com 和 class 两个目录（含在目录及各级子目录中的所有文件和目录）加入到归档文件 classes.jar 中。

**解压缩归档文件的命令格式**为

```
jar -xvf 归档文件名
```

其中，选项 x 表示将归档文件解压缩，选项 v 表示在控制台窗口中输出相关的详细信息；选项 f 表示在命令中指定归档文件名，"*归档文件名*"应当取实际的待解压缩的归档文件名。例如：命令

```
jar -xvf classes.jar
```

将归档文件 classes.jar 解压，生成被包含在归档文件中的文件和路径，同时还会额外生成路径"META-INF"。

**归档文件属性在 APPLET 网页标记中的格式**为

```
ARCHIVE="归档文件名"
```

其中，"*归档文件名*"应当替换为实际的归档文件名，指定具体的归档文件。这样运行小应用程序所需要的各种文件可以从这个归档文件中提取。

下面给出一个 采用归档文件运行的图像显示小应用程序例程 。例程由一个 Java 源程序文件和一个 HTML 文本文件组成，例程的源文件名为 J_List.java，其内容如下所示。

```java
// //////////////////////////////////////////////////
//
// J_List.java
//
// 开发者: 雍俊海
// //////////////////////////////////////////////////
// 简介:
//      小应用程序例程——图像显示
// //////////////////////////////////////////////////
import java.awt.BorderLayout;
import java.awt.Container;
import java.awt.Image;
import javax.swing.event.ListSelectionEvent;
import javax.swing.event.ListSelectionListener;
import javax.swing.Icon;
import javax.swing.ImageIcon;
import javax.swing.JApplet;
import javax.swing.JLabel;
import javax.swing.JList;

public class J_List extends JApplet
{
    private String   m_items[ ] = {"snow.gif", "flag.gif" , "rain.gif"};
    private JList     m_list    = new JList(m_items);
    private JLabel    m_label   = new JLabel( );
    private Icon      m_icons[ ] = new ImageIcon[3];

    public void init( )
    {
        Image theImage[ ] = {getImage(getCodeBase( ), m_items[0]),
                             getImage(getCodeBase( ), m_items[1]),
                             getImage(getCodeBase( ), m_items[2])};
        for (int i=0; i< 3; i++)
            m_icons[i] = new ImageIcon(theImage[i]);
        Container c = getContentPane( );
        c.add(m_list, BorderLayout.WEST);
        m_list.setSelectedIndex(0);
        m_list.addListSelectionListener(new ListSelectionListener( )
            {
                public void valueChanged(ListSelectionEvent e)
                {
                    int s = m_list.getAnchorSelectionIndex( );
```

```
                    m_label.setIcon(m_icons[s]);
                } // 方法 valueChanged 结束
            } // 实现接口 ListSelectionListener 的内部类结束
        ); // addListSelectionListener 方法调用结束
        c.add(m_label, BorderLayout.EAST);
        m_label.setIcon(m_icons[0]);
    } // 方法 init 结束
} // 类 J_List 结束
```

相应的 HTML 文件名为 AppletExample.html，其内容如下所示。

```
<!--------- AppletExample.html 开发者：雍俊海--------->
<HTML>
    <HEAD>
        <TITLE>
            小应用程序例程——图像显示(采用归档文件)
        </TITLE>
    </HEAD>

    <BODY>
        <APPLET CODE= "J_List.class" ARCHIVE="all.jar" WIDTH= 200 HEIGHT= 65>
        </APPLET>
        <BR>
    </BODY>
</HTML>
```

编译命令为：

```
javac J_List.java
```

将编译产生的“.class”文件与 3 个图像压缩成归档文件的命令是：

```
jar -cvf all.jar *.class *.gif
```

为了表明小应用程序的运行代码是从归档文件 all.jar 中提取，这里先删除编译生成的所有后缀为“.class”的文件，其命令是：

```
del *.class
```

运行小应用程序的命令是：

```
appletviewer AppletExample.html
```

最后执行结果的小应用程序的图形界面如图 9.5 所示。这个例程需要 3 个图像文件 snow.gif、flag.gif 和 rain.gif，设它们分别如图 9.5(a)、图 9.5(b)和图 9.5(c)所示。当用鼠标指针分别选中列表框的各个选项时，可以依次显示这 3 个图像，分别如图 9.5(d)、图 9.5(e)和图 9.5(f)所示。

(a) snow.gif  (b) flag.gif  (c) rain.gif  　　(d) 选中第一项  　　(e) 选中第二项  　　(f) 选中第三项

图 9.5　小应用程序例程图像文件以及执行结果

在上面的例程中，通过类 java.applet.Applet 的成员方法

```
public URL getCodeBase( )
```

获取小应用程序所在的 URL。如果在 APPLET 网页标记中含有属性 CODEBASE，则该成员方法实际上返回的是属性 CODEBASE 的值。如果在 APPLET 网页标记中不含有属性 CODEBASE，则该成员方法的功能与类 java.applet.Applet 的成员方法

```
public URL getDocumentBase( )
```

的功能相同，均是返回小应用程序所在的网页的 URL。类 java.applet.Applet 的成员方法

```
public Image getImage(URL url, String name)
```

返回由参数 url 和 name 指定的图像，其中，参数 url 一般指定图像文件所在的 URL，参数 name 一般指定文件名。

上面的例程通过类 javax.swing.ImageIcon 的构造方法

```
public ImageIcon(Image image)
```

从图像 image 创建图像图标实例对象。类 javax.swing.JLabel 的成员方法

```
public void setIcon(Icon icon)
```

将当前标签的图标设置为 icon。上面的例程通过该成员方法将图像图标设置成为标签的图标，从而显示在小应用程序的图形界面上。

上面的例程通过类 javax.swing.JList 的构造方法

```
public JList(Object[ ] listData)
```

创建列表框实例对象，其选项由参数 listData 指定。类 javax.swing.JList 的成员方法

```
public void addListSelectionListener(ListSelectionListener listener)
```

为当前列表框添加列表选择监听器（ListSelectionListener），其中，参数 listener 指定列表选择监听器。在上面例程中，列表选择监听器的实现是通过一个实现了接口 javax.swing.event. ListSelectionListener 的匿名内部类。类 javax.swing.JList 的成员方法

```
public int getAnchorSelectionIndex( )
```

返回在列表框中的当前选项的索引值。在上面的例程中，这个索引值只能为 0、1 或 2，因

为在例程的列表框中总共只有 3 个选项。

## 9.2.5　小应用程序参数

可以给 Java 的应用程序传递参数，同样可以给小应用程序传递参数。这样小应用程序可以根据不同的参数做出不同的反应，从而增加小应用程序的灵活性。给小应用程序传递参数需要网页与源程序互相配合。在网页中，需要给 APPLET 网页标记添加参数属性 PARAM，相应的网页关键字是"PARAM"、"NAME"和"VALUE"，具体的格式如下：

```
<APPLET … >
        <PARAM NAME="参数名 1" VALUE="参数值 1">
        <PARAM NAME="参数名 2" VALUE="参数值 2">
        ⋮
        <PARAM NAME="参数名 n" VALUE="参数值 n">
</APPLET>
```

其中，参数的设置位于运行小应用程序的起始标志<APPLET …>与终止标志</APPLET>之间。在网页中，可以设置多个参数。每个参数的设置均由关键字 PARAM 引导。在关键字 NAME 之后的是参数名。在关键字 VALUE 之后的是参数值，它与 NAME 之后的参数名相对应。

小应用程序的源程序正是通过这些参数名获得相应的参数值。通过类 java.applet. Applet 的成员方法

```
public String getParameter(String name)
```

可以获得在网页标记中参数 name 所对应的参数值。在该成员方法中，参数名与参数值的类型均为字符串。

下面给出一个给小应用程序传递参数的例程。例程由一个 Java 源程序文件和一个 HTML 文本文件组成。例程的源文件名为 J_Applet.java，其内容如下所示。

```
// ///////////////////////////////////////////////////
//
// J_Applet.java
//
// 开发者：雍俊海
// ///////////////////////////////////////////////////
// 简介：
//     小应用程序参数例程
// ///////////////////////////////////////////////////
import java.awt.Graphics;
import javax.swing.JApplet;


public class J_Applet extends JApplet
{
    public void paint(Graphics g)
```

```
    {
        g.clearRect(0, 0, getWidth( ), getHeight( )); // 清除背景
        String s= getParameter("示例名");
        g.drawString("示例名的值为" + s, 10, 20);
    } // 方法 paint 结束
} // 类 J_Applet 结束
```

相应的 HTML 文件名为 AppletExample.html，其内容如下所示。

```
<!--------- AppletExample.html 开发者：雍俊海---------->
<HTML>
    <HEAD>
        <TITLE>
            小应用程序例程——参数示例
        </TITLE>
    </HEAD>


    <BODY>
        <APPLET CODE= "J_Applet.class" WIDTH= 60 HEIGHT= 30>
            <PARAM NAME="示例名" VALUE="示例值">
        </APPLET>
        <BR>
    </BODY>
</HTML>
```

编译命令为：

```
javac J_Applet.java
```

执行命令为：

```
appletviewer AppletExample.html
```

最后执行的结果显示如图 9.6 所示的小应用程序图形界面。在上面的例程中，在网页中，通过

```
<PARAM NAME="示例名" VALUE="示例值">
```

设置参数。该参数的参数名为"示例名"，参数值为"示例值"。在源程序中，通过语句

图 9.6　小应用程序例程执行结果

```
String s= getParameter("示例名");
```

获得参数名为"示例名"的参数值，即"示例值"。然后，通过语句

```
g.drawString("示例名的值为" + s, 10, 20);
```

将在网页中设置的参数信息显示在小应用程序的图形界面上。

# 9.3 应用程序与小应用程序

应用程序的入口处是 main 成员方法：

```
public static void main(String args[ ])
```

小应用程序则按照小应用程序执行过程的生命周期执行，即通过类 java.applet.Applet 的成员方法 init、start、paint、stop 和 destroy 相互的配合执行程序。现在的问题是：能不能让一个 Java 程序既是应用程序，又是小应用程序？答案是肯定的。基本思路是从类 java.applet.Applet 派生出子类，并让该子类含有 main 成员方法。

下面给出一个 同时是应用程序与小应用程序的简单例程。例程由一个 Java 源程序文件和一个 HTML 文本文件组成，例程的源文件名为 J_Hello.java，其内容如下所示。

```java
// ////////////////////////////////////////////////////
//
// J_Hello.java
//
// 开发者：雍俊海
// ////////////////////////////////////////////////////
// 简介：
//     同时是应用程序与小应用程序的简单例程
// ////////////////////////////////////////////////////
import java.awt.Graphics;
import javax.swing.JApplet;

public class J_Hello extends JApplet
{
    public void paint(Graphics g)
    {
        g.clearRect(0, 0, getWidth( ), getHeight( )); // 清除背景
        g.drawString("您好!", 10, 20);
    } // 方法 paint 结束

    public static void main(String args[ ])
    {
        System.out.println("您好!");
    } // 方法 main 结束
} // 类 J_Hello 结束
```

相应的 HTML 文件名为 AppletExample.html，其内容如下所示。

```html
<!--------- AppletExample.html 开发者：雍俊海--------->
<HTML>
    <HEAD>
```

```
    <TITLE>
        小应用程序例程——同时是应用程序与小应用程序
    </TITLE>
</HEAD>

<BODY>
    <APPLET CODE= "J_Hello.class" WIDTH= 60 HEIGHT= 30>
    </APPLET>
    <BR>
</BODY>
</HTML>
```

编译命令为：

```
javac J_Hello.java
```

可以认为这是一个应用程序，相应的执行命令为：

```
java J_Hello
```

其执行的结果是在控制台窗口中输出：

您好!

还可以认为这是一个小应用程序，相应的执行命令为：

```
appletviewer AppletExample.html
```

最后执行的结果显示如图 9.7 所示的小应用程序图形界面。在上面的例程中，在应用程序与小应用程序中分别采用两种不同的方式显示信息"您好!"。在实际的应用过程中，还可能会希望以这两种方式执行的程序不仅具有相似的功能，而且具有相似的图形界面。

下面给出一个同时是应用程序与小应用程序的图像显示例程。它是在 9.2.4 小节的采用归档文件运行的图像显示小应用程序例程的基础上修改而得。通过比较这两个例程的源程序可以更加清晰地理解如何编程序让它同时是应用程序与小应用程序。在修改之后的例程同样由一个 Java 源程序文件和一个 HTML 文本文件组成，例程的源文件名为 J_List.java，其内容如下所示。

图 9.7　小应用程序例
程执行结果

```
// ////////////////////////////////////////////////////
//
// J_List.java
//
// 开发者：雍俊海
// ////////////////////////////////////////////////////
// 简介：
//     同时是应用程序与小应用程序的图像显示例程
// ////////////////////////////////////////////////////
```

```java
import java.awt.BorderLayout;
import java.awt.Container;
import java.awt.Image;
import java.io.File;
import javax.imageio.ImageIO;
import javax.swing.event.ListSelectionEvent;
import javax.swing.event.ListSelectionListener;
import javax.swing.Icon;
import javax.swing.ImageIcon;
import javax.swing.JApplet;
import javax.swing.JFrame;
import javax.swing.JLabel;
import javax.swing.JList;

public class J_List extends JApplet
{
    private String    m_items[ ] = { "snow.gif", "flag.gif" , "rain.gif"};
    private JList      m_list    = new JList(m_items);
    private JLabel     m_label   = new JLabel( );
    private Icon       m_icons[ ] = new ImageIcon[3];
    private Image      m_image[ ] = null;
    Container m_container = null;

    public void init( )
    {
        int i;
        if (m_image == null)
        {
            m_image = new Image[3];
            for (i=0; i< 3; i++)
                m_image[i] = getImage(getCodeBase( ), m_items[i]);
        } // if 结构结束
        for (i=0; i< 3; i++)
            m_icons[i] = new ImageIcon(m_image[i]);
        if (m_container == null)
            m_container = getContentPane( );
        m_container.setLayout(new BorderLayout( ));
        m_container.add(m_list, BorderLayout.WEST);
        m_list.setSelectedIndex(0);
        m_list.addListSelectionListener(new ListSelectionListener( )
            {
                public void valueChanged(ListSelectionEvent e)
                {
                    int s = m_list.getAnchorSelectionIndex( );
                    m_label.setIcon(m_icons[s]);
```

```
        } // 方法 valueChanged 结束
      } // 实现接口 ListSelectionListener 的内部类结束
   ); // addListSelectionListener 方法调用结束
   m_container.add(m_label, BorderLayout.EAST);
   m_label.setIcon(m_icons[0]);
} // 方法 init 结束

public static void main(String args[ ])
{
   JFrame f = new JFrame("应用程序");
   J_List app = new J_List( );

   app.m_container= f.getContentPane( );
   app.m_image = new Image[3];
   try
   {
      for (int i=0; i< 3; i++)
         app.m_image[i] = ImageIO.read(new File(app.m_items[i]));
   }
   catch (Exception e)
   {
      System.err.println("发生异常:" + e);
      e.printStackTrace( );
   } // try-catch 结构结束
   app.init( );
   f.setSize(200, 110);
   f.setVisible(true);
   f.setDefaultCloseOperation(JFrame.EXIT_ON_CLOSE);
} // 方法 main 结束
} // 类 J_List 结束
```

相应的 HTML 文件名为 AppletExample.html，其内容如下所示。

```
<!--------- AppletExample.html 开发者: 雍俊海--------->
<HTML>
   <HEAD>
      <TITLE>
         小应用程序例程——图像显示
      </TITLE>
   </HEAD>

<BODY>
   <APPLET CODE= "J_List.class" WIDTH= 200 HEIGHT= 65>
   </APPLET>
   <BR>
</BODY>
```

```
</HTML>
```

编译命令为：

```
javac J_List.java
```

这个例程需要 3 个图像文件 snow.gif、flag.gif 和 rain.gif，设它们分别如图 9.8(a)、图 9.8(b)和图 9.8(c)所示。按小应用程序方式运行的命令是：

```
appletviewer AppletExample.html
```

按小应用程序方式执行结果的图形界面如图 9.8(d)所示。

按应用程序方式执行的命令为：

```
java J_List
```

按应用程序方式执行结果的图形界面如图 9.8(e)所示。比较图 9.8(d)和图 9.8(e)，可以看出来它们具有非常相似的图形界面。如果实际操作这两个程序，则会发现它们的功能基本上也相同。

(a) snow.gif      (b) flag.gif      (c) rain.gif      (d) 小应用程序      (e) 应用程序

图 9.8　图像显示例程

从小应用程序修改成为同时是应用程序与小应用程序的 Java 程序的基本思路是尽量利用这两类程序之间的相同点，并设法克服它们之间的不同点。小应用程序本身是顶层容器。因此，应用程序也应当有顶层容器。应用程序的顶层容器通常采用框架（Frame 或JFrame）。上面的例程通过类 javax.swing.JFrame 的构造方法

```
public JFrame(String title) throws HeadlessException
```

创建框架实例对象，其中，参数 title 指定框架的标题。在该构造方法中，可能抛出的异常类型 HeadlessException 实际上是运行时异常，因此，即使不加以处理也可以通过编译。

小应用程序通常在其 init 成员方法中添加组件，建立其图形界面。上面的例程在 main成员方法中调用 init 成员方法，从而让两类程序具有基本相同的图形界面，而且还可以利用复用代码减少代码量。当分别从框架和小应用程序的 getContentPane 成员方法获得内容窗格之后，可以用同一个变量 m_container 表示该内容窗格。在此之后，往内容窗格中添加组件以及对各种事件的处理方法基本上是相同的。

这两类程序除了顶层容器不一样之外，获取图像的方法也不一样，因此，需要分别处理。在小应用程序中，可以通过类 java.applet.Applet 的成员方法

```
public Image getImage(URL url, String name)
```

获取图像。该成员方法返回由参数 url 和 name 指定的图像，其中，参数 url 一般指定图像文件所在的 URL，参数 name 一般指定文件名。在应用程序中，则常常通过类 javax.imageio.ImageIO 的静态成员方法

```
public static BufferedImage read(File input) throws IOException
```

获取图像。该成员方法返回由参数 input 指定的图像。在从图像文件中获取图像对象之后，后续的过程基本上是相同的，即都是从图像 image 中创建图像图标实例对象，并将其设置成为标签的图标，从而显示在容器的图形界面上，因此，可以采用相同的源代码。因为应用程序和小应用程序基本上采用相同的代码，所以按这两种方式运行基本上具有相同的图形界面和功能。

# 9.4 本章小结

小应用程序是 Java 程序的两种基本类型之一。本章介绍了小应用程序在执行过程中的生命周期。从开始执行到执行结束，小应用程序共经历了 3 个状态：初始态、运行态与停止态。控制小应用程序执行的 5 个基本成员方法为：init、start、paint、stop 和 destroy，其中，paint 成员方法通常用来控制小应用程序在网页上的显示与刷新。本章介绍了一些与小应用程序相关的网页标记。通过给小应用程序传递参数，可以增加小应用程序的灵活性。最后本章还介绍了如何编写 Java 程序，使得它既是应用程序又是小应用程序。

在完成小应用程序之后，小应用程序一般与其所在的网页一起发布，而且一般作为其所在网页的一个组成部分。在**发布小应用程序**之前应当注意源程序是否满足下面的要求：

（1）检查源程序并去除其中所有的标准输出语句。在发布之后小应用程序一般在各种浏览器上运行，标准输出语句一般不再起作用。

（2）检查源程序并去除其中仅仅用来调试的语句。这些调试可能会让用户感到困惑。

（3）检查小应用程序在进入停止态时是否有线程或动画仍在运行，或是否有声音或音乐在播放。如果存在这些情况，则应当设法在小应用程序的 stop 成员方法中中止线程或动画的运行，中止声音或音乐的播放。这里的原则是，保证在从当前网页进入其他网页时进入停止态的小应用程序不会继续占用 CPU 等资源。

# 习题

1．简述小应用程序执行过程的生命周期。

2．简述在发布小应用程序之前其源程序应当满足哪些要求。

3．编写一个小应用程序，要求能够通过该小应用程序验证小应用程序执行过程的生命周期。

4．验证小应用程序生命周期的程序。请编写一个程序，要求它可以提供一种直观的方式说明小应用程序生命周期，同时，要求在微软公司的 IE（Internet Explorer）或网景通讯公司（Netscape Communications Corporation）的 Navigator 上运行该小应用程序。提示：这时，标准输出语句可能不起作用。

5．英文字母拼汉字。请编写小应用程序，任意选用一个字母和汉字，要求用该字母拼出该汉字，并在网页上显示出来。如图 9.9 是一个具体的示例。

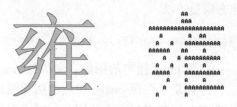

图 9.9　字母拼汉字

6．单位换算。请设计并编写小应用程序，要求实现至少 5 对单位之间的相互换算。例如，磅与公斤之间换算：当输入 12 磅时，程序可以自动换算成 5.436 公斤。

7．画圆。请编写小应用程序，在网页 HTML 文件中给定圆的半径 r 与圆的个数 n，要求设计算法通过小应用程序在网页上显示 n 个半径为 r 的圆。

8．图案设计。编写一个小应用程序，在网页上设计出有创意的图案。

9．整数计算器。编写一个小应用程序，要求该小应用程序能够接受整数的输入，并能进行整数的加、减、乘和除等四则运算。

10．飞行棋游戏设计。编写一个飞行棋游戏小应用程序：要求在图形界面上有一个按钮，当用鼠标单击该按钮时能够产生一个介于 1～6 之间（含 1～6）的随机数。飞行棋的图案与规则可以自行设定。

11．思考题。编写一个五子棋游戏程序，要求游戏的一方是计算机，而且要求既可以按应用程序的方式，也可以按小应用程序的方式运行。

# 编程规范和程序调试

# 第10章

在商业软件的生命周期中,大部分的时间通常是用在软件维护上。良好的编程规范可以在一定程度上缩短软件维护的时间。在进行软件维护的时候,维护人员常常不是原来软件的开发人员。这对软件程序的编写提出了一个新的要求,即程序代码应当有良好的可读性。良好的编程风格可以提高程序的可读性,使得程序容易被理解得更快一些、更透彻一些。编程规范在一定程度上可以使每个程序员在编程风格上尽量保持一致,提高程序的可理解性,从而提高软件的健壮性,降低软件的开发和维护成本。

## 10.1   程序编写规范

制定程序编写规范的目标是为了尽量使程序代码的风格保持一致,增强程序的可读性,缩短程序编写和维护的时间。它主要包含:命名规范、排版规范、语句规范和文件组织规范等 4 个部分的内容。命名规范阐述如何给程序的各个组成部分(如类、方法和域等)命名,以便提高程序的可理解性。排版规范使程序的格式更明朗,结构更清楚。语句规范使得程序的语句更容易被理解。文件组织规范阐述文件内各个部分的编排结构。

### 10.1.1   命名规范

良好的命名规范可以增强程序的可读性。它可以给相应的对象提供各种必要的辅助性信息,例如:功能信息、属性信息和类型信息等。这些信息对阅读和理解程序有很大的帮助。这里,首先介绍命名规范的一些整体性原则。在目前的商业软件开发中,编程通常是在团队协作的过程中完成的。命名规范应当能够为团队协作服务。在给程序的各个部分命名时,总的原则一般是尽量让整个开发团队容易理解。因此建议在命名时尽量采用简单的单词,并且尽量采用在编程时常用的单词。表 10.1 给出了一些在 Java 源程序中常用的单词。在命名时,另一个原则是应当避免名称相同的不同变量或方法等的作用域范围存在重叠的情况。例如:

（1）应当避免局部变量与域变量同名；

（2）应当避免在子类的类体中定义与其父类成员域同名的成员域。

另外，应当避免变量名或方法名与类名或接口名或枚举名等同名，包括在不区分大小写意义上的同名。有些编辑器，例如 UltraEdit 软件，具有自动更正的功能。这些同名的现象很容易引起命名的冲突，或由于自动更正的功能而造成在编辑时不必要的麻烦。有时会造成出现一些不易觉察或不易调试的错误。

表 10.1　在 Java 源程序中的常用单词

| add/remove | align | append/insert | at | back/fore | before/after |
|---|---|---|---|---|---|
| begin/end | buffer | clear | clone | compare | concat |
| contain/bound | copy | cost | create/destroy | cut/paste | decrement |
| destination | display | do/redo/undo | document | drag/move | draw/paint |
| empty/full | enter/exit | equal | example | final/finalize | find/replace |
| first/last/all | focus | format | from/to | get/set | hash |
| in/out/on | increment | index | init | is | large/big/small |
| layout | left/right | length | light/heavy | link | list |
| little | load/unload | lock/unlock | loop/play | match | method |
| min/max | name/key | new/delete | next/previous | offset | old |
| open/close | pause | point/region | property/status | push/pop | random |
| root/leaf | run | save/print | select | send/receive | show/hide |
| size/resize | source/target | start/stop | state | sub | up/down |
| valid/visible | value | view | wait/notify | width/height | with |

在具体的命名细节上，命名规范可以按照各个名称在 Java 源程序中的功能进行划分。对于 Java 程序来说，命名规范主要包括包、文件、类、接口、枚举、方法、变量和常量的命名规范。

**包的名称**通常全部采用小写字母。如果包名包含多个单词，则在单词之间用点“.”分隔开。另外，还常常在包名前面加个前缀，它是单位（如公司或学校）网站域名的逆序。下面是一些包名的示例：

```
com.sun.eng
com.apple.quicktime
edu.cmu.cs.bovik.cheese
```

Java 源程序文件的命名一般是有严格要求的。**文件名**必须与该文件所包含的具有 public 属性的类或接口或枚举同名，而且文件名的后缀必须是“.java”。如果该文件所包含的类或接口或枚举都不具有 public 属性，则文件名一般只要是合法的标识符就可以了。这时文件名通常建议采用在该文件中的某个类或接口或枚举的名称。同样，文件名的后缀必须是“.java”。这里需要注意的是，每个 Java 源程序文件都可以包含 1 个或多个类或接口或枚举，只是其中只能有 0 个或 1 个具有 public 属性。

**类名或接口名或枚举名**一般建议使用名词或名词性词组，其中，类往往被认为是实例对象的模板。类名或接口名或枚举名应当尽量简单，而且其含义应当能够尽量准确地刻画该类或接口或枚举的含义。组成类名或接口名的每个单词的首字母大写，其他字母小写。组成枚举名的每个单词一般建议全部采用大写字母。如果在枚举名中存在多个单词，通常建议采用"_"分隔开。构成类名或接口名或枚举名的单词一般采用全称，尽量少用缩写词（除非该缩写词被广泛使用）。例如：

```
Time
MouseEvent
```

另外，有些公司定义的类名或接口名或枚举名以"XX_"或"XX"开头，表示这些类或接口或枚举是由该公司开发的，其中，"XX"是该公司自定义的标志，可以是任何合法的标识符。例如，本教材在例程中定义的类名或接口名均以"J_"开头。下面给出两个示例：

```
J_Timer
J_Circle
```

方法包括构造方法和成员方法。构造方法的方法名要求与其所在类的类名相同。成员方法名一般建议使用动词或动词性词组。成员方法在实际应用中常常实现某种特定功能。成员方法名首字母一般建议采用小写字母，中间单词的首字母大写，各个单词的其他字母小写，例如：

```
run( );
getBackground( );
setTime( );
```

另外，本教材在给成员方法命名时常常用前缀"mb_"表示成员方法。例如：

```
mb_update( );
mb_analyze( );
```

变量名一般建议使用名词或名词性词组。变量名的首字母一般是小写字母，中间单词的首字母大写，其他字母小写。变量名的首字母尽量不要采用"_"或"$"。变量名应当简短、有意义、且便于记忆。例如：

```
int i;
double widthBox;
```

其中，变量 i 常常用作循环的控制变量。单个字符的变量名通常用在变量作用域范围较小的场合，例如：变量作用域范围不超过 20 行的 Java 代码。如果变量作用域范围较大，则一般建议不要在变量名中采用简写，并且慎重使用单个字符的变量名。在本教材中定义的成员域变量名一般带有前缀"m_"，例如：

```
J_Experiment m_data;
private int m_timeSleep;
private JButton m_button;
```

另外，在一些命名规则中，变量名常常建议由表示该变量含义的名词与该变量的数据类型组成。例如：

```
Point startingPoint, centerPoint;
Name loginName;
```

其中，startingPoint 表示起点，centerPoint 表示中心点，Point 是它们的类型；loginName 表示登录名，Name 是它的类型。

常量名一般全部采用大写字母。如果一个常量名由多个单词组成，则单词之间一般用"_"分隔，例如：

```
static final int MIN_WIDTH = 4;
static final int MAX_WIDTH = 999;
```

## 10.1.2  排版规范

良好的排版方式可以为程序建立起合理的层次划分，从而增强程序的可读性。本小节介绍的排版规范包括特殊字符、每个源程序文件的代码行数、每行的字符数、缩排方式和空白符、行等内容。

各种特殊字符一般建议不应出现在 Java 的源程序中。例如，一般建议禁止使用制表符"Tab"。它往往会给程序的编辑带来一些不必要的麻烦，其主要原因是，制表符"Tab"在不同的操作系统或编辑器中可能具有不同的解释。即使是在相同的操作系统下采用相同的编辑器，如果设置不相同，则制表符"Tab"也可能具有不同的解释。制表符"Tab"可能会被解释成具有不同个数的空格符，例如：3、4、6 或 8 个空格符。有时也可能被解释成不定个数的空格符。在编辑时应当时刻记住，程序还可能由其他程序员或维护人员阅读。其他程序员或维护人员在阅读程序时所用的操作系统、编辑器及其设置不一定会与当前的环境完全相同。这有可能使得 Java 源程序的排版显得非常混乱，甚至可能造成难以区分相应的层次结构。通常可以将制表符"Tab"直接用 4 个空格符替代。通常建议对于其他特殊字符也尽量不要使用，例如，某些字符可能会引起打印等问题。

每个 Java 源程序文件的长度一般建议不要超过 2000 行。Java 源程序文件一般至少含有一个类或接口或枚举的定义，其中，最多只能有一个类型具有 public 属性。如果文件的长度超过 2000 行，则可以考虑减少所包含的类型的定义个数。如果文件中只有一个类而且长度超过 2000 行，则可以考虑将该类分解成若干个类。

Java 源程序文件的每行字符个数一般不要超过 80。如果超过 80 个字符，则应当考虑缩排方式。一般推荐采用 4 个空格的缩排方式。所谓采用 4 个空格的缩排方式指的是当前行的开头部分比上一行的开头部分多了 4 个空格。如果采用 8 个空格的缩排方式，则很容易使得每行的字符数超过 80 个字符。如果采用 2 个空格的缩排方式，则缩排效果不是很明显，尤其当语句块较长时。下面是按照缩进 4 个空格的排版方式示例：

```
int counter=1;
int sum=0;
while (counter<=100)
{
    sum += counter;  // 这里采用 4 个空格的缩排方式
    counter++;
```

```
} // while 循环结束
```

当一行的表达式或语句超过 80 个字符时，应当考虑分行。分行的原则如下：

（1）尽量在逗号后分行；

（2）尽量在各种分隔符后分行；

（3）先考虑在较高层上分行，再考虑在较低层上分行；

（4）在分行后按表达式的层次对齐，例如：

```
someMethod(longExpression1, longExpression2, longExpression3,
           longExpression4, longExpression5);
var = someMethod1(longExpression1,
                  someMethod2(longExpression2,
                             longExpression3));
```

在上面第一个示例中，longExpression4 与 longExpression1 属于同一层次的表达式。因此，在分行后 longExpression4 与 longExpression1 上下对齐。在上面第二个示例中，因为 someMethod2 所在的层次比 longExpression2 和 longExpression3 的层次高，所以应当先考虑在 someMethod2 处分行。如果这样分行之后仍然无法满足每行的字符个数要求，则可以参照上面第二个示例在 longExpression3 处分行。这时，一般建议 longExpression3 与 longExpression2 上下对齐。

（5）如果上面的原则会引起其他问题或有难度，则可以考虑直接采用 4 个空格的缩排方式。

在分行时，一般建议尽量避免下面的分行方式，因为它没有先考虑在较高层上分行，而直接在较低层上分行：

```
longName1 = longName2 * (longName3 + longName4
                         - longName5) + 4 * longname6; // 应避免的分行方式
```

较好的分行方式可以采用如下方式：

```
longName1 = longName2 * (longName3 + longName4 - longName5)
            + 4 * longname6; // 推荐的分行方式
```

上面的分行方式可以比较清晰地显示出表达式的层次结构。

缩排方式通过空格（也称为空白符）来达到层次或结构划分的目的。空白行从宏观上划分程序的层次结构。这有点类似于文章的章节划分。适当的空白符（空格）与空白行都可以增强程序的可读性。通常在类（或接口或枚举）与类（或接口或枚举）之间，插入连续的两行空白行。在域与方法之间，以及在方法与方法之间，通常插入单行空白行。在方法体内，在局部变量声明与方法体的其他语句之间，通常也插入单行空白行。另外，在方法体内，还可以将方法体划分成若干个节，在节与节之间，插入单行空白行。

另外，在表达式中，加入适当的空格也有可能会增加表达式的可读性。例如：

```
a += (c+d);
a = (a+b) / (c*d);
for (int j=0; j<args.length; j++)
```

```
    {
        System.out.println("程序的第" + (j+1) + "个参数是: " + args[j]);
    } // for 循环结束
```

在上面示例中，添加空格的原则是，在较高层的运算符前、后分别添加上空格，而且在最底层的运算符前、后不添加空格，从而使表达式的层次结构显得更加清晰。

## 10.1.3  语句

本小节总结在编写语句方面的规范或者建议。从编程规范而言，在编写语句方面提高程序可维护性的关键之一是设法保证代码的简单性。现在一般认为好的代码应当是简单的代码。简单可能意味着容易被理解。一般认为简洁明了的代码比较容易维护。

一般建议每行最多只有一条语句。例如：

```
i++; // 好的语句：一行只有一条语句
k++; // 好的语句：一行只有一条语句
```

通常建议不要将上面的两条语句写成：

```
i++; k++; // 应当避免：因为这一行包含有两条语句
```

在一行中含有多条语句是不好的语句编写方式，应当避免。

为了使得语句简单，一般建议尽量少用复合语句。所谓复合语句，就是在一条语句中还包含有语句。例如：

```
if ((file = openFile (fileName, "w")) != null) // 应当避免：因为出现复合语句
{
    //…
} // if 结构结束
```

上面的语句是复合语句的示例，应当避免出现。可以把上面的语句修改成如下语句：

```
file = openFile (fileName, "w");
if (file != null)
{
    // …
} // if 结构结束
```

采用这样的格式，语句显得比较简单。

在编写表达式时，一般建议避免出现过于复杂的表达式。例如，不要用赋值表达式当作操作数。下面给出操作数是赋值表达式的示例：

```
d = (a = b + c) + r; // 应当避免：因为出现操作数是赋值表达式的情况
```

上面赋值语句右端的表达式对很多程序员而言实际上很难理解，很可能会让人觉得莫名其妙。虽然语句的长度并不长，但不好理解。这样的语句是很难维护的。可以将上面的语句修改成为：

```
a = b + c;
d = a + r;
```

同样，为了避免出现过于复杂的表达式，一般建议不要将自增或自减表达式当作操作数。例如：

```
n = a ++ + 10; // 应当避免：因为出现操作数是自增表达式的情况
```

如果不计空格，则上面的语句连着出现 3 个加号。在上面的语句中，如果空格出现的位置不同，则可以产生不同的含义。这样的表达式很容易出现理解错误。可以将上面的语句修改成为：

```
n = a + 10;
a++;
```

修改之后的语句明显比修改之前容易理解。

通常建议不要将自增或自减表达式或者赋值表达式当作方法的调用参数。例如：

```
fun(i++); // 应当避免：因为出现方法的调用参数是自增表达式的情况
```

上面的语句可以修改成为：

```
fun(i);
i++;
```

修改之后的语句明显比修改之前容易理解。在修改之后，每一条语句完成一个功能。而且可以避开这样的疑问：连着的两个加号是前自增操作符还是后自增操作符？

为了使语句或表达式更好理解，可以适当地增加圆括号。一方面，它可以使得语句或表达式的层次关系更为明显；另一方面，它还可以避开运算符的优先级问题。即使已经熟练掌握运算符的优先级，一般也建议这样做。因为程序一般还需要给别人阅读。不是每个程序员的记忆力都很好。有相当一部分的程序员很难完全记住各种运算符的优先顺序，以及从左到右或从右到左的运算顺序。例如，将下面的语句

```
if (a == b && c == d) // 对表达式的理解依赖于运算符的优先顺序
```

写成如下格式

```
if ((a == b) && (c == d)) // 推荐格式：因为增加了圆括号，所以表达式层次结构清晰
```

可能会更好一些。

如果需要编写一条空语句，则应当格外小心。因为在编写程序的过程中，偶尔会出现因为敲错字符而造成的空语句现象，所以应当设法避免混淆手误与特意编写空语句这两种情况。特意编写空语句的范例如下：

```
for (初始化表达式; 条件表达式; 更新表达式)
    ;
```

这种编写方式一方面，可以使得空语句非常明显；另一方面，还可以与手误区分开。出现

这样的手误是很难的，因为需要在";"之前键入回车以及 4 个空格。

在编写语句的过程中，注释是很重要的。注释内容一般包括总体介绍代码的功能，详细介绍约束条件、编程思路以及其他必要的信息，但不要写语句在语法上的基本含义。例如：

```
i++; // i自增 1      // 应当避免这样的注释，除非是为了讲解计算机语言的语法
```

因为阅读注释也是需要时间的，而这样的注释基本上不含任何信息量，是应当避免的，除非是为了讲解计算机语言的语法。

编写程序的最后一步一定要做程序代码的检查和优化，去掉不必要的代码，修改错误的注释，增加必要的注释，简化语句，或设法提高代码的效率（包括执行效率和空间利用效率等）。例如，由于受思考过程的影响，有可能出现如下语句：

```
v[i][j] = (d1 / d2) * (d2 / d1); // 应当避免
```

上面的语句是应当避免的，因为它有可能出现除数为 0，而且很繁琐，效率较低。正确的语句应当如下

```
v[i][j] = 1; // 注：这个表达式与上面的表达式不一定等价
```

这里需要注意的是，语句"v[i][j] = (d1 / d2) * (d2 / d1);"与"v[i][j] = 1;"不一定等价。前者可能出现除数为 0 的情况，而后者不存在这种情况。如果 d1 和 d2 是两个不相等的正整数，则前者的计算结果是"v[i][j] = 0"，而不是"v[i][j] = 1"。

在优化或简化语句的时候，可以去掉多余的语句或语句的组成部分。例如：

```
String s1 = "abcd".toString( ); // 应当避免：因为在语句中出现了多余的部分
```

其中，".toString( )"是多余的部分，因为"abcd"已经是字符串了。这里，成员方法 toString( ) 返回的值是其自身。因此，上面的语句可以简化为：

```
String s1 = "abcd";
```

通常认为语句优化的指标包括：健壮性、安全性、易测性、可维护性、所占用的内存大小、运行效率、简单性、可重用性和可移植性等。这也是对软件质量的评价指标。具体哪个指标更为重要或是否需要增加额外的指标应当根据实际的应用需求确定。对于大部分软件来说，健壮性（也称为鲁棒性）是最重要的。简单性在一定程度上保证了软件的健壮性和较低的软件维护成本。

## 10.1.4  文件组织

不同的公司对文件组织有不同的规定，但大体上都很相似。每个 Java 源程序文件通常由头部注释、包声明语句和包导入语句、类或接口或枚举的定义 3 部分组成，其中，包声明语句和包导入语句不是必需的。可以根据需要，写上这两种语句或略去其中的一种或全部。

文件的头部注释通常建议包含如下的内容：文件名、类或接口或枚举名列表、文件本身内容的描述或其他说明、作者、版本信息、日期、版权信息等。如果该文件只含有一个

类或接口或枚举，则在头部注释中可以不含类或接口或枚举名列表。这时文件本身内容的描述或其他说明也不是必要的，因为它与在该文件中的这个类或接口或枚举的描述应当是一致的。

例如：

```
/*
* 文件名
*
* 文件中所包含的类或接口或枚举的名称列表
*
*  文件本身内容的描述或其他说明。
*
* 作者
*
* 版本信息，日期
*
* 版权信息
*/
```

如果 Java 源程序文件需要包声明语句，则在头部注释之后的语句一般是 包声明语句 。Java 语言要求包声明语句必须是 Java 源程序文件的第一条语句。例如：

```
package cn.edu.tsinghua.animation;
```

在包声明语句之后的语句一般是 包导入语句 。如果该 Java 源程序文件不需要包声明语句，则该 Java 源程序文件的第一条语句可以是包导入语句。例如：

```
import java.io.PrintWriter;
import java.io.BufferedReader;
```

紧接在包导入语句之后的一般是 类或接口或枚举的定义 。定义类或接口或枚举的各个组成部分的排列顺序一般建议如下：

（1）类或接口或枚举的文档注释（用"/**"与"*/"作为开始与结束标志的注释），对类或接口或枚举做总体上的说明。

（2）类或接口或枚举的声明语句。

（3）类或接口在实现方法上的具体注释（采用一般的注释，用"/*"与"*/"作为开始与结束标志的注释，或用"//"引导的行注释）。

（4）类或接口的静态成员域，或者枚举常量列表。排在前面的是 public 成员域，然后是 protected 成员域，接着是具有默认封装性的成员域，最后是 private 成员域。

（5）类或接口的其他成员域。同样，排在前面的是 public 成员域，然后是 protected 成员域，接着是具有默认封装性的成员域，最后是 private 成员域。

（6）类的构造方法。

（7）类或接口的其他方法。如果在类中含有成员方法 main，则常常将 main 成员方法置于类定义的最后，即成员方法 main 成为类定义的最后一个成员方法。

一个 Java 源程序文件可能会含有 <u>**多个类或接口或枚举**</u> 的定义，通常将其中具有 public 属性的类型定义置于第一个或最后一个。推荐将其置于最后一个。这样可能使得文件包含多个类或接口或枚举的特性更为明显。而且如果存在成员方法 main，则成员方法 main 总是在文件的末尾。

类中一个重要的组成部分是 <u>**成员方法**</u>。它的定义格式大致如下：

```
/**
 * 方法整体说明，例如功能，约束，依赖关系等
 *
 * 参数及返回值说明
 *
 * 作者，日期
 */
```

*[方法修饰词列表] 返回类型 方法名(方法的参数列表)* [throws *抛出的受检异常列表*]
```
{
    方法体
}
```

其中，前面一部分是方法的文档注释，紧接着的是方法的头部声明，然后是方法体。在 <u>**方法体**</u> 中，通常建议局部变量的声明在前，具体的实现语句在后。

## 10.2　文档注释

注释是帮助理解程序的最重要手段之一。Java 语言规定了一种特殊的注释，称为 <u>**文档注释**</u>。在 Java 源程序中，介于 "/**" 与 "*/" 之间的内容称为文档注释。它可以是单行的，也可以是多行的。例如：

```
/** 起始时间。 */
```

是单行的文档注释，

```
/**
 * 比较加法与乘法运算效率。
 *
 * @author   雍俊海
 * @version 2.0
 * @since    JDK1.6
 */
```

是多行的文档注释。

文档注释是与 Java 语言的工具 javadoc 相关联的。工具 javadoc 可以从文档注释自动生成 HTML 在线帮助文档，而且该在线帮助文档与 Sun 公司提供的在线帮助文档在形式上基本上一致。<u>**工具 javadoc**</u> 的命令格式为：

*javadoc {选项} {软件包名称} {源文件名称} {@列表文件名称}*

在上面的格式中，大括号表示允许 0 个或 1 个或多个，例如：允许多个选项和多个软件包名称等。软件包名称和源文件名称分别指定需要抽取文档注释的软件包和源文件。这些软件包名称和源文件名称还可以罗列在一个或多个列表文件中，然后由列表文件指定需要抽取文档注释的软件包和源文件。表 10.2 列出 javadoc 的所有选项及其含义。本节在最后将结合文档注释例程说明一些常用的 javadoc 命令使用方式。

表 10.2　工具 javadoc 的命令选项列表及其说明

| 选项 | 说明 |
| --- | --- |
| -author | 让文档标签@author 起作用 |
| -bootclasspath <路径列表> | 覆盖引导类加载器所装入的类文件的位置 |
| -bottom <html-code> | 包含每个页面的底部文本 |
| -breakiterator | 使用 BreakIterator 计算第 1 句 |
| -charset <charset> | 用于跨平台查看生成的文档的字符集 |
| -classpath <路径列表> | 指定查找用户类文件的位置 |
| -d <directory> | 输出文件的目标目录 |
| -docencoding <name> | 输出编码名称 |
| -docfilessubdirs | 递归复制文档文件子目录 |
| -doclet <类> | 通过替代 doclet 生成输出 |
| -docletpath <路径> | 指定查找 doclet 类文件的位置 |
| -doctitle <html-code> | 包含概述页面的标题 |
| -encoding <名称> | 源文件编码名称 |
| -exclude <软件包列表> | 指定要排除的软件包的列表 |
| -excludedocfilessubdir <name1> | 排除具有给定名称的所有文档文件子目录 |
| -extdirs <目录列表> | 覆盖安装的扩展目录的位置 |
| -footer <html-code> | 包含每个页面的页脚文本 |
| -group <name> <p1>:<p2> | 在概述页面中，将指定的包分组 |
| -header <html-code> | 包含每个页面的页眉文本 |
| -help | 显示命令行选项并退出 |
| -helpfile <file> | 包含帮助链接所链接到的文件 |
| -J<标志> | 直接将<标志>传递给运行时系统 |
| -keywords | 使包、类和成员信息附带 HTML 元标记 |
| -link <url> | 创建指向位于<url>的 javadoc 输出的链接 |
| -linkoffline <url> <url2> | 利用位于<url2>的包列表链接至位于<url>的文档 |
| -linksource | 以 HTML 格式生成源文件 |
| -locale <名称> | 要使用的语言环境，例如 en_US 或 en_US_WIN |
| -nocomment | 不生成描述和标记，只生成声明 |
| -nodeprecated | 不包含@deprecated 信息 |
| -nodeprecatedlist | 不生成已过时的列表 |
| -nohelp | 不生成帮助链接 |
| -noindex | 不生成索引 |
| -nonavbar | 不生成导航栏 |
| -noqualifier <name1>:<name2> | 在输出中不包括指定限定符的列表 |
| -nosince | 不包含@since 信息 |
| -notimestamp | 不包含隐藏时间戳 |

| 选项 | 说明 |
| --- | --- |
| -notree | 不生成类分层结构 |
| -overview <文件> | 读取 HTML 文件的概述文档 |
| -package | 显示软件包/受保护/公共类和成员 |
| -private | 显示所有类和成员 |
| -protected | 显示受保护/公共类和成员（默认） |
| -public | 仅显示公共类和成员 |
| -quiet | 不显示状态消息 |
| -serialwarn | 生成有关@serial 标记的警告 |
| -source <版本> | 提供与指定版本的源兼容性 |
| -sourcepath <路径列表> | 指定查找源文件的位置 |
| -sourcetab <tab length> | 指定每个制表符占据的空格数 |
| -splitindex | 将索引分为每个字母对应一个文件 |
| -stylesheetfile <path> | 用于更改生成文档的样式的文件 |
| -subpackages <子软件包列表> | 指定要递归装入的子软件包 |
| -tag <name>:<locations>:<header> | 指定单个参数自定义标记 |
| -taglet | 要注册的 Taglet 的全限定名称 |
| -tagletpath | Taglet 的路径 |
| -top <html-code> | 包含每个页面的顶部文本 |
| -use | 创建类和包用法页面 |
| -verbose | 输出有关 Javadoc 正在执行的操作的消息 |
| -version | 让文档标签@version 起作用 |
| -windowtitle <text> | 文档的浏览器窗口标题 |

因为文档注释最终可以通过工具 javadoc 自动生成 HTML 文件，所以文档注释可以含有 HTML 的各种标记或以 HTML 的语法书写。另外，文档注释还可以含有**文档标签**。例如，前面的文档注释含有文档标签@author、@version 和@since。这些标签以字符"@"开头，后面紧跟着标签的标识（例如：在前面文档注释中的 author、version 和 since）以及相应的信息。表 10.3 列出在文档注释中可以使用的所有文档标签及其含义。

**表 10.3 文档标签列表及其说明**

| 文档标签 | 含义 |
| --- | --- |
| @author | 表示作者信息。当用工具 javadoc 生成文档时，必须加上选项"-author"才能使文档标签@author 起作用 |
| @code | 同@literal，表示这一部分文字不按 HTML 语法进行解释，主要用于当文档含有一些特殊字符时的情形 |
| @deprecated | 表示当前的类或方法或它的某些特点等已经过时，不应当再被使用 |
| @docRoot | 表示相对文档根路径的相对路径 |
| @exception | 与@throws 的作用相同，表示方法所抛出的异常 |
| @inheritDoc | 表示从其他地方继承文档注释 |
| @link | 表示连接到其他 HTML 文档 |
| @linkplain | 表示用纯文本形式显示到其他 HTML 文档的连接 |
| @literal | 表示这一部分文字不按 HTML 语法进行解释，主要用于在文档中含有一些特殊字符的情形 |

| 文档标签 | 含义 |
|---------|------|
| @param | 表示方法（包括构造方法）的参数信息 |
| @return | 表示方法返回值的信息 |
| @see | 表示当前类、接口或方法等参见其他类、接口或方法或其他连接等 |
| @serial | 表示该成员域是默认的可序列化的成员域 |
| @serialData | 用来说明在序列化时数据类型与数据序列化的顺序 |
| @serialField | 用在说明 ObjectStreamField 组件 |
| @since | 表示最早存在该类、接口或方法等的版本信息 |
| @throws | 表示方法所抛出的异常 |
| @value | 表示一些常数的具体数值 |
| @version | 表示该类、接口或方法等的当前版本信息 |

这些文档标签并不是在文档注释中的任意位置都能够起作用。表 10.4 列出在各种文档注释中可以让相应文档标签起作用的所有可能位置。在各种文档注释中都可能起作用的文档标签罗列在表格的第二列，其他文档标签列在表格的第三列。在所有这些文档标签中，常用的有@author、@param、@return、@see、@throws、@deprecated、@link、@since 和@version。

**表 10.4　文档标签及其出现的位置**

| 文档标签类型（按出现位置分） | 公共 | 特殊 |
|------------------------------|------|------|
| 文档的整体说明文档标签 | @see、@since、@link、@linkplain、@docroot | @author、@version |
| 包的整体说明文档标签 | @see、@since、@link、@linkplain、@docroot | @serial、@author、@version |
| 类或接口或枚举的整体说明文档标签 | @see、@since、@link、@linkplain、@docroot | @deprecated、@serial、@author、@version |
| 域的说明文档标签 | @see、@since、@link、@linkplain、@docroot | @deprecated、@serial、@serialField、@value |
| 方法的说明文档标签 | @see、@since、@link、@linkplain、@docroot | @deprecated、@param、@return、@throws、@exception、@serialData、@inheritDoc |

**文档的整体说明文档标签**是用在文件 overview.html 中的文档标签。文件 overview.html 一般要求以<BODY>开头，以</BODY>结束。其内容一般是对所有软件包的整体描述。文件 overview.html 的内容将被集成到在线帮助文档的概述中。如果要使用文件 overview.html，则在运行工具 javadoc 时需要采用选项"-overview"，并在该选项之后指定文件名 overview.html。文件 overview.html 还可以采用其他的文件名，这时只需将在选项"-overview"之后的文件名改为相应的文件名。如果文件 overview.html 含有文档标签"@version"并希望让该文档标签起作用，那么在运行工具 javadoc 时需要采用选项"-version"。

**包的整体说明文档标签**一般用在文件 package-info.java 中。文件 package-info.java 一般只是用来对一个软件包作整体描述。它一般只含有一个 package 语句，位于最后一行。在

**J**ava 程序设计教程（第 3 版）

package 语句之前是软件包的整体说明文档注释。

类或接口或枚举的整体说明文档标签用在类或接口的文档注释中。类或接口或枚举的文档注释必须紧接在类或接口的上方，中间不能插入其他语句。域和方法的说明文档标签分别用在域和方法的文档注释中。域或方法的文档注释必须紧接在相应的域或方法的上方，中间不能插入其他语句。

下面给出一个具有文档注释的比较加法与乘法运算效率的例程。例程由 5 个文件组成。文件 overview.html 主要用来生成在线帮助文档，在整体上说明本例程的功能。其内容如下所示。

```
<BODY>
本例程说明通过文档注释生成在线帮助的方法。
同时这也是比较加法与乘法运算效率的例程。
@author 雍俊海
@version 2.0
@since J2SE 1.6
</BODY>
```

文件 package-info.java 对软件包 cn.edu.tsinghua.example 作整体说明，其内容如下所示。

```
// /////////////////////////////////////////////////
//
// package-info.java
//
// 开发者：雍俊海
// /////////////////////////////////////////////////
// 简介：
//      包的基本信息
// /////////////////////////////////////////////////
/**
 * 比较加法与乘法运算效率的例程，
 * 同时说明文档注释的使用方法。
 *
 * @author 雍俊海
 * @version 2.0
 * @since J2SE 1.6
 */
package cn.edu.tsinghua.example;
```

文件 J_Timer.java 实现了一个简单的计时器，其内容如下所示。

```
// /////////////////////////////////////////////////
//
// J_Timer.java
//
// 开发者：雍俊海
// /////////////////////////////////////////////////
```

```java
// 简介:
//      计时器例程
// //////////////////////////////////////////////////
package cn.edu.tsinghua.example;

import java.util.Date;

/**
 * 计时器。
 * <p>
 * 计时器可以记录开始的时间和终止的时间,
 * 并能计算出所花费的时间。
 *
 * @author 雍俊海
 * @version 2.0
 * @since J2SE 1.6
 */
public class J_Timer
{
    /**
     * 起始时间。
     */
    private Date m_start;

    /**
     * 终止时间。
     */
    private Date m_end;

    /**
     * 设置起始时间。
     */
    public void mb_setStart( )
    {
        m_start = new Date( );
    } // 方法 mb_setStart 结束

    /**
     * 设置终止时间。
     */
    public void mb_setEnd( )
    {
        m_end = new Date( );
    } // 方法 mb_setEnd 结束

    /**
     * 计算花费的时间。
```

```
    * <p>
    * 花费的时间 = 终止时间 - 起始时间。
    * @return 花费的时间。
    */
    public long mb_getTime( )
    {
        return(m_end.getTime( ) - m_start.getTime( ) );
    } // 方法 mb_getTime 结束
} // 类 J_Timer 结束
```

文件 J_Calculator.java 包含一个实现简单计算的类。这个类包含一个进行多次加法的成员方法和一个进行多次乘法的成员方法，其内容如下所示。

```
// ////////////////////////////////////////////////////
//
// J_Calculator.java
//
// 开发者：雍俊海
// ////////////////////////////////////////////////////
// 简介：
//      加法与乘法计算器例程
// ////////////////////////////////////////////////////
package cn.edu.tsinghua.example;

/**
 * 计算器。
 * <p>
 * 计算器加法与乘法。
 *
 * @author 雍俊海
 * @version 2.0
 * @since J2SE 1.6
 */
public class J_Calculator
{
    /**
     * 计算 n 次乘法。
     * @param n 乘法的次数。
     * @return 最后一次乘法的结果。
     */
    public static int mb_multiply(int n)
    {
        int i, m;
        m = 1;
        for (i=1; i<=n; i++)
            m = i * n;
        return m;
    } // 方法 mb_multiply 结束
```

```
    /**
     * 计算 n 次加法。
     * @param n 加法的次数。
     * @return 最后一次加法的结果。
     */
    public static int mb_add(int n)
    {
        int i, s;
        s = 0;
        for (i=1; i<=n; i++)
            s = i + n;
        return s;
    } // 方法 mb_add 结束
} // 类 J_Calculator 结束
```

文件 J_Example.java 实现对加法与乘法运算效率的比较，其内容如下所示。

```
// ///////////////////////////////////////////////////
//
// J_Example.java
//
// 开发者：雍俊海
// ///////////////////////////////////////////////////
// 简介：
//      加法与乘法运算效率比较例程
// ///////////////////////////////////////////////////
package cn.edu.tsinghua.example;

/**
 * 比较加法与乘法运算效率。
 *
 * @author 雍俊海
 * @version 2.0
 * @since J2SE 1.6
 */
public class J_Example
{
    /**
     * 比较加法与乘法运算效率。
     * @param args 程序的参数，这里没有实际的含义。
     */
    public static void main(String args[ ])
    {
        int n=100000000; // 运算次数
```

```
        J_Timer t = new J_Timer( ); // 计算加法的时间代价
        t.mb_setStart( );
        J_Calculator.mb_add(n);
        t.mb_setEnd( );
        long t1 = t.mb_getTime( );

        t.mb_setStart( ); // 计算乘法的时间代价
        J_Calculator.mb_multiply(n);
        t.mb_setEnd( );
        long t2 = t.mb_getTime( );

        // 输出比较结果
        System.out.println("计算" + n + "次加法需要" + t1 +"毫秒");
        System.out.println("计算" + n + "次乘法需要" + t2 +"毫秒");
        if (t1 < t2)
            System.out.println("结论: 加法快");
        else if (t1 > t2)
            System.out.println("结论: 乘法快");
        else
            System.out.println("结论: 加法与乘法一样快");
    } // 方法 main 结束
} // 类 J_Example 结束
```

编译命令为：

```
javac -d . *.java
```

其中选项 "**-d**" 指定编译生成的文件根目录，紧接在 "**-d**" 之后的 "**.**" 表示当前路径，即 "**-d .**" 表示编译生成的文件根目录是当前路径。假设前面 5 个文件在当前路径下，则编译结果将在相对当前路径的目录 cn\edu\tsinghua\example 下生成 3 个文件，分别为 J_Calculator.class、J_Timer.class 和 J_Example.class。

执行命令为：

```
java cn.edu.tsinghua.example.J_Example
```

因为类 J_Example 是位于软件包 cn.edu.tsinghua.example 内的类，而且已经在目录 cn\edu\tsinghua\example 下生成了 3 个后缀为 ".class" 的文件，所以可以采用上面的命令运行程序。因为这时在当前目录下一般没有后缀为 ".class" 的文件，所以一般不能采用命令

```
java J_Example
```

运行程序。

最后执行的结果在控制台窗口中输出：

计算 100 000 000 次加法需要 172 毫秒
计算 100 000 000 次乘法需要 203 毫秒
结论: 加法快

其中，具体的毫秒数可能因为采用不同的计算机或在不同的时间内运行而有些差异，结论一般是相同的。

下面介绍 如何应用工具 javadoc 自动生成上面程序的在线帮助文档。假设前面编写的 5 个文件均在当前路径下，那么生成在线帮助文档的命令可以是：

```
javadoc -d doc -author -version package-info.java J_Example.java
J_Timer.Java J_Calculator.java -overview overview.html
```

这里需要注意的是，上面的命令实际上只是一行命令。在上面的命令中，选项"-d doc"指定在线帮助文档所在的目录；选项"-author"让在文档注释中的文档标签@author 起作用；选项"-version"让在文档注释中的文档标签@version 起作用；选项"-overview overview.html"指定在线帮助文档的整体描述文件为 overview.html。

假设前面编写的 package-info.java、J_Example.java、J_Timer.java 和 J_Calculator.java 等 4 个文件在相对当前路径的目录 cn\edu\tsinghua\example 下，文件 overview.html 在当前路径下，那么生成在线帮助文档的命令可以是：

```
javadoc -d doc -author -version cn.edu.tsinghua.example -overview
overview.html
```

上面的命令实际上只是一行命令，即中间不要插入回车换行符。这里实际上是用软件包名来替代在该软件包中的源程序文件名。

还可以将软件包名或源程序文件名写到一个列表文件中，例如：设列表文件 fileList.txt 的内容为：

```
package-info.java J_Example.java J_Timer.java  J_Calculator.java
```

并且假设前面编写的 package-info.java、J_Example.java、J_Timer.java、J_Calculator.java 和 overview.html 等 5 个文件均在当前路径下，那么生成在线帮助文档的命令可以是：

```
javadoc -d doc -author -version @fileList.txt -overview overview.html
```

这样命令显得比较简洁。上面 3 个 javadoc 命令的结果是一样的，均生成如图 10.1 所示的在线帮助文档。该在线帮助文档的风格与 J2SE 在线帮助文档的风格基本上一样。

图 10.1　由工具 javadoc 自动生成的在线帮助文档

# 10.3　程序调试

　　在软件开发过程中，基本上都离不开程序调试。最常见的 Java 程序调试方法是将 System.out.print 或 System.out.println 语句插入到程序的适当位置，输出某些表达式的值，然后诊断并修改程序。有时还需要编写一些代码，使得程序的结果或中间结果更容易让人理解，从而推断程序是否含有错误或者定位程序出现错误的位置。有些 Java 编译集成环境平台提供了在 Java 源程序中添加断点的方法。这些工具为程序调试提供了一些便利。要提高程序调试能力，最关键的是加强实践，在实际的程序调试过程中提高能力。

　　在 Java 的 JDK1.4 版本之后增加了 assert 语句，用来调试程序。用来调试程序的 assert 语句在一定程度上增加了程序调试的灵活性。它可以在调试程序的时候打开，在不需要的时候关闭。在关闭 assert 语句之后，就好像没有这些 assert 语句一样。理解 assert 语句的关键在于，assert 语句不是程序的真正组成部分，而只是用来调试程序。在软件产品发布时，这些 assert 语句一般都是要被关闭的。

　　用来调试程序的 assert 语句的格式有两种。第一种格式是

```
assert 布尔表达式;
```

当布尔表达式为 false 并且 assert 语句起作用时，会引起一个断言错误（Assertion Error）发生。下面给出采用第一种格式的 assert 语句例程。例程的源文件名为 J_Assert.java，其内容如下所示。

```
// ////////////////////////////////////////////////
//
// J_Assert.java
//
// 开发者：雍俊海
// ////////////////////////////////////////////////
// 简介：
//     assert 语句的应用例程
// ////////////////////////////////////////////////
public class J_Assert
{
    public static void main(String args[ ])
    {
        assert (args.length > 0);
        if (args.length > 0)
            System.out.println(args[0]);
    } // 方法 main 结束
} // 类 J_Assert 结束
```

编译命令为：

```
javac J_Assert.java
```

如果使用的是 J2SE 的早期版本，那么这样编译可能会出现编译错误。如果由于 J2SE 版本问题出现 assert 语句编译错误，则可以将上面的编译命令更改为：

```
javac -source 1.x J_Assert.java
```

其中，x 应当用数字 4、5 或 6 替代，例如：

```
javac -source 1.4 J_Assert.java
```

从而使得 assert 语句起作用。在上面的编译命令中，选项"-source 1.x"表明在编译时选用的 J2SE 版本是 1.x。

如果要让 assert 语句起作用，则执行命令为：

```
java -ea J_Assert 程序运行参数
```

其中，程序运行参数可以随意输入，选项"-ea"是为了让 assert 语句起作用的。如果程序运行参数不为空，则结果是在控制台窗口中输出其中的第一参数。如果程序不含参数，则执行命令为：

```
java -ea J_Assert
```

执行的结果是在控制台窗口中输出：

```
Exception in thread "main" java.lang.AssertionError
        at J_Assert.main(J_Assert.java:14)
```

上面执行的结果反映了上面例程出现程序运行参数个数为 0 的情况，而且给出这种情况在源程序中的出现位置，即 J_Assert.java 源文件名的第 14 行，在 main 成员方法中。

这里需要注意的是，不能因为有了语句"assert (args.length > 0);"，而将该语句后面的下一条语句"if (args.length > 0)"去掉。如果去掉，则可能出现程序错误。用来调试程序的 assert 语句不能替代条件判断语句。用来调试程序的 assert 语句只是用在程序的调试过程中，让程序在执行过程中将一些可能出现的情况表现得更为明显，并且方便程序对各种情况或错误的跟踪定位或处理。在最终程序发布时一般需要将 assert 语句关闭。在上面的例程中，不管程序是否处于调试状态，都会运行在 assert 语句之后的条件语句的条件表达式。这也是用来调试程序的 assert 语句不能替代条件判断语句的一个重要原因。

如果不想让 assert 语句起作用，则执行命令为：

```
java J_Assert 程序运行参数
```

或者

```
java -da J_Assert 程序运行参数
```

其中，程序运行参数可以随意输入，选项"-da"是为了让 assert 语句不起作用。因为在默认的情况下 assert 语句不起作用，所以这里选项"-da"是可有可无的。如果程序运行参数不为空，则运行结果是在控制台窗口中输出其中的第一参数。如果程序在运行时不含参数，则执行的结果是在控制台窗口中不产生任何输出的。在这两种情况下，用来调试程序的

assert 语句都不起作用。

　　用来调试程序的 **assert 语句的第二种格式** 是

　　　assert *布尔表达式* : *字符串*;

当 assert 语句起作用并且布尔表达式为 false 时，会引起一个断言错误（Assertion Error）发生，同时，会显示给定字符串的内容。下面给出 **采用第二种格式的 assert 语句例程**。例程的源文件名为 J_AssertString.java，其内容如下所示。

```
// ///////////////////////////////////////////////
//
// J_AssertString.java
//
// 开发者：雍俊海
// ///////////////////////////////////////////////
// 简介：
//     assert 语句的应用例程
// ///////////////////////////////////////////////
public class J_AssertString
{
    public static void main(String args[ ])
    {
        assert (args.length > 0) : "程序不含参数";
        if (args.length > 0)
            System.out.println(args[0]);
    } // 方法 main 结束
} // 类 J_AssertString 结束
```

编译命令格式和执行命令格式与前一个例程的格式一样。编译命令为：

```
javac J_AssertString.java
```

让 assert 语句起作用并且程序不含任何参数的执行命令为：

```
java -ea J_AssertString
```

这时执行的结果是在控制台窗口中输出：

```
Exception in thread "main" java.lang.AssertionError: 程序不含参数
        at J_AssertString.main(J_AssertString.java:14)
```

输出结果与前一个例程的结果非常相似，只是在输出的字符串"AssertionError"之后多显示了一条信息"：程序不含参数"。这条信息由在 assert 语句中的字符串指定。如果让 assert 语句不起作用或者程序不含运行参数，则执行结果与前一个例程的执行结果是一样的。

　　下面给出一个可以 **自动判别 assert 语句的功能是否打开的例程**。例程的源文件名为：J_AssertEnable.java，其内容如下所示。

```
// ///////////////////////////////////////////////
//
```

```
// J_AssertEnable.java
//
// 开发者：雍俊海
// ////////////////////////////////////////////////////
// 简介：
//      判别 assert 语句的功能是否打开的例程。
// ////////////////////////////////////////////////////
public class J_AssertEnable
{
    public static void main(String args[ ])
    {
        boolean assertionsAreEnabled = false;
        assert (assertionsAreEnabled = true);
        if (assertionsAreEnabled)
            System.out.println("assert 语句的功能已经打开");
        else
            System.out.println("assert 语句的功能已经关闭");
    } // 方法 main 结束
} // 类 J_AssertEnable 结束
```

编译命令为：

```
javac J_AssertEnable.java
```

如果执行命令为：

```
java -ea J_AssertEnable
```

则在控制台窗口中输出：

```
assert 语句的功能已经打开
```

如果执行命令为：

```
java J_AssertEnable
```

或者

```
java -da J_AssertEnable
```

则在控制台窗口中输出：

```
assert 语句的功能已经关闭
```

上面的例程可以用来判别 assert 语句的功能是否打开。只有 assert 语句的功能被打开了，语句 "assertionsAreEnabled = true" 才会被执行，从而输出 "assert 语句的功能已经打开"。如果 assert 语句的功能被关闭了，则语句 "assertionsAreEnabled = true" 不会被执行，从而输出 "assert 语句的功能已经关闭"。

在编写程序时，常常利用 assert 语句来确定数据的一致性是否被破坏。例如，下面的示例

```
assert ((m_month>=1) && (m_month<=12));
```

利用 assert 语句来判别是否出现月份数据"m_month"不在 1～12 之间的情况。当变量"m_month"的值不在 1～12 之间时，程序会中断执行，显式地显示出断言错误（Assertion Error），并指明该 assert 语句在源程序中的位置。

在使用 assert 语句时，需要注意的是，不要将 assert 语句当做程序的一部分。用来调试程序的 assert 语句一般来说可以使得错误的表征更为明显，从而方便程序的调试。另外，关闭 assert 语句的功能也很方便，不必一一将这些 assert 语句删除。这些特点增加了调试程序的灵活性。但一定要注意，assert 语句只是用来调试程序的辅助性语句的，不要把它当作正式发布程序的组成部分。

## 10.4　本章小结

编程规范是软件业发展的必然产物。目前软件的需求越来越大，软件的规模也越来越大。这种状况一方面促进了软件业的发展，但另一方面也对软件编写提出了挑战。软件规模的增大使得大部分商业软件不再可能是个人行为的成果，而只能是团体智慧的结晶。为了使各个成员协调地进行软件设计与开发，编程规范就成为了软件开发的重要指导准则。软件业在不断发展，编程规范本身也必然要随之相应发展。但不管它如何发展变化，它的指导方针应当是一致的，即提高程序的可读性和可理解性，从而提高程序的可维护性以及程序代码质量。一旦形成编程规范，则集体中的每个成员都应当遵循。它是大规模软件开发质量的根本保证之一。本章在介绍程序调试时主要介绍了 assert 语句。如果程序在调试时除了添加 assert 语句之外，还增加了一些与正常程序运行无关的程序调试代码，则在程序发布之前一般应当去掉这些程序调试代码。

## 习题

1．请简述为什么需要编程规范。
2．请简述命名规范的内容。
3．请详细描述 Java 源程序文件的基本组织结构。
4．请说明编写 Java 语句应当注意哪些问题。
5．请说明 assert 所具有的功能。
6．请简述 assert 的用法。
7．请简述@author、@param、@return、@see、@throws、@deprecated、@link、@since 和@version 这些常用文档标签的功能及其使用方法。
8．万年历程序。请设计并编写一个万年历程序。要求具有完整的文档注释，并用 javadoc 生成在线帮助文件。
9．计算器程序。请模仿真实的计算器，设计并编写可以进行四则运算的简单计算器。要求具有完整的文档注释，并用 javadoc 生成在线帮助文件。
10．思考题：什么样的编程规范才是最好的编程规范？它应当包含哪些内容？

# 多线程程序设计

# 第 11 章

一台计算机可以同时执行多个程序。例如，在一台计算机上，可以一边运行文字编辑器进行文字处理，一边运行音乐播放器进行音乐欣赏。另外，还可以同时打开多个文字编辑器、多个网页浏览器。每个文字编辑器、音乐播放器和网页浏览器分别都是一个程序。它们可以同时处于运行的状态。同样，深入到程序的内部，每个程序可以包含多个线程。这些线程可以并发地执行。例如，可以编写一个包含两个线程的 Java 程序。其中，一个线程接受用户的输入，实现对程序的控制；另一个线程进行各种数据运算，为前一个线程服务。多线程性是 Java 语言的一个重要特性。Java 虚拟机正是通过多线程机制来提高程序运行效率的。合理地进行多线程程序设计，编写多线程程序，可以更加充分地利用各种计算机资源，提高程序的执行效率。

## 11.1 编写线程程序

Java 是一种面向对象的语言。类是 Java 程序的重要组成部分，编写线程程序也不例外。编写线程程序主要是构造线程类。构造线程类的方式主要有两种，一种是通过构造类 java.lang.Thread 的子类，另一种是通过构造实现接口 java.lang.Runnable 的类。因为类 java.lang.Thread 实际上也是实现了接口 java.lang.Runnable 的类，所以上面两种构造线程类的方法从本质上都是构造实现接口 java.lang.Runnable 的类。下面分别来介绍这两种方法。

### 11.1.1 通过类 Thread 的子类构造线程

类 java.lang.Thread 的每个实例对象就是 Java 程序的一个线程。因此，类 java.lang.Thread 的子类的实例对象也是 Java 程序的一个线程。这样，构造 Java 程序的线程可以通过构造类 java.lang.Thread 的子类的实例对象来实现。要构造类 java.lang.Thread 的子类的实例对象，首先需要构造出类 java.lang.Thread 的子类。构造类 **java.lang.Thread 的子类**的主要目的是为了让线程类的实例对象能够完成线程程序所需要的功能。

在编写类 java.lang.Thread 的子类的过程中，一个很重要的步骤是 编写 run 成员方法。这个成员方法实际上是对类 java.lang.Thread 的成员方法

```
public void run( )
```

的覆盖（override）。它包含了线程所需要执行的代码。虽然线程的执行代码在成员方法 run 中，但是启动或运行线程并不是直接调用成员方法 run 的，而是调用类 java.lang.Thread 的成员方法

```
public void start( )
```

启动线程的。如果直接调用成员方法 run，则一般来说会立即执行成员方法 run，从而失去线程的特性。在调用 成员方法 start 之后，Java 虚拟机会自动启动线程，从而由 Java 虚拟机进一步统一调度线程，实现各个线程一起并发地运行。Java 虚拟机决定是否开始以及何时开始运行该线程，而线程的运行实际上就是执行线程的成员方法 run 的。

下面给出一个 通过构造类 Thread 的子类创建线程的例程。例程的源文件名为 J_Thread.java，其内容如下所示。

```java
// ///////////////////////////////////////////////////
//
// J_Thread.java
//
// 开发者：雍俊海
// ///////////////////////////////////////////////////
// 简介：
//     通过构造类 Thread 的子类创建线程的例程
// ///////////////////////////////////////////////////
public class J_Thread extends Thread
{
    private int m_threadID;

    public J_Thread(int i)
    {
        m_threadID = i;
        System.out.println("创建线程: " + i);
    } // J_Thread构造方法结束

    public void run( )
    {
        for(int i=0; i<3; i++)
        {
            System.out.println("运行线程: " + m_threadID);
            try
            {
                Thread.sleep((int)(Math.random( ) * 1000));
            }
            catch(InterruptedException e)
```

```
            {
                System.err.println("异常 InterruptedException: " + e);
                e.printStackTrace( );
            } // try-catch 结构结束
        } // for 循环结束
    } // 方法 run 结束

    public static void main( String args[ ] )
    {
        new J_Thread(1).start( );
        new J_Thread(2).start( );
        System.out.println("方法 main 结束");
    } // 方法 main 结束
} // 类 J_Thread 结束
```

编译命令为：

```
javac J_Thread.java
```

执行命令为：

```
java J_Thread
```

最后执行的结果是在控制台窗口中输出：

```
创建线程: 1
创建线程: 2
方法 main 结束
运行线程: 1
运行线程: 2
运行线程: 2
运行线程: 1
运行线程: 1
运行线程: 2
```

上面几行内容出现的顺序在每次执行时可能会不太一样。从上面输出的结果可以看出，所创建的两个线程是并发运行的，而且在成员方法 main 运行结束之后，仍然能够继续运行。

在这个例程中，首先编写类 java.lang.Thread 的子类 J_Thread。在子类 J_Thread 中包含成员方法

```
public void run( )
```

然后，通过下面的格式

```
new 类 java.lang.Thread 的子类的构造方法(构造方法调用参数列表)
```

创建线程。最后，通过类 java.lang.Thread 的成员方法

```
public void start( )
```

**Java 程序设计教程（第 3 版）**

启动线程。

上面的程序调用了类 java.lang.Thread 的成员方法

```
public static void sleep(long millis) throws InterruptedException
```

该成员方法使得当前的线程（即调用该成员方法的线程）进入了**睡眠状态**（即暂停运行该线程）。睡眠的时间由方法 Thread.sleep 的参数指定。当过了指定的睡眠时间，线程会继续执行。因为成员方法 sleep 是类 Thread 的静态成员方法，所以可以直接通过类 Thread 进行调用。因为成员方法 sleep 会抛出异常，所以需要进行异常处理。

另外，上面的程序还调用了类 java.lang.Math 的成员方法

```
public static double random( )
```

这个成员方法返回一个大于或等于 0 并且小于 1 的**随机数**。

## 11.1.2　通过接口 Runnable 构造线程

通过接口 java.lang.Runnable 构造线程有时是非常有必要的。因为 Java 语言的语法规定每个类只能有一个直接父类，所以通过接口 java.lang.Runnable 构造线程是在构造线程过程中可能出现的多重继承问题的一种解决方案。

通过接口 java.lang.Runnable 构造线程首先需要编写一个实现接口 java.lang.Runnable 的类。接口 java.lang.Runnable 只声明了唯一的成员方法

```
void run( )
```

因此，编写实现接口 **java.lang.Runnable** 的类的一般格式如下：

```
public class A extends B implements Runnable
{
    // 类体的其他部分
    public void run( )
    {
        成员方法 run 的方法体
    }
    // 类体的其他部分
}
```

其中，A 和 B 分别表示两个类的名称。在上面的格式中，"extends B"不是必需的，是否需要应当由具体需求而定。如果"extends B"是必需的，则这种通过接口 java.lang.Runnable 构造线程的方法似乎是非常有必要的。因为类 A 已经有一个直接父类 B，所以类 A 不能再是类 java.lang.Thread 的直接子类。借助于接口 java.lang.Runnable 可以避开这个问题。与通过构造类 java.lang.Thread 的子类创建线程的方法类似，由类 A 构造出来的线程的执行代码就封装在类 A 的成员方法 run 中。这里编写的 run 成员方法实现了对接口 java.lang.Runnable 的成员方法 run 的覆盖（override）。

在编写完实现接口 java.lang.Runnable 的类 A 之后，构造和启动线程的方法如下：

```
A a = new A( );
Thread t = new Thread(a);
t.start( );
```

其中，类名 A 可以由实际所用的类名替代。这里先创建类 A 的实例对象，并定义指向该实例对象的变量 a。然后，通过 new 运算符和类 java.lang.Thread 的构造方法

```
public Thread(Runnable target)
```

构造类 java.lang.Thread 的实例对象，其中，构造方法的参数 target 是指向实现接口 java.lang.Runnable 的类的实例对象的引用，即参数 target 的类型是 java.lang.Runnable。因此，语句"new Thread(a)"构造出来的是类 java.lang.Thread 的实例对象，即线程。最后，通过类 java.lang.Thread 的成员方法

```
public void start( )
```

启动新创建的线程。在启动线程之后，是否开始或何时开始运行该线程的 run 成员方法要由 Java 虚拟机进行调度，以便多个线程按一定的规则并发运行，即这里利用线程的并发机制运行线程不能直接调用线程的 run 成员方法，而应当通过成员方法 start 启动线程，然后，由 Java 虚拟机来调度与运行线程。

下面给出了一个通过接口 java.lang.Runnable 构造线程的例程。例程的源文件名为 J_ThreadRunnable.java，其内容如下所示。

```
// //////////////////////////////////////////////////
//
// J_ThreadRunnable.java
//
// 开发者：雍俊海
// //////////////////////////////////////////////////
// 简介：
//     通过接口 Runnable 构造线程的例程
// //////////////////////////////////////////////////
public class J_ThreadRunnable implements Runnable
{
    private int m_threadID;

    public J_ThreadRunnable(int i)
    {
        m_threadID=i;
        System.out.println("创建线程：" + i );
    } // J_ThreadRunnable 构造方法结束

    public void run( )
    {
        for(int i=0; i<3; i++)
        {
```

```
        System.out.println("运行线程: " + m_threadID);
        try
        {
            Thread.sleep((int)(Math.random( ) * 1000));
        }
        catch (InterruptedException e)
        {
            System.err.println("异常 InterruptedException: " + e);
            e.printStackTrace( );
        } // try-catch 结构结束
    } // for 循环结束
} // 方法 run 结束

public static void main( String args[ ] )
{
    Thread t1= new Thread(new J_ThreadRunnable(1));
    t1.start( );
    Thread t2= new Thread(new J_ThreadRunnable(2));
    t2.start( );
    System.out.println("方法 main 结束");
} // 方法 main 结束
} // 类 J_ThreadRunnable 结束
```

编译命令为：

```
javac J_ThreadRunnable.java
```

执行命令为：

```
java J_ThreadRunnable
```

最后执行的结果是在控制台窗口中输出：

```
创建线程: 1
创建线程: 2
运行线程: 1
方法 main 结束
运行线程: 2
运行线程: 1
运行线程: 1
运行线程: 2
运行线程: 2
```

上面输出的几行内容出现的顺序在每次执行时可能会有些不太一样。上面输出的结果与上一小节例程输出的结果非常相似。实际上这两个程序的功能可以说是相同的，只是采用了不同的方法构造线程。在本示例程序中，线程 t1、线程 t2 以及 main 成员方法所在的线程在程序的运行过程中分别并发执行。类 java.lang.Thread 的成员方法 sleep 使得调用该成员方法的线程进入了睡眠状态，并且睡眠指定时间；类 java.lang.Math 的成员方法 random 返回一个大于或等于 0 并且小于 1 的随机数。

## 11.1.3　后台线程

线程可以分为后台线程（daemon thread）和用户线程（user thread）。后台（daemon）线程在有些资料中也称为守护线程或精灵线程。它与用户线程的区别只是在于当在一个程序中只有后台线程在运行时，程序会立即退出。如果一个程序还存在正在运行的用户线程，则该程序不会中止。因此，后台线程通常用来为其他线程提供服务。在默认的情况下，线程是用户线程。可以通过类 java.lang.Thread 的成员方法

```
public final boolean isDaemon( )
```

来判断一个线程是用户线程还是后台线程。如果该线程是后台线程，则该成员方法返回 true；否则，返回 false。要将线程状态在用户线程和后台线程之间切换，可以通过类 java.lang.Thread 的成员方法

```
public final void setDaemon(boolean on)
```

该成员方法的调用必须在调用类 java.lang.Thread 的成员方法

```
public void start( )
```

之前。一旦线程已经启动（即在调用 start 成员方法之后），则不能再调用类 java.lang.Thread 的 setDaemon 成员方法；否则，将在运行时出现 java.lang.IllegalThreadStateException 类型的异常。如果当成员方法 setDaemon 的参数是 true，则当前的线程被设置为后台线程；如果当成员方法 setDaemon 的参数是 false，则当前的线程被设置为用户线程。

下面给出一个后台线程的例程。例程的源文件名为 J_ThreadDaemon.java，其内容如下所示。

```
// //////////////////////////////////////////////////
//
// J_ThreadDaemon.java
//
// 开发者：雍俊海
// //////////////////////////////////////////////////
// 简介：
//     后台线程例程
// //////////////////////////////////////////////////
public class J_ThreadDaemon extends Thread
{
    public void run( )
    {
        for(int i=0; true; i++)
        {
            System.out.println("线程在运行: " + i);
```

```
            try
            {
                sleep((int)(Math.random( ) * 1000));
            }
            catch(InterruptedException e)
            {
                System.err.println(e);
            } // try-catch 结构结束
        } // for 循环结束
    } // 方法 run 结束

    public static void main(String args[ ])
    {
        J_ThreadDaemon t = new J_ThreadDaemon( );
        t.setDaemon(true);
        t.start( );
        if (t.isDaemon( ))
            System.out.println("创建一个后台线程");
        else
            System.out.println("创建一个用户线程");
        System.out.println("主方法运行结束");
    } // 方法 main 结束
} // 类 J_ThreadDaemon 结束
```

编译命令为：

```
javac J_ThreadDaemon.java
```

执行命令为：

```
java J_ThreadDaemon
```

最后执行的结果是在控制台窗口中输出：

```
线程在运行：0
创建一个后台线程
主方法运行结束
```

每次输出的结果可能会有些不一样。从上面的输出可以看出，在 main 成员方法结束之后，系统就会去中止各个后台线程。有些时候，在控制台窗口中输出"主方法运行结束"之后，还有可能输出"线程在运行：0"。这只是因为在后台线程被中止之前，后台线程已经运行了相应的输出语句，即该输出语句已经向计算机的输出设备发送了输出命令，只是通过输出设备进行输出需要一段时间，因而会在控制台窗口中显示出相应的输出结果。

为了进行比较，下面给出一个用户线程的例程。例程的源文件名为 J_Thread-User.java，其内容如下所示。

```
// ///////////////////////////////////////////////////////
```

```
//
// J_ThreadUser.java
//
// 开发者：雍俊海
// ////////////////////////////////////////////////
// 简介：
//     用户线程例程(为了与后台线程比较运行的机制)
// ////////////////////////////////////////////////
public class J_ThreadUser extends Thread
{
    public void run( )
    {
        for(int i=0; true; i++)
        {
            System.out.println("线程在运行： " + i);
            try
            {
                sleep((int)(Math.random( ) * 1000));
            }
            catch(InterruptedException e)
            {
                System.err.println(e);
            } // try-catch 结构结束
        } // for 循环结束
    } // 方法 run 结束

    public static void main(String args[ ])
    {
        J_ThreadUser t = new J_ThreadUser( );
        t.start( );
        if (t.isDaemon( ))
            System.out.println("创建一个后台线程");
        else
            System.out.println("创建一个用户线程");
        System.out.println("主方法运行结束");
    } // 方法 main 结束
} // 类 J_ThreadUser 结束
```

编译命令为：

```
javac J_ThreadUser.java
```

执行命令为：

```
java J_ThreadUser
```

最后执行的结果是在控制台窗口中输出：

```
创建一个用户线程
线程在运行: 0
主方法运行结束
线程在运行: 1
线程在运行: 2
线程在运行: 3
...
```

这个程序与前面的 J_ThreadDaemon.java 程序之间的最主要区别是前面类 J_ThreadDaemon 创建的是后台线程，而类 J_ThreadUser 创建的是用户线程。因为类 J_ThreadUser 的 main 成员方法比类 J_ThreadDaemon 的 main 成员方法少了一条语句"t.setDaemon(true);"，所以在类 J_ThreadUser 的 main 成员方法中创建的线程是用户线程。在上面程序输出结果中含有字符串"创建一个用户线程"，这也说明了上面程序创建的是用户线程。如果不强行中止上面程序的运行，则会在控制台窗口中不断输出字符串。这说明虽然 main 成员方法结束了，但用户线程仍然可以继续运行。

## 11.1.4　线程组

线程可以通过线程组（类 java.lang.ThreadGroup 的实例对象）来进行管理。这里的线程组是一些线程和线程组的集合。因为线程组可以包含其他线程组，所以线程组实际上形成了一个树状的体系结构。除了树状结构根部的线程组之外，每个线程组都有一个父线程组。一个线程组的父线程组就是包含该线程组的线程组。构造线程组可以通过类 java.lang.ThreadGroup 的两个构造方法。其中，一个构造方法是

```
public ThreadGroup(String name)
```

它的参数 name 用来指定线程组的名称。这时所构造出来的线程组的父线程组是当前线程所在的线程组。另一个构造方法是

```
public ThreadGroup(ThreadGroup parent, String name)
```

其中，参数 parent 指定父线程组，参数 name 指定新构造的线程组的名称。

将一个线程添加到一个线程组中一般是在创建线程时通过线程的构造方法的参数指定线程组。例如，类 java.lang.Thread 的构造方法

```
public Thread(ThreadGroup group, String name)
```

的参数 group 指定所要添加到的线程组，参数 name 指定新创建的线程的名称。

下面给出一个通过线程类和线程组类获取当前正在运行的线程个数及其名称的例程。例程的源文件名为 J_ThreadGroup.java，其内容如下所示。

```
// ////////////////////////////////////////////////////
//
// J_ThreadGroup.java
//
// 开发者：雍俊海
```

```
// ////////////////////////////////////////////////
// 简介:
//     获取当前正在运行的线程个数及其名称的例程
// ////////////////////////////////////////////////
public class J_ThreadGroup
{
    public static void main(String args[ ])
    {
        System.out.print("方法 main 所在的线程组含有");
        System.out.println(Thread.activeCount( ) + "个线程");
        Thread t= Thread.currentThread( );
        ThreadGroup tg=t.getThreadGroup( );

        for(; tg!=null; tg=tg.getParent( ))
        {
            System.out.print("线程组" + tg.getName( ));
            System.out.print("含有");
            System.out.println(tg.activeCount( ) + "个线程");
            int n=tg.activeCount( );
            Thread[ ] tList=new Thread[n];
            int m=tg.enumerate(tList);
            for (int i=0; i<m; i++)
                System.out.println("    其中第" + (i+1) + "个线程名为"
                    + tList[i].getName( ));
        } // for 循环结束
    } // 方法 main 结束
} // 类 J_ThreadGroup 结束
```

编译命令为:

```
javac J_ThreadGroup.java
```

执行命令为:

```
java J_ThreadGroup
```

最后执行的结果是在控制台窗口中输出:

```
方法 main 所在的线程组含有 1 个线程
线程组 main 含有 1 个线程
    其中第 1 个线程名为 main
线程组 system 含有 5 个线程
    其中第 1 个线程名为 Reference Handler
    其中第 2 个线程名为 Finalizer
    其中第 3 个线程名为 Signal Dispatcher
    其中第 4 个线程名为 Attach Listener
    其中第 5 个线程名为 main
```

从上面的输出可以看出,main 成员方法所在的线程是 main 线程,该线程所在的线程组是 main 线程组,main 线程组的父线程组是 system 线程组,system 线程组下面总共含有 5 个线程,这些线程分别为 Reference Handler 线程、Finalizer 线程、Signal Dispatcher 线程、Attach

Listener 线程和 main 线程。这个结果同时在一定程度上反映了 Java 虚拟机的多线程特性。

上面的例程用到了类 java.lang.Thread 和类 java.lang.ThreadGroup 的一些成员方法。其中，类 java.lang.Thread 的成员方法

```
public static int activeCount( )
```

返回在当前线程组中的线程个数。类 java.lang.Thread 的成员方法

```
public static Thread currentThread( )
```

返回当前的线程。类 java.lang.Thread 的成员方法

```
public final ThreadGroup getThreadGroup( )
```

返回该线程所在的线程组。类 java.lang.Thread 的成员方法

```
public final String getName( )
```

返回该线程的名称。

类 java.lang.ThreadGroup 的成员方法

```
public final ThreadGroup getParent( )
```

返回该线程组的父线程组。类 java.lang.ThreadGroup 的成员方法

```
public final String getName( )
```

返回该线程组的名称。类 java.lang.ThreadGroup 的成员方法

```
public int activeCount( )
```

返回所估算出来的在该线程组及其以下各级线程组中的线程总个数。类 java.lang.ThreadGroup 的成员方法

```
public int enumerate(Thread[ ] list)
```

将在该线程组及其以下各级线程组中的线程拷贝到数组 list 中，并返回放在数组 list 中的线程个数。当数组 list 的长度比线程个数少时，数组 list 将只存放刚好填满数组的前面几个线程。ThreadGroup 的成员方法

```
public int enumerate(ThreadGroup[ ] list)
```

将在该线程组及其以下各级线程组中的线程组拷贝到数组 list 中，并返回放在数组 list 中的线程组个数。当数组 list 的长度比需存放的线程组个数少时，数组 list 将只存放刚好填满数组的前面几个线程组。

## 11.2　线程的生命周期

要更好地进行多线程程序设计，就应当了解线程的生命周期。**线程的生命周期**基本上如图 11.1 所示。在正常的程序流程中，线程一般要经历新生态、就绪态、运行态和死亡态

这 4 个基本状态。有时由于线程的并发等原因，还可能进入阻塞态。另外，根据程序的需要，线程还有可能进入等待态和睡眠态。

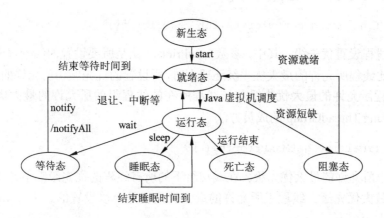

图 11.1　线程的生命周期

当创建了类 java.lang.Thread 或其子类的实例对象时，一个新的线程也就产生了。这时线程自动进入新生态。根据上一节的介绍，创建线程主要有两种方法，即通过类 java.lang.Thread 的子类构造线程和通过实现接口 java.lang.Runnable 的类构造线程。在正确编写类 java.lang.Thread 的子类之后，可以参照下面的语句格式

```
new 类 Thread 的子类的构造方法(构造方法调用参数列表);
```

生成类 java.lang.Thread 的子类的实例对象，即线程。在正确编写实现接口 Runnable 的类之后，可以参照下面的语句格式

```
new Thread(new 实现接口 Runnable 的类的构造方法(构造方法调用参数列表));
```

生成类 java.lang.Thread 的实例对象，即线程。

刚刚创建的线程还不能与其他线程一同并发运行。这时需要调用线程的成员方法 start，使得线程进入就绪态。只有处于就绪态的线程才能参与 Java 虚拟机对线程的调度。Java 虚拟机按照一定的调度规则让一些处于就绪态的线程进入运行态。进入运行态的线程自动执行在线程的成员方法

```
public void run( )
```

中的代码。在执行完 run 成员方法的代码之后，线程自动进入死亡态。

Java 虚拟机对线程的调度首先要根据线程的优先级。每个线程都有优先级。Java 虚拟机规定所有线程最小的优先级为 Thread.MIN_PRIORITY。目前，Thread.MIN_PRIORITY 的值为 1。线程最大的优先级为 Thread.MAX_PRIORITY。目前，Thread.MAX_PRIORITY 的值为 10。如果不对线程设置优先级，则该线程的优先级为默认的 Thread.NORM_PRIORITY。目前，Thread.NORM_PRIORITY 的值为 5。这里，Thread.MIN_PRIORITY、Thread.NORM_PRIORITY 和 Thread.MAX_PRIORITY 均为常量。它们的值不能被改变。

类 java.lang.Thread 的成员方法

```
public final int getPriority( )
```

返回当前线程的优先级。而类 java.lang.Thread 的成员方法

```
public final void setPriority(int newPriority)
```

可以给当前线程 设置优先级 ，其中，参数 newPriority 就是所要设置的线程优先级。当参数 newPriority 比线程所允许的最大优先级还要大时，所设置的优先级为所允许的最大优先级。

一个 线程所允许的最大优先级 与该线程所在的线程组的所允许的最大优先级是一样的。类 java.lang.ThreadGroup 的成员方法

```
public final int getMaxPriority( )
```

返回该线程组所允许的最大优先级。在线程组下的所有线程的优先级都不允许大于该线程组所允许的最大优先级。线程组所允许的最大优先级是可以设置的。类 java.lang.Thread-Group 的成员方法

```
public final void setMaxPriority(int pri)
```

用来给 线程组设置所允许的最大优先级 。如果参数 pri 的值小于 Thread.MIN_PRIORITY 或者大于 Thread.MAX_PRIORITY，则成员方法 setMaxPriority 不起作用，即该线程组的所允许的最大优先级不发生变化。否则，成员方法 setMaxPriority 在参数 pri 与其父线程组所允许的最大优先级之间选择一个较小的值作为该线程组的所允许的最大优先级。

在线程调度的过程中，如果存在多个处于就绪态的线程，则优先级高的线程优先进入运行态。如果存在资源共享冲突，则优先级高的线程优先占用该资源。如果线程的优先级都一样，则 Java 虚拟机随机调度这些线程进入运行态或占用资源。如果多个线程共享资源，并且只能有限个线程同时占用该资源，则 Java 虚拟机在调度就绪态的线程时会让一些处于就绪态的线程占用这些资源，而其他处于就绪态的线程就会因为资源短缺而自动进入 阻塞态 。处于阻塞态的线程在所需要的资源准备就绪（例如其他线程退出这些资源）时会自动重新进入就绪态，再次由 Java 虚拟机进行调度。

处在运行态的线程在调用类 java.lang.Thread 的成员方法

```
public static void sleep(long millis) throws InterruptedException
```

之后，自动进入 睡眠态 。这时当前线程暂时停止运行。睡眠的时间由方法 Thread.sleep 的参数指定。在过了指定的睡眠时间之后，线程会继续运行，即开始执行在导致进入睡眠态的 sleep 语句之后的语句。

这里可能需要强调的是， sleep 成员方法的静态属性 ，即这里 sleep 成员方法是类 java.lang.Thread 的静态成员方法。采用通过类名的方法调用 "Thread.sleep(*方法调用参数*)" 和采用线程的实例对象调用 sleep 成员方法在效果上是一样的，即都是让当前线程进入睡眠状态。例如：假设 A 和 B 分别是两个不同的线程，而线程 B 执行到下面的语句：

```
A.sleep(1000);
```

则进入睡眠状态的是线程 B，而不是线程 A。线程 B 的睡眠时间是 1 秒（=1000 毫秒）。因

为成员方法 sleep 是静态成员方法，所以语句

```
A.sleep(1000);
```

与语句

```
Thread.sleep(1000);
```

执行结果是完全一样的。为了不引起混淆，提高程序的可读性，建议不要采用"A.sleep(*方法调用参数*)"这种形式进行调用，而建议直接采用"Thread.sleep(*方法调用参数*)"这种形式进行调用。

为了使得多个线程之间保持同步，处于运行态的线程还可能调用类 java.lang.Object 的成员方法 wait，从而进入等待态。当等待的时间到或别的线程调用了类 java.lang.Object 的成员方法 notify 或 notifyAll 时，处于等待态的线程有可能重新回到就绪态，由 Java 虚拟机重新进行调度。下一节将专门介绍多个线程之间的同步处理。

# 11.3 多线程的同步处理

编写多线程程序往往是为了提高资源的利用率，或者提高程序的运行效率，或者更好地监控程序的运行过程等。在多线程程序中，线程之间一般来说不是相互孤立的。多个同时运行的线程可能共用资源，如数据或外部设备等。多个线程在并发地运行时应当能够协调地配合。多个线程并发地运行会使得一些简单的行为变得复杂。例如，如果两个线程同时对同一个变量进行读（取值）和写（赋值）操作，那么就有可能造成数据读和写的不正确，而且读和写行为有时会变得很难理解。如何保证线程之间的协调配合一般是编写多线程程序必须考虑的问题。多线程同步处理的目的是为了让多个线程协调地并发工作。对线程进行同步处理可以通过同步方法和同步语句块实现。Java 虚拟机是通过对资源（如内存）加锁的方式实现这两种同步方式的。这种机制带来的另一个问题是死锁问题（即程序的所有线程都处于阻塞态或等待态）。良好的程序设计应当设法避开这种死锁问题。

这里介绍本节的组织安排。下面 11.3.1 小节通过例程说明多线程在共享内存时不进行线程同步引发的问题。11.3.2 小节从整体上详细介绍了多线程同步的基本原理。从 11.3.3 小节到 11.3.7 小节针对在多线程同步中的各个重要细节通过例程进一步进行阐述。在下一节将介绍采用线程同步进行程序设计应当注意的问题。

## 11.3.1 多线程共享内存引发的问题

在同一个程序中的多个线程一般是为了完成一个或一些共同的目标而同时存在的，所以多个线程之间常常需要共享内存等资源，例如，访问相同的对象或变量等。这时，如果完全不对线程访问相同内存或资源进行协调，则有可能出现内存或资源冲突，例如，出现一些无效的数据。

下面给出一个在实验室中进行数据更新与分析的例程。该例程用来说明线程在共用资源时可能会出现的并发问题。数据更新与分析可能在实验室中会经常遇到。实验室的助理人员不断地测量并更新数据，分析人员同时对数据进行处理。下面的例程用两个线程分别

模拟助理人员的工作和分析人员的工作。例程的源文件名为 J_Synchronization.java，其内容如下所示。

```
// /////////////////////////////////////////////////
//
// J_Synchronization.java
//
// 开发者：雍俊海
// /////////////////////////////////////////////////
// 简介：
//     在实验室中进行数据更新与分析的例程，用于说明多线程并发问题
// /////////////////////////////////////////////////
class J_Experiment // 实验
{
    private int m_temperature, m_pressure; // 温度与气压

    public void mb_update(int t, int p) // 数据更新
    {
        m_temperature = t;
        m_pressure = p;
    } // 方法 mb_update 结束

    public void mb_analyze( ) // 数据分析
    {
        int t= m_temperature;
        int p= m_pressure;
        for (int i=0; i<1000; i++) // 进行延时，使得并发问题更容易出现
            ;
        if (t!=m_temperature) // 分析温度数据
        {
            System.out.print("实验数据出现情况: ");
            System.out.println("t(" + t + ") != (" + m_temperature + ")");
            System.exit(0);
        } // if 结构结束
        if (p!= m_pressure) // 分析气压数据
        {
            System.out.print("实验数据出现情况: ");
            System.out.println("p(" + p + ") != (" + m_pressure + ")");
            System.exit(0);
        } // if 结构结束
    } // 方法 mb_analyze 结束
} // 类 J_Experiment 结束

class J_Assistant extends Thread // 实验室的助理人员
{
```

```
        J_Experiment m_data;

        public J_Assistant(J_Experiment d)
        {
            m_data= d;
        } // 构造方法 J_Assistant 结束

        public void run( )
        {
            int i, j;
            for(; true; )
            {
                i= (int)(Math.random( ) * 1000);
                j= (int)(Math.random( ) * 1000);
                m_data.mb_update(i, j);
            } // for 循环结束
        } // 方法 run 结束
    } // 类 J_Assistant 结束

class J_Analyst extends Thread // 实验室的分析人员
{
        J_Experiment m_data;

        public J_Analyst(J_Experiment d)
        {
            m_data= d;
        } // 构造方法 J_Analyst 结束

        public void run( )
        {
            for(; true; )
                m_data.mb_analyze( );
        } // 方法 run 结束
    } // 类 J_Analyst 结束

public class J_Synchronization
{
        public static void main(String args[ ])
        {
            J_Experiment data= new J_Experiment( );
            J_Assistant threadA = new J_Assistant(data);
            J_Analyst   threadB = new J_Analyst(data);
            threadA.start( );
            threadB.start( );
        } // 方法 main 结束
```

} // 类 J_Synchronization 结束

编译命令为：

```
javac J_Synchronization.java
```

执行命令为：

```
java J_Synchronization
```

最后执行的结果是在控制台窗口中输出：

```
实验数据出现情况：p(675) != (951)
```

最后输出的内容在每次执行时可能会有些不同。但大致上会相似，即一般最终都会输出"实验数据出现情况：……"。如果线程不是并发地执行，则不会输出这样的信息。这条信息是由类 J_Experiment 的成员方法 mb_analyze 输出的。分析一下这个成员方法，变量 t 和 p 分别赋值 m_temperature 和 m_pressure。然后，在稍微延时之后判断 t 是否等于 m_temperature，p 是否等于 m_pressure。答案似乎很显然 t 应当等于 m_temperature，p 应当等于 m_pressure。但现在的问题是程序有两个并发的线程。在给变量 t 赋值为 m_temperature，给变量 p 赋值为 m_pressure 之后，另一个线程有可能会调用类 J_Experiment 的成员方法 mb_update 更新域 m_temperature 和 m_pressure 的值。这种情况发生的可能性很大。如果在判断语句"if (t!=m_temperature)"和"if (p!= m_pressure)"之前更新域 m_temperature 和 m_pressure 的值，则信息"实验数据出现情况：……"就有可能会被输出。正确的实验方法应当是当助理人员在更新数据并且还没有完成数据更新时，分析人员不应当去取数据；反过来，当分析人员正在抄录数据时，助理人员不应当更新数据。即更新数据和抄录数据之间应当做到互相排斥。上面的程序调用了类 java.lang.Math 的成员方法 random，它返回一个大于或等于 0 并且小于 1 的随机数。

下面给出另一个由于多个并发线程共享内存引发问题的例程。这个例程揭示了当多个线程同时操作同一个数据时，一些简单的运算（如加法或减法）有可能都无法正确完成。例程的源文件名为 J_ThreadSum.java，其内容如下所示。

```
// ////////////////////////////////////////////////////
//
// J_ThreadSum.java
//
// 开发者：雍俊海
// ////////////////////////////////////////////////////
// 简介:
//     由于多线程共享内存引发问题的例程——加减法失败
// ////////////////////////////////////////////////////
public class J_ThreadSum extends Thread
{
    public static int m_data=0;
    public static int m_times=10000;
```

```
public int m_ID;
public boolean m_done;

J_ThreadSum(int id)
{
    m_ID=id;
} // J_ThreadSum 构造方法结束

public void run( )
{
    m_done=false;
    int d= ((m_ID % 2==0) ? 1 : -1);
    System.out.println("运行线程: " + m_ID + "(增量为: " + d + ")");
    for(int i=0; i<m_times; i++)
    for(int j=0; j<m_times; j++)
        m_data+=d;
    m_done=true;
    System.out.println("结束线程: " + m_ID);
} // 方法 run 结束

public static void main(String args[ ])
{
    J_ThreadSum t1 = new J_ThreadSum(1);
    J_ThreadSum t2 = new J_ThreadSum(2);
    t1.m_done=false;
    t2.m_done=false;
    t1.start( );
    t2.start( );
    while ( !t1.m_done || !t2.m_done ) // 等待两个线程运行结束
        ;
    System.out.println("结果: m_data=" + m_data);
} // 方法 main 结束
} // 类 J_ThreadSum 结束
```

编译命令为:

```
javac J_ThreadSum.java
```

执行命令为:

```
java J_ThreadSum
```

最后执行的结果是在控制台窗口中输出:

```
运行线程: 1(增量为: -1)
运行线程: 2(增量为: 1)
结束线程: 1
```

```
结束线程：2
结果：m_data=-4446276
```

每次运行上面的程序输出的结果可能会有些变化，即变量 m_data 最终的值在每次输出中常常不相同。在上面的例程中，程序在 main 成员方法创建了两个线程 t1 和 t2。在类 J_ThreadSum 的 main 成员方法中，语句

```
while ( !t1.m_done || !t2.m_done )
    ;
```

用来等待两个线程 t1 和 t2 运行结束。这里，因为变量 t1 和 t2 分别指向两个不同的实例对象，所以 t1.m_done 和 t2.m_done 是两个不同的变量，占用不同的内存空间。在这个例程中，两个线程 t1 和 t2 所共享的内存数据之一是通过语句

```
public static int m_data=0;
```

所定义的类 J_ThreadSum 的静态成员域 m_data。域变量 m_data 的初始值为 0。线程 t1 共分 m_times×m_times 次增加域变量 m_data 的值，每次增加 1；线程 t2 共分 m_times×m_times 次减小域变量 m_data 的值，每次减小 1。如果每次对变量 m_data 的值增加 1 或减小 1 的操作都正确完成，则最终 m_data 的值应当为 0。但是上面程序运行的结果最终 m_data 的值并不总是为 0 的。这是因为这两个线程并发运行造成的。当出现两个线程同时要改变 m_data 的值时，对 m_data 的值增加 1 或减小 1 的操作就有可能无法正确完成，从而最终造成 m_data 的值不为 0。为了避免出现上面的问题，需要在线程之间建立起同步机制。

## 11.3.2　多线程同步的基本原理

如果在多个并发线程之间共用资源，则可能就需要进行同步处理。如图 11.2 所示，Java 虚拟机通过给每个对象加锁（lock）的方式实现多线程的同步处理。这里的对象包括类对象和实例对象两种。类所对应的类对象的引用可以通过类 java.lang.Class 的成员方法

```
public static Class forName(String className) throws ClassNotFoundException
```

获取。该成员方法的参数 className 指定类或接口的名称，其返回值即为指定的类或接口

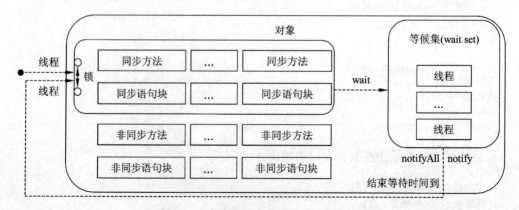

图 11.2　多线程同步处理的原理示意图

所对应的类对象的引用值。例如：语句

```
Class t = Class.forName("java.lang.Thread");
```

使得变量 t 的值为 java.lang.Thread 类对象的引用值。一个类的静态成员域和静态成员方法隶属于类对象。一个类的非静态成员域和非静态成员方法是不隶属于类对象的，而隶属于类的实例对象。同样，一个类的静态成员域和静态成员方法不隶属于类的实例对象。创建类的实例对象可以通过 new 运算符和类的构造方法。

　　Java 虚拟机为每个对象配备一把锁（lock）和一个等候集（wait set）。如图 11.2 所示，对象内部锁住的是一些同步方法和同步语句块。一个方法要成为同步方法只要给该方法加上修饰词 synchronized 就可以了。同步语句块的定义格式如下：

```
synchronized (引用类型的表达式)
    语句块
```

其中，关键字 synchronized 是同步语句块的引导词；位于"（ ）"内的表达式必须是引用类型的表达式，指向某个类对象或实例对象，即指定与该同步语句块相关联的对象；语句块则由一对"{ }"及这对大括号所括起来的一系列语句组成。如图 11.2 所示，这些同步方法和同步语句块都分别与一个特定的对象相关联。

　　Java 虚拟机通过对象的锁（lock）确保在任何同一个时刻内最多只有一个线程能够运行与该对象相关联的同步方法和同步语句块。对象锁有点像是闩，它不需要钥匙。当没有线程在运行与对象相关联的同步方法和同步语句块时，对象锁是打开的。这时任何线程都可以进来运行这些与对象相关联的同步方法和同步语句块，但每次只能有一个线程进去运行这些代码。一旦有线程进去运行这些与对象相关联的同步方法和同步语句块，对象锁就自动锁上，从而其他需要进去的进程只能处于阻塞态，等待锁的打开。如果线程执行完同步方法或同步语句块并从中退出来，则对象锁自动打开。如果对象锁是打开的并且有多个线程等待进入运行同步方法或同步语句块，则优先级高的线程先进去。如果优先级相同，则最终进入的线程是随机的。

　　如果线程在执行同步方法或同步语句块时调用了类 java.lang.Object 的 wait 成员方法，则该线程进入该对象的等候集（wait set）。这时，该线程所处的状态为等待态；同时，对象锁自动打开。

　　类 java.lang.Object 的 wait 成员方法有 3 个，分别是：

```
（1）public final void wait( ) throws InterruptedException
（2）public final void wait(long timeout) throws InterruptedException
（3）public final void wait(long timeout, int nanos) throws
    InterruptedException
```

其中，参数 timeout 的单位是毫秒（=$10^{-3}$ 秒），参数 nanos 的单位是毫微秒（=$10^{-9}$ 秒）。当调用参数 timeout 为 0 时，第二个 wait 成员方法与第一个 wait 成员方法等价；当调用参数 timeout 和 nanos 均为 0 时，第三个 wait 成员方法与第一个 wait 成员方法等价。如果第二个和第三个 wait 成员方法的调用参数大于 0，则其调用参数规定了该线程在等候集（wait set）中等待的最长时间。这 3 个 wait 成员方法只能在同步方法或同步语句块中调用。

　　在对象的等候集（wait set）中的线程是在执行该对象的同步方法或同步语句块时调用

了 wait 成员方法的线程。要激活在等候集中的线程可以通过类 java.lang.Object 的成员方法

```
public final void notify( )
```

和

```
public final void notifyAll( )
```

这两个成员方法都只能在同步方法或同步语句块中调用，而且激活的线程都只能是在这些同步方法和同步语句块所关联的对象的等候集中的线程。成员方法 notifyAll 与 notify 的区别在于成员方法 notifyAll 会激活在该对象的等候集中的所有线程，而成员方法 notify 则只能激活在该对象的等候集中的一个线程。如果在等候集中存在多个线程，则成员方法 notify 随机激活其中一个线程。如果在等候集中的线程在进入等候集时调用的 wait 成员方法带有参数并且参数值大于 0，则在到了由调用参数所规定的等待时间时该线程也会自动被激活。如果在等候集中的线程在进入等候集时调用的 wait 成员方法不带参数或者所带的参数均为 0，则这个线程只能由成员方法 notifyAll 或者 notify 激活。如图 11.2 所示，被激活的线程离开等候集，进入就绪态，由 Java 虚拟机进行调度。如果这时对象锁已经打开，而且 Java 虚拟机允许被激活的线程重新进入，被激活的线程会重新进入原先运行的同步方法或同步语句块，而且执行的语句是从在进入等候集时所调用的 wait 成员方法的下一条语句开始。

如图 11.2 所示，对于附属于对象的非同步的方法和语句块，各个线程可以同时并发地运行，而不受对象锁的控制。通常只是将有可能存在共享资源冲突或对线程有时序要求的方法和语句块设置成为同步方法和同步语句块。一方面，同步方法和同步语句块在一定程度上具有线程的独占性，可以避免多个线程同时占用共享的资源；另一方面，类 java.lang.Object 的成员方法 wait、notify 和 notifyAll 可以用来协调线程之间的执行顺序，但是这些成员方法都要求必须在同步方法或同步语句块中调用。由于同步处理机制，Java 虚拟机在运行同步方法或同步语句块时在时间与空间上需要一些额外开销。虽然利用多线程可以提高资源的利用率，但是如果过于频繁地用同步方法或同步语句块，则会降低多线程的并行度，并可能因为 Java 虚拟机的额外开销过大而最终降低程序的运行效率。

## 11.3.3 在多线程同步中的静态方法和非静态方法

上一小节指出只要给一个方法加上修饰词 synchronized，该方法就成为同步方法。如果该方法是静态（**static**）方法，则相应的同步方法会与该方法所在的类的类对象相关联，受类对象锁的控制。如果该方法是非静态方法，则相应的同步方法就会与该方法所在的类的某个实例对象相关联，受该实例对象锁的控制。

下面给出一个同时具有同步的静态方法和非静态方法的例程。例程的源文件名为 J_SynchronizedStatic.java，其内容如下所示。

```
// ////////////////////////////////////////////////////
//
// J_SynchronizedStatic.java
//
// 开发者：雍俊海
```

```
// ///////////////////////////////////////////////////
// 简介:
//     线程同步例程: 说明静态的和非静态的同步方法
// ///////////////////////////////////////////////////
class J_Experiment
{
    public static void mb_sleep(long millis)
    {
        try
        {
            Thread.sleep(millis);
        }
        catch (InterruptedException e)
        {
            System.err.println("异常 InterruptedException: " + e);
            e.printStackTrace( );
        } // try-catch 结构结束
    } // 方法 mb_sleep 结束

    public static synchronized void mb_methodStatic(int id)
    {
        System.out.println("线程" + id + "进入静态同步方法");
        mb_sleep(1000);
        System.out.println("线程" + id + "离开静态同步方法");
    } // 方法 mb_methodStatic 结束

    public synchronized void mb_methodSynchronized(int id)
    {
        System.out.println("线程" + id + "进入非静态同步方法");
        mb_sleep(1000);
        System.out.println("线程" + id + "离开非静态同步方法");
    } // 方法 mb_methodSynchronized 结束

    public void mb_method(int id)
    {
        System.out.println("线程" + id + "进入非静态非同步方法");
        mb_sleep(1000);
        System.out.println("线程" + id + "离开非静态非同步方法");
    } // 方法 mb_method 结束
} // 类 J_Experiment 结束

public class J_SynchronizedStatic extends Thread
{
    public int m_ID;
    public J_Experiment m_data;
```

**J**ava 程序设计教程（第 3 版）

```
    J_SynchronizedStatic(int id)
    {
        m_ID=id;
    } // J_SynchronizedStatic 构造方法结束

    public void run( )
    {
        System.out.println("运行线程: " + m_ID);
        m_data.mb_methodSynchronized(m_ID);
        m_data.mb_methodStatic(m_ID);
        m_data.mb_method(m_ID);
        System.out.println("结束线程: " + m_ID);
    } // 方法 run 结束

    public static void main(String args[ ])
    {
        int n=2;
        J_SynchronizedStatic [ ] t = new J_SynchronizedStatic[n];
        J_Experiment d = new J_Experiment( );
        for(int i=0; i< n; i++)
        {
            t[i] = new J_SynchronizedStatic(i);
            t[i].m_data = d;
            t[i].start( );
        } // for 循环结束
        System.out.println("方法 main 结束");
    } // 方法 main 结束
} // 类 J_SynchronizedStatic 结束
```

编译命令为：

```
javac J_SynchronizedStatic.java
```

执行命令为：

```
java J_SynchronizedStatic
```

最后执行的结果是在控制台窗口中输出：

方法 main 结束
运行线程：0
线程 0 进入非静态同步方法
运行线程：1
线程 0 离开非静态同步方法
线程 1 进入非静态同步方法
线程 0 进入静态同步方法

线程 1 离开非静态同步方法
线程 0 离开静态同步方法
线程 1 进入静态同步方法
线程 0 进入非静态非同步方法
线程 1 离开静态同步方法
线程 1 进入非静态非同步方法
线程 0 离开非静态非同步方法
结束线程：0
线程 1 离开非静态非同步方法
结束线程：1

　　每次运行上面的程序输出的结果可能都会有些变化，不过这些变化都会遵循多线程的同步原理。针对上面的例程，参照多线程同步的基本原理示意图 11.2，可以得到如图 11.3 所示的对象锁示意图。在例程中，类 J_Experiment 的静态成员方法 mb_sleep 和 mb_methodStatic 隶属于类 J_Experiment 所对应的类对象，如图 11.3(a)所示。如图 11.3(b) 所示，类 J_Experiment 的非静态成员方法 mb_methodSynchronized 和 mb_method 则隶属于这个类的每个实例对象，而且这些非静态成员方法的具体行为与每个具体的实例对象相关联。在类 J_SynchronizedStatic 的 main 成员方法创建了类 J_Experiment 的实例对象，并由局部变量 d、线程 t[0]的成员域 m_data、线程 t[1]的成员域 m_data 指向这个实例对象，即两个线程 t[0]和 t[1]的成员域 m_data 均指向同一个实例对象。因为 t[i].m_data（其中 i=0 或 1）所指向的实例对象和 J_Experiment 类对象是两个不同的对象，所以它们拥有不同的锁如图 11.3 所示，从而在相同的时刻这两个对象会允许线程同时分别进入并运行这两个对象的同步方法。这两个对象锁相互之间是不相关的，分别被相应的对象控制。根据多线程的同步原理，在相同的时刻在 t[0]和 t[1]当中只能有一个线程能够进入并运行 t[i].m_data（其中 i=0 或 1）所指向的实例对象的同步方法；另一个线程要进入这个同步方法只能等待前面一个线程退出这个同步方法。同样，如图 11.3(a)所示，在相同的时刻在 t[0]和 t[1]当中只能有一个线程能够进入并运行隶属于 J_Experiment 类对象的同步方法。对于类 J_Experiment 的非同步成员方法 mb_sleep 和 mb_method，因为它们不是同步方法，所以不受对象锁的限制；从而允许多个线程同时进入并运行这些方法。

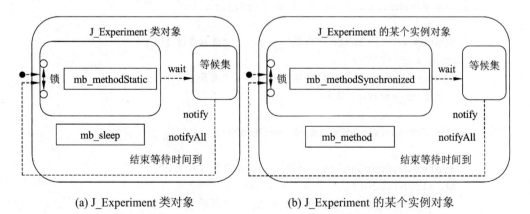

(a) J_Experiment 类对象　　　　　　(b) J_Experiment 的某个实例对象

图 11.3　在多线程同步中的静态方法和非静态方法（注：忽略类 Object 的成员方法）

## 11.3.4　在多线程同步中同一个实例对象的多个同步方法

如果多个同步方法与一个对象（类对象或类的实例对象）相关联，则这些同步方法都受这个对象锁的控制。在任何相同的时刻都只能最多有一个线程进入这些同步方法。下面给出同一个实例对象具有多个同步方法的多线程同步例程。例程的源文件名为 J_SynchronizedMethod.java，其内容如下所示。

```
// ////////////////////////////////////////////////////
//
// J_SynchronizedMethod.java
//
// 开发者：雍俊海
// ////////////////////////////////////////////////////
// 简介：
//    线程同步例程：说明在同一个对象中的多个同步方法的运行机制
// ////////////////////////////////////////////////////
class J_Experiment
{
    public static void mb_sleep(long millis)
    {
        try
        {
            Thread.sleep(millis);
        }
        catch (InterruptedException e)
        {
            System.err.println("异常 InterruptedException: " + e);
            e.printStackTrace( );
        } // try-catch 结构结束
    } // 方法 mb_sleep 结束

    public synchronized void mb_method1(int id)
    {
        System.out.println("线程" + id + "进入方法 1");
        mb_sleep(1000);
        System.out.println("线程" + id + "离开方法 1");
    } // 方法 mb_method1 结束

    public synchronized void mb_method2(int id)
    {
        System.out.println("线程" + id + "进入方法 2");
        mb_sleep(1000);
        System.out.println("线程" + id + "离开方法 2");
    } // 方法 mb_method2 结束
} // 类 J_Experiment 结束
```

```
public class J_SynchronizedMethod extends Thread
{
    public int m_ID;
    public J_Experiment m_data;

    J_SynchronizedMethod(int id)
    {
        m_ID=id;
    } // J_SynchronizedMethod 构造方法结束

    public void run( )
    {
        System.out.println("运行线程: " + m_ID);
        m_data.mb_method1(m_ID);
        m_data.mb_method2(m_ID);
        System.out.println("结束线程: " + m_ID);
    } // 方法 run 结束

    public static void main(String args[ ])
    {
        int n=2;
        J_SynchronizedMethod [ ] t = new J_SynchronizedMethod[n];
        J_Experiment d = new J_Experiment( );
        for(int i=0; i< n; i++)
        {
            t[i] = new J_SynchronizedMethod(i);
            t[i].m_data = d;
            t[i].start( );
        } // for 循环结束
        System.out.println("方法 main 结束");
    } // 方法 main 结束
} // 类 J_SynchronizedMethod 结束
```

编译命令为：

```
javac J_SynchronizedMethod.java
```

执行命令为：

```
java J_SynchronizedMethod
```

最后执行的结果是在控制台窗口中输出：

```
运行线程: 0
线程 0 进入方法 1
方法 main 结束
运行线程: 1
线程 0 离开方法 1
线程 1 进入方法 1
```

线程 1 离开方法 1
线程 0 进入方法 2
线程 0 离开方法 2
结束线程：0
线程 1 进入方法 2
线程 1 离开方法 2
结束线程：1

每次运行上面的程序输出的结果可能都会有些变化，不过这些变化都会遵循多线程的同步原理。针对上面的例程，参照多线程同步的基本原理示意图 11.2，可以得到如图 11.4 所示的对象锁示意图。如图 11.4(b) 所示，类 J_Experiment 的非静态同步方法 mb_method1 和 mb_method2 隶属于这个类的每个实例对象，而且这些非静态方法的具体行为与每个具体的实例对象相关联。在类 J_SynchronizedMethod 的 main 成员方法创建了类 J_Experiment 的实例对象，并由局部变量 d、线程 t[0] 的成员域 m_data、线程 t[1] 的成员域 m_data 指向这个实例对象，即两个线程 t[0] 和 t[1] 的成员域 m_data 均指向同一个实例对象。如图 11.4(b) 所示，这个实例对象锁同时控制同步方法 mb_method1 和 mb_method2。从例程的输出结果可以看出，两个线程 t[0] 和 t[1] 在任何相同的时刻最多只能有一个线程能够进入并运行隶属于这个实例对象的同步方法；另一个线程要进入这些同步方法只能等待前面一个线程退出这些同步方法。

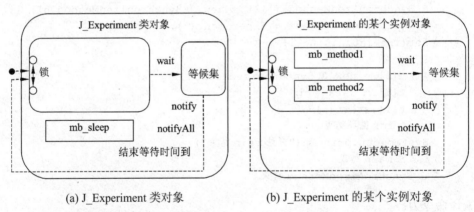

(a) J_Experiment 类对象　　　　　　(b) J_Experiment 的某个实例对象

图 11.4　一个实例对象拥有多个同步方法（注：忽略类 java.lang.Object 的成员方法）

从上面的输出结果上看，当线程 t[0] 进入并运行成员方法 mb_method1 时，t[i].m_data（其中 i=0 或 1）所指向的实例对象锁自动锁上。这时，线程 t[1] 处于阻塞态，等待线程 t[0] 从成员方法 mb_method1 中退出来。当线程 t[0] 输出"线程 0 离开方法 1"并从成员方法 mb_method1 中退出来时，t[i].m_data（其中 i=0 或 1）所指向的实例对象锁自动打开，等待 Java 虚拟机调度线程进入并运行这个锁所控制的同步方法 mb_method1 或 mb_method2。

## 11.3.5　同步语句块

Java 虚拟机为每个对象配备一把锁（lock）用于线程同步。11.3.2 小节指出对象锁锁住的是一些与该对象关联的同步方法和同步语句块。一个方法要成为同步方法，只要给该方法加上修饰词 synchronized 就可以了。这里介绍同步语句块。同步语句块的定义格式如下：

```
synchronized（引用类型的表达式）
    语句块
```

其中，关键字 synchronized 是同步语句块的引导词；位于"( )"内的表达式必须是引用类型的表达式，指向某个类对象或实例对象；语句块则由一对"{ }"及这对大括号所括起来的一系列语句组成。当线程执行到同步语句块时，将由 Java 虚拟机进行调度。如果引用类型的表达式所指向的对象锁是打开的，则 Java 虚拟机的调度结果可能会让该线程进入并运行该同步语句块，同时引用类型的表达式所指向的对象就会被锁住，不允许其他线程进入与该对象关联的各个同步方法和同步语句块中。当线程运行完在同步语句块中的语句时，线程退出同步语句块，引用类型的表达式所指向的对象锁就会自动打开。这时其他线程才有可能由 Java 虚拟机调度进入与该对象关联的同步方法或同步语句块。

在同步语句块中，要让引用类型的表达式所指向的对象为类对象可以通过类 java.lang.Class 的成员方法

```
public static Class forName(String className) throws ClassNotFoundException
```

该成员方法的参数 className 指定类或接口的名称，其返回值即为指定的类或接口所对应的类对象的引用值。

下面给出一个通过基于类对象的同步语句块进行线程同步的例程。例程的源文件名为 J_BlockClass.java，其内容如下所示。

```
// /////////////////////////////////////////////////
//
// J_BlockClass.java
//
// 开发者：雍俊海
// /////////////////////////////////////////////////
// 简介:
//     通过基于类对象的同步语句块进行线程同步的例程
// /////////////////////////////////////////////////
public class J_BlockClass extends Thread
{
    public static int m_data=0;
    public static int m_times=1000;
    public int m_ID;
    public boolean m_done;

    J_BlockClass(int id)
    {
        m_ID=id;
    } // J_BlockClass 构造方法结束

    public void run( )
    {
```

```
        m_done=false;
        int d= ((m_ID % 2==0) ? 1 : -1);
        System.out.println("运行线程: " + m_ID + "(增量为: " + d + ")");
        try
        {
            synchronized(Class.forName("J_BlockClass"))
            {
                System.out.println("线程: " + m_ID
                    + "进入同步语句块, m_data=" + m_data);
                for(int i=0; i<m_times; i++)
                for(int j=0; j<m_times; j++)
                    m_data+=d;
                System.out.println("线程: " + m_ID
                    + "离开同步语句块, m_data=" + m_data);
            } // 同步语句块结束
        }
        catch(ClassNotFoundException e)
        {
            e.printStackTrace( );
            System.err.println(e);
        } // try-catch 结构结束

        m_done=true;
        System.out.println("结束线程: " + m_ID);
    } // 方法 run 结束

    public static void main(String args[ ])
    {
        J_BlockClass t1 = new J_BlockClass(1);
        J_BlockClass t2 = new J_BlockClass(2);
        t1.m_done=false;
        t2.m_done=false;
        t1.start( );
        t2.start( );
        while ( !t1.m_done || !t2.m_done ) // 等待两个线程运行结束
            ;
        System.out.println("结果: m_data=" + m_data);
    } // 方法 main 结束
} // 类 J_BlockClass 结束
```

编译命令为：

```
javac J_BlockClass.java
```

执行命令为：

```
java J_BlockClass
```

最后执行的结果是在控制台窗口中输出：

```
运行线程：1(增量为：-1)
线程：1 进入同步语句块，m_data=0
运行线程：2(增量为：1)
线程：1 离开同步语句块，m_data=-100000000
线程：2 进入同步语句块，m_data=-100000000
结束线程：1
线程：2 离开同步语句块，m_data=0
结束线程：2
结果：m_data=0
```

在这个例程中，程序给 J_BlockClass 类对象附加了一个同步语句块，如图 11.5 所示。在例程中，程序通过

```
Class.forName("J_BlockClass")
```

获得 J_BlockClass 类对象的引用值。通过

```
synchronized(Class.forName("J_BlockClass"))
```

使得同步语句块与 J_BlockClass 类对象相关联。如图 11.5 所示，因为同步语句块被 J_BlockClass 类对象锁所控制，所以每次最多只能有一个线程进入并运行同步语句块，从而保证了语句

```
m_data+=d;
```

的正确执行。因此，上面程序最终输出的结果 m_data 一直为 0。

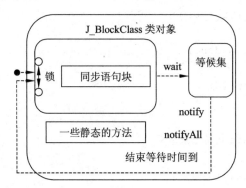

图 11.5　基于类对象的同步语句块（注：忽略类 java.lang.Object 的成员方法）

这里，"Class.forName("J_BlockClass")"不能直接用类名称 J_BlockClass 替代，因为 J_BlockClass 是类名，而不是引用数据类型的表达式。另外，这里的 "Class.forName("J_BlockClass")"也不能用字符串"J_BlockClass"替代，否则，与同步语句块相关联的是"J_BlockClass"所指向的字符串对象，而不是 J_BlockClass 类对象。不过，当"Class.forName("J_BlockClass")"用字符串"J_BlockClass"替代并且去掉 try-catch 结构时，最后程序的执行效果与替代前是完全一样的，因为字符串常量"J_BlockClass"的对象锁替代了 J_BlockClass 类对象锁，所以使得每次最多只能有一个线程进入并运行同步语句块。但

**J**ava 程序设计教程（第 3 版）

是这种替代不是正确的程序设计和编写方式，因为这会造成程序的可读性变差，而且当程序规模变大时很容易引起程序的错误。

这里介绍基于实例对象的同步语句块。这时在同步语句块的定义格式中，引用类型的表达式指向用来控制同步的实例对象。关键字 **this** 本身是一个指向当前实例对象的引用类型表达式。但在同步语句块中应当慎重使用关键字 this 作为指定同步语句块关联对象的引用类型表达式，因为关键字 this 所指向的当前实例对象在程序运行时一般会发生动态变化，即不同的时刻可能指向不同的实例对象。

下面给出一个使用了同步语句块但线程同步不成功的例程。它是由上面的例程改造而成的，将上面例程的 "Class.forName("J_BlockClass")" 替换为 this，同时，去掉用于异常处理的 try-catch 结构，并更改类名。这个线程同步例程同时也说明了类的实例对象与静态成员域的关系。例程的源文件名为 J_BlockThis.java，其内容如下所示。

```
// ///////////////////////////////////////////////////////
//
// J_BlockThis.java
//
// 开发者：雍俊海
// ///////////////////////////////////////////////////////
// 简介：
//      线程同步例程：说明类的实例对象与静态成员域之间的关系
// ///////////////////////////////////////////////////////
public class J_BlockThis extends Thread
{
    public static int m_data=0;
    public static int m_times=10000;
    public int m_ID;
    public boolean m_done;

    J_BlockThis(int id)
    {
        m_ID=id;
    } // J_BlockThis 构造方法结束

    public void run( )
    {
        m_done=false;
        int d= ((m_ID % 2==0) ? 1 : -1);
        System.out.println("运行线程: " + m_ID + "(增量为: " + d + ")");
        synchronized(this)
        {
            System.out.println("线程: " + m_ID
                + "进入同步语句块, m_data=" + m_data);
            for(int i=0; i<m_times; i++)
            for(int j=0; j<m_times; j++)
```

```
            m_data+=d;
        System.out.println("线程: " + m_ID
            + "离开同步语句块, m_data=" + m_data);
    } // 同步语句块结束

    m_done=true;
    System.out.println("结束线程: " + m_ID);
} // 方法 run 结束

public static void main(String args[ ])
{
    J_BlockThis t1 = new J_BlockThis(1);
    J_BlockThis t2 = new J_BlockThis(2);
    t1.m_done=false;
    t2.m_done=false;
    t1.start( );
    t2.start( );
    while ( !t1.m_done || !t2.m_done ) // 等待两个线程运行结束
        ;
    System.out.println("结果: m_data=" + m_data);
} // 方法 main 结束
} // 类 J_BlockThis 结束
```

编译命令为:

```
javac J_BlockThis.java
```

执行命令为:

```
java J_BlockThis
```

最后执行的结果是在控制台窗口中输出:

```
运行线程: 1(增量为: -1)
线程: 1进入同步语句块, m_data=0
运行线程: 2(增量为: 1)
线程: 2进入同步语句块, m_data=-6320909
线程: 1离开同步语句块, m_data=9683218
结束线程: 1
线程: 2离开同步语句块, m_data=9904302
结束线程: 2
结果: m_data=9904302
```

在这个例程中, 程序无法阻止两个线程同时执行同步语句块。这个例程在 main 成员方法中创建了两个线程 t1 和 t2。这个例程通过

```
synchronized(this)
```

指定同步语句块所关联的对象为引用 this 所指向的实例对象。当线程 t1 运行到这里时，关键字 this 指向的实例对象即为线程 t1 所对应的实例对象。因此，线程 t1 能否进入运行同步语句块的关键在于线程 t1 所对应的实例对象锁是否打开，如图 11.6(b)所示。当线程 t2 运行到同步语句块时，关键字 this 指向的实例对象即为线程 t2 所对应的实例对象。因此，线程 t2 能否进入运行同步语句块的关键在于线程 t2 所对应的实例对象锁是否打开，如图 11.6(c)所示。如图 11.6 所示，线程 t1 和 t2 所对应的两个实例对象是两个不同的实例对象，因此线程 t1 和 t2 可以同时分别进入相应的同步语句块。

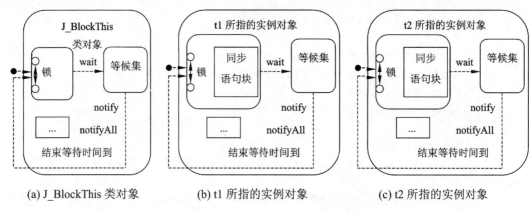

  (a) J_BlockThis 类对象      (b) t1 所指的实例对象      (c) t2 所指的实例对象

图 11.6　基于实例对象的同步语句块（注：忽略类 java.lang.Object 的成员方法）

在这个例程中，类 J_BlockThis 的静态成员域 m_data 与线程 t1 和 t2 所对应的两个实例对象有一定的关系。J_BlockThis.m_data、t1.m_data 以及 t1.m_data 实际上对应同一个变量。虽然在例程中的同步语句块涉及到对这个共享变量的操作，但同步语句块的执行仍然只能由其所关联的对象控制，而不受同步语句块的内容影响。通过这个例程也可以看出只有合理地设计和编写同步方法和同步语句块才能真正达到同步的目的。

下面给出另一个基于实例对象的同步语句块的例程。例程的源文件名为 J_BlockData.java，其内容如下所示。

```
// /////////////////////////////////////////////////
//
// J_BlockData.java
//
// 开发者：雍俊海
// /////////////////////////////////////////////////
// 简介：
//     通过实例对象进行线程同步的例程
// /////////////////////////////////////////////////
class J_Experiment
{
    public static void mb_sleep(long millis)
    {
        try
        {
```

```
            Thread.sleep(millis);
        }
        catch (InterruptedException e)
        {
            System.err.println("异常 InterruptedException: " + e);
            e.printStackTrace( );
        } // try-catch 结构结束
    } // 方法 mb_sleep 结束

    public void mb_method1(int id)
    {
        System.out.println("线程" + id + "进入方法 1");
        mb_sleep(1000);
        System.out.println("线程" + id + "离开方法 1");
    } // 方法 mb_method1 结束

    public void mb_method2(int id)
    {
        System.out.println("线程" + id + "进入方法 2");
        mb_sleep(1000);
        System.out.println("线程" + id + "离开方法 2");
    } // 方法 mb_method2 结束
} // 类 J_Experiment 结束

public class J_BlockData extends Thread
{
    public int m_ID;
    public J_Experiment m_data;

    J_BlockData(int id)
    {
        m_ID=id;
    } // J_BlockData 构造方法结束

    public void run( )
    {
        System.out.println("运行线程: " + m_ID);
        synchronized(m_data)
        {
            System.out.println("进入同步语句块的是线程: " + m_ID);
            m_data.mb_method1(m_ID);
            m_data.mb_method2(m_ID);
            System.out.println("离开同步语句块的是线程: " + m_ID);
        }
        System.out.println("结束线程: " + m_ID);
```

```
        } // 方法 run 结束

        public static void main(String args[ ])
        {
            int n=2;
            J_BlockData [ ] t = new J_BlockData[n];
            J_Experiment d = new J_Experiment( );
            for(int i=0; i< n; i++)
            {
                t[i] = new J_BlockData(i);
                t[i].m_data = d;
                t[i].start( );
            } // for 循环结束
            System.out.println("方法 main 结束");
        } // 方法 main 结束
} // 类 J_BlockData 结束
```

编译命令为：

```
javac J_BlockData.java
```

执行命令为：

```
java J_BlockData
```

最后执行的结果是在控制台窗口中输出：

```
方法 main 结束
运行线程：0
进入同步语句块的是线程：0
线程 0 进入方法 1
运行线程：1
线程 0 离开方法 1
线程 0 进入方法 2
线程 0 离开方法 2
离开同步语句块的是线程：0
进入同步语句块的是线程：1
线程 1 进入方法 1
结束线程：0
线程 1 离开方法 1
线程 1 进入方法 2
线程 1 离开方法 2
离开同步语句块的是线程：1
结束线程：1
```

在这个例程中，同步语句块与成员域变量 m_data 所指向的实例对象相关联。当线程 t1 和 t2 执行到该同步语句块时，线程 t1 和 t2 能否进入并运行同步语句块是由 Java 虚拟机调度的，其前提都是成员域变量 m_data 所指向的实例对象锁是否打开。因为同步语句块被成员域变量 m_data 所指向的实例对象锁所控制，所以每次最多只能有一个线程进入并运行该同步语句块。

## 11.3.6　方法 wait/notify/notifyAll

　　11.3.2 小节已经介绍了线程同步的基本原理。本小节通过例程介绍如何利用成员方法 wait、notify 和 notifyAll 保证线程在运行过程中的先后顺序。下面给出一个**通过 wait 和 notify 成员方法进行线程同步的例程**。这个例程与 11.3.1 小节的第一个例程相似，都是关于在实验室中进行数据更新与分析的。程序用两个线程分别模拟助理人员进行工作和分析人员进行工作。实验室的助理人员不断地测量并更新数据，分析人员同时对数据进行处理。在这个例程中，程序不仅保证了数据在更新与分析时不互相干扰，而且还保证了数据更新与分析的先后顺序。数据在更新与分析时不互相干扰要求：当助理人员在更新数据并且还没有完成数据更新时，分析人员不会去取数据；反过来，当分析人员正在抄录数据时，助理人员不应当更新数据。保证数据更新与分析的先后顺序要求：数据更新与分析应当交替进行，而且应当先进行数据更新。例程的源文件名为 J_WaitNotify.java，其内容如下所示。

```
// ////////////////////////////////////////////////
//
// J_WaitNotify.java
//
// 开发者：雍俊海
// ////////////////////////////////////////////////
// 简介:
//    利用 wait 和 notify 成员方法进行线程同步的例程
// ////////////////////////////////////////////////
class J_Experiment
{
    private int m_temperature, m_pressure;
    private boolean m_ready=false;

    public synchronized void mb_update(int t, int p)
    {
        System.out.println("进入更新方法内部:");
        if (m_ready) // 前面更新的数据还没有被处理
        {
            System.out.println("    等待数据分析完成...");
            try
            {
                wait( ); // 等待数据分析
            }
            catch(Exception e)
            {
                e.printStackTrace( );
```

```
                        System.err.println(e);
                    } // try-catch 结构结束
                    System.out.println("    继续更新数据...");
            } // if 语句结束
            m_temperature = t;
            m_pressure = p;
            System.out.println("更新完成：温度值为" + t + "，气压值为" + p);
            m_ready=true;
            notify( );
        } // 同步方法 mb_update 结束

        public synchronized void mb_analyze( )
        {
            System.out.println("进入数据分析方法内部:");
            if (!m_ready) // 数据还没有更新
            {
                System.out.println("    等待数据更新完成...");
                try
                {
                    wait( ); // 等待数据更新
                }
                catch(Exception e)
                {
                    e.printStackTrace( );
                    System.err.println(e);
                } // try-catch 结构结束
                System.out.println("    继续分析数据...");
            } // if 语句结束
            int t= m_temperature;
            int p= m_pressure;
            System.out.println("分析完成：温度值为" + t + "，气压值为" + p);
            m_ready=false;
            notify( );
        } // 同步方法 mb_analyze 结束
} // 类 J_Experiment 结束

class J_Assistant extends Thread
{
    J_Experiment m_data;

    public J_Assistant(J_Experiment d)
    {
        m_data= d;
    } // 构造方法 J_Assistant 结束

    public void run( )
```

```
    {
        System.out.println("助理线程开始工作");
        int i, j, k;
        for(k=0; k<3; k++)
        {
            i= (int)(Math.random( ) * 1000);
            j= (int)(Math.random( ) * 1000);
            m_data.mb_update(i, j);
        } // for 循环结束
        System.out.println("助理线程结束工作");
    } // 方法 run 结束
} // 类 J_Assistant 结束


class J_Analyst extends Thread
{
    J_Experiment m_data;

    public J_Analyst(J_Experiment d)
    {
        m_data= d;
    } // 构造方法 J_Analyst 结束

    public void run( )
    {
        System.out.println("分析员线程开始工作");
        for(int k=0; k<3; k++)
            m_data.mb_analyze( );
        System.out.println("分析员线程结束工作");
    } // 方法 run 结束
} // 类 J_Analyst 结束


public class J_WaitNotify
{
    public static void main(String args[ ])
    {
        J_Experiment data= new J_Experiment( );
        J_Assistant threadA = new J_Assistant(data);
        J_Analyst   threadB = new J_Analyst(data);
        threadA.start( );
        threadB.start( );
        System.out.println("方法 main 结束");
    } // 方法 main 结束
} // 类 J_WaitNotify 结束
```

编译命令为：

```
javac J_WaitNotify.java
```

执行命令为：

```
java J_WaitNotify
```

最后执行的结果是在控制台窗口中输出：

```
方法 main 结束
助理线程开始工作
进入更新方法内部：
更新完成：温度值为 487，气压值为 621
进入更新方法内部：
        等待数据分析完成...
分析员线程开始工作
进入数据分析方法内部：
分析完成：温度值为 487，气压值为 621
        继续更新数据...
更新完成：温度值为 838，气压值为 601
进入更新方法内部：
        等待数据分析完成...
进入数据分析方法内部：
分析完成：温度值为 838，气压值为 601
        继续更新数据...
更新完成：温度值为 155，气压值为 854
助理线程结束工作
进入数据分析方法内部：
分析完成：温度值为 155，气压值为 854
分析员线程结束工作
```

每次运行输出的结果可能会有些变化。但不变的是数据更新与数据分析的交替进行而且互相对应，即先进行数据更新，再进行数据分析，并且分析的数据恰好就是更新之后的数据。

在这个例程中，程序在类 J_WaitNotify 的 main 成员方法中创建了两个线程：实验室助理人员线程 threadA 和分析人员线程 threadB。这两个线程并发执行，处理的是同一个实验，即类 J_Experiment 的同一个实例对象。因为这两个线程所要执行的操作是这个公共的实例对象所控制的两个同步方法，所以在这两个线程当中最多只能有一个线程进入并运行类 J_Experiment 的同步方法 mb_update 或 mb_analyze。

如果根据 Java 虚拟机调度，实验室助理人员线程 threadA 先进入并运行类 J_Experiment 的同步方法 mb_update，则这时布尔变量 m_ready 的值为 false，表明数据正需要更新，因此，这时线程 threadA 就会更新数据。类 J_Experiment 的同步方法 mb_update 的最后一个语句是

```
notify( );
```

这时，它实际上不会起作用，因为在线程 threadA 和线程 threadB 所共享的类 J_Experiment

的实例对象（也就是当前实例对象）的等候集（wait set）中不含任何线程。线程 threadA 执行完并退出成员方法 mb_update，线程 threadA 和线程 threadB 所共享的类 J_Experiment 的实例对象锁就会自动打开，等待线程重新进入它所关联的同步方法。

如果根据 Java 虚拟机调度，分析人员线程 threadB 先进入并运行类 J_Experiment 的同步方法 mb_analyze，则这时布尔变量 m_ready 的值为 false，表明数据还没有更新好，因此，这时线程 threadB 就会进入 if 语句执行语句

```
wait( );
```

这样线程 threadB 就会进入线程 threadA 和线程 threadB 所共享的类 J_Experiment 的实例对象（也就是当前实例对象）的等候集，等待线程 threadA 通过调用成员方法 notify 将其激活。从而，分析人员线程 threadB 不会去分析还没有更新好的数据。

当线程 threadB 进入等候集时，实验室助理人员线程 threadA 处于激活的状态，而且域变量 m_ready 的值为 false。因为没有线程与线程 threadA 竞争执行类 J_Experiment 的同步方法，所以 Java 虚拟机会调度线程 threadA 进入并运行类 J_Experiment 的同步方法 mb_update。线程 threadA 会更新数据，将布尔变量 m_ready 的值为 true，并调用成员方法 notify 激活处于等候集的线程 threadB。

如果 threadA 继续进入并运行类 J_Experiment 的同步方法 mb_update，则这时布尔变量 m_ready 的值为 true，表明数据已经更新但还没有被分析，因此，这时线程 threadA 就会进入 if 语句调用 wait 成员方法。这样线程 threadA 就会进入等候集，等待线程 threadB 通过调用成员方法 notify 将其激活。

当线程 threadA 进入等候集时，分析人员线程 threadB 一定处于激活的状态，而且域变量 m_ready 的值一般为 true。因为没有线程与线程 threadB 竞争执行类 J_Experiment 的同步方法，所以 Java 虚拟机会调度线程 threadB 进入并运行类 J_Experiment 的同步方法 mb_analyze。线程 threadB 会分析数据，将布尔变量 m_ready 的值为 false，并调用成员方法 notify 激活处于等候集的线程 threadA。

如果 threadB 继续进入并运行类 J_Experiment 的同步方法 mb_analyze，则这时布尔变量 m_ready 的值为 false，表明数据已经被分析但还没有更新，因此，这时线程 threadB 就会进入 if 语句调用 wait 成员方法。这样线程 threadB 就会进入等候集，等待线程 threadA 通过调用成员方法 notify 将其激活。

综合上面的分析，数据更新与数据分析的交替进行，最先进行的是数据更新，再进行数据分析。在上面例程中，任何时刻最多只有一个线程会改变实验室助理人员线程 threadA 和分析人员线程 threadB 所共享的实例对象的布尔变量 m_ready、温度 m_temperature、气压 m_pressure 的值。上面例程通过成员方法 wait 和 notify 以及布尔变量 m_ready 达到了数据更新与数据分析的交替进行的目的。

## 11.4 多线程的同步问题

本节讨论在多线程同步过程中可能会引发的死锁问题以及多线程同步的粒度问题。如果出现死锁，则程序占用系统资源，但实际上不工作。良好的多线程程序设计可以在一定

程度上提高程序的运行效率；但是如果线程粒度过小，则可能降低程序运行效率。

## 11.4.1  死锁问题

资源短缺会造成程序的所有线程都陷入等待态或阻塞态。死锁问题常常指的是造成这种情况的问题：资源实际上并不短缺，但由于程序设计不合理而造成程序的所有线程都陷入等待态或阻塞态。典型的情况是每个线程都占有若干个资源的同时在等待若干个资源，而等待的资源都被其他线程所控制，所以每个线程都处于阻塞态。另外一种问题不是死锁问题，但其结果与死锁问题相似。这种问题发生的情形是所有的线程都处于等待态或阻塞态，但是缺乏线程来唤醒它们。例如，所有的线程都调用了必须由成员方法 notify 或 notifyAll 唤醒的 wait 成员方法而进入等待态，但没有安排进程调用成员方法 notify 或 notifyAll 唤醒它们。后一种问题相对简单一些，但也不应当在程序中出现。所有的这些问题都是 Java 虚拟机无法自动处理的。只能由程序员自己去分析并设计合理的程序，人为地避开这些问题。

下面给出一个可能会出现死锁的例程。例程的源文件名为 J_Lock.java，其内容如下所示。

```
// ////////////////////////////////////////////////
//
// J_Lock.java
//
// 开发者：雍俊海
// ////////////////////////////////////////////////
// 简介:
//      线程死锁例程
// ////////////////////////////////////////////////
public class J_Lock extends Thread
{
    public static Object m_objectA= new Object( );
    public static Object m_objectB= new Object( );

    J_Lock(String s)
    {
        super(s);
    } // J_Lock 构造方法结束

    public static void mb_sleep( )
    {
        try
        {
            Thread.sleep((long)(Math.random( ) * 1000));
        }
        catch (InterruptedException e)
        {
            System.err.println("异常 InterruptedException: " + e);
            e.printStackTrace( );
```

```
    } // try-catch 结构结束
} // 方法 mb_sleep 结束

public void run( )
{
    boolean t=true;
    System.out.println(getName( ) + "开始运行");
    for( ; true; t=!t)
    {
        synchronized(t ? m_objectA : m_objectB)
        {
            System.out.println(getName( ) + ": " +
                (t ? "对象 A" : "对象 B") + "被锁住");
            mb_sleep( );
            synchronized(t ? m_objectB : m_objectA)
            {
                System.out.println(getName( ) + ": " +
                    (t ? "对象 B" : "对象 A") + "被锁住");
                mb_sleep( );
                System.out.println(getName( ) + ": " +
                    (t ? "对象 B" : "对象 A") + "的锁打开");
            } // 内层同步语句块结束
            System.out.println(getName( ) + ": " +
                (t ? "对象 A" : "对象 B") + "的锁打开");
        } // 外层同步语句块结束
    } // for 循环结束
} // 方法 run 结束

public static void main(String args[ ])
{
    J_Lock t1 = new J_Lock("线程 1");
    J_Lock t2 = new J_Lock("线程 2");
    t1.start( );
    t2.start( );
} // 方法 main 结束
} // 类 J_Lock 结束
```

编译命令为：

```
javac J_Lock.java
```

执行命令为：

```
java J_Lock
```

最后执行的结果是在控制台窗口中输出：

```
线程 1 开始运行
线程 1: 对象 A 被锁住
线程 2 开始运行
线程 1: 对象 B 被锁住
线程 1: 对象 B 的锁打开
线程 1: 对象 A 的锁打开
线程 2: 对象 A 被锁住
线程 1: 对象 B 被锁住
```

上面输出的结果在每次运行时可能会有些变化，但最终一般都会出现对象 A 和 B 都被锁住的情况，从而造成程序处在停止状态但不退出。在这个例程中，程序在 main 成员方法中创建了两个线程 t1（即线程 1）和 t2（即线程 2）。这两个线程的 run 成员方法含有一对嵌套的同步语句块。内外层同步语句块所关联的对象会发生交替变化。当外层的同步语句块与对象 A（m_objectA）相关联时，内层的同步语句块与对象 B（m_objectB）相关联；反过来，当外层的同步语句块与对象 B（m_objectB）相关联时，内层的同步语句块与对象 A（m_objectA）相关联。这样，就有可能出现一个线程在运行与对象 A 相关联的同步语句块（这时对象 A 锁被锁住），并在等待对象 B 锁打开；而同时另一个线程则在运行与对象 B 相关联的同步语句块（这时对象 B 锁被锁住），并在等待对象 A 锁打开。从而，这两个线程都处于阻塞态，都在等待资源的就绪，但实际上永远无法就绪。程序也就处于死锁状态。程序运行中断但不退出。

在上面程序中，类 J_Lock 的构造方法调用了

```
super(s);
```

它实际上调用的是类 java.lang.Thread 的构造方法

```
public Thread(String name)
```

这个构造方法在构造线程实例对象的同时设置了该线程的名称，其中，参数 name 即为所要设置的线程名称。另外，上面的例程还用到了类 java.lang.Thread 的成员方法

```
public final String getName( )
```

这个成员方法返回该线程的名称。

## 11.4.2  多线程同步的粒度问题

Java 虚拟机通过 Java 语言的多线程特性提高了 Java 程序的运行效率。在多个线程之间常常因为共享内存等而需要同步处理。同步处理常常会降低线程的并行度，即使得有些线程无法并行而只能串行。因此，很多资料认为多线程同步的粒度越小越好，即建议尽可能地减小在同步方法与同步语句块中的代码量，从而缩短多个线程串行运行的时间。实际上，这样会不会提高程序的运行效率是值得讨论的一个问题。这些资料忽略了 Java 虚拟机为线程的同步处理所需要的额外开销，即如果频繁地进入和退出同步方法或同步语句块，也会降低程序的运行效率。良好的多线程程序设计应当做好多线程同步的粒度与同步处理的次数之间的平衡关系，从而真正提高程序的运行效率。

　　下面通过例程进行说明。这个例程将前面基于类对象的多线程同步的例程的同步粒度
基本上改为最小粒度。这个可能具有最小同步粒度的基于类对象的多线程同步例程的源文
件名为 J_BlockGranularity.java，其内容如下所示。

```
// ////////////////////////////////////////////////
//
// J_BlockGranularity.java
//
// 开发者：雍俊海
// ////////////////////////////////////////////////
// 简介:
//     基于类对象且具有最小同步粒度的线程同步例程
// ////////////////////////////////////////////////
public class J_BlockGranularity extends Thread
{
    public static int m_data=0;
    public static int m_times=1000;
    public int m_ID;
    public boolean m_done;

    J_BlockGranularity(int id)
    {
        m_ID=id;
    } // J_BlockGranularity 构造方法结束

    public void run( )
    {
        m_done=false;
        int d= ((m_ID % 2==0) ? 1 : -1);
        System.out.println("运行线程: " + m_ID + "(增量为: " + d + ")");
        try
        {
            for(int i=0; i<m_times; i++)
            for(int j=0; j<m_times; j++)
                synchronized(Class.forName("J_BlockGranularity"))
                {
                    m_data+=d;
                } // 同步语句块结束
        }
        catch(ClassNotFoundException e)
        {
            e.printStackTrace( );
            System.err.println(e);
        } // try-catch 结构结束

        m_done=true;
```

```
    System.out.println("结束线程: " + m_ID);
} // 方法 run 结束

public static void main(String args[ ])
{
    J_BlockGranularity t1 = new J_BlockGranularity(1);
    J_BlockGranularity t2 = new J_BlockGranularity(2);
    t1.m_done=false;
    t2.m_done=false;
    t1.start( );
    t2.start( );
    while ( !t1.m_done || !t2.m_done ) // 等待两个线程运行结束
        ;
    System.out.println("结果: m_data=" + m_data);
} // 方法 main 结束
} // 类 J_BlockGranularity 结束
```

编译命令为:

```
javac J_BlockGranularity.java
```

执行命令为:

```
java J_BlockGranularity
```

最后执行的结果是在控制台窗口中输出:

```
运行线程: 1(增量为: -1)
运行线程: 2(增量为: 1)
结束线程: 1
结束线程: 2
结果: m_data=0
```

在这个例程中，程序需要同步的语句缩小为一个语句

```
m_data+=d;
```

这可能是既能保证两个线程的并发性又能保证共享变量加法操作正确性的最小同步粒度例程。然而经过测试，这个例程的运行时间大约是前面基于类对象的多线程同步例程运行时间的 60 倍，即减小了线程的同步粒度，但降低了程序运行效率。如果线程的同步粒度过大，多个线程有可能串行运行，这就失去了多线程的优越性；如果线程的同步粒度过小，有可能造成 Java 虚拟机的频繁调度，也有可能降低程序运行效率。

# 11.5 本章小结

随着计算机迅猛地发展，多 CPU 已经成为当前计算机发展的必然趋势。计算机运行的并行性日益明显。这一方面，表现为多个计算机程序的同时运行；另一方面，也表现为同

一个计算机程序内部多个线程的并发运行。编写多线程程序，可以在一定程度上更加充分地利用计算机内部的多个 CPU。即使是在单 CPU 的计算机上运行多线程程序也有可能提高程序的运行效率。一台计算机实际上包含了很多资源，例如：鼠标、键盘和网络等。从网络上下载数据、从鼠标或键盘上获得输入等等的速度往往远远落后于 CPU 的计算速度。利用多线程程序设计编写程序，可以做到同时使用计算机的多个资源。但是线程也不是越多越好，线程数目过大会造成系统调度的困难，降低整个计算机系统的运行效率，甚至造成系统崩溃。另外，在进行多线程程序设计时应当慎重，因为理解多线程执行过程的并发性是有一定难度的。

# 习题

1．请描述线程的生命周期。

2．请总结多线程的同步处理方法。

3．请简述死锁现象，并分析产生死锁问题的原因。

4．加法程序。请编写一个程序，先产生一个大于 10 的随机整数 n，再产生 n 个随机数并存放于数组中，然后将这 n 个数相加，并求出这 n 个数的和 s1，同时计算出求 s1 所需的时间 t1。接着让程序创建两个线程并发地进行相加运算，其中，一个线程计算前一半数之和 s21，另一个线程计算后一半数之和 s22，然后将 s21 与 s22 这两个数相加得到和 s2，计算采用双线程进行求和运算所花费的时间 t2。请比较 s1 和 s2，以及 t1 和 t2 的大小。注：在计算采用双线程求和的时间 t2 时，只要计算从创建双线程到最终得到 s2 的时间相隔就可以了。

5．排序程序。请编写一个多线程的程序，先产生一个大于 10 的随机整数 n，再产生 n 个随机数并存放于数组中，然后创建两个线程并发地对所生成的随机数分别进行排序，其中，一个线程要求采用冒泡排序法进行排序，另一个线程要求采用快速排序法进行排序，最后比较这两个线程排序的结果，并输出先完成排序的线程。

6．搬砖程序。请编写一个多线程程序模拟搬砖过程，用 5 个线程模拟 5 个人并行地排成一排，左边第一个人的左边有无数个砖，现在要将左边的砖依次通过这 5 个人传到最右边。当左边第一个人的左手没有砖时，他（或她）可以用左手拿起一块砖。对于每个人，如果他（或她）左手上有砖而右手上没有砖，则可以将左手上的砖传递给右手。对于左边第二个到第五个人，如果他（或她）左手上没有砖而他（或她）左边的那个人的右手上有砖，则他（或她）可以用左手从他（或她）左边的那个人的右手上接过砖。如果最右边的那个人的右手上有砖，则他（或她）可以将右手上砖放在他（或她）的右边地上。要求采用图形用户界面显示，并在程序中加上适当的延时使得能清楚地显示砖传递的过程。

7．九格子游戏。请编写这样的多线程游戏，先设计一个 3×3 的格子（每个格子可以设计成一个按钮）。每个格子上都对应一个线程，格子上文字只能是 A、X 或 H，而且刚好只有一个格子上的文字是 H。其中，H 表示人在该格子上，A 表示当前的格子是安全的，X 表示当前的格子是不安全的。每个格子的文字如果不是文字 H，则每过一个随机的时间就切换其上的文字 A 与 X。最开始文字 H 在右下角的格子上。只能单击 H 所在的格子的上、下、左或右的格子。如果单击的格子当时的文字是 A，则单击的格子的文字变成 H，而 H 原来所在格子的文字变成 A（然后进行 A 与 X 的文字切换）。如果单击的格子当时的文字是 X，则游戏以失败结束。如果文字 H 在每个格子上都出现过，则游戏成功结束。

8．太阳系行星运行图。请编写多线程程序，太阳和其他每个行星均分别对应一个线程。给定一个数 d，要求每个行星都以其实际速度 d 倍的速度行进。假设太阳是不动的，所以其他行星的速度应当取相对于太阳的速度。每个行星与太阳的距离应当取实际距离的一个比例值。行星的大小也应当是其实际大小的一个比例值，但该比例值可以不与距离的比例值相同。具体的比例值的取值只要能使太阳系行星运行图比较直观或美观就可以了。

9．理想钢球相撞实验。设在一个矩形框内有两个完全相同的钢球（质量和半径完全相同）。请编写多线程程序，每个线程模拟一个钢球。钢球的初始速度与方向由程序给定。钢球在运动的过程中的能量不会消失或减小。在碰撞时能量与动量均守恒。在实际计算时，可以适当简化计算公式，但不能使钢球的速度因此而变得非常大而无法看清其运动。

10．思考题：如何利用多线程程序设计提高对海量（即量很大的）数据进行排序的效率？

# CHAPTER 12

# 网络程序设计

# 第 12 章

本章介绍 Java 语言的网络程序设计方法和在网络上进行数据通信的方法。在网络上，计算机通过 IP（Internet Protocol，网际协议，也称为互联网协议）地址标识，使得位于不同地理位置的计算机有可能互相访问和通信。每台计算机都可以存放一定数量的资源，并通过网络共享。现在网络上的资源非常丰富。统一资源定位地址（Uniform Resource Locator，URL）可以指向网络上的各种资源。通过统一资源定位地址（URL）可以获取网络上的资源。在网络上进行通信通常要遵循一定的规则，这些规则常常称为协议。常用的网络通信协议有TCP（Transmission Control Protocol，传输控制协议）、UDP（User Datagram Protocol，用户数据报协议）和 SSL（Secure Sockets Layer，安全套接层）安全网络通信协议等。本章将分别介绍基于这些协议进行网络数据通信的程序设计方法。

## 12.1　统一资源定位地址

网络上的资源非常丰富。学校、公司或行政部门等各个单位都可以通过网络发布消息。在网络上还有各种各样的软件、电子书籍和歌曲等。这些网络资源都可以通过统一资源定位地址（URL）定位。在获取各种网络资源之前一般需要知道网络资源所在的网络地址。

### 12.1.1　网络地址

在网络上，计算机是通过网络地址标识的。网络地址通常有两种表示方法。第一种表示方法通常采用 4 个整数组成。例如：

```
166.111.4.100
```

是清华大学主页网站服务器的网络地址。另外一种方法是通过域名表示网络地址。例如：

```
www.tsinghua.edu.cn
```

是清华大学主页网站的域名。该域名与 "166.111.4.100" 表示的是同一个网络地址。如果在网页浏览器（如 IE 或 Netscape）的地址栏中输入域名 "www.tsinghua.edu.cn" 或输入 "166.111.4.100"，则打开的是同一个网页，即清华大学的主页。

在网络程序中，可以用类 java.net.InetAddress 的实例对象来记录网络地址，并获取一些相关的信息。因为类 java.net.InetAddress 的构造方法的访问属性是默认模式，所以通常不能通过类 java.net.InetAddress 的构造方法来创建其实例对象。要**创建类 java.net. InetAddress 的实例对象**可以通过它的成员方法。类 java.net.InetAddress 的成员方法

```
public static InetAddress getLocalHost( ) throws UnknownHostException
```

创建本地计算机所对应的类 java.net.InetAddress 的实例对象，**本地计算机的网络地址**可以表示成 "127.0.0.1" 或 "localhost"。类 java.net.InetAddress 的成员方法

```
public static InetAddress getByAddress(byte[ ] addr) throws
UnknownHostException
```

创建类 java.net.InetAddress 的实例对象，其中，参数 addr 指定它所对应的网络地址。例如：当方法参数 addr 为包含 166、111、4 和 100 这 4 字节的数组时，该成员方法所创建的实例对象网络地址为 "166.111.4.100"。在 IPv4（Internet Protocol Version 4，第 4 版网际协议）中，网络地址由 4 字节组成；在 IPv6（Internet Protocol Version 6，第 6 版网际协议）中，网络地址由 16 字节组成。目前使用的网际协议一般采用 4 字节。类 java.net.InetAddress 的成员方法

```
public static InetAddress getByName(String host) throws UnknownHostException
```

创建类 java.net.InetAddress 的实例对象，其中，字符串参数 host 指定它所对应的网络地址，例如："166.111.4.100" 或 "www.tsinghua.edu.cn"。

下面给出一个**网络地址的例程**。例程的源文件名为 J_InetAddress.java，其内容如下所示。

```
// ///////////////////////////////////////////////////
//
// J_InetAddress.java
//
// 开发者：雍俊海
// ///////////////////////////////////////////////////
// 简介：
//     网络地址例程
// ///////////////////////////////////////////////////
import java.net.InetAddress;
import java.net.UnknownHostException;

public class J_InetAddress
{
    public static void main(String args[ ])
```

```
    {
        String s = "www.tsinghua.edu.cn";
        InetAddress ts= null;

        try
        {
            ts = InetAddress.getByName(s);
        }
        catch (UnknownHostException e)
        {
            System.err.println("发生异常:" + e);
            e.printStackTrace( );
        } // try-catch 结构结束
        if (ts!=null)
        {
            System.out.println("清华大学的网络地址是: "
                + ts.getHostAddress( ));
            System.out.println("清华大学网站的主机名是: " + ts.getHostName( ));
        }
        else System.out.println("无法访问网络地址: " + s);
    } // 方法 main 结束
} // 类 J_InetAddress 结束
```

编译命令为：

```
javac J_InetAddress.java
```

执行命令为：

```
java J_InetAddress
```

最后执行的结果是在控制台窗口中输出：

```
清华大学的网络地址是: 166.111.4.100
清华大学网站的主机名是: www.tsinghua.edu.cn
```

在这个例程中，程序通过语句

```
ts = InetAddress.getByName(s);
```

创建了类 java.net.InetAddress 的实例对象。通过类 java.net.InetAddress 的成员方法

```
public String getHostAddress( )
```

获得了该网络地址所对应的字符串。通过类 java.net.InetAddress 的成员方法

```
public String getHostName( )
```

获得了该网络地址所对应的主机名。这里的主机名可以是计算机名称，也可以是网络地址对应的字符串，例如：网络域名。

## 12.1.2　统一资源定位地址的组成

统一资源定位地址（Uniform Resource Locator，URL），在有些资料中也称作网络资源定位器，它一般指向网络上的资源。网络资源不仅可以包括网络上各种简单对象，例如，网络上的路径和文件等，还可以是一些复杂的对象，如数据库或搜索引擎（search engine）。统一资源定位地址（URL）通常是由若干个部分组成，其中，常用的有协议（Protocol）、主机（Host）、端口号（Port）、文件（File）和引用（Reference）等。

这里的协议（Protocol）指的是获取网络资源的网络传输协议。例如，HTTP（Hypertext Transfer Protocol，超文本传输协议）是在网络上进行超文本数据传输的一种协议，FTP（File Transfer Protocol，文件传输协议）是在网络上进行文件传输的协议。这两种协议都是常用的网络协议。这里的主机（Host）指的是网络资源所在的主机。它可以用网络地址表示（例如，"166.111.4.100" 或者 "www.tsinghua.edu.cn"）。端口号指的是与主机进行通信的端口号。端口号是一个整数，通常范围在 $0 \sim 65\,535$ 之间（即 16 位二进制整数）。小于 1024 的端口号一般是分配给特定的服务协议（例如：TELNET（远程登录）、SMTP（Simple Mail Transfer Protocol，简单邮件传输协议）、HTTP 或 FTP 等等）。如果没有注明端口号，则统一资源定位地址（URL）将使用默认的端口号。这里的文件（File）指的是广义的文件，即除了可以是普通的文件之外，还可以是路径。这里的引用（Reference）是指向文件内部的某一节的指针，其所对应的英文单词常用的还有 section 和 anchor。这几个部分在统一资源定位地址（URL）中的书写格式及排列顺序通常为：

```
协议://主机：端口号/文件 #引用
```

例如：

```
http://www.ncsa.uiuc.edu:8080/demoweb/urlprimer.html#INSTALL
```

的网络协议为 http，主机是 www.ncsa.uiuc.edu，端口号为 8080，文件为/demoweb/urlprimer.html，引用为 INSTALL。下面给出统一资源定位地址（URL）的其他示例：

```
http://www.tsinghua.edu.cn/
http://localhost:8080/index.html#bottom
http://166.111.4.100
```

在网络程序设计中，统一资源定位地址（URL）对应类 java.net.URL。通过类 java.net.URL 的构造方法

```
public URL(String spec) throws MalformedURLException
```

可以创建实例对象，其中，参数 spec 为该 URL 所对应的字符串。类 java.net.URL 的成员方法

```
public String getProtocol( )
```

返回在该 URL 中记录的协议名称。类 java.net.URL 的成员方法

```
public String getHost( )
```

返回在该 URL 中记录的主机名。类 java.net.URL 的成员方法

```
public int getPort( )
```

返回在该 URL 中记录的端口号。如果该 URL 没有设置端口号，则返回–1。类 java.net.URL 的成员方法

```
public String getFile( )
```

返回在该 URL 中记录的文件名。如果该 URL 不含文件名，则返回空串。类 java.net.URL 的成员方法

```
public String getRef( )
```

返回在该 URL 中记录的引用。如果该 URL 不含引用，则返回 null。这样，通过类 java.net. URL 的上面这些成员方法，可以分别获得在统一资源定位地址（URL）中记录的协议 （Protocol）、主机（Host）、端口号（Port）、文件（File）和引用（Reference）。

　　下面给出一个统一资源定位地址（URL）例程。例程的源文件名为 J_Url.java，其内容如下所示。

```
// ////////////////////////////////////////////////////
//
// J_Url.java
//
// 开发者：雍俊海
// ////////////////////////////////////////////////////
// 简介：
//      网络统一资源定位地址(URL)例程
// ////////////////////////////////////////////////////
import java.net.URL;
import java.net.MalformedURLException;

public class J_Url
{
    public static void main(String args[ ])
    {
        try
        {
            URL u = new URL("http://www.tsinghua.edu.cn/chn/index.htm");
            System.out.println("在 URL(" + u + ")当中:");
            System.out.println("协议是" + u.getProtocol( ));
            System.out.println("主机名是" + u.getHost( ));
            System.out.println("文件名是" + u.getFile( ));
            System.out.println("端口号是" + u.getPort( ));
            System.out.println("引用是" + u.getRef( ));
        }
```

```
      catch (MalformedURLException e)
      {
          System.err.println("发生异常:" + e);
          e.printStackTrace( );
      } // try-catch 结构结束
   } // 方法 main 结束
} // 类 J_Url 结束
```

编译命令为：

```
javac J_Url.java
```

执行命令为：

```
java J_Url
```

最后执行的结果是在控制台窗口中输出如下的信息：

```
在 URL(http://www.tsinghua.edu.cn/chn/index.htm) 当中:
协议是 http
主机名是 www.tsinghua.edu.cn
文件名是/chn/index.htm
端口号是-1
引用是 null
```

在上面的例程中，由于统一资源定位地址（URL）没有设置端口号，所以类 URL 的成员方法 getPort 的返回值为–1。

## 12.1.3 通过统一资源定位地址获取网络资源

统一资源定位地址（URL）指向在网络上的资源。通过类 java.net.URL 的成员方法

```
public final InputStream openStream( ) throws IOException
```

可以将类 URL 的实例对象与它所指向的资源建立起关联，从而可以将该网络资源当作一种特殊的数据流。这样可以利用第 7 章处理数据流的方法获取该网络资源。常用的读取网络资源数据的步骤如下：

（1）创建类 URL 的实例对象，使其指向给定的网络资源；

（2）通过类 URL 的成员方法 openStream 建立起 URL 连接，并返回输入流对象的引用，以便读取数据；

（3）可选步骤，通过 java.io.BufferedInputStream 或 java.io.BufferedReader 封装输入流；

（4）读取数据，并进行数据处理；

（5）关闭数据流。

其中，步骤（3）是可选步骤（即不是必要的步骤）。当网络不稳定或速度很慢时，通过步骤（3）可以提高获取网络资源数据的速度。

下面给出一个通过统一资源定位地址（URL）获取网络资源的例程。例程的源文件名

为 J_UrlReadData.java，其内容如下所示。

```java
// //////////////////////////////////////////////////
//
// J_UrlReadData.java
//
// 开发者：雍俊海
// //////////////////////////////////////////////////
// 简介：
//     通过统一资源定位地址(URL)获取网络资源的例程
// //////////////////////////////////////////////////
import java.io.BufferedReader;
import java.io.InputStreamReader;
import java.net.URL;

public class J_UrlReadData
{
    public static void main(String args[ ])
    {
        try
        {
            URL u = new URL("http://www.tsinghua.edu.cn/chn/index.htm");
            BufferedReader r = new BufferedReader(
                new InputStreamReader(u.openStream( )));
            String s;
            while ((s = r.readLine( )) != null) // 获取网络资源信息
                System.out.println(s); // 输出网络资源信息
            r.close( );
        }
        catch (Exception e)
        {
            System.err.println("发生异常:" + e);
            e.printStackTrace( );
        } // try-catch 结构结束
    } // 方法 main 结束
} // 类 J_UrlReadData 结束
```

编译命令为：

```
javac J_UrlReadData.java
```

执行命令为：

```
java J_UrlReadData
```

最后执行的结果在控制台窗口中输出网页 http://www.tsinghua.edu.cn/chn/index.htm 的源文件内容。上面的例程通过类 java.net.URL 的成员方法

```
public final InputStream openStream( ) throws IOException
```

打开该统一资源定位地址对应的网络资源，并以字节输入流的形式返回。通过类 java.io. InputStreamReader 的构造方法

```
public InputStreamReader(InputStream in)
```

将字节流 in 封装成为类 java.io.InputStreamReader 的实例对象。通过类 java.io.BufferedReader 的构造方法

```
public BufferedReader(Reader in)
```

将不带缓存的类 java.io.InputStreamReader 的实例对象封装成为带缓存的类 java.io.BufferedReader 的实例对象。然后再通过类 java.io.BufferedReader 的成员方法

```
public String readLine( ) throws IOException
```

读取网络资源的数据。与直接利用字节输入流读取数据相比，在将字节输入流封装成为带缓存的字符流之后再读取网络资源数据，一方面可以提高获取网络资源数据的速度，另一方面可以在一定程度上减轻网速较慢或网络不稳定对数据获取的影响。

## 12.2　基于 TCP 的网络程序设计

TCP（Transmission Control Protocol，传输控制协议）是一种基于连接的协议，可以在计算机之间提供可靠的数据传输。一个形象的比喻是将通过 TCP 传输数据比作打电话，即先建立起连接通道，再传送数据。连接通道的两端通常称为套接字（Socket）。套接字（Socket）就好像是在打电话时所需要的电话筒。在拨通电话之后，可以通过电话筒向对方说话，也可以听到对方所说的话。基于 TCP 的网络通信也是如此，先建立起连接，再通过套接字（Socket）发送数据和接收数据。

通过 TCP 进行通信的双方通常称为服务器端与客户端。服务器端与客户端可以是两台不同的计算机，也可以是同一台计算机。服务器端的程序与客户端的程序稍微有些不同。通过 TCP 进行网络数据通信的程序设计模型如图 12.1 所示。

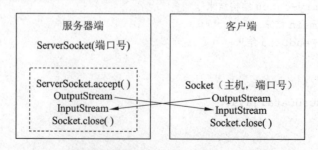

图 12.1　通过 TCP 进行网络数据通信的程序设计模型

服务器端程序设计模型的建立通常由如下 5 个步骤组成：

（1）在服务器端，首先要创建类 java.net.ServerSocket 的实例对象，注册在服务器端进

行连接的端口号以及允许连接的最大客户数目。

（2）调用类 java.net.ServerSocket 的成员方法 accept 来等待并监听来自客户端的连接。当有客户端与该服务器端建立起连接时，类 java.net.ServerSocket 的成员方法 accept 将返回连接通道在服务器端的套接字（Socket）。套接字的类型是 java.net.Socket。通过该套接字可以与客户端进行数据通信。

（3）调用类 java.net.Socket 的成员方法 getInputStream 和 getOutputStream 获得该套接字（Socket）所对应的输入流（InputStream）和输出流（OutputStream）。

（4）通过获得的输入流（InputStream）和输出流（OutputStream）与客户端进行数据通信，并处理从客户端获得的数据以及需要向客户端发送的数据。

（5）在数据通信完毕之后，关闭输入流、输出流和套接字（Socket）。

在服务器端创建类 java.net.ServerSocket 的实例对象，并且调用类 java.net.ServerSocket 的成员方法 accept 之后，服务器端开始一直等待客户端与其连接。客户端程序设计模型的建立通常由如下 4 个步骤组成：

（1）在客户端，创建类 java.net.Socket 的实例对象，与服务器端建立起连接。在创建 java.net.Socket 的实例对象时需要指定服务器端的主机名以及进行连接的端口号（即在服务器端构造类 java.net.ServerSocket 的实例对象时所注册的端口号）。主机名与端口号必须完全匹配才能建立起连接，并构造出类 java.net.Socket 的实例对象。在构造出类 java.net.Socket 的实例对象之后的步骤与服务器端的相应步骤基本一致。

（2）调用类 java.net.Socket 的成员方法 getInputStream 和 getOutputStream 获得该套接字（Socket）所对应的输入流（InputStream）和输出流（OutputStream）。

（3）通过获得的输入流（InputStream）和输出流（OutputStream）与服务器端进行数据通信，并处理从服务器端获得的数据以及需要向服务器端发送的数据。

（4）当数据通信完毕，关闭输入流、输出流以及套接字（Socket）。

下面给出一个基于 TCP 通信的简单例程。例程由两个 Java 源程序文件组成。它们分别位于服务器端与客户端。在服务器端的源文件名为 J_Server.java，其内容如下所示。

```
// ////////////////////////////////////////////////
//
// J_Server.java
//
// 开发者：雍俊海
// ////////////////////////////////////////////////
// 简介:
//     基于 TCP 通信例程的服务器端程序
// ////////////////////////////////////////////////
import java.io.DataOutputStream;
import java.net.ServerSocket;
import java.net.Socket;

public class J_Server
{
```

```java
    public static void main(String args[ ])
    {
        try
        {
            ServerSocket server = null;
            server = new ServerSocket(5000);
            while (true)
            {
                Socket s = server.accept( );
                System.out.println("服务器端接收到来自客户端的连接");
                DataOutputStream dataOut
                    = new DataOutputStream(s.getOutputStream( ));
                dataOut.writeUTF("服务器端向客户端问好");
                dataOut.close( );
                s.close( );
            } // while 循环结束
        }
        catch (Exception e)
        {
            System.err.println("发生异常:" + e);
            e.printStackTrace( );
        } // try-catch 结构结束
    } // 方法 main 结束
} // 类 J_Server 结束
```

在客户端的源文件名为 J_Client.java，其内容如下：

```java
// ////////////////////////////////////////////////////
//
// J_Client.java
//
// 开发者：雍俊海
// ////////////////////////////////////////////////////
// 简介：
//     基于 TCP 通信例程的客户端程序
// ////////////////////////////////////////////////////
import java.io.DataInputStream;
import java.net.Socket;

public class J_Client
{
    public static void main(String args[ ])
    {
        try
        {
            Socket s = new Socket("localhost", 5000);
```

```
            DataInputStream dataIn
                = new DataInputStream(s.getInputStream( ));
            System.out.println("客户端接收到: " + dataIn.readUTF( ));
            dataIn.close( );
            s.close( );
        }
        catch (Exception e)
        {
            System.err.println("发生异常:" + e);
            e.printStackTrace( );
        } // try-catch 结构结束
    } // 方法 main 结束
} // 类 J_Client 结束
```

在上面的例程中，因为客户端在建立连接时所选择的服务器端主机名是"localhost"，所以服务器端和客户端实际上在同一台计算机上。这时，需要在同一台计算机上打开两个控制台窗口，即打开两个 DOS 窗口（在 Microsoft Windows 系列的操作系统下）或 Shell 或 XTerm 窗口（在 Linux 或 UNIX 操作系统下）。然后，在其中的一个窗口中编译并运行服务器端程序，在另一个窗口中编译并运行客户端程序。在服务器端，编译源程序文件 J_Server.java 的命令为：

```
javac J_Server.java
```

在客户端，编译源程序文件 J_Client.java 的命令为：

```
javac J_Client.java
```

如果要运行程序，则需要先运行服务器端的程序，其命令为：

```
java J_Server
```

这时，服务器端处于等待状态，等待来自客户端的连接。然后，在客户端运行客户端程序，其命令为：

```
java J_Client
```

在运行客户端程序之后，如果服务器端与客户端的程序运行都正常，则先在服务器端的控制台窗口中输出

服务器端接收到来自客户端的连接

然后，服务器端程序向客户端程序发出一条消息"服务器端向客户端问好"。接着在客户端的控制台窗口中输出

客户端接收到：服务器端向客户端问好

客户端的程序就运行结束了；而服务器端的程序则继续等待来自下一个客户端的连接。如果再次运行客户端的程序，则在服务器端的控制台窗口中会继续输出

服务器端接收到来自客户端的连接

并在客户端的控制台窗口中继续输出

客户端接收到：服务器端向客户端问好

这个过程可以不断持续下去。如果要中止服务器端程序，可以在服务器端按 Control+C 组合键，即同时按 Control 键（在有些键盘上简写为 Ctrl）与字母 C 键（或先按住 Control 键不放，再按下 C 键，然后同时释放这两个键）。

在上面的例程中，需要先运行服务器端程序。如果先运行客户端程序，则在客户端将出现连接异常（java.net.ConnectException）。服务器端与客户端进行数据通信所采用的输入输出流或读写器之间应当配套。例如：在上面例程中，服务器端利用 java.io.DataOutput-Stream 向客户端发送数据；那么客户端应当采用类 java.io.DataInputStream 接收数据。如果服务器端与客户端采用的输入输出流或读写器不配套，则可能需要编写程序对发送或接收的数据流进行额外的编码或解码；否则，很容易出现一些乱码。

如果要求客户端与服务器端不在同一台计算机上，则需要将在客户端的源文件 J_Client.java 中的"localhost"换成服务器端所在的计算机的主机名。然后，在服务器端的计算机上编译并运行服务器端程序；接着在客户端的计算机上编译并运行客户端程序。

在上面例程中，服务器端通过类 java.net.ServerSocket 的构造方法

```
public ServerSocket(int port) throws IOException
```

创建该类的实例对象，其中，参数 port 指定服务器端所采用的端口号。客户端程序必须通过该端口号与服务器端建立起连接。类 java.net.ServerSocket 的成员方法

```
public Socket accept( ) throws IOException
```

在被调用之后，将使得服务器端程序处于等待状态，这时服务器端程序不断监听来自客户端的连接。当有客户端程序与该服务器端建立起连接时，该成员方法将创建套接字（Socket）实例对象，即类 java.net.Socket 的实例对象，并返回其引用值。服务器端与客户端可以通过该套接字（Socket）进行数据通信。

在上面例程中，客户端通过类 java.net.Socket 的构造方法

```
public Socket(String host, int port) throws UnknownHostException, IOException
```

创建在客户端的套接字（Socket）实例对象，其中，参数 host 指定服务器端的主机名，参数 port 指定服务器端所采用的端口号。这里的主机名与端口号必须正确，客户端才能与服务器端建立起连接。

在客户端与服务器端建立起连接之后，客户端与服务器端都会拥有套接字（Socket）。这时，客户端与服务器端两边可以调用类 java.net.Socket 的成员方法，通过套接字（Socket）进行数据通信。类 java.net.Socket 的成员方法

```
public InputStream getInputStream( ) throws IOException
```

返回该套接字（Socket）所对应的输入流。通过该输入流，可以接收从连接通道的另一端

发送过来的数据。类 java.net.Socket 的成员方法

```
public OutputStream getOutputStream( ) throws IOException
```

返回该套接字（Socket）所对应的输出流。通过该输出流，可以向连接通道的另一端发送数据。这里输入流与输出流可以进一步封装成为其他类型的输入输出流或读写器，然后进行数据通信。具体使用输入流与输出流的方法请参见第 7 章。

　　基于 TCP 的网络程序设计目前有很多应用。比较常见的有聊天系统。下面给出一个**基于 TCP 的聊天例程**。例程由两个 Java 源程序文件组成。它们分别位于服务器端与客户端。在服务器端的源文件名为 J_ChatServer.java，其内容如下所示。

```java
// ///////////////////////////////////////////////////
//
// J_ChatServer.java
//
// 开发者：雍俊海
// ///////////////////////////////////////////////////
// 简介：
//      基于 TCP 的聊天例程——服务器端程序部分
// ///////////////////////////////////////////////////
import java.awt.BorderLayout;
import java.awt.Container;
import java.awt.event.ActionListener;
import java.awt.event.ActionEvent;
import java.net.ServerSocket;
import java.net.Socket;
import java.io.ObjectInputStream;
import java.io.ObjectOutputStream;
import javax.swing.JFrame;
import javax.swing.JTextArea;
import javax.swing.JTextField;
import javax.swing.JScrollPane;

public class J_ChatServer extends JFrame
{
    private ObjectInputStream m_input;    // 输入流
    private ObjectOutputStream m_output; // 输出流
    private JTextField m_enter;  // 输入区域
    private JTextArea m_display; // 显示区域
    private int m_clientNumber = 0; // 连接的客户数

    public J_ChatServer( ) // 在图形界面中添加组件
    {
        super("聊天程序服务器端");
        Container c = getContentPane( );
```

```
        m_enter = new JTextField( );
        m_enter.setEnabled(false);
        m_enter.addActionListener(new ActionListener( )
            {
                public void actionPerformed(ActionEvent event)
                { // 向客户端发送数据
                    try
                    {
                        String s = event.getActionCommand( );
                        m_output.writeObject(s);
                        m_output.flush( );
                        mb_displayAppend("服务器端: " + s);
                        m_enter.setText( "" ); // 清除输入区域的原有内容
                    }
                    catch (Exception e)
                    {
                        System.err.println("发生异常:" + e);
                        e.printStackTrace( );
                    } // try-catch 结构结束
                } // 方法 actionPerformed 结束
            } // 实现接口 ActionListener 的内部类结束
        ); // addActionListener 方法调用结束
        c.add(m_enter, BorderLayout.NORTH);
        m_display = new JTextArea( );
        c.add(new JScrollPane(m_display), BorderLayout.CENTER);
    } // J_ChatServer 构造方法结束

    public void mb_displayAppend(String s)
    {
        m_display.append(s + "\n");
        m_display.setCaretPosition(m_display.getText( ).length( ));
        m_enter.requestFocusInWindow( ); // 转移输入焦点到输入区域
    } // 方法 mb_displayAppend 结束

    public boolean mb_isEndSession(String m)
    {
        if (m.equalsIgnoreCase("q"))
            return(true);
        if (m.equalsIgnoreCase("quit"))
            return(true);
        if (m.equalsIgnoreCase("exit"))
            return(true);
        if (m.equalsIgnoreCase("end"))
            return(true);
        if (m.equalsIgnoreCase("结束"))
```

```java
        return(true);
    return(false);
} // 方法 mb_isEndSession 结束

public void mb_run( )
{
    try
    {
        ServerSocket server = new ServerSocket(5000);
        String m; // 来自客户端的消息
        while (true)
        {
            m_clientNumber++;
            mb_displayAppend("等待连接[" + m_clientNumber + "]");
            Socket s = server.accept( );
            mb_displayAppend("接收到客户端连接[" + m_clientNumber + "]");
            m_output = new ObjectOutputStream(s.getOutputStream( ));
            m_input = new ObjectInputStream(s.getInputStream( ));
            m_output.writeObject("连接成功");
            m_output.flush( );
            m_enter.setEnabled(true);
            do
            {
                m = (String) m_input.readObject( );
                mb_displayAppend("客户端: " + m);
            } while (!mb_isEndSession(m));// do-while 循环结束
            m_output.writeObject("q"); // 通知客户端退出程序
            m_output.flush( );
            m_enter.setEnabled(false);
            m_output.close( );
            m_input.close( );
            s.close( );
            mb_displayAppend("连接[" + m_clientNumber + "]结束");
        } // while 循环结束
    }
    catch (Exception e)
    {
        System.err.println("发生异常:" + e);
        e.printStackTrace( );
        mb_displayAppend("连接[" + m_clientNumber + "]发生异常");
    } // try-catch 结构结束
} // 方法 mb_run 结束

public static void main(String args[ ])
{
```

```
        J_ChatServer app = new J_ChatServer( );

        app.setDefaultCloseOperation(JFrame.EXIT_ON_CLOSE);
        app.setSize(350, 150);
        app.setVisible(true);
        app.mb_run( );
    } // 方法 main 结束
} // 类 J_ChatServer 结束
```

在客户端的源文件名为 **J_ChatClient.java**，其内容如下所示。

```
// ////////////////////////////////////////////////////
//
// J_ChatClient.java
//
// 开发者：雍俊海
// ////////////////////////////////////////////////////
// 简介:
//      基于 TCP 的聊天例程——客户端程序部分
// ////////////////////////////////////////////////////
import java.awt.BorderLayout;
import java.awt.Container;
import java.awt.event.ActionListener;
import java.awt.event.ActionEvent;
import java.net.Socket;
import java.io.ObjectInputStream;
import java.io.ObjectOutputStream;
import javax.swing.JFrame;
import javax.swing.JTextArea;
import javax.swing.JTextField;
import javax.swing.JScrollPane;

public class J_ChatClient extends JFrame
{
    private ObjectInputStream m_input;    // 输入流
    private ObjectOutputStream m_output;  // 输出流
    private JTextField m_enter;  // 输入区域
    private JTextArea m_display; // 显示区域

    public J_ChatClient( ) // 在图形界面中添加组件
    {
        super("聊天程序客户端");
        Container c = getContentPane( );
        m_enter = new JTextField( );
        m_enter.setEnabled(false);
        m_enter.addActionListener(new ActionListener( )
```

```
            {
                public void actionPerformed(ActionEvent event)
                { // 向服务器端发送数据
                    try
                    {
                        String s = event.getActionCommand( );
                        m_output.writeObject(s);
                        m_output.flush( );
                        mb_displayAppend("客户端: " + s);
                        m_enter.setText(""); // 清除输入区域的原有内容
                    }
                    catch (Exception e)
                    {
                        System.err.println("发生异常:" + e);
                        e.printStackTrace( );
                    } // try-catch 结构结束
                } // 方法 actionPerformed 结束
            } // 实现接口 ActionListener 的内部类结束
        ); // addActionListener 方法调用结束
        c.add(m_enter, BorderLayout.NORTH);
        m_display = new JTextArea( );
        c.add(new JScrollPane(m_display), BorderLayout.CENTER);
} // J_ChatClient 构造方法结束

public void mb_displayAppend(String s)
{
    m_display.append(s + "\n");
    m_display.setCaretPosition(m_display.getText( ).length( ));
    m_enter.requestFocusInWindow( ); // 转移输入焦点到输入区域
} // 方法 mb_displayAppend 结束

public boolean mb_isEndSession(String m)
{
    if (m.equalsIgnoreCase("q"))
        return(true);
    if (m.equalsIgnoreCase("quit"))
        return(true);
    if (m.equalsIgnoreCase("exit"))
        return(true);
    if (m.equalsIgnoreCase("end"))
        return(true);
    if (m.equalsIgnoreCase("结束"))
        return(true);
    return(false);
} // 方法 mb_isEndSession 结束
```

**J**ava 程序设计教程（第3版）

```java
    public void mb_run(String host, int port)
    {
        try
        {
            mb_displayAppend("尝试连接");
            Socket s = new Socket(host, port);
            String m; // 来自服务器端的消息
            m_output = new ObjectOutputStream(s.getOutputStream( ));
            m_input = new ObjectInputStream(s.getInputStream( ));
            m_enter.setEnabled(true);
            do
            {
                m = (String) m_input.readObject( );
                mb_displayAppend("服务器端: " + m);
            } while(!mb_isEndSession(m));// do-while 循环结束
            m_output.writeObject("q"); // 通知服务器端退出程序
            m_output.flush( );
            m_output.close( );
            m_input.close( );
            s.close( );
            System.exit(0);
        }
        catch (Exception e)
        {
            System.err.println("发生异常:" + e);
            e.printStackTrace( );
            mb_displayAppend("发生异常");
        } // try-catch 结构结束
    } // 方法 mb_run 结束

    public static void main(String args[ ])
    {
        J_ChatClient app = new J_ChatClient( );
        app.setDefaultCloseOperation(JFrame.EXIT_ON_CLOSE);
        app.setSize(350, 150);
        app.setVisible(true);
        if (args.length == 0)
            app.mb_run("localhost", 5000);
        else app.mb_run(args[0], 5000);
    } // 方法 main 结束
} // 类 J_ChatClient 结束
```

　　在上面的例程中，服务器端和客户端可以位于同一台计算机上，也可以分别位于连接在互联网上的两台计算机上。如果在一台计算机上，则需要在该计算机上打开两个控制台窗口，分别作为服务器端和客户端。在服务器端，编译源程序文件 J_ChatServer.java 的命令为：

```
javac J_ChatServer.java
```

在客户端，编译源程序文件 J_ChatClient.java 的命令为：

```
javac J_ChatClient.java
```

在运行程序的时候不能先运行客户端程序；否则，将出现连接异常，即如果要运行程序，则需要先运行服务器端的程序，其命令为：

```
java J_ChatServer
```

这时，服务器端处于等待状态，等待来自客户端的连接。然后，在客户端运行客户端程序。如果服务器端和客户端在同一台计算机上，则客户端运行命令可以是：

```
java J_ChatClient
```

如果服务器端和客户端不在同一台计算机上，则客户端运行命令格式是：

```
java J_ChatClient 服务器主机名
```

其中，"服务器主机名"是服务器端计算机的主机名，例如，该计算机的 IP 地址。

　　服务器端程序和客户端程序的图形界面非常相似，如图 12.2 所示，其上端是单行的输入区域，下端是允许多行的显示区域。在服务器端程序刚刚运行之后，它的输入区域是灰色，无法输入信息；它的显示区域显示的是"等待连接[1]"，其中，1 表示等待第 1 个客户过来的连接。当客户端程序开始运行之后，先在客户端的显示区域显示"尝试连接"。如果连接成功，则在服务器端的显示区域中显示"接收到客户端连接[1]"，表示服务器端接收到第 1 个客户端连接。然后，服务器端程序向客户端程序发送消息"连接成功"，并显示在客户端的显示区域中，如图 12.2(b)所示。这时，服务器端和客户端的输入区域都允许输入，在这两端可以进行聊天的操作。聊天的结果会记录在各自的显示区域中。这时显示区域是可以编辑的。这样可以删除一些无用或多余的信息，方便查看和整理聊天记录。当在服务器端和客户端的输入区域中输入"q"、"quit"、"exit"、"end"或"结束"时，将结束当前的客户端与服务器端的聊天，同时客户端程序将自动退出；而服务器端程序将继续等待新的来自客户端的连接。在连接提示中括号中的数字将自增 1。作为结束聊天的这几个字母或单词是不区分大小写的。这样方便用户的输入。

(a) 服务器端图形界面　　　　　　　　　　(b) 客户端图形界面

图 12.2　基于 TCP 的聊天例程运行结果示例

**J**ava 程序设计教程（第 3 版）

　　这个聊天例程与前面基于 TCP 通信的简单例程的实现原理都是一样的。只是这里增加了图形界面，而且让通信的双方可以多次进行通信，进而形成具有一定实用性的聊天程序。在上面的例程中，输入流与输出流分别采用类 java.io.ObjectInputStream 和 java.io.Object-OutputStream。在输出时，上面的例程一般都立即调用类 java.io.ObjectOutputStream 的成员方法

```
public void flush( ) throws IOException
```

该成员方法的作用是强制立即进行输出。这样做的目的是为消除不同操作系统的影响。在有些操作系统中，在输出时会采用缓存机制：即先将需要输出的数据保存在缓存中，然后等到在缓存中的数据积累到一定程度或满足某种条件时再进行真正的输出操作。它的目的是为了提高操作系统或计算机的运行效率，但有时会造成聊天过程的不连贯性。

　　上面的例程在数据向另一端发送之后，通过语句

```
m_enter.setText( "" );
```

将在输入区域内的字符清空。它调用的是类 javax.swing.JTextField 的成员方法

```
public void setText(String t)
```

该成员方法将当前文本框的内容设置为参数 t 指定的字符串。类 javax.swing.JTextField 的成员方法

```
public void setEnabled(boolean enabled)
```

用来设置当前文本框是否允许编辑。当参数 enabled 为 true 时，该文本框允许编辑；当参数 enabled 为 false 时，该文本编辑框的内容不允许被编辑。

　　上面的例程通过类 javax.swing.JTextArea 的成员方法

```
public String getText( )
```

获取在当前文本区域内的字符串。类 javax.swing.JTextArea 的成员方法

```
public void append(String str)
```

将字符串 str 添加到当前文本区域的末尾。类 javax.swing.JTextArea 的成员方法

```
public void setCaretPosition(int position)
```

将当前文本区域的光标位置设置在文本区域的第 position（该成员方法的参数）个字符的后面。当参数 position 为 0 时，光标位置将被设置在文本区域所有字符的前面。下面的语句

```
m_display.setCaretPosition(m_display.getText( ).length( ));
```

将光标放置在文本区域的尾部。这样做的目的是为了让程序自动移动滚动条，并让最新的聊天信息（也就是新添加的信息）处于可见的状态。类 javax.swing.JTextField 的成员方法

```
public boolean requestFocusInWindow( )
```

向系统请求让当前组件获得输入焦点。在上面的例程中，该组件是作为输入区域的文本框。它是上面例程最应该获得输入焦点的组件。这样做的目的是减少在聊天时通过鼠标或键盘为输入区域获取输入焦点的时间，从而提高图形界面的友好性。

在上面的例程中，服务器端程序和客户端程序在刚要结束一次连接之前都分别向另一端发送字符串"q"。这样做的目的是为了通知对方结束当前连接。否则，很容易发生这样的现象：其中某一端已经结束了连接，而另一端还在继续尝试通过连接通道读取数据，从而出现连接异常。这种在即将结束之前通知对方结束当前连接的方法是提高程序稳定性的一个技巧。

## 12.3　基于 UDP 的网络程序设计

UDP（User Datagram Protocol，用户数据报协议）是一种控制网络数据传输的协议。传输的数据首先封装在数据报包中，然后通过 UDP 控制数据报包的发送与接收。与 TCP 相比，UDP 在控制数据传输时并没有建立起可靠的连接。通常将基于 UDP 的数据传输比喻为到邮局寄信或取信件。相对 TCP 而言，一般认为 UDP 是一种简单的不可靠的无连接的网络数据传输协议。基于 UDP 的网络数据传输并不保证数据报包会顺利到达指定的主机，也不保证数据报包会按照发送的顺序到达指定的主机。

在日常生活中，可以通过邮局寄信或取信。与此相类似，基于 UDP 的网络数据传输要通过数据报套接字（Datagram Socket）。数据报套接字（Datagram Socket）是表示发送或接收数据报包的套接字（Socket）。它在数据通信中的作用有点类似于邮局。需要传输的数据通常封装成为数据报包（Datagram Packet），这有点类似于各种信件。

通过 UDP 进行网络数据通信的程序设计模型如图 12.3 所示。这个模型既适用于服务器端，也适用于客户端。不过，在具体的实现细节上，服务器端程序与客户端程序还是稍微有些差别。这主要体现在数据报套接字（Datagram Socket）实例对象的创建上。在服务器端，创建数据报套接字（Datagram Socket）实例对象通常通过类 java.net.DatagramSocket 的构造方法

```
public DatagramSocket(int port) throws SocketException
```

该构造方法指定该数据报套接字（Datagram Socket）所对应的端口号。而在客户端创建数据报套接字（Datagram Socket）实例对象除了通过上面的构造方法，通常通过类 java.net.DatagramSocket 的构造方法

服务器端/客户端

创建 DatagramSocket 实例对象

| DatagramSocket.send (DatagramPacket) | DatagramSocket.receive (DatagramPacket) |

DatagramSocket.close( )

图 12.3　通过 UDP 进行网络数据通信的程序设计模型

```
public DatagramSocket( ) throws SocketException
```

该构造方法自动为该数据报套接字（Datagram Socket）查找并配置当前可用的端口号。这里需要注意的是，每台计算机的每个端口号最多只能分配给一个数据报套接字（Datagram Socket）实例对象。因此，如果服务器端和客户端位于同一台计算机上，则它们不能采用相同的端口号。在前面的两个构造方法中，后者可以自动避开这一问题。而前者在创建数据报套接字（Datagram Socket）实例对象之前已经确定好端口号。这样方便客户端向服务器端发送数据。这有些类似于通过邮局寄信，客户端在发送数据时需要知道服务器端的准确地址，而端口号是其中重要的内容。当服务器端收到来自客户端的数据时，服务器端可以从该数据中得到客户端的网络地址与端口号。因此，客户端程序可以通过后一种构造方法创建数据报套接字（Datagram Socket）实例对象。

需要传输的数据通常封装成为**数据报包（Datagram Packet）**。发送和接收数据都需要封装。封装的方法稍微有些不同。在发送的数据报包中需要指明数据所要发送的目的网络地址及其端口号。因此，**需要发送的数据报包的创建**通常通过类 java.net.DatagramPacket 的构造方法

```
public DatagramPacket(byte[ ] buf, int length, InetAddress address, int port)
```

该构造方法的参数 buf 指定数据存放的存储空间，参数 length 指定需要发送数据的字节数，参数 address 和 port 分别指定数据发送目的网络地址和端口号，其中，参数 length 一定不能超过存储空间 buf 的实际大小。当该数据报包被发送时，在数据报包中会自动添加上发送方的网络地址及其端口号。

在接收数据时也需要封装数据报包。**接收数据的数据报包创建**通常通过类 java.net.DatagramPacket 的构造方法

```
public DatagramPacket(byte[ ] buf, int length)
```

该构造方法的参数 buf 指定接收数据存放的存储空间，参数 length 指定需要接收数据的字节数，其中，参数 length 一定不能超过存储空间 buf 的实际大小。这里在统计接收数据的字节数 length 时只需统计接收数据正文部分的字节数，即不包括发送方的网络地址和端口号所占用的字节数。给出的接收数据的字节数 length 允许大于接收数据正文部分的实际字节数，这时可以正常接收数据。如果参数 length 小于接收数据正文部分的实际字节数，则在接收数据时只接收前面 length 字节的数据。

在接收数据之后，可以通过接收的数据报包获取数据和发送方的网络地址及端口号等信息。在发送的数据报包中也包含一些相应的信息。这里介绍**如何通过数据报包获取信息**。类 java.net.DatagramPacket 的成员方法

```
public byte[ ] getData( )
```

返回该数据报包的数据存储空间。通过这个存储空间可以获取数据正文。类 java.net.DatagramPacket 的成员方法

```
public int getLength( )
```

返回该数据报包的数据正文的长度，其单位是字节。如果该数据报包是接收得到的数据报包，那么这个长度是接收数据正文部分的实际字节数。类 java.net.DatagramPacket 的成员方法

```
public InetAddress getAddress( )
```

返回该数据报包的网络地址。如果该数据报包是接收得到的数据报包，那么返回的网络地址是该数据报包发送方的网络地址。如果该数据报包是往外发送的数据报包，那么返回的网络地址是该数据报包所要发送的目的网络地址。类 java.net.DatagramPacket 的成员方法

```
public int getPort( )
```

返回该数据报包的端口号。如果该数据报包是接收得到的数据报包，那么返回的端口号是该数据报包发送方的端口号。如果该数据报包是往外发送的数据报包，那么返回的端口号是该数据报包所要发送的目的端口号。

在准备好数据报包之后，可以接收或发送数据。接收数据可以通过类 java.net.Datagram-Socket 的成员方法

```
public void receive(DatagramPacket p) throws IOException
```

该成员方法将接收的数据存放在数据报包 p 中。发送数据可以通过类 java.net.Datagram-Socket 的成员方法

```
public void send(DatagramPacket p) throws IOException
```

其中，待发送的数据报包 p 包含了发送的数据、发送数据正文的长度、发送的目的网络地址和端口号。

在通过 UDP 进行网络数据通信的程序设计模型中，在数据通信结束之后，可以通过类 java.net.DatagramSocket 的成员方法

```
public void close( )
```

关闭当前的数据报套接字（Datagram Socket）。

下面给出一个基于 UDP 通信的简单例程。例程由两个 Java 源程序文件组成。它们分别位于服务器端与客户端。在服务器端的源文件名为 J_UdpServer.java，其内容如下所示。

```
// ////////////////////////////////////////////////
//
// J_UdpServer.java
//
// 开发者：雍俊海
// ////////////////////////////////////////////////
// 简介:
//    基于 UDP 通信例程的服务器端程序
// ////////////////////////////////////////////////
import java.net.DatagramPacket;
```

```java
import java.net.DatagramSocket;
import java.net.InetAddress;
import java.util.Date;

public class J_UdpServer
{
    public static void main(String args[ ])
    {
        DatagramSocket      dSocket;
        DatagramPacket      inPacket;
        DatagramPacket      outPacket;
        InetAddress         cAddr;
        int                 cPort;
        byte[ ]             inBuffer= new byte[100];
        byte[ ]             outBuffer;
        String              s;

        try
        {
            dSocket = new DatagramSocket(8000);
            while (true)
            {
                inPacket = new DatagramPacket(inBuffer, inBuffer.length);
                dSocket.receive(inPacket); // 接收数据报
                cAddr = inPacket.getAddress( );
                cPort = inPacket.getPort( );
                s= new String(inPacket.getData( ), 0, inPacket.getLength( ));
                System.out.println("接收到客户端信息: " + s);
                System.out.println("客户端主机名为: " + cAddr.getHostName( ));
                System.out.println("客户端端口为: " + cPort);

                Date d = new Date( );
                outBuffer = d.toString( ).getBytes( );
                outPacket = new DatagramPacket(outBuffer, outBuffer.length,
                        cAddr, cPort);
                dSocket.send(outPacket); // 发送数据报
            } // while 循环结束
        }
        catch (Exception e)
        {
            System.err.println("发生异常:" + e);
            e.printStackTrace( );
        } // try-catch 结构结束
    } // 方法 main 结束
} // 类 J_UdpServer 结束
```

在客户端的源文件名为 J_UdpClient.java，其内容如下所示。

```java
// /////////////////////////////////////////////////
//
// J_UdpClient.java
//
// 开发者：雍俊海
// /////////////////////////////////////////////////
// 简介：
//      基于 UDP 通信例程的客户端程序
// /////////////////////////////////////////////////
import java.net.DatagramPacket;
import java.net.DatagramSocket;
import java.net.InetAddress;

public class J_UdpClient
{
    public static void main(String args[ ])
    {
        DatagramPacket      inPacket;
        InetAddress         sAddr;
        byte[ ]             inBuffer= new byte[100];

        try
        {
            DatagramSocket dSocket = new DatagramSocket( );
            if (args.length == 0)
                sAddr = InetAddress.getByName("127.0.0.1");
            else sAddr = InetAddress.getByName(args[0]);
            String s = "请求连接";
            byte[ ] outBuffer= s.getBytes( );
            DatagramPacket outPacket= new DatagramPacket(
                outBuffer, outBuffer.length, sAddr, 8000);
            dSocket.send(outPacket); // 发送数据报

            inPacket= new DatagramPacket(inBuffer, inBuffer.length);
            dSocket.receive(inPacket); // 接收数据报
            s= new String (inPacket.getData( ), 0, inPacket.getLength( ));
            System.out.println("接收到服务器端信息: " + s);

            dSocket.close( );
        }
        catch (Exception e)
        {
            System.err.println("发生异常:" + e);
```

```
                    e.printStackTrace( );
          } // try-catch 结构结束
     } // 方法 main 结束
} // 类 J_UdpClient 结束
```

在上面的例程中，服务器端和客户端可以位于同一台计算机上，也可以分别位于连接在互联网上的两台计算机上。如果在一台计算机上，则需要在该计算机上打开两个控制台窗口，分别作为服务器端和客户端。在服务器端，编译源程序文件 J_UdpServer.java 的命令为：

```
javac J_UdpServer.java
```

在客户端，编译源程序文件 J_UdpClient.java 的命令为：

```
javac J_UdpClient.java
```

在运行程序的时候一般不能先运行客户端程序，否则，可能出现数据丢失。这是因为如果当客户端的数据传输到指定的网络地址和端口号时没有程序负责接收数据，则这些数据可能直接被丢弃。这有些类似于在邮局送信时出现"查无此人"的信件。因此，服务器端的程序一般需要先运行，其命令为：

```
java J_UdpServer
```

这时，服务器端处于等待状态，等待来自客户端的连接。然后，在客户端运行客户端程序。如果服务器端和客户端在同一台计算机上，则客户端运行命令可以是：

```
java J_UdpClient
```

如果服务器端和客户端不在同一台计算机上，则客户端运行命令格式是：

```
java J_UdpClient 服务器主机名
```

其中，"服务器主机名"是服务器端计算机的主机名，例如，该计算机的 IP 地址。

执行的结果是在服务器端不断地等待从客户端发过来的数据。一旦接收到从客户端发来的数据报包，就会在服务器端的控制台窗口中输出客户端发送过来的数据以及客户端的网络地址和端口号，同时向客户端发送接收到数据的时间。客户端接收并在控制台窗口中显示从服务器发送过来的时间。上面的程序允许有多个客户端同时发送和接收数据。

在上面例程中，通过类 java.lang.String 的构造方法

```
public String(byte[ ] bytes, int offset, int length)
```

创建由字节数组 bytes 从第（offset+1）字节开始的 length 字节所对应的字符组成的字符串实例对象。如果参数 offset 为 0 并且参数 length 为字节数组 bytes 的长度，则所创建的字符串实例对象是由在字节数组 bytes 中的所有字节的对应字符组成。通过类 java.lang.String 的成员方法

```
public byte[ ] getBytes( )
```

将该字符串的字符进行转换并生成相应的字节数组。通过类 java.util.Date 的构造方法

```
public Date( )
```

创建表示当前时间的实例对象。该时间精确到毫秒。

# 12.4　基于 SSL 的网络程序设计

随着网络应用的日益广泛,网络数据传输的安全问题越来越得到人们的重视。1994 年,网景通信公司(Netscape Communications Corporation)推出了 SSL(Secure Sockets Layer,安全套接层)安全网络通信协议。**SSL 协议**设计的最主要目的是为了提高网络通信的保密性和可靠性。基于 SSL 协议的网络数据通信一般采用多种密钥对进行通信的数据进行加密。从而即使 SSL 网络通信被攻击者窃听,攻击者也只能得到已经加过密的数据,而且多种密钥同时加密的方法也加大了攻击者破解加密数据的难度。

**SSL 协议在网络协议上的层次结构**如图 12.4 所示。SSL 协议建立在可靠传输协议的基础上,例如:TCP。另外,可以基于 SSL 协议建立其他应用协议,从而使得这些应用协议具有 SSL 安全特性。SSL 协议本身由 SSL 记录协议(SSL Record Protocol)和 SSL 握手协议(SSL Handshake Protocol)两部分组成。**SSL 记录协议**规定了如何将传输的数据封装在记录中,即规定了记录的格式、记录的加密方式、记录的压缩和解压方法等。在 SSL 协议中,每个记录的最大长度是 32 767 字节。**SSL 握手协议**要求进行通信的双方分别是服务器端与客户端。SSL 握手协议规定了在服务器端和客户端之间进行认证的步骤、选择数据加密方式的步骤以及进行数据通信的步骤等。

基于 SSL 协议的网络通信在进行网络的数据(或消息)传输时仍然采用它下层的可靠传输协议,只是基于 SSL 协议的网络通信通过 SSL 记录协议对传输的数据进行加密,而且通过 SSL 握手协议对传输过程增加了认证过程。因此,基于 SSL 协议的网络通信与直接采用它下层的传输协议的网络通信相比,增加了网络通信的安全性,但降低了数据传输的效率。

| 应用协议 | |
|---|---|
| SSL 协议 | SSL 握手协议 |
| | SSL 记录协议 |
| 可靠的传输协议（如 TCP） | |

图 12.4　SSL 协议在网络协议上的层次结构图

## 12.4.1　密钥和证书管理工具 keytool

基于 SSL 协议的网络通信通过密钥和证书对传输的数据进行加密,并对通信的双方进行身份验证。因此,这里先介绍密钥、证书及其管理工具 keytool。通过密钥和证书管理工具 keytool 可以生成密钥库、给密钥库添加密钥项、显示密钥库信息、修改密钥库信息、删除密钥库密钥项、导出数字证书并建立信任密钥库等。

**密钥和证书管理工具 keytool** 采用命令行的方式执行命令。在控制台窗口(Windows 系列操作系统的 DOS 窗口、或 Linux 和 UNIX 操作系统的 Shell 或 XTerm 窗口)中,输入命令:

```
keytool
```

或

```
keytool -help
```

可以看到密钥和证书管理工具 keytool 的命令行格式说明。下面分别介绍密钥和证书管理工具 keytool 的常用方法以及密钥和证书的一些基本概念。

这里，首先介绍密钥库的生成。生成密钥库的命令格式与给密钥库添加密钥项的命令格式是一样的。密钥库是一些密钥项的集合。密钥项是由公钥（public key）、私钥（private key）和证书等组成。每项密钥项都具有一个别名，用来标识该密钥项。在第一次往密钥库中添加密钥项时，密钥和证书管理工具 keytool 会自动创建相应的密钥库。生成一个默认的密钥库的命令是

```
keytool -genkey
```

下面给出运行该命令的一个示例（假设当前路径是"C:\Examples"）。

```
C:\Examples>keytool -genkey
输入 keystore 密码:  ks123456
您的名字与姓氏是什么?
  [Unknown]:  马克
您的组织单位名称是什么?
  [Unknown]:  JavaSoft 分部
您的组织名称是什么?
  [Unknown]:  Sun 公司
您所在的城市或区域名称是什么?
  [Unknown]:  圣他克拉拉
您所在的州或省份名称是什么?
  [Unknown]:  加州
该单位的两字母国家代码是什么
  [Unknown]:  US
CN=马克, OU=JavaSoft 分部, O=Sun 公司, L=圣他克拉拉, ST=加州, C=US 正确吗?
  [否]:  是

输入<mykey>的主密码
        (如果和 keystore 密码相同, 按 Enter 键):  key123456
```

在上面的运行示例中，带下划线的斜体字符是通过键盘输入的内容，其他内容为系统提示信息。如果是在中文的操作系统上运行上面的命令，则在回答输入信息是否正确时，应当输入"是"，即不能用英文单词"yes"来代替中文文字"是"。密钥库（keystore）的密码和密钥项（这里它的别名是"mykey"）的主密码都要求至少由 6 个字符组成。如果该密钥库原来不存在，则新输入的密码就是该密钥库的密码。如果该密钥库原来就已经存在，则必须输入原来已经设好的密钥库密码。如果密钥项的密码采用与密钥库相同的密码，那么在输密钥项密码时直接输入回车符就可以了。

在上面运行示例的"CN=马克, OU=JavaSoft 分部, O=Sun 公司, L=圣他克拉拉, ST=加州, C=US"中，这些缩写关键字的全称及其含义分别是：

（1）CN（Common Name，姓名或常用名）

（2）OU（Organization Unit，组织（的内部）单位）

（3）O（Organization Name，组织名称）

（4）L（Locality Name，当地名称，如城市名）

（5）ST（State Name，州或省份名称）

（6）C（Country，国家，采用由两个字母组成的国家代码。如：CN 表示中国，US 表示美国）

这些信息共同组成了密钥项所对应的**实体**（例如：人、组织、公司、银行、计算机、应用程序等）的**专用识别名**（Distinguished Name，DN）。实体的专用识别名要求能够用来标识密钥项所对应的实体。

如果原来不存在密钥库，则上面命令运行的结果是生成一个密钥库，同时在该密钥库添加一项密钥项。这个运行示例没有指定密钥库的名称和密钥项的别名，所以它们都采用默认值。密钥项的默认别名为 "mykey"。密钥库的默认名称是 ".keystore"。该密钥库保存在操作系统的当前用户主目录下的文件 ".keystore" 中。对于操作系统 Windows 98、2000 或 XP，操作系统当前用户的主目录，也就是密钥库所在的默认路径，如表 12.1 所示。

表 12.1　密钥库（keystore）所在的默认路径

| 操作系统 | 密钥库（keystore）所在的默认路径 |
| --- | --- |
| Windows 98 | 操作系统所在的路径 |
|  | 例如：C:\Windows |
| Windows 2000 或 XP | C:\Documents and Settings\Windows 登录用户名\ |
|  | 例如：C:\Documents and Settings\Administrator\ |

密钥库所在的默认路径可以通过程序获得。下面给出**获取操作系统当前用户主目录的例程**。例程的源文件名为 J_UserHome.java，内容如下所示。

```
// /////////////////////////////////////////////////////
//
// J_UserHome.java
//
// 开发者：雍俊海
// /////////////////////////////////////////////////////
// 简介:
//    获取操作系统当前用户主目录的例程
// /////////////////////////////////////////////////////
public class J_UserHome
{
    public static void main(String args[ ])
    {
        System.out.println(System.getProperty("user.home"));
    } // 方法 main 结束
} // 类 J_UserHome 结束
```

上面例程的编译命令是

```
javac J_UserHome.java
```

上面例程的执行命令是

```
java J_UserHome
```

在控制台窗口中输出的内容就是密钥库所在的默认路径。

上面例程用到了类 java.lang.System 的成员方法

```
public static String getProperty(String key)
```

该成员方法的参数 key 是系统参数关键字，例如：在上面程序示例中的"user.home"。该成员方法返回的是该关键字所对应的系统参数值。例如，在上面程序示例中该成员方法返回关键字"user.home"所对应的系统参数值，即操作系统当前用户的主目录。

在生成密钥库或往密钥库中添加密钥时，还可以指定密钥项的别名和密钥库的名称及其所在的路径。指定密钥项别名的选项格式是

```
-alias 密钥项别名
```

指定密钥库名称及其所在路径的选项格式是

```
-keystore 密钥库所在路径\密钥库名称
```

下面给出相应的运行示例（假设当前路径是"C:\Examples"）。

```
C:\Examples>keytool -genkey -alias newmark -keystore .\new.keystore
输入 keystore 密码：  ks123456
您的名字与姓氏是什么？
  [Unknown]：  新马克
您的组织单位名称是什么？
  [Unknown]：  JavaSoft 分部
您的组织名称是什么？
  [Unknown]：  Sun 公司
您所在的城市或区域名称是什么？
  [Unknown]：  圣他克拉拉
您所在的州或省份名称是什么？
  [Unknown]：  加州
该单位的两字母国家代码是什么
  [Unknown]：  US
CN=新马克, OU=JavaSoft 分部, O=Sun 公司, L=圣他克拉拉, ST=加州, C=US 正确吗？
  [否]：  是

输入<mykey>的主密码
        （如果和 keystore 密码相同，按 Enter 键）：  key123456
```

在上面的运行示例中，带下划线的斜体字符是通过键盘输入的内容，其他内容为系统提示信息。选项"-alias newmark"指定了新添加的密钥项的别名是"newmark"。选项"-keystore .\new.keystore"指定了密钥库存放的路径及其名称。在".\new.keystore"中，第

一个句点"."表示当前路径，"new.keystore"是密钥库的名称。因此，新生成的密钥库文件将存放在当前目录下，而且文件名是"new.keystore"。这里的符号".\"是可以省略的，结果新生成的密钥库文件都将存放在当前目录下。如果将".\new.keystore"改成"..\new.keystore"，则新生成的文件"new.keystore"将位于当前目录的上一级目录下。

　　另外，还可以在命令行中 一次性给出往密钥库中添加密钥项的所有相关信息 （如果指定的密钥库不存在，则同时还将创建该密钥库）。下面给出相应的运行示例（假设当前路径是"C:\Examples"）。

```
C:\Examples>keytool -genkey -alias oldmark -keystore .\new.keystore
-storepass ks123456 -dname "CN=旧马克, OU=JavaSoft 分部, O=Sun 公司, L=圣他克
拉拉, ST=加州, C=US" -keypass key123456
```

在上面的运行示例中，带下划线的斜体字符是通过键盘输入的内容，其他内容为系统提示信息。键盘输入的内容实际上只有一行，即中间不能输入分行字符（如回车符或换行符）。在上面的运行示例中，选项

```
-genkey
```

表明将给密钥库添加密钥项。选项

```
-alias oldmark
```

指定了新添加的密钥项的别名是"oldmark"。选项

```
-keystore .\new.keystore
```

指定了密钥库存放的路径是当前路径，其名称是"new.keystore"。选项

```
-storepass ks123456
```

指定了密钥库的密码是"ks123456"。其格式是

```
-storepass 密钥库密码
```

如果密钥库已经存在，则这里输入的应当是密钥库原先的密码；否则，这里输入的内容将成为新密钥库的密码。选项

```
-dname "CN=旧马克, OU=JavaSoft 分部, O=Sun 公司, L=圣他克拉拉, ST=加州, C=US"
```

指定了密钥项所对应的 实体专用识别名：常用名（姓名）是"旧马克"，在组织内的具体单位是"JavaSoft 分部"，组织名称是"Sun 公司"，城市名是"圣他克拉拉"，州名是"加州"，由两个字母组成的国家代码是"US"。它的格式是

```
-dname "CN=常用名, OU=在组织内的具体单位, O=组织名称, L=城市名, ST=州名或省名,
C=由两个字母组成的国家代码"
```

这些信息要求能够标识密钥项所对应的实体。如果在输入的信息中含有一些特殊的字符，可以在字符前加上转义符"\"，以便将它们与格式字符区分。例如：如果在常用名中需要

输入"Twain, Mark（马克·吐温）"，则实际应当输入"Twain\, Mark（马克·吐温）"，即用"\,"来代替字符","；否则，将产生格式错误，从而命令无法正常执行。选项

```
-keypass key123456
```

指定了密钥项的密码是"key123456"。它的格式是

```
-keypass 密钥项密码
```

密钥项的密码要求至少由 6 个字符组成。

上面介绍了密钥项和密钥库的生成。这里介绍如何删除密钥项和密钥库。删除密钥项仍然可以通过密钥和证书管理工具 keytool，其选项是

```
-delete
```

例如：

```
keytool -delete -alias newmark -keystore .\new.keystore -storepass ks123456
```

将从密钥库".\new.keystore"中删除密钥项"newmark"。

显示密钥库信息的选项是

```
-list -v
```

例如：

```
keytool -list -v -keystore .\new.keystore -storepass ks123456
```

将显示密钥库".\new.keystore"的一些信息。其具体内容如下：

```
Keystore 类型:  jks
Keystore 提供者:  SUN

您的 keystore 包含 1 输入

别名名称: oldmark
创建日期: 2007-8-13
输入类型: KeyEntry
认证链长度: 1
认证 [1]:
Owner: CN=旧马克, OU=JavaSoft 分部, O=Sun 公司, L=圣他克拉拉, ST=加州, C=US
发照者:  CN=旧马克, OU=JavaSoft 分部, O=Sun 公司, L=圣他克拉拉, ST=加州, C=US
序号:  44de9d2e
有效期间:  Sun Aug 13 11:31:58 CST 2007 至:  Sat Nov 11 11:31:58 CST 2007
认证指纹:
        MD5:  4A:7A:A2:EB:27:BF:0C:2C:54:98:93:2D:CE:A2:29:C8
        SHA1:
94:B5:CA:43:46:F2:73:0C:92:31:09:2C:28:73:70:40:24:30:BF:30
```

```
*******************************************
*******************************************
```

前面虽然给密钥库".\new.keystore"添加了两项密钥项"newmark"和"oldmark"，但删除了密钥项"newmark"。因此，最终在密钥库".\new.keystore"中只剩下一项密钥项"oldmark"。在上面显示信息的 认证指纹 一般是用来标识该密钥项的哈希码（hash code），也常常称为该密钥项的 摘要信息 。通过上面显示信息还可以看出密钥和证书管理工具 keytool 自动给密钥项指定一个 有效期间 。当往密钥库添加新的密钥项时，可以指定有效期间的具体值，其选项格式是

　　　　-validity *有效天数*

它必须跟在选项"-genkey"的后面。这里有效天数的默认值是 90 天。下面给出具体的运行示例：

```
keytool -genkey -validity 365 -alias newmark -keystore .\new.keystore
-storepass ks123456 -dname "CN=新马克, OU=JavaSoft 分部, O=Sun 公司,
L=圣他克拉拉, ST=加州, C=US" -keypass key123456
```

在上面的运行示例中，有效期是 365 天。上面命令的内容实际上只有一行，即中间不能输入分行字符（如回车符或换行符）。

在密钥项中含有公钥、私钥及其证书等。除了通过密钥和证书管理工具 keytool 的选项"-list -v"之外，还可以通过编写程序显示这些信息。下面给出 显示在指定密钥库中的 各个密钥项私钥信息的例程 。例程的源文件名为 J_ShowKeystore.java，内容如下所示。

```java
// ////////////////////////////////////////////////
//
// J_ShowKeystore.java
//
// 开发者：雍俊海
// ////////////////////////////////////////////////
// 简介:
//     显示在指定密钥库中的各个密钥项私钥信息的例程
// ////////////////////////////////////////////////
import java.io.FileInputStream;
import java.security.KeyStore;
import java.security.PrivateKey;
import java.util.Enumeration;
import java.math.BigInteger;

public class J_ShowKeystore
{
    public static void main(String args[ ])
    {
        String ks_name;
```

```
        if (args.length<1)
        {
            // 获取系统默认密钥库的路径及其名称
            ks_name = System.getProperty("user.home") + "\\.keystore";
        }
        else ks_name = args[0];
        System.out.println("密钥库" + ks_name + "的一些信息如下:");
        try
        {
            FileInputStream fis = new FileInputStream(ks_name);
            KeyStore ks = KeyStore.getInstance("JKS");
            String password = "ks123456"; // 密钥库的密码
            String epw = "key123456";      // 密钥项的密码
            String a;       // 密钥项别名
            PrivateKey pk;  // 密钥项私钥
            byte[ ] k;
            if (args.length>1)
                password = args[1]; // 由程序参数指定密钥库密码

            ks.load(fis, password.toCharArray( ));

            // 获取并显示在密钥库中的密钥项别名
            Enumeration<String> e = ks.aliases( ); // 获取各个密钥项别名
            while (e.hasMoreElements( ))
            {
                a = e.nextElement( ); // 取出密钥项别名
                System.out.println("密钥项" + a + "的私钥是:");

                // 获取密钥项私钥
                pk = (PrivateKey) ks.getKey(a, epw.toCharArray( ));
                k = pk.getEncoded( );
                System.out.println((new BigInteger(k)).toString(16));
            } // while 循环结束
        }
        catch(Exception e)
        {
            System.err.println("注: main 方法发生了异常。");
            System.err.println(e);
            e.printStackTrace( );
        } // try-catch 结构结束
    } // 方法 main 结束
} // 类 J_ShowKeystore 结束
```

上面例程的编译命令是

```
javac J_ShowKeystore.java
```

在执行命令时，可以指定密钥库的名称及其密码，例如：

```
java J_ShowKeystore new.keystore ks123456
```

最后执行的结果将显示密钥库 "new.keystore" 的各个密钥项别名及其私钥。在不同计算机上，输出的内容可能会稍微有所不同。这里给出一个输出样例：

密钥库 new.keystore 的一些信息如下：
密钥项 newmark 的私钥是：
```
3082014c0201003082012c06072a8648ce3804013082011f02818100fd7f53811d75122
952df4a9c2eece4e7f611b7523cef4400c31e3f80b6512669455d402251fb593d8d58fa
bfc5f5ba30f6cb9b556cd7813b801d346ff26660b76b9950a5a49f9fe8047b1022c24fb
ba9d7feb7c61bf83b57e7c6a8a6150f04fb83f6d3c51ec3023554135a169132f675f3ae
2b61d72aeff22203199dd14801c70215009760508f15230bccb292b982a2eb840bf0581
cf502818100f7e1a085d69b3ddecbbcab5c36b857b97994afbbfa3aea82f9574c0b3d07
82675159578ebad4594fe67107108180b449167123e84c281613b7cf09328cc8a6e13c1
67a8b547c8d28e0a3ae1e2bb3a675916ea37f0bfa213562f1fb627a01243bcca4f1bea8
519089a883dfe15ae59f06928b665e807b552564014c3bfecf492a0417021500917bc66
fa02b733b2d2113bda694f9b49e40a5f8
```
密钥项 oldmark 的私钥是：
```
3082014b0201003082012c06072a8648ce3804013082011f02818100fd7f53811d75122
952df4a9c2eece4e7f611b7523cef4400c31e3f80b6512669455d402251fb593d8d58fa
bfc5f5ba30f6cb9b556cd7813b801d346ff26660b76b9950a5a49f9fe8047b1022c24fb
ba9d7feb7c61bf83b57e7c6a8a6150f04fb83f6d3c51ec3023554135a169132f675f3ae
2b61d72aeff22203199dd14801c70215009760508f15230bccb292b982a2eb840bf0581
cf502818100f7e1a085d69b3ddecbbcab5c36b857b97994afbbfa3aea82f9574c0b3d07
82675159578ebad4594fe67107108180b449167123e84c281613b7cf09328cc8a6e13c1
67a8b547c8d28e0a3ae1e2bb3a675916ea37f0bfa213562f1fb627a01243bcca4f1bea8
519089a883dfe15ae59f06928b665e807b552564014c3bfecf492a041602144aa87fd1d
88a3a981f7fc4eb6a334c91691aaf8b
```

上面的程序用到了类 java.security.KeyStore，这个类为密钥及其证书提供了存储工具。类 java.security.KeyStore 的成员方法

```
public static KeyStore getInstance(String type) throws KeyStoreException
```

创建密钥库实例对象，其中，参数 type 指定密钥库的类型。如果无法创建成功，则抛出类型为 KeyStoreException 的异常；否则，返回密钥库实例对象的引用。这里参数 type 最常用的值是"JKS"。在前面通过密钥和证书管理工具 keytool 创建的密钥库就是这种类型。它的提供者（Provider）是"SUN"。参数 type 的另一个常用值是"JCEKS"，它的提供者（Provider）是"SunJCE"。SunJCE 提供者比 SUN 提供者提供更多的加密算法。

类 java.security.KeyStore 的成员方法

```
public final void load(InputStream stream, char[ ] password) throws
IOException, NoSuchAlgorithmException, CertificateException
```

将指定的密钥库文件加载到当前的密钥库实例对象中，其中，参数 stream 指定密钥库文件，参数 password 提供对应的密钥库密码。

语句

```
System.getProperty("user.home") + "\\.keystore"
```

可以产生系统默认的密钥库文件名，其他密钥库的文件名称需要自行指定。

在获得密钥库类 java.security.KeyStore 的实例对象，并加载指定的密钥库文件之后，可以通过类 java.security.KeyStore 的成员方法获取在密钥库中的各种信息。例如，在上面的程序中，类 java.security.KeyStore 的成员方法

```
public final Enumeration<String> aliases( ) throws KeyStoreException
```

返回由在密钥库中的所有密钥项别名组成的列表，该列表的数据类型是具有泛型特点的 Enumeration<String>。Enumeration 是接口。它的一般形式是 java.util.Enumeration<E>，其中，在 "<E>" 当中的 E 可以用具体的数据类型替代，指明具体的元素类型。例如，在 "Enumeration<String>" 中，"<String>" 表明该列表的所有元素都是字符串类型。在上面的程序中，语句

```
Enumeration<String> e = ks.aliases( );
```

的等号右侧面返回由密钥库 ks 的所有密钥项别名组成的列表。列表的枚举类型变量 e 指向该列表第一个元素的前端。接口 java.util.Enumeration<E>的成员方法

```
boolean hasMoreElements( )
```

用来判断在枚举类型对象当前所指向的位置之后还有没有元素。如果还有元素，则返回 true；否则，返回 false。接口 java.util.Enumeration<E>的成员方法

```
E nextElement( )
```

返回枚举类型对象当前所指向的元素的下一个元素，然后将枚举类型对象当前所指向的元素变为其下一个元素。如果当前对象指向列表第一个元素的前端，则该成员方法返回列表的第一个元素，同时当前对象所指向的元素也将变为第一个元素。这样，通过循环运行语句

```
a = e.nextElement( );
```

可以得到在密钥库中的各个密钥项别名。

类 java.security.KeyStore 的成员方法

```
public final Key getKey(String alias, char[ ] password) throws
KeyStoreException, NoSuchAlgorithmException, UnrecoverableKeyException
```

返回在密钥库中指定密钥项的私钥，其中，参数 alias 指定该密钥项的别名，参数 password 指定该密钥项的密码。

接口 java.security.PrivateKey 的成员方法

```
byte[ ] getEncoded( )
```

以字节的形式返回相应的私钥。类 java.math.BigInteger 的构造方法

```
public BigInteger(byte[ ] val)
```

将字节数组转化成为长整数。这样，通过语句

```
(new BigInteger(k)).toString(16)
```

可以得到字节数组 k 所对应的十六进制字符串，即将密钥项的私钥转换成为相应的十六进制字符串。

在密钥项中除了含有私钥之外，还含有公钥及其证书等。利用密钥和证书管理工具 keytool，可以<u>将密钥项的公钥及其证书导出到指定的文件</u>中，其选项格式是

```
keytool -export -alias 密钥项别名 -keystore 密钥库所在路径及其名称 -storepass
密钥库密码 -file 输出的数字证书文件名
```

上面的命令实际上只有一行，即中间不能输入分行字符（如回车符或换行符）。下面给一个具体的运行示例：

```
keytool -export -alias oldmark -keystore .\new.keystore -storepass ks123456
-file oldmark.cer
```

这个运行示例将在当前目录下生成数字证书文件 oldmark.cer，其内容是密钥项 oldmark 的公钥及其证书。同样，在输入上面命令的时候，不能输入任何分行字符。另外，需要注意的是，在导出的数字证书文件中不包含任何私钥信息。可以通过下面的命令显示数字证书文件的一些信息：

```
keytool -printcert -file 数字证书文件名
```

例如，命令：

```
keytool -printcert -file oldmark.cer
```

将显示数字证书文件"oldmark.cer"的如下信息：

```
Owner: CN=旧马克, OU=JavaSoft 分部, O=Sun 公司, L=圣他克拉拉, ST=加州, C=US
发照者:  CN=旧马克, OU=JavaSoft 分部, O=Sun 公司, L=圣他克拉拉, ST=加州, C=US
序号:  44dee648
有效期间:  Sun Aug 13 16:43:52 CST 2007 至:  Sat Nov 11 16:43:52 CST 2007
认证指纹:
     MD5:    A2:C7:8A:4C:68:8D:08:BC:AC:FF:DC:5F:DE:AD:A4:CE
     SHA1:
E9:74:29:48:AE:13:69:5F:D1:44:7D:9A:9E:C6:C9:32:A4:56:4B:B3
```

通过编写程序可以输出数字证书文件的更多信息。下面给出<u>显示数字证书文件的信息的例程</u>。例程的源文件名为 J_ShowCertificate.java，其内容如下所示。

```
// ////////////////////////////////////////////////////////
//
// J_ShowCertificate.java
//
// 开发者：雍俊海
// ////////////////////////////////////////////////////////
// 简介:
//      显示数字证书文件信息的例程
// ////////////////////////////////////////////////////////
import java.security.cert.CertificateFactory;
import java.security.cert.Certificate;
import java.security.cert.X509Certificate;
import java.io.FileInputStream;
import java.io.BufferedInputStream;
import java.math.BigInteger;

public class J_ShowCertificate
{
    public static void main(String args[ ])
    {
        if (args.length<1)
        {
            System.out.println("请给程序提供参数：数字证书的文件名。");
            return;
        }
        try
        {
            FileInputStream fis = new FileInputStream(args[0]);
            BufferedInputStream bis = new BufferedInputStream(fis);

            CertificateFactory cf =
                CertificateFactory.getInstance("X.509");

            while (bis.available( ) > 0)
            {
                Certificate cert = cf.generateCertificate(bis);
                X509Certificate xcert= (X509Certificate) cert;
                System.out.println("证书内容:");

                System.out.println("版本号: " + xcert.getVersion( ));
                System.out.println("序列号: "
                    + xcert.getSerialNumber( ).toString(16));
                System.out.println("所有者: "
                    + xcert.getSubjectX500Principal( ));
                System.out.println("发照者: "
```

```
                + xcert.getIssuerX500Principal( ));
        System.out.println("有效期起始时间: " + xcert.getNotBefore());
        System.out.println("有效期终止时间: " + xcert.getNotAfter());
        System.out.println("签名算法: " + xcert.getSigAlgName());
        byte[ ] sig = xcert.getSignature();
        System.out.println("签名: "
            + (new BigInteger(sig)).toString(16));
        byte[ ] k = xcert.getPublicKey( ).getEncoded( );
        System.out.println("公钥: "
            + (new BigInteger(k)).toString(16));
    } // while 循环结束
    bis.close( );
    }
    catch(Exception e)
    {
        System.err.println("注: main 方法发生了异常。");
        System.err.println(e);
        e.printStackTrace( );
    } // try-catch 结构结束
  } // 方法 main 结束
} // 类 J_ShowCertificate 结束
```

上面例程的编译命令是

```
javac J_ShowCertificate.java
```

在执行命令时，需要指定数字证书文件的名称，例如：

```
java J_ShowCertificate oldmark.cer
```

最后执行的结果是显示数字证书文件“oldmark.cer”的一些信息(包括公钥信息)。在不同
的计算机上，输出的内容可能会稍微有所不同。这里给出一个输出样例：

```
证书内容:
版本号: 1
序列号: 44dee648
所有者: CN=旧马克, OU=JavaSoft 分部, O=Sun 公司, L=圣他克拉拉, ST=加州, C=US
发照者: CN=旧马克, OU=JavaSoft 分部, O=Sun 公司, L=圣他克拉拉, ST=加州, C=US
有效期起始时间: Sun Aug 13 16:43:52 CST 2007
有效期终止时间: Sat Nov 11 16:43:52 CST 2007
签名算法: SHA1withDSA
签名:
302c02146a7267715ac9e9b2e4a14905773b7ec0761aacb90214538f9689f166a78d970
9a2553156fc01dcdf3339
公钥:
308201b83082012c06072a8648ce3804013082011f02818100fd7f53811d75122952df4
a9c2eece4e7f611b7523cef4400c31e3f80b6512669455d402251fb593d8d58fabfc5f5
```

ba30f6cb9b556cd7813b801d346ff26660b76b9950a5a49f9fe8047b1022c24fbba9d7f
eb7c61bf83b57e7c6a8a6150f04fb83f6d3c51ec3023554135a169132f675f3ae2b61d7
2aeff22203199dd14801c70215009760508f15230bccb292b982a2eb840bf0581cf5028
18100f7e1a085d69b3ddecbbcab5c36b857b97994afbbfa3aea82f9574c0b3d07826751
59578ebad4594fe67107108180b449167123e84c281613b7cf09328cc8a6e13c167a8b5
47c8d28e0a3ae1e2bb3a675916ea37f0bfa213562f1fb627a01243bcca4f1bea8519089
a883dfe15ae59f06928b665e807b552564014c3bfecf492a0381850002818100fcde556
e2e7e0a3cf9651c1017f85594f3ab11d63c81938029d14f923535d924aabbe746ba6e09
33753fc265bf1e89e714b3d9f964fd0c7eee728b8e193da683c756f97019899ab393edd
80c094365fe8a56ef45d9ada0ede7af92f304e356cb2fc5c6a60a459700f98f14c92338
b155d8c612e61d789f77be2f77fd71019eba

在这个例程中，程序通过证书工厂类 java.security.cert.CertificateFactory 从证书文件中获取证书。类 java.security.cert.CertificateFactory 的成员方法

```
public static final CertificateFactory getInstance(String type) throws
CertificateException
```

的参数 type 指定证书类型。该成员方法返回可以支持该证书类型的证书工厂实例对象的引用。如果无法成功创建证书工厂对象（例如证书类型有误），则将抛出 CertificateException 类型的异常。在这里，最常用的证书类型是 X.509。

类 java.security.cert.CertificateFactory 的成员方法

```
public final Certificate generateCertificate(InputStream inStream) throws
CertificateException
```

从指定的文件中读取数据并创建相应的证书对象。与此同时，变量 inStream 指向在文件中的下一个证书的位置。如果不存在下一个证书，则变量 inStream 指向文件末尾。因此，下面的程序代码

```
while (bis.available( ) > 0)
{
    Certificate cert = cf.generateCertificate(bis);
    // …
} // while 循环结束
```

可以获取在文件 bis 中的所有证书。

在 J2SE1.6 的类包中含有 3 个同名的证书 Certificate 类或接口。在编写程序时应当采用抽象类 java.security.cert.Certificate，而不应当采用抽象类 javax.security.cert.Certificate，更不应当使用接口 java.security.Certificate。后面两个已经不被提倡使用，其中，抽象类 javax.security.cert.Certificate 的存在只是为了与以前的版本兼容。

在上面的例程中，证书的类型是 X.509，所对应的类是 X509Certificate。在 J2SE1.6 的类包中存在两个同名的类 X509Certificate。应当使用类 java.security.cert.X509Certificate，而不应当使用类 javax.security.cert.X509Certificate，因为后者的存在只是为了与以前的版本兼容。

类 java.security.cert.X509Certificate 的成员方法

```
public abstract int getVersion( )
```

返回证书的版本号。类 java.security.cert.X509Certificate 的成员方法

```
public abstract BigInteger getSerialNumber( )
```

返回证书的序列号。每个证书的序列号要求必须具有唯一性，即不允许不同的证书具有相同的证书序列号。类 java.security.cert.X509Certificate 的成员方法

```
public X500Principal getSubjectX500Principal( )
```

返回证书的所有者。类 java.security.cert.X509Certificate 的成员方法

```
public X500Principal getIssuerX500Principal( )
```

返回证书的发照者。类 java.security.cert.X509Certificate 的成员方法

```
public abstract Date getNotBefore( )
```

返回证书有效期的起始时间。类 java.security.cert.X509Certificate 的成员方法

```
public abstract Date getNotAfter( )
```

返回证书有效期的终止时间。类 java.security.cert.X509Certificate 的成员方法

```
public abstract String getSigAlgName( )
```

返回对证书进行签名的算法的名称。类 java.security.cert.X509Certificate 的成员方法

```
public abstract byte[ ] getSignature( )
```

返回证书的具体签名，并以字节数组的形式返回。类 java.security.cert.X509Certificate 的成员方法

```
public abstract PublicKey getPublicKey( )
```

返回证书的公钥。

下面介绍如何建立信任密钥库。这里先给出一个运行示例。假设当前路径是 "C:\Examples"，并且在当前路径下存在前面所创建的证书 oldmark.cer，运行示例如下：

```
C:\Examples>keytool -import -alias oldmark  -file oldMark.cer
-keystore .\client.trustStore -storepass cts123456
Owner: CN=旧马克, OU=JavaSoft 分部, O=Sun 公司, L=圣他克拉拉, ST=加州, C=US
发照者: CN=旧马克, OU=JavaSoft 分部, O=Sun 公司, L=圣他克拉拉, ST=加州, C=US
序号: 44dee648
有效期间: Sun Aug 13 16:43:52 CST 2007 至: Sat Nov 11 16:43:52 CST 2007
认证指纹:
       MD5:  A2:C7:8A:4C:68:8D:08:BC:AC:FF:DC:5F:DE:AD:A4:CE
       SHA1:
E9:74:29:48:AE:13:69:5F:D1:44:7D:9A:9E:C6:C9:32:A4:56:4B:B3
```

信任这个认证？［否］: *是*

认证已添加至 keystore 中

在这个运行示例中，通过密钥和证书管理工具 keytool 的-import 选项将证书 oldmark.cer 引入到密钥库 ".\client.trustStore" 中，并建立起信任机制。因此，新生成的密钥库 ".\client.trustStore" 称为信任密钥库。在这个信任密钥库中，证书 oldmark.cer 是受信任的证书，密钥项 oldmark 是受信任的密钥项。

在密钥和证书管理工具 keytool 的-import 选项格式中，紧接在选项-alias 之后的内容指定受信任密钥项的别名，紧接在选项-file 之后的内容指定证书的文件名，紧接在选项-keystore 之后的内容指定信任密钥库的文件名，紧接在选项-storepass 之后的内容指定信任密钥库的密码。在运行过程中，根据提示，在"信任这个认证？　［否］:"之后输入"是"。

## 12.4.2　基于 SSL 的服务器端和客户端程序

基于 SSL 的通信模式采用的是客户/服务器模式，即通信的双方分别是服务器端和客户端。其基本思想是在服务器端和客户端分别建立符合 SSL 协议的套接字（Socket），然后通过套接字获取输入流与输出流并进行数据传输。基于 SSL 的服务器端和客户端程序基本模型如图 12.5 所示。

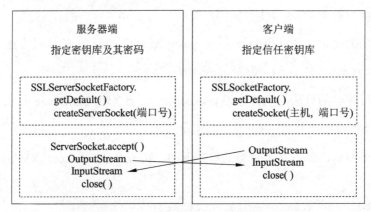

图 12.5　基于 SSL 的服务器端和客户端程序基本模型

在如图 12.5 所示的程序基本模型中，服务器端的程序通常包括如下 6 个步骤：

（1）指定密钥库及其密码。首先，在服务器端需要存在一个密钥库。这里介绍的程序基本模型要求这个密钥库只含有一个密钥项，而且密钥项密码必须与密钥库的密码一样。如果不满足这些要求，即密钥库含有多个密钥项或密钥项密码与密钥库密码不一样，则应当考虑采用下一小节介绍的自定义安全提供程序和密钥管理器。当在服务器端存在符合要求的密钥库时，可以在程序中指定这个密钥库及其密码。指定密钥库及其密码可以通过调用类 java.lang.System 的成员方法

```
public static String setProperty(String key, String value)
```

这个成员方法是用来设置系统的属性，其中，参数 key 指定系统属性的名称，参数 value 指定系统属性的具体值。例如，语句

```
System.setProperty("javax.net.ssl.keyStore", ".\\new.keystore");
```

指定了密钥库所在的路径及其文件名是 ".\\new.keystore"；语句

```
System.setProperty("javax.net.ssl.keyStorePassword", "ks123456");
```

指定了密钥库的密码是 "ks123456"。

（2）获取服务器端套接字工厂的实例对象。获取服务器端套接字一般需要通过服务器端套接字工厂，所以一般需要先获得服务器端套接字工厂的实例对象。获取服务器端套接字工厂实例对象的最常用方法是通过类 javax.net.ssl.SSLServerSocketFactory 的成员方法

```
public static ServerSocketFactory getDefault( )
```

这个成员方法返回一个默认的服务器端套接字工厂实例对象的引用。

（3）创建服务器端套接字。类 javax.net.ssl.SSLServerSocketFactory 的成员方法

```
public abstract ServerSocket createServerSocket(int port) throws IOException
```

创建一个服务器端套接字实例对象，并返回其引用，其中，参数 port 指定服务器端套接字所对应的端口号。端口号的数值一般是从 1 到 65 535 的某一个整数，其中，从 1 到 1023 的端口号一般用于特定的协议或服务。所以，这里可以考虑采用从 1024 到 65 535 的某一个整数作为端口号。

（4）监听并等待来自客户端的连接。类 java.net.ServerSocket 的成员方法

```
public Socket accept( ) throws IOException
```

可以监听并等待来自客户端的连接。当客户端与该服务器端建立起连接时，该成员方法创建在服务器端的套接字（即类 java.net.Socket 的实例对象），并返回其引用。

（5）获取输入流和输出流并与客户端进行数据通信。类 java.net.Socket 的成员方法

```
public InputStream getInputStream( ) throws IOException
```

返回套接字所对应的输入流（java.io.InputStream）。类 java.net.Socket 的成员方法

```
public OutputStream getOutputStream( ) throws IOException
```

返回套接字所对应的输出流（java.io.OutputStream）。通过获得的输入流（InputStream）和输出流（OutputStream）可以与客户端进行数据通信。这时还可以进一步处理从客户端获得的数据以及需要向客户端发送的数据。

（6）在数据通信完毕之后，关闭输入流、输出流和套接字。这只要分别调用类 java.io.InputStream、java.io.OutputStream 和 java.net.Socket 的 close( )成员方法就可以了。

下面给出服务器端程序的一个例程。例程的源文件名为 J_SSLServer.java，具体内容如下所示。

```
// ///////////////////////////////////////////////////
//
// J_SSLServer.java
```

```
//
// 开发者: 雍俊海
// ////////////////////////////////////////////////
// 简介:
//      基于 SSL 的服务器端程序
// ////////////////////////////////////////////////
import javax.net.ssl.SSLServerSocketFactory;
import java.net.ServerSocket;
import java.net.Socket;
import java.net.InetAddress;
import java.io.PrintWriter;
import java.io.BufferedReader;
import java.io.InputStreamReader;

public class J_SSLServer
{
    public static void main(String args[ ])
    {
        // 指定密钥库及其密码
        System.setProperty("javax.net.ssl.keyStore", ".\\new.keystore");
        System.setProperty("javax.net.ssl.keyStorePassword", "ks123456");

        // 获取服务器端套接字工厂的实例对象
        SSLServerSocketFactory ssf = (SSLServerSocketFactory)
            SSLServerSocketFactory.getDefault( );
        try
        {
        // 创建服务器端套接字
        ServerSocket ss = ssf.createServerSocket(5000);

        int i=0;
        while (true)
        {
            System.out.println("[" + (++i)
                + "]: 等待来自客户端的连接......");
            Socket s = ss.accept( ); // 监听并等待来自客户端的连接
            PrintWriter pw = new PrintWriter(s.getOutputStream( ));
            InetAddress sa = s.getInetAddress( );
            InetAddress ca = s.getLocalAddress( );

            String str;
            System.out.println("服务器端向客户端发送信息:");
            str =
                "来自"
                + ca.getHostAddress( ) + "(" + s.getLocalPort( ) + ")"
```

```
            + "向"
            + sa.getHostAddress( ) + "(" + s.getPort( ) + ")"
            + "发出的问候。";
        System.out.println(str);
        pw.println(str);
        pw.flush( );

        System.out.println("服务器端接收客户端信息:");
        BufferedReader br = new BufferedReader(
            new InputStreamReader(s.getInputStream( )));

        str=br.readLine( );
        System.out.println(str);

        br.close( );
        pw.close( );
        s.close( );
    } // while 循环结束
}
catch(Exception e)
{
    System.err.println("注: main 方法发生了异常。");
    System.err.println(e);
    e.printStackTrace( );
} // try-catch 结构结束
} // 方法 main 结束
} // 类 J_SSLServer 结束
```

编译命令为：

```
javac J_SSLServer.java
```

在运行上面例程之前，首先需要存在密钥库 new.keystore，而且在密钥库中只含有一项密钥项，并且密钥项密码与密钥库密码相同。为了使得这一小节的内容不受上一小节操作结果的影响，如果已经存在密钥库 new.keystore，则可以通过命令

```
del new.keystore
```

删除密钥库 new.keystore。然后通过命令

```
keytool -genkey -alias oldmark -keystore .\new.keystore -storepass ks123456
-dname "CN=旧马克, OU=JavaSoft 分部, O=Sun 公司, L=圣他克拉拉, ST=加州, C=US"
-keypass ks123456
```

重新创建密钥库 new.keystore。上面的命令实际上只有一行，即中间不能输入分行字符（如回车符或换行符）。在控制台窗口中以及这里分多行显示，只是因为该命令所包含的字符较多。新创建的密钥库 new.keystore 只含有一项密钥项，其别名是 oldmark，而且密钥项密码

**J**ava 程序设计教程（第 3 版）

与密钥库密码相同。这时可以运行上面的服务器端程序，其执行命令是

```
java J_SSLServer
```

这时执行的结果在控制台窗口中输出

```
[1]：等待来自客户端的连接......
```

并等待来自客户端的连接。

在上面的例程中，还涉及到类 java.net.Socket 的一些其他成员方法。类 java.net.Socket 的成员方法

```
public InetAddress getLocalAddress( )
```

返回当前套接字所在的网络地址，即服务器端的网络地址。类 java.net.Socket 的成员方法

```
public int getLocalPort( )
```

返回当前套接字所在的端口号，即服务器端的端口号。类 java.net.Socket 的成员方法

```
public InetAddress getInetAddress( )
```

返回连接到当前套接字的对方计算机所在的网络地址，即客户端的网络地址。类 java.net.Socket 的成员方法

```
public int getPort( )
```

返回与当前套接字相连接的远端计算机的端口号，即客户端的端口号。

在如图 12.5 所示的程序基本模型中，**客户端的程序**通常包括如下 5 个步骤：

（1）**指定信任密钥库**。首先，需要从服务器端的密钥库中将密钥项的公钥及其证书导出到指定的证书文件。这可以通过密钥和证书管理工具 keytool 及其 "-export" 选项实现。然后将所生成的证书文件复制到客户端，并在客户端建立起该证书的信任密钥库。这可以通过密钥和证书管理工具 keytool 及其 "-import" 选项实现。在客户端程序中需要指定这个信任密钥库的文件名及其所在的路径。指定的方法可以通过类 java.lang.System 的成员方法

```
public static String setProperty(String key, String value)
```

这个成员方法是用来设置系统的属性。"信任密钥库的文件名及其路径"所对应的系统属性名称是"javax.net.ssl.trustStore"。例如，语句

```
System.setProperty("javax.net.ssl.trustStore",".\\client.trustStore");
```

指定了信任密钥库所在的路径及其文件名是 ".\client.trustStore"。

（2）**获取套接字工厂的实例对象**。在客户端获取套接字工厂的实例对象可以通过类 javax.net.ssl.SSLSocketFactory 的成员方法

```
public static SocketFactory getDefault( )
```

这个成员方法返回一个默认的符合 SSL 协议的套接字工厂实例对象的引用。

（3）创建端套接字。类 javax.net.ssl.SSLSocketFactory 的成员方法

```
public abstract Socket createSocket(String host, int port) throws
IOException, UnknownHostException
```

创建一个套接字实例对象，并返回其引用，其中，参数 host 指定服务器端主机名，参数 port 指定服务器端套接字所对应的端口号。端口号的数值一般是从 1 到 65 535 的某一个整数，其中，从 1 到 1023 的端口号一般用于特定的协议或服务。所以，这里可以考虑采用从 1024 到 65 535 的某一个整数作为端口号。

（4）通过类 java.net.Socket 的成员方法获取输入流和输出流并与服务器端进行数据通信。

（5）在数据通信完毕之后，关闭输入流、输出流和套接字。这只要分别调用类 java.io. InputStream、java.io.OutputStream 和 java.net.Socket 的 close( )成员方法就可以了。

下面给出客户端程序的一个例程。例程的源文件名为 J_SSLClient.java，具体内容如下所示。

```java
// ////////////////////////////////////////////////////
//
// J_SSLClient.java
//
// 开发者: 雍俊海
// ////////////////////////////////////////////////////
// 简介:
//     基于 SSL 的客户端程序
// ////////////////////////////////////////////////////
import javax.net.ssl.SSLSocketFactory;
import java.net.Socket;
import java.net.InetAddress;
import java.io.PrintWriter;
import java.io.BufferedReader;
import java.io.InputStreamReader;

public class J_SSLClient
{
    public static void main(String args[ ])
    {
        String host = (args.length>=1 ? args[0] : "localhost");
        int port;

        // 指定信任密钥库
        System.setProperty("javax.net.ssl.trustStore",
            ".\\client.trustStore");

        // 获取套接字工厂的实例对象
        SSLSocketFactory sf =
```

```
            (SSLSocketFactory)SSLSocketFactory.getDefault( );
        try
        {
            if (args.length>=2)
                port = Integer.parseInt(args[1]);
            else port = 5000;

            // 获取套接字，与服务器端建立连接
            Socket s = sf.createSocket(host, port);

            InetAddress sa = s.getInetAddress( );
            InetAddress ca = s.getLocalAddress( );

            System.out.println("客户端接收服务器端信息:");
            BufferedReader br = new BufferedReader(
                new InputStreamReader(s.getInputStream( )));
            String str;
            str = br.readLine( );
            System.out.println(str);

            System.out.println("客户端向服务器端发送信息:");
            PrintWriter pw = new PrintWriter(s.getOutputStream( ));
            str =
                "客户端"
                + ca.getHostAddress( ) + "(" + s.getLocalPort( ) + ")"
                + "应答服务器端"
                + sa.getHostAddress( ) + "(" + s.getPort( ) + ")"
                + "。";
            System.out.println(str);
            pw.println(str);
            pw.flush( );

            pw.close( );
            br.close( );
            s.close( );
        }
        catch(Exception e)
        {
            System.err.println("注: main 方法发生了异常。");
            System.err.println(e);
            e.printStackTrace( );
        } // try-catch 结构结束
    } // 方法 main 结束
} // 类 J_SSLClient 结束
```

编译命令为:

```
javac J_SSLClient.java
```

为了正常运行客户端程序，首先需要从服务器端的密钥库中将密钥项的公钥及其证书导出到指定的证书文件。为了重新生成相应的证书文件，如果已经存在证书文件 oldmark.cer，可以在服务器端通过命令

```
del oldmark.cer
```

删除证书文件 oldmark.cer。然后通过命令

```
keytool -export -alias oldmark -keystore .\new.keystore -storepass ks123456
-file oldmark.cer
```

重新生成新的证书文件 oldmark.cer。上面的命令实际上只有一行，即中间不能输入分行字符（如回车符或换行符）。接着将证书文件 oldmark.cer 从服务器端复制到客户端，并在客户端建立起对该证书的信任密钥库。为了不受以前操作的影响，如果在客户端已经存在信任密钥库文件 client.trustStore，则可以在客户通过命令

```
del client.trustStore
```

删除信任密钥库文件 client.trustStore。重新建立信任密钥库文件 client.trustStore 的命令是

```
keytool -import -alias oldmark  -file oldmark.cer
-keystore  .\client.trustStore -storepass cts123456
```

上面的命令实际上只有一行，即中间不能输入分行字符（如回车符或换行符）。在运行这个命令时，会出现是否信任这个认证的询问。这时，应当输入“是”，完成信任密钥库的建立。这时可以在客户端运行上面的客户端程序。如果客户端与服务器在同一台计算机上，则执行命令是

```
java J_SSLClient
```

这时客户端与服务器端应当分别在不同的控制台窗口中运行。执行的结果在客户端控制台窗口中输出

客户端接收服务器端信息：
来自 127.0.0.1(5000)向 127.0.0.1(1132)发出的问候。
客户端向服务器端发送信息：
客户端 127.0.0.1(1132)应答服务器端 127.0.0.1(5000)。

同时，在服务器端的控制台窗口中继续输出

服务器端向客户端发送信息：
来自 127.0.0.1(5000)向 127.0.0.1(1132)发出的问候。
服务器端接收客户端信息：
客户端 127.0.0.1(1132)应答服务器端 127.0.0.1(5000)。
[2]：等待来自客户端的连接……

在服务器端和客户端的控制台窗口中输出的数据表明服务器端与客户端顺利地进行了数据通信。在服务器端的程序处理完这次连接之后，会继续等待来自客户端的连接。

如果客户端与服务器端不在同一台计算机上，其执行命令格式是

```
java J_SSLClient 服务器端主机的 IP 地址
```

或

```
java J_SSLClient 服务器端主机的 IP 地址 5000
```

其中，5000 是服务器端的端口号。这个端口号是由在服务器端程序 J_SSLServer.java 中的语句

```
ServerSocket ss = ssf.createServerSocket(5000);
```

设置的。这两处端口号必须一致，才能正常进行数据通信。下面给出具体的执行命令示例，如果服务器端的 IP 地址是"202.66.42.68"，则客户端的执行命令可以是

```
java J_SSLClient 202.66.42.68
```

或者

```
java J_SSLClient 202.66.42.68 5000
```

通过这种方式,客户端与服务器端可以分别位于不同的主机进行基于 SSL 协议的数据通信。

### 12.4.3　自定义安全提供程序和密钥管理器

如果在密钥库中需要存在多个密钥项或者密钥项需要采用与密钥库不相同的密码，则可以考虑采用自定义安全提供程序和密钥管理器。上一小节介绍的基于 SSL 的服务器端和客户端程序基本模型在服务器端程序中无法指定具体的密钥项及其密码。

实现自定义的密钥管理器一般是通过编写一个实现接口javax.net.ssl.X509KeyManager的密钥管理器类。在接口 X509KeyManager 名称中，"X509"是一个证书标准的名称。X 509 标准规定了密钥证书所有可能包含的信息以及这些信息的数据格式。要编写一个实现接口 javax.net.ssl.X509KeyManager 的密钥管理器类，就必须实现接口 javax.net.ssl.X509KeyManager 的如下所有成员方法：

（1）成员方法

```
String chooseClientAlias(String[ ] keyType, Principal[ ] issuers, Socket
socket)
```

对当前密钥项的加密算法类型和发照者进行鉴别和匹配。如果能够匹配，则返回当前密钥项的别名；否则，返回 null。如果参数 keyType 为空，则该成员方法返回 null。如果当前密钥项的加密算法类型名称与参数 keyType 某个元素相匹配（即两个字符串具有相同的字符序列），则认为加密算法类型是匹配的；否则，直接返回 null。如果加密算法类型是匹配的，则会继续鉴别发照者。如果参数 issuers 为空，则不对发照者进行鉴别，而直接认为发照者是相匹配的，并返回当前密钥项的别名。如果参数 issuers 不为空，则会进一步对发照

者进行鉴别。这时要求当前密钥项的发照者必须与 issuers 的某个元素相匹配（即两个字符串具有相同的字符序列）才会认为发照者是相匹配的，并返回当前密钥项的别名；否则，认为发照者不相匹配，从而返回 null。参数 socket 指定当前连接的套接字，可以是 null。

（2）成员方法

```
String chooseServerAlias(String keyType, Principal[] issuers, Socket socket)
```

对当前密钥项的加密算法类型和发照者进行鉴别和匹配。如果参数 keyType 与当前密钥项的加密算法类型名称不同，则返回 null；否则，进一步对发照者进行鉴别并确定返回值。如果参数 issuers 不为空（null）并且 issuers 的所有元素与当前密钥项的发照者均不相同，则返回 null；否则，返回当前密钥项的别名。因此，当参数 keyType 与当前密钥项的加密算法类型名称相匹配并且参数 issuers 为空（null）时，该成员方法返回当前密钥项的别名。参数 socket 指定当前连接的套接字，可以是 null。

（3）成员方法

```
X509Certificate[] getCertificateChain(String alias)
```

返回当前密钥项所对应的证书链。当证书得到验证并重新签发（附上新签发者的签名等信息）时，会形成新的证书。这个新证书也称为证书链。证书链还可以继续重新被签发，从而形成新的证书链。

（4）成员方法

```
String[] getClientAliases(String keyType, Principal[] issuers)
```

的参数 keyType 指定加密算法类型名称，参数 issuers 指定发照者。当 issuers 为 null 时，则忽略这个参数。该成员方法返回与指定加密算法类型及指定发照者相匹配的密钥项别名。

（5）成员方法

```
PrivateKey getPrivateKey(String alias)
```

的参数 alias 指定密钥项的别名。该成员方法返回该密钥项的私钥。

（6）成员方法

```
String[] getServerAliases(String keyType, Principal[] issuers)
```

的参数 keyType 指定加密算法类型名称，参数 issuers 指定发照者。当 issuers 为 null 时，则忽略这个参数。该成员方法返回与指定加密算法类型及指定发照者相匹配的密钥项别名。

下面给出一个实现接口 javax.net.ssl.X509KeyManager 的密钥管理器类例程。例程的源文件名为 J_SSLKeyManager.java，内容如下所示。

```
// /////////////////////////////////////////////////////
//
// J_SSLKeyManager.java
//
// 开发者：雍俊海
// /////////////////////////////////////////////////////
```

```
// 简介:
//     实现接口 javax.net.ssl.X509KeyManager 的密钥管理器类例程
// ////////////////////////////////////////////////////
import javax.net.ssl.X509KeyManager;
import java.security.cert.Certificate;
import java.security.cert.X509Certificate;
import java.security.KeyStore;
import java.security.Principal;
import java.security.PrivateKey;
import java.net.Socket;

public class J_SSLKeyManager implements X509KeyManager
{
    protected String m_alias;        // 密钥项的别名
    protected KeyStore m_keystore;   // 密钥库
    protected char[ ] m_storepass;   // 密钥库的密码
    protected char[ ] m_keypass;     // 密钥项的密码
    private String m_type;           // m_alias 密钥项的公钥的加密算法类型名称
    private String m_issuer;         // m_alias 密钥项的证书发照者

    public J_SSLKeyManager(KeyStore ks, String s,
            char[ ] storepass, char [ ] keypass)
    {
        m_keystore = ks;
        m_alias = s;
        m_storepass = storepass;
        m_keypass = keypass;
        try
        {
            Certificate c = ks.getCertificate(s);
            m_type = c.getPublicKey( ).getAlgorithm( );
            m_issuer =
                ((X509Certificate) c).getIssuerX500Principal( ).getName( );
        }
        catch(Exception e)
        {
            System.err.println("注: J_SSLKeyManager 构造方法发生了异常。");
            System.err.println(e);
            e.printStackTrace( );
        } // try-catch 结构结束
    } // 构造方法 J_SSLKeyManager 结束

    // 注: 下面方法没有用到参数 s, 它可以为 null
    public String chooseClientAlias(String[ ] keyType,
            Principal[ ] issuers, Socket s)
```

```
{
    if (keyType==null)
        return null;
    int i;
    for (i=0; i < keyType.length; i++)
        if (m_type.equals(keyType[i]))
        {
            i=-1;
            break;
        } // if 和 for 结构结束
    if (i!=-1) // 说明加密算法类型不匹配
        return null;
    if (issuers==null) // 说明参数 issuers 可以不用考虑
        return m_alias;
    for (i=0; i < issuers.length; i++)
        if (m_issuer.equals(issuers[i].getName( )))
            return m_alias;
    return null;
} // 方法 chooseClientAlias 结束

// 注: 下面方法没有用到参数 s, 它可以为 null
public String chooseServerAlias(String keyType,
            Principal[ ] issuers, Socket s)
{
    String [ ] ks = {keyType};
    return(chooseClientAlias(ks, issuers, s));
} // 方法 chooseServerAlias 结束

// 获得别名 alias 对应的证书链
public X509Certificate[ ] getCertificateChain(String alias)
{
    try
    {
        Certificate [ ] c = m_keystore.getCertificateChain(alias);
        if (c==null)
            return(null);
        if (c.length==0)
            return(null);
        X509Certificate [ ] xc = new X509Certificate[c.length];
        System.arraycopy(c, 0, xc, 0, c.length);
        return(xc);
    }
    catch(Exception e)
    {
        System.err.println("注: 类 J_SSLKeyManager 的"
```

```
                        + "getCertificateChain 方法发生了异常。");
                System.err.println(e);
                e.printStackTrace( );
                return null;
            } // try-catch 结构结束
        } // 方法 getCertificateChain 结束

    public String[ ] getClientAliases(String keyType, Principal[ ] issuers)
    {
        String [ ] s;
        String alias = chooseServerAlias(keyType, issuers, null);
        if (alias==null)
            return null;
        else
        {
            s = new String[1];
            s[0] = alias;
        } // if-else 结构结束
        return s;
    } // 方法 getClientAliases 结束

    public PrivateKey getPrivateKey(String alias)
    {
        try
        {
            return((PrivateKey)(m_keystore.getKey(alias, m_keypass)));
        }
        catch(Exception e)
        {
            System.err.println("注：类 J_SSLKeyManager 的"
                + "getPrivateKey 方法发生了异常。");
            System.err.println(e);
            e.printStackTrace( );
        } // try-catch 结构结束
        return(null);
    } // 方法 getPrivateKey 结束

    public String[ ] getServerAliases(String keyType, Principal[ ] issuers)
    {
        return(getClientAliases(keyType, issuers));
    } // 方法 getServerAliases 结束
} // 类 J_SSLKeyManager 结束
```

这个例程的编译命令为：

```
javac J_SSLKeyManager.java
```

上面的例程用到了类 java.security.KeyStore 的成员方法

```
public final Certificate getCertificate(String alias) throws
KeyStoreException
```

这个成员方法的参数 alias 指定密钥项的别名。该成员方法返回该密钥项的证书。通过证书类 java.security.cert.Certificate 的成员方法

```
public abstract PublicKey getPublicKey( )
```

可以获得在证书中的公钥。接口 java.security.PublicKey 的成员方法

```
String getAlgorithm( )
```

返回公钥的加密算法类型名称。类 java.security.cert.X509Certificate 的成员方法

```
public X500Principal getIssuerX500Principal( )
```

返回证书的发照者。类 javax.security.auth.x500.X500Principal 的成员方法

```
public String getName( )
```

返回相应的标识名。类 java.security.KeyStore 的成员方法

```
public final Certificate[ ] getCertificateChain(String alias) throws
KeyStoreException
```

返回密钥项别名 alias 所对应的证书链。类 java.security.KeyStore 的成员方法

```
public final Key getKey(String alias, char[ ] password) throws
KeyStoreException, NoSuchAlgorithmException, UnrecoverableKeyException
```

返回在密钥库中指定密钥项的私钥，其中，参数 alias 指定该密钥项的别名，参数 password 指定该密钥项的密码。

对于自定义的密钥管理器类而言，仅仅有密钥管理器类是不完整的，一般还需要编写自定义的密钥管理器工厂类。编写自定义密钥管理器工厂类一般是编写抽象类 javax.net.ssl.KeyManagerFactorySpi 的子类，实现其中的抽象方法：

（1）成员方法

```
protected abstract KeyManager[ ] engineGetKeyManagers( )
```

返回密钥管理器。

（2）成员方法

```
protected abstract void engineInit(KeyStore ks, char[ ] password) throws
KeyStoreException, NoSuchAlgorithmException, UnrecoverableKeyException
```

初始化密钥管理器工厂，设置密钥库为参数 ks，密钥库密码为参数 password。

（3）成员方法

```
protected abstract void engineInit(ManagerFactoryParameters spec) throws
```

InvalidAlgorithmParameterException

通过管理工厂参数初始化密钥管理器工厂的参数。

下面给出一个 自定义密钥管理器工厂类的例程 。例程的源文件名为 J_SSLKey-ManagerFactory.java，内容如下所示。

```java
// ////////////////////////////////////////////////
//
// J_SSLKeyManagerFactory.java
//
// 开发者：雍俊海
// ////////////////////////////////////////////////
// 简介:
//      自定义密钥管理器工厂类
// ////////////////////////////////////////////////
import javax.net.ssl.KeyManager;
import javax.net.ssl.KeyManagerFactorySpi;
import javax.net.ssl.ManagerFactoryParameters;
import java.security.KeyStore;

public class J_SSLKeyManagerFactory extends KeyManagerFactorySpi
{
    public String m_alias;        // 密钥项的别名
    public KeyStore m_keystore;   // 密钥库
    public char[ ] m_storepass;   // 密钥库的密码
    public char[ ] m_keypass;     // 密钥项的密码

    public J_SSLKeyManagerFactory( )
    {
        m_alias = System.getProperty("Self.alias");
        m_keypass = System.getProperty("Self.keypass").toCharArray( );
    } // 构造方法 J_SSLKeyManagerFactory 结束

    public J_SSLKeyManagerFactory(String alias, char[ ] keypass)
    {
        m_alias = alias;
        m_keypass = keypass;
    } // 构造方法 J_SSLKeyManagerFactory 结束

    protected KeyManager[ ] engineGetKeyManagers( )
    {
        J_SSLKeyManager [ ] skm = new J_SSLKeyManager[1];
        skm[0] = new J_SSLKeyManager(m_keystore, m_alias,
            m_storepass, m_keypass);
        return(skm);
```

```
    } // 方法 engineGetKeyManagers 结束

    protected void engineInit(KeyStore ks, char[ ] password)
    {
        m_keystore = ks;
        m_storepass = password;
    } // 方法 engineInit 结束

    // 下面的方法没有实现
    protected void engineInit(ManagerFactoryParameters spec)
    {
    } // 方法 engineInit 结束
} // 类 J_SSLKeyManagerFactory 结束
```

这个例程的编译命令为：

```
javac J_SSLKeyManagerFactory.java
```

在上面的例程中，自定义两个系统属性"Self.alias"和"Self.keypass"，分别表示密钥项别名和密钥项密码。然后，通过调用类 java.lang.System 的成员方法

```
public static String getProperty(String key)
```

获取相应系统属性的值，其中，参数 key 指定系统属性的名称，方法返回值即为相应系统属性的值。因此，通过语句

```
m_alias = System.getProperty("Self.alias");
```

可以获取密钥项的别名，通过语句

```
m_alias = System.getProperty("Self.alias");
```

可以获取密钥项的密码。这样，在程序中，如果要指定密钥项别名和密钥项密码，则只要设置好系统属性"Self.alias"和"Self.keypass"就可以了。这可以通过调用类 java.lang.System 的成员方法

```
public static String setProperty(String key, String value)
```

其中，参数 key 指定系统属性的名称（如"Self.alias"或"Self.keypass"），参数 value 指定系统属性的具体值。

有了自定义密钥管理器类和自定义密钥管理器工厂类，可以很方便地编写自定义安全提供程序。编写自定义安全提供程序一般只要编写抽象类 java.security.Provider 的子类就可以了。提供者类 java.security.Provider 提供了一些 Java 安全应用程序接口（API），同时还可以将一些 Java 安全功能与其相应的实现接口之间建立起关联。

下面给出一个自定义安全提供程序的例程。例程的源文件名为 J_SelfProvider.java，内容如下所示。

```
// ////////////////////////////////////////////////
//
// J_SelfProvider.java
//
// 开发者：雍俊海
// ////////////////////////////////////////////////
// 简介：
//     自定义安全提供程序
// ////////////////////////////////////////////////
import java.security.Provider;

public class J_SelfProvider extends Provider
{
    public J_SelfProvider( )
    {
        super("Self", 1, "Self Provider 1.1");
        put("KeyManagerFactory.Self", "J_SSLKeyManagerFactory");
    } // 构造方法 J_SelfProvider 结束
} // 类 J_SelfProvider 结束
```

上面例程的编译命令为：

```
javac J_SelfProvider.java
```

在上面的例程中，语句

```
super("Self", 1, "Self Provider 1.1");
```

定义了自定义安全提供者的名称为"Self"，版本号为 1，以及自定义安全提供者的描述是
"Self Provider 1.1"。语句

```
put("KeyManagerFactory.Self", "J_SSLKeyManagerFactory");
```

表明在这个自定义安全提供者中，密钥管理器工厂是由类 J_SSLKeyManagerFactory 实现
的。在这个语句的字符串"KeyManagerFactory.Self"中，"KeyManagerFactory"表示密钥管
理器工厂服务，"Self"表示安全提供者的名称。这里调用抽象类 java.security.Provider 的成
员方法

```
public Object put(Object key, Object value)
```

的目的是将参数 key 的属性与其值之间建立关联。这里，参数 key 通常由两部分组成。这
两个部分用句点"."隔开。前一部分表示服务或功能等属性，如："KeyManagerFactory"
和"KeyGenerator"等。后一部分表示安全提供者的名称，如前面的"Self"和"Sun"等。

有了自定义安全提供程序和密钥管理器，就可以编写相应的基于 SSL 的服务器端和客
户端程序了。这里编写服务器端程序的基本思路与上一小节的类似，都是在服务器端建立
符合 SSL 协议的套接字（Socket），然后通过套接字获取输入流与输出流，并与客户端进行
数据通信。只是这里获取服务器端套接字的方法不同。

下面给出相应的**服务器端程序的一个例程**。例程的源文件名为 J_SSLServerAlias. java，具体内容如下所示。

```java
// ///////////////////////////////////////////////////
//
// J_SSLServerAlias.java
//
// 开发者: 雍俊海
// ///////////////////////////////////////////////////
// 简介:
//     基于 SSL 的服务器端程序，允许指定密钥项别名和密钥项密码
// ///////////////////////////////////////////////////
import javax.net.ssl.SSLServerSocketFactory;
import javax.net.ssl.SSLContext;
import javax.net.ssl.KeyManagerFactory;
import javax.net.ssl.SSLServerSocket;
import java.security.KeyStore;
import java.security.Security;
import java.net.Socket;
import java.net.InetAddress;
import java.io.PrintWriter;
import java.io.BufferedReader;
import java.io.InputStreamReader;
import java.io.FileInputStream;

public class J_SSLServerAlias
{
    public static void main(String args[ ])
    {
        // 指定密钥项别名及密钥项密码
        System.setProperty("Self.alias", "oldmark");
        System.setProperty("Self.keypass", "ks123456");
        try
        {
            Security.addProvider(new J_SelfProvider( ));
            SSLContext sc = SSLContext.getInstance("SSL");
            KeyStore ks = KeyStore.getInstance("JKS");
            char password [ ] = "ks123456".toCharArray( );

            // 加载密钥库
            ks.load(new FileInputStream("new.keystore"), password);

            // 获取服务器端套接字工厂的实例对象
            KeyManagerFactory kmf = KeyManagerFactory.getInstance("Self");
            kmf.init(ks, password);
            sc.init(kmf.getKeyManagers( ), null, null);
```

```
                SSLServerSocketFactory ssf = sc.getServerSocketFactory( );

            // 创建服务器端套接字
            SSLServerSocket ss =
                (SSLServerSocket)ssf.createServerSocket(5000);

            int i=0;
            while (true)
            {
                System.out.println("[" + (++i)
                    + "]: 等待来自客户端的连接……");
                Socket s = ss.accept( );
                PrintWriter pw = new PrintWriter(s.getOutputStream( ));
                InetAddress sa = s.getInetAddress( );
                InetAddress ca = s.getLocalAddress( );

                System.out.println("服务器端向客户端发送信息:");
                String str;
                str =
                    "来自"
                    + ca.getHostAddress( ) + "(" + s.getLocalPort( ) + ")"
                    + "向"
                    + sa.getHostAddress( ) + "(" + s.getPort( ) + ")"
                    + "发出的问候。";
                System.out.println(str);
                pw.println(str);
                pw.flush( );

                System.out.println("服务器端接收客户端信息:");
                BufferedReader br = new BufferedReader(
                    new InputStreamReader(s.getInputStream( )));
                str=br.readLine( );
                System.out.println(str);
                br.close( );

                pw.close( );
                s.close( );
            } // while 循环结束
        }
        catch(Exception e)
        {
            System.err.println("注: main 方法发生了例外。");
            System.err.println(e);
            e.printStackTrace( );
        } // try-catch 结构结束
    } // 方法 main 结束
} // 类 J_SSLServerAlias 结束
```

上面例程的编译命令为：

```
javac J_SSLServerAlias.java
```

在上面的例程中，通过语句

```
System.setProperty("Self.alias", "oldmark");
```

指定密钥项别名为"oldmark"，通过语句

```
System.setProperty("Self.keypass", "ks123456");
```

指定密钥项密码为"ks123456"。类 java.security.Security 的成员方法

```
public static int addProvider(Provider provider)
```

用来添加新的安全提供者。在上面的例程中，新添加的安全提供者就是前面自定义的类
J_SelfProvider 的实例对象。类 javax.net.ssl.SSLContext 的成员方法

```
public static SSLContext getInstance(String protocol) throws
NoSuchAlgorithmException
```

创建一个实现了协议 protocol 的 SSL 上下文（SSLContext）的实例对象，并返回其引用。
在上面的例程中，语句

```
SSLContext sc = SSLContext.getInstance("SSL");
```

指定采用 SSL 协议。类 java.security.KeyStore 的成员方法

```
public static KeyStore getInstance(String type) throws KeyStoreException
```

创建一个类型为 type 的密钥库实例对象，并返回其引用。然后通过语句

```
ks.load(new FileInputStream("new.keystore"), password);
```

加载密钥库"new.keystore"。类 javax.net.ssl.KeyManagerFactory 的成员方法

```
public static final KeyManagerFactory getInstance(String algorithm) throws
NoSuchAlgorithmException
```

创建一个密钥管理器工厂的实例对象，并返回其引用。该成员方法的参数 algorithm 指定创
建这个密钥管理器工厂实例对象的算法。类 javax.net.ssl.KeyManagerFactory 的成员方法

```
public final void init(KeyStore ks, char[ ] password) throws
KeyStoreException, NoSuchAlgorithmException, UnrecoverableKeyException
```

指定在密钥管理器工厂中的密钥库（即参数 ks）和密钥库密码（即参数 password）。类
javax.net.ssl.KeyManagerFactory 的成员方法

```
public final KeyManager[ ] getKeyManagers( )
```

返回密钥管理器数组。类 javax.net.ssl.SSLContext 的成员方法

```
public final void init(KeyManager[ ] km, TrustManager[ ] tm, SecureRandom
random) throws KeyManagementException
```

用来指定的密钥管理器、信任管理器和安全随机数发生器，从而实现对当前实例对象的初始化。这个成员方法的参数均可以为空值（即 null），这时对应的参数将采用默认的值进行初始化。虽然在参数中密钥管理器和信任管理器均以数组的形式提供，但实际上被采用的只会是数组的第一个元素。类 javax.net.ssl.SSLContext 的成员方法

```
public final SSLServerSocketFactory getServerSocketFactory( )
```

返回与当前对象相关的类 javax.net.ssl.SSLServerSocketFactory 的实例对象的引用。

与上一小节一样，通过类 SSLServerSocketFactory 可以创建服务器端的套接字（Socket），然后通过套接字可以获取输入流与输出流，并与客户端进行数据通信。

为了说明上面的例程可以允许在密钥库中存在多个密钥项，而且允许密钥项采用与密钥库不相同的密码，这里创建符合这些条件的密钥库。如果已经存在密钥库 new.keystore，则先通过在控制台窗口中的命令

```
del new.keystore
```

删除旧的密钥库 new.keystore。然后通过命令

```
keytool -genkey -alias oldmark -keystore .\new.keystore -storepass ks123456
-dname "CN=旧马克, OU=JavaSoft 分部, O=Sun 公司, L=圣他克拉拉, ST=加州, C=US"
-keypass ks123456
```

重新创建密钥库 new.keystore。上面的命令实际上只有一行，即中间不能输入分行字符（如回车符或换行符）。接着，通过命令

```
keytool -genkey -validity 365 -alias newmark -keystore .\new.keystore
-storepass ks123456 -dname "CN=新马克, OU=JavaSoft 分部, O=Sun 公司,
L=圣他克拉拉, ST=加州, C=US" -keypass key123456
```

往密钥库 new.keystore 中增加一项新的密钥项。这样，密钥库 new.keystore 包含两项密钥项，这两项密钥项的密码与密钥库 new.keystore 的密码均不相同。上面的命令只有一行，即中间不能输入分行字符（如回车符或换行符）。

在服务器端按照上面的方式建立密钥库之后，可以运行上面的例程，其命令是：

```
java J_SSLServerAlias
```

这时执行的结果是在控制台窗口中输出

```
[1]: 等待来自客户端的连接......
```

并等待来自客户端的连接。

客户端的程序可以采用与上一小节完全相同的程序。编译和运行命令也完全一致。因为在服务器端重新创建密钥库，所以这里需要重新生成证书和信任密钥库。下面给出相应的运行示例。在服务器端重新打开一个控制台窗口。如果在服务器端已经存在证书文件

oldmark.cer，则输入命令

```
del oldmark.cer
```

删除旧的证书文件 oldmark.cer。接着在服务器端的控制台窗口中，输入命令

```
keytool -export -alias oldmark -keystore .\new.keystore -storepass ks123456
-file oldmark.cer
```

重新生成新的证书文件 oldmark.cer。上面的命令只有一行，即中间不能输入分行字符（如回车符或换行符）。然后将证书文件 oldmark.cer 从服务器端复制到客户端，并在客户端建立起对该证书的信任密钥库。如果存在旧的信任密钥库文件 client.trustStore，则在客户端的控制台窗口中，输入命令

```
del client.trustStore
```

删除信任密钥库文件 client.trustStore。重新建立信任密钥库文件 client.trustStore 的命令是

```
keytool -import -alias oldmark  -file oldmark.cer
-keystore .\client.trustStore -storepass cts123456
```

上面的命令只有一行，即中间不能输入分行字符（如回车符或换行符）。在运行这个命令时，会出现是否信任这个认证的询问。这时应当输入"是"，从而完成信任密钥库的建立。这时可以在客户端运行客户端程序。例如：设服务器端的 IP 地址是"202.66.42.68"，则客户端的执行命令可以是

```
java J_SSLClient 202.66.42.68
```

运行输出结果与上一小节的例程的运行输出结果基本上一致。

# 12.5　本章小结

本章介绍了网络地址、统一资源定位地址（URL）以及网络程序设计方法。通过统一资源定位地址（URL）可以指向并获取网络上丰富的资源。基于 TCP 的网络数据传输是一种可靠的有连接的网络数据传输。在基于 TCP 的网络程序中，服务器端与客户端的程序编写稍微有些不同。基于 UDP 的网络数据传输是一种不可靠的无连接的网络数据传输。在基于 UDP 的网络程序设计中，服务器端与客户端的程序编写基本上是相类似的。基于 SSL 的网络程序设计为网络数据传输增加了安全特性，在目前网络应用中得到越来越多的重视。

# 习题

1. 请列举并简述组成统一资源定位地址（URL）的各个部分（至少 5 个）。
2. 请比较 TCP 与 UDP 的特点与用法。
3. 请查找文献资料，列举网络安全在现实生活中的实际应用。
4. 请简单叙述 SSL 与其下层可靠的传输协议之间的关系。

5．TCP 聊天程序。请结合多线程程序设计方法改写 12.2 节的聊天例程，使得可以在服务器端同时与多个客户端同时聊天。这些客户端要求允许在不同的计算机上。

6．UDP 聊天程序。请将基于 TCP 的聊天程序改成基于 UDP 的聊天程序。要求两者的功能一致。

7．SSL 聊天程序。请将基于 TCP 的聊天程序改成基于 SSL 的聊天程序。要求两者的功能一致。

8．TCP 文件传输程序。请编写一个基于 TCP 的文件传输程序。要求文件名作为程序的参数输入或在执行程序的过程中输入。每次传输的数据不能超过 100 字节。即如果文件的字节数超过 100 字节时，则需要将文件分割再发送；当接收到数据时，需要将数据重新封装到一个文件中。

9．UDP 文件传输程序。请编写一个基于 UDP 的文件传输程序。要求文件名作为程序的参数输入或在执行程序的过程中输入。每次传输的数据不能超过 100 字节。即如果文件的字节数超过 100 字节时，需要将文件分割再发送；当接收到数据时，需要将数据重新封装到一个文件中。在编写程序时应当注意 UDP 是一种简单的不可靠的无连接的网络数据传输协议。所接收到的数据报包的顺序不一定会与发送时的顺序完全一致。要求发送的文件与拼装后的文件的内容完全相同。

10．圈叉游戏。请编写程序实现双人玩的圈叉游戏。要求一个人在服务器端玩，另一个人在客户端玩。要求程序可以判断输赢，并给出相应的信息。要求程序允许重新开始新游戏。允许服务器与客户端在同一台机器上。圈叉游戏的示意图如图 12.6 所示。游戏的双方依次轮流在 3×3 的棋盘上画圈与画叉。游戏的一方只能画圈，另一方只能画叉。当出现同一行或同一列或同一条对角上全是圈时，则画圈的一方获胜；若出现同一行或同一列或同一条对角上全是叉时，则画叉的一方获胜。如果棋盘上布满了圈和叉，而双方都没有获胜，则为和棋。

图 12.6　圈叉游戏

11．打牌游戏。请编写程序实现 4 个人在网络上进行打牌游戏。打牌的规则可以自行确定。要求玩牌的 4 个人使用 4 台不同的计算机。

12．考勤程序。请为一个公司编写程序记录该公司员工的出勤情况。员工可以通过客户端向服务器端发送数据表示到达公司或离开公司。服务器端发送消息表示确认，统计所有员工的出勤情况，并将统计结果存放于一个指定文件中。

13．SSL 文件传输系统。请采用基于 SSL 的网络程序设计方法设计一个具有 SSL 网络安全特性的文件传输系统。要求具有良好图形界面友好的特性。提示：图形界面可以参考一些 FTP 软件。

14．思考题：如何通过基于 UDP 的网络程序设计方法实现 TCP 协议？请编写程序加以实现。

# 多媒体与图形学程序设计　第13章

多媒体与图形学在日常生活中的应用非常普遍。Java 语言得以流行的原因之一就是它成功地应用于网络，并使网页跳动起来。所谓使网页跳动起来就是利用多媒体与图形学程序设计方法为网页增添声音、图像、图形以及各种动画效果，从而使网页设计变得丰富多彩。本章将介绍一些基本的声音、图像、图形以及动画编程方法。这里需要指出的是图像与图形是有区别的。图像是通过像素表示场景或物体。比较典型的图像例子有照片和位图（Bitmap）等。图形则是通过记录几何信息来表示场景或物体，例如点、线段、多边形、圆和立方体等。图像一般具有获取和显示速度快等特点，而图形的显示也常常需要先转化为图像。但图像在放大之后常常变得很模糊或失真比较严重，而利用图形来表示的场景或物体则一般不会如此。另外，利用图形来表示场景或物体所需要的数据量往往远远小于采用图像表示所需要的数据量，而且还可以直接记录场景或物体的三维信息（图像一般只是二维的）。现在常常综合利用图像和图形进行多媒体与图形学程序设计。

## 13.1　声音加载与播放

不管是应用程序，还是小应用程序，常见的声音加载与播放方法主要通过类 java.applet.Applet 和接口 java.applet.AudioClip。目前，Java 语言支持多种声音资源，例如 Sun Audio 文件（.au 后缀）、Windows Wave 文件（.wav 后缀）、Macintosh AIFF（Audio Interchange File Format，音频交换文件格式）文件（.aif 或.aiff 后缀）和 MIDI（Musical Instrument Digital Interface，乐器数字接口）文件（.mid 或.rmi 后缀）等。声音加载与播放的一般过程是通过类 java.applet.Applet 的方法加载声音资源，然后通过接口 java.applet.AudioClip 的方法播放这些声音资源。

下面先给出一个声音加载与播放小应用程序例程。例程的源文件名为 J_Audio.java，其内容如下所示。

```
// /////////////////////////////////////////////////
//
// J_Audio.java
//
// 开发者：雍俊海
// /////////////////////////////////////////////////
// 简介：
//       声音加载与播放小应用程序例程
// /////////////////////////////////////////////////
import java.applet.AudioClip;
import java.awt.Container;
import java.awt.FlowLayout;
import java.awt.event.ActionEvent;
import java.awt.event.ActionListener;
import java.awt.event.ItemEvent;
import java.awt.event.ItemListener;
import javax.swing.JApplet;
import javax.swing.JButton;
import javax.swing.JComboBox;

public class J_Audio extends JApplet implements ActionListener, ItemListener
{
    private AudioClip m_soundFirst, m_soundSecond, m_soundCurrent;
    private JButton  m_buttonPlay, m_buttonLoop, m_buttonStop;
    private JComboBox m_comboChoose;

    public void init( ) // 在本方法中将建立起图形用户界面，并获取声音资源
    {
        Container container = getContentPane( );
        container.setLayout(new FlowLayout( ));

        String choices[ ] = {"hi", "bark"};
        m_comboChoose = new JComboBox(choices);
        m_comboChoose.addItemListener(this);
        container.add(m_comboChoose);

        m_buttonPlay = new JButton("播放");
        m_buttonPlay.addActionListener(this);
        container.add(m_buttonPlay);

        m_buttonLoop = new JButton("循环播放");
        m_buttonLoop.addActionListener(this);
        container.add(m_buttonLoop);

        m_buttonStop = new JButton("暂停播放");
```

```
      m_buttonStop.addActionListener(this);
      container.add(m_buttonStop);

      m_soundFirst = getAudioClip(getDocumentBase( ), "hi.au");
      m_soundSecond = getAudioClip(getDocumentBase( ), "bark.au");
      m_soundCurrent = m_soundFirst;
   } // 方法 init 结束

   public void stop( )
   {
      m_soundCurrent.stop( );  // 中止声音的播放
   } // 方法 stop 结束

   public void itemStateChanged(ItemEvent e)
   {
      m_soundCurrent.stop( );
      m_soundCurrent=(m_comboChoose.getSelectedIndex( ) == 0 ?
         m_soundFirst : m_soundSecond);
   } // 方法 itemStateChanged 结束

   public void actionPerformed(ActionEvent e)
   {
      if (e.getSource( ) == m_buttonPlay)
         m_soundCurrent.play( );
      else if (e.getSource( ) == m_buttonLoop)
         m_soundCurrent.loop( );
      else if (e.getSource( ) == m_buttonStop)
         m_soundCurrent.stop( );
   } // 方法 actionPerformed 结束
} // 类 J_Audio 结束
```

相应的 HTML 文件名为 AppletExample.html，其内容如下所示。

```
<!--------- AppletExample.html 开发者：雍俊海--------->
<HTML>
   <HEAD>
      <TITLE>
         小应用程序例程——声音加载与播放
      </TITLE>
   </HEAD>

   <BODY>
      <APPLET CODE= "J_Audio.class" WIDTH= 350 HEIGHT= 40>
      </APPLET>
      <BR>
   </BODY>
</HTML>
```

编译命令为：

```
javac J_Audio.java
```

执行命令为：

```
appletviewer AppletExample.html
```

以上例程在运行时要求在例程所在的路径（即当前路径）下存在声音文件"hi.au"和"bark.au"。最后执行的结果是显示如图 13.1 所示的小应用程序图形界面。通过界面上的组合框可以选取不同声音，当单击"播放"按钮时可以播放声音，当单击"循环播放"按钮时可以循环播放声音，当单击"暂停播放"按钮时可以中止播放声音。

图 13.1　声音加载与播放例程运行结果界面

在这个例程中，程序通过类 java.applet.Applet 的成员方法

```
public AudioClip getAudioClip(URL url, String name)
```

**获取声音资源对象**。声音资源的绝对位置由参数 url 和 name 联合指定。与这个成员方法类似，类 java.applet.Applet 的成员方法

```
public AudioClip getAudioClip(URL url)
```

返回声音资源对象的引用值，其中声音资源的绝对位置由参数 url 指定。这两个成员方法在调用时实际上都不加载声音资源对象。因此，不管相应的声音资源是否存在，这两个成员方法都会返回声音资源对象的引用值。当开始要播放该声音资源时，声音资源才会被加载。

类 java.applet.Applet 的成员方法

```
public URL getDocumentBase( )
```

返回当前小应用程序所在的 HTML 文件所对应的网络统一资源定位地址（URL）。

前面介绍了在小应用程序中加载与播放声音的方法，下面介绍在应用程序中的情形。如果**应用程序要获取声音资源对象**，可以通过类 java.applet.Applet 的静态成员方法

```
public static final AudioClip newAudioClip(URL url)
```

来实现，这个成员方法返回参数 url 指定的声音资源对象的引用值。例如：下面的语句

```
AudioClip s = Applet.newAudioClip(new URL("file:hi.au"));
```

将使得变量 s 指向文件"hi.au"所对应的声音资源对象。在上面语句的 URL 构造方法的参数中"file:"表示这个网络统一资源定位地址（URL）是基于文件协议。按照文件协议，在它之后的内容为文件名（包括包含路径的文件名）。

在获取声音资源之后，不管是应用程序，还是小应用程序，都可以通过接口

java.applet.AudioClip 的成员方法

```
void play( )
```

**播放该声音资源**。这个成员方法在播放该声音资源时只播放一遍，而且从头开始播放。接口 java.applet.AudioClip 的成员方法

```
void loop( )
```

**循环播放该声音资源**。接口 java.applet.AudioClip 的成员方法

```
void stop( )
```

**停止播放该声音资源**。

在小应用程序中，一般要在小应用程序的成员方法

```
public void stop( )
```

中，调用接口 java.applet.AudioClip 的 stop 成员方法停止声音资源的播放，以免当小应用程序处在停止状态时仍在播放声音资源。

# 13.2 图像输入输出、像素处理和图像显示

本节介绍图像输入输出、像素处理和显示。软件包 javax.imageio 是进行图像输入输出的主要 Java 软件包。本节将介绍：通过类 javax.imageio.ImageIO 的静态方法实现图像输入和输出，通过类 java.awt.image.BufferedImage 实现图像的像素处理或在图像上直接作图，利用抽象类 java.awt.Graphics 的成员方法 drawImage 实现图像的显示，通过类 java.applet.Applet 的成员方法 getImage 为小应用程序获取图像资源，通过类 java.awt.MediaTracker 的一些成员方法完成图像资源的加载以及对加载状态的判别，通过类 javax.swing.ImageIcon 简便地完成对图像资源的加载。

通过类 javax.imageio.ImageIO 的一些静态成员方法可以实现**图像输入和输出**。类 javax.imageio.ImageIO 的静态成员方法

```
public static String[ ] getReaderFormatNames( )
```

以字符串数组的形式返回类 javax.imageio.ImageIO 所支持的所有图像输入格式。类 javax.imageio.ImageIO 的静态成员方法

```
public static String[ ] getWriterFormatNames( )
```

以字符串数组的形式返回类 javax.imageio.ImageIO 所支持的所有图像输出格式。利用类 javax.imageio.ImageIO 的 4 个静态成员方法

```
(1) public static BufferedImage read(File input) throws IOException
(2) public static BufferedImage read(ImageInputStream stream) throws
    IOException
(3) public static BufferedImage read(InputStream input) throws IOException
```

```
(4) public static BufferedImage read(URL input) throws IOException
```

可以从图像文件中读取图像数据到内存，即类 java.awt.image.BufferedImage 的实例对象中，结果返回该实例对象的引用值。在这些成员方法中，图像文件分别由其参数指定。利用类 javax.imageio.ImageIO 的 3 个静态成员方法

```
(1) public static boolean write(RenderedImage im, String formatName, File
    output) throws IOException
(2) public static boolean write(RenderedImage im, String formatName,
    ImageOutputStream output) throws IOException
(3) public static boolean write(RenderedImage im, String formatName,
    OutputStream output) throws IOException
```

可以将图像 im 保存在图像文件 output 中，其中方法参数 formatName 指定文件保存的图像格式。因此，通过这些成员方法可以将一幅图像以不同的格式保存。这里的 java.awt.image. RenderedImage 是接口，类 java.awt.image.BufferedImage 是一个实现这个接口的类。

通过类 java.awt.image.BufferedImage 可以实现图像的像素处理。类 java.awt.image. BufferedImage 的具体声明如下：

```
public class BufferedImage extends Image implements WritableRenderedImage,
Transparency
```

类 java.awt.image.BufferedImage 是抽象类 java.awt.Image 的子类。类 javax.imageio.ImageIO 的 read 静态成员方法可以生成类 java.awt.image.BufferedImage 的实例对象。另外，还可以通过类 java.awt.image.BufferedImage 的构造方法

```
public BufferedImage(int width, int height, int imageType)
```

及 new 操作符创建类 java.awt.image.BufferedImage 的实例对象，其中参数 width 指定图像的宽度，参数 height 指定图像的高度，参数 imageType 指定图像的类型。这里的图像类型指的是颜色的表示方法。参数 imageType 的常用值有 BufferedImage.TYPE_INT_RGB 和 BufferedImage.TYPE_INT_ARGB。其中常数 BufferedImage.TYPE_INT_RGB 表示图像的颜色由 R（红色）、G（绿色）和 B（蓝色）3 个分量组成，而且这 3 个分量共同组成一个表示颜色的整数；常数 BufferedImage.TYPE_INT_ARGB 表示图像的颜色由 R（红色）、G（绿色）、B（蓝色）和 alpha（混合因子，即颜色的透明度）4 个分量组成，而且这 4 个分量共同组成一个表示颜色的整数。

颜色的解析可以通过类 java.awt.Color。通过类 java.awt.Color 的构造方法

```
public Color(int r, int g, int b)
```

可以创建由 R（红色）、G（绿色）和 B（蓝色）3 个分量组成的颜色，分别对应参数 r、g 和 b。参数 r、g 和 b 的取值均为 0～255 的整数。通过类 java.awt.Color 的构造方法

```
public Color(int r, int g, int b, int a)
```

可以创建由 R（红色）、G（绿色）、B（蓝色）3 个分量组成的颜色，分别对应参数 r、g

和 b。另外它还指定颜色的 alpha 值，即 颜色的混合因子，用来指定颜色透明度，对应方法参数 a。参数 r、g、b 和 a 均为 0～255 的整数。当 a=0 时，表明该颜色是完全透明的；当 a=255 时，表明该颜色是完全不透明的。通过类 java.awt.Color 的构造方法

```
public Color(int rgb)
```

可以创建颜色，从而实现从 R（红色）、G（绿色）和 B（蓝色）3 个分量组成的整数到颜色的转换。

类 java.awt.Color 的成员方法

```
public int getRed( )
```

返回颜色的 R（红色）分量。类 java.awt.Color 的成员方法

```
public int getGreen( )
```

返回颜色的 G（绿色）分量。类 java.awt.Color 的成员方法

```
public int getBlue( )
```

返回颜色的 B（蓝色）分量。类 java.awt.Color 的成员方法

```
public int getAlpha( )
```

返回颜色的 alpha 值。类 java.awt.Color 的成员方法

```
public int getRGB( )
```

返回该颜色所对应的由 R（红色）、G（绿色）和 B（蓝色）3 个分量组成的整数，从而实现从颜色到由 R（红色）、G（绿色）和 B（蓝色）3 个分量组成的整数的转换。

类 java.awt.image.BufferedImage 提供了一些 像素处理 的基本方法。类 java.awt.image. BufferedImage 的成员方法

```
public int getType( )
```

返回当前图像类型所对应的整数值。这里的图像类型指的是颜色的表示类型，两个常见类型所对应的整数分别是 BufferedImage.TYPE_INT_RGB 和 BufferedImage.TYPE_INT_ARGB。类 java.awt.image.BufferedImage 的成员方法

```
public int getWidth( )
```

返回当前图像的宽度。类 java.awt.image.BufferedImage 的成员方法

```
public int getHeight( )
```

返回当前图像的高度。类 java.awt.image.BufferedImage 的成员方法

```
public int getRGB(int x, int y)
```

返回当前图像在位置（x, y）上的像素的由 R（红色）、G（绿色）和 B（蓝色）3 个分量组成的表示颜色的整数值。类 java.awt.image.BufferedImage 的成员方法

```
public void setRGB(int x, int y, int rgb)
```

将当前图像在位置（x, y）上的像素的颜色值设置为参数 rgb 指定的颜色值，其中参数 rgb 是由 R（红色）、G（绿色）和 B（蓝色）3 个分量组成的表示颜色的整数。

另外，还可以通过类 java.awt.image.BufferedImage 的成员方法

```
public Graphics2D createGraphics( )
```

创建当前图像所对应的类 java.awt.Graphics2D 的实例对象，并返回其引用值。利用类 java.awt.Graphics2D 的实例对象可以在当前图像上直接作图。

抽象类 java.awt.Graphics2D 是抽象类 java.awt.Graphics 的子类。利用抽象类 java.awt.Graphics 的成员方法 drawImage 可以实现图像的显示。抽象类 java.awt.Graphics 的成员方法

```
public abstract boolean drawImage(Image img, int x, int y, ImageObserver
observer)
```

在位置（x, y）上显示图像 img，最终显示的图像大小为图像的实际大小。在抽象类 java.awt.Graphics 的各个不同 drawImage 成员方法中，参数 observer 的含义都相同，均指定与该图像相关联的组件对象，例如图像显示所在的组件。如果没有组件对象与该图像相关联，则参数 observer 可以为 null。抽象类 java.awt.Graphics 的成员方法

```
public abstract boolean drawImage(Image img, int x, int y, int width, int
height, ImageObserver observer)
```

在位置（x, y）上缩放显示图像 img。在缩放之后，实际显示的图像的宽度为 width，高度为 height。抽象类 java.awt.Graphics 的成员方法

```
public abstract boolean drawImage(Image img, int dx1, int dy1, int dx2, int
dy2, int sx1, int sy1, int sx2, int sy2, ImageObserver observer)
```

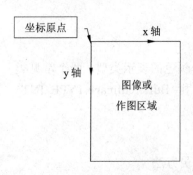

图 13.2　图像或作图的坐标系

将图像 img 的部分区域（其左上角位置为（sx1, sy1），右下角位置为（sx2, sy2））缩放显示在一个目标区域上（其左上角位置为（dx1, dy1），右下角位置为（dx2, dy2））。

这里需要注意的是图像或作图的位置坐标系。如图 13.2 所示，在类或接口中，图像或作图的位置坐标系是采用左手坐标系的，即原点（0, 0）是在图像或作图区域的左上角点处，x 轴是从左到右，y 轴是从上到下。

下面给出对图像进行输入输出、像素处理和显示的例程。例程的源文件名为 J_Image.java，其内容如下所示。

```
// ////////////////////////////////////////////////////
//
// J_Image.java
//
// 开发者：雍俊海
```

```
// ////////////////////////////////////////////////////////
// 简介:
//     图像输入、输出与像素处理例程
// ////////////////////////////////////////////////////////
import java.awt.Graphics;
import java.awt.image.BufferedImage;
import javax.imageio.ImageIO;
import java.io.File;
import java.awt.BorderLayout;
import java.awt.Color;
import java.awt.Container;
import javax.swing.JFrame;
import javax.swing.JPanel;

class J_Panel extends JPanel
{
    BufferedImage m_image;

    public J_Panel( )
    {
        System.out.print("当前支持的可读取的图像类型有: ");
        mb_printString(ImageIO.getReaderFormatNames( ));
        try
        {
            File f = new File("ts.jpg");
            m_image = ImageIO.read(f); // 读取图像
            mb_getPixel(0, 0); // 输出图像的一个像素颜色值
            mb_setPixel(new Color(255, 0, 0)); // 修改图像的部分内容(加条红边)
            f = new File("ts.png");
            ImageIO.write(m_image, "png", f); // 保存图像
        }
        catch (Exception e)
        {
            System.err.println("发生异常:" + e);
            e.printStackTrace( );
        } // try-catch 结构结束
        System.out.print("当前支持的可写入的图像类型有: ");
        mb_printString(ImageIO.getWriterFormatNames( ));
    } // J_Panel 构造方法结束

    public void mb_printString(String [ ] s)
    {
        for (int i=0; i< s.length; i++)
```

```
                System.out.print(s[i]+ " ");
            System.out.println( );
    } // 方法 mb_printString 结束

    public void mb_getPixel(int x, int y)
    {
        Color c = new Color(m_image.getRGB(x, y));
        System.out.print("图像位置(" + x + ", " + y + ")的颜色值为：(");
        System.out.println(c.getRed( ) + ", "
            + c.getGreen( ) + ", " + c.getBlue( ) + ")");
    } // 方法 mb_getPixel 结束

    public void mb_setPixel(Color c)
    {
        for (int i=0; i< m_image.getWidth( ); i++)
            for (int j=0; j< 20; j++)
                m_image.setRGB(i, j, c.getRGB( ));
    } // 方法 mb_setPixel 结束

    protected void paintComponent(Graphics g)
    {
        g.drawImage(m_image, 0, 0, 150, 150, this); // 显示图像
    } // 方法 paintComponent 结束
} // 类 J_Panel 结束

public class J_Image extends JFrame
{
    public J_Image( )
    {
        super("图像处理例程");
        Container c = getContentPane( );
        c.add(new J_Panel( ), BorderLayout.CENTER);
    } // J_Image 构造方法结束

    public static void main(String args[ ])
    {
        J_Image app = new J_Image( );

        app.setDefaultCloseOperation(JFrame.EXIT_ON_CLOSE);
        app.setSize(200, 200);
        app.setVisible(true);
    } // 方法 main 结束
} // 类 J_Image 结束
```

编译命令为：

```
javac J_Image.java
```

执行命令为：

```
java J_Image
```

这个例程在运行时要求在例程所在的路径（即当前路径）下存在图像文件"ts.jpg"。设图像文件"ts.jpg"如图 13.3(a)所示，最后执行的结果是在控制台窗口中输出以下内容。

当前支持的可读取的图像类型有：BMP bmp jpg JPG jpeg wbmp png JPEG PNG WBMP GIF gif
图像位置(0, 0)的颜色值为：(255, 255, 255)
当前支持的可写入的图像类型有：jpg BMP bmp JPG jpeg wbmp png PNG JPEG WBMP GIF gif

上面的输出分别列出 javax.imageio.ImageIO 当前所支持的输入输出图像类型，以及图像"ts.jpg"在（0，0）位置上的 RGB 颜色值（255，255，255）。同时弹出如图 13.3(b)所示的窗口。在窗口中显示的图像是在图像"ts.jpg"的基础上加上了一道红线。新生成的图像同时被保存在当前路径下，其文件名为"ts.png"。

(a) ts.jpg　　　　　　　　　　　(b) 运行结果

图 13.3　图像输入、输出与像素处理例程运行结果

在上面的例程中，程序通过语句

```
for (int i=0; i< m_image.getWidth( ); i++)
   for (int j=0; j< 20; j++)
      m_image.setRGB(i, j, c.getRGB( ));
```

将图像 m_image 前 20 行的颜色替换为变量 c 指定的颜色。语句

```
new Color(255, 0, 0)
```

生成的颜色是红色，所以显示的图像最上方为一道红线。

在小应用程序中获取图像资源，可以直接通过类 java.applet.Applet 的成员方法

```
(1) public Image getImage(URL url)
(2) public Image getImage(URL url, String name)
```

这两个成员方法都可以返回图像对象的引用值。图像资源的绝对位置由参数 url 指定或由参数 url 和 name 联合指定。对于后一种，作为网络资源定位器的参数 url 一般指向图像文

件所在的网络地址或路径，参数 name 一般用来指定图像文件名。

下面给出 在小应用程序中显示图像的例程 。例程的源文件名为 J_ImageApplet.java，其内容如下所示。

```
// ///////////////////////////////////////////////
//
// J_ImageApplet.java
//
// 开发者：雍俊海
// ///////////////////////////////////////////////
// 简介：
//     图像显示例程
// ///////////////////////////////////////////////
import javax.swing.JApplet;
import java.awt.Graphics;
import java.awt.Image;

public class J_ImageApplet extends JApplet
{
    Image m_image[ ] = new Image[2];

    public void init( )
    {
        m_image[0]= getImage(getCodeBase( ), "ts1.gif");
        m_image[1]= getImage(getCodeBase( ), "ts2.gif");
    } // 方法 init 结束

    public void paint(Graphics g)
    {
        g.drawImage(m_image[0],   0,   0, 150, 150, this);
        g.drawImage(m_image[1], 150,   0, 150, 150, this);
        g.drawImage(m_image[0],   0, 150, 300, 150, this);
    } // 方法 paint 结束
} // 类 J_ImageApplet 结束
```

相应的 HTML 文件名为 AppletExample.html，其内容如下所示：

```
<!--------- AppletExample.html 开发者：雍俊海---------->
<HTML>
    <HEAD>
        <TITLE>
            小应用程序例程——显示图像
        </TITLE>
    </HEAD>

    <BODY>
```

```
            <APPLET CODE= "J_ImageApplet.class" WIDTH= 300 HEIGHT= 300>
            </APPLET>
            <BR>
        </BODY>
</HTML>
```

编译命令为：

```
javac J_ImageApplet.java
```

执行命令为：

```
appletviewer AppletExample.html
```

这个例程在运行时要求在当前路径下存在图像文件"ts1.gif"和"ts2.gif"。设这两个图像文件如图 13.4(a)和(b)所示，则最后执行的结果显示如图 13.4(c)所示的小应用程序图形界面。

(a) ts1.gif         (b) ts2.gif              (c) 运行结果

图 13.4    图像显示小应用程序示例运行结果

实际上，在小应用程序调用成员方法 getImage 获取图像资源的时候，小应用程序并没有真正加载图像。在上面的例程中，要等到小应用程序调用抽象类 java.awt.Graphics 的 drawImage 成员方法时才会真正加载指定的图像资源。下面给出例程说明如何在小应用程序中加载图像。例程的源文件名为 J_ImageApplet.java，其内容如下所示。

```
// //////////////////////////////////////////////
//
// J_ImageApplet.java
//
// 开发者：雍俊海
// //////////////////////////////////////////////
// 简介：
//     图像显示例程
// //////////////////////////////////////////////
import javax.swing.JApplet;
```

```java
import java.awt.Graphics;
import java.awt.Image;
import java.awt.MediaTracker;
import java.awt.image.BufferedImage;
import java.awt.Color;

public class J_ImageApplet extends JApplet
{
    Image m_image[ ] = new Image[2];
    BufferedImage m_bufferedImage;
    MediaTracker m_media;

    public void init( )
    {
        m_image[0]= getImage(getCodeBase( ), "ts1.gif");
        m_image[1]= getImage(getCodeBase( ), "ts2.gif");
        // 实际上这时并没有真正加载图像
        System.out.println("图像[0]的宽度为: "
            + m_image[0].getWidth(this));
        System.out.println("图像[0]的高度为: "
            + m_image[0].getHeight(this));

        m_media = new MediaTracker(this);
        m_media.addImage(m_image[0], 0);
        try
        {
            m_media.waitForID(0);
        }
        catch (Exception e)
        {
            System.err.println("发生异常:" + e);
            e.printStackTrace( );
        } // try-catch 结构结束

        if (m_media.checkID(0, true))
        {
            if (m_media.isErrorID(0))
                System.out.println("在加载图像[0]时出错。");
            else
                System.out.println("成功加载图像[0]。");
        }
        else
        {
```

```
        System.out.println("无法完成图像[0]的加载。");
    } // if-else 结构结束

    System.out.println("图像[0]的宽度为: "
        + m_image[0].getWidth(this));
    System.out.println("图像[0]的高度为: "
        + m_image[0].getHeight(this));

    m_bufferedImage = new BufferedImage(m_image[0].getWidth(this),
        m_image[0].getHeight(this), BufferedImage.TYPE_INT_RGB);
    Graphics g = m_bufferedImage.createGraphics( );
    g.drawImage(m_image[0], 0, 0,
        m_image[0].getHeight(this), m_image[0].getHeight(this), this);

    Color c = new Color(255, 0, 0);
    for (int i=0; i<m_bufferedImage.getWidth( ); i++)
        for (int j=0; j<20; j++)
            m_bufferedImage.setRGB(i, j, c.getRGB( ));
} // 方法 init 结束

public void paint(Graphics g)
{
    g.drawImage(m_image[0],   0,   0, 150, 150, this);
    g.drawImage(m_image[1], 150,   0, 150, 150, this);
    g.drawImage(m_bufferedImage,   0, 150, 300, 150, this);
} // 方法 paint 结束
} // 类 J_ImageApplet 结束
```

这个例程的 HTML 文件与前面在小应用程序中显示图像的例程的 HTML 文件是一样的，而且在运行时同样要求当前路径下存在两个图像文件“ts1.gif”和“ts2.gif”。编译命令为：

```
javac J_ImageApplet.java
```

执行命令为：

```
appletviewer AppletExample.html
```

最后执行的结果是在控制台窗口中输出：

```
图像[0]的宽度为: -1
图像[0]的高度为: -1
成功加载图像[0]。
图像[0]的宽度为: 686
图像[0]的高度为: 686
```

同时弹出如图 13.5 所示的小应用程序图形界面。

图 13.5　在小应用程序中加载
图像的例程运行结果

**J**ava 程序设计教程（第 3 版）

在这个例程中，在小应用程序调用成员方法 getImage 获取图像资源的时候，小应用程序并没有真正加载图像。因此，这时调用抽象类 java.awt.Image 的成员方法 getWidth 和 getHeight 均不成功。这两个成员方法均返回-1。媒体跟踪器类 java.awt.MediaTracker 提供请求或等待图像等资源的加载，判别加载状态等功能。这些功能对于计算机动画很有用。例如：不断地等待并在确认某一帧图像加载完成之后再加载下一帧图像，从而在一定程度上提高了动画播放的质量。

通过类 java.awt.MediaTracker 的构造方法

```
public MediaTracker(Component comp)
```

可以创建媒体跟踪器实例对象，其中参数 comp 指定与加载资源相关联的组件对象。类 java.awt.MediaTracker 的成员方法

```
public void addImage(Image image, int id)
```

将一幅图像 image 添加到当前媒体跟踪器实例对象中，其中参数 id 是用来标识在添加图像之后当前媒体跟踪器实例对象中的图像 image。类 java.awt.MediaTracker 的成员方法

```
public void waitForID(int id) throws InterruptedException
```

要求开始加载由参数 id 指定的图像。该成员方法会一直等待直到图像加载完成。类 java.awt.MediaTracker 的成员方法

```
public boolean checkID(int id, boolean load)
```

判断是否完成由参数 id 指定的图像的加载。当图像加载成功或者失败或者出现中断时，都会被认为完成了加载。当加载完成时，该成员方法返回 true；否则，返回 false。如果方法的参数 load 为 true 并且指定的图像还没有被加载，则该方法还会启动加载该图像的操作。要检查在加载资源时是否出现了错误，可以通过类 java.awt.MediaTracker 的成员方法

```
public boolean isErrorID(int id)
```

如果在加载指定的图像时出现错误，则该成员方法返回 true；否则，返回 false。

另一种确保加载图像的方法是通过类 javax.swing.ImageIcon。通过类 javax.swing.ImageIcon 的构造方法

```
(1) public ImageIcon(String filename)
(2) public ImageIcon(URL location)
```

可以创建一幅图像所对应的类 javax.swing.ImageIcon 的实例对象，其中参数 filename 或 location 指定图像文件或图像资源。类 javax.swing.ImageIcon 的成员方法

```
public Image getImage( )
```

返回所加载的图像对象的引用值。

例如可以将前面两个小应用程序例程中的加载图像方法修改为如下语句

```
ImageIcon ic;
ic = new ImageIcon("ts1.gif");
```

```
m_image[0] = ic.getImage( );
ic = new ImageIcon("ts2.gif");
m_image[1] = ic.getImage( );
```

则一般在执行上面语句之后，图像会加载到内存中。

# 13.3　图形显示及字体和纹理设置

如表 13.1 所示，包 **java.awt.geom** 提供了一些**图形类**，主要包括点、直线段、路径（由直线段和圆弧等各种图形组合而成的曲线）、矩形、带圆角的矩形、区域、弧（圆弧或椭圆弧）、椭圆、二次曲线、三次曲线、广义路径（由直线段、二或三次曲线段组合而成的曲线）等。其中，除了区域和广义路径之外，这些图形类的定义方式都是定义一个抽象类，然后在这个抽象类内部分别采用双精度浮点数（double）和单精度浮点数（float）定义非抽象的内部类。另外，包 **java.awt** 也提供了 3 个图形类，分别是 java.awt.Point（点）、java.awt.Rectangle（矩形）和 java.awt.Polygon（多边形）。通过这些非抽象类的构造方法及 new 运算符，可以生成这些图形的实例对象。除了点之外，这些图形实例对象的显示可以通过抽象类 java.awt.Graphics2D 的成员方法

```
public abstract void draw(Shape s)
```

表 13.1　包 java.awt.geom 所提供的图形类

| 图形 | 抽象类 | 非抽象类 |
|---|---|---|
| 点 | Point2D | 内部类 Point2D.Double |
| | | 内部类 Point2D.Float |
| 直线段 | Line2D | 内部类 Line2D.Double |
| | | 内部类 Line2D.Float |
| 路径 | Path2D | 内部类 Path2D.Double |
| | | 内部类 Path2D.Float |
| 矩形 | Rectangle2D | 内部类 Rectangle2D.Double |
| | | 内部类 Rectangle2D.Float |
| 带圆角的矩形 | RoundRectangle2D | 内部类 RoundRectangle2D.Double |
| | | 内部类 RoundRectangle2D.Float |
| 区域 | | Area |
| 弧（圆弧或椭圆弧） | Arc2D | 内部类 Arc2D.Double |
| | | 内部类 Arc2D.Float |
| 椭圆 | Ellipse2D | 内部类 Ellipse2D.Double |
| | | 内部类 Ellipse2D.Float |
| 二次曲线 | QuadCurve2D | 内部类 QuadCurve2D.Double |
| | | 内部类 QuadCurve2D.Float |
| 三次曲线 | CubicCurve2D | 内部类 CubicCurve2D.Double |
| | | 内部类 CubicCurve2D.Float |
| 广义路径（由直线段、二或三次曲线段组成） | | GeneralPath |

这个成员方法绘制图形 s 的轮廓。所谓的绘制通常就是指将图形显示在屏幕上。因为前面介绍的这些图形类除了点之外，都是实现了接口 java.awt.Shape 的类，所以可以采用这个方法进行绘制。抽象类 java.awt.Graphics2D 的成员方法

```
public abstract void fill(Shape s)
```

填充图形 s 的内部区域。

在两个常用的图形绘制抽象类 java.awt.Graphics 和 java.awt.Graphics2D 中，抽象类 java.awt.Graphics 似乎更常见一些，因为各个组件（包括小应用程序 javax.swing.JApplet）的成员方法

```
public void paint(Graphics g)
```

的参数类型是以抽象类 java.awt.Graphics 的形式给出的。实际上，在 Swing 组件中，这些成员方法的参数 g 所指向的实例对象也是抽象类 java.awt.Graphics2D 的实例对象。因此，可以通过语句

```
Graphics2D g2d= (Graphics2D)g;
```

进行强制类型转换，然后通过变量 g2d 调用抽象类 **java.awt.Graphics2D 的方法**。

除了通过生成图形的实例对象，然后进行绘制之外，还可以通过抽象类 java.awt.Graphics 和 java.awt.Graphics2D 的一些方法直接进行图形的绘制。抽象类 java.awt.Graphics 的成员方法

```
public abstract void clearRect(int x, int y, int width, int height)
```

将指定矩形区域的颜色清除为背景颜色。矩形区域由该成员方法的参数指定。其中参数（x,y）指定矩形区域在图形界面中的坐标位置，即矩形区域的左上角坐标值；参数 width 指定矩形区域的宽度；参数 height 指定矩形区域的高度。这里需要注意的是坐标系采用的是左手坐标系，即左上角点为坐标原点（0, 0），x 轴方向为水平向右，y 轴方向为竖直向下。抽象类 java.awt.Graphics 的成员方法

```
public abstract void drawLine(int x1, int y1, int x2, int y2)
```

绘制一条直线段。该直线段的起点为（x1, y1），终点为（x2, y2）。抽象类 java.awt.Graphics 的成员方法

```
public void drawRect(int x, int y, int width, int height)
```

绘制一个矩形。该矩形的左上角点坐标是（x, y），宽度是 width，高度是 height。抽象类 java.awt.Graphics 的成员方法

```
public abstract void drawRoundRect(int x, int y, int width, int height, int
arcWidth, int arcHeight)
```

绘制一个带圆角的矩形。该矩形的左上角点坐标是（x, y），宽度是 width，高度是 height。该矩形的 4 个角分别显示为 4 段圆弧或椭圆弧。每段圆弧或椭圆弧是 1/4 的圆或椭圆。这

些圆弧或椭圆弧所在的圆或椭圆的外接矩形的宽度是 arcWidth，高度是 arcHeight。抽象类 java.awt.Graphics 的成员方法

```
public abstract void drawArc(int x, int y, int width, int height,
int startAngle, int arcAngle)
```

绘制一段圆弧或椭圆弧。该成员方法的前 4 个参数定义了该圆弧或椭圆弧所在的圆或椭圆的外接矩形。该矩形的左上角点坐标是（x, y），宽度是 width，高度是 height。当矩形的宽度和高度相等时，绘制的是圆弧；否则，绘制的是椭圆弧。该圆弧或椭圆弧的起始角是 startAngle，其角度是相对于坐标系 x 轴正方向而言的。该圆弧或椭圆弧的跨越角度（也称为张角）是 arcAngle。这两个角度均采用逆时针方向。角度的单位都是度，例如：张角为 180 度的圆弧是半圆，张角为 360 度的圆弧是整圆。抽象类 java.awt.Graphics 的成员方法

```
public abstract void drawOval(int x, int y, int width, int height)
```

绘制圆或椭圆。该成员方法的 4 个参数定义了该圆或椭圆的外接矩形。外接矩形的左上角点坐标是（x, y），宽度是 width，高度是 height。当外接矩形的宽度和高度相等时，绘制的是圆；否则，绘制的是椭圆。抽象类 java.awt.Graphics 的成员方法

```
public abstract void drawString(String str, int x, int y)
```

显示字符串 str，该字符串的显示基准线的最左侧坐标为（x, y）。抽象类 java.awt.Graphics 的成员方法

```
public abstract void fillRect(int x, int y, int width, int height)
```

填充一个矩形。该成员方法参数的含义与抽象类 java.awt.Graphics 的成员方法 drawRect 参数的含义相同。抽象类 java.awt.Graphics 的成员方法

```
public abstract void fillRoundRect(int x, int y, int width, int height, int
arcWidth, int arcHeight)
```

填充一个带圆角的矩形。该成员方法参数的含义与抽象类 java.awt.Graphics 的成员方法 drawRoundRect 参数的含义相同。抽象类 java.awt.Graphics 的成员方法

```
public abstract void fillArc(int x, int y, int width, int height,
int startAngle, int arcAngle)
```

填充一段圆弧或椭圆弧所张成的扇形区域。扇形区域由两条直线段和一段圆弧或椭圆弧围成。这两条直线段的一端均在这段圆弧或椭圆弧的中心点处，另一端分别是这段圆弧或椭圆弧的起始点和终止点。这段圆弧或椭圆弧由该成员方法的参数定义。该成员方法参数的含义与抽象类 java.awt.Graphics 的成员方法 drawArc 参数的含义相同。抽象类 java.awt. Graphics 的成员方法

```
public abstract void fillOval(int x, int y, int width, int height)
```

填充圆或椭圆。该成员方法参数的含义与抽象类 java.awt.Graphics 的成员方法 drawOval

参数的含义相同。

下面给出一个 字体设置及图形显示例程 。例程的源文件名为 J_Graphics.java，其内容
如下所示。

```java
// ////////////////////////////////////////////////////
//
// J_Graphics.java
//
// 开发者: 雍俊海
// ////////////////////////////////////////////////////
// 简介:
//     字体设置及图形显示例程
// ////////////////////////////////////////////////////
import java.awt.BorderLayout;
import java.awt.Container;
import java.awt.Font;
import java.awt.geom.Arc2D;
import java.awt.geom.Ellipse2D;
import java.awt.geom.QuadCurve2D;
import java.awt.Graphics;
import java.awt.Graphics2D;
import java.awt.Polygon;
import java.awt.Rectangle;
import javax.swing.JFrame;
import javax.swing.JPanel;

class J_Panel extends JPanel
{
    protected void paintComponent(Graphics g)
    {
        int[ ]x = {55, 67,109, 73, 83, 55, 27, 37, 1, 43};
        int[ ]y = { 0, 36, 36, 54, 96, 72, 96, 54, 36, 36};

        Graphics2D g2d = (Graphics2D)g;
        g.clearRect(0, 0, getWidth( ), getHeight( ));
        g.drawLine(20, 30, 60, 90);
        g2d.translate(80, 20);
        g2d.draw(new Rectangle(0, 10, 40, 80));

        g2d.translate(70, 20);
        g2d.rotate(Math.PI/2);
        Font bakF = g2d.getFont( ); // 保存原来的字体设置
        g2d.setFont(new Font("Serif", Font.ITALIC|Font.BOLD, 14 ) );
        g2d.drawString("设置字体", 0, 0);
        g2d.setFont(bakF);   // 恢复原来的字体设置
```

```
        g2d.rotate(-Math.PI/2);
        g2d.translate(40, -20);
        g2d.draw(new Arc2D.Double(0, 30, 40, 40, 0, 360, Arc2D.OPEN));
        g2d.translate(70, 0);
        g2d.draw(new QuadCurve2D.Double(0, 30, 20, 130, 40, 30));
        g2d.translate(70, 0);
        g2d.draw(new Ellipse2D.Double(0, 10, 40, 80));
        g2d.translate(70, 0);
        g2d.draw(new Polygon(x, y, x.length));
    } // 方法 paintComponent 结束
} // 类 J_Panel 结束

public class J_Graphics extends JFrame
{
    public J_Graphics( )
    {
        super("字体及图形显示例程");
        Container c = getContentPane( );
        c.add(new J_Panel( ), BorderLayout.CENTER);
    } // J_Graphics 构造方法结束

    public static void main(String args[ ])
    {
        J_Graphics app = new J_Graphics( );

        app.setDefaultCloseOperation(JFrame.EXIT_ON_CLOSE);
        app.setSize(540, 160);
        app.setVisible(true);
    } // 方法 main 结束
} // 类 J_Graphics 结束
```

编译命令为:

```
javac J_Graphics.java
```

执行命令为:

```
java J_Graphics
```

最后执行的结果是显示如图 13.6 所示的图形界面。

图 13.6 字体设置及图形显示例程运行结果界面

上面例程依次采用线条的形式显示了直线段、矩形、字符串、圆、抛物线、椭圆和五角星。如果需要填充这些图形（线段和字符串除外），则只要将源程序中的"g2d.draw"换成"g2d.fill"就可以了。在这个例程中，程序通过抽象类 java.awt.Graphics2D 的成员方法

```
public abstract void translate(int x, int y)
```

将后续的图形在显示时分别沿 x 轴平移 x 个像素单位，沿 y 轴平移 y 个像素单位，从而使得各个图形以及字符串不会重叠在一起。抽象类 java.awt.Graphics2D 的成员方法

```
public abstract void rotate(double theta)
```

将后续的图形在显示时绕着当前局部坐标系的原点旋转 theta 弧度。当 theta 值为正时，图形沿顺时针旋转；当 theta 值为负时，图形沿逆时针旋转。例如，在例程中，语句

```
g2d.rotate(Math.PI/2);
```

使得后续的字符串顺时针旋转（Math.PI/2）弧度，即 90 度。

在这个例程中，程序通过类 java.awt.Rectangle 的构造方法

```
public Rectangle(int x, int y, int width, int height)
```

以及 new 运算符生成矩形实例对象。该矩形实例对象的左上角点坐标是（x, y），宽度是 width，高度是 height。程序通过类 java.awt.geom.Arc2D.Double 的构造方法

```
public Arc2D.Double(double x, double y, double w, double h, double start,
double extent, int type)
```

以及 new 运算符生成圆弧或椭圆弧实例对象。构造方法的前 4 个参数定义了该圆弧或椭圆弧所在的圆或椭圆的外接矩形。该矩形的左上角点坐标是（x, y），宽度是 w，高度是 h。当矩形的宽度和高度相等时，生成的弧是圆弧；否则，生成的弧是椭圆弧。该圆弧或椭圆弧的起始角是 start，其角度是相对于坐标系 x 轴正方向而言的。该圆弧或椭圆弧的跨越角度（也称为张角）是 extent。这两个角度均采用逆时针方向，角度的单位都是度，例如：张角为 180 度的圆弧是半圆，张角为 360 度的圆弧是整圆。最后一个参数 type 只能取值为 Arc2D.OPEN、Arc2D.CHORD 或 Arc2D.PIE，它指定了弧的闭合类型。当参数 type 为 Arc2D.OPEN 时，所构造的弧为普通的弧，如图 13.7(a)所示；当参数 type 为 Arc2D.CHORD 时，所构造的弧除了通常意义的弧之外还包括一段弦，如图 13.7(b)所示；当参数 type 为 Arc2D.PIE 时，所构造的弧除了通常意义的弧之外还包括从弧的中心点到弧的两个端点的两条线段，如图 13.7(c)所示。如果弧是圆弧，则这里弧的中心点指的就是圆心；如果弧是椭圆弧，则这里弧的中心点指的就是椭圆弧所在椭圆的中心点。

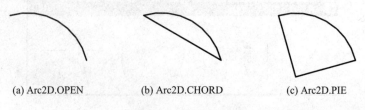

(a) Arc2D.OPEN          (b) Arc2D.CHORD          (c) Arc2D.PIE

图 13.7　弧的闭合类型

程序通过类 java.awt.geom.Ellipse2D.Double 的构造方法

```
public Ellipse2D.Double(double x, double y, double w, double h)
```

以及 new 运算符 生成圆或椭圆实例对象。该构造方法的 4 个参数定义了该圆或椭圆的外接矩形。该矩形的左上角点坐标是（x, y），宽度是 w，高度是 h。当矩形的宽度和高度相等时，生成的实例对象是圆；否则，生成的实例对象是椭圆。

程序通过类 java.awt.geom.QuadCurve2D.Double 的构造方法

```
public QuadCurve2D.Double(double x1, double y1, double ctrlx, double ctrly,
double x2, double y2)
```

以及 new 运算符 生成二次曲线段实例对象。该曲线实例对象的起点在(x1, y1)，终点在(x2, y2)，点（ctrlx, ctrly）是二次曲线的控制顶点。它所定义的二次曲线段实际上是一条 抛物线曲线段。控制顶点实际上是曲线段在端点处的两条切线的交点。

程序通过类 java.awt.Polygon 的构造方法

```
public Polygon(int[ ] xpoints, int[ ] ypoints, int npoints)
```

以及 new 运算符 生成多边形实例对象。该多边形实例对象的顶点横坐标存放在数组 xpoints 中，顶点纵坐标存放在数组 ypoints 中，参数 npoints 指定多边形顶点的个数。参数 npoints 的值应当大于 0，而且不大于数组 xpoints 的元素个数，同时也不大于数组 ypoints 的元素个数。

在这个例程中，程序在显示字符串时还设置了其所采用的字体。生成字体实例对象可以通过类 java.awt.Font 的构造方法

```
public Font(String name, int style, int size)
```

来完成，其中参数 name 指定字体名称，如"Serif"、"Times"、"宋体"、"黑体"、"楷体"和"隶书"等。参数 style 指定字体的样式。如果需要加粗，则参数 style 可以取值 Font.BOLD；如果需要设置为斜体，则参数 style 可以取值 Font.ITALIC；如果既需要加粗，又需要设置为斜体，则参数 style 可以取值 Font.ITALIC|Font.BOLD；如果不需要任何特殊的样式，则参数 style 可以取值 Font.PLAIN。参数 size 指定字体的大小，以像素为单位。

在显示时给字符串 设置字体有两种方式。第一种方式是直接通过组件的成员方法

```
public void setFont(Font f)
```

设置字体。这时一般不能将这个方法调用放置在该组件的 paintComponent 成员方法、paint 成员方法或引起调用这两个成员方法的语句片断中，因为在组件的 setFont 被调用之后一般会自动调用该组件的绘制方法，从而引起不断地进行递归调用，造成图形界面的不断闪烁。为此，可以将调用组件的 setFont 成员方法的语句放置在程序的初始化片断或一些构造方法之中。

设置字体的另一种方式如例程所示，通过抽象类 java.awt.Graphics 的成员方法

```
public abstract void setFont(Font font)
```

在显示字符串之前设置指定的字体 font。通常的做法是先通过抽象类 java.awt.Graphics 的成员方法

```
public abstract Font getFont( )
```

取得当前的字体，也就是原来的字体。然后通过 setFont 成员方法设置指定的字体。在显示完字符串之后，再将字体设回原来的字体。这样做的目的是为了不让新的设置影响程序的其他部分或其他字符串的绘制。

通过抽象类 java.awt.Graphics 的类型变量修改图形显示方式的设置可以采用如下的方式：

（1）获取当前的设置，并保存到临时变量当中；

（2）修改图形显示方式的设置；

（3）进行图形绘制；

（4）恢复原有图形显示方式的设置。

下面先给出一个颜色及纹理设置例程，然后介绍如何给图形设置颜色、带渐变的颜色和纹理。例程的源文件名为 J_Texture.java，其内容如下所示。

```
// /////////////////////////////////////////////////
//
// J_Texture.java
//
// 开发者：雍俊海
// /////////////////////////////////////////////////
// 简介：
//     颜色及纹理设置例程
// /////////////////////////////////////////////////
import java.awt.BorderLayout;
import java.awt.Color;
import java.awt.Container;
import java.awt.geom.Ellipse2D;
import java.awt.geom.Rectangle2D;
import java.awt.GradientPaint;
import java.awt.Graphics;
import java.awt.Graphics2D;
import java.awt.image.BufferedImage;
import java.awt.Paint;
import java.awt.Rectangle;
import java.awt.TexturePaint;
import javax.imageio.ImageIO;
import java.io.File;
import javax.swing.JFrame;
import javax.swing.JPanel;

class J_Panel extends JPanel
{
```

```
public void mb_drawCircleGreen(Graphics2D g, int x, int y)
{
    Color c = g.getColor( ); // 获取原来的颜色
    g.setColor(Color.green);
    g.fill(new Ellipse2D.Double(x, y, 100, 100));
    g.setColor(c);              // 恢复原来的颜色设置
} // 方法 mb_drawCircleGreen 结束

public void mb_drawCircleGradientPaint(Graphics2D g, int x, int y)
{
    Paint p = g.getPaint( ); // 获取原来的图形属性设置
    g.setPaint(new GradientPaint(x, y, Color.green,
                        x+50, y+50, Color.yellow, true));
    g.fill(new Ellipse2D.Double(x, y, 100, 100));
    g.setPaint(p);   // 恢复原来的图形属性设置
} // 方法 mb_drawCircleGradientPaint 结束

public void mb_drawRectangleTextureGraphics(Graphics2D g, int x, int y)
{
    Paint p = g.getPaint( ); // 获取原来的图形属性设置
    BufferedImage buffImage
        = new BufferedImage(10, 10, BufferedImage.TYPE_INT_RGB );

    Graphics2D gg = buffImage.createGraphics( );
    gg.setColor(Color.yellow);
    gg.fillRect(0, 0, 10, 10); // 将图像背景设置为黄色
    gg.setColor(Color.blue);
    gg.drawRect(1, 1, 6, 6);    // 画一个蓝色的方框
    gg.setColor(Color.green);
    gg.fillRect(1, 1, 3, 3);    // 画一个绿色的正方形
    gg.setColor(Color.red);
    gg.fillRect(4, 4, 3, 3);    // 画一个红色的正方形

    g.setPaint(new TexturePaint(buffImage, new Rectangle(10, 10)));
    g.fill(new Rectangle2D.Double(x, y, 100, 100));
    g.setPaint(p);   // 恢复原来的图形属性设置
} // 方法 mb_drawRectangleTextureGraphics 结束

public void mb_drawRectangleTextureImage(Graphics2D g, int x, int y)
{
    Paint p = g.getPaint( ); // 获取原来的图形属性设置
    BufferedImage buffImage;
    try
    {
```

```
            File f = new File("ts.jpg");
            buffImage = ImageIO.read(f); // 读取图像
            g.setPaint(
                new TexturePaint(buffImage, new Rectangle(50, 50)));
            g.fill(new Rectangle2D.Double(x, y, 100, 100));
            g.setPaint(p);  // 恢复原来的图形属性设置
        }
        catch (Exception e)
        {
            System.err.println("发生异常:" + e);
            e.printStackTrace( );
        } // try-catch 结构结束
    } // 方法 mb_drawRectangleTextureImage 结束

    protected void paintComponent(Graphics g)
    {
        mb_drawCircleGreen((Graphics2D)g, 20, 20);
        mb_drawCircleGradientPaint((Graphics2D)g, 140, 20);
        mb_drawRectangleTextureGraphics((Graphics2D)g, 260, 20);
        mb_drawRectangleTextureImage((Graphics2D)g, 380, 20);
    } // 方法 paintComponent 结束
} // 类 J_Panel 结束

public class J_Texture extends JFrame
{
    public J_Texture( )
    {
        super("颜色及纹理设置例程");
        Container c = getContentPane( );
        c.add(new J_Panel( ), BorderLayout.CENTER);
    } // J_Texture 构造方法结束

    public static void main(String args[ ])
    {
        J_Texture app = new J_Texture( );

        app.setDefaultCloseOperation(JFrame.EXIT_ON_CLOSE);
        app.setSize(510, 180);
        app.setVisible(true);
    } // 方法 main 结束
} // 类 J_Texture 结束
```

编译命令为：

```
javac J_Texture.java
```

执行命令为：

```
java J_Texture
```

这个例程在运行时要求在例程所在的路径（即当前路径）下存在图像文件"ts.jpg"。设图像文件"ts.jpg"如图 13.3(a)所示。最后执行的结果是显示如图 13.8 所示的图形界面。在界面上显示的图形分别是绿色的圆盘、带渐变颜色的圆盘以及两个带纹理的正方形。前一个纹理图像是由图形绘制而成的，后一个纹理图像则直接来自图像文件。

图 13.8　颜色及纹理设置例程运行结果

在上面的例程中，创建了椭圆（实际上是圆）和矩形（实际上是正方形）两种图形。**创建椭圆图形**是通过在 java.awt.geom 包中的类 Ellipse2D 的内部类 Double 的构造方法

```
public Ellipse2D.Double(double x, double y, double w, double h)
```

来实现的，其中参数 x 和 y 组成了该椭圆外接矩形的左上角点坐标（x, y），参数 w 指定外接矩形的宽度，参数 h 指定外接矩形的高度。所构造的椭圆的两条轴分别与屏幕的 x 轴和 y 轴平行。当参数 w 与参数 h 相等时所构造的椭圆实际上是圆。

**创建矩形**是通过在 java.awt.geom 包中的类 Rectangle2D 的内部类 Double 的构造方法

```
public Rectangle2D.Double(double x, double y, double w, double h)
```

来实现的，其中参数 x 和 y 组成了该矩形的左上角点坐标（x, y），参数 w 指定矩形的宽度，参数 h 指定矩形的高度。矩形的边均与屏幕的 x 轴或 y 轴平行。当参数 w 与参数 h 相等时所构造的矩形实际上是正方形。

上面的例程将圆设置为绿色。在设置颜色之前，一般通过抽象类 java.awt.Graphics 的成员方法

```
public abstract Color getColor( )
```

获取图形绘制的当前颜色，然后通过赋值语句将当前颜色记录在一个临时变量中，最后用来恢复图形的颜色设置。抽象类 java.awt.Graphics 的成员方法

```
public abstract void setColor(Color c)
```

将图形绘制的当前**颜色设置**成为参数 c 指定的颜色，即在调用该成员方法之后图形绘制颜色均为颜色 c，直到图形绘制的当前颜色再次被修改。这里的颜色除了通过类 java.awt.Color 的构造方法（参见 13.2 节）生成之外，还可以直接利用一些在类 java.awt.Color 中表示颜色常量的静态成员域，如表 13.2 所示。

表 13.2  颜色常量

| 常量 | 颜色 | 常量 | 颜色 |
|------|------|------|------|
| Color.black | 黑色 | Color.BLACK | 黑色 |
| Color.blue | 蓝色 | Color.BLUE | 蓝色 |
| Color.cyan | 青色 | Color.CYAN | 青色 |
| Color.darkGray | 深灰色 | Color.DARK_GRAY | 深灰色 |
| Color.gray | 灰色 | Color.GRAY | 灰色 |
| Color.green | 绿色 | Color.GREEN | 绿色 |
| Color.lightGray | 浅灰色 | Color.LIGHT_GRAY | 浅灰色 |
| Color.magenta | 紫红色 | Color.MAGENTA | 紫红色 |
| Color.orange | 橙色 | Color.ORANGE | 橙色 |
| Color.pink | 粉红色 | Color.PINK | 粉红色 |
| Color.red | 红色 | Color.RED | 红色 |
| Color.white | 白色 | Color.WHITE | 白色 |
| Color.yellow | 黄色 | Color.YELLOW | 黄色 |

下面介绍如何给图形设置带渐变的颜色。在进行设置之前，一般要先保存原来的图形绘制属性设置，即通过抽象类 java.awt.Graphics2D 的成员方法

```
public abstract Paint getPaint( )
```

获取图形绘制的当前属性设置，然后通过赋值语句将其记录在一个临时变量中，最后用来恢复图形的绘制属性设置。抽象类 java.awt.Graphics2D 的成员方法

```
public abstract void setPaint(Paint paint)
```

将当前图形绘制属性设置为参数 paint 指定的属性设置，即在调用该成员方法之后图形绘制属性均为 paint，直到图形绘制属性再次被修改。生成带渐变颜色的图形绘制属性设置可以通过类 java.awt.GradientPaint 的下面任何一个构造方法

```
(1) public GradientPaint(float x1, float y1, Color color1, float x2, float
    y2, Color color2)
(2) public GradientPaint(Point2D pt1, Color color1, Point2D pt2, Color color2)
(3) public GradientPaint(float x1, float y1, Color color1, float x2, float
    y2, Color color2, boolean cyclic)
(4) public GradientPaint(Point2D pt1, Color color1, Point2D pt2, Color color2,
    boolean cyclic)
```

其中不带参数 cyclic 的构造方法在功能上与当参数 cyclic 值为 false 时带参数 cyclic 的构造方法的功能一样，点（x1, y1）或 pt1 定义了第一个点的坐标值，点（x2, y2）或 pt2 定义了第二个点的坐标值，参数 color1 指定在第一个点处的颜色值，参数 color2 指定在第二个点处的颜色值。在第一个点与第二个点之间的颜色值是从 color1 到 color2 渐变的结果。为叙述方便，记经过第一个点和第二个点的直线为直线 S，记以第一个点和第二个点为端点的线段为线段 L。不在直线 S 上的点的颜色值与这个点在直线 S 上的垂直投影点的颜色值是一样的。当参数 cyclic 值为 false 时，颜色的渐变将是非周期性的，即在第一个点处线段 L

的延长线（也称为线段 L 的反向延长线）的点的颜色值为 color1，在第二个点处线段 L 的延长线（也称为线段 L 的正向延长线）的点的颜色值为 color2。当参数 cyclic 值为 true 时，颜色的渐变将是周期性的，即在直线 S 上的点的颜色值在 color1 和 color2 之间来回循环渐变。

生成纹理填充图形绘制属性设置 可以通过类 java.awt.TexturePaint 的构造方法

```
public TexturePaint(BufferedImage txtr, Rectangle2D anchor)
```

其中参数 txtr 指定纹理图像，参数 anchor 指定纹理单元的大小。由参数 txtr 指定的纹理图像将通过缩放成为由参数 anchor 指定区域大小的纹理单元图像。纹理单元图像通过周期性复制平铺所需要绘制的图形内部区域。在上面例程的类 J_Panel 的成员方法 mb_drawRectangleTextureGraphics 中，纹理图像通过一些图形的绘制生成；在上面例程的类 J_Panel 的成员方法 mb_drawRectangleTextureImage 中，纹理图像直接来自于一个图像文件。

# 13.4　计算机动画

计算机动画实际上就是以一定速率显示一系列的图像。这些图像可以是一些位图，也可以是通过图形绘制生成的图像，或者是由图像与图形联合绘制生成的图像。通常计算机动画显示的速率是每秒 8～30 帧。手工制作的动画通常是每秒 8 帧，标准的动画通常是每秒 12 帧，逼真的动画通常是每秒 24 帧。从程序编写的角度来看，在制作计算机动画的过程中最关键的是图像帧的生成、每秒帧数的控制以及帧与帧之间的切换。

## 13.4.1　通过计时器控制动画速率

每秒钟的帧数是衡量计算机动画质量的指标之一，帧与帧之间的时间间隔应当尽量相等。这种要求非常适合计时器的特点。计时器可以按相等的时间间隔均匀地触发事件。计时器 在有些文献中也称作 定时器。计时器对应的类为 javax.swing.Timer。类 javax.swing.Timer 的构造方法是

```
public Timer(int delay, ActionListener listener)
```

它的参数 delay 指定相邻两个事件之间的时间间隔（单位是毫秒），参数 listener 指定对所触发的事件进行处理的实例对象，即指定在该计时器中注册的监听器对象。

在类 javax.swing.Timer 的成员方法中，和时间间隔相关的还有两个成员方法。第一个成员方法

```
public void setInitialDelay(int initialDelay)
```

用来设定在启动计时器与计时器触发第一个事件之间的时间间隔。参数 initialDelay 表示时间间隔毫秒数。另一个成员方法是

```
public void setCoalesce(boolean flag)
```

计时器一般是按相等的时间间隔均匀地触发事件，但触发的事件不一定会被及时地处理。这样在事件序列中，可能存在多个由同一个计时器触发的事件。类 javax.swing.Timer 的成

员方法 setCoalesce 设置是否将这些同类事件合并成一个事件。当成员方法 setCoalesce 的参数 flag 为 true 时，则合并这些事件；否则，不合并。

在类 javax.swing.Timer 的成员方法中，对计时器进行操作的两个成员方法是

```
public void start( )
```

和

```
public void stop( )
```

成员方法 start 启动计时器，使计时器开始按等时间间隔有规律地触发事件。成员方法 stop 暂停计时器，使计时器暂时不再触发事件。当动画程序处于图标化状态或动画小应用程序处于停止态时，应当暂停计时器。当动画程序恢复成运行态时再通过成员方法 start 启动计时器。这样可以更加有效地利用资源。

下面给出一个 计算机动画例程 。例程由一个 Java 源程序文件和一个 HTML 文件组成。例程源文件名为 J_AnimatorTimer.java，其内容如下所示。

```
// ///////////////////////////////////////////////
//
// J_AnimatorTimer.java
//
// 开发者：雍俊海
// ///////////////////////////////////////////////
// 简介：
//     计算机动画例程
// ///////////////////////////////////////////////
import java.awt.BorderLayout;
import java.awt.event.ActionEvent;
import java.awt.event.ActionListener;
import java.awt.event.MouseAdapter;
import java.awt.event.MouseEvent;
import javax.swing.JApplet;
import javax.swing.JLabel;
import javax.swing.Timer;

public class J_AnimatorTimer extends JApplet implements ActionListener
{
    int  m_frame = 0; // 当前帧的帧号
    Timer  m_timer; // 计时器
    boolean m_frozen = false; // 当为 true 时，暂停动画；否则，启动动画
    JLabel m_label = new JLabel("第 1 帧", JLabel.CENTER);

    public void init( )
    {
        int delay = 50;
        m_timer = new Timer(delay, this);
```

```
        m_timer.setInitialDelay(0);
        m_timer.setCoalesce(true);

        getContentPane( ).add(m_label, BorderLayout.CENTER);
        m_label.addMouseListener(new MouseAdapter( )
        {
            public void mousePressed(MouseEvent e)
            {
                m_frozen = !m_frozen;
                if (m_frozen)
                    mb_stopAnimation( );
                else mb_startAnimation( );
            } // 方法 mousePressed 结束
        }); // 父类型为类 MouseAdapter 的匿名内部类结束，并且方法调用结束
    } // 方法 init 结束

    public void start( )
    {
        mb_startAnimation( );
    } // 方法 start 结束

    public void stop( )
    {
        mb_stopAnimation( );
    } // 方法 stop 结束

    public void actionPerformed(ActionEvent e)
    {
        m_frame++; // 当前帧号自增 1
        m_label.setText("第" + m_frame + "帧"); // 更新当前帧号
    } // 方法 actionPerformed 结束

    public void mb_startAnimation( )
    {
        if (!m_frozen && !m_timer.isRunning( ))
            m_timer.start( );
    } // 方法 mb_startAnimation 结束

    public void mb_stopAnimation( )
    {
        if (m_timer.isRunning( ))
            m_timer.stop( );
    } // 方法 mb_stopAnimation 结束
} // 类 J_AnimatorTimer 结束
```

相应的 HTML 文件名为 AppletExample.html，其内容如下所示。

```
<!--------- AppletExample.html 开发者：雍俊海--------->
<HTML>
    <HEAD>
        <TITLE>
            计算机动画例程
        </TITLE>
    </HEAD>

    <BODY>
        <APPLET CODE= "J_AnimatorTimer.class" WIDTH= 100 HEIGHT= 30>
        </APPLET>
        <BR>
    </BODY>
</HTML>
```

编译命令为：

```
javac J_AnimatorTimer.java
```

执行命令为：

```
appletviewer AppletExample.html
```

最后执行的结果如图 13.9 所示。在图形界面上显示动画帧
的帧号，而且帧号在不断自动增加，并且每次一般增加 1。当单
击图形界面上的帧号时，可以使动画在中止和运行两个状态之
间进行切换。

在创建计时器实例对象之后，计时器不会自动启动。要启
动计时器，可以通过类 javax.swing.Timer 的成员方法

图 13.9　动画运行中间结果

```
public void start( )
```

该成员方法启动计时器，使计时器按规定时间向在计时器中注册的监听器对象发送定时事
件。如果需要中止动画，则只要中止计时器就可以了。这时可以通过类 javax.swing. Timer
的成员方法

```
public void stop( )
```

中止向相应的监听器对象发送定时事件。在计时器的监听器对象中处理定时事件则是通过
一个实现了接口 java.awt.event.ActionListener 的类的成员方法

```
void actionPerformed(ActionEvent e)
```

这个实现接口 java.awt.event.ActionListener 的类一般需要自己编写。在动画程序中，通常
在这个类的 actionPerformed 成员方法中编写如何准备并显示动画帧。在上面的例程中，该
成员方法将当前帧号自动增 1，并更新图形界面显示结果，从而实现了简单的动画效果。

## 13.4.2　动画制作

动画制作主要分为基于图像的动画制作与基于图形的动画制作两种。基于图像的动画制作主要是逐帧显示准备好的图像。基于图形的动画制作主要是利用图形表示动画场景与动画角色，然后控制动画角色的运动，最终形成动画。采用前一种方式，通常需要很大的数据量；采用后一种方式，组成动画的每一帧主要由图形计算生成，一般来说会大幅度降低动画所需要的数据量，而且这也是提高动画质量的一种方法。采用后一种方式，还可以利用图像提供一些辅助的帮助，例如将图像作为动画背景或为图形提供纹理等。

下面给出一个花的缩放动画例程。例程由一个 Java 源程序文件和一个 HTML 文件组成。例程源文件名为 J_Flower.java，其内容如下所示。

```java
// ///////////////////////////////////////////////////
//
// J_Flower.java
//
// 开发者: 雍俊海
// ///////////////////////////////////////////////////
// 简介:
//     计算机动画例程——花的缩放
// ///////////////////////////////////////////////////
import java.awt.Color;
import java.awt.event.ActionEvent;
import java.awt.event.ActionListener;
import java.awt.event.MouseAdapter;
import java.awt.event.MouseEvent;
import java.awt.geom.Ellipse2D;
import java.awt.geom.Rectangle2D;
import java.awt.GradientPaint;
import java.awt.Graphics;
import java.awt.Graphics2D;
import javax.swing.JApplet;
import javax.swing.Timer;

public class J_Flower extends JApplet implements ActionListener
{
    int  m_frame = 0; // 当前帧的帧号
    Timer  m_timer; // 计时器
    boolean  m_frozen = false; // 当为 true 时, 暂停动画; 否则, 启动动画

    public void init( )
    {
        int delay = 50;
        m_timer = new Timer(delay, this);
        m_timer.setInitialDelay(0);
```

```
            m_timer.setCoalesce(true);

        getContentPane( ).addMouseListener(new MouseAdapter( )
        {
            public void mousePressed(MouseEvent e)
            {
                m_frozen = !m_frozen;
                if (m_frozen)
                    mb_stopAnimation( );
                else mb_startAnimation( );
            } // 方法 mousePressed 结束
        }); // 父类型为类 MouseAdapter 的匿名内部类结束，并且方法调用结束
    } // 方法 init 结束

    public void start( )
    {
        mb_startAnimation( );
    } // 方法 start 结束

    public void stop( )
    {
        mb_stopAnimation( );
    } // 方法 stop 结束

    public void actionPerformed(ActionEvent e)
    {
        m_frame++; // 当前帧号自增 1
        repaint( ); // 更新当前帧
    } // 方法 actionPerformed 结束

    public void mb_startAnimation( )
    {
        if (!m_frozen && !m_timer.isRunning( ))
            m_timer.start( );
    } // 方法 mb_startAnimation 结束

    public void mb_stopAnimation( )
    {
        if (m_timer.isRunning( ))
            m_timer.stop( );
    } // 方法 mb_stopAnimation 结束

    public void paint(Graphics g)
    {
        Graphics2D g2d= (Graphics2D)g;
```

```
        int i= (m_frame>0 ? m_frame%600 : (-m_frame)%600);
        double a= (i>300 ? 600-i : i);
        double b= a*6/16;
        double a_2= a/2;
        double b_2= b/2;

        g2d.setPaint(new GradientPaint(0, 0, new Color(187,255,204),
                            0, 300, Color.green, true));
        g2d.fill(new Rectangle2D.Double(0, 0, 320, 300)); // 绘制背景

        g2d.setColor(Color.magenta ); // 绘制小花
        g2d.fill(new Ellipse2D.Double(160-b_2, 150-a_2, b, a));
        g2d.fill(new Ellipse2D.Double(160-a_2, 150-b_2, a, b));
        g2d.setColor(Color.orange);
        g2d.fill(new Ellipse2D.Double(160-b_2, 150-b_2, b, b));

        g2d.setPaint(Color.white); // 显示当前帧号
        g2d.fill(new Rectangle2D.Double(0, 300, 320, 20));
        g2d.setColor(Color.black);
        g2d.drawString(""+m_frame, 150, 315);
    } // 方法 paint 结束
} // 类 J_Flower 结束
```

相应的 HTML 文件名为 AppletExample.html，其内容如下所示。

```
<!--------- AppletExample.html 开发者：雍俊海--------->
<HTML>
    <HEAD>
        <TITLE>
            计算机动画例程——花的缩放
        </TITLE>
    </HEAD>

    <BODY>
        <APPLET CODE= "J_Flower.class" WIDTH= 320 HEIGHT= 320>
        </APPLET>
        <BR>
    </BODY>
</HTML>
```

编译命令为：

```
javac J_Flower.java
```

执行命令为：

```
appletviewer AppletExample.html
```

最后执行的结果如图 13.10 所示。

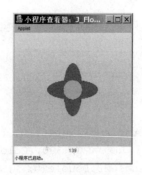

图 13.10　动画运行中间结果：第 56、139 和 256 帧

该动画在帧的绘制过程中首先绘制背景。背景从上到下颜色均匀变化。动画角色是一朵品红色的花。它的花瓣由两个椭圆绘制而成，它的中心由一个圆绘制而成。这朵花在动画过程中不断放大或缩小。动画的下方也显示了当前的帧号。13.3 节已经介绍了这些图形的绘制方法。这里需要做的是组合这些绘制方法形成有一定含义的动画背景和角色。

处理计时器事件一般通过实现接口 java.awt.event.ActionListener 的类的成员方法

```
void actionPerformed(ActionEvent e)
```

在上面的例程中，这个实现了接口 java.awt.event.ActionListener 的类就是类 J_Flower。在类 J_Flower 的 actionPerformed 成员方法中除了将当前帧号自动增 1 之外，还调用了抽象类 java.awt.Component 的成员方法

```
public void repaint( )
```

该成员方法会发出一个重新绘制组件界面的事件，最终一般会导致调用此组件的成员方法

```
public void paint(Graphics g)
```

这是组件界面绘制的一个机制。如果需要绘制组件的界面，一般不应当直接调用 paint 成员方法，而应当调用 repaint 成员方法。Java 虚拟机在执行 repaint 成员方法时会调用 paint 成员方法等方法完成组件界面的绘制。

## 13.4.3　提高动画质量

如何提高动画质量是进行计算机动画程序设计应当考虑的一个重要问题。在动画运行的过程中常常可能会出现闪烁的现象。下面介绍一种采用帧缓存的程序设计方法消除或减轻这种现象。这种方法是在计算机内存中存放一幅图像帧。该图像帧也称为缓存帧，它存放动画下一帧将要显示的内容。帧缓存的程序设计方法就是在显示动画下一帧之前，先将下一帧的图像准备好，并存放在缓存帧中。当计时器触发显示下一帧的事件时，成员方法

```
public void paint(Graphics g)
```

将已经准备好的缓存帧直接显示在屏幕上。如果这时（即计时器触发显示下一帧的事件时）缓存帧还没有准备好，则成员方法

```
public void paint(Graphics g)
```

不重新刷新屏幕，并等待下一个计时器事件。如果到了下一个计时器事件，缓存帧还没有准备好，则继续等待，直到缓存帧准备好。

下面给出一个采用帧缓存的计算机动画例程。例程由一个 Java 源程序文件和一个 HTML 文件组成。例程源文件名为 J_Flower.java，其内容如下所示。

```java
// ///////////////////////////////////////////////////
//
// J_Flower.java
//
// 开发者：雍俊海
// ///////////////////////////////////////////////////
// 简介：
//      采用帧缓存的计算机动画例程——花的缩放
// ///////////////////////////////////////////////////
import java.awt.Color;
import java.awt.event.ActionEvent;
import java.awt.event.ActionListener;
import java.awt.event.MouseAdapter;
import java.awt.event.MouseEvent;
import java.awt.geom.Ellipse2D;
import java.awt.geom.Rectangle2D;
import java.awt.GradientPaint;
import java.awt.Graphics;
import java.awt.Graphics2D;
import java.awt.image.BufferedImage;
import javax.swing.JApplet;
import javax.swing.Timer;

public class J_Flower extends JApplet implements ActionListener
{
    int  m_frame = 0; // 当前帧的帧号
    Timer  m_timer; // 计时器
    boolean  m_frozen = false; // 当为 true 时，暂停动画；否则，启动动画
    boolean  m_ready = true; // 缓存帧准备状态：当为 true 时，准备好；否则，没有
    BufferedImage m_image =
        new BufferedImage(320, 320, BufferedImage.TYPE_INT_RGB ); // 帧缓存

    public void init( )
    {
        int delay = 50;
        m_timer = new Timer(delay, this);
        m_timer.setInitialDelay(0);
        m_timer.setCoalesce(true);
```

```
        getContentPane( ).addMouseListener(new MouseAdapter( )
        {
            public void mousePressed(MouseEvent e)
            {
                m_frozen = !m_frozen;
                if (m_frozen)
                    mb_stopAnimation( );
                else mb_startAnimation( );
            } // 方法 mousePressed 结束
        }); // 父类型为类 MouseAdapter 的匿名内部类结束，并且方法调用结束
} // 方法 init 结束

public void start( )
{
    mb_startAnimation( );
} // 方法 start 结束

public void stop( )
{
    mb_stopAnimation( );
} // 方法 stop 结束

public void actionPerformed(ActionEvent e)
{
    m_frame++; // 当前帧号自增 1
    repaint( ); // 更新当前帧
} // 方法 actionPerformed 结束

public void mb_startAnimation( )
{
    if (!m_frozen && !m_timer.isRunning( ))
        m_timer.start( );
} // 方法 mb_startAnimation 结束

public void mb_stopAnimation( )
{
    if (m_timer.isRunning( ))
        m_timer.stop( );
} // 方法 mb_stopAnimation 结束

public void mb_draw( )
{
    if (!m_ready)
        return;
    m_ready=false; // 开始准备帧缓存
```

```
        Graphics2D g2d = m_image.createGraphics( );
        int i= (m_frame>0 ? m_frame%600 : (-m_frame)%600);
        double a= (i>300 ? 600-i : i);
        double b= a*6/16;
        double a_2= a/2;
        double b_2= b/2;

        g2d.setPaint(new GradientPaint(0, 0, new Color(187,255,204),
                               0, 300, Color.green, true));
        g2d.fill(new Rectangle2D.Double(0, 0, 320, 300)); // 绘制背景

        g2d.setColor(Color.magenta); // 绘制小花
        g2d.fill(new Ellipse2D.Double(160-b_2, 150-a_2, b, a));
        g2d.fill(new Ellipse2D.Double(160-a_2, 150-b_2, a, b));
        g2d.setColor(Color.orange);
        g2d.fill(new Ellipse2D.Double(160-b_2, 150-b_2, b, b));

        g2d.setPaint(Color.white); // 显示当前帧号
        g2d.fill(new Rectangle2D.Double(0, 300, 320, 20));
        g2d.setColor(Color.black);
        g2d.drawString(""+m_frame, 150, 315);
        m_ready=true; // 帧缓存已经准备好
    } // 方法 mb_draw 结束

    public void paint(Graphics g)
    {
        if (m_ready)
            g.drawImage(m_image, 0, 0, 320, 320, this);
        mb_draw( );
    } // 方法 paint 结束
} // 类 J_Flower 结束
```

相应的 HTML 文件名为 AppletExample.html，其内容如下所示。

```
<!--------- AppletExample.html 开发者：雍俊海--------->
<HTML>
    <HEAD>
        <TITLE>
            采用帧缓存的计算机动画例程——花的缩放
        </TITLE>
    </HEAD>

    <BODY>
        <APPLET CODE= "J_Flower.class" WIDTH= 320 HEIGHT= 320>
        </APPLET>
        <BR>
```

```
        </BODY>
</HTML>
```

编译命令为：

```
javac J_Flower.java
```

执行命令为：

```
appletviewer AppletExample.html
```

最后执行的结果与上一小节的例程结果是相似的。动画的内容也是在绿色的背景中有一朵不断放大或缩小的品红色的花，如图 13.10 所示。与上一小节的例程相比，这里的例程基本上感觉不到动画的闪烁。单击动画，可以中止或启动动画。

在本程序示例中，成员域 m_image 所指向的图像是缓存帧。语句

```
BufferedImage m_image =
    new BufferedImage(320, 320, BufferedImage.TYPE_INT_RGB ); // 帧缓存
```

创建了一个大小为 320×320 的缓存帧。通过成员方法

```
public void mb_draw( )
```

在缓存帧中绘制动画下一帧的内容。例程通过成员域 m_ready 来记录缓存帧是否已经准备好。当 m_ready 为 true 时，表明缓存帧已经准备好；否则，表明缓存帧还没有准备好。

通过缓存帧基本上可以解决在动画显示过程中的闪烁问题，但不能消除在动画运行过程中可能出现的帧与帧之间不连续和跳跃的现象。要解决这类问题，则必须处理好帧与帧之间的拼接，并提高准备绘制动画下一帧的速度。通过增加缓存帧的帧数，有可能在一定程度上缓解准备帧的速度问题，但这也是非常有限的。为了更好地解决这些问题，应当结合多媒体与图形学技术，并参考这方面的文献。

# 13.5　本章小结

本章介绍了多媒体与图形学程序设计。讲解了如何播放声音，显示图形与图像。接着阐述了利用 Java 语言进行计算机动画制作的方法，它可以使网页具有各种音像效果，即让网页"跳动"起来。通过缓存帧程序设计方法可以减轻或消除动画运行过程中的闪烁现象。如果将本章内容与多媒体及图形学技术相结合，则可以制作出非常精美的动画，也可以在计算机中进行各种仿真模拟。

# 习题

1. 请简述图形与图像的区别。
2. 请简述制作计算机动画的程序设计方法。
3. 画圆程序。请编写程序，要求允许用户指定一个矩形框的大小和位置。程序在图

形界面上显示该矩形。接着用户可以指定一个任意大小的正整数 $n$，要求程序在矩形的内部（含矩形边界）画 $n$ 个圆（如何排列自己定，但要求能数得出圆的个数（当 $n$ 不太大时））。

4．图像自动浏览工具。请编写程序，要求按相同的时间间隔依次显示给定的图像文件，而且可以设定是否循环显示这些图像文件。

5．图案设计。设计一种比较漂亮的图案（具体图案自己定）。要求图案至少含有 3 种颜色以及至少 3 种基本图形元素。这里的图形元素指的是直线段、圆、三角形和四边形等。

6．动画程序设计。要求将动画的背景设置为校园的地图，然后采用动画显示从某个教室到自己的宿舍楼的路径。

7．动画设计。请通过 Java 语言，利用多媒体与图形学程序设计方法设计一个有创意的动画片。要求动画能够不重复地持续至少 3 分钟。而且动画不能做成 avi 和 mpeg 等文件的播放器，而且不能做成只是一个图像序列的浏览器。

8．动画程序设计。请设计动画模拟在一座 30 层楼内两个电梯的运行情况。

9．动画程序设计。请设计动画模拟在一个具有红绿灯的十字路口处的交通情况。

10．思考题：如何设计动画，使得一幅图像能够连续地、自然地逐渐变成为另一幅图像。

CHAPTER14

## 第14章　数据库程序设计

本章将介绍如何利用 Java 语言进行数据库程序设计。数据库为存储、组织和管理大量有规则的计算机数据提供了一种通用的模式。现在已经存在很多种类型的数据库。Java 语言通过 JDBC（Java Database Connectivity，Java 数据库连接）可以非常方便地统一处理各种类型的数据库。JDBC 为各种数据库的操作提供了良好的机制。要对数据库的数据进行处理首先需要与数据库建立起连接。JDBC 通过数据源指向各种不同类型的数据库，并与数据库建立起连接。在连接好数据库之后，就可以对数据库数据进行处理。JDBC 提供一套标准的访问数据库的程序设计接口 API（Application Program Interface，应用程序接口），即各种 Java 类和接口以及它们的成员方法，为各种类型的数据库规定统一的处理方法，使得相同的 Java 程序代码有可能统一处理不同类型的数据库的数据，从而增强程序的可移植性。

## 14.1　基本原理

采用 Java 语言进行数据库程序设计的基本模型如图 14.1 所示。程序一般通过调用 JDBC 所定义的类和接口处理数据库或其数据，即通过 JDBC 的驱动程序实现对底层数据库的操作。基于 JDBC 的数据库程序设计方法通常由 3 个步骤组成。首先是连接数据库，然后是不断执行 SQL（Structure Query Language，结构化查询语言）语句和处理查询结果，最后是关闭连接。通过执行 SQL 语句可以处理数据库数据，例如在数据库中增加数据，删除数据，更新数据，或查询满足某种条件的数据等。

图 14.1　Java 数据库程序设计基本模型

## 14.1.1　数据库基本知识

目前保存在计算机中的**数据库**一般指的是保存在计算机中结构化的、有组织的、可共享的数据的集合。**数据库管理系统**（Database Management System，简写为 DBMS）一般指的是对数据库进行管理的软件系统。**数据库的类型**一般就是指其所对应的数据库管理系统的类型。目前常见的商业数据库管理系统一般都是关系数据库管理系统，如：Oracle、Microsoft SQL Server 和 Microsoft Access 等。在**关系数据库管理系统**的数据库中，数据主要是以二维数据表格形式存在的。表 14.1 为二维数据表格的示例。

**表 14.1　学生成绩**

| 学号 | 姓名 | 成绩 |
|---|---|---|
| 2008010441 | Mary | 70 |
| 2008010442 | Tom | 90 |
| 2008010443 | John | 80 |

在数据库中的二维数据表通常有一个名称，称为**表名**，例如：表 14.1 的表名为"学生成绩"。二维数据表分成表头与数据两部分，例如：表 14.1 的第一行一般认为是**表头**，剩下的各行是表的**数据**。数据部分的每一行称为**记录**（Record）。表的每一列称为**字段**。每一个字段都具有名称、数据类型和取值范围等属性。字段的名称可以用来区分各个列，通常显示在表头上。例如：表 14.1 的三个字段名称分别为"学号"、"姓名"和"成绩"。**字段的数据类型**指定了这个字段（即这一列）的所有数据所采用的数据类型。数据类型的种类在不同的数据库管理系统中可能会略有不同，常见的有字符串（也称为文字）、数字和时间等。可以唯一区分每个记录的一个字段或多个字段的集合，称为**码**或者**键**，例如：表 14.1 的"学号"字段，它可以唯一标识每个学生。在实际应用中，可以选择一个码当作**主键**，主键也称为**主码**。

## 14.1.2　JDBC 驱动程序类型

JDBC 规定一套访问数据库的 API，而具体如何实现对底层数据库的操作则依赖于具体的 JDBC 驱动程序。Java 语言正是通过这种机制屏蔽不同类型的底层数据库的。目前应用比较广泛的商业数据库管理系统有甲骨文（Oracle）公司的 Oracle、微软（Microsoft）公司的 SQL Server 和 MySQL 公司的 MySQL 等。对于任何一种数据库管理系统的数据库，只要提供了相应的 JDBC 驱动程序，就可以通过 JDBC 程序对该数据库进行操作。

当程序调用 JDBC 接口访问数据库的时候，JDBC 驱动程序负责将这些程序调用转化为符合底层数据库交互协议的信息，并将这些信息发送给底层数据库管理系统，由底层数据库管理系统执行相应的操作，从而达到操作底层数据库的目的。根据 JDBC 驱动程序的实现机制，可以将 JDBC 驱动程序分成 4 种类型。

**第一类 JDBC 驱动程序**实现从 JDBC 的数据库程序设计接口 API 到其他数据库程序设计接口 API 的映射，从而实现将对 JDBC 的 API 的调用转化为对其他数据库程序设计接口 API 的调用。微软公司的 ODBC（Open Database Connectivity，开放式数据库连接）数据库访问接口是一种比较典型的其他数据库程序设计接口 API。ODBC 的 API 采用 C 语言实现，是数据库访问的一种工业标准，有着广泛的市场支持。将 JDBC 的 API 映射到 ODBC 的 API，从而实现 JDBC 的 API 的方法称为 **JDBC-ODBC 桥**。JDBC-ODBC 桥借助于 ODBC 已有的成果实现对不同类型数据库的统一处理，在实现上比较简单。这种方法实际上是一种本地化方法，即用一种与操作系统相关的语言（如 C 语言）实现 JDBC 的 API，如图 14.2 所示，所以这种方法的可移植性比较弱，而且 JDBC 的 API 的具体功能会受到 ODBC 的 API 的功能及其发展的限制。

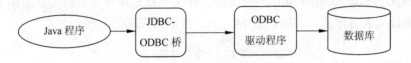

图 14.2　JDBC-ODBC 桥工作原理示意图

**第二类 JDBC 驱动程序**部分采用 Java 程序设计语言实现，部分采用本地化语言实现。如图 14.3 所示，这类 JDBC 驱动程序的底层通常通过本地化方法与数据库进行交互。这种类型的 JDBC 驱动程序体现了 JDBC 驱动程序的开放性，即允许通过本地化方法实现 JDBC 的 API，处理各种类型的数据库，尤其是自定制的数据库。采用这种方法实现 JDBC 驱动程序的缺点是其兼容性往往较差。

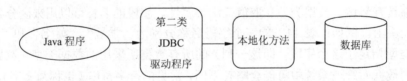

图 14.3　第二类 JDBC 驱动程序工作原理示意图

**第三类 JDBC 驱动程序**，如图 14.4 所示，通过中间件服务器实现 JDBC 的 API。在访问数据库时要借助于中间件服务器。中间件服务器实现了一个与具体数据库管理系统无关的数据库访问接口协议。采用中间件访问数据库的方式可以使得实现比较灵活，相当于在 JDBC 驱动和数据库之间增加了一层标准。采用这种方式的缺点是执行效率往往较低。

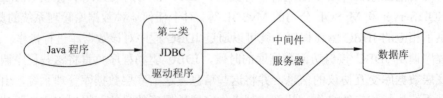

图 14.4　第三类 JDBC 驱动程序工作原理示意图

**第四类 JDBC 驱动程序**直接采用 Java 语言实现与特定数据库交互的协议，直接访问数据库。这种类型的 JDBC 驱动程序可以表示成如图 14.5 所示的模型。一般认为采用这种方式最为直接，JDBC 驱动程序的执行效率有可能最高。

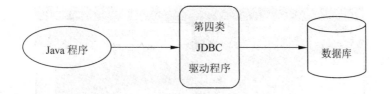

图 14.5 第四类 JDBC 驱动程序工作原理示意图

# 14.2 Microsoft Access 数据库环境建立

一般在安装 Microsoft Word 时会同时安装 Microsoft Access 数据库管理系统，即在 Microsoft Word 的安装盘中一般包含 Microsoft Access 数据库管理系统的安装程序，而且 Microsoft Word 安装的默认选项也是同时安装 Microsoft Access 数据库管理系统。因为 Microsoft Access 数据库管理系统的安装过程比较简单，只要按照安装过程逐步进行安装就可以，所以这里不具体介绍 Microsoft Access 数据库管理系统的安装过程。下面将介绍 Microsoft Access 数据库的操作方法以及如何创建 Microsoft Access 数据库所对应的 ODBC 数据源。

## 14.2.1 Microsoft Access 数据库的直接操作

本小节将介绍如何利用 Microsoft Access 数据库管理系统生成 Microsoft Access 数据库，如何给数据库增加新的数据库表或删除已有的数据库表，如何设计数据库表的字段以及如何操作数据库表的记录。具体的操作步骤在不同版本的操作系统和 Microsoft Access 数据库管理系统中稍微有些不同，不过基本上与本节介绍的内容相似。

如图 14.6 所示，依次单击桌面菜单项"开始"→"程序"→Microsoft Access，这样就会开始运行 Microsoft Access 数据库管理系统。

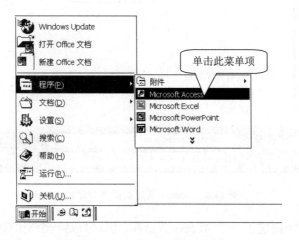

图 14.6 操作系统的桌面菜单

这时，Microsoft Access 数据库管理系统的运行窗口及弹出的对话框如图 14.7 所示。按照图示，选中"空 Access 数据库"单选按钮，并单击"确定"按钮。

图 14.7　在启动 Access 软件系统后弹出的窗口及对话框

　　这时会弹出如图 14.8 所示的"文件新建数据库"对话框。在该对话框最上端的下拉列表中可以选择数据库保存的路径，例如："d:\database"；在下面的"文件名"下拉列表框中可以输入数据库的名称，例如："studentDatabase.mdb"，其中，后缀".mdb"是 Access 数据库文件名的默认后缀名。最后，单击"创建"按钮。

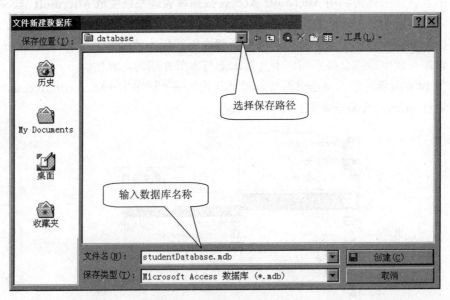

图 14.8　Access 新建数据库对话框

　　这时，实际上已经创建了一个 Access 数据库。但这只是一个空的数据库，因此 Access 软件系统会继续弹出如图 14.9 所示的对话框。这个对话框可以用来选择创建数据库表的方法。如果暂时不往数据库添加表格，可以直接单击该对话框的右上角的"X"按钮关闭这个对话框，完成一个空的 Access 数据库的创建操作。

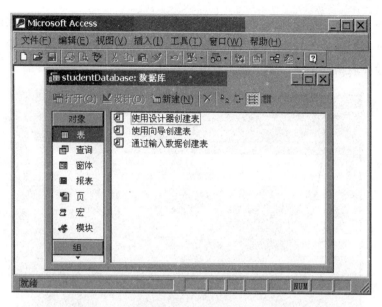

图 14.9 Access 数据库表创建方法选择对话框

如果要给这个数据库 添加一个表格，可以重新按照图 14.6 打开 Microsoft Access 数据库管理系统。这时会弹出如图 14.7 所示的对话框。在该对话框中，选中"打开已有文件"单选按钮，然后单击"确定"按钮，弹出如图 14.10 所示的数据库"打开"对话框。通过该对话框可以选择并打开已有的数据库，例如：前面创建好的数据库"d:\database\studentDatabase.mdb"。首先，在最上端的下拉列表中选择数据库所开的路径，例如："d:\database"；接着在下面的"文件名"下拉列表框中输入数据库的名称，例如："studentDatabase.mdb"，或直接选择所需要打开的数据库。最后，单击"打开"按钮。

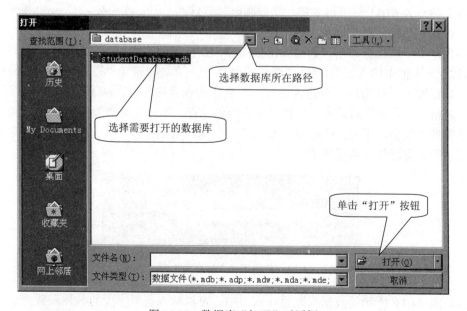

图 14.10 数据库"打开"对话框

这时就会重新弹出如图 14.9 所示的 Access 数据库表创建方法选择对话框。双击其中的"使用设计器创建表"选项，可以打开如图 14.11 所示的数据库表设计窗口。通过这个窗口，可以设计表格的字段，如字段名称及其数据类型等。

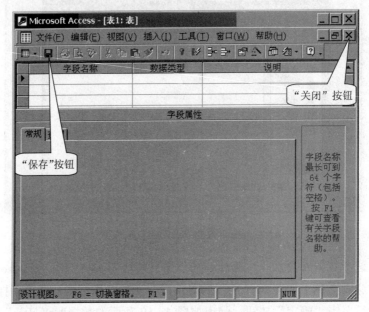

图 14.11　数据库表设计窗口

不过在设计表格的字段之前，一个良好的习惯是先保存该表格，而且以后在设计表格的过程中也最好随时进行保存的操作，以免在出现一些意外情况（如断电）时失去过多的已有工作成果。保存操作是很简单的，只要单击如图 14.11 所示的"保存"按钮或通过键盘输入 Control-S 就可以了。通过键盘输入 Control-S 实际上就是同时按住 Control 键（在有些键盘上简写为 Ctrl）与字母 S 键，然后同时释放这两个键；或先按住 Control 键不放，再按下 S 键，然后同时释放即可。

如果是第一次保存表格，则会弹出如图 14.12 所示的表格另存为对话框。在对话框的"表名称"文本框中输入表名，如："学生成绩"。然后单击"确定"按钮，返回到如图 14.11 所示的数据库表设计窗口。以后再进行这个表格的保存操作时，就不会再弹出如图 14.12 所示的表格"另存为"对话框，只是数据会得到保存。不过在有些版本的 Microsoft Access 数据库管理系统中，不允许保存空的数据库表。这时可以在设计完某些数据库表字段之后再按照上面的方法保存数据库表。

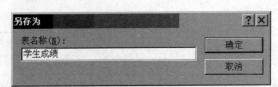

图 14.12　数据库表"另存为"对话框

在如图 14.11 所示的数据库表设计窗口中，可以输入各个字段的名称和数据类型等。图 14.13 给出一个输入的结果示例。当**数据库表的字段设计**完毕后，单击如图 14.11 或

图 14.13 所示的"关闭"按钮，返回到 Access 数据库表创建方法选择对话框。

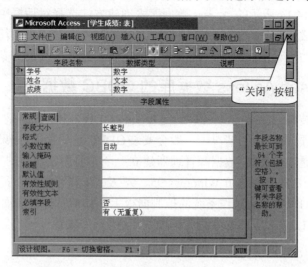

图 14.13　数据库表设计窗口

这时的 Access 数据库表创建方法选择对话框如图 14.14 所示。与图 14.9 相比，它增加了学生成绩数据库表。在如图 14.14 所示的对话框中，双击"学生成绩"数据库表选项，可以弹出 Access 数据库表编辑窗口，从而可以编辑学生成绩数据库表，即添加、修改或删除学生成绩数据库表的记录。例如，如图 14.15 所示，给学生成绩数据库表增加了 3 行记录。

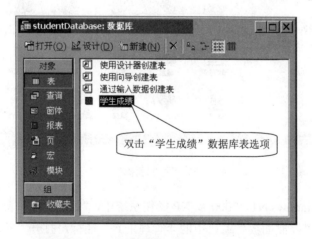

图 14.14　Access 数据库表创建方法选择对话框

| 学号 | 姓名 | 成绩 |
| --- | --- | --- |
| 2008010441 | Mary | 70 |
| 2008010442 | Tom | 90 |
| 2008010443 | John | 80 |

图 14.15　Access 数据库表编辑窗口

前面介绍了给 Access 数据库增加一个数据库表的操作。这里介绍 删除数据库表 的操作。首先，在如图 14.14 所示的 Access 数据库表创建方法选择对话框中，选中所要删除的数据库表，如学生成绩数据库表。然后，按下 Delete（在有些键盘上简写为 Del）键。这时会弹出删除确认的对话框，单击"是"按钮，完成删除数据库表的操作。

## 14.2.2 Microsoft Access 数据库的 ODBC 数据源

首先，需要安装好 ODBC 驱动程序。是否安装 ODBC 驱动程序是 Microsoft Windows 操作系统的安装选项。在默认的情况下一般会安装 ODBC 驱动程序。如果已经安装好 ODBC 驱动程序，则可以通过 ODBC 数据源管理器建立一个与前面创建好的 Access 数据库相对应的 ODBC 数据源。在 Microsoft Windows 95、98 及 Me 操作系统下，ODBC 数据源管理器的入口在如图 14.16 所示的操作系统的控制面板上。如何打开控制面板可以参见第 1 章图 1.1、图 1.2 和图 1.3，依次单击桌面菜单项"开始"→"设置"→"控制面板"，打开"控制面板"窗口。

图 14.16 "控制面板"窗口

在 Microsoft Windows NT、2000 或 XP 操作系统中，"控制面板"窗口参见第 1 章的图 1.2 和图 1.3。双击"控制面板"窗口中的"管理工具"图标，打开"管理工具"窗口，如图 14.17 所示。ODBC 数据源管理器的入口 在这个"管理工具"窗口中。

根据不同的操作系统，双击如图 14.16 所示的"ODBC 数据源"图标或如图 14.17 所示的"数据源（ODBC）"图标，打开如图 14.18 所示的"ODBC 数据源管理器"对话框。

在"ODBC 数据源管理器"对话框的"用户 DSN"选项卡中，单击"添加"按钮。这时，系统会弹出如图 14.19 所示的"创建新数据源"对话框。

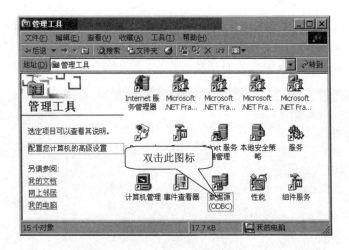

图 14.17 "管理工具"窗口

图 14.18 "ODBC 数据源管理器"对话框

图 14.19 "创建新数据源"对话框

在"创建新数据源"对话框中，单击"Driver do Microsoft Access（*.mdb）"选取 Microsoft Access 的数据源驱动程序类型。然后，单击"完成"按钮。这时，会出现如图 14.20 所示的"ODBC Microsoft Access 安装"对话框。

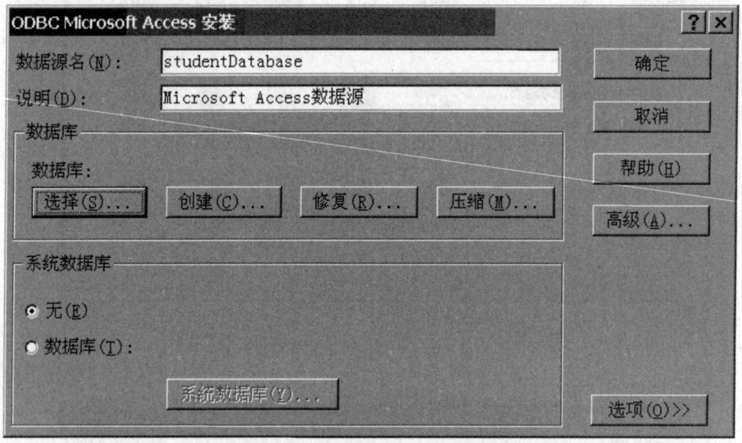

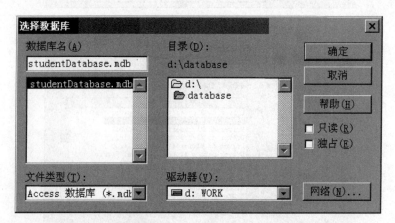

图 14.20 "ODBC Microsoft Access 安装"对话框

在"ODBC Microsoft Access 安装"对话框的"数据源名"文本框中输入数据源的名称，如"studentDatabase"；在"说明"文本框中输入数据源的说明，如"Microsoft Access 数据源"。接着单击"选择"按钮，这时会弹出如图 14.21 所示的"选择数据库"对话框。在该对话框中选择数据库所在的路径（也称为目录）和数据库名称，例如：前面创建好的 Microsoft Access 数据库所在的路径"d:\database"和数据库文件名 studentDatabase.mdb，如图 14.21 所示。在选择好 Microsoft Access 数据库之后，单击"确定"按钮返回到如图 14.20 所示的对话框，只是在对话框的"数据库："几个字后面会显示出所选择的数据库的具有完整路径的文件名。这时单击如图 14.20 所示的对话框中的"确定"按钮。

图 14.21 "选择数据库"对话框

这样，完成了 添加一个 ODBC 数据源 的操作。例如：新增加了"studentDatabase"数据源，结果如图 14.22 所示，单击"确定"按钮即可。

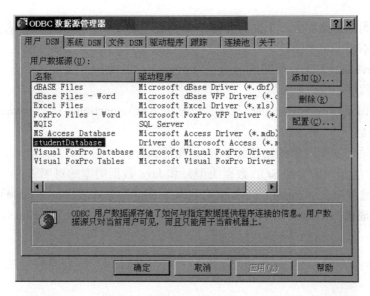

图 14.22 "ODBC 数据源管理器"对话框：新添加了一个数据源

# 14.3 数据库程序设计

无论是复杂还是简单的程序，基于 JDBC 的数据库程序设计基本模式如图 14.23 所示。

在执行 SQL 语句和进行数据处理之前需要连接数据库和创建 SQL 语句对象，之后需要关闭 SQL 语句对象和数据库连接。连接数据库是为了将数据源与指定的数据库建立起关联，使得后面的事务处理可以对该数据库内的数据进行处理（如增加数据和查询数据等操作）。对于不同类型的 JDBC 驱动程序，除了连接数据库的方法稍微有些不同之外，SQL 语法和数据处理模式基本上相同。本节以 Microsoft Access 数据库管理系统和第一类 JDBC 驱动程序 JDBC-ODBC 桥为例介绍具体的 JDBC 数据库程序设计方法。14.4 节和 14.5 节将介绍面向 SQL Server 2000 数据库管理系统的 JDBC 数据库程序设计方法，其中 14.4 节采用第一类 JDBC 驱动程序 JDBC-ODBC 桥进行数据库程序设计，14.5 节采用第四类 JDBC 驱动程序进行数据库程序设计。

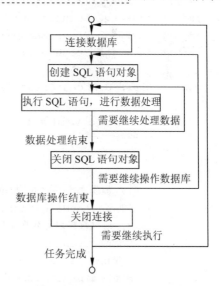

图 14.23 基于 JDBC 的数据程序设计基本模式原理图

## 14.3.1 数据库表操作

数据库表操作主要包括数据库表的创建与删除两种。14.2.1 小节已经介绍了如何利用 Microsoft Access 数据库管理系统创建和删除数据库表。这里介绍通过 JDBC 数据库程序设

计方法创建和删除数据库表。下面将分别给出创建和删除学生成绩数据库表的例程。通过
这两个例程，本小节将介绍：

（1）类 java.lang.Class 及其成员方法 forName，以及如何通过这个方法加载 JDBC-
ODBC 桥驱动程序；

（2）类 java.sql.DriverManager 及其成员方法 getConnection，接口 java.sql.Connection
以及数据库连接；

（3）SQL 语句实例对象的创建和 SQL 语句的执行；

（4）JDBC 类型（即普通 SQL 数据类型）和 Java 数据类型的对照表；

（5）创建数据库表（create table）SQL 语句和删除数据库表（drop table）SQL 语句。

创建学生成绩数据库表的例程的源文件名为 J_AccessCreateTable.java，其内容如下
所示。

```
// ////////////////////////////////////////////////////
//
// J_AccessCreateTable.java
//
// 开发者：雍俊海
// ////////////////////////////////////////////////////
// 简介：
//      创建数据库表："学生成绩"例程
// ////////////////////////////////////////////////////
import java.sql.Connection;
import java.sql.DriverManager;
import java.sql.Statement;

public class J_AccessCreateTable
{
    public static void main(String args[ ])
    {
        try
        {
            // 加载 JDBC-ODBC 桥驱动程序
            Class.forName("sun.jdbc.odbc.JdbcOdbcDriver");
            // 通过数据源与数据库建立起连接
            Connection c
            =DriverManager.getConnection("jdbc:odbc:studentDatabase");
            Statement s=c.createStatement( ); // 创建 SQL 语句对象
            // 创建数据库表：学生成绩
            s.executeUpdate(
                "create table 学生成绩( " +
                "学号 integer CONSTRAINT authIndex PRIMARY KEY, " +
                "姓名 char(20), " +
                "成绩 integer)"); // 创建数据库表：学生成绩
            s.close( );
            c.close( );
```

```
        System.out.println("创建数据库表：学生成绩");
    }
    catch (Exception e)
    {
        System.err.println("异常: " + e.getMessage( ));
    } // try-catch 结构结束
  } // 方法 main 结束
} // 类 J_AccessCreateTable 结束
```

编译命令为：

```
javac J_AccessCreateTable.java
```

执行命令为：

```
java J_AccessCreateTable
```

最后执行的结果是创建了学生成绩数据库表，同时在控制台窗口中输出：

创建数据库表：学生成绩

如果学生成绩数据库表已经存在，则会产生异常，并在控制台窗口中输出：

异常: [Microsoft][ODBC Microsoft Access Driver] 表 '学生成绩' 已存在。

学生成绩数据库表是否创建成功，可以通过 14.2.1 小节的方法直接查看在 Access 数据库中是否存在学生成绩数据库表。如果再次执行创建学生成绩数据库表的程序，而不先删除学生成绩数据库表，那么会出现表已经存在的异常。

在这个例程中，程序通过语句

```
Class.forName("sun.jdbc.odbc.JdbcOdbcDriver");
```

加载 JDBC-ODBC 桥驱动程序，其中类 Class 的完整类名为 java.lang.Class。类 Class 主要用来表示在 Java 运行程序中的类或接口的类对象。类 Class 的成员方法 forName 的声明如下：

```
public static Class<?> forName(String className) throws ClassNotFoundException
```

它返回方法参数 className 所对应的类或接口的类对象。在这里的例程中，成员方法 forName 的参数是"sun.jdbc.odbc.JdbcOdbcDriver"。这样返回"sun.jdbc.odbc.JdbcOdbcDriver"所对应的类对象，同时加载了 JDBC-ODBC 桥驱动程序。因此，在 Java 程序中，常常采用下面的格式：

```
Class.forName("驱动程序名");
```

加载指定的驱动程序。这是 Java 程序加载驱动程序的一种机制。

JDBC 数据库程序设计的基本模式参见图 14.23。在加载 JDBC-ODBC 桥驱动程序之后，可以开始连接数据库。这里连接数据库是通过语句

```
Connection c=DriverManager.getConnection("jdbc:odbc:studentDatabase");
```

其中类 DriverManager 的完整类名为 java.sql.DriverManager。类 DriverManager 主要用来管理 JDBC 的驱动程序。类 DriverManager 的成员方法 getConnection 的完整声明为：

```
public static Connection getConnection(String url) throws SQLException
```

该成员方法的作用是与指定的数据库建立起连接，并返回建立起来的连接。上面例程指定的数据库是与 ODBC 数据源 studentDatabase 相关联的数据库。ODBC 数据源的建立过程参见 14.2.2 小节。这样通过数据源与底层的数据库建立起了连接。如果 ODBC 数据源的安全机制要求用户名和密码的认证，则可以调用类 DriverManager 的另外一个 getConnection 成员方法，它的完整声明为：

```
public static Connection getConnection(String url, String user, String
password) throws SQLException
```

该成员方法的第二个参数与第三个参数分别指定用户名和密码。后面 14.4.4 小节的例程将调用这个成员方法连接数据库。

类 DriverManager 的 getConnection 成员方法建立与数据库的连接并以接口 Connection 的实例对象引用的形式返回。接口 Connection 的完整接口名为 java.sql.Connection。它用来表示与特定数据库的连接，即表示 Java 程序与底层的数据库管理系统传递 SQL 语句和数据库操作结果的通道。

根据如图 14.23 所示的 JDBC 数据库程序设计的基本模式，在建立与数据库的连接之后，可以创建 SQL 语句实例对象并进行数据处理。**创建 SQL 语句实例对象**可以通过接口 Connection 的 createStatement 成员方法来实现。该成员方法的完整声明为：

```
Statement createStatement( ) throws SQLException
```

通过 SQL 语句实例对象可以执行 SQL 语句，如：这里的"create table"语句。这里 **执行 SQL 语句**是通过接口 java.sql.Statement 的成员方法

```
int executeUpdate(String sql) throws SQLException
```

来实现的，其参数 sql 是 SQL 语句。**标准 SQL 的创建数据库表（create table）语句语法** 为：

```
create table 表名(字段名 1 字段数据类型 1, 字段名 2 字段数据类型 2,…,字段名 n 字段
        数据类型 n)
```

表名和字段名由一些合法的标识符组成。每个字段都应当至少有字段名和字段数据类型。如果有多个字段，则在相邻的字段之间采用逗号隔开。例如：

```
create table 学生成绩(学号 integer, 姓名 char(20), 成绩 integer)
```

如果需要**将某一个字段设为主键**，用来唯一标识每一行记录，则可以在该字段数据类型后面增加：

```
CONSTRAINT 约束名 PRIMARY KEY
```

其中约束名可以采用一个合法的标识符。例如：在上面例程中的

```
create table 学生成绩(学号 integer CONSTRAINT authIndex PRIMARY KEY, 姓名
char(20), 成绩 integer)
```

类 java.sql.Types 定义了一些静态成员域，用来标识各种普通的 SQL 数据类型，这些 SQL 数据类型也称为 JDBC 数据类型。表 14.2 列出几乎所有的 JDBC 数据类型和 Java 数据类型的对应关系。根据结果集接口 java.sql.ResultSet 获取数据的成员方法的功能，可以建立起这种对应关系。在 JDBC 数据库程序设计中，可以通过结果集接口 java.sql.ResultSet 与 SQL 语句配合获得数据库表各行记录的数据。下面的 14.3.3 小节将给出具体的应用例程。

表 14.2　常用 JDBC 数据类型和 Java 数据类型对照表

| JDBC 数据类型 | Java 数据类型 |
| --- | --- |
| ARRAY | java.sql.Array、byte[ ] |
| BIGINT | long |
| BINARY、VARBINARY | byte[ ] |
| BIT、BOOLEAN | boolean |
| BLOB (Binary Large Object，二进制大对象) | java.sql.Blob |
| CHAR、VARCHAR | java.lang.String |
| CLOB (Character Large Object，字符型大对象) | java.sql.Clob |
| DATALINK | java.net.URL |
| DATE | java.sql.Date |
| DECIMAL、REAL | float、double |
| DOUBLE | double |
| FLOAT | float |
| INTEGER | int |
| JAVA_OBJECT | java.lang.Object |
| LONGVARBINARY、LONGVARCHAR | java.io.InputStream、String |
| NUMERIC | float、double、java.math.BigDecimal |
| REF | java.sql.Ref |
| SMALLINT | short |
| TIME | java.sql.Time |
| TIMESTAMP | java.sql.Timestamp |
| TINYINT | byte |

这里需要注意的是，并不是所有的数据库管理系统都能够支持表 14.2 所列出的所有 JDBC 数据类型。例如：Microsoft Access 数据库管理系统并不支持 CLOB 和 BLOB 等类型。而且有些数据类型在不同的数据库管理系统所支持的 SQL 语法中的写法也不一定相同。除了上面的数据类型外，有些数据库管理系统还支持其他的 SQL 数据类型，例如：Microsoft Access 数据库管理系统支持 Counter 数据类型，而 SQL Server 2000 数据库管理系统不支持这种 Counter 数据类型。Counter 数据类型表示这一列的数据将采用自动编号，即自动生成递增量为常量的整数，例如：将在创建学生成绩数据库表的例程中的 SQL 执行语句替换

成为：
```
s.executeUpdate("create table 签到表(编号 Counter, 姓名 char(12))");
```
则在编译和执行之后将生成一张签到表。当按照 14.2.1 小节介绍的方法填写该数据库表格时，第一列将会自动编号，即每个记录只须填写姓名这一列。

根据如图 14.23 所示的 JDBC 数据库程序设计的基本模式，在执行完 SQL 语句和处理完数据之后需要关闭 SQL 语句对象。这只要调用接口 java.sql.Statement 的成员方法
```
void close( ) throws SQLException
```
在 JDBC 数据库程序设计中，最后一般需要关闭与数据库的连接。这只要调用接口 java.sql.Connection 的成员方法
```
void close( ) throws SQLException
```
下面给出删除学生成绩数据库表的例程。它的源文件名为 J_AccessDropTable.java，其内容如下所示。

```java
// ////////////////////////////////////////////////
//
// J_AccessDropTable.java
//
// 开发者：雍俊海
// ////////////////////////////////////////////////
// 简介:
//     删除数据库表："学生成绩"的例程
// ////////////////////////////////////////////////
import java.sql.Connection;
import java.sql.DriverManager;
import java.sql.Statement;

public class J_AccessDropTable
{
    public static void main(String args[ ])
    {
        try
        {
            // 加载 JDBC-ODBC 桥驱动程序
            Class.forName("sun.jdbc.odbc.JdbcOdbcDriver");
            // 通过数据源与数据库建立起连接
            Connection c
            =DriverManager.getConnection("jdbc:odbc:studentDatabase");
            Statement  s=c.createStatement( ); // 创建SQL语句对象
            s.executeUpdate("drop table 学生成绩"); // 删除数据库表: 学生成绩
            s.close( );
            c.close( );
```

```
        System.out.println("删除数据库表：学生成绩");
    }
    catch (Exception e)
    {
        System.err.println("异常: " + e.getMessage( ));
    } // try-catch 结构结束
} // 方法 main 结束
} // 类 J_AccessDropTable 结束
```

编译命令为：

```
javac J_AccessDropTable.java
```

执行命令为：

```
java J_AccessDropTable
```

最后执行的结果是删除了学生成绩数据库表，同时在控制台窗口中输出：

删除数据库表：学生成绩

如果学生成绩数据库表不存在，则会产生异常，并在控制台窗口中输出：

异常: [Microsoft][ODBC Microsoft Access Driver] 表 '学生成绩' 不存在。

　　如果再次执行删除学生成绩数据库表的程序，而不先创建学生成绩数据库表，那么会出现表不存在的异常。删除学生成绩数据库表的程序与创建学生成绩数据库表的程序在结构上完全一致，都遵循如图 14.23 所示的 JDBC 数据库程序设计的基本模式。这两个程序的最主要区别是执行的 SQL 语句的具体内容不相同。删除数据库表（drop table）的 SQL 语句语法是：

```
drop table 表名
```

　　在创建与删除学生成绩数据库表的两个例程中，所调用的与 JDBC 相关的方法基本上都声明可能会抛出异常，所以需要进行异常处理。这两个例程的 try-catch 结构的 try 分支都含有一条输出语句。这样，如果这条输出语句能够被执行，程序执行结果将在控制台窗口中输出相应的信息，这表明在创建与删除学生成绩数据库表的过程中没有出现异常。这是编写程序的一种技巧。

## 14.3.2　列操作

　　数据库表格的列，称作字段。14.3.1 小节在介绍表的创建过程中实际上包含了字段的创建。这里补充介绍如何利用 JDBC 数据库程序设计方法进行列信息的查询、添加列、删除列和修改列属性。因为 14.3.1 小节已经介绍如何利用 JDBC-ODBC 桥驱动程序连接 Microsoft Access 数据库，所以这里不再作这方面的介绍。这里的重点是介绍如何实现列操作，同时还会介绍执行 SQL 语句的几种不同方法。本小节在介绍例程时仍然会给出例程的完整源程序，这样可方便阅读和编程实践。

下面给出 查询列信息的例程 。例程的源文件名为 J_AccessShowColumn.java，其内容如下所示。

```java
// ////////////////////////////////////////////////
//
// J_AccessShowColumn.java
//
// 开发者：雍俊海
// ////////////////////////////////////////////////
// 简介：
//      显示数据库表"学生成绩"的列信息的例程
// ////////////////////////////////////////////////
import java.sql.Connection;
import java.sql.DriverManager;
import java.sql.ResultSet;
import java.sql.ResultSetMetaData;
import java.sql.Statement;

public class J_AccessShowColumn
{
    public static void mb_ShowColumn(ResultSet r)
    {
        try
        {
            ResultSetMetaData m=r.getMetaData( ); // 获取列信息
            int n=m.getColumnCount( );
            System.out.println("数据库表共有 " + n + " 列。");
            for (int i=1; i<= n; i++)
            {
                System.out.println("第" + i + "列:");
                System.out.println("\t 名称为: " + m.getColumnName(i));
                System.out.println("\t 类型名称为: "
                    + m.getColumnTypeName(i));
                System.out.println("\t 精度为: " + m.getPrecision(i));
            } // for 循环结束
        }
        catch (Exception e)
        {
            System.err.println("异常: " + e.getMessage( ));
        } // try-catch 结构结束
    } // 方法 mb_ShowColumn 结束

    public static void main(String args[ ])
    {
        try
```

```
    {
        // 加载 JDBC-ODBC 桥驱动程序
        Class.forName("sun.jdbc.odbc.JdbcOdbcDriver");
        // 通过数据源与数据库建立起连接
        Connection c
        =DriverManager.getConnection("jdbc:odbc:studentDatabase");
        Statement s=c.createStatement( ); // 创建 SQL 语句对象
        // 获取数据库表数据
        ResultSet r=s.executeQuery("select * from 学生成绩");
        mb_ShowColumn(r);
        s.close( );
        c.close( );
    }
    catch (Exception e)
    {
        System.err.println("异常: " + e.getMessage( ));
    } // try-catch 结构结束
    } // 方法 main 结束
} // 类 J_AccessShowColumn 结束
```

编译命令为：

```
javac J_AccessShowColumn.java
```

执行命令为：

```
java J_AccessShowColumn
```

如果不存在学生成绩数据库表，则将抛出异常，并在控制台窗口中输出：

异常: [Microsoft][ODBC Microsoft Access Driver] Microsoft Jet 数据库引擎找不到输入表或查询 '学生成绩'。 确定它是否存在，以及它的名称的拼写是否正确。

如果不存在学生成绩数据库表，则可以重新运行 14.3.1 小节的创建学生成绩数据库表的例程，生成该数据库表。如果存在学生成绩数据库表，则最后执行的结果是在控制台窗口中显示出学生成绩数据库表的列信息，具体为：

```
数据库表共有 3 列。
第 1 列:
        名称为: 学号
        类型名称为: INTEGER
        精度为: 10
第 2 列:
        名称为: 姓名
        类型名称为: CHAR
        精度为: 20
第 3 列:
```

名称为：成绩
类型名称为：INTEGER
精度为：10

在 14.3.1 小节的例程中，执行 **SQL 语句**采用的是接口 java.sql.Statement 的成员方法

```
int executeUpdate(String sql) throws SQLException
```

这里采用的是接口 java.sql.Statement 的成员方法

```
ResultSet executeQuery(String sql) throws SQLException
```

另外，接口 java.sql.Statement 还有一个类似的成员方法

```
boolean execute(String sql) throws SQLException
```

这 **3 个执行 SQL 语句的成员方法在使用方面的区别**如下：

成员方法 executeUpdate 通常用来执行一些不具有返回结果的 SQL 语句，如 INSERT、UPDATE 或 DELETE 语句。如果执行的 SQL 语句是 INSERT、UPDATE 或 DELETE 语句，则成员方法 executeUpdate 返回数据库表的行数；否则，返回 0。

成员方法 executeQuery 通常用来执行只会返回一个结果集的 SQL 语句。该成员方法直接返回结果集对象的引用。

成员方法 execute 通常用来执行一些具有单个或多个返回结果集的 SQL 语句，如：查询（select）语句。如果有结果集返回，则成员方法 execute 的返回值为 true；否则，返回值为 false。返回的结果集可以通过接口 java.sql.Statement 的成员方法 getResultSet 获得。每取到一个结果集都应当调用接口 java.sql.Statement 的成员方法 getUpdateCount，以更新当前的计数。如果有多个结果集，则可以通过调用 getMoreResults 成员方法不断移到下一个结果集，并通过成员方法 getResultSet 获取结果，通过成员方法 getUpdateCount 更新当前计数。设 s 为 java.sql.Statement 类型的变量，而且成员方法 execute 是通过 s 调用的，则当下面的布尔表达式

```
((s.getMoreResults( ) == false) && (s.getUpdateCount( ) == -1))
```

为 true 时，表明所有返回的结果集都已经处理完毕，即不用再取下一个结果集（因为已经没有了）。

在**查询列信息**的例程中，Java 语句

```
ResultSet r=s.executeQuery("select * from 学生成绩");
```

执行了一条查询（select）SQL 语句。这条 SQL 语句用来获取学生成绩数据库表的所有数据。要**获得一个数据库表的所有数据的查询（select）语句格式**是：

```
select * from 表名
```

通过接口 java.sql.Statement 的成员方法 executeQuery 返回查询结果集的对象的引用，并赋值给变量 r。这样在变量 r 所指向的实例对象中包含了学生成绩数据库表的所有列信息。接

着例程通过接口 java.sql.ResultSet 的成员方法

```
ResultSetMetaData getMetaData( ) throws SQLException
```

提取在结果集中的列信息。接口 java.sql.ResultSet 的 getMetaData 成员方法返回 ResultSetMetaData 实例对象的引用，该 ResultSetMetaData 实例对象记录了结果集所包含的列数、列的名称和类型等属性信息。

这样可以通过接口 java.sql.ResultSetMetaData 的成员方法

```
int getColumnCount( ) throws SQLException
```

获得结果集的列数；通过接口 java.sql.ResultSetMetaData 的成员方法

```
String getColumnName(int column) throws SQLException
```

获得结果集第 column 列的列名称；通过接口 java.sql.ResultSetMetaData 的成员方法

```
String getColumnTypeName(int column) throws SQLException
```

获得结果集第 column 列的列数据类型名称；通过接口 java.sql.ResultSetMetaData 的成员方法

```
int getPrecision(int column) throws SQLException
```

获得结果集第 column 列的精度，即表示该列数值的位数或字符数。这里需要注意的是，接口 java.sql.ResultSetMetaData 的成员方法的参数 column 都是从 1 开始计数，即如果要取第 1 列的数据，则 column 的值应当为 1；如果要取第 i 列的数据，则 column 的值应当为 i，其中 i=1，2，……。

下面给出添加列的例程。例程的源文件名为 J_AccessAddColumn.java，其内容如下所示。

```
// ///////////////////////////////////////////////
//
// J_AccessAddColumn.java
//
// 开发者：雍俊海
// ///////////////////////////////////////////////
// 简介：
//    给数据库表"学生成绩"增加一列"性别"的例程
// ///////////////////////////////////////////////
import java.sql.Connection;
import java.sql.DriverManager;
import java.sql.Statement;

public class J_AccessAddColumn
{
    public static void main(String args[ ])
    {
```

```
        try
        {
            // 加载 JDBC-ODBC 桥驱动程序
            Class.forName("sun.jdbc.odbc.JdbcOdbcDriver");
            // 通过数据源与数据库建立起连接
            Connection c
            =DriverManager.getConnection("jdbc:odbc:studentDatabase");
            Statement s=c.createStatement( ); // 创建 SQL 语句对象
            s.executeUpdate(
                "alter table 学生成绩 " +
                "add 性别 char(10)");
            s.close( );
            c.close( );
            System.out.println("给数据库表\"学生成绩\"增加一列：性别");
        }
        catch (Exception e)
        {
            System.err.println("异常： " + e.getMessage( ));
        } // try-catch 结构结束
    } // 方法 main 结束
} // 类 J_AccessAddColumn 结束
```

编译命令为：

```
javac J_AccessAddColumn.java
```

执行命令为：

```
java J_AccessAddColumn
```

最后执行的结果是给学生成绩数据库表增加了性别这一列，并在控制台窗口中输出：

给数据库表"学生成绩"增加一列：性别

如果重复执行这个例程，则会抛出异常，并在控制台窗口中输出：

异常： [Microsoft][ODBC Microsoft Access Driver] 字段 '性别' 已经存在于表 '学生成绩' 中。

这是因为一般在同一张数据库表中不允许存在两个字段的名称完全相同。

在这个例程中，程序通过接口 java.sql.Statement 的 executeUpdate 成员方法执行 SQL 语句，因为该例程不需要返回结果集。添加列的操作主要是由 SQL 语句：

```
alter table 学生成绩 add 性别 char(10)
```

完成的。**添加列的 SQL 语句格式**是：

```
alter table 表名 add 字段名 字段数据类型
```

其中，"alter table"表明需要修改数据库表，表名是需要添加列的数据库表的名称，字段名和字段数据类型分别指定新添加的列的名称和数据类型。

下面给出 删除列的例程 。例程的源文件名为 J_AccessDeleteColumn.java，其内容如下所示。

```java
// ///////////////////////////////////////////////////
//
// J_AccessDeleteColumn.java
//
// 开发者：雍俊海
// ///////////////////////////////////////////////////
// 简介：
//     删除在数据库表"学生成绩"中的"性别"这一列的例程
// ///////////////////////////////////////////////////
import java.sql.Connection;
import java.sql.DriverManager;
import java.sql.Statement;

public class J_AccessDeleteColumn
{
    public static void main(String args[ ])
    {
        try
        {
            // 加载 JDBC-ODBC 桥驱动程序
            Class.forName("sun.jdbc.odbc.JdbcOdbcDriver");
            // 通过数据源与数据库建立起连接
            Connection c
            =DriverManager.getConnection("jdbc:odbc:studentDatabase");
            Statement s=c.createStatement( ); // 创建 SQL 语句对象
            s.executeUpdate(
                "alter table 学生成绩 " +
                "drop column 性别");
            s.close( );
            c.close( );
            System.out.println("删除在数据库表\"学生成绩\"中的列\"性别\"");
        }
        catch (Exception e)
        {
            System.err.println("异常: " + e.getMessage( ));
        } // try-catch 结构结束
    } // 方法 main 结束
} // 类 J_AccessDeleteColumn 结束
```

编译命令为：

```
javac J_AccessDeleteColumn.java
```

执行命令为：

```
java J_AccessDeleteColumn
```

最后执行的结果是从学生成绩数据库表中删除性别这一列，并在控制台窗口中输出：

删除在数据库表"学生成绩"中的列"性别"

如果在学生成绩数据库表中不存在性别这一列或者这一列已经被删除，则在运行这个例程时会抛出异常，并在控制台窗口中输出：

异常：[Microsoft][ODBC Microsoft Access Driver] 在表 '学生成绩' 中没有字段
'性别'.

这个例程与添加列的例程非常相似，最主要的区别是执行的 SQL 语句内容不同。这里执行的 SQL 语句是

```
alter table 学生成绩 drop column 性别
```

它的作用是从学生成绩数据库表中删除性别这一列。**从一个数据库表中删除一列的 SQL 语句格式**是：

```
alter table 表名 drop column 字段名
```

在这类 SQL 语句中，"alter table"表明需要修改数据库表，表名是需要删除列的数据库表的名称，"drop column"表明需要删除数据库表的某一列，字段名指定需要被删除的列。从这里也可以看出，在一般情况下是不允许有两个列的字段名相同，否则，在删除时无法仅仅根据字段名准确知道需要删除的列。

下面给出**修改列属性的例程**。例程的源文件名为 J_AccessModifyColumn.java，其内容如下所示。

```
// ///////////////////////////////////////////////////
//
// J_AccessModifyColumn.java
//
// 开发者：雍俊海
// ///////////////////////////////////////////////////
// 简介：
//     修改在数据库表"学生成绩"中列"姓名"的属性的例程
// ///////////////////////////////////////////////////
import java.sql.Connection;
import java.sql.DriverManager;
import java.sql.Statement;

public class J_AccessModifyColumn
{
```

```
public static void main(String args[ ])
{
    try
    {
        // 加载 JDBC-ODBC 桥驱动程序
        Class.forName("sun.jdbc.odbc.JdbcOdbcDriver");
        // 通过数据源与数据库建立起连接
        Connection c
        =DriverManager.getConnection("jdbc:odbc:studentDatabase");
        Statement s=c.createStatement( ); // 创建 SQL 语句对象
        s.executeUpdate(
            "alter table 学生成绩 " +
            "alter column 姓名 char(30)");
        s.close( );
        c.close( );
        System.out.println(
            "修改在数据库表\"学生成绩\"中的列\"姓名\"的属性");
    }
    catch (Exception e)
    {
        System.err.println("异常: " + e.getMessage( ));
    } // try-catch 结构结束
} // 方法 main 结束
} // 类 J_AccessModifyColumn 结束
```

编译命令为：

```
javac J_AccessModifyColumn.java
```

执行命令为：

```
java J_AccessModifyColumn
```

　　最后执行的结果是将学生成绩数据库表的姓名这列的数据类型改为"char(30)"，并在控制台窗口中输出：

修改在数据库表"学生成绩"中的列"姓名"的属性

这里"char(30)"表示该列的数据类型为文字类型（相当于字符串类型），而且每个该类型的数据由不超过 30 个字符组成。

　　这个例程与添加列的例程非常相似，最主要的区别是执行的 SQL 语句内容不同。这里执行的 SQL 语句是

```
alter table 学生成绩 alter column 姓名 char(30)
```

它的作用是将学生成绩数据库表的姓名这一列的数据类型改为"char(30)"。修改一个数据库表某一列的数据类型的 SQL 语句格式是：

```
alter table 表名 alter column 字段名 字段数据类型
```

在这类 SQL 语句中，"alter table" 表明需要修改数据库表，表名是需要修改列属性的数据
库表的名称，"alter column" 表明需要修改数据库表某一列的属性，字段名指定需要修改
属性的列，字段数据类型指定在修改之后这一列最终的数据类型。

### 14.3.3  记录操作

数据库表格的每一行，称为一个记录。数据库表的记录操作包括记录的增加、删除、
修改与查询。这里分别介绍如何用 JDBC 数据库程序实现这些操作。因为 14.3.1 小节已经
介绍了如何利用 JDBC-ODBC 桥驱动程序连接 Microsoft Access 数据库，所以这里不再作
这方面的介绍。

下面给出增加记录的例程。例程的源文件名为 J_AccessInsertRecord.java，其内容
如下所示。

```java
// ////////////////////////////////////////////////
//
// J_AccessInsertRecord.java
//
// 开发者：雍俊海
// ////////////////////////////////////////////////
// 简介：
//     给数据库表"学生成绩"添加数据(记录)的例程
// ////////////////////////////////////////////////
import java.sql.Connection;
import java.sql.DriverManager;
import java.sql.Statement;

public class J_AccessInsertRecord
{
    public static void main(String args[ ])
    {
        try
        {
            // 加载 JDBC-ODBC 桥驱动程序
            Class.forName("sun.jdbc.odbc.JdbcOdbcDriver");
            // 通过数据源与数据库建立起连接
            Connection c
            =DriverManager.getConnection("jdbc:odbc:studentDatabase");
            Statement s=c.createStatement( ); // 创建 SQL 语句对象
            // 添加记录
            s.executeUpdate(
                "insert into 学生成绩 values(2008010441, 'Mary', 70)");
            s.executeUpdate(
                "insert into 学生成绩 values(2008010442, 'Tom',  90)");
```

```
        s.executeUpdate(
            "insert into 学生成绩 values(2008010443, 'John', 80)");
        s.close( );
        c.close( );
        System.out.println("给数据库表\"学生成绩\"增加三行记录");
    }
    catch (Exception e)
    {
        System.err.println("异常: " + e.getMessage( ));
    } // try-catch 结构结束
} // 方法 main 结束
} // 类 J_AccessInsertRecord 结束
```

编译命令为：

```
javac J_AccessInsertRecord.java
```

执行命令为：

```
java J_AccessInsertRecord
```

最后执行的结果是给学生成绩数据库表增加了三行记录，并在控制台窗口中输出：

给数据库表"学生成绩"增加三行记录

如果重复执行这一例程，则在执行这个例程时会抛出异常，并在控制台窗口中输出：

异常：[Microsoft][ODBC Microsoft Access Driver] 由于将在索引、主关键字或关系中创建重复的值，请求对表的改变没有成功。改变该字段中的或包含重复数据的字段中的数据，删除索引或重新定义索引以允许重复的值并再试一次。

这是因为在 14.3.1 小节的创建学生成绩数据库表例程中，采用如下的 SQL 语句：

```
create table 学生成绩(学号 integer CONSTRAINT authIndex PRIMARY KEY, 姓名
char(20), 成绩 integer)
```

该语句将学号这一列定为主键，从而使得在学生成绩数据库表中不允许出现相同的学号。这是主键的基本性质，它必须能够被用来区分每一个记录。如果不将学号这一列定为主键，则可以任意重复执行增加记录的例程。

增加记录可以通过 SQL 语句中的 insert 语句来实现，例如：

```
insert into 学生成绩 values(2008010441, 'Mary', 70)
```

**增加记录的 SQL 语句格式**是：

```
insert into 表名 values(值1, 值2, …, 值n)
```

在上面 SQL 语句中，"insert into" 表明往数据库表中增加记录，表名是需要增加记录的数据库表的名称，"values" 表明在其后圆括号内的内容是该记录各个字段的值列表，

"值 i"（i=1，2，……，n）是新添加的记录的第 i 个字段的值。

下面给出 查询记录的例程 。例程的源文件名为 J_AccessShowRecord.java，其内容如下所示。

```
// ////////////////////////////////////////////////////
//
// J_AccessShowRecord.java
//
// 开发者：雍俊海
// ////////////////////////////////////////////////////
// 简介：
//     显示数据库表"学生成绩"的记录信息的例程
// ////////////////////////////////////////////////////
import java.sql.Connection;
import java.sql.DriverManager;
import java.sql.ResultSet;
import java.sql.Statement;

public class J_AccessShowRecord
{
    public static void mb_ShowRecord(ResultSet r)
    {
        try
        {
            r.last( );
            System.out.println("数据库表共有" + r.getRow( ) + "行记录");
            r.beforeFirst( );
            while (r.next( ))
            {
                System.out.println("第" + r.getRow( ) + "行记录为:");
                System.out.print  ("\t学号为: " + r.getInt("学号"));
                System.out.print  ("\t姓名为: " + r.getString("姓名"));
                System.out.println("\t成绩为: " + r.getInt("成绩"));
            } // while 循环结束
        }
        catch (Exception e)
        {
            System.err.println("异常: " + e.getMessage( ));
        } // try-catch 结构结束
    } // 方法 mb_ShowRecord 结束

    public static void main(String args[ ])
    {
        try
        {
```

```
        // 加载 JDBC-ODBC 桥驱动程序
        Class.forName("sun.jdbc.odbc.JdbcOdbcDriver");
        // 通过数据源与数据库建立起连接
        Connection c
        =DriverManager.getConnection("jdbc:odbc:studentDatabase");
        // 创建 SQL 语句对象
        Statement s=c.createStatement(
            ResultSet.TYPE_SCROLL_SENSITIVE,
            ResultSet.CONCUR_UPDATABLE);
        // 获取数据库表数据
        ResultSet r=s.executeQuery("select * from 学生成绩");
        mb_ShowRecord(r);
        s.close( );
        c.close( );
    }
    catch (Exception e)
    {
        System.err.println("异常: " + e.getMessage( ));
    } // try-catch 结构结束
  } // 方法 main 结束
} // 类 J_AccessShowRecord 结束
```

编译命令为:

```
javac J_AccessShowRecord.java
```

执行命令为:

```
java J_AccessShowRecord
```

最后执行的结果是在控制台窗口中输出学生成绩数据库表的记录内容:

数据库表共有 3 行记录
第 1 行记录为:
　　　　学号为: 2008010441　　　　姓名为: Mary　　　　　　　　成绩为: 70
第 2 行记录为:
　　　　学号为: 2008010442　　　　姓名为: Tom　　　　　　　　成绩为: 90
第 3 行记录为:
　　　　学号为: 2008010443　　　　姓名为: John　　　　　　　　成绩为: 80

这个例程执行的 SQL 语句是查询(select)语句:

```
select * from 学生成绩
```

它的作用是获取学生成绩数据库表的所有数据。获得一个数据库表的所有数据的查询(**select**)语句格式是:

```
select * from 表名
```

**J** ava 程序设计教程（第 3 版）

如果只需查询数据库表部分字段的数据，可以采用如下查询（**select**）语句格式：

```
select 字段名列表 from 表名
```

如果只需查询单个字段的数据，则字段名列表只由该字段名组成，例如：

```
select 学号 from 学生成绩
```

如果需要查询多个字段的数据，则在字段名列表中在相邻字段的名称之间采用逗号分隔开，
例如：

```
select 学号, 成绩 from 学生成绩
```

因为查询语句会返回结果集，并且查询记录例程需要显示数据库表的所有记录，所以这里
执行 SQL 语句采用了接口 java.sql.Statement 的 executeQuery 成员方法。这样得到了记录学
生成绩数据库表所有数据的结果集 r。

为了**以任意的顺序访问在结果集中的记录**，这里采用一种与前面其他例程不同的方法
创建 java.sql.Statement 的实例对象。在前面创建学生成绩数据库表和删除学生成绩数据库
表等例程中，采用了接口 java.sql.Connection 的成员方法

```
Statement createStatement( ) throws SQLException
```

创建一个 SQL 语句对象。采用这种方法，如果 SQL 语句会返回结果集，则只能从头到尾
依次访问结果集的每条记录，而且结果集处于只读状态，即不可更新。因为创建和删除数
据库表等操作并不会产生结果集，所以可以采用这种方法创建 SQL 语句对象。

这里创建 SQL 语句对象的方法是通过接口 java.sql.Connection 的成员方法

```
Statement createStatement(int resultSetType, int resultSetConcurrency)
throws SQLException
```

来实现的。这个成员方法可以对 SQL 语句返回的结果集的状态进行一些设置。这个成员方
法的参数 resultSetType 用来设置 SQL 语句所返回的结果集访问记录的顺序，它的值只能是

```
(1) java.sql.ResultSet.TYPE_FORWARD_ONLY
(2) java.sql.ResultSet.TYPE_SCROLL_INSENSITIVE
(3) java.sql.ResultSet.TYPE_SCROLL_SENSITIVE
```

如果参数 resultSetType 的值是 java.sql.ResultSet.TYPE_FORWARD_ONLY，则当访问结果
集时只能依次从头到尾访问结果集的每条记录；如果参数 resultSetType 的值是
java.sql.ResultSet.TYPE_SCROLL_INSENSITIVE，则访问结果集记录的顺序可以是任意的，
并对结果集数据的并行更新不敏感；如果参数 resultSetType 的值是 java.sql.ResultSet.
TYPE_SCROLL_SENSITIVE，则访问结果集记录的顺序可以是任意的，并对结果集数据的
并行更新敏感。

这个成员方法的参数 resultSetConcurrency 用来设置是否允许对 SQL 语句所返回的结
果集内容进行更新，它的值只能是

```
(1) java.sql.ResultSet.CONCUR_READ_ONLY
```

(2) java.sql.ResultSet.CONCUR_UPDATABLE

如果参数 resultSetConcurrency 的值是 java.sql.ResultSet.CONCUR_READ_ONLY，则结果集的内容是只读的，即不允许更新；如果参数 resultSetConcurrency 的值是 java.sql.ResultSet. CONCUR_UPDATABLE，则相反，即允许同时更新结果集内容。

这里的调用方式是

```
Statement s=c.createStatement(ResultSet.TYPE_SCROLL_SENSITIVE, ResultSet.
CONCUR_UPDATABLE);
```

它允许以任意的顺序访问结果集记录。

在例程中，语句

```
r.last( );
```

调用的是接口 java.sql.ResultSet 的成员方法

```
boolean last( )throws SQLException
```

这个成员方法的作用是将结果集的记录光标移到结果集的最后一条记录位置上。

表达式

```
r.getRow( )
```

调用的是接口 java.sql.ResultSet 的成员方法

```
int getRow( ) throws SQLException
```

这个成员方法的作用是返回结果集的当前记录的行号。因为刚刚通过语句

```
r.last( );
```

将结果集的记录光标移到结果集的最后一条记录位置上，所以这时返回的行号实际上也是结果集的记录个数。

语句

```
r.beforeFirst( );
```

调用的是接口 java.sql.ResultSet 的成员方法

```
void beforeFirst( ) throws SQLException
```

这个成员方法的作用是将结果集的记录光标移到结果集的第一条记录的前一个位置上。这样可以为读取第一条记录作准备。

表达式

```
r.next( )
```

调用的是接口 java.sql.ResultSet 的成员方法

```
boolean next( ) throws SQLException
```

这个成员方法的作用是将结果集的记录光标从当前的位置移到结果集的下一条记录的位置上。如果结果集的记录光标在第一条记录的前一个位置上，则通过这个成员方法将使得结果集的记录光标移动到结果集的第一条记录的位置上。

在接口 java.sql.ResultSet 的成员方法中，有一系列以 get 开头命名的成员方法。这些成员方法是为了获取当前记录在某字段上的值。这时一般要求所调用的方法与记录在该字段的数据类型相匹配。具体的匹配关系请参见 14.3.1 小节的表 14.2。

接口 java.sql.ResultSet 还含有成员方法

```
public void close( ) throws SQLException
```

即接口 **java.sql.ResultSet** 的实例对象也存在打开与关闭两种状态。这里有两个地方需要特别注意。首先，每个 java.sql.Statement 实例对象可以执行多次查询语句，从而产生多个接口 java.sql.ResultSet 的实例对象。但每个时刻，在这些 java.sql.ResultSet 实例对象中只会有一个实例对象处于打开状态。即每当通过 SQL 查询语句产生一个新的 java.sql.ResultSet 实例对象时，其他 java.sql.ResultSet 实例对象就会自动被关闭，从而保证最多只会有一个处于打开状态的 java.sql.ResultSet 实例对象。另外一个需要注意的地方是，当关闭 java.sql.Statement 实例对象时由该 java.sql.Statement 实例对象产生的 java.sql.ResultSet 实例对象也会被自动关闭。

下面给出删除记录的例程。例程的源文件名为 J_AccessDeleteRecord.java，其内容如下所示。

```
// /////////////////////////////////////////////////
//
// J_AccessDeleteRecord.java
//
// 开发者：雍俊海
// /////////////////////////////////////////////////
// 简介：
//     删除在数据库表"学生成绩"中学号为 2008010442 的记录的例程
// /////////////////////////////////////////////////
import java.sql.Connection;
import java.sql.DriverManager;
import java.sql.Statement;

public class J_AccessDeleteRecord
{
    public static void main(String args[ ])
    {
        try
        {
            // 加载 JDBC-ODBC 桥驱动程序
            Class.forName("sun.jdbc.odbc.JdbcOdbcDriver");
```

```
    // 通过数据源与数据库建立起连接
    Connection c
    =DriverManager.getConnection("jdbc:odbc:studentDatabase");
    Statement s=c.createStatement( ); // 创建 SQL 语句对象
    // 删除记录
    s.executeUpdate("delete from 学生成绩 where 学号=2008010442");
    s.close( );
    c.close( );
    System.out.println(
        "删除在数据库表\"学生成绩\"中学号为 2008010442 的记录。");
    }
    catch (Exception e)
    {
        System.err.println("异常: " + e.getMessage( ));
    } // try-catch 结构结束
    } // 方法 main 结束
} // 类 J_AccessDeleteRecord 结束
```

编译命令为:

```
javac J_AccessDeleteRecord.java
```

执行命令为:

```
java J_AccessDeleteRecord
```

最后执行的结果是从学生成绩数据库表中删除学号为 2008010442 的记录，并在控制台窗口中输出:

删除在数据库表"学生成绩"中学号为 2008010442 的记录。

这个例程执行的 SQL 语句是

```
delete from 学生成绩 where 学号=2008010442
```

**从一个数据库表中删除记录的 SQL 语句格式**是:

```
delete from 表名 where 条件表达式
```

在上面的 SQL 语句格式中，"delete from"表明要从指定的数据库表中删除记录，表名是需要删除记录的数据库表的名称，"where"后面的条件表达式表明所要删除的这些记录所要满足的条件，例如: 这里的"学号=2008010442"。

下面给出**修改记录的例程**。例程的源文件名为 J_AccessModifyRecord.java，其内容如下所示。

```
// //////////////////////////////////////////////////
//
// J_AccessModifyRecord.java
```

```
//
// 开发者：雍俊海
// ///////////////////////////////////////////////////
// 简介：
//     将在数据库表"学生成绩"中学号为 2008010441 的学生姓名改为"Jenny"的例程
// ///////////////////////////////////////////////////
import java.sql.Connection;
import java.sql.DriverManager;
import java.sql.Statement;

public class J_AccessModifyRecord
{
    public static void main(String args[ ])
    {
        try
        {
            // 加载 JDBC-ODBC 桥驱动程序
            Class.forName("sun.jdbc.odbc.JdbcOdbcDriver");
            // 通过数据源与数据库建立起连接
            Connection c
            =DriverManager.getConnection("jdbc:odbc:studentDatabase");
            Statement s=c.createStatement( ); // 创建 SQL 语句对象
            // 更新记录
            s.executeUpdate(
                "update 学生成绩 set 姓名='Jenny' where 学号=2008010441");
            s.close( );
            c.close( );
            System.out.println("将在数据库表\"学生成绩\""+
                "中学号为 2008010441 的学生姓名改为\"Jenny\"");
        }
        catch (Exception e)
        {
            System.err.println("异常: " + e.getMessage( ));
        } // try-catch 结构结束
    } // 方法 main 结束
} // 类 J_AccessModifyRecord 结束
```

编译命令为：

```
javac J_AccessModifyRecord.java
```

执行命令为：

```
java J_AccessModifyRecord
```

最后执行的结果是将在学生成绩数据库表中学号为 2008010441 的学生姓名改为
Jenny，并在控制台窗口中输出：

将在数据库表"学生成绩"中学号为 2008010441 的学生姓名改为"Jenny"

这里执行的 SQL 语句是

```
update 学生成绩 set 姓名='Jenny' where 学号=2008010441
```

**修改数据库表记录的 SQL 语句格式**是：

```
update 表名 set 字段名=值 where 条件表达式
```

在上面的 SQL 语句格式中，"update"表明需要修改数据库表的记录，表名是需要修改记录的数据库表的名称，在"set"后面的字段名是需要重新设置记录值的字段名称，在"="之后的值是记录在这个指定的字段处需要新设置的值，在"where"后面的条件表达式表明所要更新的这些记录所要满足的条件，例如：在上面的例程中在"where"后面的条件表达式是"学号=2008010441"。

在经过执行删除记录例程和修改记录例程之后，再次执行查询记录例程，将在控制台窗口中输出这时在学生成绩数据库表中的记录内容：

```
数据库表共有 2 行记录
第 1 行记录为：
        学号为：2008010441      姓名为：Jenny          成绩为：70
第 2 行记录为：
        学号为：2008010443      姓名为：John           成绩为：80
```

通过对照例程运行前后数据库的内容，可以比较直观地认识删除记录例程和修改记录例程的效果。

# 14.4　基于 SQL Server 2000 的 JDBC–ODBC 桥数据库程序设计

SQL Server 2000 数据库管理系统比 Microsoft Access 数据库管理系统功能更强，但同时在使用方面也更为复杂。因为很多商业软件均采用 SQL Server 2000 数据库管理系统，所以本节和 14.5 节介绍底层数据库管理系统是 SQL Server 2000 数据库管理系统的 JDBC 数据库程序设计方法。本节采用的 JDBC 驱动程序是属于第一类 JDBC 驱动程序的 JDBC-ODBC 桥驱动程序，14.5 节采用的 JDBC 驱动程序是第四类 JDBC 驱动程序。本节同时还将介绍 SQL Server 2000 数据库管理系统的安装及使用方法。

## 14.4.1　SQL Server 2000 数据库管理系统的安装

下面介绍 **SQL Server 2000 的中文开发版（Developer Edition）的安装过程**，对于其他版本（如：企业版（Enterprise Edition）、标准版（Standard Edition）和个人版（Personal Edition））的安装过程类似。首先，将 SQL Server 2000 的安装光盘放入光驱中，这时一般会自动弹出一个对话框，从中选择安装 SQL Server 2000 的中文开发版本，并在接下来的对话框中选择"安装 SQL Server 2000 组件"。如果没有弹出安装对话框，则直接双击在安装光盘根目录下的后缀为".exe"的文件，运行安装程序。这时会弹出如图 14.24 所示的对话框，单击"安装数据库服务器"选项，进入 SQL Server 2000 数据库服务器程序的安装屏幕。在此后的安装过程中，一般是依次单击"下一步"按钮直到安装完成。如果单击"取消"按钮，则会退出安装。

图 14.24　选择安装 SQL Server 2000 数据库服务器对话框

在安装的过程中有时可能弹出"以前的某个程序安装已在安装计算机上创建挂起的文件操作"消息对话框，然后要求重新启动计算机，并且无法继续安装。这种情况并不总会出现。如果出现这种情况，重新启动计算机一般不起作用。这时，可以考虑进入操作系统的注册表。在 Microsoft Windows 系列的操作系统下进入注册表的方法，首先单击桌面菜单项"开始"→"运行"，打开"运行"对话框。"运行"对话框如 1.4.1 小节的图 1.25 和图 1.26 所示。然后在"运行"对话框中输入字符串"regedit"，并单击"确定"按钮。这时进入注册表编辑器。在注册表编辑器中逐级展开注册表编辑器左侧的"HKEY_LOCAL_MACHINE"、"SYSTEM"、"CurrentControlSet"、"Control"和"Session Manager"。然后，选中"Session Manager"选项。这时在注册表编辑器的右侧的名称那一项中可以看见一项"PendingFileRenameOperations"，选中该项。然后删除该项。这时不要重新启动计算机，而继续安装或者重新安装 SQL Server 2000。下面按照安装的过程，对在安装过程中出现的一些选项进行解释或说明如何进行选择。

这时弹出的第一个需要选择的对话框，如图 14.25 所示。这个对话框用来设置安装 SQL Server 2000 数据库服务器的计算机，即在哪一台计算机上安装 SQL Server 2000 数据库服务器。该对话框中的"本地计算机"表明将 SQL Server 2000 数据库服务器安装在本地计算机上；"远程计算机"表明将 SQL Server 2000 数据库服务器安装在连接在网络上的某一台计算机上；"虚拟服务器"表明将 SQL Server 2000 数据库服务器安装在一组计算机上，这一组计算机将以"机群"的形式共同完成 SQL Server 2000 数据库服务器的任务。当然，如果要采用"机群"的模式，那么必须先安装"机群"支持程序。一般的安装过程是选中"本地计算机"安装模式，然后单击"下一步"按钮进入安装的下一个步骤。

接下来出现的选项如图 14.26 所示，其中，第一个选项表明这是第一次安装或要进行一些全新的安装；第二个选项表明这次安装实际上是对以前安装版本或结果进行升级；最后一个选项"高级选项"可以使得安装程序自动进行安装，即在安装的过程中不弹出安装交互对话框，安装过程的设置可以通过预先编写的定制安装文件进行配置。这里选中第一个选项全新安装，然后，单击"下一步"按钮进入安装的下一个步骤。

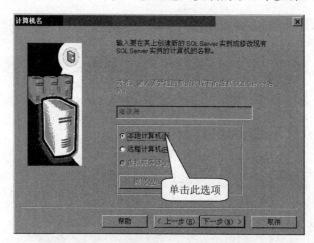

图 14.25　选择安装 SQL Server 2000 数据库服务器的计算机对话框

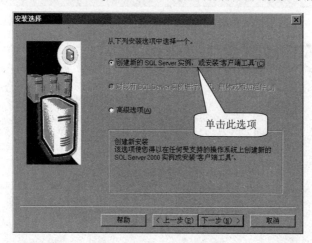

图 14.26　"安装选择"对话框：全新安装，还是升级，或者进行集中配置安装

继续按照安装步骤逐步执行，在此过程中会出现如图 14.27 所示的选项。这个选项用来选择安装的内容。第一个选项表明将只安装 SQL Server 的客户端程序；第二个选项表明将同时安装 SQL Server 服务器和客户端程序。这时所安装的计算机将成为 SQL Server 服务器。最后一个选项，"仅连接"将只安装 SQL Server 2000 的连接组件。如果采用这个选项进行安装，则需要采用其他程序（如：Microsoft Access 数据库管理程序）才能访问在 SQL Server 服务器中的数据。这里选中第二个单选按钮同时安装服务器和客户端程序，然后单击"下一步"按钮进入安装的下一个步骤。

接下来的一个步骤是要在如图 14.28 所示的"实例名"对话框中指定 SQL Server 实例名。在 SQL Server 服务器上的程序是以实例为单位执行的。除了默认实例，每个 SQL Server

实例都有一个名称（由不超过 16 个字符组成，但不允许使用空格或特殊字符）。每个 SQL Server 实例都分别维护自己的一套进程、内存、系统数据库副本以及一组用户数据库。如果在如图 14.28 的"实例名"对话框中选择默认方式，则将安装默认实例。对默认实例的识别将仅仅根据该实例所在的计算机的名称。这里不采用默认方式，即取消选中"默认"复选框，使得该复选框处于如图 14.28 所示的不选中状态，然后在下面的"实例名"文本框中输入一个实例名称，例如，这里输入的名称是"student"。接着单击"下一步"按钮进入安装的下一个步骤。

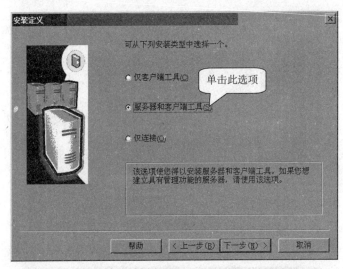

图 14.27  选择安装内容对话框：SQL 服务器和客户端工具

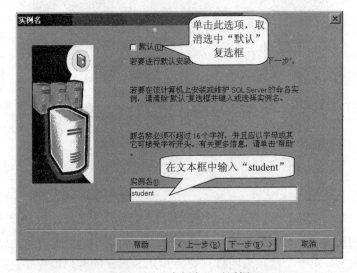

图 14.28  "实例名"对话框

接下来需要在如图 14.29 所示的"安装类型"对话框中选择安装类型和安装路径。安装类型有典型安装、最小安装和自定义安装 3 种类型。典型安装和最小安装都将由系统决定安装哪些 SQL Server 组件或子组件。这时都将有部分组件或子组件得不到安装。这里采用自定义安装，即选中该单选按钮，然后单击"下一步"按钮进入安装的下一个步骤。

这时弹出如图 14.30 所示的"选择组件"对话框。这里依次选中各个组件和子组件的复选框，使得这些复选框均处于被选中的状态。这里需要注意的是，当选中不同组件时，子组件的列表是不相同的。例如：图 14.30(a)列出了"服务器组件"的子组件，图 14.30(b)列出了"管理工具"组件的子组件。因此，要选中所有子组件的复选框，需要依次选中各个组件的子组件的复选框。然后，单击"下一步"按钮进入安装的下一个步骤。

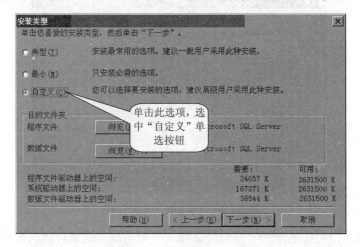

图 14.29 "安装类型"对话框

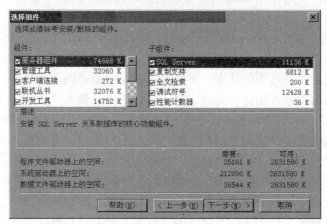

(a) 服务器

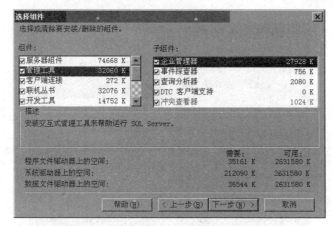

(b) 管理工具

图 14.30 "选择组件"对话框

接下来会弹出如图 14.31 所示的"服务帐户"对话框。这里参照如图 14.31 所示的选项选中"使用本地系统帐户"，并单击"下一步"按钮进入安装的下一个步骤。

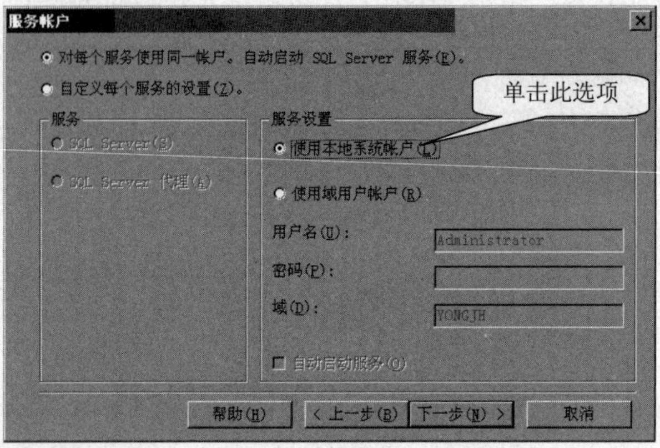

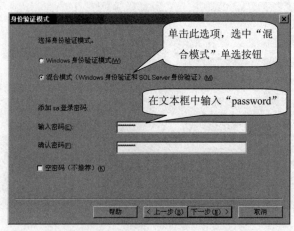

图 14.31 "服务帐户"对话框

这时弹出如图 14.32 所示的"身份验证模式"对话框。这里可以选择 Windows 身份验证模式或混合模式。采用 Windows 身份验证模式，将通过限制对 Microsoft Windows 用户或域用户帐户的连接，保护 SQL Server 的数据安全性。采用混合模式，则允许用户使用 Windows 身份验证或 SQL Server 身份验证进行连接，其中 SQL Server 身份验证的用户名和密码由 SQL Server 负责维护。这里采用混合模式，选中"混合模式"单选按钮，使得"混合模式"单选按钮处于被选中的状态。接着可以在对话框的两个密码文本框中输入密码。在这两个密码文本框中输入的内容必须完全一样。例如：输入"password"，它表明 sa 的密码是"password"。sa 是 SQL Server 的管理员帐户，是 SQL Server 2000 系统默认的。接下来只要依次单击在各个弹出的对话框中的"下一步"按钮，直至进入安装完成对话框。在这中间过程中会弹出如图 14.33 所示的"排序规则设置"对话框，它是用来指定数据的排序方式；也会弹出如图 14.34 所示的"网络库"对话框，它是用来设置 SQL Server 使用网络协议的方式。这里一般不需要对这些设置进行修改，即直接单击"下一步"按钮就可以了。最后一个对话框是如图 14.35 所示的"安装完毕"对话框，单击"完成"按钮，就完成了安装的全过程。

图 14.32 "身份验证模式"对话框

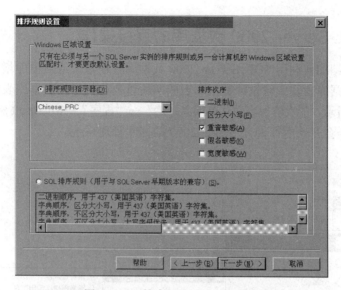

图 14.33 "排序规则设置"对话框

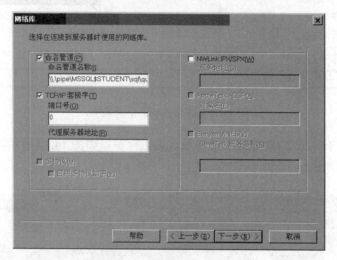

图 14.34 "网络库"对话框

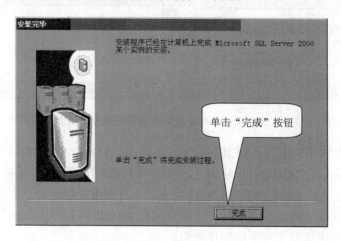

图 14.35 "安装完毕"对话框

## 14.4.2 SQL Server 2000 数据库的直接操作

本小节将介绍如何利用 SQL Server 2000 数据库管理系统给数据库增加新的数据库表或删除已有的数据库表，如何设计数据库表的字段以及如何操作数据库表的记录。

如图 14.36 所示，依次单击桌面菜单项"开始"→"程序"→Microsoft SQL Server→"企业管理器"，这样会开始运行 SQL Server 2000 数据库管理系统。

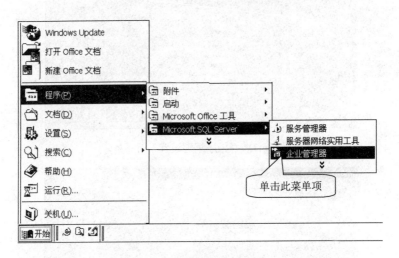

图 14.36　操作系统的桌面菜单

这时，SQL Server 2000 数据库管理系统的运行窗口如图 14.37 所示。通过单击"+"展开各级内容，如图 14.38 所示。

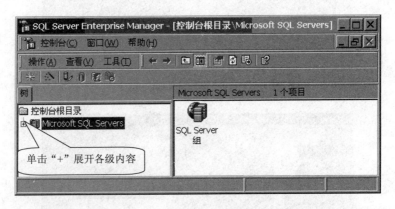

图 14.37　在启动 SQL Server 2000 数据库管理系统后弹出的窗口

在图 14.38 左侧"SQL Server 组"的下方出现的"YONG\STUDENT"中，"YONG"是本地的计算机名，"STUDENT"是 SQL Server 实例名。在不同的计算机上显示的计算机名一般不会相同。在"YONG\STUDENT"实例的下方列出了属于这个实例的所有数据库，其中，默认的数据库是 master 数据库。下面介绍在 tempdb 数据库中创建数据库表的操作，对于在其他数据库中的数据库表的操作类似。

图 14.38　SQL Server 2000 数据库管理系统窗口

　　按照图 14.38 所示的操作，移动鼠标指针到 tempdb 数据库下方"表"的上方，并右击。这时会弹出如图 14.38 所示的快捷菜单。然后，接着单击"新建表"菜单项，打开如图 14.39 所示的 **SQL Server 2000 数据库表设计**窗口。在这里，如果没有输入列名及其属性，则不能进行保存的操作。在如图 14.39 所示的数据库表设计窗口中，可以输入各个字段的名称和数据类型等。图 14.39 同时也给出一个输入的结果示例。当数据库表的字段设计完毕，可以单击如图 14.39 所示的"保存"按钮，来**保存数据库表的设计结果**。

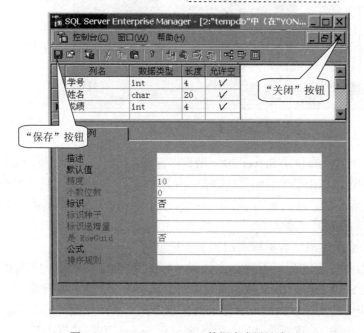

图 14.39　SQL Server 2000 数据库表设计窗口

如果是第一次保存表格设计结果，则会弹出如图 14.40 所示的选择表格名称对话框。
在对话框的表名文本框中输入表名，如：学生
成绩。然后，单击"确定"按钮，返回到如
图 14.39 所示的数据库表设计窗口。在以后再
进行这个表格的保存操作时，不会再弹出如
图 14.40 所示的表格另存为对话框，只是数据
会得到保存。

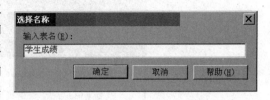

图 14.40　选择数据库表名称对话框

在如图 14.39 所示的数据库表设计窗口中，
当单击"关闭"按钮时，则会返回到如图 14.38 或图 14.41 所示的 SQL Server 2000 数据库
管理系统窗口。不过这时，在 tempdb 数据库中增加了学生成绩数据库表。如果要重新编辑
学生成绩数据库表的设计，则可以右击学生成绩数据库表，弹出快捷菜单，然后，单击其
中的"设计表"菜单项重新进入如图 14.39 所示的 SQL Server 2000 数据库表设计窗口。这
时可以修改学生成绩数据库表的字段内容。

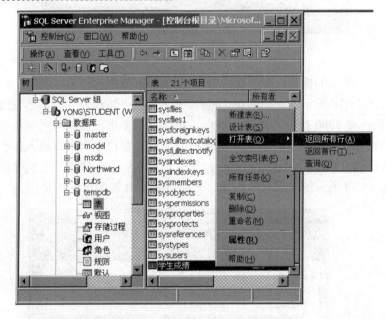

图 14.41　SQL Server 2000 数据库管理系统窗口

在如图 14.41 所示的 SQL Server 2000 数据库管理系统窗口中，如果要编辑学生成绩数据
库表的记录，则可以右击学生成绩数据库表，弹出快捷菜单，然后，依次单击"打开表"→
"返回所有行"菜单项，进入如图 14.42 所示的 SQL Server 2000 数据库表编辑窗口，从而
可以编辑学生成绩数据库表，即添加、修改或删除学生成绩数据库表的记录。例如，如
图 14.42 所示，给学生成绩数据库表增加了 3 行记录。

在编辑完数据库表之后，直接单击如图 14.42 所示的"关闭"按钮就可以了。在如
图 14.42 所示的 SQL Server 2000 数据库表编辑窗口中没有"保存"按钮。SQL Server 2000
数据库管理系统会自动进行数据库表记录的保存操作。关闭如图 14.42 所示的记录编辑窗
口，仍会返回到如图 14.38 或图 14.41 所示的 SQL Server 2000 数据库管理系统窗口。

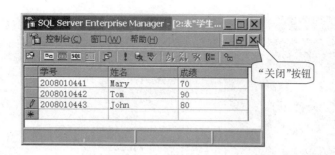

图 14.42　SQL Server 2000 数据库表记录编辑窗口

如果要删除数据库表，也可以在如图 14.38 或图 14.41 所示的 SQL Server 2000 数据库
管理系统窗口中进行。首先，在该窗口中，选中所要删除的数据库表，如学生成绩数据库
表。然后，按下 Delete（在有些键盘上简写为 Del）键。这时会弹出除去对象的对话框，
单击"全部除去"按钮就完成了删除数据库表的操作。

## 14.4.3　SQL Server 2000 的 ODBC 数据源

根据不同的操作系统，双击如 14.2.2 小节图 14.16 所示 ODBC 数据源图标或者如 14.2.2
小节图 14.17 所示的"数据源（ODBC）"图标，打开如图 14.43 所示的"ODBC 数据源管
理器"对话框。ODBC 数据源管理器对话框界面在不同操作系统中可能会有些不一样，但
基本上相似，而且操作方法也相似。这里假设已经按照 14.4.1 小节介绍的方法安装了 SQL
Server 2000 数据库管理系统。

图 14.43　"ODBC 数据源管理器"对话框

在"ODBC 数据源管理器"对话框的"用户 DSN"选项卡中，单击"添加"按钮。这
时，系统会弹出如图 14.44 所示的"创建新数据源"对话框。

**J**ava 程序设计教程（第 3 版）

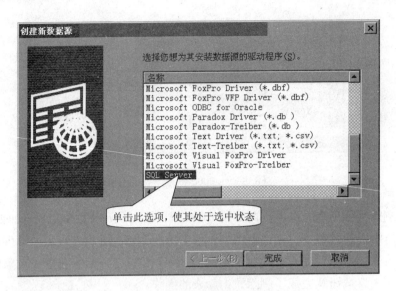

图 14.44　"创建新数据源"对话框

在"创建新数据源"对话框中单击在列表框中的 SQL Server 选项，选中 SQL Server 的数据源驱动程序类型。然后单击"完成"按钮。这时会弹出如图 14.45 所示的"创建到 SQL Server 的新数据源"对话框。

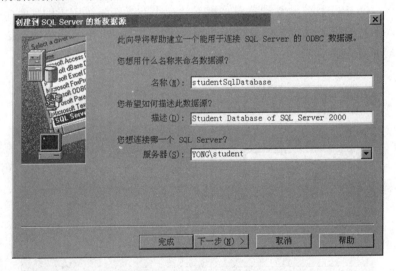

图 14.45　"创建到 SQL Server 的新数据源"对话框一

在"创建到 SQL Server 的新数据源"对话框的数据源"名称"文本框中输入数据源的名称，如"studentSqlDatabase"；在"描述"文本框中输入数据源的简单说明，如"Student Database of SQL Server 2000"。接着在"服务器"的下拉列表框中选取或输入完整的 SQL Server 实例名，如"YONG\student"，其中"YONG"应当用 SQL Server 服务器所在的计算机的实际名称替代，"student"是 SQL Server 的不含计算机名的实例标识名称。一个完整的 SQL Server 实例名通常由这两部分组成。然后单击"下一步"按钮，进入如图 14.46 所示的"创建到 SQL Server 的新数据源"对话框。

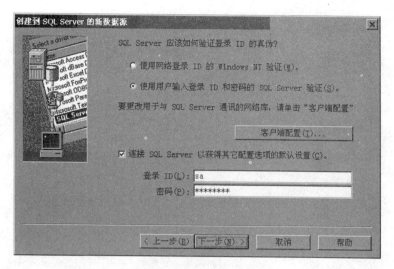

图 14.46　"创建到 SQL Server 的新数据源"对话框二

　　如图 14.46 所示的"创建到 SQL Server 的新数据源"对话框的设置应当与 SQL Server 2000 本身的登录设置相匹配，否则，无法成功创建 ODBC 数据源或无法成功连接数据源。根据前面 14.4.1 小节安装 SQL Server 2000 的设置，在如图 14.46 所示的"创建到 SQL Server 的新数据源"对话框中，通过选中"使用用户输入登录 ID 和密码的 SQL Server 验证"单选按钮以及"连接 SQL Server 以获得其他配置选项的默认设置"复选框。同时在登录 ID 的文本编辑框中输入本数据源需要登录的用户名，如：SQL Server 2000 的默认系统管理员"sa"；在密码文本编辑框中输入相应的密码，如：前面 14.4.1 小节在安装 SQL Server 2000 时设置的密码"password"。这样进行设置与前面 14.4.1 小节安装 SQL Server 2000 的设置完全相匹配，也与图 14.46 显示的内容一致。这样可以依次单击"下一步"按钮、如图 14.47 所示的对话框的"下一步"按钮以及如图 14.48 所示的对话框的"完成"按钮，进入到如图 14.49 所示的"ODBC Microsoft SQL Server 安装"对话框。对于其中如图 14.47 和图 14.48 所示的对话框，只要按默认方式设置就可以了。

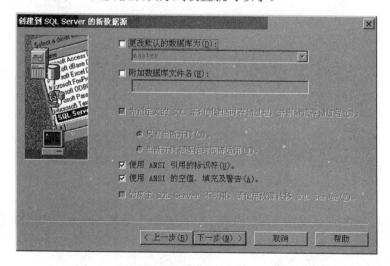

图 14.47　"创建到 SQL Server 的新数据源"对话框三

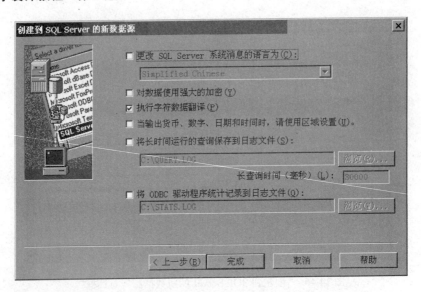

图 14.48 "创建到 SQL Server 的新数据源"对话框四

如图 14.49 所示的"ODBC Microsoft SQL Server 安装"对话框列出了当前正在建立的 SQL Server ODBC 数据源设置的综合信息。可以检查这些信息是否正确；另外，还可以单击"测试数据源"按钮，对当前的 SQL Server ODBC 数据源进行自动测试，测试结果将以对话框的形式弹出。如果测试成功，则测试结果的信息一般如图 14.50 所示。单击如图 14.50 所示"SQL Server ODBC 数据源测试"对话框的"确定"按钮。

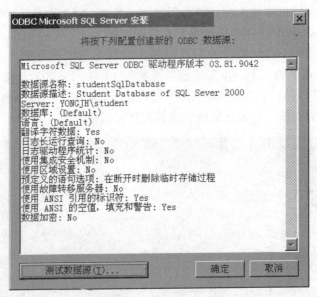

图 14.49 "ODBC Microsoft SQL Server 安装"对话框

如果信息正确并测试成功，那么就完成了添加一个 SQL Server ODBC 数据源的操作，例如：这里新增加了"studentSqlDatabase"数据源，结果如图 14.51 所示。这时可以单击如图 14.51 所示的对话框的"确定"按钮，关闭该对话框。

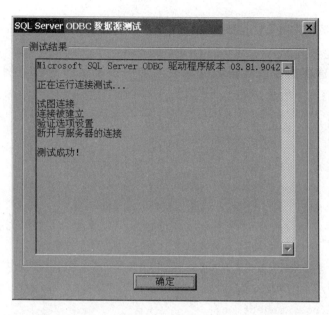

图 14.50 "SQL Server ODBC 数据源测试"对话框

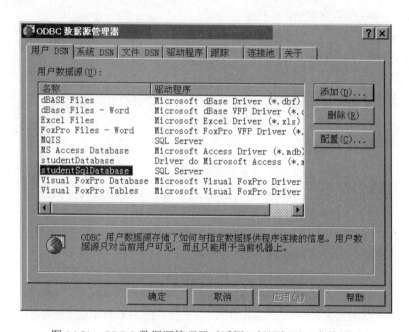

图 14.51 ODBC 数据源管理器对话框：新添加了一个数据源

## 14.4.4 JDBC-ODBC 桥数据库程序设计

基于 SQL Server 2000 的 JDBC-ODBC 桥数据库程序设计遵循图 14.23 所示的基于 JDBC 的数据库程序设计基本模式。这里以创建数据库表并给数据库表添加一条记录为例介绍这一类程序设计方法，其过程与 14.3.1 小节介绍的内容基本上一致。只是 14.3.1 小节采用的底层数据库管理系统是 Microsoft Access 数据库管理系统，这里采用的是 SQL Server

2000 数据库管理系统；14.3.1 小节采用的 ODBC 数据源是 Microsoft Access 的 ODBC 数据源，这里采用的是 SQL Server 2000 的 ODBC 数据源。

下面给出 创建数据库表并给数据库表添加一条记录的例程。例程的源文件名为 J_Sql.java，其内容如下所示。

```
// ///////////////////////////////////////////////////
//
// J_Sql.java
//
// 开发者：雍俊海
// ///////////////////////////////////////////////////
// 简介：
//      创建"学校代码"数据库表，并给数据库表添加一条记录的例程
// ///////////////////////////////////////////////////
import java.sql.Connection;
import java.sql.DriverManager;
import java.sql.Statement;

public class J_Sql
{
    public static void main(String args[ ])
    {
        try
        {
            // 加载 JDBC-ODBC 桥驱动程序
            Class.forName("sun.jdbc.odbc.JdbcOdbcDriver");
            // 通过数据源与数据库建立起连接
            Connection c
                =DriverManager.getConnection(
                    "jdbc:odbc:studentSqlDatabase",
                    "sa", "password");
            Statement s=c.createStatement( ); // 创建 SQL 语句对象
            // 创建数据库表：学校代码
            s.executeUpdate(
                "create table 学校代码(代码 integer, 学校 char(40))");
            // 增加一条记录
            s.executeUpdate(
                "insert into 学校代码 values(10008405, '清华大学')");
            s.close( );
            c.close( );
```

```
            System.out.println("创建数据库表：学校代码，并添加记录");
        }
        catch (Exception e)
        {
            System.err.println("异常: " + e.getMessage( ));
        } // try-catch 结构结束
    } // 方法 main 结束
} // 类 J_Sql 结束
```

编译命令为：

```
javac J_Sql.java
```

执行命令为：

```
java J_Sql
```

最后执行的结果是创建了学校代码数据库表并给数据库表添加一条记录，并在控制台窗口中输出：

创建数据库表：学校代码，并添加记录

与 14.3.1 小节介绍的内容一样，在这个例程中，程序通过语句

```
Class.forName("sun.jdbc.odbc.JdbcOdbcDriver");
```

加载 JDBC-ODBC 桥驱动程序。通过语句

```
Connection c=DriverManager.getConnection("jdbc:odbc:studentSqlDatabase",
"sa", "password");
```

连接数据库，其中"studentSqlDatabase"是 SQL Server 2000 的 ODBC 数据源，"sa"是 SQL Server 系统默认的管理员帐户，"password"是其密码。SQL Server 2000 的 ODBC 数据源的创建方法参见 14.4.3 小节。密码是可以自行设置的，只是这里必须与当时的设置一致。通过语句

```
Statement s=c.createStatement( );
```

创建 SQL 语句对象。通过 SQL 语句对象可以执行 SQL 语句。在例程中，执行了一条创建数据库表的 SQL 语句和一条给数据库表添加一条记录的 SQL 语句。对于数据库的其他操作可以参见 14.3 节。

根据如图 14.23 所示的 JDBC 数据库程序设计的基本模式，在执行完 SQL 语句和处理完数据之后需要关闭 SQL 语句对象。一般可以通过调用接口 java.sql.Statement 的成员方法

```
void close( ) throws SQLException
```

关闭 SQL 语句对象。JDBC 数据库程序设计最后需要关闭与数据库的连接。一般可以通过调用接口 java.sql.Connection 的成员方法

```
void close( ) throws SQLException
```

关闭与数据库的连接。上面的例程最后在控制台窗口中输出

创建数据库表：学校代码，并添加记录

表示成功创建数据库表和添加记录。如果出现异常，则上面的例程将在控制台窗口中输出
与异常相关的信息。

# 14.5 基于第四类 JDBC 驱动程序的数据库程序设计

很多商业数据库软件采用第四类 JDBC 驱动程序。这里介绍采用第四类 JDBC 驱动程
序的 JDBC 数据库程序设计方法。与采用 JDBC-ODBC 桥驱动程序的 JDBC 数据库程序设
计方法相比，这两种方法的基本程序设计模式都遵循如图 14.23 所示的基于 JDBC 的数据
库程序设计的基本模式。从程序设计的角度上看，主要有如下的不同点：

（1）加载 JDBC 驱动程序的方式不同；

（2）连接数据库的方式不同；

（3）在安装完基本的 J2SE 程序之后，就拥有了 JDBC-ODBC 桥驱动程序；而第四类
JDBC 驱动程序则需要额外安装。

下面分别介绍第四类 JDBC 驱动程序的获取、下载和安装以及采用第四类 JDBC 驱动
程序的 JDBC 数据库程序设计方法。这里所采用的底层数据库管理系统是 SQL Server 2000
数据库管理系统。其他数据库管理系统的程序设计方法与此类似。

## 14.5.1 基于 SQL Server 2000 的第四类 JDBC 驱动程序的安装

不同的 JDBC 驱动程序可能会有不同的安装方法。下面介绍一种选择、获取和安装
JDBC 驱动程序的方法。Sun 公司在其网站上维护了一份各种 JDBC 驱动程序的列表（目
前该网址为：http://developers.sun.com/product/jdbc/drivers/index.html）。只要输入所需要的
JDBC 驱动程序信息，例如 JDBC 版本、支持的数据库软件、驱动程序属于第几类型等，
就可以给出满足相应条件的 JDBC 驱动程序列表以及发布这些驱动程序的厂商的网址
链接。

图 14.52 给出了查找 SQL Server 2000 的第四类 JDBC 驱动程序的参考示例。图中的选
项设置表明，所要查找的 JDBC 驱动程序支持版本号为 3.x 的 JDBC，而且属于第四类 JDBC
类型，另外，还支持 MS SQL Server 数据库管理系统和数据源。在选择好 JDBC 驱动程序
的查询条件设置之后，可以单击如图 14.52 左下方所示的 Search 按钮，进行查找。一般可
以得到一些查询结果，在不同时间或给定不同的查询条件，查询结果可能会不相同。这里
以 i-net Software 公司的 Merlia 驱动程序为例，从如图 14.53 所示的查询结果中选取 i-net
Software 公司，即单击 i-net Software 公司主页的链接。

这时可以打开 i-net Software 公司的主页，如图 14.54 所示。从主页上找到链接
"Download"，并单击此链接进入 i-net Software 公司的下载网页，如图 14.55 所示。

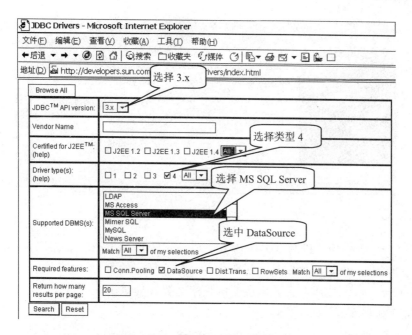

图 14.52 查找 JDBC 驱动程序网页示例

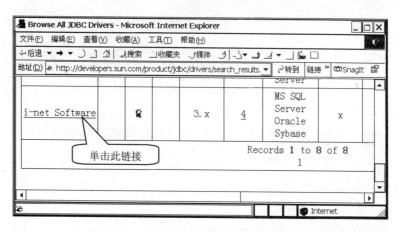

图 14.53 JDBC 驱动程序查询结果示例

图 14.54 i-net Software 公司的主页示例

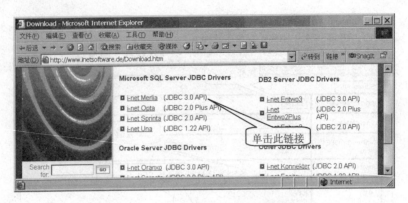

图 14.55　i-net Software 公司的下载网页示例

在如图 14.55 所示的下载网页中找到 SQL Server 2000 的 JDBC 驱动程序"i-net Merlia"，然后单击该驱动程序所对应的链接，进入如图 14.56 所示的网页。按照提示依次填写各项信息，然后单击 Send 按钮。在此出现的网页中选择接受试用许可协议，并单击 Continue 按钮，进入如图 14.57 所示的网页。

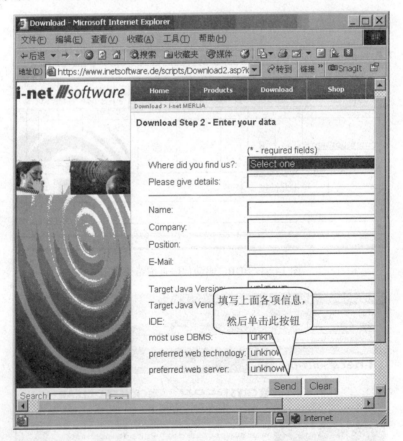

图 14.56　i-net Software 公司的下载网页

在如图 14.57 所示的网页中，单击"i-net MERLIA"左侧的保存图标，可以下载 Merlia 驱动程序。该驱动程序是支持 SQL Server 2000 的第四类 JDBC 驱动程序。所下载的驱动程序实际上只是一个试用版本的驱动程序。如果需要正式版本，则需要购买。

　　下载的文件是一个压缩文件。将其解压，可以得到如图 14.58 所示的文件和目录，其中，文件 Merlia.jar 是驱动程序包，在 doc 目录下的文件是驱动程序的 API 在线帮助文档。为了方便地使用 Merlia 驱动程序，可以将文件 Merlia.jar 的完整路径的文件名加入到环境变量类路径（classpath）中。例如：若文件 Merlia.jar 所在的路径是"C:\j2sdk\lib"，则在环境变量类路径（classpath）的变量值的末尾加上"；C:\j2sdk\lib\Merlia.jar"，其中，分号用来分隔不同的路径或程序包。如果不加上分号，则可能出现错误，导致 Java 的类包无法使用。对环境变量类路径（classpath）的修改和设置参见 1.3 节。在 DOS 窗口中，还可以通过 DOS 命令"set classpath=%classpath%;C:\j2sdk\lib\Merlia.jar"进行设置。不过这种设置方式只对当前的 DOS 窗口有效，即当重新打开一个 DOS 窗口或重新启动计算机时需要重新设置环境变量类路径（classpath）。这样完成了一个第四类 JDBC 驱动程序的安装与设置。

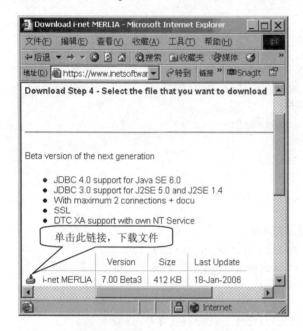

图 14.57　下载 i-net Software 公司的 Merlia 驱动程序　　图 14.58　解压缩后的 JDBC 驱动程序 Merlia

## 14.5.2　基于 SQL Server 2000 的 JDBC 数据库程序设计

　　下面给出创建数据库表并给数据库表添加一条记录的例程。例程的源文件名为 J_Jdbc4.java，其内容如下所示。

```
// ///////////////////////////////////////////////////
//
// J_Jdbc4.java
//
// 开发者：雍俊海
// ///////////////////////////////////////////////////
// 简介：
```

```
//      创建数据库表："学科代码"，并给数据库表添加一条记录
// ////////////////////////////////////////////////////
import com.inet.tds.PDataSource;
import java.sql.Connection;
import java.sql.Statement;

public class J_Jdbc4
{
    public static void main(String args[ ])
    {
        try
        {
            // 创建数据源
            PDataSource dataSource = new PDataSource( );
            // 指定数据库服务器所在的 IP 地址
            dataSource.setServerName("127.0.0.1");
            // 指定数据库服务器实例名
            dataSource.setInstanceName("student");
            // 指定要使用的数据库名称
            dataSource.setDatabaseName("tempdb");
            // 指定数据库服务器帐号
            dataSource.setUser("sa");
            // 指定数据库服务器帐号密码
            dataSource.setPassword("password");

            // 通过数据源与数据库建立起连接
            Connection c = dataSource.getConnection( );
            Statement s=c.createStatement( ); // 创建 SQL 语句对象
            // 创建数据库表：学科代码
            s.executeUpdate(
                "create table 学科代码(代码 integer, 学科 char(40))");
            // 添加记录
            s.executeUpdate(
                "insert into 学科代码 values(0812, '计算机科学与技术')");
            s.close( );
            c.close( );
            System.out.println("创建数据库表：学科代码，并添加记录");
        }
        catch (Exception e)
        {
            System.err.println("异常: " + e.getMessage( ));
        } // try-catch 结构结束
    } // 方法 main 结束
} // 类 J_Jdbc4 结束
```

编译命令为：

```
javac J_Jdbc4.java
```

执行命令为：

```
java J_Jdbc4
```

最后执行的结果是创建了学科代码数据库表并给数据库表添加了一条记录，同时在控制台窗口中输出：

创建数据库表：学科代码，并添加记录

在执行程序之前一定要先安装好第四类 JDBC 驱动程序并设置好环境变量类路径（classpath），否则，将出现找不到类 com.inet.tds.PDataSource 的错误。

与 14.3.1 小节介绍的基于 JDBC-ODBC 桥的数据库程序设计不同的是这里并不需要加载 JDBC 驱动程序。语句

```
PDataSource dataSource = new PDataSource( );
```

通过类 com.inet.tds.PDataSource 的构造方法可以直接创建一个空的数据源。后面的 Java 语句分别给这个数据源指定数据库服务器所在的 IP 地址"127.0.0.1"、数据库服务器实例名"student"、所要使用的数据库名称"tempdb"、数据库服务器帐号"sa"和数据库服务器帐号密码"password"。IP 地址"127.0.0.1"实际上指的就是本地计算机，这是一种通用的写法，不管本地计算机的实际 IP 地址是多少。"sa"是 SQL Server 系统默认的管理员帐户。

在 14.3.1 小节介绍的基于 JDBC-ODBC 桥的数据库程序设计中数据库连接是通过类 java.sql.DriverManager 的 getConnection 成员方法与 ODBC 数据源建立起连接。这里直接由数据源建立起连接，采用的是数据源类 com.inet.tds.PDataSource 的成员方法

```
public java.sql.Connection getConnection( ) throws java.sql.SQLException
```

在与数据库建立起连接之后，可以创建 SQL 语句对象，执行 SQL 语句和处理数据。在执行完 SQL 语句和处理完数据之后，可以关闭 SQL 语句对象和数据库连接。这些过程与基于 JDBC-ODBC 桥的数据库程序设计方法完全一致。

## 14.6 数据库程序设计性能优化

优化一个数据库系统可以从很多方面入手，例如：系统的硬件配置、数据库设计、数据库管理、应用程序对数据库读取的算法、操作系统对数据库的支持和数据库索引等。另外，还可以考虑采用效率更高的数据库驱动程序等。数据库程序设计性能优化方法有预编译语句机制、SQL 语句批处理机制、基于 JNDI 的数据源命名机制和连接池机制等。连接池机制的基本原理是设法减少建立和断开数据库连接的次数。在数据库程序设计中首先要建立起数据库连接，最后处理完数据后要关闭数据库连接。建立数据库连接与关闭数据库连接需要耗费一定的时间，例如，进行身份认证和分配资源等操作都需要时间。另外，如果需要网络传输，则可能需要更多的时间。如果一个程序需要多次建立数据库连接与关闭

数据库连接，则可以考虑采用连接池机制。连接池机制就是让系统维护一个物理连接缓冲池，即事先建立起一定数量到数据库的物理连接。当需要建立数据库连接时，就从连接缓冲池中取出一个物理连接。在处理完数据之后，就将该物理连接返回给连接缓冲池。只有当缓冲池中没有足够的物理连接满足数据库连接的需求时，才会创建新的数据库物理连接。这样就可以重复使用物理连接，从而减少重复连接、断开数据库服务器的操作。下面 3 小节将分别介绍预编译语句机制、SQL 语句批处理机制和基于 JNDI 的数据源命名机制。

## 14.6.1　预编译语句

通过预编译语句提高程序执行效率的机制主要是基于这种现象：程序中常常重复执行只有参数值不同的 SQL 语句。程序在执行这些 SQL 语句时，需要将这些 SQL 语句提交给具体的数据库管理系统。如果不采用预编译机制，则数据库管理系统每次执行这些 SQL 语句时都需要将它编译成内部指令然后执行。预编译语句的机制就是先让数据库管理系统在内部通过预先编译，形成带参数的内部指令，并保存在接口 java.sql.PreparedStatement 的实例对象中。这样在以后执行这类 SQL 语句时，只需修改该对象中的参数值，再由数据库管理系统直接修改内部指令，并执行，从而节省数据库管理系统编译 SQL 语句的时间，进而提高程序的执行效率。

下面给出通过预编译 SQL 语句给学生成绩数据库表增加记录的例程。例程的源文件名为 J_AccessInsertRecordPrepareStatement.java，其内容如下所示。

```
// ////////////////////////////////////////////////
//
// J_AccessInsertRecordPrepareStatement.java
//
// 开发者：雍俊海
// ////////////////////////////////////////////////
// 简介:
//     通过预编译 SQL 语句给数据库表"学生成绩"添加数据(记录)的例程
// ////////////////////////////////////////////////
import java.sql.Connection;
import java.sql.DriverManager;
import java.sql.PreparedStatement;

public class J_AccessInsertRecordPrepareStatement
{
    public static void main(String args[ ])
    {
        try
        {
            // 加载 JDBC-ODBC 桥驱动程序
            Class.forName("sun.jdbc.odbc.JdbcOdbcDriver");
            // 通过数据源与数据库建立起连接
            Connection c
```

```
        =DriverManager.getConnection("jdbc:odbc:studentDatabase");
        // 创建预编译 SQL 语句
        PreparedStatement ps=c.prepareStatement(
            "insert into 学生成绩 values(?, ?, ?)");
        // 添加记录
        ps.setInt(1, 2008010444);
        ps.setString(2, "Jim");
        ps.setInt(3, 60);
        ps.executeUpdate( );

        // 添加记录
        ps.setInt(1, 2008010445);
        ps.setString(2, "Jack");
        ps.setInt(3, 100);
        ps.executeUpdate( );

        ps.close( );
        c.close( );
        System.out.println("给数据库表\"学生成绩\"增加两行记录");
    }
    catch (Exception e)
    {
        System.err.println("异常: " + e.getMessage( ));
    } // try-catch 结构结束
  } // 方法 main 结束
} // 类 J_AccessInsertRecordPrepareStatement 结束
```

编译命令为：

```
javac J_AccessInsertRecordPrepareStatement.java
```

执行命令为：

```
java J_AccessInsertRecordPrepareStatement
```

最后执行的结果是给学生成绩数据库表增加了两行记录，并在控制台窗口中输出：

给数据库表"学生成绩"增加两行记录

预编译语句的实现机制是通过接口 java.sql.Connection 的成员方法

```
PreparedStatement prepareStatement(String sql) throws SQLException
```

和接口 java.sql.PreparedStatement 的以"set"开头的系列成员方法共同实现的。首先，通过接口 java.sql.Connection 的 prepareStatement 成员方法将带有待定参数的 SQL 语句进行预编译，并保存在接口 java.sql.PreparedStatement 的实例对象中，其中，待定参数的 SQL 语句由上面 prepareStatement 成员方法的参数 sql 指定。待定的参数用"?"表示。例如：在例程中的

```
PreparedStatement ps=c.prepareStatement("insert into 学生成绩 values
(?, ?, ?)");
```

这些待定的参数按出现的顺序从 1 开始编号。然后，通过接口 java.sql.PreparedStatement 的以"set"开头的系列成员方法确定。这些以"set"开头的系列成员方法一般含有两个参数，其中，第一个参数是待定参数的序号，第二个参数是具体的值。例如：语句

```
ps.setInt(1, 2008010444);
```

将第一个待定的参数的值设置为整数 2 008 010 444。语句

```
ps.setString(2, "Jim");
```

将第二个待定的参数的值设置为字符串"Jim"。语句

```
ps.setInt(3, 60);
```

将第三个待定的参数的值设置为整数 60。这样，整个 SQL 语句也就确定下来了。最终确定的 SQL 语句为：

```
insert into 学生成绩 values(2008010444, 'Jim', 60)
```

于是，可以调用接口 java.sql.PreparedStatement 的成员方法

```
int executeUpdate( ) throws SQLException
```

或者

```
ResultSet executeQuery( ) throws SQLException
```

或者

```
boolean execute( ) throws SQLException
```

执行 SQL 语句。这 3 个执行 SQL 语句的成员方法在功能以及它们之间的区别上与接口 java.sql.Statement 的相应方法完全相同。所以在 14.3.2 小节介绍的接口 java.sql.Statement 的 3 个执行 SQL 语句的成员方法在这里同样适用。

## 14.6.2　SQL 语句批处理机制

当 JDBC 驱动程序将 SQL 语句提交给数据库管理系统后，数据库管理系统需要给该 SQL 语句分配一些资源用来执行该语句，执行完后还需要释放这些资源。一次性提交给数据库管理系统一组（多条）SQL 语句可以节省一些资源，同时，也可以减少分配和释放资源的时间，从而可以提高程序的执行效率。

下面给出利用 **SQL** 语句批处理机制给学生成绩数据库表增加记录的例程。例程的源文件名为 J_AccessInsertRecordBatch.java，其内容如下所示。

```
// /////////////////////////////////////////////////
//
```

```java
// J_AccessInsertRecordBatch.java
//
// 开发者：雍俊海
// /////////////////////////////////////////////////////
// 简介：
//     通过批处理 SQL 语句给数据库表“学生成绩”添加数据(记录)的例程
// /////////////////////////////////////////////////////
import java.sql.Connection;
import java.sql.DriverManager;
import java.sql.Statement;

public class J_AccessInsertRecordBatch
{
    public static void main(String args[ ])
    {
        try
        {
            // 加载 JDBC-ODBC 桥驱动程序
            Class.forName("sun.jdbc.odbc.JdbcOdbcDriver");
            // 通过数据源与数据库建立起连接
            Connection c
            =DriverManager.getConnection("jdbc:odbc:studentDatabase");
            Statement s=c.createStatement( ); // 创建 SQL 语句对象

            // 添加批处理 SQL 语句
            s.addBatch(
                "insert into 学生成绩 values(2008010451, 'Rose', 75)");
            s.addBatch(
                "insert into 学生成绩 values(2008010452, 'Jame',  95)");
            s.addBatch(
                "insert into 学生成绩 values(2008010453, 'Paul', 85)");

            // 执行批处理
            s.executeBatch( );

            s.close( );
            c.close( );
            System.out.println("给数据库表\"学生成绩\"增加三行记录");
        }
        catch (Exception e)
        {
            System.err.println("异常: " + e.getMessage( ));
        } // try-catch 结构结束
    } // 方法 main 结束
} // 类 J_AccessInsertRecordBatch 结束
```

编译命令为：

```
javac J_AccessInsertRecordBatch.java
```

执行命令为：

```
java J_AccessInsertRecordBatch
```

最后执行的结果是给学生成绩数据库表增加了 3 行记录，并在控制台窗口中输出：

给数据库表"学生成绩"增加三行记录

接口 java.sql.Statement 的成员方法

```
void addBatch(String sql) throws SQLException
```

将存放在其参数 sql 中的一条 SQL 语句添加到当前待批处理的 SQL 语句列表中。接口 java.sql.Statement 的成员方法

```
int[ ] executeBatch( ) throws SQLException
```

批处理执行所有在当前待批处理的 SQL 语句列表中的 SQL 语句。另外，还有一个与 SQL 语句批处理机制相关的方法是接口 java.sql.Statement 的成员方法

```
void clearBatch( ) throws SQLException
```

该成员方法清空当前待批处理的 SQL 语句列表。

### 14.6.3 基于 JNDI 的数据源管理机制

连接数据库要借助于数据源，数据源指向指定的数据库。数据源记录了指定数据库的各种属性，例如，数据库服务器所在的 IP 地址、数据库名称、用户名和密码等。如图 14.59 所示，**JNDI**（Java Naming and Directory Interface，Java 命名和目录接口）提供了一种数据源的管理机制，它通过"命名/目录"服务器管理数据源。每当创建一个数据源之后，可以将该数据源与一个名称绑定，从而可以直接通过名称获取相应的数据源。

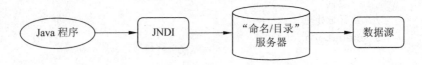

图 14.59　JNDI 工作原理示意图

要让 JNDI 发挥作用需要额外安装 JNDI 驱动程序。在 Sun 公司网站（目前网址为 http://java.sun.com/products/jndi/downloads/index.html）上可以找到访问文件系统的 JNDI 驱动程序。如图 14.60 所示，在 Sun 公司的 JNDI 下载网页中找到 JNDI 的最近版本，并单击下载的链接。打开的网页是下载的版权确认网页。如果要下载，则必须单击接受版权协议的按钮，进入如图 14.61 所示的下载网页。

可以下载在如图 14.61 所示的网页中的所有驱动程序，并解压缩这些文件，然后将解压缩之后的所有后缀为 ".jar" 的带全路径文件名加入到环境变量类路径（classpath）中，相邻文件名或路径名之间用分号分开。当然，这种将这些驱动程序全部下载的方法一般不是完全有必要的，但却是非常有效的。

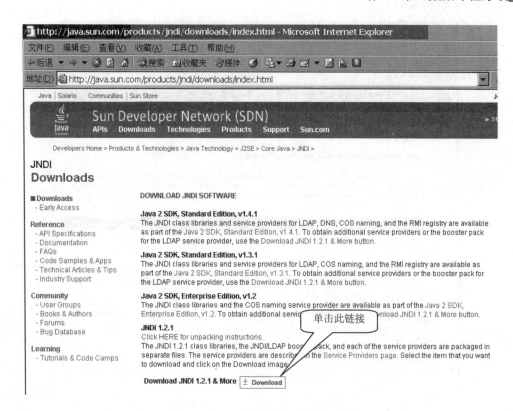

图 14.60　Sun 公司的 JNDI 下载网页示例

　　在这些驱动程序中，JNDI 类库是 JNDI 最基本的驱动程序。它在图 14.61 中对应的文件名是 "jndi-1_2_1.zip"，是必须下载的驱动程序。文件 "jndi-1_2_1.zip" 解压缩之后会包括 JNDI 的驱动程序 "jndi.jar"。设 "jndi.jar" 所在的路径为 "C:\j2sdk\lib\jndi\lib\"，则设置环境变量 classpath 的具体操作是在环境变量类路径（classpath）的变量值的末尾加上 ";C:\j2sdk\lib\jndi\lib\jndi.jar"。对环境变量类路径（classpath）的修改和设置具体步骤参见 1.3 节。在 DOS 窗口中，还可以通过 DOS 命令 "set classpath=%classpath%;C:\j2sdk\lib\jndi\lib\jndi.jar" 设置环境变量类路径（classpath）。在如图 14.61 所示的网页中显示的其他驱动程序实际上都是为 JNDI 服务的驱动程序，可以根据需要下载。

　　在下面的例程中，利用文件系统服务器来管理需要绑定的名称，因此需要下载文件系统服务器驱动程序。其他为 JNDI 服务的驱动程序在下面的例程中都不是必要的，可以不下载。文件系统服务器驱动程序在图 14.61 中对应的文件名是 "fscontext-1_2-beta3.zip"。这个文件在解压缩之后会包括两个驱动程序 "fscontext.jar" 和 "providerutil.jar"。这里需要将它们都添加到环境变量类路径（classpath）中。如果设这两个驱动程序所在的路径为 "C:\j2sdk\lib\jndi\fscontext\lib\"，则应在环境变量类路径（classpath）的变量值的末尾加上 "; C:\j2sdk\lib\jndi\fscontext\lib\fscontext.jar; C:\j2sdk\lib\jndi\fscontext\lib\providerutil.jar"。在 DOS 窗口中，还可以通过 DOS 命令 "set classpath=%classpath%;C:\j2sdk\lib\jndi\fscontext\lib\fscontext.jar;C:\j2sdk\lib\jndi\fscontext\lib\providerutil.jar" 设置环境变量类路径（classpath）。但是采用这种方法，在每次打开 DOS 窗口时都需要重新进行这种设置。

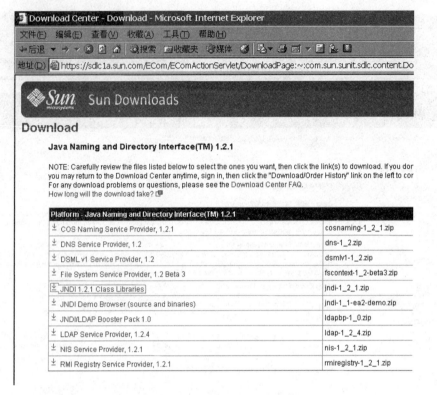

图 14.61　Sun 公司的 JNDI 及文件系统服务器下载网页示例

下面给出将数据源与名称 **NameOfDataSource** 绑定的例程。例程的源文件名为
J_JNDI.java，其内容如下所示。

```
// //////////////////////////////////////////////////
//
// J_JNDI.java
//
// 开发者：雍俊海
// //////////////////////////////////////////////////
// 简介：
//      将数据源与名称 NameOfDataSource 绑定的例程
// //////////////////////////////////////////////////
import com.inet.tds.PDataSource;
import javax.naming.Context;
import javax.naming.InitialContext;

public class J_JNDI
{
    public static void main(String args[ ])
    {
        try
        {
```

```
        // 创建数据源
        PDataSource dataSource = new PDataSource( );
        //指定数据库服务器所在的 IP 地址
        dataSource.setServerName("127.0.0.1");
        //指定数据库服务器实例名
        dataSource.setInstanceName("student");
        //指定要使用的数据库名称
        dataSource.setDatabaseName("tempdb");
        //指定数据库服务器帐号
        dataSource.setUser("sa");
        //指定数据库服务器帐号密码
        dataSource.setPassword("password");

        //建立命名服务上下文
        Context ctx = new InitialContext( );
        //指定 JNDI 服务提供者
        ctx.addToEnvironment(Context.INITIAL_CONTEXT_FACTORY,
            "com.sun.jndi.fscontext.RefFSContextFactory");

        //通过上下文绑定数据源
        String nameOfDataSource = "NameOfDataSource";
        ctx.rebind(nameOfDataSource, dataSource);

        //检查是否绑定成功
        System.out.println(ctx.lookup(nameOfDataSource) +
            " is bound with " + nameOfDataSource);

        //关闭设备上下文
        ctx.close( );
    }
    catch (Exception e)
    {
        System.err.println("异常：" + e.getMessage( ));
    } // try-catch 结构结束
    } // 方法 main 结束
} // 类 J_JNDI 结束
```

编译命令为：

```
javac J_JNDI.java
```

执行命令为：

```
java J_JNDI
```

最后执行的结果是在所创建的数据源与名称 NameOfDataSource 之间建立起绑定，并在控制台窗口中输出：

```
com.inet.tds.PDataSource@758fc9;{url=jdbc:inetdae7, port=1433, user=sa,
sql7=true, database=tempdb, password=password, instance=student, loginTimeout=0,
host=127.0.0.1} is bound with NameOfDataSource
```

因为例程采用了第四类的 JDBC 驱动程序，所以在执行程序之前一定要先安装好第四类 JDBC 驱动程序并设置好环境变量类路径（classpath），否则，将出现找不到类 com.inet.tds.PDataSource 的错误。第四类的 JDBC 驱动程序的安装参见 14.5.1 小节。同样，如果不安装 JNDI 及文件系统服务器驱动程序并设置好环境变量类路径（classpath），则将会出现某些类没有找到的错误。

上面的例程包含了 3 个步骤。首先是创建数据源。这里创建数据源的方法与 14.5.2 小节创建数据源的方法完全一致，都是直接通过类 com.inet.tds.PDataSource 的构造方法创建一个空的数据源，然后设置数据源的各项属性。第二个步骤是创建命名服务上下文。这里是通过类 javax.naming.InitialContext 的构造方法创建一个空的上下文（Context），然后指定上下文的属性。这里设置上下文的属性的语句是

```
ctx.addToEnvironment(Context.INITIAL_CONTEXT_FACTORY,"com.sun.jndi.fsco
ntext.RefFSContextFactory");
```

它表示对数据源的名称绑定管理将采用文件系统服务器，即"com.sun.jndi.fscontext.RefFSContextFactory"。第三个步骤是完成新创建数据源和指定的名称之间的绑定。这里是通过接口 javax.naming.Context 的成员方法

```
void rebind(Name name, Object obj) throws NamingException
```

完成绑定操作的。这个 rebind 成员方法的功能是绑定给定的名称和指定的实例对象。如果给定的名称已经与另外一个实例对象之间建立了绑定关系，则在调用 rebind 方法之后，原来的绑定将变为无效，同时，给定的名称将与新指定的实例对象建立起绑定关系。

一旦将给定的名称与指定的实例对象之间建立起绑定关系，就可以通过接口 javax.naming.Context 的成员方法

```
Object lookup(String name) throws NamingException
```

获得给定的名称 name 所对应的实例对象。这里利用文件系统服务器管理名称绑定。这种绑定关系一旦建立则一般会一直有效，即使重新启动计算机。

下面给出利用名称绑定连接数据库的例程。例程的源文件名为 J_JDBC.java，其内容如下所示。

```
// //////////////////////////////////////////////////////////
//
// J_JDBC.java
//
// 开发者：雍俊海
// //////////////////////////////////////////////////////////
// 简介：
```

```
//      利用名称绑定连接数据库，给学科代码数据库表增加两行记录的例程
// ///////////////////////////////////////////////////////
import java.sql.Connection;
import java.sql.Statement;
import javax.naming.Context;
import javax.naming.InitialContext;
import javax.sql.DataSource;

public class J_JDBC
{
    public static void main(String args[ ])
    {
        try
        {
            // 建立命名服务上下文
            Context ctx = new InitialContext( );
            // 指定 JNDI 服务提供者
            ctx.addToEnvironment(Context.INITIAL_CONTEXT_FACTORY,
                "com.sun.jndi.fscontext.RefFSContextFactory");

            // 通过命名服务获取数据源
            DataSource dataSource
                = (DataSource)ctx.lookup("NameOfDataSource");


            // 通过数据源与数据库建立起连接
            Connection c = dataSource.getConnection( );
            Statement s=c.createStatement( ); // 创建 SQL 语句对象

            // 添加记录
            s.executeUpdate(
                "insert into 学科代码 values(0601, '历史学')");
            s.executeUpdate(
                "insert into 学科代码 values(0504, '艺术学')");

            s.close( );
            c.close( );
            System.out.println(
                "利用名称绑定连接数据库，给学科代码数据库表增加两行记录");
        }
        catch (Exception e)
        {
            System.err.println("异常: " + e.getMessage( ));
        } // try-catch 结构结束
    } // 方法 main 结束
```

```
} // 类 J_JDBC 结束
```

编译命令为：

```
javac J_JDBC.java
```

执行命令为：

```
java J_JDBC
```

最后执行的结果是给学科代码数据库表添加两条记录，并在控制台窗口中输出：

利用名称绑定连接数据库，给学科代码数据库表增加两行记录

这个例程与 14.5.2 小节的例程非常相似，只是这里通过绑定的名称获得数据源。它包含两个步骤。第一个步骤创建命名服务上下文。这里是通过类 javax.naming.InitialContext 的构造方法创建一个空的上下文（Context），然后指定采用文件系统服务器管理名称绑定关系。第二个步骤是接口 javax.naming.Context 的 lookup 成员方法获得与名称 "NameOfDataSource" 绑定的数据源。

## 14.7　本章小结

本章介绍了关系数据库的基本常识、JDBC 驱动程序的 4 种类型、JNDI 的工作原理以及数据库程序设计的模式和方法。同时，简单介绍了 Microsoft Access 数据库管理系统、SQL Server 2000 数据库管理系统、第四类 JDBC 驱动程序以及 JNDI 驱动程序的安装和配置。详细讲解了以 Microsoft Access 数据库管理系统和 SQL Server 2000 数据库管理系统为底层数据库管理系统并采用第一类 JDBC 驱动程序的数据库程序设计方法，以及以 SQL Server 2000 数据库管理系统为底层数据库管理系统并采用第四类 JDBC 驱动程序的数据库程序设计方法。最后介绍了数据库程序设计的多种优化方法。

## 习题

1. 简述 JDBC 驱动程序的 4 种类型。
2. 简述 JNDI 的工作原理。
3. 请指出下面代码片段的错误之处。

```
ResultSet res = stmt.executeQuery(sql);
stmt.close( );
if(res.next( ))
{
    ⋮
} // if 结构结束
```

4. 请比较接口 java.sql.Statement 的成员方法 executeUpdate、executeQuery、execute

以及 executeBatch。

5. 请比较采用第一类 JDBC 驱动程序和采用第四类 JDBC 驱动程序进行数据库程序设计方法。

6. 请编写一个数据库程序，实现录入学生成绩、查询学生成绩和修改学生成绩的功能。

7. 请编写程序，设计并实现图书馆的书籍管理数据库系统。

8. 请编写程序，设计并实现班费管理系统，实现对班级日常开支以及收入的管理。

9. 下面的程序片段设计的目的是在数据库中查找用户指定的书的价格。请指出其中的不合理之处，并加以改正。

```
DataSource dataSource;
…//获取数据源
BufferedReader d = new BufferedReader(new InputStreamReader(System.in));
String bookname;
while(!("exit".equals(bookname = d.readLine( ))))
{
    Connection con = dataSource.getConnection( );
    Statement stmt = con.createStatement( );
    ResultSet res = stmt.executeQuery(
        "select * from testtable where bookname = '" + bookname + "'");
    if(res.next( ))
    {
        System.out.println("价格为: " + res.getDouble("price"));
    } // if 结构结束
} // while 循环结束
```

10. 思考题：如何优化数据库系统？

# 附录一　图 的 索 引

本附录给出在本教材正文中所有图的页码索引。

续表

# 附录二 表 的 索 引

本附录给出在本教材正文中所有表 的页码索引。

# 附录三 例 程 索 引

本附录给出在本教材正文中所有例程的页码索引。

续表

续表

# 附录四 类和接口索引

本附录给出在本教材正文中介绍的由 Java 系统提供的类和接口及其页码索引。如果某个类或接口在一段基本上连续的页码中出现，则下面的表格只注明在这些页码中的第一个页码。

续表

| 序号 | 类别 | 名称及其所在软件包（按字母排序） | 页码 |
|---|---|---|---|
| 16 | 类 | java.awt.event.ComponentEvent | 288 |
| 17 | 接口 | java.awt.event.ComponentListener | 289 |
| 18 | 抽象类 | java.awt.event.FocusAdapter | 289、304、305 |
| 19 | 类 | java.awt.event.FocusEvent | 288、305、306、307 |
| 20 | 接口 | java.awt.event.FocusListener | 289、305、306、307 |
| 21 | 类 | java.awt.event.ItemEvent | 288、293、502、503 |
| 22 | 接口 | java.awt.event.ItemListener | 289、293、502 |
| 23 | 抽象类 | java.awt.event.KeyAdapter | 289、305、306、307 |
| 24 | 类 | java.awt.event.KeyEvent | 288、305、306、307 |
| 25 | 接口 | java.awt.event.KeyListener | 289、305、306 |
| 26 | 抽象类 | java.awt.event.MouseAdapter | 289、295、302、315、530、531、533、534 |
| 27 | 类 | java.awt.event.MouseEvent | 288、295、296、297、298、299、302、314、315、316、367、530、531、533、534、537、538 |
| 28 | 接口 | java.awt.event.MouseListener | 289、295、296、314 |
| 29 | 抽象类 | java.awt.event.MouseMotionAdapter | 289、297、302 |
| 30 | 接口 | java.awt.event.MouseMotionListener | 289、295、296、297、298、299 |
| 31 | 类 | java.awt.event.MouseWheelEvent | 288、296、297 |
| 32 | 接口 | java.awt.event.MouseWheelListener | 289、295、296、297 |
| 33 | 接口 | java.awt.event.TextListener | 289 |
| 34 | 抽象类 | java.awt.event.WindowAdapter | 289、330 |
| 35 | 类 | java.awt.event.WindowEvent | 288、330 |
| 36 | 接口 | java.awt.event.WindowListener | 289 |
| 37 | 类 | java.awt.FlowLayout | 249、251、253、254、258、260、263、264、267、269、280、281、318、502 |
| 38 | 类 | java.awt.Font | 520、523、524 |
| 39 | 类 | java.awt.Frame | 252、253、269、330、331、530、531、533、534、535、537、538、539 |
| 40 | 抽象类 | java.awt.geom.Arc2D | 517、520、521、522 |
| 41 | 类 | java.awt.geom.Arc2D.Double | 517、521、522 |
| 42 | 类 | java.awt.geom.Arc2D.Float | 517 |
| 43 | 类 | java.awt.geom.Area | 89、96、113、114、115、116、248、263、264、266、294、449、450、452、453、456、517 |
| 44 | 抽象类 | java.awt.geom.CubicCurve2D | 517 |
| 45 | 类 | java.awt.geom.CubicCurve2D.Double | 517 |
| 46 | 类 | java.awt.geom.CubicCurve2D.Float | 517 |
| 47 | 抽象类 | java.awt.geom.Ellipse2D | 517、520、521、523、524、525、527、533、535、537、539 |
| 48 | 类 | java.awt.geom.Ellipse2D.Double | 517、521、523、525、527、535、539 |
| 49 | 类 | java.awt.geom. Ellipse2D.Float | 517 |

续表

**J**ava 程序设计教程（第 3 版）

| 序号 | 类别 | 名称及其所在软件包（按字母排序） | 页码 |
| --- | --- | --- | --- |
| 106 | 类 | java.io.PrintStream | 202、207、208、209、210、211、217、218、223、229、230、231、245 |
| 107 | 类 | java.io.PrintWriter | 223、229、230、231、245、246、373、480、483、484、495、496 |
| 108 | 类 | java.io.RandomAccessFile | 219、220、221、222、223、245 |
| 109 | 抽象类 | java.io.Reader | 223、224、444 |
| 110 | 接口 | java.io.Serializable | 235、237、240 |
| 111 | 抽象类 | java.io.Writer | 223、224、226、227、232 |
| 112 | 类 | java.lang.ArithmeticException | 180、181、185、186、198 |
| 113 | 类 | java.lang.Boolean | 37、38、85、138、209、212、213、557 |
| 114 | 类 | java.lang.Byte | 138、139、204、207、213、220、236、458、460、461、462、470、475、477 |
| 115 | 类 | java.lang.Character | 25、26、46、85、557 |
| 116 | 类 | java.lang.Class | 408、417、554、555 |
| 117 | 类 | java.lang. Double | 139、235、517、521、522、523、525、526、527、535、539 |
| 118 | 类 | java.lang.Error | 179 |
| 119 | 类 | java.lang.Exception | 179、183、186、187 |
| 120 | 类 | java.lang.Float | 139、517 |
| 121 | 类 | java.lang.Integer | 46、138、165、235 |
| 122 | 类 | java.lang.Long | 138、165 |
| 123 | 类 | java.lang.Math | 94、105、160、161、342、392、395、406、469、473、474、557 |
| 124 | 抽象类 | java.lang.Number | 163、166、167 |
| 125 | 类 | java.lang.Object | 63、67、70、150、163、164、165、181、235、403、409、410、416、419、422、557 |
| 126 | 接口 | java.lang.Runnable | 389、392、393、401 |
| 127 | 类 | java.lang.Runtime | 194、195、196 |
| 128 | 类 | java.lang.RuntimeException | 179 |
| 129 | 类 | java.lang.Short | 46、138 |
| 130 | 类 | java.lang.String | 30、129、130、131、132、134、135、136、137、139、141、144、181、462、557 |
| 131 | 类 | java.lang.StringBuffer | 85、119、129、130、141、142、143、144、145、146 |
| 132 | 类 | java.lang.System | 93、195、217、345、466、478、482、493 |
| 133 | 类 | java.lang.Thread | 389、390、391、392、393、394、395、399、400、402 |
| 134 | 类 | java.lang. ThreadGroup | 398、400、402 |
| 135 | 类 | java.lang.Throwable | 67、180、181、183 |
| 136 | 类 | java.math.BigDecimal | 557 |
| 137 | 类 | java.math.BigInteger | 161、469、470、473、474、475、477 |

续表

| 序号 | 类别 | 名称及其所在软件包（按字母排序） | 页码 |
|---|---|---|---|
| 166 | 类 | java.sql.Time | 557 |
| 167 | 类 | java.sql.Timestamp | 557 |
| 168 | 类 | java.sql.Types | 557 |
| 169 | 类 | java.util.Date | 215、216、217、379、460、463、477 |
| 170 | 接口 | java.util.Enumeration | 469、470、472 |
| 171 | 类 | java.util.HashMap | 152、153、154 |
| 172 | 类 | java.util.Hashtable | 152、153、154、155、156 |
| 173 | 接口 | java.util.Iterator | 152、172、173、174 |
| 174 | 类 | java.util.Vector | 147、148、149、150、151、152、158、173、174、298、299、300、302、304、318、320、321、323、324 |
| 175 | 类 | java.util.WeakHashMap | 152、153、154、157、158 |
| 176 | 类 | javax.imageio.ImageIO | 360、361、363、505、506、509、511、524、526 |
| 177 | 接口 | javax.naming.Context | 606、607、608、609、610 |
| 178 | 类 | javax.naming.InitialContext | 606、607、608、609、610 |
| 179 | 类 | javax.net.ssl.KeyManagerFactory | 495、497 |
| 180 | 抽象类 | javax.net.ssl.KeyManagerFactorySpi | 491、492 |
| 181 | 类 | javax.net.ssl.SSLContext | 495、497、498 |
| 182 | 类 | javax.net.ssl.SSLServerSocketFactory | 479、480、495、496、498 |
| 183 | 类 | javax.net.ssl.SSLSocketFactory | 482、483、484 |
| 184 | 接口 | javax.net.ssl.X509KeyManager | 486、487、488 |
| 185 | 抽象类 | javax.security.cert.Certificate | 476 |
| 186 | 类 | javax.security.cert.X509Certificate | 474、476、477、487、488、489、491 |
| 187 | 抽象类 | javax.swing.AbstractButton | 263、308、313 |
| 188 | 类 | javax.swing.BoxLayout | 269、273、274、280、281 |
| 189 | 类 | javax.swing.ButtonGroup | 260、262、263 |
| 190 | 接口 | javax.swing.event.DocumentEvent | 288、294、295 |
| 191 | 接口 | javax.swing.event.DocumentListener | 289、294 |
| 192 | 类 | javax.swing.event.ListSelectionEvent | 288、294、353、360 |
| 193 | 接口 | javax.swing.event.ListSelectionListener | 289、294、353、354、355、360、361 |
| 194 | 接口 | javax.swing.Icon | 251、252、256、257、261、262、312、353、355、360 |
| 195 | 类 | javax.swing.ImageIcon | 249、260、353、355、360、505、516、517 |
| 196 | 类 | javax.swing.JApplet | 19、248、269、271、304、311、330、333、335、337、338、340、341、343、353、356、358、360、502、512、514、518、530、533、537 |

续表

| 序号 | 类别 | 名称及其所在软件包（按字母排序） | 页码 |
| --- | --- | --- | --- |
| 197 | 类 | javax.swing.JButton | 248、259、260、261、262、270、271、272、273、274、275、276、279、280、281、286、287、289、290、291、292、293、308、313、318、338、339、367、502 |
| 198 | 类 | javax.swing.JCheckBox | 248、259、260、261、262、293、308、312、313 |
| 199 | 类 | javax.swing.JCheckBoxMenuItem | 308 |
| 200 | 类 | javax.swing.JComboBox | 248、263、264、265、293、502 |
| 201 | 类 | javax.swing.JDesktopPane | 326、327、329 |
| 202 | 类 | javax.swing.JDialog | 248、252、253、254、269、304、330 |
| 203 | 类 | javax.swing.JFrame | 248、249、250、251、253、254、258、260、261、263、264、267、269、270、271、272、273、274、275、276、279、280、281、286、287、289、290、291、292、300、301、304、306、307、309、310、311、315、316、318、322、325、327、328、329、330、360、361、362、449、452、454、509、510、520、521、524、526 |
| 204 | 类 | javax.swing.JInternalFrame | 248、326、327、328、329 |
| 205 | 类 | javax.swing.JLabel | 248、249、251、252、253、353、355、360、530 |
| 206 | 类 | javax.swing.JLayeredPane | 248 |
| 207 | 类 | javax.swing.JList | 248、263、264、265、266、294、353、355、360 |
| 208 | 类 | javax.swing.JMenu | 308、309、311、312、313、314、315、327 |
| 209 | 类 | javax.swing.JMenuBar | 308、309、311、327 |
| 210 | 类 | javax.swing.JMenuItem | 308、310、312、314、315、316、327 |
| 211 | 类 | javax.swing.JOptionPane | 252、254、255、256、257 |
| 212 | 类 | javax.swing.JPanel | 248、266、267、268、269、280、281、298、302、303、304、340、509、520、524 |
| 213 | 类 | javax.swing.JPasswordField | 257、258、259、292、294 |
| 214 | 类 | javax.swing.JPopupMenu | 314、315 |
| 215 | 类 | javax.swing.JRadioButton | 248、259、260、261、262、263、293、308、313 |
| 216 | 类 | javax.swing.JRadioButtonMenuItem | 308、312 |
| 217 | 类 | javax.swing.JRootPane | 248 |
| 218 | 类 | javax.swing.JScrollPane | 248、263、264、266、319、325、449、450、452、453 |
| 219 | 类 | javax.swing.JSlider | 266、267、268 |
| 220 | 类 | javax.swing.JSplitPane | 248 |
| 221 | 类 | javax.swing.JTabbedPane | 248 |
| 222 | 类 | javax.swing.JTable | 318、319、322、325、326 |
| 223 | 类 | javax.swing.JTextArea | 248、263、264、266、294、449、450、452、453、456 |

# 参 考 文 献

[1] Lance Andersen. Specification Lead. JDBC 4.0 Specification. http://www.sun.com，2005

[2] 程龙，杨海兰，吴功宜. Java 编程技术. 北京：人民邮电出版社，2003

[3] Harvey M Deitel, Paul J Deitel. Java How to Program (Fourth Edition). Beijing：Publishing House of Electronics Industry，2002

[4] 董丽. Java 技术及其应用. 北京：高等教育出版社，2001

[5] Bruce Eckel. Java 编程思想（第二版）. 侯捷译. 北京：机械工业出版社，2002

[6] Jon Ellis，Linda Ho，Maydene Fisher. JDBC$^{TM}$ 3.0 Specification. http: //java.sun.com，2001

[7] James Gosling，Bill Joy，Guy Steele，et al. The Java Language Specification(Third Edition). http: //java.sun.com，2005

[8] Mike Gunderloy, Joseph L Jorden. SQL Server 2000 从入门到精通. 邱仲潘等译. 北京：电子工业出版社，2001

[9] Philip Heller. Java 2 Exam Notes. Beijing：Publishing House of Electronics Industry，2001

[10] Cay S Horstmann. Java2 核心技术 卷 II：高级特性. 陈昊鹏，王浩，姚建平，等译. 北京：机械工业出版社，2006

[11] 结城浩. Java 多线程设计模式. 博硕文化译. 北京：中国铁道出版社，2005

[12] Laura Lemay, Rogers Cadenhead. 21 天学通 Java 2（第二版）. 潇湘工作室译. 北京：人民邮电出版社，2003

[13] 李京华，柳菁，蒋长浩. Java 语言 Applet 编程技术. 北京：清华大学出版社，1997

[14] 林邦杰. 彻底研究 Java 2. 北京：电子工业出版社，2002

[15] Marc Loy, Robert Eckstein, Dave Wood 等. Java Swing. R & W 组译. 北京：清华大学出版社，2004

[16] Steven John Metsker. 设计模式 Java 手册. 龚波，冯军，程群梅，等译. 北京：机械工业出版社，2006

[17] Scott Oaks. Java 安全. 林琪译. 北京：中国电力出版社，2002

[18] 全国科学技术名词审定委员会. 计算机科学技术名词（第二版）. 北京：科学出版社，2002

[19] Sun Microsystems. Java$^{TM}$ 2 SDK, Standard Edition Documentation Version 6. http: //java.sun.com，2007

[20] 谭浩强. C 程序设计（第二版）. 北京：清华大学出版社，2002

[21] 宛延闿. C++语言和面向对象程序设计. 北京：清华大学出版社，1993

[22] Kathy Walrath, Mary Campione, Alison Huml，等. JFC Swing 标准教材. 邓一凡，余勇，罗云峰，等译. 北京：电子工业出版社，2005

[23] 王少锋. 《Java 程序设计》讲义. 清华大学软件学院，2002

[24] 王少锋，姜河，钦明皖，等. Java 2 程序设计. 北京：清华大学出版社，2000

[25] 尉哲明，李慧哲. Java 技术教程（基础篇）. 北京：清华大学出版社，2002

[26] 徐鹏. Java 软件包的使用. 北京：清华大学出版社，1997

[27] 王珊，张孝，李翠平，等. 数据库技术与应用. 北京：清华大学出版社，2005

[28] 徐迎晓. Java 安全性编程实例. 北京：清华大学出版社，2003

[29] 阎宏. Java 与模式. 北京：电子工业出版社，2002

[30] 严蔚敏，吴伟民. 数据结构（第二版）. 北京：清华大学出版社，1992

[31] 雍俊海，赵致格. ODBC 技术. 微型机与应用，1996.9：10-12

[32] 雍俊海. Java 程序设计. 北京：清华大学出版社，2004

[33] 雍俊海. Java 程序设计习题集（含参考答案）. 北京：清华大学出版社，2006

[34] 郁欣，王曦东，姜河. Java 语言编程技术. 北京：清华大学出版社，1997

[35] 张洪斌. Java 程序设计百事通. 北京：清华大学出版社，2001

[36] 张洪斌. Java 2 高级程序设计百事通. 北京：中科多媒体电子出版社，2001

[37] 张基温，陶利民. Java 程序开发例题与习题. 北京：清华大学出版社，2003

[38] 赵致格，殷人昆. 实用工程数据库技术. 北京：机械工业出版社，1997

# 教 学 资 源 支 持

**敬爱的教师：**

感谢您一直以来对清华版计算机教材的支持和爱护。为了配合本课程的教学需要，本教材配有配套的电子教案（素材），有需求的教师请到清华大学出版社主页（http://www.tup.com.cn）上查询和下载，也可以拨打电话或发送电子邮件咨询。

如果您在使用本教材的过程中遇到了什么问题，或者有相关教材出版计划，也请您发邮件告诉我们，以便我们更好地为您服务。

**我们的联系方式：**

地　　　址：北京海淀区双清路学研大厦 A 座 707

邮　　　编：100084

电　　　话：010－62770175－4604

课件下载：http://www.tup.com.cn

电子邮件：weijj@tup.tsinghua.edu.cn

教师交流 QQ 群：136490705

教师服务微信：itbook8

教师服务 QQ：883604

**（申请加入时，请写明您的学校名称和姓名）**

**用微信扫一扫右边的二维码，即可关注计算机教材公众号。**

扫一扫
课件下载、样书申请
教材推荐、技术交流